공학도를 위한

확률과 통계

공학도를 위한 **확률과 통계**

초판 1쇄 인쇄 | 2026년 1월 10일
초판 1쇄 발행 | 2026년 1월 15일

지은이 | 이 재 원
펴낸이 | 조 승 식
펴낸곳 | (주)도서출판 북스힐

등 록 | 1998년 7월 28일 제22-457호
주 소 | 서울시 강북구 한천로 153길 17
전 화 | (02) 994-0071
팩 스 | (02) 994-0073

홈페이지 | www.bookshill.com
이메일 | bookshill@bookshill.com

정가 28,000원

ISBN 979-11-5971-703-1

Published by bookshill, Inc. Printed in Korea.

공학도를 위한

확률과 통계

공학도를 위한 **확률과 통계**

초판 1쇄 인쇄 | 2026년 1월 10일
초판 1쇄 발행 | 2026년 1월 15일

지은이 | 이 재 원

펴낸이 | 조 승 식
펴낸곳 | (주)도서출판 북스힐

등 록 | 1998년 7월 28일 제22-457호
주 소 | 서울시 강북구 한천로 153길 17
전 화 | (02) 994-0071
팩 스 | (02) 994-0073

홈페이지 | www.bookshill.com
이메일 | bookshill@bookshill.com

정가 28,000원

ISBN 979-11-5971-703-1

Published by bookshill, Inc. Printed in Korea.

공학도를 위한

확률과 통계

[이재원 지음]

Probability and Statistics for Engineering

북스힐

저자 소개

이재원 ljaewon@kumoh.ac.kr

성균관대학교 수학과를 졸업하고, 동 대학교 대학원에서 이학 석사, 이학 박사를 취득하였다. 1996년부터 국립 금오공과대학교 응용수학과에 재직하고 있으며, 미국 아이오와대학교에서 객원 교수를 지냈고, 한국수학교육학회, 대한수학회, 영남수학회 회원으로 활동하고 있다.

저서로 《기초통계학》, 《확률과 통계》, 《확률과 보험통계》, 《통계수학》, 《수리통계학의 이해》, 《쉽게 배우는 생활 속의 통계학》, 《금융수학》, 《기초수학》, 《기초 미분적분학》, 《미분적분학》, 《대학수학》, 《Mathematica로 배우는 대학수학》, 《미분방정식》, 《공업수학》, 《엑셀을 활용한 경영경제통계학》, 《신소재·화공계열을 위한 공학수학》, 《만화로 즐기는 확률과 통계》, 《에센스 확률과 통계》, 《전기전자통신 학부생을 위한 공학수학》 등이 있으며, 역서로 《미분적분학 바이블》, 《미분적분학 에센스》, 《공학도라면 반드시 알아야 할 최소한의 수학》 등이 있다.

머리말

현대사회는 공학뿐만 아니라 사회과학에도 빅데이터와 AI 시대인 것은 그 누구도 부인할 수 없을 것이다. 그리고 그 중심에 확률과 통계가 있다. 인공지능을 연구한 초창기 과학자들은 컴퓨터를 이용하여 문제를 해결하기 위한 규칙을 만드는 것에 집중하였다. 그러나 오늘날 사회현상이 복잡해지고 빅데이터가 부각되면서 단순한 규칙만으로는 컴퓨터가 정확한 결과물을 산출하는 데 한계가 있다. 이러한 한계를 과학적으로 극복하고 정확도를 높이기 위한 도구가 확률과 통계이다. 컴퓨터 사용자가 원하는 정확한 결과를 얻기 위하여 불확실성을 최소화하는 수학적 도구가 확률과 통계이기 때문이다.

실험실에서 얻은 데이터를 분석할 때, 많은 학생들이 공통적으로 느끼는 어려움은 크게 세 가지이다. 하나는 '데이터를 어떻게 정리해야 할까'이고, 다른 하나는 '데이터를 처리하기 위해 어떤 방법을 사용해야 하나' 그리고 '어떻게 유의미한 결과를 얻을 수 있을까'이다. 이러한 어려움을 공통적으로 느끼는 이유는 수학적 기초지식의 부족과 통계적인 사고방식을 접할 기회가 부족하기 때문이다. 이러한 이유로 올바른 통계적 방법을 이용해서 결과를 얻었더라도 잘못된 결론을 내는 경우가 발생한다. 학생들이 이러한 어려움을 극복하기 위해 저자는 다음과 같은 네 가지 집필 방향을 설정하였다.

첫 번째, 수학적 기초가 부족한 학생을 위한다.
두 번째, 학생들의 통계적 사고력을 함양시킨다.
세 번째, 실험실에서 얻을 수 있는 실제 데이터를 이용한다.
네 번째, 실험실 데이터에 대한 공학적 통계 문제의 해결력을 증대시킨다.

이를 위하여 가능한 수학적 기초지식만을 이용하고자 했으며, 대부분의 예시 또는 문제에는 공학적 연구 논문이나 기관의 보고서에 포함된 자료를 이용하였다. 또한 학생들 스스로 통계적 사고방식을 함양할 수 있도록 다양하고 풍부한 내용의 실험 데이터를 이용한 문제를 제시하였다.

이 책으로 공부하는 학생들이 확률과 통계에 친숙함을 느끼고 통계적인 사고를 함양할 수 있기를 희망한다. 이러한 사고를 바탕으로 4차 혁명의 중심에 있는 빅데이터와 인공지능을 이해하고 앞서가는 리더로 활동하는 데 자그마한 도움이 되었으면 하고 소망한다. 아울러 본 도서의 기획에서 출판까지 수고를 아끼지 않은 북스힐 기획팀과 조승식 사장님께 감사의 말을 전한다.

저자 이재원

이 책의 구성

본 도서는 머리말에서 소개한 네 가지 집필 방향 아래 다음과 같이 세 영역으로 구성되어 있다.

기술통계학 영역 (Chapter 01~03)

Chapter 01에서 공학에서 확률과 통계를 배워야 하는 이유를 소개한다.

Chapter 02에서 범주형 자료와 양적자료를 표 또는 그림을 이용하여 표현하는 방법을 살펴본다.

Chapter 03에서 수집한 자료를 대표할 수 있는 여러 가지 척도와 산포의 척도에 대하여 살펴본다.

확률과 확률분포 영역 (Chapter 04~08)

Chapter 04에서 확률의 개념을 소개하고 다양한 경우에 대한 확률을 구하는 방법을 살펴본다.

Chapter 05에서 확률변수의 의미와 확률분포를 소개한다.

Chapter 06에서 둘 이상의 확률 현상을 설명하는 결합확률분포를 소개하고, 확률을 구하는 방법을 소개한다.

Chapter 07에서 공학적 확률 문제를 설명하는 다양한 형태의 확률분포를 소개한다.

Chapter 08에서 표본에서 선정한 여러 가지 통계량에 대한 확률분포를 소개한다.

통계적 추론 영역 (Chapter 09~13)

Chapter 09에서 표본을 이용하여 여러 가지 모수를 추정하는 방법을 소개한다.

Chapter 10에서 다양한 모수에 대한 주장을 검정하는 방법을 소개한다.

Chapter 11에서 수집한 자료집단이 주어진 확률분포를 따르는 모집단에서 추출된 확률표본인지 결정하는 방법을 소개한다.

Chapter 12에서 세 개 이상의 독립인 모집단에 대한 모평균이 동일한지 판정하는 방법을 소개한다.

Chapter 13에서 설명변수와 반응변수 사이의 선형성을 분석하는 방법을 소개한다.

로드맵

본 도서는 1, 2학기에 걸쳐서 학습하는 것이 바람직하지만 시간적인 제약에 따라 로드맵과 같이 선택적으로 학습할 수 있다.

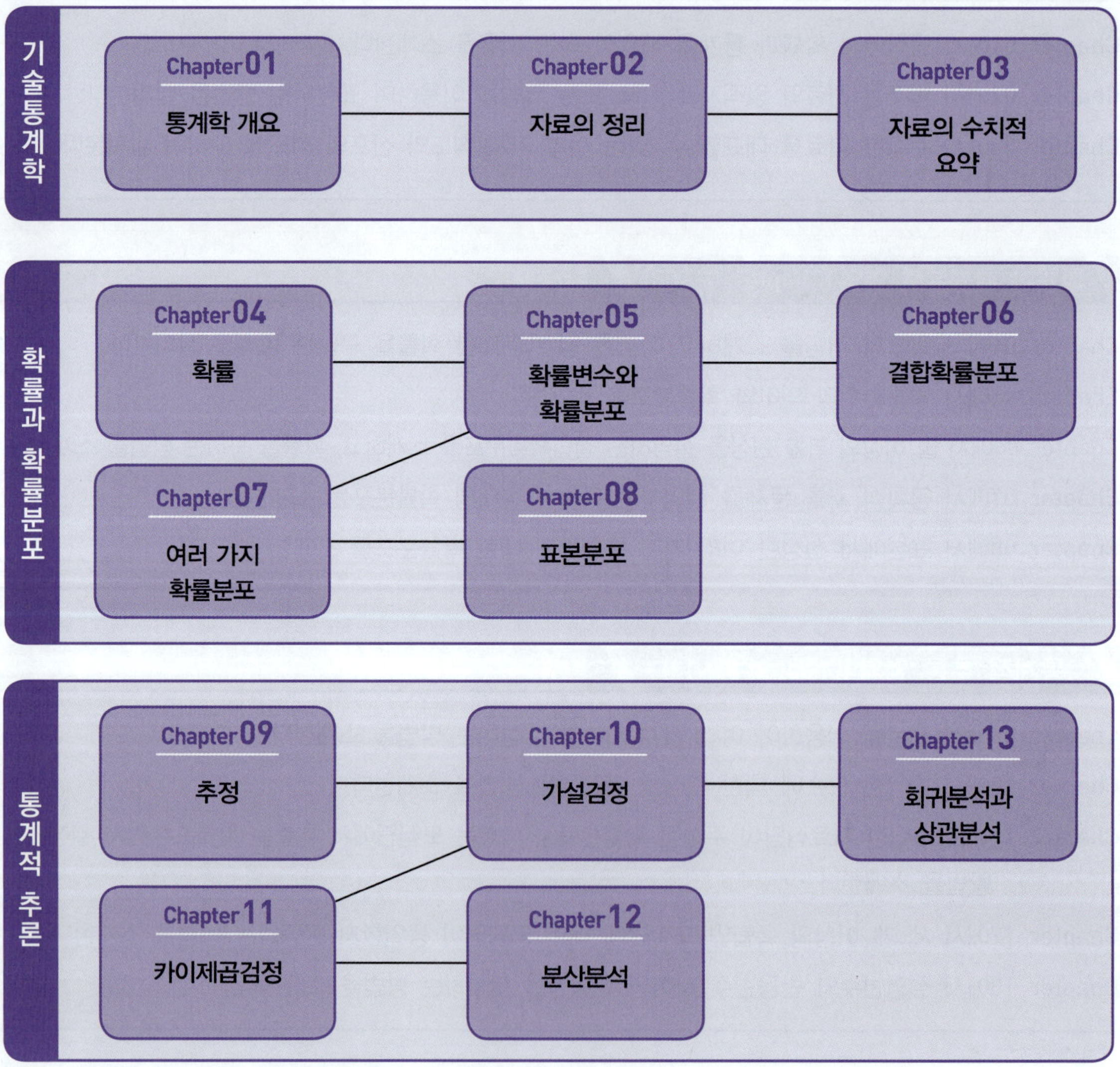

차례

I. 기술통계학

Ⅱ. 확률과 확률분포

III. 통계적 추론

I

기술통계학

CHAPTER 01

통계학 개요

1.1 공학과 통계학

우리는 뉴스, 광고, SNS, 심지어 일상적인 대화 속에서도 끊임없이 쏟아지는 수치적인 정보를 접하며 살아간다. 그만큼 수치는 우리의 삶과 밀접한 관계를 맺고 있다. 예를 들어, 범죄 유형별 발생 건수, 자동차의 연비, 특정 유튜브 채널의 구독자 수, 각 대학의 학생 식당 평균 가격 등 다양한 형태의 수치적인 정보가 일상에 깊숙이 자리하고 있다. 이 절에서는 수치적인 정보를 비롯해, 이를 다루는 학문에 대해 살펴본다.

■ 통계학이란?

2023년 2월 15일에 기상청에서 보도한 '2022 지진연보'의 한반도에서 발생한 연도별 지진 발생 횟수를 나타내는 [표 1.1]과 [그림 1.1]을 살펴보자.

[표 1.1]을 분석하면 2022년 한반도에서 발생한 규모 2.0 이상의 지진은 총 77회로, 지난 디지털 관측의 연평균(70.6회)보다 조금 많은 수준이다. 여기서 규모 2.0 이상은 체감할 수 있는 정도의 지진을 나타낸다. 규모 2.0 이상의 지진이 2017년 포항 지진 이후 감소세가 이어지다가 2022년에 10% 증가했다. 특히 규모 3.0 이상의 지진은 2017년에 유난히 많이 발생했다. 디지털 지진계로 관측한 지난 22년 동안 발생한 평균 발생 횟수인 10.5회에 비해 2017년의 발생 횟수는 다소 적은 8회이며, 이

[표 1.1] 연도별 지진 발생횟수

지진 \ 연도	2017	2018	2019	2020	2021	연평균[1] (1999~2021)	2022
규모 2.0 이상 (전년 대비 증감)	223 (12 % ↓)	115 (48 % ↓)	88 (23 % ↓)	68 (23 % ↓)	70 (3 % ↑)	70.6	77 (10 % ↑)
규모 3.0 이상	19	5	14	5	5	10.5	8

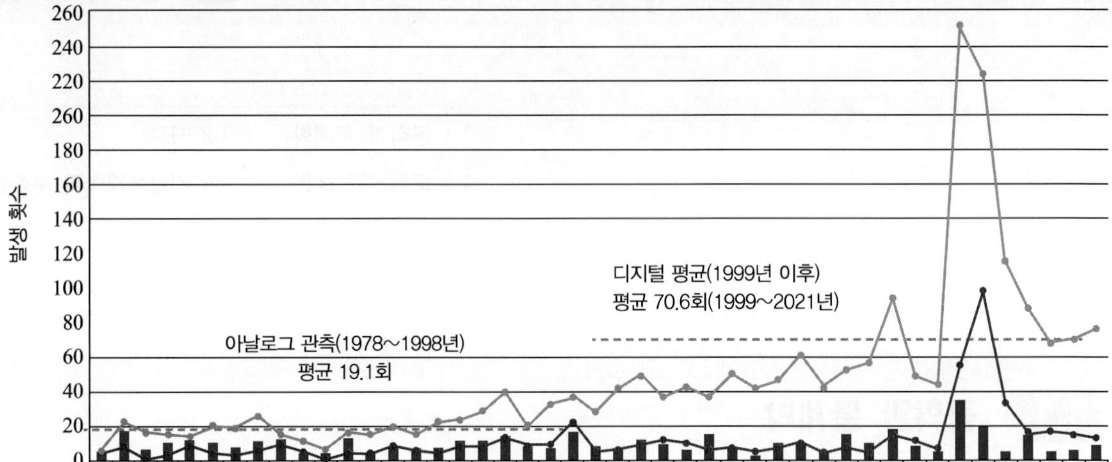

	78	79	80	81	82	83	84	85	86	87	88	89	90	91	92	93	94	95	96	97	98	99
규모 3.0 이상 ML≥3.0	5	17	6	10	11	10	7	11	12	4	4	13	3	7	7	4	11	11	14	8	7	16
체감 지진 Felt eq.	5	8	1	3	8	4	2	6	9	5	1	4	4	8	5	4	8	8	13	8	9	22
총 횟수 Total	6	22	16	15	13	20	19	26	15	11	6	16	15	19	15	22	24	29	39	21	32	37

	00	01	02	03	04	05	06	07	08	09	10	11	12	13	14	15	16	17	18	19	20	21	22
규모 3.0 이상 ML≥3.0	8	7	11	9	6	15	7	2	10	10	5	14	9	18	8	5	34	19	5	14	5	5	8
체감 지진 Felt eq.	5	6	9	12	10	6	7	5	7	10	5	7	4	15	11	7	55	98	33	16	17	15	13
총 횟수 Total	29	21	49	38	42	37	50	42	46	60	42	52	56	93	49	44	252	223	115	88	68	70	77

[그림 1.1] 연도별 지진 발생 추이(1978년~2022년)

는 직전 2년 평균에 비해 62.5% 증가한 수치이다. 더욱이 1978년부터 2022년까지 연도별 지진 발생 추이를 나타내는 [그림 1.1]을 살펴보면, 아날로그 관측 기간인 1978~1998년 사이의 평균 횟수는 19.1이지만 디지털 관측 기간이 1999~2021년 사이의 평균 횟수는 70.6회로 급격히 증가하였으며, 1992년 이후 꾸준히 증가하여 최근 몇 년 사이에 지진 발생 횟수가 급증하는 것을 알 수 있다. 종합하면, 한반도도 지진으로부터 자유로울 수 없으며, 항상 지진에 대한 철저한 대비가 필요하다는 결론을 얻는다.

이와 같이 사회현상이나 자연현상 또는 실험실에서 얻어지는 공학적인 측정값을 나타내는 수치들의 집단을 가공하여 알아보기 쉽게 표 또는 그림이나 수치로 나타낸 정보를 **통계**(statistic)라 한다. 또한, 특정한 관심이나 연구 대상이 되는 모든 수치를 수집하고 이를 정리·요약·분석하여 결론을 도출하거나, 수학적 도구를 이용하여 수집한 전체 수치의 집단이 갖는 특성을 분석하는 방법이나 이론을 연구하는 학문이 **통계학**(statistics)이다.

1) 현재와 같은 디지털 지진계가 도입된 1999년부터 관측된 지진 발생 횟수의 평균

■ 공학에서 통계학을 배워야 하는 이유

어떤 제조 업체에서 생산한 모든 베어링의 지름이 동일하거나, 특정 지역의 토양에 대한 pH 측정 결과가 모두 동일하면 통계가 필요하지 않을 것이다. 그러나 실험실에서 얻게 되는 모든 수치는 연구자의 능력이나 습성 또는 측정 오차 등에 따라 변동이 발생하며, 실험 결과가 어떤 수치로 나타날지 불확실하다. 이처럼 변동과 불확실성이 있는 상황에서, 수집한 수치를 바탕으로 과학적인 판단에 근거한 의사결정을 내리는 방법을 제시하는 것이 통계학이다. 공학에서 통계학을 공부해야 하는 이유를 좀 더 구체적으로 살펴보면 다음과 같다.

첫 번째, 어떤 실험실에도 수치적인 정보가 존재한다는 것이다. 즉, 모든 공학적 실험에는 실험 목적에 맞는 수치가 존재한다.

두 번째, 통계적 기법을 이용하여 실험 결과인 수치들이 내포하고 있는 정보를 획득하고, 그 정보를 이용하여 수행한 실험에 대한 과학적인 모형을 설정한다. 이러한 모형을 설정하기 위해 다음과 같이 수행한다.

❶ 수집한 자료만으로 의사결정을 내리기 충분한지, 아니면 추가 자료가 필요한지 결정한다.

❷ 추가 자료가 필요하다면, 잘못된 의사결정을 피하기 위해 자료를 더 수집해야 한다.

❸ 수집한 자료를 요약하여 자료의 특성을 분석한다.

❹ 분석한 정보를 기반으로 실험 결과를 추론하고 불확실한 실험값을 예측할 수 있는 모형을 설정한다.

❺ 수학적 도구를 이용하여 설정한 모형의 타당성을 검증함으로써 최종적으로 의사결정을 내린다.

세 번째, 수학적 도구를 이용하여 설정한 모형의 타당성을 검증하고 의사결정을 내린다. 연구자의 취향 또는 의도에 맞는 수치만 이용하여 과학적인 모형을 설정한다면, 전체 수치가 갖는 정보를 왜곡시키는 잘못된 의사결정을 내릴 수 있다. 따라서 수집한 수치들의 신뢰성을 보장할 수 있는 실험 결과를 얻는 것이 매우 중요하다.

이와 같은 과정을 통하여 통계는 실험 결과를 분석하는 방법뿐만 아니라, 실험을 효율적으로 설계하고 수행할 수 있는 방법도 제시한다. 이러한 과정을 거쳐 변동의 영향을 줄이고 올바른 결론을 도출할 가능성을 높일 수 있다. 그리고 통계학은 실험실에서 얻는 수치들의 변동과 불확실성이 있는 상황에서 과학적인 판단과 정보에 입각한 결정을 내리는 방법을 알려 준다.

■ 통계적 기법

실험실에서 얻은 수치들을 어떻게 표현하고 분석해야 할까? 즉, 수집한 수치들을 어떻게 통계적으로 표현할지, 어떤 방식으로 분석할지, 그 결과를 바탕으로 불확실한 미래를 어떻게 예측할지 생각해야 한다. 나아가 예측값과 실제 관찰값과의 차이를 줄일 수 있는 방법까지 결정해야 한다. 예를 들어, 한반도에서 발생한 규모 2.0 이상의 지진이 발생한 횟수를 생각한다면, 연도별 지진 횟수를 [표 1.1] 또는 [그림 1.1]과 같이 표 또는 그림으로 표현하여 보다 쉽게 시각적으로 지진에 대한 경각심을 갖게 될 것이다. 또한, [그림 1.2]와 같이 나타내어 연도별로 발생한 지진의 총 횟수에 대한 평균과 추세선을 알 수 있다면, 지난 23년 동안 발생한 지진의 추이를 명확히 이해할 수 있을 뿐만 아니라 불확실한 미래에 발생할 지진의 횟수를 예측할 수 있다.

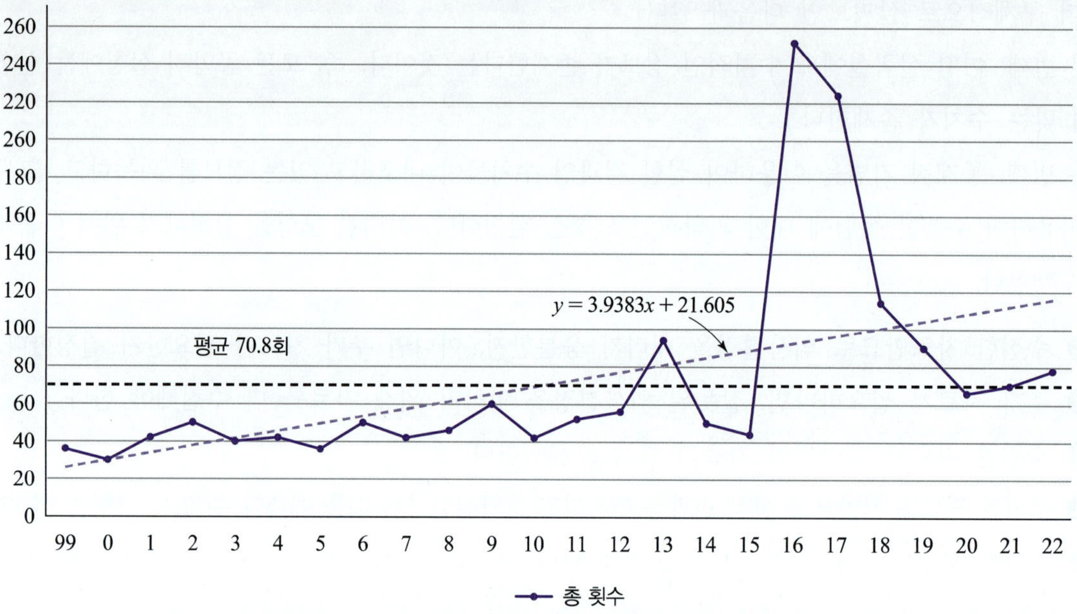

[그림 1.2] 연도별 지진 발생 추이와 추세선(1999∼2022년)

이와 같이 통계적 기법이란, 통계로 표현되는 수치를 표와 그림으로 나타내거나 대푯값과 변동 척도를 구하고, 불확실한 미래의 값을 과학적으로 예측하는 분석 방법을 말한다.

1.2 자료

컴퓨터 프로그래머이자 공상 과학 소설 작가인 Daniel K. Moran은 "정보 없이 데이터를 가질 수는 있지만, 데이터 없이 정보를 가질 수 없다"고 하였다. 여기서 데이터, 즉 **자료**data란 어떤 연구나 조사의 바탕이 되는 모든 재료를 나타낸다. 즉, 자료는 연구나 조사의 근간이 되는 가공하지 않은 상태의 다양한 수치적인 정보를 의미하며, 통계적으로 처리하지 않은 수집한 본래의 자료를 **원자료**raw data라 한다. 이러한 원자료는 단순히 숫자일 뿐이며, 아무런 의미를 갖지 않는다. 그리고 어떤 특정한 목적을 가지고 원자료를 통계적으로 가공하고 해석하여 의미를 부여한 것이 바로 정보이다. 예를 들어, 어떤 기업에서 생산한 볼트 중 불량품의 개수, 온도에 따른 화학반응 속도, 연도별 지진 발생 횟수 등은 자료이다. 그러나 관찰이나 측정을 통하여 얻은 이러한 자료는 있는 사실 그대로를 수치로 나타낸 것이며, 이 자료들은 어떤 의미가 부여되지 않은 단순한 수치일 뿐이다. 이때 생산한 볼트에 대한 불량품의 비율, 온도에 따른 화학반응 속도의 반응식, 지진 발생 횟수의 추세선 등을 얻는다면, 이들은 자료가 갖는 통계적 정보가 된다. 이와 같은 모든 통계 자료는 수치적인 척도로 표현되는 자료와 그렇지 않은 자료로 구분된다.

■ 질적자료

혈액형, 성별, 국가, 피부색, 종교, 학력 등은 크기를 서로 비교할 수 없으며 수치적인 척도로 표현되지 않는 자료가 있다. 예를 들어, A형, B형, AB형, O형으로 구분되는 혈액형은 네 가지 범주로 표현되며, 임의의 두 혈액형 사이에 크다/작다와 같은 비교가 불가능하다. 이와 같이 관측 결과가 숫자로 표현되지 않고 범주로 나타나는 자료를 **질적자료**qualitative data 또는 **범주형 자료**categorical data라 한다.

국가별 코드 번호를 이용하여 국제전화를 걸듯이, 각각의 국가에 코드 번호를 부여하여 분류하는 경우, 부여된 숫자는 각 국가를 분류하기 위한 숫자일 뿐이며 숫자로서의 의미는 없다. 이와 같이 각 범주를 수치화한 자료를 **명목자료**nominal data라 한다. 예를 들어, 남자는 1, 여자는 2로 나타낼 때, 숫자 1과 2는 단순히 성별을 나타내는 숫자일 뿐이며 일반적인 숫자로서의 의미는 없다. 이때 성별을 나타내는 숫자 1과 2는 명목자료이다.

또한, 각급 학교를 나타내는 '초등학교, 중학교, 고등학교, 대학, 대학원'을 숫자 1, 2, 3, 4, 5로 나타내면, 이 숫자들은 단순히 각급 학교를 나타낼 뿐이며 숫자로서의 의미가 없는 명목자료이다. 그러나 이 자료는 '초등학교 - 중학교 - 고등학교 - 대학 - 대학원'이라는 순서 개념을 갖는다. 이와 같이 특정 성격의 강약이나 정도에 따라 순서 또는 서열을 부여한 범주형 자료를 **서열자료**ordinal data라 한다. 예를 들어, 상품의 품질 등급을 나타내는 자료 '상(1), 중(2), 하(3)', 만족도를 나타내는 자료 '매우 불만족(1), 불만족(2), 보통(3), 만족(4), 매우 만족(5)'은 서열자료이다.

■ 양적자료

일별 생산한 볼트들 중 불량품의 개수, 온도에 따른 화학반응 속도, 지진에 의해 땅이 갈라진 길이 등은 자료 값이 수치로 표현되며, 불량품의 개수가 많다/적다, 반응속도가 빠르다/느리다, 땅이 갈라진 길이가 길다/짧다고 표현할 수 있다. 이와 같이 숫자로 표현되며 정량적으로 크기를 비교할 수 있는 자료를 **양적자료**quantitative data 또는 **수치적 자료**numerical data라 한다.

이때 불량품의 개수, 지진 발생 횟수와 같이 관측값이 정수인 자료를 **이산자료**discrete data라 하며, 하루 동안의 온도 변화와 같이 지정된 구간에서 측정되는 자료를 **연속자료**continuous data라 한다. 이와 같은 양적자료는 절대영점, 즉 없음을 의미하는 0의 개념을 내포하여 가감승제로 계산이 가능한 자료와, 단순히 산술적으로 비교할 수 있는 자료로 구분된다. 예를 들어, 174 cm인 성인의 키는 87 cm인 어린이의 키의 두 배라고 할 수 있으나, 온도가 35.8°C인 날이 17.9°C인 날에 비해 뜨거운 정도가 두 배라고 말할 수는 없다. 이와 같이 숫자들이 비율의 의미를 갖지 못하고 단순히 산술적으로 비교할 수 있거나 덧셈과 뺄셈이 가능한 자료를 **구간자료**interval data라 하고, 구간자료의 특성이 있으면서도 곱셈과 나눗셈이 가능한 비율의 의미를 갖는 자료를 **비율자료**ratio data라 한다. 온도, 지능지수, 혈압, 주가지수, 물가지수 등은 구간자료이지만, 몸무게, 키, 무게, 압력 등과 같이 대부분의 양적자료는 비율자료이다.

질적자료와 양적자료를 정리하면 [표 1.2]와 같다.

[표 1.2] 자료에 따른 특성

구분	종류	특성	대표적 기술통계값[2]
질적자료	명목자료	범주에 의해 분류된 자료	빈도
		혈액형, 성별, 인종, 국가	
	서열자료	순서, 크기에 의해 분류된 자료	중앙값, 빈도
		만족도, 지지 여부, 품질 등급	
양적자료	이산자료	관측값이 정수인 자료	평균, 분산
		출생자 수, 사망자 수, 불량품 수	
	연속자료	지정된 구간 안에서 측정되는 자료	평균, 분산
		온도, 혈압, 몸무게, 압력	
	구간자료	덧셈과 뺄셈이 가능한 자료	평균, 분산
		온도, 혈압	
	비율자료	절대영점을 갖고 가감승제가 가능한 자료	평균, 분산
		몸무게, 압력	

2) 기술통계값에 대해 2장과 3장에서 학습한다.

■ 집단화 자료

양적자료는 여러 개의 범주로 묶어서 표현할 수 있으며, 이와 같이 표현된 자료를 **집단화 자료**grouped data라 한다. 예를 들어, 시험 점수를 '90점 이상(A), 80~89점(B), 70~79점(C), 60~69점(D), 59점 이하(F)'로 표시하거나 '60점 이상 P(Pass), 59점 이하 F(Fail)'로 구분한 자료 A, B, C, D, F 또는 P, F 등은 집단화 자료이다.

■ 시계열 자료

[표 1.1]의 연도별 지진 발생 횟수 또는 시간 단위로 측정한 화학반응 속도, 매 시간 측정한 상장회사들의 주가, 특정 지역의 토지에 대한 공시지가 등과 같이 시간의 흐름에 따라 얻어지는 자료를 **시계열 자료**time series data라 한다. 일반적으로 이러한 시계열 자료는 [그림 1.1]과 같이 가로축에는 시간, 세로축에는 각 시각에 측정된 관찰값 또는 측정값을 기입해서 나타내며, 관측값을 얻어 내는 일정한 기간을 **주기**period라 한다.

1.3 모집단과 표본

통계조사의 목적은 실험이나 관측을 통하여 단순히 자료를 모으는 것을 너머, 수집한 자료에서 필요한 정보를 얻고, 그 정보를 이용하여 의사결정을 내리는 것이다. 이때 자료집단의 특성에 따라 모집단과 표본을 생각할 수 있다.

■ 모집단

통계적 분석에서 관심의 대상이 되는 모든 사람, 응답 또는 실험 결과, 측정값들 전체로 구성된 자료집단을 **모집단**population이라 한다. 예를 들어, 정부에서 5년 주기로 실시하는 인구 총 조사의 경우, 모집단은 국민 전체이다. 이때 모집단을 구성하는 자료의 수가 유한개인 모집단을 **유한모집단**finite population이라 한다. 그리고 자료의 개수가 무수히 많지만 그 자료의 개수를 셈할 수 있거나 관찰값이 연속적으로 나타나는 모집단을 **무한모집단**infinite population이라 한다. 대부분의 모집단은 자료의 개수가 무한히 많다고 가정하며, 이러한 모집단을 얻는 것은 시간적, 경제적, 공간적 제약이 따르거나 배터리의 수명과 같이 모든 측정값을 얻어 내기 불가능한 경우가 있다.

■ 표본

[그림 1.3]과 같이 통계적 분석을 위해 모집단의 일부로 구성된 자료집단을 **표본**sample이라 한다. 예를 들어, 정당 지지율을 조사하기 위해 19세 이상 유권자 전체를 대상으로 한다면, 이들 전체 유권자가 모집단이다. 그러나 여론조사 기관에서 발표하는 정당 지지율은 19세 이상 유권자들 중 일부만 대상으로 조사한 결과이며, 조사 대상으로 선정된 유권자들은 표본이 된다. 이때 모집단을 이루는 자료의 개수를 **모집단의 크기**population size, 표본을 이루는 자료의 개수를 **표본의 크기**sample size라 한다.

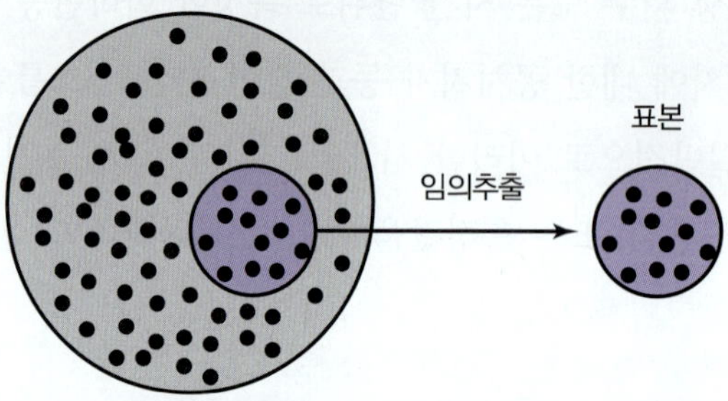

[그림 1.3] 모집단과 표본

모집단의 특성을 나타내는 수치를 **모수**parameter라 하고, 표본으로부터 얻은 통계적인 양을 **통계량**statistic이라 한다. 통계학에서 주로 사용하는 자료집단에 대한 통계적 수치는 평균, 분산, 표준편차, 비율 등이 있으며, 모집단에 대한 통계적 수치인 모수를 모평균, 모분산, 모표준편차, 모비율이라 한다. 그리고 이러한 모수에 대응하는 표본으로부터 얻은 통계량을 표본평균, 표본분산, 표본표준편차, 표본비율이라 한다.

한편, 모수를 얻기 위해 실험 목적에 맞는 모든 대상을 상대로 조사하는 방법을 **전수조사**census라 하며, 표본을 얻기 위해 조사 대상의 일부만 추출하여 조사하는 방법을 **표본조사**sample survey라 한다. 이때 조사자의 의도에 맞는 통계 결과를 얻기 위해 표본조사를 실시한다면 모집단 전체가 갖는 특성을 왜곡시킬 수 있으며, 이러한 오류로 인하여 통계 결과를 믿지 못하는 경우가 종종 발생한다. 따라서 표본조사를 위하여 모집단에서 대상을 추출할 경우, 왜곡된 조사 결과가 나오지 않도록 각각의 대상이 선정될 가능성을 동등하게 부여하여 객관적이고 공정하게 표본을 선정해야 한다. 이와 같은 방법으로 자료를 선정하는 것을 **임의추출**random sampling이라 하고, 임의추출에 의해 선정된 표본을 **확률표본**random sample이라 한다. 그리고 임의추출이 아닌, 조사자의 의도에 맞는 자료들로 선정된 표본을 **편의표본**biased sample이라 한다.

모집단과 표본을 정리하면 [표 1.3]과 같다.

[표 1.3] 모집단과 표본의 비교

구분	모집단	표본
크기	N	n
종류	유한모집단, 무한모집단	확률표본, 편의표본
조사 방법	전수조사	표본조사
특성을 나타내는 수치	모수	통계량
자료집단의 특성값	모평균, 모분산, 모표준편차, 모비율	표본평균, 표본분산, 표본표준편차, 표본비율

1.4 기술통계학과 추측통계학

일반적으로 통계학은 수집한 자료를 정리·요약하여 자료집단의 특성을 분석하는 기술통계학과 표본을 추출하여 모집단의 특성을 추론하는 추측통계학으로 나눈다.

■ 기술통계학

[표 1.4]는 2021년도 주요 도시의 월별 미세먼지(PM 2.5) 수치를 나타낸다. 이때 대기오염도를 나타내는 수치를 단순히 다음과 같이 나열만 한다면, 이 수치들로부터 아무런 정보를 얻을 수 없다.

서울: 20, 19, 15, 13, 7, 13

부산: 16, 15, 9, 10, 8, 12

세종: 16, 16, 9, 9, 7, 15

[표 1.4] 2021년도 월별 주요 도시의 대기오염도(단위: $\mu g/m^3$)

지역	2021.05	2021.06	2021.07	2021.08	2021.09	2021.10
서울	20	19	15	13	7	13
부산	16	15	9	10	8	12
대구	18	20	10	11	9	15
인천	20	23	19	13	8	14
광주	20	18	10	10	8	15
대전	18	18	9	11	8	15
울산	17	17	10	11	8	12
세종	16	16	9	9	7	15

출처: 통계청

그러나 [표 1.4]와 같이 작성하면 지역별, 월별 대기오염도의 변화를 비교할 수 있으며, 측정 기간에 지역별, 월별 평균 대기오염도를 비롯한 다양한 통계적 분석 자료를 얻을 수 있다.

한편, [표 1.4]를 이용하여 [그림 1.4]와 같이 월별로 각 지역의 미세먼지 수치를 비교하는 그림을 그리면 조사기간 동안 각 지역별로 미세먼지 수치의 변화를 쉽게 살펴볼 수 있다. 또한, [그림 1.5]와 같이 지역별로 매월 측정된 오염도를 비교하는 그림을 그리면 각 지역에 대한 월별 미세먼지 수치를 쉽게 비교할 수 있다. 이와 같이 수집한 자료를 정리하여 표, 그래프, 그림 등으로 나타내면 자료집단의 특성을 쉽게 이해할 수 있다.

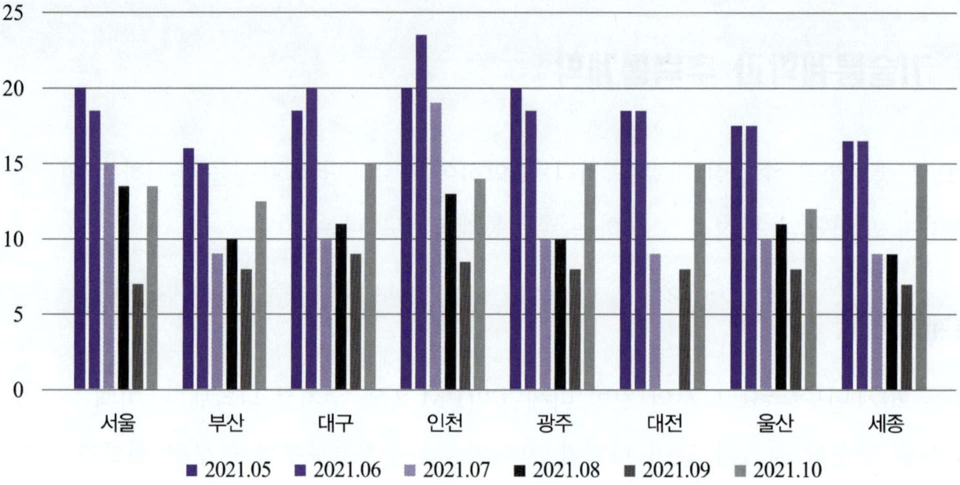

[그림 1.4] 미세먼지(PM2.5) 월별 도시별 대기오염도(단위: $\mu g/m^3$)

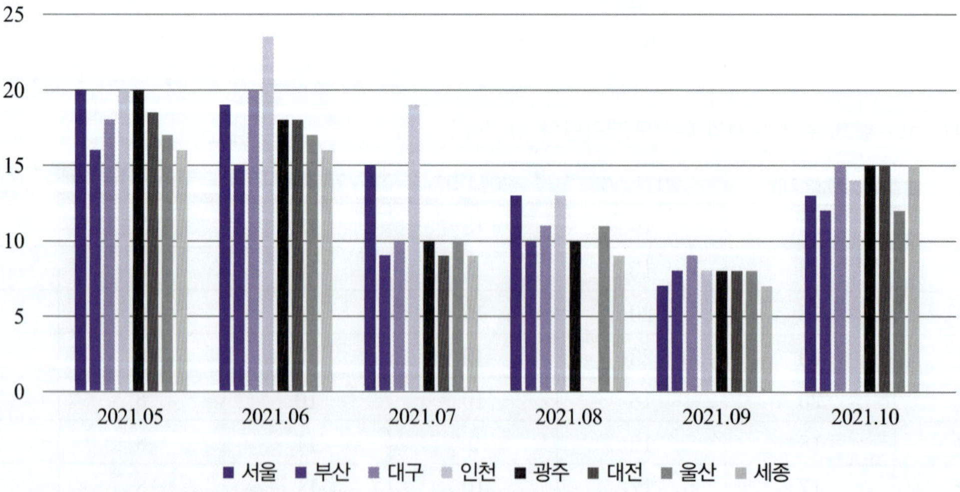

[그림 1.5] 미세먼지(PM2.5) 도시별 월별 대기오염도(단위: $\mu g/m^3$)

자료집단의 특성을 명확한 형태로 표현하기 위하여, 자료를 수집하고 정리하여 표, 그래프, 그림 등으로 나타내거나, 수치적인 특성을 분석하고 결론을 도출하는 방법을 다루는 통계학의 한 분야를 **기술통계학** descriptive statistics 이라 한다.

■ 추측통계학

대부분의 모집단은 크기가 매우 크다고 생각하며, 앞에서 서술한 것처럼 모수를 구한다는 것은 곤란한 일이다. 따라서 모집단의 일부분인 표본을 추출하여 표본의 특성을 나타내는 여러 통계량의 관찰값을 구한다. 그리고 과학적인 방법, 즉 확률을 이용하여 모집단에 대한 불확실한 특성인 모수를 추론한다. 이와 같이 표본에서 얻은 정보로부터 모집단에 대한 불확실한 특성(모수)을 과학적으로 추론하는 방법을 다루는 통계학의 한 분야를 **추측통계학** inferential statistics 이라 한다.

이때 표본으로부터 얻은 정보를 이용하여 다음 과정을 수행하면 모집단의 모수를 쉽게 추론할 수 있다.

❶ 통계조사의 목적을 정하고 관심이 있는 모집단을 확인한다.

생산한 볼트의 불량률을 조사하고 싶은 경우, 제조 업체에서 생산한 모든 볼트의 집합이 모집단이다.

❷ 표본을 선정하는 방법을 결정한다.

표본을 선정할 때, 선정된 표본이 모집단을 대표하도록 하는 것이 매우 중요하다. 통계조사 목적에 따라 임의추출법, 계통추출법, 층화추출법, 집락추출법 등 다양한 방법을 있으며, 모집단에서 각각의 측정값이 선정될 가능성을 동일하게 부여하는 임의추출법이 가장 대표적이다. 이때 표본의 크기가 너무 작으면 모집단의 특성을 추론하기 위한 정보가 부족하며, 너무 크면 표본을 선정하기 위한 시간이나 비용이 많이 든다. 따라서 모집단의 특성을 추론하기에 충분한 정보를 얻을 수 있는 최소한의 크기로 표본을 선정한다.

❸ 표본으로부터 통계조사 목적에 부합하는 정보를 분석한다.

기술통계학 기법을 이용하여 모집단의 특성을 분석하기 위한 정보를 분석한다. 통계 목적이 모평균의 추론이라면, 모평균을 추론하기 위한 여러 통계량(표본평균, 표본중앙값, 표본최빈값, 표본 절사평균 등)을 선정한다.

❹ 모집단의 모수에 관해 추론한다.

모수를 추론하기 위한 여러 통계량 중에서 가장 바람직한 통계량을 선정해야 한다. ❸단계에서와 같이 여러 통계량을 이용하여 모평균을 추론할 수 있지만, 이 중 가장 바람직한 통계량을 선정한 뒤,

통계량의 관찰값을 이용하여 추론을 수행한다.

❺ 추론에 대한 신뢰성을 결정한다.

❹단계에서 얻은 추론이 얼마나 정확한지 결정해야 한다. 표본의 선정에 따라 추론이 달라질 수 있으며, 때로는 왜곡된 표본을 얻을 수도 있다. 따라서 확률의 개념을 이용하여 표본으로부터 얻은 정보가 어느 정도의 신뢰성이 있는지 결정해야 한다. 예를 들어, 여론조사 기관에서 "이번 조사는 전국 성인 남녀 1,504명을 대상으로 조사했으며, 응답률은 4.1%, 표본오차는 95% 신뢰수준에서 ±2.5%포인트였다"라고 밝히는 것은 ❷단계에서처럼 모집단의 특성을 추론하기에 충분한 최소한의 표본을 바탕으로 조사 결과의 신뢰성을 보장했다는 것이다.

기술통계학과 추측통계학의 통계처리 과정을 요약하면 [그림 1.6]과 같다.

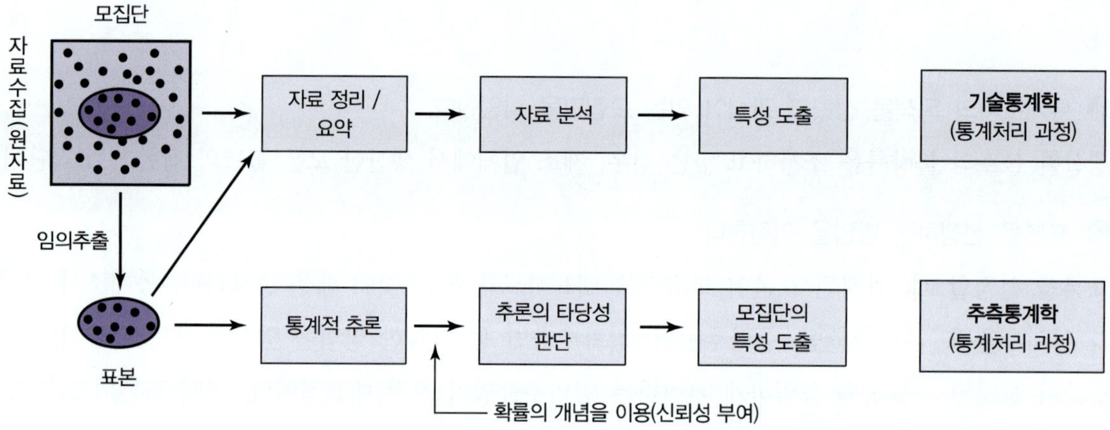

[그림 1.6] 기술통계학과 추측통계학의 통계처리 과정

CHAPTER 02

자료의 정리

2.1 범주형 자료의 요약

수집한 범주형 자료는 두 가지 정보, 즉 범주의 유형과 각 범주의 관찰값과 같은 정보를 나타내기 위해 정리하고 요약한다. 그리고 이러한 정보를 시각적으로 쉽게 이해하기 위해 통계표를 작성하고, 이를 바탕으로 그래프로 나타낸다.

■ 도수표

범주형 자료에 대한 **도수표**frequency table는 범주의 유형과 각 범주의 관찰값으로 구성되며, 다음과 같은 세 가지 수치를 기입한다.

- **도수**frequency : 각 범주에 대한 측정값의 개수
- **상대도수**relative frequency : 각 범주의 도수를 전체 도수로 나눈 값이다.

$$(\text{상대도수}) = \frac{(\text{범주의 도수})}{(\text{전체 도수})}$$

- **백분율**percentage : 각 범주의 상대도수에 100을 곱한 값으로 범주의 비율(%)을 나타낸다.

특성

❶ 원자료를 가공하지 않는다.

❷ 자료가 갖는 특성을 파악할 수 있다. 즉, 각각의 범주와 관찰 도수를 나타내는 자료 분포를 쉽게 알 수 있다.

❸ 각 범주의 상대적인 크기를 비교할 수 있다.

❹ 도수표의 숫자를 이해하고 해석하는 데 시간이 걸린다.

예제 1

지난 10년간 발생한 항공사고의 원인은 기상 악화 1건, 조종사 과실 19건, 기체 이상 3건으로 분석되었다. 항공사고의 원인에 따른 사고 건수[3]에 대한 도수표를 작성하라.

풀이

지난 10년간 발생한 항공사고는 23건이므로 총 도수는 23이다.

각 범주에 해당하는 상대도수를 구하면 각각 다음과 같다.

$$\text{기상 악화}: \frac{1}{23} \approx 0.04, \quad \text{조종사 과실}: \frac{19}{23} \approx 0.83, \quad \text{기체 이상}: \frac{3}{23} \approx 0.13$$

따라서 지난 10년간 발생한 항공사고의 원인에 대한 도수표는 다음과 같다.

구분	도수	상대도수	백분율(%)
기상 악화	1	0.04	4
조종사 과실	19	0.83	83
기체 이상	3	0.13	13
합계	23	1.00	100

[예제 1]로부터 항공사고의 가장 큰 원인은 조종사의 과실인 것을 쉽게 이해할 수 있다.

■ 막대그래프

질적자료의 각 범주를 수평축에 표시하고, 각 범주에 대응하는 도수 또는 상대도수, 백분율에 대한 수치를 높이로 갖는 동일한 폭의 수직 막대로 나타낸 그림을 **막대그래프**bar chart라 한다.

3) 건설교통부 자료(https://data.molit.go.kr/statsdata/statistics-view)

특성

❶ 도수표에 비하여 각 범주의 도수 또는 상대도수를 시각적으로 쉽게 비교할 수 있다.

❷ 상대적으로 중요한 범주의 유형을 쉽게 알 수 있다.

특히 범주의 도수 또는 백분율이 감소하거나 증가하도록 범주를 재배열할 수 있으며, 이렇게 재배열한 그림을 **파레토 그래프**Pareto chart라 한다. 파레토 그래프는 제품 생산 라인에서 불량품이 나오거나 사고가 발생하는 주된 원인을 파악하는 등, 품질관리 분야에서 주요 원인을 분석하기 위해 널리 사용된다.

예제 2

[예제 1]의 자료에 대한 도수막대그래프, 상대도수막대그래프, 백분율 막대그래프를 그려라.

풀이

- 도수막대그래프 : 수평축에 '기상 악화, 조종사 과실, 기체 이상'을 기입하고 높이가 각각 1, 19, 3인 직사각형을 그린다.
- 상대도수막대그래프 : 수평축에 '기상 악화, 조종사 과실, 기체 이상'을 기입하고 높이가 각각 0.04, 0.83, 0.13인 직사각형을 그린다.
- 백분율 막대그래프 : 수평축에 '기상 악화, 조종사 과실, 기체 이상'을 기입하고 높이가 각각 4, 83, 13인 직사각형을 그린다.

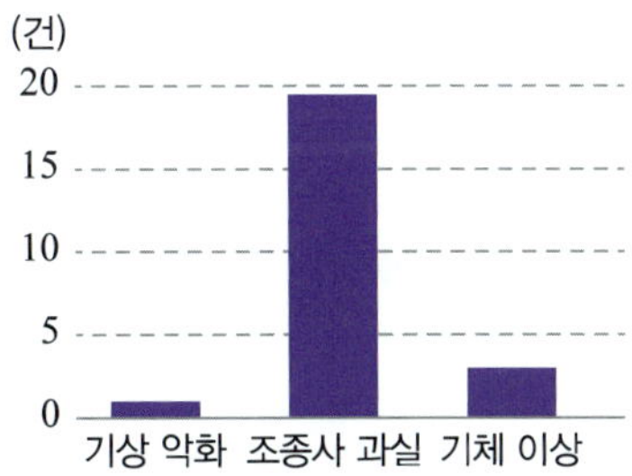

도수막대그래프

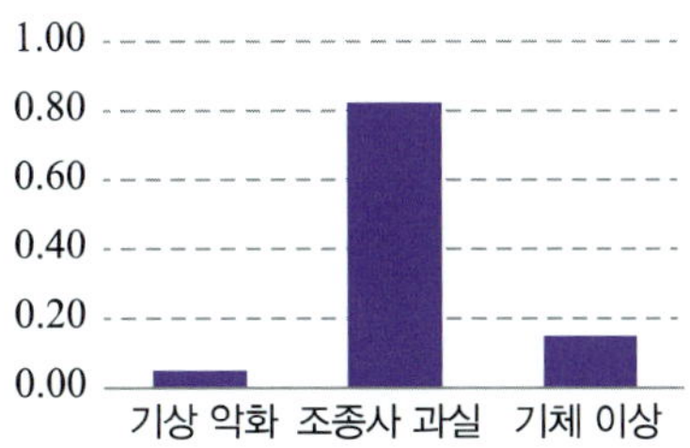

상대도수막대그래프

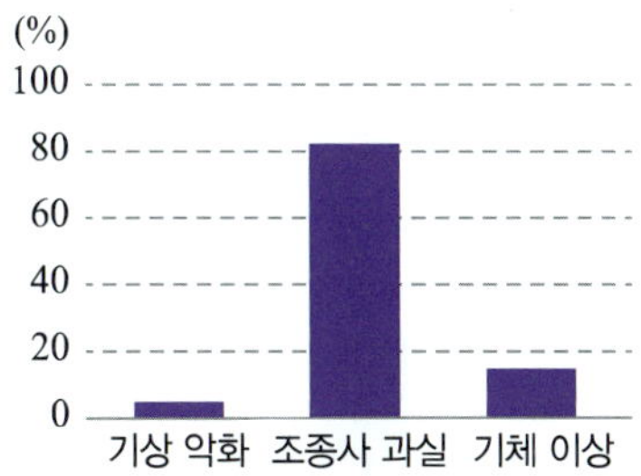

백분율 막대그래프

■ 선그래프

각 범주에 대한 막대그래프에서 수직 막대의 상단 중심을 직선으로 연결한 그림을 **선그래프**line graph라 한다.

특성

❶ 선그래프는 동일한 범주를 갖는 두 개 이상의 자료집단을 비교할 때 매우 유용하다.

❷ 수직축의 척도 간격이 너무 좁거나 넓으면 원자료의 특성이 왜곡될 수 있다.

예제 3

다음 표는 회전 교차로를 설치하기 전후 교차로에서 발생한 사고 현황이다.[4] 회전 교차로를 설치하기 전후의 사고 건수를 비교하는 도수표와 막대그래프, 선그래프를 그려라.

사고 정도	경상(부상)	중상	사망
설치 전	467	334	15
설치 후	393	218	4

풀이

다음과 같이 사고 유형에 대한 설치 전후의 사고 건수를 비교하는 도수표를 작성할 수 있다.

구분		도수	상대도수	백분율(%)
경상	설치 전	467	0.57	57
	설치 후	393	0.64	64
중상	설치 전	334	0.41	41
	설치 후	218	0.35	35
사망	설치 전	15	0.02	2
	설치 후	4	0.01	1
합계	설치 전	816	1.00	100
	설치 후	615	1.00	100

사고 유형에 따른 도수막대그래프와 이에 대한 선그래프는 각각 다음과 같다.

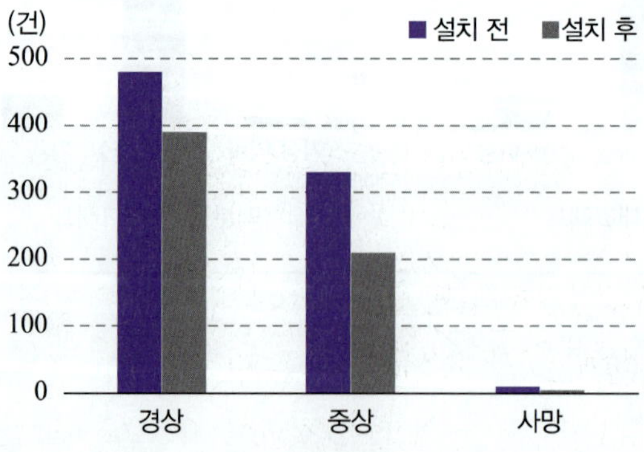

도수막대그래프

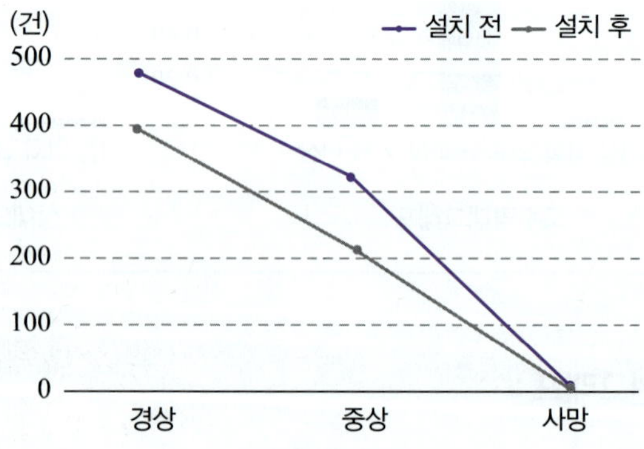

선그래프

4) 건설교통부 자료

회전 교차로를 설치함으로써 전체적으로 사고 건수가 201회 감소하였으며, 특히 중상과 사망 사고가 발생하는 비율도 감소하는 것을 알 수 있다.

■ 원그래프

원그래프$^{\text{pie chart}}$는 다음과 같이 각 범주의 상대도수 또는 백분율에 비례하는 중심각을 갖도록 원을 여러 조각으로 나누어 나타낸 그림이다.

$$\text{중심각} = \text{상대도수} \times 360°$$

특성

❶ 범주형 자료의 각 범주를 상대적으로 비교할 때 많이 사용한다.

❷ 파이 조각의 넓이는 각 범주의 도수에 비례한다.

예제 4

[예제 1]의 항공사고의 원인에 대한 원그래프를 그려라.

풀이

각 범주에 해당하는 중심각을 구하면 각각 다음과 같다.

구분	상대도수	중심각
기상 악화	0.04	$0.04 \times 360° \approx 14°$
조종사 과실	0.83	$0.83 \times 360° \approx 299°$
기체 이상	0.13	$0.13 \times 360° \approx 47°$

이제 각 범주의 중심각에 대한 원그래프를 그리면 다음과 같으며, 각 범주의 도수와 백분율을 기입하면 좀 더 명확하게 항공사고의 원인을 비교할 수 있다.

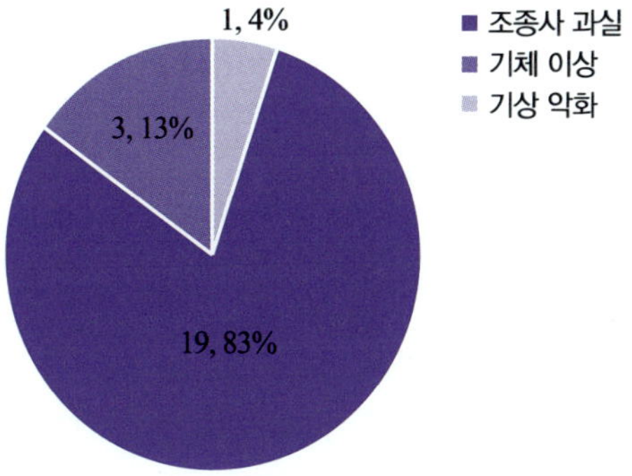

■ 점도표

점도표dot plot는 각 범주를 수평축에 나타내고, 각 범주의 도수에 해당하는 점을 수직 방향의 일정한 간격으로 나타낸 그림이다.

특성

❶ 자료 분포의 모양을 쉽게 이해할 수 있다.

❷ 각 범주의 관찰값이 매우 많으면 부적절하다.

예제 5

다음 표는 25명으로 구성된 동아리 회원의 혈액형을 나타낸다. 이 자료에 대한 점도표를 그려라.

혈액형	A형	B형	AB형	O형
인원	7	4	5	9

풀이

그림과 같이 수평축에 범주인 혈액형을 작성하고, 각 범주에 해당하는 인원 수만큼 수직 방향으로 점을 찍어서 나타낸다.

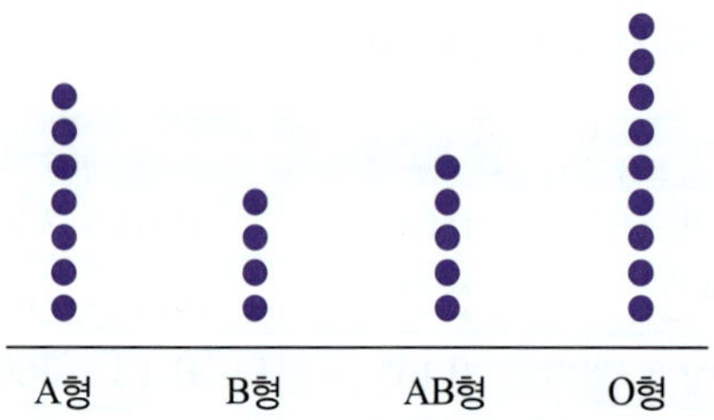

2.2 양적자료의 요약

범주형으로 나타나지 않는 양적자료를 표 또는 그림으로 정리하고 요약하는 방법에 대해 살펴본다.

■ 점도표

양적자료를 그림으로 요약하는 가장 간단한 방법은 수집한 자료를 점도표로 나타내는 것이다. 양적자료에 대한 점도표는 범주형 자료에 대한 점도표를 작성하는 방법과 동일하지만, 범주 대신에 수평축에 측정값을 기입하고 수직축에 각 측정값의 도수에 해당하는 점을 일정한 간격으로 나타내는 것이 다르다.

특성

❶ 원자료의 정확한 측정값을 알 수 있다.
❷ 자료집단의 대푯값(중심 위치)을 쉽게 파악할 수 있다.
❸ 자료집단의 흩어진 모양, 즉 측정값들의 분포 모양을 보여 준다.
❹ 자료집단에서 비정상적인 측정값을 보여 준다.
❺ 각 범주의 관찰값이 매우 많으면 부적절하다.

이때 대부분의 측정값으로부터 극단적으로 멀리 떨어진 측정값을 **이상점**outlier이라 한다.

예제 6

항공기의 대피 시스템에 사용되는 중합체는 노화 과정에 대한 내구성을 갖추는 것이 중요하다. 일주일 동안 고온에서 가속배치 노화 과정에 노출된 중합체 40개의 인장강도를 측정하여 다음을 얻었다. 이 표본에 대한 점도표를 그려라(단, 단위는 psi이다).

202	239	221	223	204	235	228	244	236	222
228	201	228	240	211	241	238	232	220	201
200	211	201	232	225	207	213	215	230	241
221	211	238	244	231	206	208	207	220	231

풀이

그림과 같이 수평축에 측정값을 일정한 간격으로 기입하고 수직축에 각 측정값의 도수에 해당하는 점을 일정한 간격으로 나타낸다.

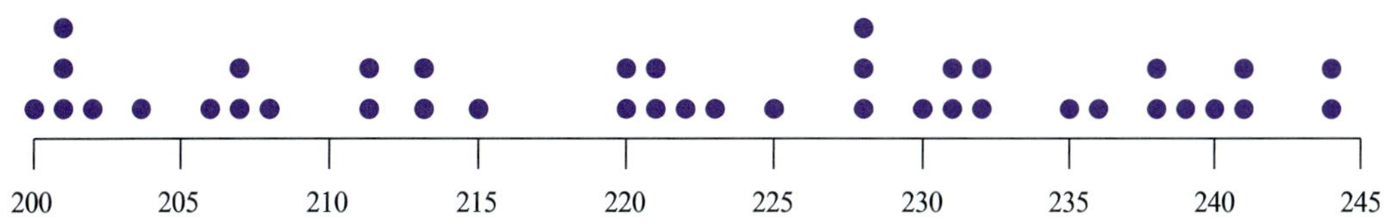

■ 도수분포표

양적자료를 적당한 간격으로 집단화(범주화)하여 나타낸 도수표를 **도수분포표**frequency distribution table라 한다. 도수분포표에는 각 계급 안에 들어가는 자료의 도수, 상대도수, 누적도수, 누적상대도수 그리고 계급값 등을 기입하며, 도수분포표에 사용하는 용어는 다음과 같다.

- **계급**class : 양적자료를 적당한 간격으로 집단화하여 나타낸 범주
- **계급 간격**class width : 각 계급의 위쪽 경계에서 아래쪽 경계를 뺀 값
- **계급 상대도수**class relative frequency : 계급의 도수를 자료 집단 안의 전체 자료의 수로 나눈 값이다. 즉, 계급 상대도수는 다음과 같다.

$$\text{계급 상대도수} = \frac{\text{계급의 도수}}{\text{전체 도수}}$$

- **누적도수**cumulative frequency : 이전 계급까지의 모든 도수를 합한 도수
- **누적상대도수**cumulative relative frequency : 이전 계급까지의 모든 상대도수를 합한 상대도수
- **계급값**class mark : 각 계급의 중앙값이다. 즉, 계급값은 다음과 같다.

$$\text{계급값} = \frac{\text{위쪽 경계} + \text{아래쪽 경계}}{2}$$

각 계급의 양 끝점이 겹치는 것을 피하기 위해 계급 간격을 '이상~미만' 형태로 사용하는 경우가 있으나, 자료 값보다 한 단위 낮은 단위의 $\frac{1}{2}$을 사용하는 것이 바람직하다. 이러한 계급을 사용하기 위해 첫 번째 계급의 하한을 다음과 같이 정한다.

$$\text{첫 번째 계급의 하한값} = \text{최소 자료 값} - \frac{\text{자료 값의 기본 단위}}{2}$$

특성

❶ 자료집단의 대푯값을 쉽게 파악할 수 있다.
❷ 자료집단의 흩어진 분포 모양을 보여 준다.
❸ 원자료의 정확한 측정값을 알 수 없다.
❹ 계급의 수가 많으면 도수분포표가 너무 복잡하고, 적으면 자료의 정보가 왜곡될 수 있다.
❺ 극단적인 이상점의 유무를 확인할 수 있다.

양적자료의 도수분포표는 다음 순서에 따라 작성한다.

❶ 계급의 수(k)를 결정한다.

계급의 수를 정하는 특별한 규칙은 없으나, 보편적으로 5개에서 10개 내외로 정한다. 특히 자료의 수(n)가 충분히 많으면 스터지스Herbert A. Sturges; 1882~1958가 제안한 **스터지스의 공식**Sturges's formula이라 부르는 $k = 1 + 3.3\log_{10} n$에 가까운 정수를 택한다. [표 2.1]은 자료의 수에 따른 계급의 개수를 보여 준다.

[표 2.1] 스터지스의 공식에 의한 계급의 수

자료의 수(n)	30	50	120	250	500	1000
계급의 수	6	7	8	9	10	11

❷ 계급 간격을 결정한다.

자료의 최댓값 $x_{\max}$와 최솟값 $x_{\min}$의 차 $R = x_{\max} - x_{\min}$을 **범위**range라 하며, 계급 간격(w)은 범위를 계급의 수(k)로 나눈 값보다 큰 가장 작은 정수로 택한다.

$$w \approx \frac{R}{k}$$

❸ 첫 번째 계급의 하한을 결정한다.

❹ 도수분포표 안에 각 계급의 도수, 상대도수, 누적도수, 누적상대도수 그리고 계급값 등을 기입한다.

예제 7

[예제 6]의 자료에 대한 계급의 수가 5인 도수분포표를 작성하라.

풀이

자료의 최댓값이 $x_{\max} = 244$, 최솟값이 $x_{\min} = 200$이므로 범위는 $R = 244 - 200 = 44$이다. 계급의 수가 5이므로 계급 간격은 다음과 같이 9이다.

$$w = \frac{44}{5} = 8.8 \approx 9$$

첫 번째 계급의 하한을 구하면 $200 - 0.5 = 199.5$이므로 199.5부터 계급 간격이 9인 도수분포표를 작성한다.

계급 간격	도수	상대도수	누적도수	누적상대도수	계급값
199.5 ~ 208.5	10	0.250	10	0.250	204
208.5 ~ 217.5	5	0.125	15	0.375	213
217.5 ~ 226.5	7	0.175	22	0.550	222
226.5 ~ 235.5	9	0.225	31	0.775	231
235.5 ~ 244.5	9	0.225	40	1.000	240
합계	40	1.000			

■ 히스토그램

범주형 자료의 막대그래프와 같이 도수분포표를 시각적으로 쉽게 알 수 있도록 나타낸 그림을 **히스토그램**histogram이라 한다. 이때 수평축에 도수분포표의 계급 구간을 나타내고 수직축에 각 계급에 대응하는 도수, 상대도수, 누적도수 또는 누적상대도수를 높이로 갖는 사각형으로 나타낸다.

특성

❶ 자료의 개수가 많은 경우에 사용한다.
❷ 자료집단의 대푯값을 쉽게 파악할 수 있다.
❸ 자료집단의 흩어진 분포 모양(대칭성, 비대칭성, 집중성)을 알 수 있다.
❹ 막대의 넓이는 도수에 비례한다.
❺ 틈새가 있는 계급을 알 수 있다.
❻ 가장 많은 도수를 갖는 계급과 그 도수를 알 수 있다.
❼ 극단적인 이상점의 유무를 확인할 수 있다.
❽ 원자료의 정확한 측정값을 알 수 없다.

수직축에 사용하는 척도에 따라 히스토그램을 다음과 같이 구분한다.

- **도수히스토그램**frequency histogram : 수평축에 계급을, 수직축에 도수를 나타낸 히스토그램
- **누적도수히스토그램**cumulative frequency histogram : 수평축에 계급을, 수직축에 누적도수를 나타낸 히스토그램
- **상대도수히스토그램**relative frequency histogram : 수평축에 계급을, 수직축에 상대도수를 나타낸 히스토그램
- **누적상대도수히스토그램**cumulative relative frequency histogram : 수평축에 계급을, 수직축에 누적상대도수를 나타낸 히스토그램

예제 8

[예제 7]에서 구한 도수분포표를 이용하여 도수히스토그램과 누적도수히스토그램을 그려라.

풀이

수평축에 도수분포표의 계급구간을 나타내고 각 계급에 대응하는 도수와 누적도수를 높이로 갖는 직사각형을 그리면 다음과 같다.

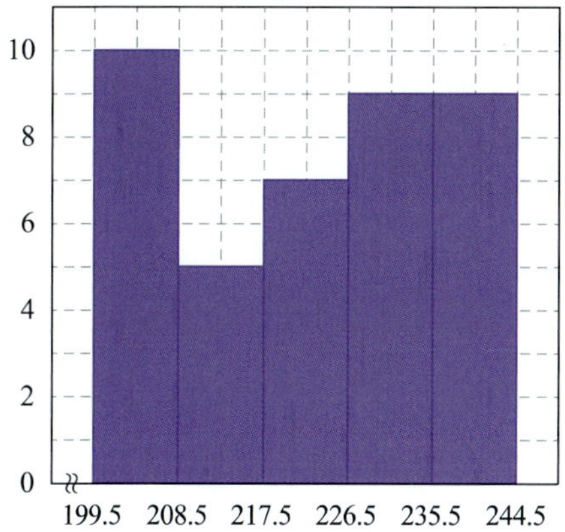

도수히스토그램

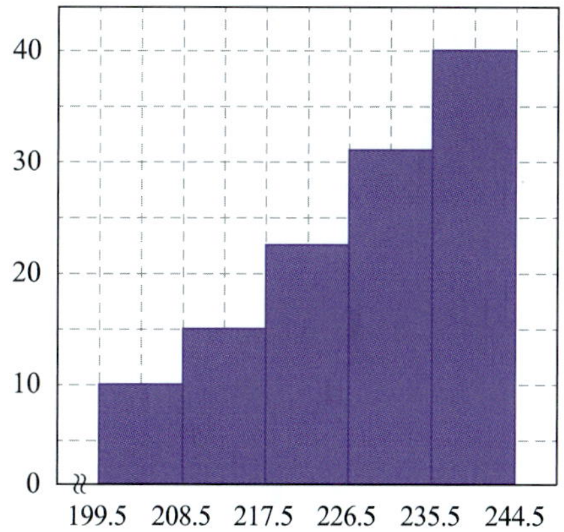

누적도수히스토그램

■ 분포다각형

히스토그램에서 각 사각형의 상단 중심을 선분으로 연결하여 다각형으로 나타낸 그림을 **분포다각형** distribution polygon이라 한다. 이때 히스토그램의 양 끝에 도수가 0인 계급을 하나씩 추가하여 그 중심을 선분으로 연결한다.

특성

❶ 자료집단의 대푯값을 쉽게 파악할 수 있다.

❷ 자료집단의 흩어진 분포 모양을 알 수 있다.

❸ 두 개 이상의 자료집단의 분포 모양을 쉽게 비교할 수 있다.

수직축에 사용하는 척도에 따라 분포다각형을 다음과 같이 구분한다.

- **도수분포다각형** frequency distribution polygon : 수평축에 계급을, 수직축에 도수를 나타낸 분포다각형
- **누적도수분포다각형** cumulative frequency distribution polygon : 수평축에 계급을, 수직축에 누적도수를 나타낸 분포다각형

- **상대도수분포다각형**relative frequency distribution polygon : 수평축에 계급을, 수직축에 상대도수를 나타낸 분포다각형
- **누적상대도수분포다각형**cumulative relative frequency distribution polygon : 수평축에 계급을, 수직축에 누적상대도수를 나타낸 분포다각형

예제 9

[예제 7]에서 구한 도수분포표를 이용하여 도수분포다각형과 누적상대도수분포다각형을 그려라.

풀이

수평축에 도수분포표의 계급 구간을 나타내고, 각 계급에 대응하는 도수와 누적상대도수의 상단 중심을 선분으로 연결한다.

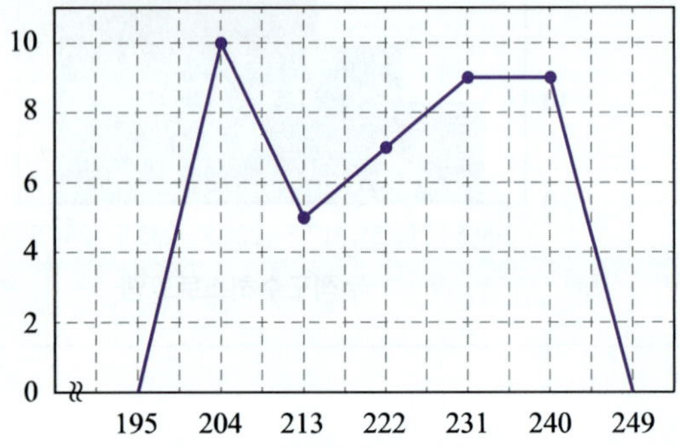

도수분포다각형

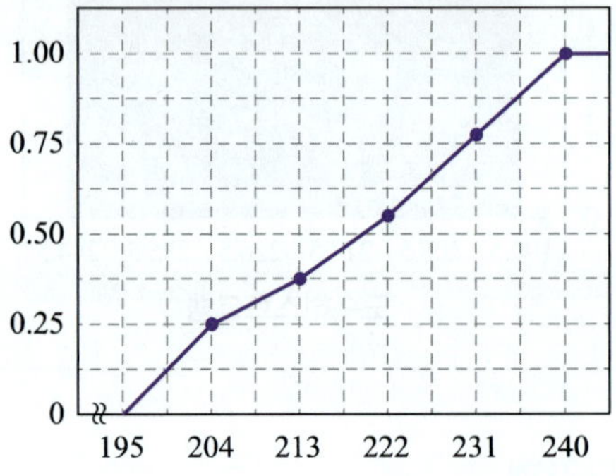

누적상대도수분포다각형

누적상대도수분포다각형을 이용하면 전체 자료에 대한 특정한 관찰값 이하에 대한 비율을 추론할 수 있으며, 전체 자료에 대한 특정한 비율 이하의 측정값의 위치를 알 수 있다. [예제 9]의 누적상대도수분포다각형을 이용하면 [그림 2.1(a)]와 같이 인장강도가 219.5 이하인 자료는 49% 정도이고, 인장강도의 크기가 50% 이하인 측정값은 220 정도임을 추론할 수 있다.

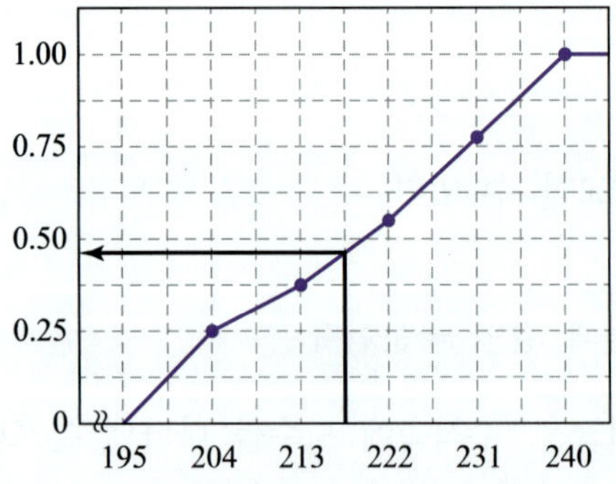

(a) 특정 측정값 이하의 비율

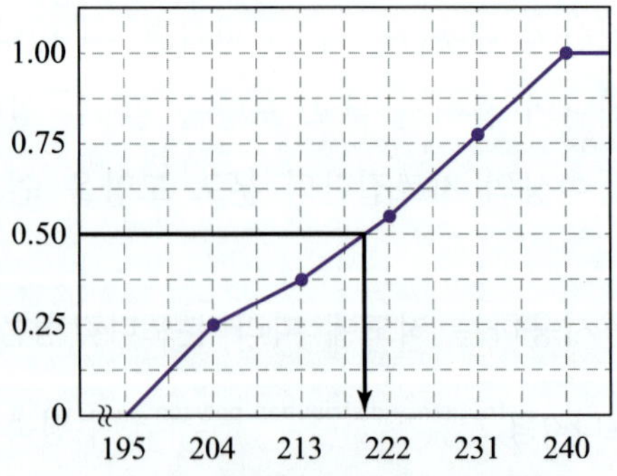

(b) 특정 비율 이하의 측정값

[그림 2.1] 누적상대도수분포다각형을 활용한 추론

■ 줄기-잎 그림

도수분포표, 히스토그램, 분포다각형 등은 자료집단의 분포 모양을 쉽게 알 수 있다는 장점이 있지만, 자료의 정확한 측정값을 알 수 없다는 단점이 있다. 이러한 단점을 보완하면서 전체 자료의 순위와 자료 형태를 보여 주는 **줄기-잎 그림**stem-leaf display이 있다.

특성

❶ 자료의 개수가 적은 경우에 사용한다.
❷ 자료집단의 대푯값을 쉽게 파악할 수 있다.
❸ 자료집단의 분포 모양을 쉽게 알 수 있다.
❹ 자료의 정확한 측정값을 알 수 있다.
❺ 틈새가 있는 계급을 알 수 있다.
❻ 가장 많은 도수를 갖는 계급과 그 도수를 알 수 있다.
❼ 극단적인 이상점의 유무를 확인할 수 있다.

줄기-잎 그림은 다음 순서에 따라 그린다.

❶ 줄기와 잎을 구분한다.
변동이 작은 부분을 줄기, 변동이 많은 부분을 잎으로 지정한다. 보편적으로 측정값의 가장 낮은 자릿수를 잎으로 정하고 나머지 자리 숫자를 줄기로 정한다.
❷ 줄기 부분을 작은 수부터 위에서 아래로 차례대로 나열하고, 오른쪽에 수직선을 긋는다.
❸ 원자료에서 각 줄기 부분에 해당하는 잎 부분을 크기순으로 재배열한다.
❹ 전체 자료의 중심(50% 위치)에 놓이는 자료 값이 있는 행의 왼쪽에 괄호를 쓰고, 괄호 안에 그 행에 해당하는 잎의 수(도수)를 기입한다.
❺ 괄호가 있는 행을 중심으로 괄호와 동일한 열에 누적도수를 위아래로 각각 기입하고, 잎의 단위와 전체 도수를 기입한다.

예제 10

[예제 6]의 자료에 대한 줄기-잎 그림을 그려라.

풀이

① 백 단위와 십 단위의 숫자에 대한 변동이 작으므로 줄기 부분으로 지정하고 일 단위의 숫자를 잎으로 지

정한다.

② 줄기 부분을 작은 수부터 위에서 아래로 차례대로 나열하고, 오른쪽에 수직선을 그어 잎을 순서대로 나열한다.

20	2 4 1 1 0 1 7 6 8 7
21	1 1 3 5 1
22	1 3 8 2 8 8 0 5 1 0
23	9 5 6 8 2 2 0 8 1 1
24	4 0 1 1 4

③ 잎 부분을 크기순으로 재배열한다.

20	0 1 1 1 2 4 6 7 7 8
21	1 1 1 3 5
22	0 0 1 1 2 3 5 8 8 8
23	0 1 1 2 2 5 6 8 8 9
24	0 1 1 4 4

④ 전체 자료의 중심(50% 위치)에 놓이는 자료 값이 있는 행의 왼쪽에 괄호를 쓰고, 괄호 안에 그 행에 해당하는 잎의 수(도수)를 기입한다. 크기순으로 나열했을 때, 50% 위치의 자료 값은 20번째와 21번째이다.

	20	0 1 1 1 2 4 6 7 7 8
	21	1 1 1 3 5
(10)	22	0 0 1 1 2 3 5 8 8 8
	23	0 1 1 2 2 5 6 8 8 9
	24	0 1 1 4 4

⑤ 괄호가 있는 행을 중심으로 괄호와 동일한 열에 누적도수를 위아래로 각각 기입하고, 잎의 단위와 전체 도수를 기입한다.

10	20	0 1 1 1 2 4 6 7 7 8	전체 도수 : 40
15	21	1 1 1 3 5	기본 단위 : 1
(10)	22	0 0 1 1 2 3 5 8 8 8	
15	23	0 1 1 2 2 5 6 8 8 9	
5	24	0 1 1 4 4	

[예제 10]의 줄기-잎 그림은 계급 간격이 10인 도수분포표와 히스토그램을 나타낸다. 한편 잎 부분을 0~4, 5~9로 구분하여 다음과 같이 줄기-잎 그림을 세분화할 수 있다.

6	20°	0 1 1 1 2 4
10	20*	6 7 7 8
14	21°	1 1 1 3
15	21*	5
(6)	22°	0 0 1 1 2 3
19	22*	5 8 8 8
15	23°	0 1 1 2 2
10	23*	5 6 8 8 9
5	24°	0 1 1 4 4

전체 도수: 40
기본 단위: 1

■ 시계열 그림

시간(분, 시, 일, 주 월, 분기, 년)에 따른 양적자료의 변화 추이를 분석하기 위한 그림을 **시계열 그림**time series plot이라 한다. 이때 수평축에 시간을 기입하고, 수직축에 시간대별 관측된 값을 선분으로 연결한다. 이러한 시계열 그림은 주식의 변화 추이, 온도에 따른 화학반응식의 추이 등에 많이 사용되며, 시계열 그림을 이용하면 미래의 특정 시점에 대한 자료 값을 쉽게 예측할 수 있다.

예제 11

한반도에서 발생한 규모 3.0 이상의 지진 횟수를 나타낸 다음 자료에 대한 시계열 그림을 그려라.

연도	2017	2018	2019	2020	2021	2022
지진 발생횟수	19	5	14	5	5	8

풀이

수평축에 연도, 수직축에 연도별 지진 발생 횟수를 점으로 나타내고, 각 점을 선으로 잇는다.

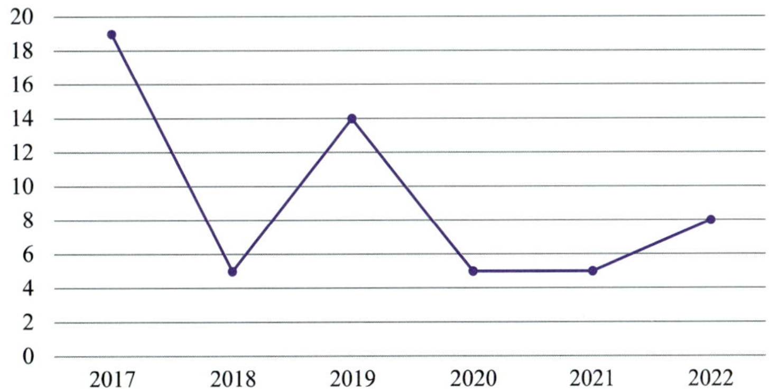

한편 두 자료집단의 특성을 비교하기 위해 점도표, 도수분포다각형 또는 줄기-잎 그림 등을 이용할 수 있다. [표 2.2]와 같이 무작위로 선정한 100개 도시의 미세먼지(PM2.5) 대기오염도에 대한 표본을 얻었다고 하자.

[표 2.2] 미세먼지(PM2.5) 대기오염도 무작위 표본

5월의 미세먼지(PM2.5) 대기오염도 표본										7월의 미세먼지(PM2.5) 대기오염도 표본									
20	16	18	20	20	18	17	16	19	23	18	16	20	23	18	19	22	24	18	25
17	18	21	18	26	17	22	16	22	19	20	17	18	18	22	34	18	21	22	17
24	26	29	18	18	26	21	15	24	20	16	19	23	26	23	16	24	20	25	26
16	20	23	19	16	26	19	17	18	15	19	14	20	15	22	14	14	16	15	14
13	13	15	17	14	18	17	12	14	10	19	15	15	21	16	22	18	10	10	16
16	16	18	18	13	12	12	21	23	22	12	16	19	16	16	19	14	14	22	16
18	20	18	19	22	19	24	22	25	20	10	18	18	16	18	14	19	22	21	24
27	17	19	21	20	23	26	20	22	24	15	9	20	18	22	18	19	14	14	19
18	17	19	20	23	23	18	19	21	24	15	18	17	17	19	13	14	18	12	13
24	17	14	21	16	21	13	14	18	16	20	18	19	15	17	16	20	18	14	12

[그림 2.2]와 같이 두 표본의 점도표는 동일한 척도 구간을 이용하여 작성한다.

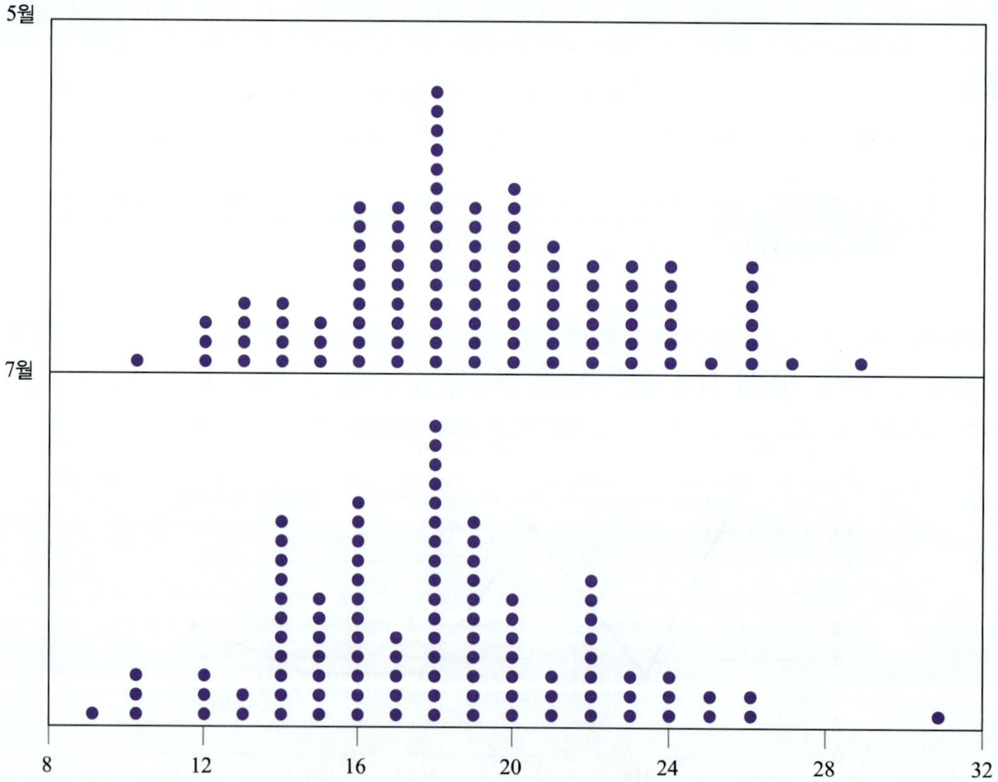

[그림 2.2] 두 표본에 대한 점도표

[표 2.3]과 같이 두 자료집단의 전체 자료 값에서 최댓값과 최솟값을 이용해 계급 간격을 구한 후, 동일한 계급에 속하는 자료의 개수를 바탕으로 도수분포표를 작성한다.

[표 2.3] 도수분포표에 의한 대기오염도 표본의 비교

계급 간격	5월				7월				계급값
	도수	누적 도수	상대 도수	누적 상대도수	도수	누적 도수	상대 도수	누적 상대도수	
8.5 ~ 12.5	4	4	0.04	0.04	7	7	0.07	0.07	10.5
12.5 ~ 16.5	20	24	0.20	0.24	32	39	0.32	0.39	14.5
16.5 ~ 20.5	43	67	0.43	0.67	39	78	0.39	0.78	16.5
20.5 ~ 24.5	25	92	0.25	0.92	17	95	0.17	0.95	20.5
24.5 ~ 28.5	7	99	0.07	0.99	4	99	0.04	0.99	24.5
28.5 ~ 32.5	1	100	0.01	1.00	0	99	0.00	0.99	28.5
32.5 ~ 36.5	0	100	0.00	1.00	1	100	0.01	1.00	32.5
합계	100		1.00		100		1.00		

이와 같은 도수분포표를 바탕으로 [그림 2.3]과 같이 히스토그램을 겹쳐서 그리거나 좌우에 나란히 그릴 수 있다.

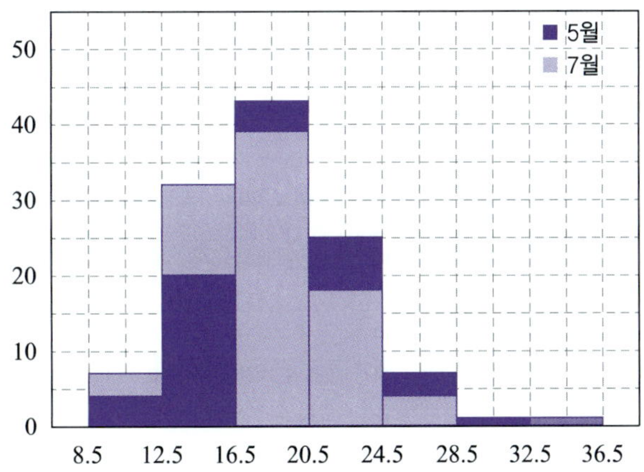

[그림 2.3] 두 표본에 대한 히스토그램

또한, [그림 2.4]와 같이 두 자료집단을 동일한 척도에 대한 분포다각형을 그리면 두 자료집단의 특성을 쉽게 비교할 수 있다.

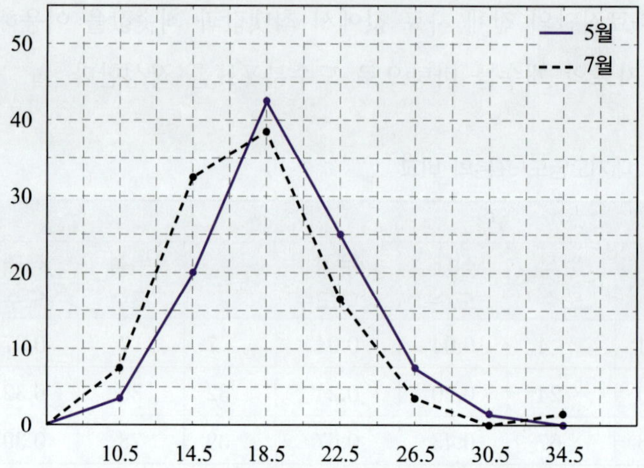

[그림 2.4] 두 표본에 대한 도수분포다각형

[그림 2.5]와 같이 줄기 부분을 중앙에 작성하는 줄기-잎 그림을 그릴 수도 있다.

	0	0	1	9
444433332220	12	1°	20	00022233444444444444
999999999888888888888888877777777766666666665555	(45)	1*	(51)	555555566666666666677777888888888888888899999999999
4444443333332222221111110000000000	43	2°	29	00000001112222222222333444
97666665	8	2*	5	5566
	0	3°	1	4

[그림 2.5] 두 표본에 대한 줄기-잎 그림

연습문제

1. 다음 자료는 지난 5년간 우리나라 주요 도시의 건축물 화재 건수를 조사한 결과이다. 이 자료에 대해 다음을 구하라.

(a) 도수표 (b) 막대그래프 (c) 선그래프 (d) 원그래프

도시	서울	부산	인천	대구	대전	광주	울산
건수	24,122	8,359	5,968	5,539	3,446	3,109	2,589

2. 다음 자료는 지난해 철도를 이용한 인원을 요일별로 조사한 결과이다. 이 자료에 대해 다음을 구하라(단, 단위는 천 명이다).

(a) 도수표 (b) 막대그래프 (c) 선그래프 (d) 원그래프

요일	월	화	수	목	금	토	일
인원	250	236	239	265	374	363	357

3. 다음 자료는 교통부에서 제공한 연료에 따른 자동차 수에 대한 결과이다. 이 자료에 대해 다음을 구하라(단, 단위는 만 대이다).

(a) 도수표 (b) 막대그래프 (c) 선그래프 (d) 원그래프

연료	휘발유	경유	LPG	하이브리드	전기	CNG	수소
판매량	1,096	996	200	51	9	4	5

4. 다음 자료는 국민건강보험공단에서 제공한 신규 중증(암) 등록 환자의 암유형별 등록 인원 현황이다. 이 자료에 대해 다음을 구하라(단, 단위는 명이다).

(a) 도수표 (b) 막대그래프 (c) 선그래프 (d) 원그래프

유형	폐암	위암	간암	대장암	유방암	전립선암	갑상샘암
환자 수	28557	26994	17989	27811	27565	21496	31995

5. 다음 자료는 상위 6개 기종별 용도별 건설기계 등록 현황이다. 이 자료에 대해 자가용과 영업용을 비교하여 다음을 구하라(단, 단위는 대이다).

(a) 도수표 (b) 막대그래프 (c) 상대도수 선그래프 (d) 원그래프

기종	지게차	굴착기	덤프트럭	로더	콘크리트믹서트럭	기중기
자가용	165,690	57,458	8,145	21,531	3,519	779
영업용	39,098	104,875	47,444	7,170	22,569	9,837

6. 다음 자료는 40개의 알루미늄 합금 표본에 대해 측정한 인장강도를 나타낸다. 이 자료에 대해 다음을 구하라(단, 단위는 N/mm^2이다).

(a) 점도표 (b) 계급이 5개인 도수분포표 (c) 도수히스토그램

(d) 누적상대도수분포다각형 (e) 간격이 10인 줄기-잎 그림

251	277	268	283	249	289	269	267	289	266
261	267	256	265	266	271	265	271	280	271
280	245	246	257	248	274	271	259	269	272
269	273	255	284	278	273	287	249	271	285

7. 다음 자료는 새로 개발한 살충제에 의해 해충이 죽을 때까지 걸린 시간을 측정한 자료이다. 이 자료에 대해 다음을 구하라(단, 단위는 초이다).

(a) 점도표 (b) 계급이 5개인 도수분포표 (c) 도수히스토그램

(d) 상대도수분포다각형 (e) 간격이 10인 줄기-잎 그림

24	6	10	18	27	9	24	19	8	12	14	10	15	29	6
10	30	24	14	26	9	20	9	25	20	18	7	28	23	17

8. 연기감지기 제조에 사용되는 방사성 물질인 아메리슘 241(^{241}Am)을 진돗개의 체중에 비례하도록 주입하여, 각 진돗개에 대해 ^{241}Am의 골격 보존을 측정하여 다음 자료를 얻었다. 이 자료에 대해 다음을 구하라(단, 단위는 μCi/kg이다).

(a) 점도표 (b) 계급이 6개인 도수분포표 (c) 도수히스토그램

(d) 도수분포다각형 (e) 간격이 0.5인 줄기-잎 그림

1.64	1.66	1.81	1.84	1.88	1.89	1.97	2.05	2.07	2.11
2.12	2.14	2.16	2.35	2.43	2.50	2.63	2.63	2.67	2.82
2.85	2.89	2.93	2.95	2.96	3.00	3.06	3.20	3.30	3.30
3.34	3.35	3.37	3.71	3.76	3.86	3.90	3.90	4.08	4.19
4.23	4.31	4.32	4.38	4.40	4.42	4.47	4.48	4.55	4.65

9. 다음 자료는 점토 표본을 건조시킬 때 수축 정도를 나타낸 것이다. 이 자료에 대해 다음을 구하라(단, 단위는 %이다).

(a) 점도표 (b) 계급이 5개인 도수분포표 (c) 도수히스토그램

(d) 상대도수분포다각형 (e) 간격이 1인 줄기-잎 그림

17.0	19.2	15.4	16.8	14.1	12.6	12.8	16.7	20.3	19.2
20.7	13.8	16.8	18.6	19.1	15.5	19.7	20.2	16.0	16.3
17.0	13.1	14.3	12.0	16.9	19.7	15.0	15.5	19.8	15.9
16.3	16.9	17.3	13.7	19.8	16.4	17.4	13.9	19.9	19.0
20.3	15.9	19.5	18.8	16.8	12.6	13.5	15.8	17.5	17.0

10. 다음 자료는 탄소섬유 강화 중합체의 밀도를 나타낸 것이다. 이 자료에 대해 다음을 구하라(단, 단위는 g/cm^3이다).

(a) 점도표 (b) 계급 간격이 0.1인 도수분포표 (c) 도수히스토그램

(d) 누적상대도수분포다각형 (e) 이상점으로 의심되는 측정값

1.5	1.7	1.3	1.6	1.7	1.7	1.4	1.7	1.6	1.4	1.2	1.3	1.4	1.3	1.7
1.2	1.5	2.2	1.7	1.7	1.4	1.2	1.5	1.2	1.5	1.4	1.6	1.3	1.6	1.2

11. 새로 개발한 항진균제의 효능을 조사하기 위해, 표본을 선정하여 피부에 바르고 일정 시간이 지난 후에 피부에 남아 있는 약품의 양을 측정하여 다음을 얻었다. 이 자료에 대해 다음을 구하라(단, 단위는 ng/cm^2이다).

(a) 점도표 (b) 계급이 5개인 도수분포표 (c) 도수히스토그램

(d) 상대도수분포다각형 (e) 간격이 10인 줄기-잎 그림 (f) 이상점으로 의심되는 측정값

66	37	35	59	72	54	34	56	39	43	71	39	76	38	9	74	39	50	38	39
33	71	62	34	62	47	75	79	46	64	36	36	38	33	42	56	60	35	43	33
71	51	61	55	36	58	53	37	59	66										

12. 어느 하천의 산소 농도를 측정하여 다음 표본을 얻었다. 이 자료에 대해 다음을 구하라(단, 단위는 mg/L이다).

(a) 점도표 (b) 계급이 4개인 도수분포표 (c) 도수히스토그램

(d) 상대도수분포다각형 (e) 간격이 0.5인 줄기-잎 그림 (f) 이상점으로 의심되는 측정값

2.4	1.9	2.3	2.4	1.8	1.9	2.3	3.1	2.5	2.2	3.1	2.4	2.1	2.5
2.5	2.8	2.4	2.3	1.9	2.9	2.2	3.1	5.2	2.3	2.0			

13. 어느 작업장의 분진 농도를 조사하기 위해 40곳을 선택하여 세제곱미터당 분진 농도를 측정하여 다음을 얻었다. 이 자료에 대해 다음을 구하라(단, 단위는 mg/m^3이다).

(a) 점도표 (b) 계급이 6개인 도수분포표

(c) 도수히스토그램 (d) 상대도수분포다각형

(e) 간격이 10인 줄기-잎 그림 (f) 이상점으로 의심되는 측정값

88	78	31	55	73	89	79	61	51	58	67	82	13	53	69	40	41	11	36	38
34	36	27	8	83	85	45	162	61	36	65	39	43	38	88	63	22	34	55	23

14. 우리나라에서 생산되는 중형 자동차용 배터리 용량의 기준은 80(AH, 암페어-시)이다. 운행 중인 중형 자동차의 배터리 용량이 이 기준에 맞는지 25대의 자동차를 임의로 선정하여 배터리 용량을 측정하여 다음을 얻었다. 이 자료에 대해 다음을 구하라(단, 단위는 AH이다).

(a) 점도표 (b) 계급이 4개인 도수분포표 (c) 도수히스토그램

(d) 누적도수히스토그램 (e) 간격이 1인 줄기-잎 그림

81.0	83.0	76.9	77.6	80.8	82.5	79.6	83.4	77.6	80.6	82.4	76.9	78.6
83.8	79.5	82.9	81.4	83.3	75.2	81.8	80.2	79.5	82.9	81.4	79.7	

15. 40대의 자동차에 사용되는 섬유 강화 플라스틱의 인장강도를 측정하여 다음을 얻었다. 이 자료에 대해 다음을 구하라(단, 단위는 MPa이다).

(a) 점도표 (b) 계급이 5개인 도수분포표 (c) 도수히스토그램

(d) 누적상대도수분포다각형 (e) 간격이 5인 줄기-잎 그림 (f) 이상점으로 의심되는 측정값

93	91	89	91	85	91	96	88	98	90	90	86	91	89	86	98	96	97	93	96
97	92	94	95	92	87	92	89	90	92	86	94	88	89	88	94	108	84	61	94

16. 제철 공정에서 생산되는 탄소섬유의 밀도를 측정하여 다음 표본을 얻었다. 이 자료에 대해 다음을 구하라(단, 단위는 g/cm^3이다).

(a) 점도표 (b) 계급이 5개인 도수분포표 (c) 도수히스토그램

(d) 누적상대도수분포다각형 (e) 간격이 0.05인 줄기-잎 그림

1.75	1.89	1.85	1.75	1.87	1.74	1.86	1.74	1.67	1.92
1.84	1.82	1.74	1.69	1.81	1.68	1.78	1.73	1.87	1.80

17. 유리의 산화물에 포함된 나트륨의 양을 측정하여 다음 표본을 얻었다. 이 자료에 대해 다음을 구하라(단, 단위는 %이다).

(a) 점도표 (b) 계급이 5개인 도수분포표

(c) 도수히스토그램 (d) 누적상대도수분포다각형

(e) 간격이 0.5인 줄기-잎 그림　　　　　(f) 이상점으로 의심되는 측정값

13.4	12.8	13.7	13.2	13.1	13.7	13.5	13.6	12.8	13.4	13.9	13.3	13.1	13.0
13.3	13.8	13.7	13.5	13.7	13.1	13.8	13.6	13.1	13.5	13.3	13.1	13.3	13.0
13.3	13.2	13.2	14.8	13.7	13.2	13.7	13.0	13.3	14.5	12.8	13.0		

18. 유럽연합에서는 온실가스 감축을 위해 자동차에서 발생하는 이산화탄소 배출 기준을 2020년까지 105 g/km로 설정하였다. 현재 운행되는 50대의 자동차에서 배출되는 이산화탄소 배출량을 조사하여 다음을 얻었다. 이 자료에 대해 다음을 구하라(단, 단위는 g/km이다).

(a) 점도표　(b) 계급이 5개인 도수분포표　(c) 도수히스토그램

(d) 누적상대도수분포다각형　(e) 간격이 5인 줄기-잎 그림

107	108	112	123	98	116	108	104	100	123
95	98	105	105	125	114	107	107	123	130
103	117	104	100	107	95	116	115	126	97
113	95	98	109	115	125	124	104	116	118
131	123	115	117	111	121	123	105	98	101

19. 납의 융해점을 결정하기 위해 실험을 실시하여 다음을 얻었다. 이 자료에 대해 다음을 구하라(단, 단위는 °C이다).

(a) 점도표　(b) 계급이 5개인 도수분포표　(c) 도수히스토그램

(d) 누적상대도수분포다각형　(e) 간격이 5인 줄기-잎 그림

320	329	332	319	338	323	340	340	340	332
339	334	335	319	332	330	325	336	324	319

20. 두 반도체 생산 라인에서 생산된 실리콘 웨이퍼의 산화물 코팅 두께가 동일한지 알아보기 위해, 코팅 두께를 측정하여 다음 표본을 얻었다. 이 두 자료를 비교하는 다음 그림을 그려라(단, 단위는 Å이다).

(a) 점도표　(b) 계급이 5개인 도수분포표

(c) 도수분포다각형　(d) 누적상대도수분포다각형

생산 라인 A	94.0 97.2 89.2 90.4 90.3 91.4 101.7 96.0 98.4 90.2 91.1 97.6 89.5 96.7 90.8 89.0 90.3 90.5 93.0 92.7
생산 라인 B	93.7 94.6 93.8 93.6 92.5 89.4 92.8 94.6 92.8 93.5 94.6 92.8 92.8 91.3 93.9 93.6 94.2 92.5 91.4 91.6

21. 다음은 제주도의 네 개 지역에 대한 표층퇴적물에서 PCBs 화합물의 농도[5]를 표본조사한 자료이다. 이 자료를 이용하여 항구별 PCBs 화합물의 농도를 비교하는 다음 그림을 그려라(단, 단위는 ng/g dw이다).

(a) 점도표

(b) 제주항과 서귀포항을 비교하는 계급이 5개인 도수분포다각형

(c) 성산포항과 한림항을 비교하는 계급이 5개인 도수분포다각형

제주항	2.66 3.19 2.04 1.85 2.83 1.88 2.65 2.45 3.22 4.44 2.95 2.67 3.25 2.13 3.38 4.15 3.82 3.57 2.63 2.40
서귀포항	4.10 4.00 3.97 3.89 3.82 2.55 3.97 2.61 3.81 2.75 3.45 3.47 3.05 2.80 4.36 3.88 1.63 3.56 4.16 3.70
성산포항	0.44 0.10 0.28 0.32 0.11 0.13 0.19 0.17 0.14 0.25 0.20 0.37 0.43 0.33 0.10 0.29 0.38 0.12 0.36 0.42
한림항	0.34 0.48 0.18 0.45 0.28 0.44 0.56 0.28 0.36 0.39 0.26 0.37 0.20 0.22 0.23 0.32 0.33 0.40 0.23 0.23

22. 특정한 촉매반응에서 생산되는 원하지 않는 부산물을 측정하여 다음 자료를 얻었다. 이 두 자료를 비교하는 다음 그림을 그려라(단, 단위는 %이다).

(a) 점도표 (b) 계급이 5개인 도수분포표 (c) 도수분포다각형

(d) 누적상대도수분포다각형 (e) 간격이 1인 줄기-잎 그림

촉매 A	4.3 2.5 3.2 2.6 5.0 5.2 3.9 5.2 5.0 3.4 4.4 3.9 5.0 4.3 3.2 3.2 4.2 4.8 2.7 3.6
촉매 B	2.6 4.9 4.1 1.3 4.7 1.2 2.1 1.6 4.2 6.5 5.2 4.6 6.2 1.3 6.4 6.4 4.7 6.3 3.8 1.1

---

5) 허륜용(2015), 제주도 항내 퇴적물 중의 PCBs의 분포 특성, 제주대학교 대학원(환경공학과) 참조

23. 크기가 각각 30인 두 종류의 세라믹 표본을 선정하여 실험체에 균열이 생길 때의 하중을 측정하여 다음을 얻었다. 이 두 자료를 비교하는 다음 그림을 그려라(단, 단위는 kg이다).

(a) 점도표 (b) 계급이 5개인 도수분포표
(c) 도수분포다각형 (d) 누적상대도수분포다각형
(e) 간격이 10인 줄기-잎 그림

세라믹 A	32	37	17	25	17	29	42	23	42	35	51	32	18	27	40
	32	38	20	39	33	21	30	24	41	35	50	35	46	24	25
세라믹 B	24	23	21	29	20	31	33	30	18	22	29	33	20	21	32
	20	19	20	20	18	31	28	33	35	18	30	36	32	24	30

24. 비행기의 대피 시스템에 사용되는 중합체의 노화 저항력에 따른 인장강도를 조사하기 위해, 상온에서의 인장강도와 고온에서 가속 노화 시험을 실시한 인장강도를 측정하여 다음 자료를 얻었다. 이 두 자료를 비교하는 다음 그림을 그려라(단, 단위는 psi이다).

(a) 점도표 (b) 계급이 5개인 도수분포표
(c) 도수분포다각형 (d) 누적상대도수분포다각형
(e) 간격이 5인 줄기-잎 그림

비노화 표본	225	217	218	226	217	218	230	215	222	222
	227	224	219	216	216	222	224	212	215	215
노화 표본	216	214	201	216	214	201	217	218	201	214
	201	207	204	210	211	207	198	203	220	207

25. 다음 자료는 두 종류의 차량에 대해 공회전 시 발생하는 탄화수소의 배출량을 나타낸 것이다. 이 두 자료를 비교하는 다음 그림을 그려라(단, 단위는 ppm이다).

(a) 점도표 (b) 계급이 5개인 도수분포표
(c) 도수분포다각형 (d) 누적상대도수분포다각형
(e) 간격이 100인 줄기-잎 그림

모델 A	339	428	502	513	250	335	344	369	256	270
	281	218	446	233	252	365	457	435	420	487
모델 B	242	418	399	423	553	394	461	436	679	218
	320	578	550	421	242	418	405	190	288	365

26. 실리콘 고무의 인장강도는 경화온도에 영향을 받는 것으로 알려져 있다. 경화온도가 30°C와 50°C인 경우에 대해 인장강도 실험을 실시하여 다음을 얻었다. 이 두 자료를 비교하는 다음 그림을 그려라(단, 단위는 kgf/mm^2이다).

(a) 점도표　　(b) 계급이 5개인 도수분포표　　(c) 도수분포다각형

(d) 누적상대도수분포다각형　　(e) 간격이 0.05인 줄기-잎 그림

30°C	2.02	2.04	2.18	1.94	2.00	1.93	2.22	2.22	1.90	1.95
	2.15	1.98	2.28	1.89	2.22	2.30	2.03	2.37	2.50	1.88
50°C	2.09	2.15	2.34	2.24	2.21	2.25	2.16	2.19	2.13	2.19
	2.28	2.26	2.19	2.21	2.30	2.21	2.18	2.09	2.16	2.17

CHAPTER 03

자료의 수치적 요약

3.1 대푯값과 위치척도

지금까지 표와 그림을 이용하여 자료를 시각적으로 쉽게 이해하는 방법에 대해 살펴봤으나, 단순히 표와 그림만으로는 자료집단이 내포하는 성질을 특정할 수 없다. 수집한 자료의 특성을 요약하기 위해 자료 값을 대표할 수 있는 하나의 수치와 자료 값들이 분포하는 모양을 나타내는 척도를 필요로 한다. 수집한 자료집단의 측정값을 하나의 수치로 대표하는 값을 **대푯값**representative value 또는 **중심위치의 척도**measure of centrality라 한다. 대푯값은 무엇을 나타내는 수치일까? 이를 살펴보기 위해 2장에서 살펴봤던 [예제 6]의 인장강도를 측정한 자료와 점도표를 생각해 보자. 이 자료집단의 대푯값은 [그림 3.1]과 같이 시소 모양의 점도표에서 받침대를 놓았을 때, 시소가 수평을 이루는 중심위치를 의미한다.

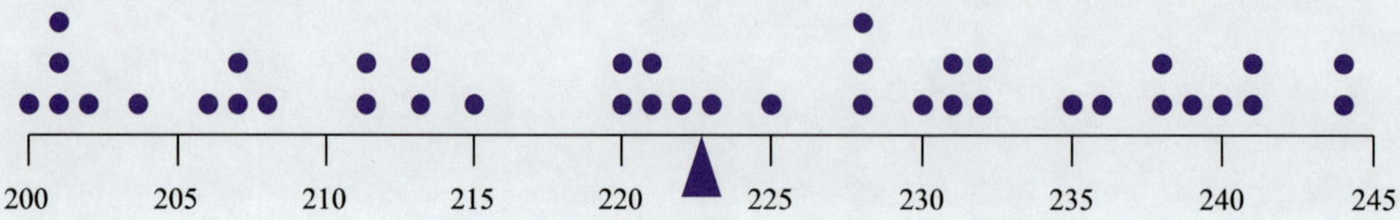

[그림 3.1] 대푯값의 의미

이 절에서는 수집한 자료집단의 중심위치를 나타내는 대푯값에 대해 살펴본다.

■ 산술평균

자료집단의 중심위치를 나타내기 위해 가장 널리 사용하는 척도는 평균이다. 평균에는 산술평균, 기하평균, 조화평균 등이 있으나, 통계학에서 말하는 **평균**mean은 일반적으로 산술평균을 의미한다. 이때 산술평균은 모든 자료 값을 더해서 자료의 총 개수로 나눈 수치이다. 따라서 크기가 N인 모집단의 전체 자료 값이 $x_1,\ x_2,\ \cdots,\ x_N$일 때 **모평균**population mean은 μ로 나타내며, 다음과 같이 정의한다.

$$\mu = \frac{1}{N}\sum_{i=1}^{N} x_i = \frac{1}{N}(x_1 + x_2 + \cdots + x_N)$$

크기가 n인 모집단에서 임의로 선정한 표본을 $x_1,\ x_2,\ \cdots,\ x_n$이라 할 때, **표본평균**sample mean은 $\overline{x}$로 나타내며, 다음과 같이 정의한다.

$$\overline{x} = \frac{1}{n}\sum_{i=1}^{n} x_i = \frac{1}{n}(x_1 + x_2 + \cdots + x_n)$$

특성

❶ 평균은 유일하다.

❷ 평균은 계산하기 쉽다.

❸ 개개의 자료 값에 대한 정보가 반영된다.

❹ 각 자료 값과 평균과의 편차 $x_i - \overline{x}$의 합은 0이다. 즉, $\Sigma(x_i - \overline{x}) = 0$ [6])이다.

❺ 각 자료 값과 평균과의 편차의 제곱을 모두 더한 값이 다른 위치척도에 비해 작다. 즉, 임의의 실수 a에 대해 $\Sigma(x_i - \overline{x})^2 \le \Sigma(x_i - a)^2$이다.

❻ 자료 값 안에 포함된 이상점의 유무에 따라 큰 차이를 보인다.

---

6) 명확하게 알 수 있는 경우에 Σ의 위 첨자와 아래 첨자를 생략하기도 한다.

예제 1

두 표본 A [1, 2, 3, 4, 5]와 B [1, 2, 3, 4, 50]에 대해 다음을 구하라.

(a) 두 표본의 평균

(b) 두 표본에 대한 평균의 위치를 나타내는 점도표

(c) 두 표본에서 이상점으로 생각되는 자료 값

풀이

(a) 표본 A와 표본 B의 표본평균을 각각 $\overline{x}$, $\overline{y}$라 하면 다음이 성립한다.

$$\overline{x} = \frac{1+2+3+4+5}{5} = 3, \qquad \overline{y} = \frac{1+2+3+4+50}{5} = 12$$

(b) 두 표본의 점도표와 평균의 위치를 그리면 다음과 같다.

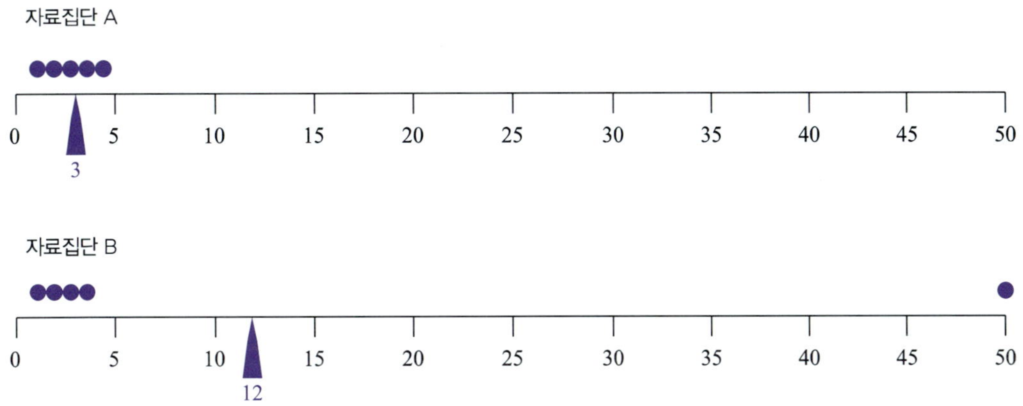

(c) 표본 B의 자료 값 50이 이상점으로 추정된다.

■ 절사평균

[예제 1]에서 확인할 수 있듯이 자료집단에 이상점이 있으면 산술평균을 이용한 중심위치는 원자료의 중심위치에 대한 정보를 크게 왜곡시킬 수 있다. 이러한 산술평균의 단점을 보완한 산술평균이 절사평균이다. 자료집단에서 자료 값이 큰 쪽과 작은 쪽에서 각각 k개씩 제거한 자료집단의 평균을 **절사평균**trimmed mean이라 하며, TM으로 나타낸다. 이때 양 끝에서 제거된 자료의 개수를 **절사비율**trimming percentage이라 하며, $0 < \alpha < 1$에 대해 $100\alpha\,\%$로 나타낸다. 자료의 개수가 n인 표본에 대해 $100\alpha\,\%$-절사평균을 얻기 위해 제거해야 하는 자료의 수는 다음과 같이 구한다.

❶ $\alpha n = k$(정수)이면 k에 해당하는 자료의 수만큼 양 끝에서 제거한다.

❷ αn이 정수가 아니면 αn을 넘지 않는 가장 가까운 정수만큼 양 끝에서 제거한다.

일반적으로 절사평균은 10%-절사평균을 많이 이용하며, 절사평균은 특정 심사위원의 편견을 줄이거나 잘못 측정된 자료 값을 배제할 때 유용하다.

예제 2

표본 [3, 2, 8, 4, 6, 7, 5, 1, 9, 100]에 대해 다음을 구하라.

(a) 10%-절사평균 (b) 25%-절사평균

풀이

다음과 같이 각 자료 값을 크기 순서로 재배열한다.

$$[1,\ 2,\ 3,\ 4,\ 5,\ 6,\ 7,\ 8,\ 9,\ 100]$$

(a) 자료의 개수는 $n=10$, 절사비율은 $\alpha=0.1$이므로 $\alpha n=0.1\times 10=1$이고, 10%-절사평균을 구하기 위해 제거되는 큰 자료 값과 작은 자료 값의 개수는 각각 1이다. 따라서 10%-절사평균은 다음과 같이 가장 작은 자료 값 1과 가장 큰 자료 값 100을 제거한 나머지 8개의 자료 값에 대한 평균이다.

$$TM_{10\%}=\frac{1}{8}(2+3+\cdots+8+9)=5.5$$

(b) 자료의 개수는 $n=10$, 절사비율은 $\alpha=0.25$이므로 $\alpha n=0.25\times 10=2.5$이고, 25%-절사평균을 구하기 위해 제거되는 큰 자료 값과 작은 자료 값의 개수는 각각 2.5를 넘지 않는 가장 큰 정수인 2이다. 따라서 25%-절사평균은 1, 2와 9, 100을 제거한 나머지 6개의 자료 값에 대한 평균이다.

$$TM_{25\%}=\frac{1}{6}(3+4+\cdots+7+8)=5.5$$

■ 중앙값(중위수)

2.2절에서 줄기-잎 그림을 그릴 때 50% 위치의 자료 값이 놓이는 행의 왼쪽에 괄호를 넣어 그 행의 도수를 기입했다. 이는 전체 자료를 작은 값부터 큰 값의 순서로 나열할 때 50% 위치에 놓이는 자료 값이 바로 그 행에 있음을 나타낸다. 이와 같이 자료 값을 작은 수부터 크기 순서로 재배열했을 때, 가장 가운데에 놓이는 자료 값을 **중앙값**[median] 또는 **중위수**라 하며, Me로 나타낸다. 자료 값을 작은 수부터 크기 순서로 재배열하여 k번째 위치에 놓이는 자료 값을 $x_{(k)}$로 나타낼 때, 자료집단의 중위수는 다음과 같이 정의한다.

$$Me = \begin{cases} x_{\left(\frac{n+1}{2}\right)} & , n\text{이 홀수인 경우} \\ \dfrac{x_{\left(\frac{n}{2}\right)} + x_{\left(\frac{n}{2}+1\right)}}{2} & , n\text{이 짝수인 경우} \end{cases}$$

특성

❶ 이상점의 영향을 받지 않는다.

❷ 어느 한쪽으로 치우친 분포를 갖는 자료집단에 대해 평균보다 좋은 대푯값을 나타낸다.

❸ 자료의 수가 많은 경우에 부적절하다.

❹ 수리적으로 다루기 매우 힘들다.

예제 3

[예제 2]의 자료집단에 대한 중앙값을 구하라.

풀이

다음과 같이 각 자료 값을 크기 순서로 재배열한다.

$$[1,\ 2,\ 3,\ 4,\ 5,\ 6,\ 7,\ 8,\ 9,\ 100]$$

전체 자료의 개수가 10이므로 5번째와 6번째 자료 값의 평균을 구하면 중앙값은 다음과 같다.

$$Me = \frac{5+6}{2} = 5.5$$

■ 최빈값

자료집단에서 두 번 이상 발생하는 자료 값 중에서 가장 많은 도수를 가지는 자료 값을 **최빈값**mode이라 하며, Mo로 나타낸다. 이러한 최빈값은 옷 사이즈를 나타내는 [XXS, XS, S, M, L, XL, XXL] 또는 여자 옷 사이즈를 나타내는 [44, 55, 66, 77, 88, 110] 등과 같은 명목자료의 중심위치를 나타낼 때 많이 사용한다. 그러나 [그림 3.2]와 같이 최빈값은 없거나 여러 개 존재할 수 있다.

[그림 3.2] 분포 모양에 따른 최빈값의 개수

특성

❶ 이상점의 영향을 전혀 받지 않는다.

❷ 존재하지 않거나 여러 개 존재할 수 있다.

❸ 자료의 수가 많은 경우에 부적절하다.

❹ 개개의 측정값을 반영하지 못한다.

❺ 수리적으로 다루기 곤란하다.

예제 4

인도 남부에 있는 비다르 시의 금속 공예품인 비드리웨어는 구리와 아연의 합금으로 제작된다. 다음은 비드리웨어에 대한 구리 함량을 나타내는 자료이다. 이 자료에 대해 다음을 구하라(단, 단위는 %이다).

(a) 평균　　(b) 5%-절사평균　　(c) 중앙값

(d) 최빈값　　(e) 점도표　　(f) 이상점

2.7	3.4	2.7	2.2	3.7	3.4	2.7	4.8	4.5	4.2
2.7	4.6	4.6	12.8	4.5	2.3	4.0	2.1	4.1	4.0

풀이

자료 값을 크기 순서로 재배열하면 다음과 같다.

2.1	2.2	2.3	2.7	2.7	2.7	2.7	3.4	3.4	3.7
4.0	4.0	4.1	4.2	4.5	4.5	4.6	4.6	4.8	12.8

(a) $\bar{x} = \frac{1}{20}(2.1 + 2.2 + \cdots + 4.8 + 12.8) = 4$

(b) 자료의 개수는 $n = 20$, 절사비율은 $\alpha = 0.05$이므로 제거되는 자료의 수는 $\alpha n = 0.05 \times 20 = 1$이다. 5%-절사평균을 구하기 위해 제거되는 큰 자료 값과 작은 자료 값의 개수는 각각 1이다. 따라서 5%-절사평균은 다음과 같다.

$$TM_{5\%} = \frac{1}{18}(2.2 + 2.3 + \cdots + 4.6 + 4.8) \approx 3.62$$

(c) $Me = \frac{x_{(10)} + x_{(11)}}{2} = \frac{3.7 + 4.0}{2} = 3.85$

(d) 가장 많은 도수를 갖는 자료 값이 2.7이므로 최빈값은 2.7이다.

(e) 점도표는 다음 그림과 같다.

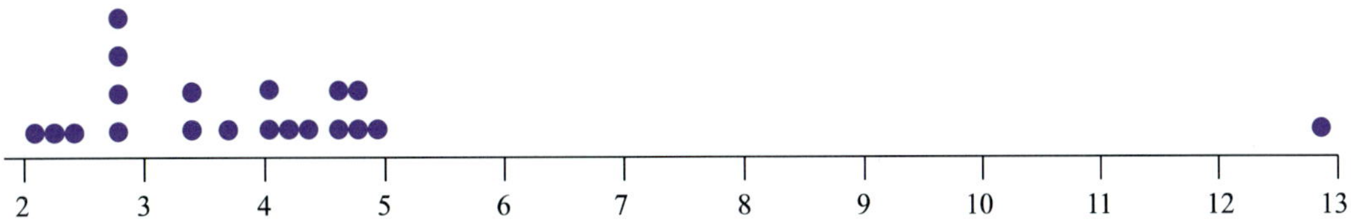

(f) 이상점은 12.8이다.

이와 같은 대푯값을 자료의 분포 모양과 비교하면 [표 3.1]과 같다.

[표 3.1] 분포 모양과 대푯값의 관계

유형	특성	분포 모양	대푯값의 관계
대칭형	평균을 중심으로 대칭인 분포	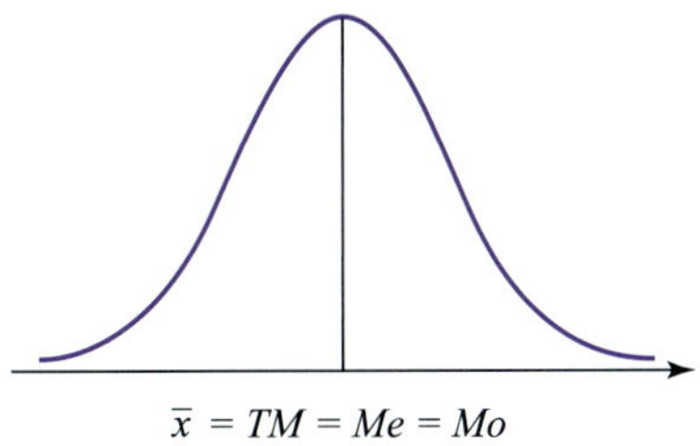	$\bar{x} = TM = Me = Mo$
양의 비대칭형	왼쪽으로 치우치고 오른쪽으로 긴 꼬리 모양을 갖는 분포	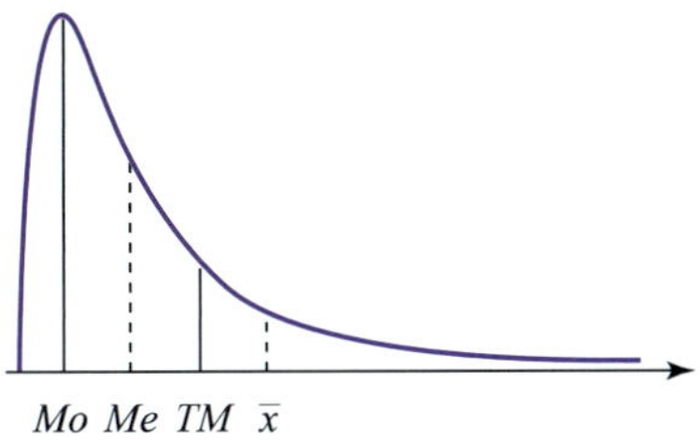	$Mo < Me < TM < \bar{x}$
음의 비대칭형	오른쪽으로 치우치고 왼쪽으로 긴 꼬리 모양을 갖는 분포	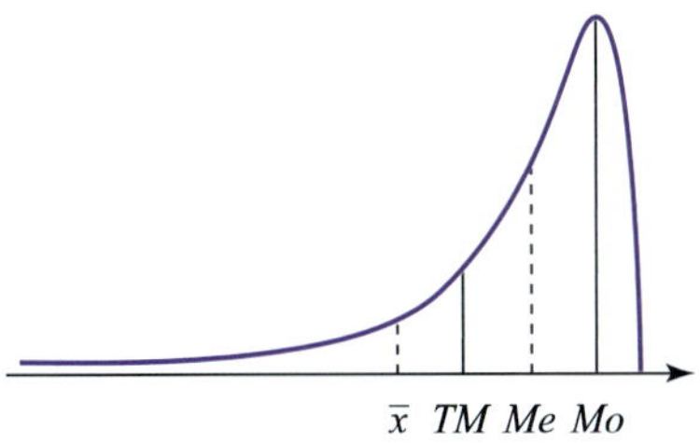	$\bar{x} < TM < Me < Mo$

■ 위치척도

중앙값은 자료 값을 크기 순서로 재배열하여 가장 가운데에 놓이는 수치이므로 전체 자료의 50% 위치를 나타내는 값이다. 이와 같이 자료 값을 크기 순으로 재배열할 때, 특정한 위치를 나타내는 수치를 **위치척도**(location scale)라 한다. 크기 순으로 나열한 전체 자료 값을 1%씩 등간격으로 구분할 때, $0 < p < 1$인 p에 대해 자료 값이 작은 쪽에서 p% 위치를 나타내는 수치 x_p를 제p**백분위수**(percentile)라

한다. 따라서 제100p백분위수 x_{100p}는 [그림 3.3(a)]와 같이 x_{100p}보다 작거나 같은 자료 값의 비율이 100p%이고, x_{100p}보다 크거나 같은 자료 값의 비율이 $100(1-p)$%인 위치를 나타내는 위치척도이다. 예를 들어, 제30백분위수를 x_{30}이라 하면 전체 자료 값의 30%가 x_{30}보다 작거나 같고 나머지 70%가 x_{30}보다 크거나 같음을 나타낸다.

또한, [그림 3.3(b)]와 같이 크기순으로 나열된 전체 자료를 사등분하는 위치척도를 **사분위수**quartiles 라 하며, 작은 쪽으로부터 25% 위치에 놓이는 수치를 각각 제1사분위수(Q_1), 제2사분위수(Q_2), 제3사분위수(Q_3)라 한다. 그러면 Q_1, Q_2, Q_3은 각각 제25백분위수, 제50백분위수, 제75백분위수이며, 중앙값은 제2사분위수이면서 제50백분위수이다.

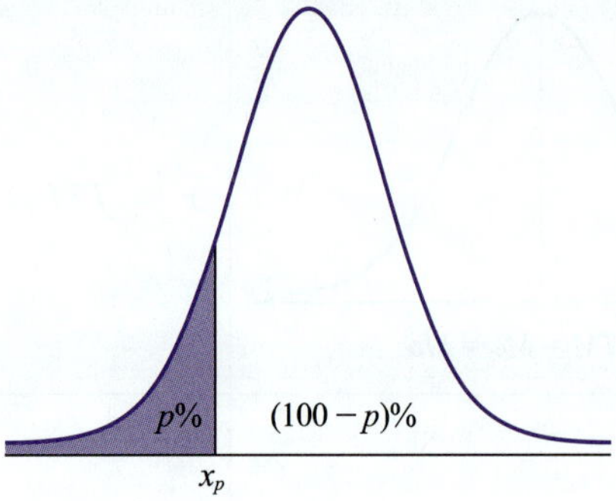

(a) 제p 백분위수 x_p

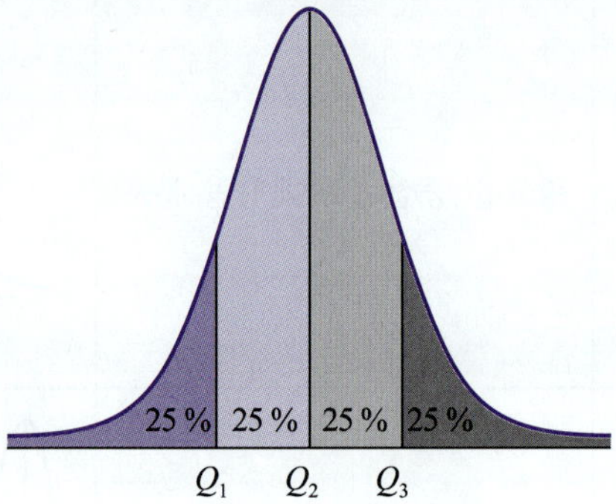

(b) 사분위수 Q_1, Q_2, Q_3

[그림 3.3] 백분위수와 사분위수

n개의 자료로 구성된 자료집단의 제 p백분위수 x_p는 다음과 같이 구한다.

❶ 자료 값을 가장 작은 수로부터 크기 순으로 재배열한다.

❷ $m=\dfrac{np}{100}$를 계산한다.

❸ [표 3.2]와 같이 x_p를 결정한다.

[표 3.2] 제 p 백분위수 x_p와 위치

m의 값	제p백분위수 x_p	위치
m이 정수인 경우	$x_p=\frac{1}{2}\left(x_{(m)}+x_{(m+1)}\right)$	m번째 자료 값과 $(m+1)$번째 자료 값의 평균
m이 정수가 아닌 경우	m보다 큰 가장 작은 정수를 k라 할 때, $x_p=x_{(k)}$	k번째에 위치하는 자료 값

예제 5

[예제 4]의 비드리웨어 자료에 대해 다음을 구하라.

(a) 제35백분위수　　(b) 제1사분위수　　(c) 제3사분위수

풀이

다음과 같이 각 자료 값을 크기 순으로 재배열한다.

2.1	2.2	2.3	2.7	2.7	2.7	2.7	3.4	3.4	3.7
4.0	4.0	4.1	4.2	4.5	4.5	4.6	4.6	4.8	12.8

(a) $n = 20$, $p = 35$이므로 $m = \dfrac{20 \times 35}{100} = 7$이고, 제35백분위수는 다음과 같다.

$$x_{35} = \frac{1}{2}(x_{(7)} + x_{(8)}) = \frac{1}{2}(2.7 + 3.4) = 3.05$$

(b) $n = 20$, $p = 25$이므로 $m = \dfrac{20 \times 25}{100} = 5$이고, 제25백분위수인 Q_1은 다음과 같다.

$$Q_1 = \frac{1}{2}(x_{(5)} + x_{(6)}) = \frac{1}{2}(2.7 + 2.7) = 2.7$$

(c) $n = 20$, $p = 75$이므로 $m = \dfrac{20 \times 75}{100} = 15$이고, 제75백분위수인 Q_3은 다음과 같다.

$$Q_3 = \frac{1}{2}(x_{(15)} + x_{(16)}) = \frac{1}{2}(4.5 + 4.5) = 4.5$$

[그림 3.4]와 같이 자료집단에 대한 누적상대도수다각형에서 $p\%$에 대응하는 위치의 수치 x_p가 제$100p$ 백분위수를 나타낸다.

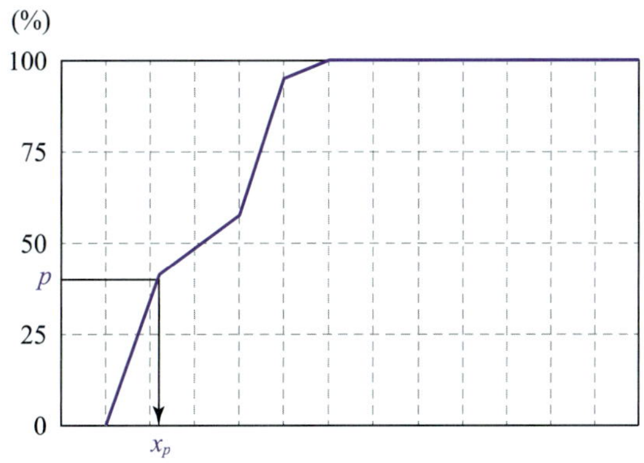

[그림 3.4] 누적상대도수다각형과 백분위수

3.2 산포도

대푯값이 자료집단의 특성을 나타내는 척도이지만, 대푯값만으로는 자료의 특성을 완전히 설명할 수 없다. 이를 확인하기 위해 다음 두 자료집단을 살펴보자.

자료집단 A	3	4	5	6	7	7	7	7	8	9	10	11
자료집단 B	6	6	6	7	7	7	7	7	7	8	8	8

두 자료집단의 평균이 각각 $\overline{x}$, $\overline{y}$일 때 $\overline{x} = \overline{y} = 7$이지만, 두 자료집단의 점도표를 그리면 [그림 3.5]와 같이 두 자료집단은 명확히 다른 것을 알 수 있다. 자료집단 A는 평균을 중심으로 자료가 폭넓게 퍼져 있으나, 자료집단 B는 평균을 중심으로 자료가 집중된다. 이와 같이 자료집단의 특성을 알기 위해 대푯값 이외에 자료 값의 흩어진 정도를 나타내는 척도가 필요하며, 이러한 척도를 **산포도** measure of dispersion라 한다.

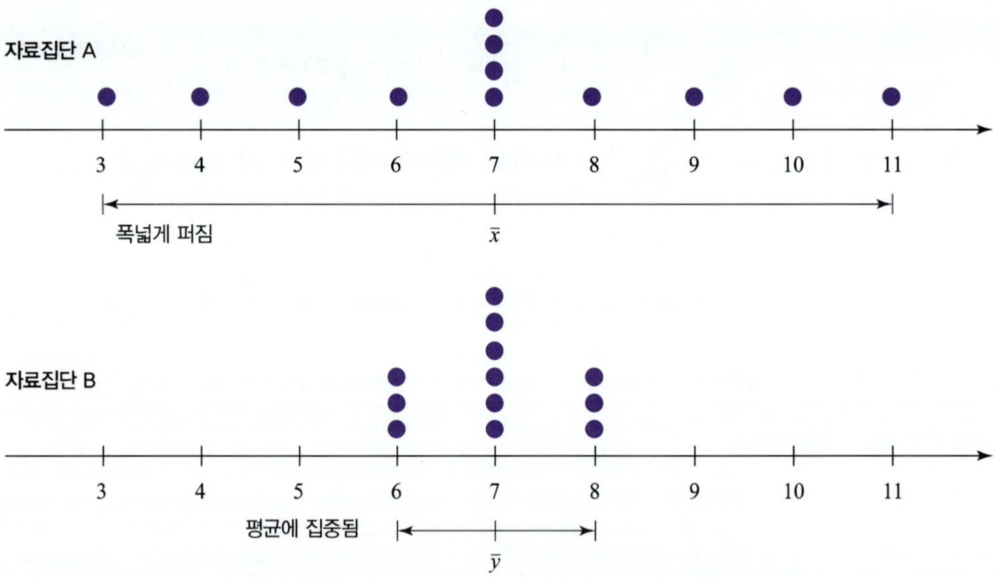

[그림 3.5] 동일한 평균이지만 밀집도가 다른 자료집단

이제 산포도의 척도인 범위, 사분위수 범위, 분산, 표준편차, 변동계수 등에 대해 살펴본다.

■ 범위

도수분포표 작성에서 살펴봤듯이, 범위는 자료의 최댓값 $x_{\max}$와 최솟값 $x_{\min}$의 차를 의미한다. 즉, 자료집단의 범위는 다음과 같다.

$$R = x_{\max} - x_{\min}$$

특성

❶ 계산하기 쉽다.

❷ 이상점의 영향을 크게 받는다.

❸ 양 극단의 두 자료 값에 의해 결정되므로 개개의 자료 값에 대한 정보가 반영되지 않는다.

❹ 자료의 수가 많은 경우에 부적절하다.

■ 사분위수 범위

범위가 이상점에 크게 영향을 받는다는 단점을 보완하기 위해 사용되는 산포도가 사분위수 범위이다. 이상점의 영향을 극복하기 위해 제1사분위수에서 제3사분위수 사이의 범위를 생각할 수 있으며, 이러한 범위를 **사분위수 범위**interquartile range라 하고, IQR로 나타낸다. 즉, 사분위수 범위는 다음과 같이 하위 25%와 상위 25%에 해당하는 자료 값을 제외한 나머지 자료 값에 대한 범위이다.

$$\mathrm{IQR} = Q_3 - Q_1$$

이와 같은 사분위수 범위는 중앙값을 대푯값으로 사용하는 경우에 주로 사용한다.

예제 6

[예제 4]의 비드리웨어 자료에 대해 다음을 구하라.

(a) 범위　　　　　(b) 사분위수 범위

풀이

(a) 자료의 최댓값과 최솟값이 각각 $x_{\max} = 12.8$, $x_{\min} = 2.1$이므로 범위는 $R = 12.8 - 2.1 = 10.7$이다.

(b) [예제 5]에서 $Q_1 = 2.7$, $Q_3 = 4.5$를 구했으며, 사분위수 범위는 $\mathrm{IQR} = 4.5 - 2.7 = 1.8$이다.

■ 분산

분산 또는 표준편차는 평균을 중심으로 자료집단의 자료 값들이 밀집된 정도를 나타내는 산포도이다. 모집단의 분산을 σ^2, 표본의 분산을 s^2으로 나타내며, 모분산과 표본분산을 서로 다르게 정의한다. 모집단을 구성하는 모든 자료 값 $x_1,\ x_2,\ \cdots,\ x_N$과 모평균 μ에 대해 다음과 같이 정의되는 척도를 **모분산**population variance이라 한다.

$$\sigma^2 = \frac{1}{N}\sum_{i=1}^{N}(x_i - \mu)^2$$

그리고 표본을 구성하는 모든 자료 값 $x_1,\ x_2,\ \cdots,\ x_n$과 표본평균 $\overline{x}$에 대해 **표본분산**sample variance은 다음과 같이 정의한다.

$$s^2 = \frac{1}{n-1}\sum_{i=1}^{n}(x_i - \overline{x})^2$$

모분산과 표본분산의 공식의 차이에 유의해야 한다. 그 이유는 표본분산을 이용하여 모분산을 추론할 때, 편차제곱합을 자료의 개수 n이 아닌 $n-1$로 나누는 것이 더 바람직하기 때문이다.[7)]

특성

❶ 개개의 자료 값에 대한 정보를 반영한다.

❷ 수리적으로 다루기 쉽다.

❸ 분산이 클수록 자료 값은 폭넓게 흩어진다.

❹ 이상점에 대한 영향이 매우 크다.

❺ 미지의 모분산을 추론할 때 표본분산을 이용한다.

■ 표준편차

분산은 각 자료 값과 평균과의 편차에 대한 제곱과 관련되므로 각 자료 값의 단위가 미터(m)이면 분산의 단위는 제곱미터(m^2)이다. 즉, 자료 값은 길이를 나타내지만 분산은 넓이를 나타내어 혼동이 생길 수 있다. 따라서 자료 값과 산포도의 척도에 대한 단위가 같도록 맞추기 위해 분산에 대한 양의 제곱근을 사용하며, 이러한 척도를 **표준편차**standard deviation라 한다. 모집단의 표준편차와 표본의 표준편차는 각각 다음과 같이 정의한다.

- **모표준편차**population standard deviation : $\sigma = \sqrt{\frac{1}{N}\sum_{i=1}^{N}(x_i - \mu)^2}$

7) 9.1절에서 살펴본다.

- **표본표준편차** sample standard deviation : $s = \sqrt{\frac{1}{n-1}\sum_{i=1}^{n}(x_i - \overline{x})^2}$

따라서 표준편차가 작을수록 자료 값들은 평균을 중심으로 밀집한다.

예제 7

표본 [4, 5, 6, 6, 7, 8]에 대한 분산과 표준편차를 구하라.

풀이

표본평균을 먼저 구하면 다음과 같다.

$$\overline{x} = \frac{1}{6}(4+5+6+6+7+8) = 6$$

표본의 자료 값에 대해 다음 표를 작성한다.

x_i	$x_i - \overline{x}$	$(x_i - \overline{x})^2$
4	-2	4
5	-1	1
6	0	0
6	0	0
7	1	1
8	2	4
합계	0	10

자료가 6개이고 $\sum(x_i - \overline{x})^2 = 10$이므로 표본분산은 $s^2 = \frac{10}{5} = 2$이며, 표본표준편차는 $s = \sqrt{2} \approx 1.414$이다.

[예제 7]과 같이 각 자료 값의 평균편차 $x_i - \overline{x}$의 합은 0이지만, $x_i - \overline{x}$의 절댓값이 커질수록 자료집단에 대한 변동성이 커진다. 따라서 분산 또는 표준편차가 커질수록 자료집단의 변동성도 커진다. [그림 3.6]은 [예제 4]의 비드리웨어 자료에 대한 평균과 표준편차에 따른 자료의 집중 정도를 보여준다. 이 그림에서 $(\overline{x} - s, \overline{x} + s)$ 안에 19개의 자료(95%의 자료)가 포함되며, $(\overline{x} - 2s, \overline{x} + 2s)$와 $(\overline{x} - 3s, \overline{x} + 3s)$ 안에 19개의 자료(95%의 자료)가 포함되는 것을 알 수 있다.

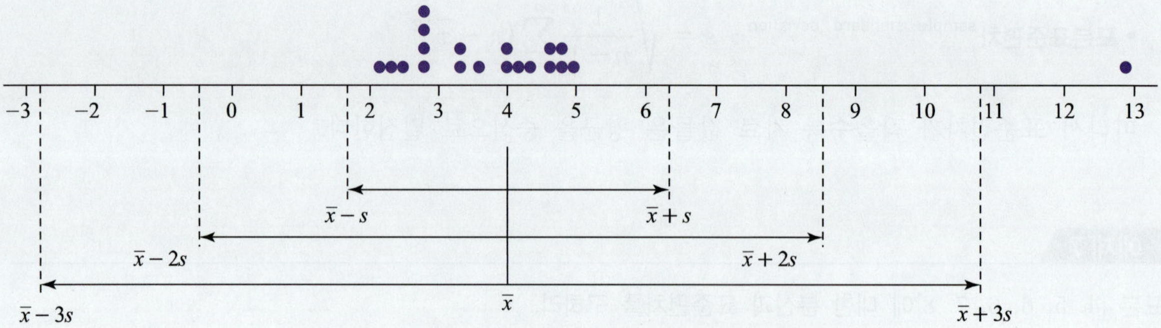

[그림 3.6] 평균과 표준편차에 따른 자료의 집중 정도

일반적으로 자료의 개수가 클수록 히스토그램은 [그림 3.7]과 같이 평균 또는 중앙값에서 막대가 가장 높으며, 대푯값으로부터 멀어질수록 막대가 낮아지는 종 모양을 이룬다. 이와 같이 종 모양의 히스토그램을 갖는 자료집단을 **정규자료집단**normal data set이라 하며, 정규자료집단에 대해 다음과 같은 **경험적 규칙**empirical rule이 성립한다.

❶ 자료의 약 68%가 구간 $(\bar{x}-s,\ \bar{x}+s)$ 안에 놓인다.

❷ 자료의 약 95%가 구간 $(\bar{x}-2s,\ \bar{x}+2s)$ 안에 놓인다.

❸ 자료의 약 99.7%가 구간 $(\bar{x}-3s,\ \bar{x}+3s)$ 안에 놓인다.

따라서 평균과 표준편차만 알고 있어도 자료집단의 분포 모양을 추측할 수 있다.

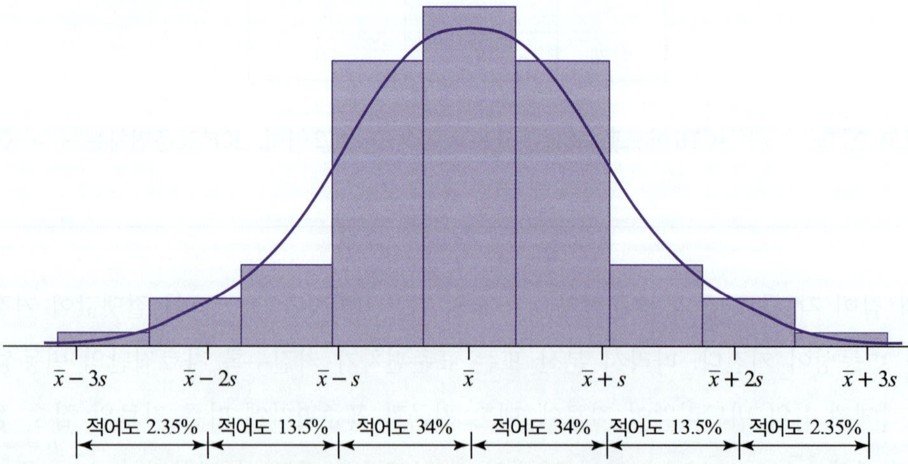

[그림 3.7] $\bar{x}$ 와 $\bar{x} \pm ks$ 사이에 놓이는 자료의 비율

한편, 평균을 중심으로 대칭인 자료집단에 대해, 평균으로부터 일정한 거리만큼 떨어진 구간 안에 놓이는 자료의 비율이 [정리 1]과 같음을 러시아 수학자 체비쇼프P.L.Chebyshev; 1821~1894가 증명하였으며,

이것을 **체비쇼프 정리**Chebyshev's Theorem라 한다.

정리 1 체비쇼프 정리

임의의 $k>1$에 대하여, 구간 $(\overline{x}-ks,\ \overline{x}+ks)$ 안에 전체 자료 중 적어도 $100\left(1-\dfrac{1}{k^2}\right)\%$의 비율이 포함된다.

체비쇼프 정리에 따라 $(\overline{x}-ks,\ \overline{x}+ks)$ 안에 포함되는 자료의 비율은 [표 3.3]과 같다.

[표 3.3] $\overline{x}\pm k\sigma$ 안에 포함되는 자료의 비율

k의 값	$1-\dfrac{1}{k^2}$의 값	$(\overline{x}-ks,\ \overline{x}+ks)$ 안에 포함되는 자료의 비율
2	0.75	적어도 75%
3	약 0.89	적어도 89%
4	약 0.94	적어도 94%
4.472	약 0.95	적어도 95%
5	약 0.96	적어도 96%
10	약 0.99	적어도 99%

예제 8

정규자료집단의 정확한 자료 값은 모르지만 평균이 4이고 표준편차가 0.26이라는 사실을 알고 있다. 경험적 규칙과 체비쇼프 정리에 의해 다음 구간 안에 있는 자료의 비율을 구하라.

(a) $(3.48,\ 4.52)$ (b) $(3.22,\ 4.78)$

풀이

(a) $\overline{x}=4,\ s=0.26$이므로 $(\overline{x}-2s,\ \overline{x}+2s)=(3.48,\ 4.52)$이다.

경험적 규칙: 자료의 약 95%

체비쇼프 정리: 적어도 75%

(b) $\overline{x}=4,\ s=0.26$이므로 $(\overline{x}-3s,\ \overline{x}+3s)=(3.22,\ 4.78)$이다.

경험적 규칙: 자료의 약 99.7%

체비쇼프 정리: 적어도 89%

■ 변동계수

분산과 표준편차는 평균을 중심으로 자료 값에 대한 절대적인 수치로 표현되는 척도이다. 그러나 측정 단위가 서로 다른 두 자료집단을 절대적인 수치로 비교한다는 것은 불가능하며, 또한 단위가 동일하더라도 평균에 매우 큰 차이가 있는 두 자료집단의 산포도를 절대수치로 비교하는 것은 의미가 없다. 따라서 단위에 관계없이 양수인 값을 가지며 평균으로부터 상대적으로 흩어진 정도를 나타내는 척도가 필요하다. 이러한 척도를 **변동계수**coefficient of variation라 하며, 모집단과 표본의 변동계수는 각각 다음과 같이 정의한다.

- 모집단의 변동계수: $CV_p = \frac{\sigma}{\mu} \times 100(\%)$
- 표본의 변동계수: $CV_s = \frac{s}{\overline{x}} \times 100(\%)$

이때 변동계수가 작을수록 자료집단은 상대적으로 밀집하는 분포를 이룬다.

예제 9

다음은 제주도의 서귀포항과 성산포항의 표층 퇴적물에서 PCBs 화합물의 농도에 대해 표본을 조사한 자료이다. 두 표본에 대해 다음을 구하라(단, 단위는 ng/g dw이다).

(a) 평균 (b) 표준편차

(c) 변동계수 (d) 상대적인 분포 모양

서귀포항	4.1	3.8	4.6	3.9	4.0	4.3	3.8	3.8	4.1	3.8	3.8
성산포항	0.4	0.1	0.2	0.1	0.2	0.5	0.3	0.4	0.5	0.3	0.3

풀이

(a) 서귀포항의 평균을 $\overline{x}$, 성산포항의 평균을 $\overline{y}$라 하면 표본평균은 각각 다음과 같다.

$$\overline{x} = \frac{1}{11}(4.1 + 3.8 + \cdots + 3.8 + 4.0) = 4$$

$$\overline{y} = \frac{1}{11}(0.4 + 0.1 + \cdots + 0.3 + 0.3) = 0.3$$

(b) 표본의 자료 값에 대해 다음 표를 작성한다.

x_i	$x_i-\overline{x}$	$(x_i-\overline{x})^2$	y_i	$y_i-\overline{y}$	$(y_i-\overline{y})^2$
4.1	0.1	0.01	0.4	0.1	0.01
3.8	-0.2	0.04	0.1	-0.2	0.04
4.6	0.6	0.36	0.2	-0.1	0.01
3.9	-0.1	0.01	0.1	-0.2	0.04
4.0	0	0.00	0.2	-0.1	0.01
4.3	0.3	0.09	0.5	0.2	0.04
3.8	-0.2	0.04	0.3	0	0.00
3.8	-0.2	0.04	0.4	0.1	0.01
4.1	0.1	0.01	0.5	0.2	0.04
3.8	-0.2	0.04	0.3	0	0.00
3.8	-0.2	0.04	0.3	0	0.00
합계	0	0.68	합계	0	0.2

서귀포항의 분산을 s_x^2, 성산포항의 분산을 s_y^2이라 하면 표본분산은 각각 다음과 같다.

$$s_x^2 = \frac{0.68}{10} = 0.068, \quad s_y^2 = \frac{0.2}{10} = 0.02$$

따라서 표본표준편차는 각각 다음과 같다.

$$s_x = \sqrt{0.068} \approx 0.26, \quad s_y = \sqrt{0.02} \approx 0.14$$

(c) 서귀포항의 변동계수를 CV_x, 성산포항의 변동계수 CV_y라 하면 변동계수는 각각 다음과 같다.

$$CV_x = \frac{0.26}{4} \times 100 = 6.5(\%), \quad CV_y = \frac{0.14}{0.3} \times 100 \approx 47(\%)$$

(d) 서귀포항의 표준편차가 더 크므로 서귀포항의 PCBs 화합물의 농도가 더 넓게 퍼진다. 그러나 서귀포항의 변동계수가 성산포항의 변동계수보다 작으므로 서귀포항의 PCBs 화합물의 농도가 상대적으로 집중된다.

3.3 집단화 자료의 평균과 분산

수집한 자료가 도수분포표로 제공된다면 정확한 자료 값을 알 수 없으므로 전체 자료에 대한 평균과 분산을 구할 수 없다. 이 절에서는 도수분포표로 주어진 자료에 대한 평균과 분산을 구하는 방법에 대해 살펴본다.

■ 가중평균

산술평균은 모든 자료 값의 합을 자료의 개수로 나눈 수치이다. 이때 동일한 자료 값이 있는 경우에 대한 산술평균을 생각할 수 있다. 예를 들어, 자료집단 [10, 10, 10, 10, 13, 13, 13, 15, 15, 15]에 대한 산술평균은 다음과 같다.

$$\begin{aligned}\bar{x} &= \frac{10+10+10+10+13+13+13+15+15+15}{10} \\ &= 10\times\frac{4}{10}+13\times\frac{3}{10}+15\times\frac{3}{10} \\ &= 12.4\end{aligned}$$

이때 자료 값 10, 13, 15에 대한 상대도수는 각각 $\frac{4}{10}$, $\frac{3}{10}$, $\frac{3}{10}$이고, 산술평균은 각 자료 값과 그에 대한 상대도수의 곱을 모두 합한 수치임을 알 수 있다. 이와 같이 전체 n개의 자료에 대해 서로 다른 자료 값 x_1, x_2, $\cdots$, x_k가 각각 f_1, f_2, $\cdots$, f_k번 중복되는 경우의 산술평균을 **가중평균**weighted mean이라 하며, 다음과 같이 정의한다.

$$\begin{aligned}\bar{x} &= x_1\times\frac{f_1}{n}+x_2\times\frac{f_2}{n}+\cdots+x_k\times\frac{f_k}{n} \\ &= \frac{1}{n}\sum_{i=1}^{k}x_i f_i\end{aligned}$$

가중평균은 도수분포표로 주어진 자료의 중심위치를 구하는 데 매우 효과적이다.

예제 10

자료집단 [3, 4, 4, 5, 5, 5, 6, 6, 6, 6]에 대한 가중평균을 구하라.

풀이

자료 값 3, 4, 5, 6에 대한 상대도수는 각각 $\frac{1}{10}$, $\frac{2}{10}$, $\frac{3}{10}$, $\frac{4}{10}$이므로 자료집단의 가중평균은 다음과 같다.

$$\bar{x} = 3\times\frac{1}{10}+4\times\frac{2}{10}+5\times\frac{3}{10}+6\times\frac{4}{10}=5$$

■ 도수분포표에 의한 자료의 대푯값

도수분포표의 각 계급 안에 있는 자료 값의 정확한 수치를 알 수 없기 때문에, 각 계급을 대표하는 계급값을 사용한다. 이때 계급값이 해당 계급의 도수만큼 관찰된 것으로 간주하여, 가중평균을 통해 전체 자료의 평균을 추측할 수 있다. 예를 들어, [표 3.4]와 같은 도수분포표로 주어진 자료의 평균을 구한다고 하자.

[표 3.4] 도수분포표 예시

계급 간격	도수(f_i)	누적도수	상대도수	누적상대도수	계급값(x_i)
4.5 ~ 9.5	8	8	0.200	0.200	7
9.5 ~ 14.5	9	17	0.225	0.425	12
14.5 ~ 19.5	8	25	0.200	0.625	17
19.5 ~ 24.5	15	40	0.375	1.000	20
합계	40		1.000		

이 자료의 평균은 다음과 같다.

$$\bar{x} = \frac{1}{40}(8\times7+9\times12+8\times17+15\times20) = \frac{600}{40} = 15$$

또는

$$\bar{x} = (7\times0.200 + 12\times0.225 + 17\times0.200 + 20\times0.375) = 15$$

한편, 도수분포표로 주어진 자료에 대해 중앙값은 다음과 같이 구한다.

$$Me = l_m + \frac{(n/2)-f}{f_m}\times w$$

여기서 f는 중앙값이 놓이는 계급 이전까지 누적도수, l_m은 중앙값이 놓이는 계급의 하한, f_m은 중앙값이 놓이는 계급의 도수, w는 중앙값이 놓이는 계급의 계급 간격을 나타낸다. [표 3.4]의 도수분포표에 대해 $n=40$, $f=17$, $l_m=14.5$, $f_m=8$, $w=5$이므로 중앙값은 다음과 같다.

$$Me = 14.5+\frac{(40/2)-17}{8}\times5 = 16.375$$

■ 도수분포표에 의한 자료의 분산

도수분포표로 주어진 자료의 평균을 구하는 방법과 동일한 방법으로 분산을 구한다. 즉, 각 계급을 대표하는 계급값이 해당 계급의 도수만큼 주어진 자료로 생각하고, 다음과 같이 분산을 구한다.

$$s^2 = \frac{1}{n-1}\sum_{i=1}^{k}(x_i - \overline{x})^2 f_i$$

분산을 구하기 위해 [표 3.5]와 같이 각 계급에 대한 $x_i - \overline{x}$, $(x_i - \overline{x})^2$, $(x_i - \overline{x})^2 f_i$를 나타내는 표를 작성하면 편리하다.

[표 3.5] [표 3.4]에 대한 $x_i - \overline{x}$, $(x_i - \overline{x})^2$, $(x_i - \overline{x})^2 f_i$

계급 간격	도수(f_i)	계급값(x_i)	$x_i - \overline{x}$	$(x_i - \overline{x})^2$	$(x_i - \overline{x})^2 f_i$
4.5 ~ 9.5	8	7	-8	64	448
9.5 ~ 14.5	9	12	-3	9	108
14.5 ~ 19.5	8	17	2	4	68
19.5 ~ 24.5	15	20	5	25	500
합계	40				1124

$\overline{x} = 15$, $\sum(x_i - \overline{x})^2 f_i = 1124$이므로 도수분포표에 대한 분산과 표준편차는 각각 다음과 같다.

$$s^2 = \frac{1}{39}\sum_{i=1}^{4}(x_i - \overline{x})^2 f_i = \frac{1124}{39} \approx 28.82, \quad s = \sqrt{28.82} \approx 5.37$$

예제 11

다음 도수분포표로 주어진 자료에 대한 평균, 중앙값, 분산, 표준편차를 구하라.

계급 간격	도수	상대도수	누적도수	누적상대도수	계급값
199.5 ~ 208.5	10	0.250	10	0.250	204
208.5 ~ 217.5	5	0.125	15	0.375	213
217.5 ~ 226.5	7	0.175	22	0.550	222
226.5 ~ 235.5	9	0.225	31	0.775	231
235.5 ~ 244.5	9	0.225	40	1.000	240
합계	40	1.000			

풀이

다음 표를 작성한다.

계급 간격	도수(f_i)	계급값(x_i)	$f_i x_i$	$x_i - \overline{x}$	$(x_i - \overline{x})^2$	$(x_i - \overline{x})^2 f_i$
199.5 ~ 208.5	10	204	2040	-18.45	340.4025	3404.025
208.5 ~ 217.5	5	213	1065	-9.45	89.3025	446.5125
217.5 ~ 226.5	7	222	1554	-0.45	0.2025	1.4175
226.5 ~ 235.5	9	231	2079	8.55	73.1025	657.9225
235.5 ~ 244.5	9	240	2160	17.55	308.0025	2772.023
합계	40		8898	-2.25	811.0125	7281.9

- 평균: $\overline{x} = \frac{1}{40}\sum_{i=1}^{5} f_i x_i = \frac{8898}{40} = 222.45$
- 중앙값: 중앙값이 놓이는 계급은 제3계급이고 $n = 40$, $f = 15$, $l_m = 217.5$, $f_m = 7$, $w = 9$이므로 중앙값은 다음과 같다.

$$Me = 217.5 + \frac{(40/2) - 15}{7} \times 9 \approx 223.93$$

- 분산: $s^2 = \frac{1}{39}\sum_{i=1}^{5}(x_i - 222.45)^2 f_i = \frac{7281.9}{39} \approx 186.7154$
- 표준편차: $s = \sqrt{186.7154} \approx 13.664$

[예제 11]의 자료는 2장 [예제 6]의 인장강도를 나타내는 자료에 대한 도수분포표이며, 실제 자료 값에 대해 평균과 분산은 다음과 같다.

$$\overline{x} = 222.15, \quad s^2 \approx 196.3872$$

3.4 분포 모양과 표준점수

3.1절에서 자료집단 안에 존재하는 극단적인 이상점을 추상적으로 살펴봤으며, [표 3.1]에서는 세 가지 유형의 수집한 자료에 대한 분포 모양과 대푯값의 관계를 살펴봤다. 이 절에서는 치우친 정도를 나타내는 척도, 봉우리의 모양, 이상점인 자료 값 그리고 자료 값들을 상대적인 위치의 자료 값으로 변환하는 방법에 대해 살펴본다.

■ 왜도

히스토그램은 크게 대칭형과 비대칭형으로 나눌 수 있다. 왼쪽으로 치우치고 오른쪽으로 긴 꼬리를 갖는 히스토그램을 양의 비대칭, 그 반대인 히스토그램을 음의 비대칭이라고 했다. 이와 같은 비대칭 정도를 나타내는 척도를 **왜도**skewness라 하며, 다음과 같이 정의한다.

$$s_k = \frac{n}{(n-1)(n-2)} \sum_{i=1}^{n} \left(\frac{x_i - \overline{x}}{s} \right)^3$$

특성

❶ $s_k = 0$이면 삼각형 모양의 대칭형인 분포 모양을 갖는다([그림 3.8(a)]).

❷ $s_k > 0$이면 양의 비대칭, 즉 왼쪽으로 치우치고 오른쪽으로 긴 꼬리를 갖는다([그림 3.8(b)]).

❸ $s_k < 0$이면 음의 비대칭, 즉 오른쪽으로 치우치고 왼쪽으로 긴 꼬리를 갖는다([그림 3.8(c)]).

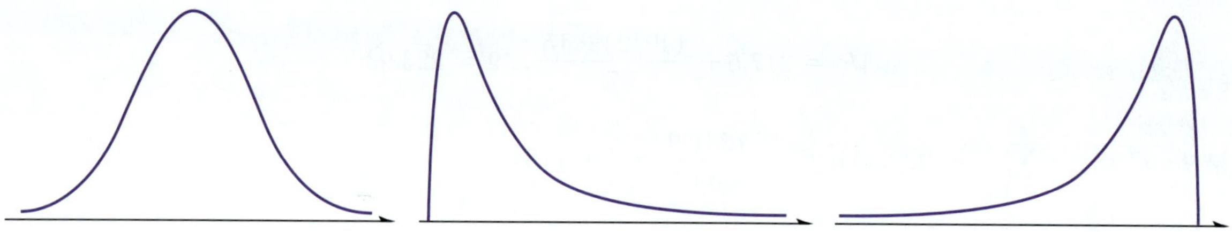

(a) $s_k = 0$인 경우 (b) $s_k > 0$인 경우 (c) $s_k < 0$인 경우

[그림 3.8] 왜도와 분포 모양

■ 첨도

[그림 3.9]와 같이 분포 모양의 중심부인 봉우리 모양이 뾰족한지 납작한지 그리고 꼬리 부분이 길게 나타나는지 짧게 나타나는지 나타내는 척도를 **첨도**kurtosis라 하며, 다음과 같이 정의한다.

$$\kappa = \frac{n(n+1)}{(n-1)(n-2)(n-3)} \sum_{i=1}^{n} \left(\frac{x_i - \overline{x}}{s} \right)^4 - \frac{3(n-1)^2}{(n-2)(n-3)}$$

특성

❶ $\kappa = 3$이면 표준정규분포[8]의 종 모양과 같아진다.

❷ $\kappa > 3$이면 봉우리 부분이 정규분포보다 뾰족하고 꼬리 부분이 길다.

---

8) 표준정규분포의 분포 모양은 종 모양이며, 7.2절에서 살펴본다.

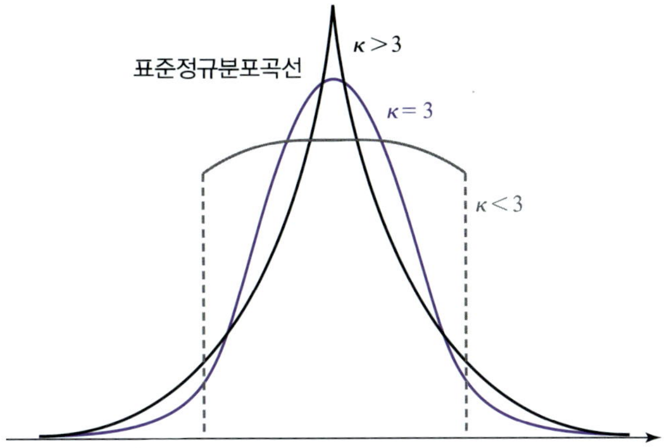

[그림 3.9] 첨도와 분포 모양

❸ $\kappa < 3$이면 봉우리 부분이 정규분포에 비해 납작하며 꼬리 부분이 짧다.

❹ 첨도가 매우 크면 이상점이 존재한다.

예제 12

다음 세 표본에 대한 왜도와 첨도를 구하고, 분포 모양을 설명하라.

(a) 자료집단 [1, 2, 2, 2, 3, 4, 7]　　　　(b) 자료집단 [2, 3, 5, 5, 5, 7, 8]

(c) 자료집단 [2, 3, 5, 8, 8, 8, 8]

풀이

(a) 먼저 평균을 구하면 $\overline{x} = 3$이다. 이제 왜도와 첨도를 구하기 위해 다음과 같은 표를 작성한다.

자료 값	$x_i - \overline{x}$	$(x_i - \overline{x})^2$	$(x_i - \overline{x})^3$	$(x_i - \overline{x})^4$
1	-2	4	-8	16
2	-1	1	-1	1
2	-1	1	-1	1
2	-1	1	-1	1
3	0	0	0	0
4	1	1	1	1
7	4	16	64	256
합계	0	24	54	276

따라서 분산과 표준편차는 각각 다음과 같다.

$$s^2 = \frac{1}{6}\sum_{i=1}^{7}(x_i - 3)^2 = \frac{24}{6} = 4,\ s = \sqrt{4} = 2$$

왜도와 첨도는 각각 다음과 같다.

$$s_k = \frac{7}{5 \cdot 6 \cdot 2^3}\sum_{i=1}^{7}(x_i - 3)^3 = \frac{7 \cdot 54}{5 \cdot 6 \cdot 2^3} = 1.575$$

$$\kappa = \frac{(7)(8)(276)}{(4)(5)(6)(2)^4} - \frac{(3)(6)^2}{(4)(5)} = 2.65$$

따라서 봉우리가 왼쪽으로 치우치고 종 모양에 비해 납작하며 오른쪽으로 길게 분포한다.

(b) 먼저 평균을 구하면 $\overline{x} = 5$이다. 이제 왜도와 첨도를 구하기 위해 다음과 같은 표를 작성한다.

자료 값	$x_i - \overline{x}$	$(x_i - \overline{x})^2$	$(x_i - \overline{x})^3$	$(x_i - \overline{x})^4$
2	-3	9	-27	81
3	-2	4	-8	16
5	0	0	0	0
5	0	0	0	0
5	0	0	0	0
7	2	4	8	16
8	3	9	27	81
합계	0	26	0	194

따라서 분산과 표준편차는 각각 다음과 같다.

$$s^2 = \frac{1}{6}\sum_{i=1}^{7}(x_i - 5)^2 = \frac{26}{6} \approx 4.333,\ s = \sqrt{4.333} \approx 2.082$$

왜도와 첨도는 각각 다음과 같다.

$$s_k = \frac{7}{5 \cdot 6 \cdot (2.082)^3}\sum_{i=1}^{7}(x_i - 5)^3 = \frac{7 \cdot 0}{5 \cdot 6 \cdot (2.082)^3} = 0$$

$$\kappa = \frac{(7)(8)(194)}{(4)(5)(6)(2.082)^4} - \frac{(3)(6)^2}{(4)(5)} \approx -0.52$$

따라서 봉우리가 종 모양에 비해 납작한 대칭형이다.

(c) 먼저 평균을 구하면 $\overline{x} = 6$이다. 이제 왜도와 첨도를 구하기 위해 다음과 같은 표를 작성한다.

자료 값	$x_i - \bar{x}$	$(x_i - \bar{x})^2$	$(x_i - \bar{x})^3$	$(x_i - \bar{x})^4$
2	-4	16	-64	256
3	-3	9	-27	81
5	-1	1	-1	1
8	2	4	8	16
8	2	4	8	16
8	2	4	8	16
8	2	4	8	16
합계	0	42	-60	402

따라서 분산과 표준편차는 각각 다음과 같다.

$$s^2 = \frac{1}{6}\sum_{i=1}^{7}(x_i - 6)^2 = \frac{42}{6} = 7 \quad , \ s = \sqrt{7} \approx 2.646$$

왜도와 첨도는 각각 다음과 같다.

$$s_k = \frac{7}{5 \cdot 6 \cdot (2.646)^3}\sum_{i=1}^{7}(x_i - 6)^3 = \frac{7 \cdot (-60)}{5 \cdot 6 \cdot (2.646)^3} \approx -0.756$$

$$\kappa = \frac{(7)(8)(402)}{(4)(5)(6)(2.646)^4} - \frac{(3)(6)^2}{(4)(5)} \approx -1.57$$

따라서 봉우리가 오른쪽으로 치우치고 종 모양에 비해 납작하며 왼쪽으로 길게 분포한다.

■ 상자그림

수집한 자료집단에서 이상점이 발생하는 요인은 기록상의 오류, 관찰 부주의 및 실제 관측되는 극단적인 관찰값 등이 있다. 일반적으로 평균 $\bar{x}$, 표준편차 s에 대해 $\bar{x} - 3s$보다 작거나 $\bar{x} + 3s$보다 큰 자료 값을 자료집단의 이상점이라 한다. 이상점의 존재성과 이상점을 제외한 나머지 자료에 대한 분포 모양을 보여 주는 그림을 **상자그림**box plot이라 한다.

특성

❶ 중심의 위치를 보여 주며, 대푯값으로 중앙값을 사용한다.

❷ 중심부 50% 자료에 대한 분포 모양을 보여 준다.

❸ 하위 25%와 상위 25%에 대한 자료의 분포 모양을 보여 준다.

❹ 이상점에 대한 정보를 제공한다.

❺ 두 개 이상의 자료집단을 비교할 때 매우 유용하다.

상자그림을 그리기 위해 사용되는 용어는 다음과 같다.

❶ **안울타리**inner fence : 사분위수 Q_1과 Q_3에서 각각 1.5IQR만큼 떨어져 있는 값

- 아래쪽 안울타리 : $f_l = Q_1 - 1.5\text{IQR}$
- 위쪽 안울타리 : $f_u = Q_3 + 1.5\text{IQR}$

❷ **바깥울타리**outer fence : 사분위수 Q_1과 Q_3에서 각각 3IQR만큼 떨어져 있는 값

- 아래쪽 바깥울타리 : $f_L = Q_1 - 3\text{IQR}$
- 위쪽 바깥울타리 : $f_U = Q_3 + 3\text{IQR}$

❸ **인접값**adjacent value : 안울타리 안에 놓이는 가장 극단적인 자료 값으로 이상점이 아닌 극단적인 자료 값

❹ **보통 이상점**mild outlier : 안울타리와 바깥울타리 사이에 놓이는 자료 값

❺ **극단 이상점**extreme outlier : 바깥울타리 외부에 놓이는 자료 값

이제 다음 순서에 따라서 상자그림을 그린다.

① 자료집단의 사분위수 Q_1, Q_2, Q_3을 구한다.

② 사분위수 범위 $\text{IQR} = Q_3 - Q_1$을 구한다.

③ Q_1에서 Q_3까지 직사각형 모양의 상자로 연결하고, Q_2의 위치에 수직선을 긋는다.

④ 안울타리와 바깥울타리를 구한다.

⑤ 인접값에 수직선을 긋고, Q_1과 Q_3으로부터 인접값까지 선분으로 연결한다.

⑥ 인접값과 바깥울타리 사이의 자료 값 위치에 'ㅇ'로 표시하고, 바깥울타리 외부의 자료 값 위치에 '×'로 표시한다.

상자그림에서 인접값과 바깥울타리 사이의 자료 값은 보통 이상점을 나타내고 바깥울타리 외부의 자료 값은 극단 이상점을 나타낸다. 보편적으로 종 모양의 분포를 갖는 정규자료집단에서 보통 이상점은 약 1% 그리고 극단 이상점은 0.01% 정도로 관찰되며, [그림 3.10]은 자료집단의 상자그림과 표준정규분포[9] 곡선 사이의 관계를 보여 준다.

---

9) 표준정규분포는 7.2절에서 자세히 다룬다.

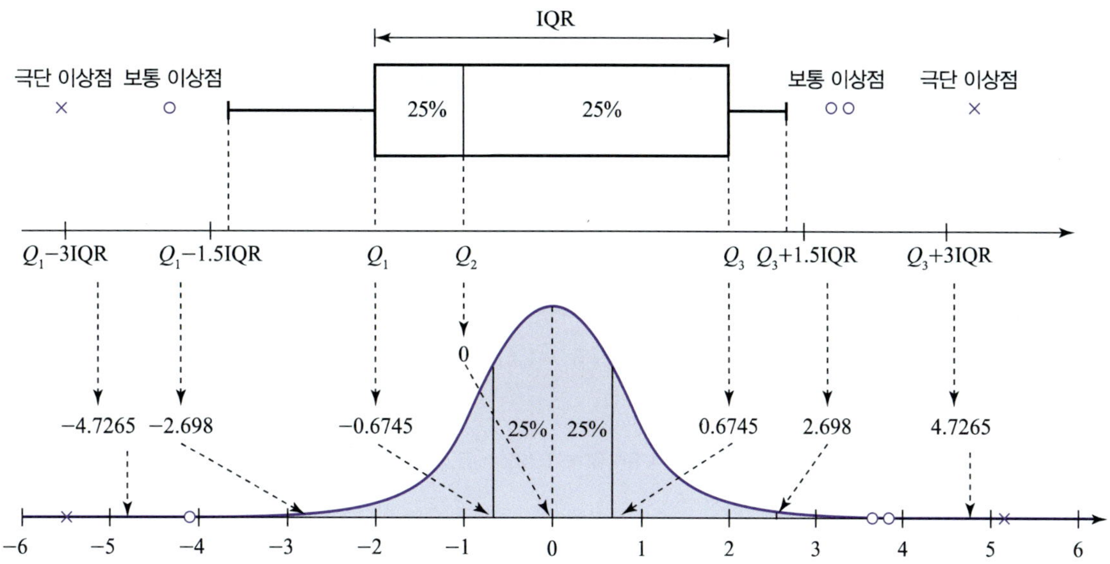

[그림 3.10] 상자그림과 표준정규분포 곡선 사이의 관계

이 상자그림을 해석하면 다음과 같다.

- 아래쪽 꼬리부분(하위 25%)이 위쪽 꼬리부분(상위 25%)에 비해 폭넓게 분포한다.
- 중앙값을 중심으로 아래쪽 25% 자료는 밀집하지만 위쪽 25% 자료는 넓게 분포한다.
- 보통 이상점인 자료 값은 3개, 극단 이상점인 자료 값은 2개이다.

이와 같은 관계를 산업에 적용한 예가 6σ이며, 이는 불량품을 생산할 확률이 표준정규분포($\sigma = 1$)에서 ± 6 밖에 놓이도록 제품의 불량률을 줄인다는 것이다. 이때 표준정규분포에서 ± 6 밖의 확률은 약 $\dfrac{3.4}{1\text{백만}}$이며, 6σ 기법은 생산한 제품의 불량률을 0이 되도록 품질관리에 적용한다.

예제 13

볼트의 머리 직경에 대한 다음 자료의 사분위수 범위를 구하고, 상자그림을 그려서 자료집단의 분포 모양을 해석하라(단, 단위는 mm이다).

50.5	48.7	50.5	49.1	50.4	51.2	50.4	49.9	50.0	50.4
50.7	49.3	50.8	49.8	48.9	49.0	49.5	49.9	49.7	51.3
51.0	49.5	49.9	49.6	50.5	50.3	48.9	49.2	51.2	48.0
49.8	49.1	48.8	51.7	49.7	50.3	50.6	50.0	49.6	51.2
46.6	50.8	49.7	49.9	50.6	49.7	49.9	49.7	51.8	55.1

풀이

① 이 자료를 크기 순으로 재배열하여 다음과 같이 사분위수와 사분위수 범위를 구한다.

$$Q_1 = P_{25} = x_{(13)} = 49.5, \qquad Q_2 = P_{50} = \frac{x_{(25)} + x_{(26)}}{2} = 49.9,$$

$$Q_3 = P_{75} = x_{(38)} = 50.6, \qquad \text{IQR} = Q_3 - Q_1 = 50.6 - 49.5 = 1.1$$

② 안울타리와 인접값을 구하고, Q_1, Q_3과 인접값을 연결한다.

- 아래쪽 안울타리 : $f_l = Q_1 - 1.5\,\text{IQR} = 49.5 - 1.65 = 47.85$
- 아래쪽 인접값 : 48.0
- 위쪽 안울타리 : $f_u = Q_3 + 1.5\,\text{IQR} = 50.6 + 1.65 = 52.25$
- 위쪽 인접값 : 51.8

③ 바깥울타리를 구한다.

- 아래쪽 바깥울타리 : $f_L = Q_1 - 3\,\text{IQR} = 49.5 - 3.3 = 46.2$
- 위쪽 바깥울타리 : $f_U = Q_3 + 3\,\text{IQR} = 50.6 + 3.3 = 53.9$

④ 관찰값 55.1은 위쪽 바깥울타리보다 크므로 극단 이상점이고, 46.6은 인접값과 아래쪽 바깥울타리 사이에 있으므로 보통 이상점이다.

⑤ 상자그림

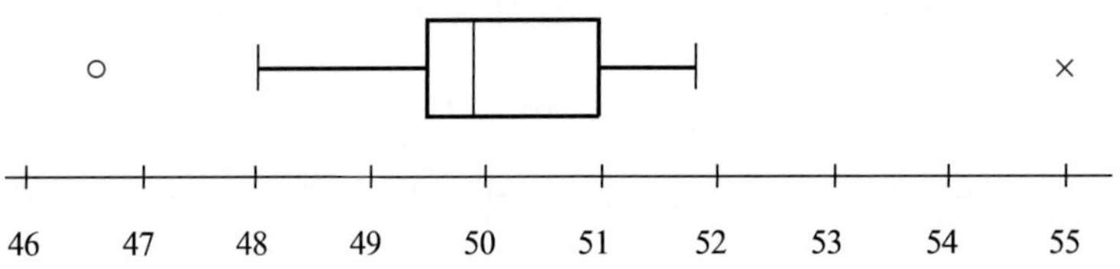

⑥ 분포 모양의 해석

- 아래쪽 꼬리부분(하위 25%)이 위쪽 꼬리부분(상위 25%)에 비해 폭넓게 분포한다.
- 중앙값을 중심으로 아래쪽 25% 자료는 밀집하지만 위쪽 25% 자료는 넓게 분포한다.
- 보통 이상점과 극단 이상점인 자료는 각각 1개이다.

상자그림은 여러 개의 자료집단을 비교할 때 매우 효과적이다. 예를 들어, 자료집단 A, B, C, D에 대한 상자그림을 [그림 3.11]과 같이 동일한 화면 안에 그리면, 이들 자료집단을 쉽게 비교할 수 있다. 특히 이 그림과 같이 각 자료집단에 대한 평균의 위치(⊕)를 추가할 수 있다.

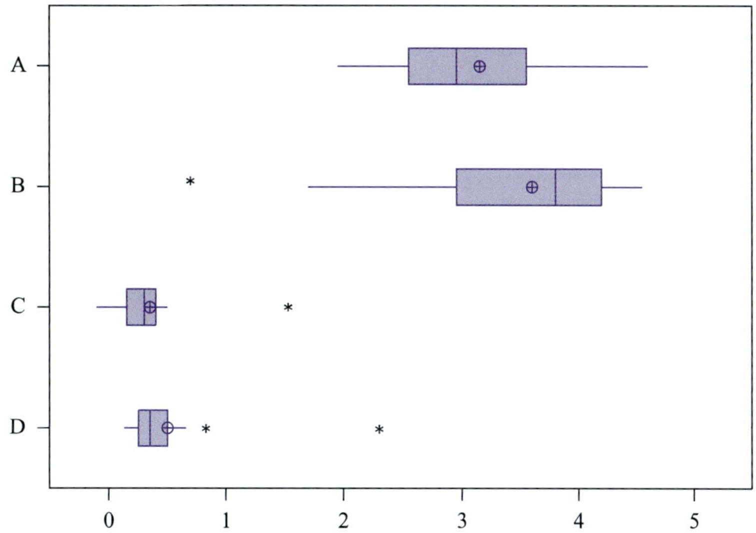

[그림 3.11] 여러 자료집단의 상자그림과 평균(⊕)

■ 표준점수

대학수학능력시험에서 각 과목별로 취득한 원점수와 원점수에 대한 백분위수를 나타내는 백분위점수 그리고 표준점수를 산출한다. 원점수와 백분위점수는 절대적인 수치인 반면, 표준점수[10]는 평균을 중심으로 개개의 원점수를 상대적인 위치로 변환한 점수이다.

자료집단의 평균을 중심으로 개개의 원자료를 표준편차 단위로 전환한 수치를 **표준점수**standardized score 또는 **z-점수**z-score라 한다. z-점수는 자료집단의 평균이 0이고 표준편차가 1인 척도로 변환되며, 표본 안에 있는 개개의 자료 값 x_i에 대한 z-점수는 표본평균 $\overline{x}$와 표준편차 s를 이용하여 다음과 같이 정의한다.

$$z_i = \frac{x_i - \overline{x}}{s}$$

모집단의 z-점수는 모평균 μ와 모표준편차 σ를 이용하여 다음과 같이 정의한다.

$$z_i = \frac{x_i - \mu}{\sigma}$$

10) 대학수학능력시험에서 국어와 수학의 표준점수는 '[{(원점수)－(과목 평균 점수)}/(표준편차)]×20＋100'이다.

예제 14

두 표본 A [-4, -1, 1, 2, 3, 9]와 B [125, 126, 127, 128, 129, 130]의 표준점수를 구하여 비교하라.

풀이

표본 A와 표본 B의 평균을 각각 $\bar{x}$, $\bar{y}$ 그리고 표준편차를 s_A, s_B라 하면 다음을 얻는다.

$$\bar{x} = \frac{1}{6}\sum x_i = 2,\ s_A^2 = \frac{1}{5}\sum (x_i - 2)^2 = 20.8,\ s_A = \sqrt{20.8} \approx 4.5607$$

$$\bar{y} = \frac{1}{6}\sum y_i = 127.5,\ s_B^2 = \frac{1}{5}\sum (y_i - 127.5)^2 = 3.5,\ s_B = \sqrt{3.5} \approx 1.871$$

표본 A의 각 자료 값에 대해 표준점수 $z_i = \dfrac{x_i - \bar{x}}{s_A}$를 구하면 다음과 같다.

자료	-4	-1	1	2	5	9
$x_i - \bar{x}$	-6	-3	-1	0	3	7
표준점수	-1.316	-0.658	-0.219	0	0.658	1.535

표본 B의 각 자료 값에 대해 표준점수 $z_j = \dfrac{y_j - \bar{y}}{s_B}$를 구하면 다음과 같다.

자료	125	126	127	128	129	130
$y_j - \bar{y}$	-2.5	-1.5	-0.5	0.5	1.5	2.5
표준점수	-1.336	-0.802	-0.267	0.267	0.802	1.336

[그림 3.12]에서 보는 바와 같이 표본 A와 표본 B의 평균이 비교할 수 없을 정도로 큰 차이를 보이고 있으며 표본 A가 표본 B에 비해 매우 폭넓게 분포한다.

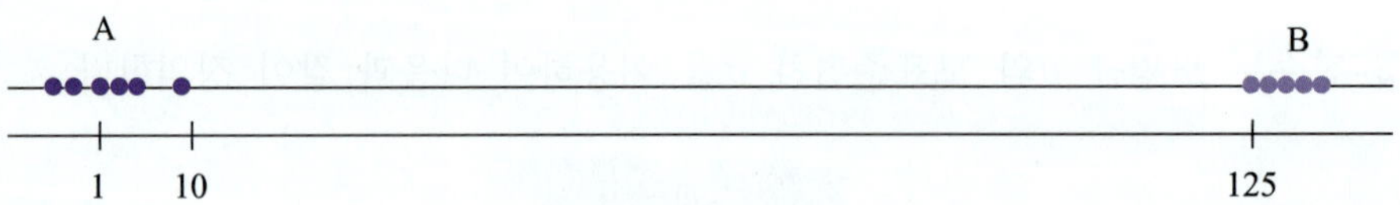

[그림 3.12] 원자료에 의한 두 표본의 비교

두 표본의 평균을 0으로 대치한 표준점수에 의한 상대적으로 변환한 점도표는 [그림 3.13]과 같다. 이와 같은 표준점수는 [예제 15]의 두 표본과 같이 평균의 차이가 매우 큰 두 자료집단을 동일한 기준으로 비교하는 경우에 많이 사용한다.

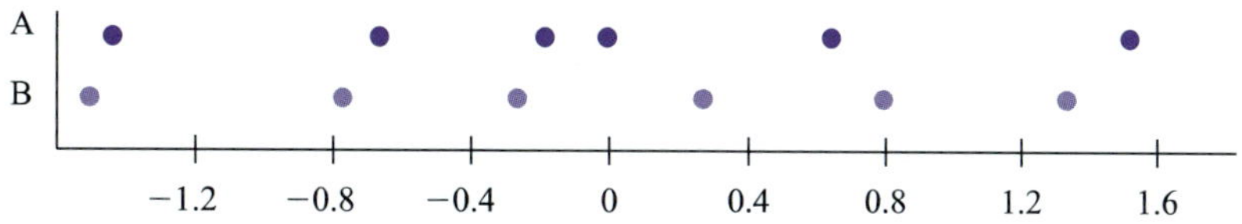

[그림 3.13] 표준점수에 의한 두 표본의 비교

3.5 이변량 자료의 관계 척도

지금까지 단일 자료집단을 수치적으로 요약하는 방법을 살펴봤다. 그러나 온도에 따른 시약의 화학 반응속도, 저항값에 따른 전류의 크기처럼 독립변수와 종속변수의 관계를 가지는 경우가 있으며, 이때 개개의 자료 값은 (x, y) 형태의 쌍으로 나타난다. 예를 들어, 공정온도에 따른 불량 부품의 개수를 조사하여 [표 3.6]을 얻었다고 하자.

[표 3.6] 공정온도(°C)에 따른 불량 부품의 개수

공정온도	20.1	20.3	20.5	20.7	20.9	21.1	21.3	21.5	21.7	22.4
불량 부품 수	20	21	21	24	24	24	29	30	30	31
공정온도	22.8	23.1	24.5	25.2	25.6	26.7	27.0	27.5	28.6	29.8
불량 부품 수	32	32	32	33	33	35	35	36	39	30

이렇게 쌍으로 나타나는 자료 값에 대해, [그림 3.14]와 같이 수평축에 독립변수 x, 수직축에 종속변수 y를 기입하고, 각 자료 값을 순서쌍 (x, y)로 나타낸 그림을 **산점도**scatter diagram라 한다.

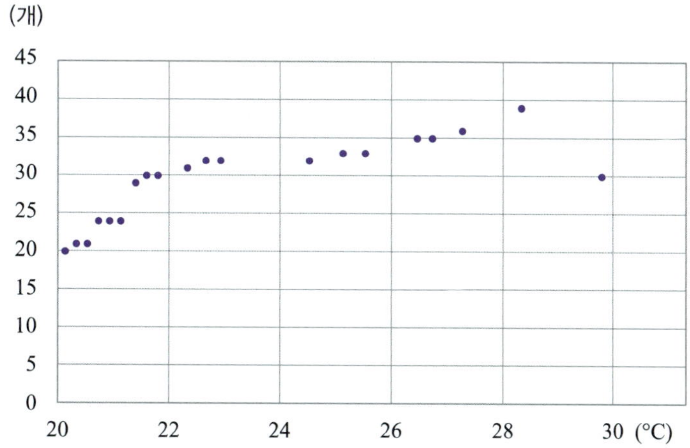

[그림 3.14] 공정온도에 대한 불량품 수의 산점도

이러한 자료집단의 주된 관심사는 공정온도의 변화에 따른 불량 부품의 수에 대한 추세를 살펴보는 것이다. 즉, [그림 3.15]와 같이 독립변수와 종속변수 사이의 관계를 규명하는 직선 또는 곡선을 **추세선**trend line이라 하며, 추세선의 방정식을 구하여 특정한 독립변수 값에 대한 종속변수 값을 예측한다.

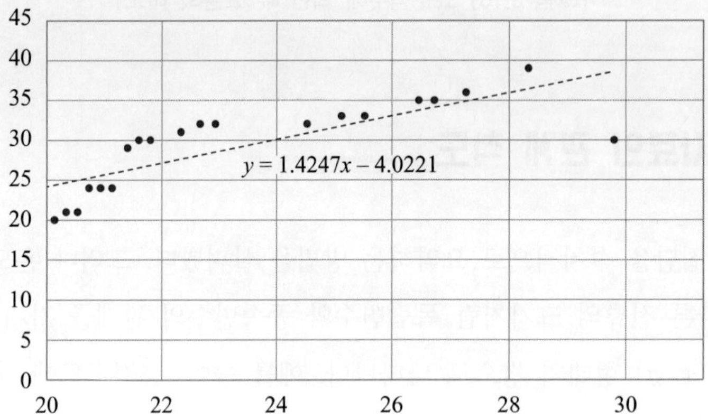

[그림 3.15] 산점도와 추세선

따라서 산점도를 이용하면 두 변수 사이의 관계에 대한 형태, 방향 그리고 밀접 관계의 강도 등을 알 수 있다. 이 절에서는 독립변수와 종속변수의 자료들 사이의 관계를 나타내는 척도인 공분산과 상관계수에 대하여 살펴본다.

■ 공분산

독립변수와 종속변수의 쌍으로 주어지는 자료 (x, y)에 대해, 독립변수의 변화에 따른 종속변수의 변화에 대한 경향을 나타내는 척도를 **공분산**covariance이라 한다. 즉, 공분산은 쌍으로 주어지는 자료집단에 대해 두 변수 사이의 흩어진 정도를 나타내는 척도이며, 표본에 대한 **표본공분산**sample covariance을 다음과 같이 정의한다.

$$s_{xy} = \frac{1}{n-1}\sum_{i=1}^{n}(x_i - \overline{x})(y_i - \overline{y})$$

즉, 표본공분산은 독립변수의 평균편차와 종속변수의 평균편차의 곱을 모두 더하여 $n-1$로 나눈 값이며, 표본공분산을 다음과 같이 간단히 구할 수 있다.

$$s_{xy} = \frac{1}{n-1}\left(\sum x_i y_i - n\overline{x}\,\overline{y}\right)$$

자료 값이 쌍으로 나타나는 모집단에 대한 **모공분산** population covariance 은 다음과 같이 정의한다.

$$\sigma_{xy} = \frac{1}{N}\sum_{i=1}^{N}(x_i - \mu_x)(y_i - \mu_y)$$

예제 15

다음과 같이 쌍으로 주어지는 표본에 대한 공분산을 구하라.

(a) 표본 A [(1, 1), (2, 4), (3, 9), (4, 14)]

(b) 표본 B [(1, 14), (2, 9), (3, 4), (4, 1)]

(c) 표본 C [(1, 14), (2, 4), (3, 1), (4, 15)]

풀이

(a) 표본 A의 첫 번째 성분인 자료 [1, 2, 3, 4]의 평균은 $\overline{x} = 2.5$이고 두 번째 성분인 자료 [1, 4, 9, 14]의 평균은 $\overline{y} = 7$이다. 각 자료 값에 대한 평균편차와 그들의 곱을 구하면 표와 같이 $\sum(x_i - \overline{x})(y_i - \overline{y}) = 22$이므로 공분산은 $s_{xy} = \frac{22}{3} \approx 7.33$이다.

x_i	y_i	$x_i - \overline{x}$	$y_i - \overline{y}$	$(x_i - \overline{x})(y_i - \overline{y})$
1	1	-1.5	-6	9.0
2	4	-0.5	-3	1.5
3	9	0.5	2	1.0
4	14	1.5	7	10.5
합계		0	0	22.0

(b) 표본 B의 첫 번째 성분인 자료 [1, 2, 3, 4]의 평균은 $\overline{x} = 2.5$이고 두 번째 성분인 자료 [14, 9, 4, 1]의 평균은 $\overline{y} = 7$이다. 각 자료 값에 대한 평균편차와 그들의 곱을 구하면 표와 같이 $\sum(x_i - \overline{x})(y_i - \overline{y}) = -22$이므로 공분산은 $s_{xy} = -\frac{22}{3} \approx -7.33$이다.

x_i	y_i	$x_i - \overline{x}$	$y_i - \overline{y}$	$(x_i - \overline{x})(y_i - \overline{y})$
1	14	-1.5	7	-10.5
2	9	-0.5	2	-1.0
3	4	0.5	-3	-1.5
4	1	1.5	-6	-9.0
합계		0	0	-22.0

(c) 표본 C의 첫 번째 성분인 자료 [1, 2, 3, 4]의 평균은 $\bar{x} = 2.5$이고 두 번째 성분인 자료 [14, 4, 1, 15]의 평균은 $\bar{y} = 8.5$이다. 각 자료 값에 대한 평균편차와 그들의 곱을 구하면 표와 같이 $\sum (x_i - \bar{x})(y_i - \bar{y}) = 0$이므로 공분산은 $s_{xy} = \frac{0}{3} = 0$이다.

x_i	y_i	$x_i - \bar{x}$	$y_i - \bar{y}$	$(x_i - \bar{x})(y_i - \bar{y})$
1	14	-1.5	5.5	-8.25
2	4	-0.5	-4.5	2.25
3	1	0.5	-7.5	-3.75
4	15	1.5	6.5	9.75
합계		0	0	0

[그림 3.16]은 [예제 15]의 세 표본에 대한 산점도를 나타낸다. 이 그림에서 표본 A는 x가 증가하면 y도 증가하며, 표본 B는 x가 증가하면 y가 감소하고, 표본 C는 x와 y의 증감 관계가 없는 것을 알 수 있다.

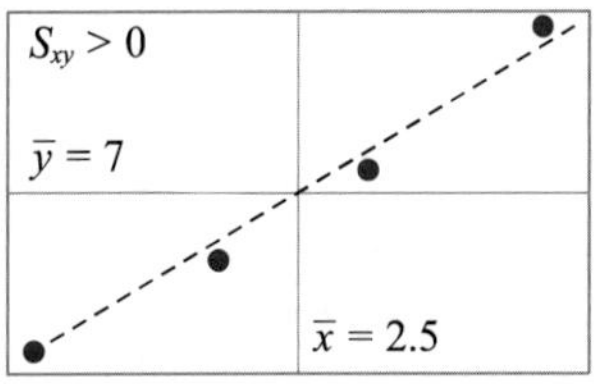

(a) 표본 A, $s_{xy} > 0$인 경우

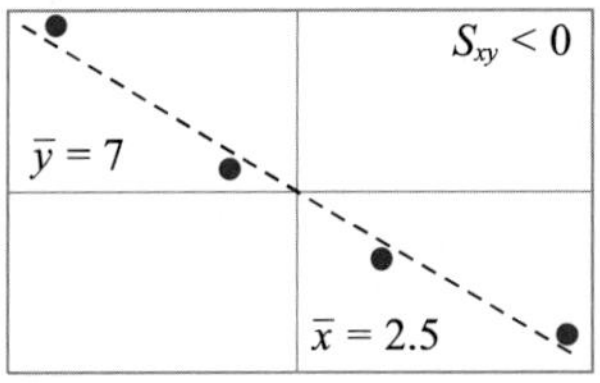

(b) 표본 B, $s_{xy} < 0$인 경우

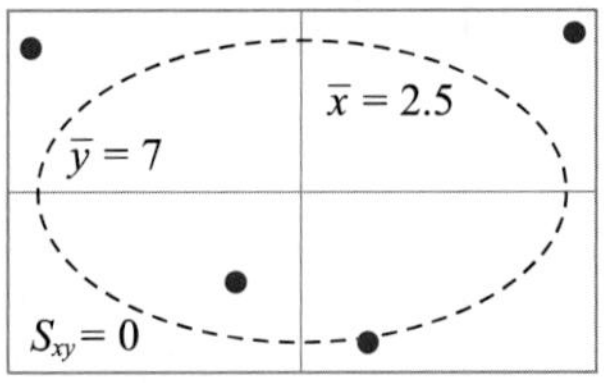

(c) 표본 C, $s_{xy} = 0$인 경우

[그림 3.16] 공분산과 추세선

[그림 3.16]에서 보는 바와 같이 쌍으로 주어진 자료 값에 대해 공분산의 부호에 따라 다음과 같은 결과를 얻는다.

❶ $s_{xy} > 0$이면 x가 증가하면 y도 증가하며, x와 y는 **양의 상관관계**positive correlation가 있다고 한다.

❷ $s_{xy} < 0$이면 x가 증가하면 y는 감소하며, x와 y는 **음의 상관관계**negative correlation가 있다고 한다.

❸ $s_{xy} = 0$이면 x와 y는 **무상관관계**none correlation라 한다.

■ 상관계수

[표 3.6]에 제시된 공정온도(°C)에 따른 불량 부품의 개수에 대한 표본공분산을 구한다고 하자. 그러면 온도에 대한 평균편차 $x_i - \overline{x}$는 단위가 °C이고 불량 부품 개수의 평균편차 $y_i - \overline{y}$의 단위는 '개'이다. 따라서 $(x_i - \overline{x})(y_i - \overline{y})$의 단위는 '°C · 개'라는 모호한 단위를 갖는다. 따라서 단위에 관계없이 두 변수 사이의 관계를 나타내는 척도를 사용하기 위해 공분산을 표준화한다. 이와 같이 공분산을 표준화한 척도를 **상관계수**[correlation coefficient]라 하며, 표본과 모집단의 상관계수를 각각 다음과 같이 정의한다.

- **모상관계수**[population correlation coefficient] : $\rho = \dfrac{\sigma_{xy}}{\sigma_x \sigma_y}$
- **표본상관계수**[sample correlation coefficient] : $r = \dfrac{s_{xy}}{s_x s_y}$

따라서 상관계수는 공분산을 x-자료와 y-자료의 표준편차로 나눈 척도이다.

특성

❶ $-1 \le r \le 1$

❷ $r > 0$이면 x와 y는 양의 상관관계가 있다.

❸ $r < 0$이면 x와 y는 음의 상관관계가 있다.

❹ $r = 0$이면 x와 y는 상관관계가 없다.

❺ $r = 1$이면 x와 y는 **완전 양의 상관관계**[perfect positive correlation coefficient]이다.

❻ $r = -1$이면 x와 y는 **완전 음의 상관관계**[perfect negative correlation coefficient]이다.

예제 16

공정온도(°C)에 따른 불량 부품의 개수를 나타낸 다음 자료에 대한 공분산과 상관계수를 구하라.

공정온도	20.1	20.3	20.5	20.7	20.9	21.1	21.3	21.5	21.7	22.4
불량품 수	20	21	21	24	24	24	29	30	30	31

풀이

먼저 다음과 같이 표를 작성한다.

번호	x_i	y_i	$x_i - \overline{x}$	$y_i - \overline{y}$	$(x_i - \overline{x})^2$	$(y_i - \overline{y})^2$	$(x_i - \overline{x})(y_i - \overline{y})$
1	20.1	20	-0.95	-5.4	0.9025	29.16	5.13
2	20.3	21	-0.75	-4.4	0.5625	19.36	3.3
3	20.5	21	-0.55	-4.4	0.3025	19.36	2.42
4	20.7	24	-0.35	-1.4	0.1225	1.96	0.49
5	20.9	24	-0.15	-1.4	0.0225	1.96	0.21
6	21.1	24	0.05	-1.4	0.0025	1.96	-0.07
7	21.3	29	0.25	3.6	0.0625	12.96	0.9
8	21.5	30	0.45	4.6	0.2025	21.16	2.07
9	21.7	30	0.65	4.6	0.4225	21.16	2.99
10	22.4	31	1.35	5.6	1.8225	31.36	7.56
합계	210.5	254	0	0	4.425	160.40	25.00

그러면 다음을 얻는다.

$$\overline{x} = \frac{1}{10}\sum_{i=1}^{10} x_i = 21.05,\ \overline{y} = \frac{1}{10}\sum_{i=1}^{10} y_i = 25.4,\ \sum_{i=1}^{10}(x_i - \overline{x})^2 = 4.425,$$

$$\sum_{i=1}^{10}(y_i - \overline{y})^2 = 160.4,\ \sum_{i=1}^{10}(x_i - \overline{x})(y_i - \overline{y}) = 25$$

• x와 y의 분산과 표준편차

$$s_x^2 = \frac{1}{9}\sum_{i=1}^{10}(x_i - \overline{x})^2 = \frac{4.425}{9} = 0.4917,\ s_x = \sqrt{0.4917} \approx 0.70$$

$$s_y^2 = \frac{1}{9}\sum_{i=1}^{10}(y_i - \overline{y})^2 = \frac{160.4}{9} = 17.8222,\ s_y = \sqrt{17.822} \approx 4.22$$

• x와 y 사이의 공분산 : $s_{xy} = \frac{1}{9}\sum_{i=1}^{10}(x_i - \overline{x})(y_i - \overline{y}) = \frac{25}{9} \approx 2.78$

• x와 y 사이의 상관계수 : $r = \frac{s_{xy}}{s_x s_y} = \frac{2.78}{(0.7)(4.22)} \approx 0.941$

$r \approx 0.941$이므로 온도와 불량 부품의 개수는 거의 완전 양의 상관관계이다.

3.6 범주형 자료의 비율

범주형 자료집단을 수치적으로 요약하여 도수표를 작성한 후, 각 범주별 도수와 상대도수를 작성했다. 이제 여자와 남자, 양품과 불량품 등과 같이 범주가 두 개뿐인 자료집단에 대해 관심 대상인 범주를 성공(S), 다른 범주를 실패(F)라 하자. 예를 들어, 생산한 제품이 불량품이면 S, 양호품이면 F라 하고, 하루 동안 생산한 제품 중에서 10개를 표본으로 선정하여 다음을 얻었다고 하자.

$$[\mathrm{F,\ F,\ S,\ F,\ F,\ F,\ S,\ F,\ S,\ F}]$$

그러면 불량품의 비율은 $\frac{3}{10}$이고 양호품의 비율은 $\frac{7}{10}$이다. 이와 같은 비율은 S를 수치 1, F를 수치 0으로 코드화한 명목자료에 대한 산술평균으로 생각할 수 있다. 즉, 앞의 자료를 코드화한 명목자료는 [0, 0, 1, 0, 0, 0, 1, 0, 1, 0]이고, 이 자료의 산술평균은 $\frac{3}{10}$이다. 이와 같이 크기 N인 모집단에서 성공인 범주의 비율을 **모비율**population proportion이라 하고, 크기 n인 표본에 대해 성공인 범주의 비율을 **표본비율**sample proportion이라 한다. 보편적으로 모비율을 p, 표본비율을 $\hat{p}$으로 나타내며, 다음과 같이 정의한다.

- **모비율** : $p = \dfrac{x}{N}$
- **표본비율** : $\hat{p} = \dfrac{x}{n}$

여기서 N은 모집단의 크기, n은 표본의 크기 그리고 x는 성공인 범주의 도수를 나타낸다.

예제 17

하루 동안 생산한 10,000대의 휴대전화 중에 5대가 불량품일 때 모비율을 구하고, 이들 중에서 100대를 표본으로 선정하여 불량품이 2대일 때 표본비율을 구하라.

풀이

- 모비율 : 전체 생산한 10,000대 중 불량품이 5대이므로 $p = \dfrac{5}{10000} = 0.0005$
- 표본비율 : 표본으로 선정한 100대 중 불량품이 2대이므로 $\hat{p} = \dfrac{2}{100} = 0.02$

연습문제

1. 지름의 길이가 381 mm인 자동차 휠을 주문 제작한 제조 업체에서 생산된 휠 10개의 지름을 표본조사하여 다음 자료를 얻었다. 이 자료에 대해 다음을 구하라(단, 단위는 mm이다).

(a) 평균 (b) 중앙값 (c) 분산 (d) 표준편차
(e) 사분위수 (f) 왜도 (g) 첨도

387	380	380	379	378	380	378	380	380	368

2. 유리의 산화물에 포함된 나트륨의 성분량을 조사하여 다음을 얻었다. 이 자료에 대해 다음을 구하라(단, 단위는 %이다).

(a) 평균 (b) 10%-절사평균 (c) 중앙값 (d) 분산
(e) 표준편차 (f) 사분위수 (g) 왜도 (h) 첨도

11.4	15.6	14.8	17.8	19.1	18.4	33.5	16.4	10.1	12.9

3. 다음은 가파른 언덕길을 지나는 자동차 10대에서 발생하는 부유 먼지의 방출량을 조사한 자료이다. 이 자료에 대해 다음을 구하라(단, 단위는 g/gal이다).

(a) 평균 (b) 10%-절사평균 (c) 중앙값 (d) 분산
(e) 표준편차 (f) 사분위수 (g) 왜도 (h) 첨도

16.6	18.4	11.1	16.4	21.5	17.2	12.5	19.8	1.8	19.7

4. 다음은 만조 시간에 한강 유역의 표면에 포함된 염도를 측정한 자료이다. 이 자료에 대해 다음을 구하라(단, 단위는 psu이다).

(a) 평균 (b) 5%-절사평균 (c) 중앙값
(d) 제30백분위수 (e) 사분위수 (f) 분산
(g) 변동계수 (h) 왜도 (i) 첨도

29.64	29.19	29.79	29.28	29.20	30.09	29.78	29.48	29.68	29.13
30.37	32.30	29.47	30.78	30.77	29.85	29.23	30.28	30.85	30.84

5. 후쿠시마 원전사고 이후로 한국원자력안전기술원은 12개 지방 측정소에서 대기 부유진 방사능을 측정하고 있다. 경상남도 남해군 갯벌에서 채취한 토양에 포함된 방사성 세슘(^{137}Cs)을 측정하여 다음 자료를 얻었다. 이 자료에 대해 다음을 구하라(단, 단위는 Bq/kg-dry이다).

(a) 평균	(b) 10%-절사평균	(c) 중앙값
(d) 제20백분위수	(e) 사분위수	(f) 분산
(g) 변동계수	(h) 왜도	(i) 첨도

0.96	0.96	1.03	1.01	1.01	0.85	0.99	0.92	1.11	1.02
0.93	0.92	1.05	1.01	0.92	0.94	0.99	0.95	0.88	0.95

6. 일반 아스팔트 혼합물의 경우에 마샬 안정도는 500 이상을 요구한다. 어떤 업체에서 시공한 아스팔트의 마샬 안정도 표본을 조사하여 다음을 얻었다. 이 자료에 대해 다음을 구하라(단, 단위는 kgf이다).

(a) 평균	(b) 5%-절사평균	(c) 중앙값
(d) 제20백분위수	(e) 사분위수	(f) 분산
(g) 변동계수	(h) 왜도	(i) 첨도

505	499	508	510	497	501	502	507	506	509
502	455	504	503	509	509	506	500	509	499

7. 다음 자료는 화재 진압을 하는 소방관 20명의 산소 소비량을 나타낸다. 이 자료에 대해 다음을 구하라(단, 단위는 mL/kg/min이다).

(a) 평균	(b) 5%-절사평균	(c) 중앙값
(d) 제33백분위수	(e) 사분위수	(f) 분산
(g) 변동계수	(h) 왜도	(i) 첨도

47.3	32.6	49.9	30.5	29.7	28.9	38.7	28.6	49.6	38.3
30.5	48.7	26.9	29.3	37.3	29.8	27.5	30.7	45.7	39.5

8. 지름이 50 mm인 와이어 로프의 파단하중에 대한 규격은 9.64 kg/m이다. 생산된 50 mm 로프가 이 규정에 따르고 있는지 알아보기 위해 20개의 로프를 무작위로 선정하여 다음을 얻었다. 이 자료에 대해 다음을 구하라(단, 단위는 kg/m이다).

(a) 평균	(b) 5%-절사평균	(c) 중앙값

(d) 제33백분위수 (e) 사분위수 (f) 분산

(g) 변동계수 (h) 왜도 (i) 첨도

5.68	9.55	9.89	9.59	9.59	9.72	9.56	9.65	9.74	9.63
9.67	9.64	9.79	9.58	9.65	9.75	9.62	9.68	9.80	9.62

9. 다음 자료는 어느 상표의 라텍스 페인트 건조 시간에 대한 측정값을 나타낸 것이다. 이 자료에 대해 다음을 구하라(단, 단위는 h이다).

(a) 평균 (b) 10%-절사평균 (c) 중앙값

(d) 제20백분위수 (e) 사분위수 (f) 분산

(g) 변동계수 (h) 왜도 (i) 첨도

5.2	4.4	4.5	4.9	3.5	2.2	3.5	5.5	2.5	2.1
2.8	3.2	3.6	2.8	3.1	4.6	2.9	4.4	3.7	4.6

10. 면 섬유의 중요한 특성인 수분 흡수성을 알아보기 위해, 유사한 의류 20개를 무작위로 추출하여 다음과 같이 수분 흡수율을 측정하였다. 이 자료에 대해 다음을 구하라(단, 단위는 %이다).

(a) 평균 (b) 5%-절사평균 (c) 중앙값

(d) 제33백분위수 (e) 사분위수 (f) 분산

(g) 변동계수 (h) 왜도 (i) 첨도

18.7	19.4	19.9	20.9	17.9	21.2	19.9	20.4	21.2	17.5
19.1	18.7	21.7	18.5	21.2	19.8	19.7	21.7	18.5	24.1

11. 다음은 석유화학단지에서 무작위로 선정한 평균 입자 농도에 대한 표본이다. 이 자료에 대해 다음을 구하라(단, 단위는 $\mu g/m^3$이다).

(a) 평균 (b) 5%-절사평균 (c) 중앙값

(d) 제70백분위수 (e) 사분위수 (f) 분산

(g) 변동계수 (h) 왜도 (i) 첨도

5	53	37	70	125	28	23	64	35	33
23	70	37	33	69	73	43	41	62	36

12. 다음 자료는 어느 봄날에 전국에서 무작위로 선정한 20개 도시를 대상으로 측정한 아산화질소 농도이다. 이 자료에 대해 다음을 구하라(단, 단위는 ppm이다).

(a) 평균　　(b) 5%-절사평균　　(c) 중앙값
(d) 제30백분위수　　(e) 사분위수　　(f) 분산
(g) 변동계수　　(h) 왜도　　(i) 첨도

6	16	18	12	17	16	9	16	12	15
16	30	23	17	33	18	20	10	12	4

13. 어떤 금속간 기질로 구성된 주조 유리판에 대해 영률 값을 측정하여 다음을 얻었다. 이 자료에 대해 다음을 구하라(단, 단위는 GPa이다).

(a) 평균　　(b) 5%-절사평균　　(c) 중앙값
(d) 제30백분위수　　(e) 사분위수　　(f) 분산
(g) 변동계수　　(h) 왜도　　(i) 첨도

109.1	115.9	114.5	112.7	115.7	114.8	113.4	115.5	116.6	116.6
115.2	116.2	116.9	115.8	113.5	116.3	114.5	114.4	113.9	124.5

14. 다음 자료는 트랜지스터 20개의 수명을 나타낸다. 이 자료에 대해 다음을 구하라(단, 단위는 h이다).

(a) 평균　　(b) 5%-절사평균　　(c) 중앙값
(d) 제30백분위수　　(e) 사분위수　　(f) 분산
(g) 변동계수　　(h) 왜도　　(i) 첨도

158	113	116	112	135	127	111	126	116	103
128	103	110	124	126	117	118	125	129	123

15. 자동차 크랭크케이스 윤활유 평가를 위한 박막의 산소 흡수 시험을 위해, 다양한 상업용 오일의 산화 유도 시간(OIT)을 측정하여 다음 자료를 얻었다. 이 자료에 대해 다음을 구하라(단, 단위는 min이다).

(a) 평균　　(b) 5%-절사평균　　(c) 중앙값
(d) 제85백분위수　　(e) 사분위수　　(f) 분산

(g) 변동계수 (h) 왜도 (i) 첨도

127	114	122	114	106	106	105	125	111	76
156	121	114	130	116	106	106	125	123	117

16. 현행법에 따르면 집회에서 등가소음은 주간 75 dB, 야간 65 dB 그리고 최고 소음은 95 dB로 제한하고 있다. 그동안 광화문에서 열리는 야간집회에서 측정된 일일 평균 소음을 20회 측정하여 다음 표본을 얻었다. 이 자료에 대해 다음을 구하라(단, 단위는 dB이다).

(a) 평균 (b) 5%-절사평균 (c) 중앙값
(d) 제40백분위수 (e) 사분위수 (f) 분산
(g) 변동계수 (h) 왜도 (i) 첨도

53	75	98	110	89	99	61	71	85	92
83	80	84	86	62	63	64	85	67	83

17. 우주항공에 사용되는 차량의 금속에 대한 극한 인장강도를 알기 위해 표본조사하여 다음 자료를 얻었다. 이 자료에 대해 다음을 구하라(단, 단위는 ksi이다).

(a) 평균 (b) 10%-절사평균 (c) 중앙값
(d) 제40백분위수 (e) 사분위수 (f) 분산
(g) 변동계수 (h) 왜도 (i) 첨도

123.1	126.1	132.6	128.4	121.8	121.9	126.9	128.3	129.5	132.5
127.2	136.2	127.2	129.2	130.6	129.7	126.7	128.8	123.5	129.8

18. 다음 자료는 20개의 점토 표본을 건조시킬 때, 수축비율을 나타낸다. 이 자료에 대해 다음을 구하라(단, 단위는 %이다).

(a) 평균 (b) 5%-절사평균 (c) 중앙값
(d) 제20백분위수 (e) 사분위수 (f) 분산
(g) 변동계수 (h) 왜도 (i) 첨도

2.73	3.39	2.21	1.88	1.57	2.31	1.93	1.64	2.94	2.35
2.49	3.19	2.34	2.15	3.45	3.25	1.86	1.95	2.35	2.02

19. 어느 작업장의 분진농도를 조사하기 위해 20곳을 선택하여 세제곱미터당 분진농도를 측정하여 다음을 얻었다. 이 자료에 대해 다음을 구하라(단, 단위는 mg/m^3이다).

(a) 평균　(b) 5%-절사평균　(c) 중앙값
(d) 제40백분위수　(e) 사분위수　(f) 분산
(g) 변동계수　(h) 왜도　(i) 첨도

88	67	89	40	55	53	51	36	31	13	61	11	78	82	79	41	73	69	58	38

20. 제철공정에서 생산되는 탄소섬유의 밀도를 조사하기 위해 20개의 섬유를 측정하여 다음을 얻었다. 이 자료에 대해 다음을 구하라(단, 단위는 g/cm^3이다).

(a) 평균　(b) 5%-절사평균　(c) 중앙값
(d) 제20백분위수　(e) 사분위수　(f) 분산
(g) 변동계수　(h) 왜도　(i) 첨도

1.75	1.89	1.85	1.75	1.87	1.74	1.86	1.74	1.67	1.92
1.84	1.82	1.74	1.69	1.81	1.68	1.78	1.73	1.87	1.80

21. 납의 융해점을 결정하기 위해 표본실험을 실시하여 다음을 얻었다. 이 자료에 대해 다음을 구하라(단, 단위는 °C이다).

(a) 평균　(b) 5%-절사평균　(c) 중앙값
(d) 제20백분위수　(e) 사분위수　(f) 분산
(g) 변동계수　(h) 왜도　(i) 첨도

320	329	332	319	338	320	340	340	339	332
339	334	335	319	332	330	326	336	321	319

22. 25개의 플라스틱 안에 포함된 알루미늄 오염량을 측정하여 다음 자료를 얻었다. 이 자료에 대해 다음을 구하라(단, 단위는 μg이다).

(a) 평균　(b) 10%-절사평균　(c) 중앙값
(d) 제30백분위수　(e) 사분위수　(f) 분산
(g) 변동계수　(h) 왜도　(i) 첨도

116	102	61	103	97	86	76	75	300	73	100	65	115
109	88	60	104	93	114	276	85	82	65	62	93	

23. 어느 하천의 산소 농도에 대한 표본 25개를 측정하여 다음을 얻었다. 이 자료에 대해 다음을 구하라(단, 단위는 mg/L이다).

(a) 평균 (b) 10%-절사평균 (c) 중앙값
(d) 제30백분위수 (e) 사분위수 (f) 분산
(g) 변동계수 (h) 왜도 (i) 첨도

2.4	1.9	2.3	2.4	1.8	1.9	2.3	3.1	2.5	2.2	3.1	2.4	2.1	2.5	2.5	2.8	2.4	2.3
1.9	2.9	2.2	3.1	5.2	2.3	2.0											

24. 다음은 어떤 종류의 점토를 건조시킬 때 수축률을 조사하기 위해 40개의 점토를 표본조사하여 수축률을 측정한 자료이다. 이 자료에 대해 다음을 구하라(단, 단위는 %이다).

(a) 평균 (b) 5%-절사평균 (c) 중앙값
(d) 제35백분위수 (e) 사분위수 (f) 분산
(g) 변동계수 (h) 왜도 (i) 첨도

13.5	22.6	17.5	21.2	19.4	20.1	21.7	17.0	21.2	23.0	15.6	23.6	22.1	13.8	13.0
18.0	17.4	15.2	19.3	13.2	23.2	13.4	15.9	23.7	12.5	21.2	19.2	23.4	23.2	15.2
22.3	20.4	21.3	15.4	21.8	14.2	18.6	22.7	24.5	19.5					

25. 다음 자료는 40개의 알루미늄 합금에 대해 측정한 인장강도를 나타낸 것이다. 이 자료에 대해 다음을 구하라(단, 단위는 N/mm^2이다).

(a) 평균 (b) 5%-절사평균 (c) 중앙값
(d) 제55백분위수 (e) 사분위수 (f) 분산
(g) 변동계수 (h) 왜도 (i) 첨도

251	261	280	269	289	271	274	273	283	265	257	284	289	221	269
271	268	256	246	255	267	271	259	262	277	267	245	273	269	265
271	281	268	266	275	278	266	271	272	285					

26. 다음은 테스트 노즐 폐쇄 용접과 생산 금속용기 노즐 용접에 대한 폭발강도를 측정한 자료이다. 이 두 자료를 비교하기 위해 다음을 구하라(단, 단위는 $100lb/in^2$이다).

(a) 평균 (b) 표준편차 (c) 변동계수 (d) 상자그림

테스트 노즐	75	74	74	70	71	77	82	74	79	80	71	78	73	73	65
금속용기 노즐	61.0	60.1	54.4	56.0	74.2	63.8	58.5	58.2	51.5	50.3					
	56.4	57.4	64.0	54.2	58.4										

27. 크기가 각각 30인 두 종류의 세라믹 표본을 선정하여 시험체에 균열이 생길 때의 하중을 측정하여 다음을 얻었다. 이 두 자료를 비교하기 위해 다음을 구하라(단, 단위는 kg이다).

(a) 평균　　(b) 표준편차　　(c) 변동계수　　(d) 상자그림

세라믹 A	32	37	17	25	17	29	42	23	42	35	51	32	18	27	40
	32	38	20	39	33	21	30	24	41	35	50	35	46	24	25
세라믹 B	24	23	21	29	20	31	33	30	18	22	29	33	20	21	32
	20	19	20	20	18	31	28	33	35	18	30	36	32	24	30

28. 생후 10주 된 실험용 쥐에 각각 200 rad의 방사선량을 쏘이고, 세균이 없는 환경과 일반적인 실험실의 두 그룹으로 분류하여 사망할 때까지 걸리는 시간을 측정하였다. 이 두 자료를 비교하기 위해 다음을 구하라(단, 단위는 일이다).

(a) 평균　　(b) 표준편차　　(c) 변동계수　　(d) 상자그림

무균 쥐	241	167	220	162	203	234	233	162	215	205	191	154	169	158
	179	236	226	192	239	243	206	224	231	176	155	151	224	178
	188	152	227	209	173	189	153	241	249	182	315	228		
일반 실험실 쥐	223	428	374	232	396	347	423	437	181	206	363	245	164	235
	233	152	394	232	434	242	228	330	276	357	265	282	196	376
	198	270	233	450	342	311	152	396	266	437	362	332		

29. 다음은 두 종류의 차량이 공회전 상태에서 배출하는 탄화수소의 양을 나타낸 것이다. 이 두 자료를 비교하기 위해 다음을 구하라(단, 단위는 ppm이다).

(a) 평균　　(b) 표준편차　　(c) 변동계수　　(d) 상자그림

모델 A	339	428	502	513	250	335	344	369	256	270
	281	218	446	233	252	365	457	435	420	487
모델 B	242	418	399	423	553	394	461	436	679	218
	320	578	550	421	242	418	405	190	288	365

30. 다음은 두 업체에서 제작한 강철봉으로 스프링을 제작하여 각각 탄성계수를 측정한 결과이다. 이 두 자료를 비교하기 위해 다음을 구하라(단, 단위는 Ur이다).

(a) 평균　　(b) 표준편차　　(c) 변동계수

(d) 상자그림　　(e) 상대적인 분포 모양

회사 A	9.4	10.3	12.1	11.8	10.7	11.5	10.9	11.3	10.6	9.2
	10.2	9.4	10.4	10.1	9.8	10.7	10.5	9.6	10.8	10.7
회사 B	7.5	6.5	6.2	8.2	7.6	7.3	8.6	7.5	8.6	8.6
	7.6	6.4	6.9	8.3	7.1	8.7	7.8	6.8	8.4	7.4

31. 실리콘 고무의 인장강도는 경화온도에 영향을 받는 것으로 알려져 있다. 경화온도가 30°C인 표본과 50°C인 표본에서 인장강도 실험을 실시하여 다음을 얻었다. 이 두 자료를 비교하기 위해 다음을 구하라(단, 단위는 kgf/mm^2이다).

(a) 평균 (b) 표준편차

(c) 변동계수 (d) 상자그림

30°C	2.02	2.04	2.18	1.94	2.00	1.93	2.22	2.22	1.90	1.95
	2.15	1.98	2.28	1.89	2.22	2.30	2.03	2.37	2.50	1.88
50°C	2.09	2.15	2.34	2.24	2.21	2.25	2.16	2.19	2.13	2.19
	2.28	2.26	2.19	2.21	2.30	2.21	2.18	2.09	2.16	2.17

32. 다음 자료는 흡연이 수면에 미치는 영향을 알아보기 위해, 흡연가와 비흡연가를 각각 20명씩 무작위로 선정하여 잠들 때까지 걸리는 시간이다. 이 두 자료를 비교하기 위해 다음을 구하라(단, 단위는 min이다).

(a) 평균 (b) 표준편차

(c) 변동계수 (d) 상자그림

흡연가	5	18	22	22	23	24	32	34	34	34	36	40	41	41
	45	45	52	53	61	68								
비흡연가	12	13	15	15	15	16	18	18	18	19	22	22	23	24
	24	27	29	29	30	51								

33. 두 반도체 생산 라인에서 생산된 실리콘 웨이퍼의 산화물 코팅 두께가 동일한지 알아보기 위해, 각각 20개씩 표본을 선정하여 코팅 두께를 측정하여 다음을 얻었다. 이 두 자료를 비교하기 위해 다음을 구하라(단, 단위는 Å이다).

(a) 평균 (b) 표준편차

(c) 변동계수 (d) 상자그림

생산 라인 A	94.0 97.2 89.2 90.4 90.3 91.4 101.7 96.0 98.4 90.2 91.1 97.6 89.5 96.7 90.8 89.0 90.3 90.5 93.0 92.7
생산 라인 B	93.7 94.6 93.8 93.6 92.5 89.4 92.8 94.6 92.8 93.5 94.6 92.8 92.8 91.3 93.9 93.6 94.2 92.5 91.4 91.6

34. 특정한 촉매반응에서 생산된 원하지 않는 부산물을 측정하여 다음 자료를 얻었다. 이 두 자료에 대해 다음을 구하라(단, 단위는 %이다).

(a) 평균 (b) 표준편차

(c) 변동계수 (d) 상자그림

촉매 A	4.3 4.4 5.2 3.2 2.6 4.3 5.0 2.7 3.2 5.0 5.2 4.8 2.5 3.9 3.9 4.2 5.4 3.2 3.4 3.6
촉매 B	2.6 5.2 1.3 6.4 1.5 1.8 4.2 3.8 4.1 6.2 1.6 6.3 4.9 4.6 2.1 4.7 4.7 6.4 6.5 1.1

35. 동선으로 이루어진 코일의 온도에 따른 저항의 변화를 조사하고자 한다. 두 자료 사이의 관계를 알기 위해 다음을 구하라(단, 단위는 °C, Ω이다).

(a) 공분산 (b) 상관계수 (c) 산점도

온도	21.5	22.7	23.3	25.0	25.6	32.3	34.5	36.4	38.1	40.6
저항	0.9	1.5	1.2	3.6	4.5	3.6	3.1	2.8	2.8	2.0

36. 온도에 따른 소화효소인 산성 인산분해효소의 활성률의 변화를 측정하여 다음을 얻었다. 두 자료 사이의 관계를 알기 위해 다음을 구하라(단, 단위는 °C, μmol/s이다).

(a) 공분산 (b) 상관계수 (c) 산점도

온도	활성률	온도	활성률	온도	활성률	온도	활성률
170	1.05	181	0.73	147	0.05	168	0.95
177	0.75	165	0.69	159	0.36	163	0.74
162	0.47	178	0.56	152	0.09	167	1.03
156	0.08	159	0.32	153	0.08	151	0.04
173	0.93	171	0.82	152	0.08	156	0.18

37. 다음 자료는 공정온도에 따른 불량품의 관계를 측정한 자료이다. 공정온도에 따른 불량품의 수가 어떻게 나오는지 알기 위해 다음을 구하라(단, 공정온도와 불량품의 수의 단위는 °C와 개이다).

(a) 공분산 (b) 상관계수 (c) 산점도

공정온도	24.2	22.7	31.6	28.6	25.5	33.2	28.6	27.6	25.3	26.4
불량품 수	25	31	36	33	19	24	28	25	16	16
공정온도	24.4	24.8	20.6	25.1	21.7	23.7	24.8	25.2	27.4	28.4
불량품 수	22	23	20	28	25	24	27	30	33	35

38. 온도에 따른 맥주의 발효를 촉진시키는 호프[hop]의 알파산 함량을 측정하여 다음을 얻었다. 이 자료에 대해 다음을 구하라(단, 단위는 °C, %이다).

(a) 공분산 (b) 상관계수 (c) 산점도

온도	알파산 비율	온도	알파산 비율	온도	알파산 비율	온도	알파산 비율
13.0	2.2	14.3	2.9	15.1	4.6	16.3	4.6
13.1	2.0	14.5	3.0	15.1	5.9	16.3	3.6
13.3	2.1	14.5	2.9	15.2	5.2	16.4	3.9
13.5	2.1	14.6	3.1	15.2	5.6	16.5	2.6
13.6	2.4	14.7	4.5	15.3	6.1	16.6	3.4
13.7	2.8	14.8	5.6	15.4	4.8	16.7	3.7
13.8	2.3	14.9	3.4	15.6	4.9	16.7	2.9
13.9	2.5	15.0	6.2	15.8	5.8	16.8	3.4
14.1	2.7	15.0	4.7	15.9	6.2	16.8	2.1
14.1	2.9	15.0	5.2	16.1	4.1	16.8	3.1

39. 다음 히스토그램은 어느 하천의 산소 농도에 대한 시료 25개를 측정한 자료이다. 이 자료에 대해 다음을 구하라(단, 단위는 mg/L이다).

(a) 평균 (b) 중앙값 (c) 분산

계급 간격	도수	상대도수	누적도수	누적상대도수	계급값
1.75 ~ 2.75	19	0.76	19	0.76	2.25
2.75 ~ 3.75	5	0.20	24	0.96	3.25
3.75 ~ 4.75	0	0.00	24	0.96	4.25
4.75 ~ 5.75	1	0.04	25	1.00	5.25
합계	25	1.00			

40. 다음 도수분포표는 40개의 알루미늄 합금에 대해 측정한 인장강도를 요약한 것이다. 이 자료에 대해 다음을 구하라(단, 단위는 N/mm^2이다).

(a) 평균 (b) 중앙값 (c) 분산

계급 간격	도수	상대도수	누적도수	누적상대도수	계급값
244.5 ~ 253.5	5	0.150	6	0.150	249
253.5 ~ 262.5	6	0.125	11	0.275	258
262.5 ~ 271.5	15	0.375	26	0.650	267
271.5 ~ 280.5	8	0.200	34	0.850	276
280.5 ~ 289.5	6	0.150	40	1.000	285
합계	40	1.000			

41. 연기 감지기 제조에 사용되는 방사성 물질인 아메리슘 241(^{241}Am)을 특정 동물의 체중에 비례하여 주입한 후, 각 동물에 대해 ^{241}Am의 골격 보존량을 측정하여 다음 도수분포표를 얻었다. 이 자료에 대해 다음을 구하라(단, 단위는 $\mu Ci/kg$이다).

(a) 평균 (b) 중앙값 (c) 분산

계급 간격	도수	상대도수	누적도수	누적상대도수	계급값
1.635 ~ 2.185	13	13	0.26	0.26	1.91
2.185 ~ 2.735	6	19	0.12	0.38	2.46
2.735 ~ 3.285	9	28	0.18	0.56	3.01
3.285 ~ 3.835	7	35	0.14	0.70	3.56
3.835 ~ 4.385	9	44	0.18	0.88	4.06
4.385 ~ 4.935	6	50	0.12	1.00	4.61
합계	50	1.00			

42. 다음 도수분포표는 아파트 건설 작업장의 분진농도를 조사한 자료이다. 이 자료에 대해 다음을 구하라(단, 단위는 mg/m^3이다).

(a) 평균 (b) 중앙값 (c) 분산

계급 간격	도수	상대도수	누적도수	누적상대도수	계급값
7.5 ~ 33.5	7	0.175	7	0.175	20.5
33.5 ~ 59.5	17	0.425	24	0.600	46.5
59.5 ~ 85.5	12	0.300	36	0.900	72.5
85.5 ~ 111.5	3	0.075	39	0.975	98.5
111.5 ~ 137.5	0	0.000	39	0.975	124.5
137.5 ~ 163.5	1	0.025	40	1.000	150.5
합계	40	1.00			

43. 임의로 자동차 10대를 선정하여 각각 시속 5마일(mph)의 충돌 시험을 실시하였더니, 가시적 손상이 있는 자동차(S)와 그렇지 않은 않은 자동차(F)의 결과는 다음과 같다.

[F S F F F S F F S F F F S F F F F S F F]

(a) 가시적 손상이 있는 자동차에 대한 표본비율을 구하라.

(b) S와 F를 각각 1과 0으로 대체하고 표본평균을 구하라.

44. 표본 [25, 34, 52, 43, 24, 62]를 표준점수로 변환하라.

II

확률과 확률분포

CHAPTER 04

확률

4.1 표본공간과 사건

지금까지 특정한 통계적 목적에 따라 수집된 자료 값들의 다양한 특성을 살펴봤다. 그러나 이러한 자료 값들은 여러 가능한 측정값 중에서 우연히 관찰된 수치에 불과하다. 이 절에서는 관찰 가능한 측정값들과 통계적 추론의 대상이 되는 측정값들의 집합에 대해 살펴본다.

■ 표본공간

일반적으로 통계 실험을 통해 얻은 측정값은 다음의 세 가지 성질을 만족한다고 가정한다.

- **완전성**exhaustive property : 실험 결과가 명확하게 잘 정의되며, 모든 결과를 포함한다.
- **상호 배타성**mutually exclusive property : 한 번의 관찰에서 가능한 결과는 오직 하나뿐이다.
- **우연성**possibility : 실험 결과는 우연에 의해 나타난다.

이러한 특성을 갖는 통계 실험에서 특정한 실험 결과를 얻는 과정을 **확률 실험**probability experiment이라 하며, 동일한 조건 아래 확률 실험을 반복하는 것을 **시행**trial이라 한다. 이때 확률 실험에서 나타날 수 있는 모든 결과의 집합을 **표본공간**sample space이라 하며, 보통 S로 나타낸다. 다음과 같은 네 가지 경우의 확률 실험을 생각해 보자.

❶ 생산한 100개의 볼트에 포함된 불량품의 개수: 표본공간은 $S=\{0, 1, 2, \cdots, 100\}$이고, 이 표본공간은 유한집합이다.

❷ 처음으로 1의 눈이 나올 때까지 주사위를 던진 횟수: 표본공간은 $S=\{1, 2, 3, \cdots\}$이고, 이 표본공간은 셀 수 있는 무한집합이다.

❸ 라텍스 페인트의 건조 시간이 2분 이상 5분 이하인 경우: 표본공간은 $S=[2, 5]$이고, 이 표본공간은 유한구간이다.

❹ 새로 교체한 형광등의 수명 측정하기: 표본공간은 $S=(0, \infty)$이고, 이 표본공간은 무한구간이다.

표본공간은 그 구성에 따라 다음과 같이 구분한다.

- **이산표본공간**discrete sample space : 유한집합이거나 셀 수 있는 무한집합인 표본공간
- **연속표본공간**continuous sample space : 유한구간 또는 무한구간인 표본공간

❶과 ❷의 표본공간은 이산표본공간이고, ❸과 ❹는 연속표본공간이다.

확률 실험에서 나타날 수 있는 개개의 실험결과를 **표본점**sample point이라 하며, 통상적으로 알파벳 소문자로 나타낸다. 따라서 표본공간은 전체집합을 나타내고, 표본점은 집합의 원소를 나타낸다.

예제 1

팔당댐에서 초당 $1{,}000\ \mathrm{m}^3$의 물을 방류하면, $363\ \mathrm{km}$ 떨어진 한강대교에 도달하기까지의 시간이 7.3시간 이상 7.6시간 이하로 알려져 있다. 팔당댐에서 방류한 물이 한강대교에 도달할 때까지 걸리는 시간에 대한 표본공간을 구하라.

풀이

팔당댐에서 방류한 물이 한강대교에 도달하는 데 걸리는 시간이 7.3시간 이상 7.6시간 이하이므로 표본공간은 $S=[7.3, 7.6]$이다.

■ 사건

표본공간의 부분집합 중 어떤 조건을 만족하는 특정한 표본점들의 집합을 **사건**event이라 하며, 보편적으로 알파벳 대문자로 나타낸다. 사건을 이루고 있는 표본점의 개수에 따라 사건을 다음과 같이 세 가지 유형으로 구분한다.

- **근원사건**elementary event : 단 하나의 표본점으로 구성된 사건

- **복합사건**compound event : 두 개 이상의 표본점으로 구성된 사건
- **공사건**empty event$(\varnothing)$: 어떤 확률 실험에서 실험 결과로 절대로 나올 수 없는 사건

예제 2

[예제 1]에서 방류한 물이 7.5시간 이내에 한강대교에 도달하는 사건을 구하라.

풀이

방류한 물이 7.5시간 이내에 한강대교에 도달하는 것이므로 사건은 $\{x | 7.3 \le x < 7.5\}$이다.

사건은 집합과 동일한 개념이며, 다음과 같이 여러 가지 사건을 정의한다.

- **합사건**union of events : A 또는 B가 발생하는 사건으로 $A \cup B$로 표현한다.

$$A \cup B = \{x \,|\, x \in A \text{ 또는 } x \in B\}$$

- **곱사건**intersection of events : A와 B가 동시에 발생하는 사건으로 $A \cap B$로 표현한다.

$$A \cap B = \{x | x \in A \text{ 그리고 } x \in B\}$$

- **차사건**difference of events : 사건 A는 발생하지만 사건 B는 발생하지 않는 사건으로 $A-B$로 표현한다.

$$A - B = \{x | x \in A \text{ 그리고 } x \notin B\}$$

- **여사건**complementary event : 특정한 사건 A가 발생하지 않을 사건으로 A^c로 표현한다.

$$A^c = \{x | x \in S \text{ 그리고 } x \notin A\}$$

- **배반사건**mutually exclusive events : 두 사건 A와 B가 동시에 발생하지 않을 때, 즉 $A \cap B = \varnothing$일 때, 두 사건 A와 B를 배반사건이라 한다.
- **쌍마다 배반사건**pairwisely mutually exclusive events : n개의 사건 $A_1, A_2, \cdots, A_n$ 중에서 어느 두 사건도 서로 배반인 경우, 즉 다음을 만족하는 $\{A_1, A_2, \cdots, A_n\}$을 쌍마다 배반사건이라 한다.

$$A_i \cap A_j = \varnothing, \ i \ne j, \ i, \ j = 1, 2, 3, \cdots, n$$

이와 같은 사건들을 벤다이어그램으로 그리면 [그림 4.1]과 같다.

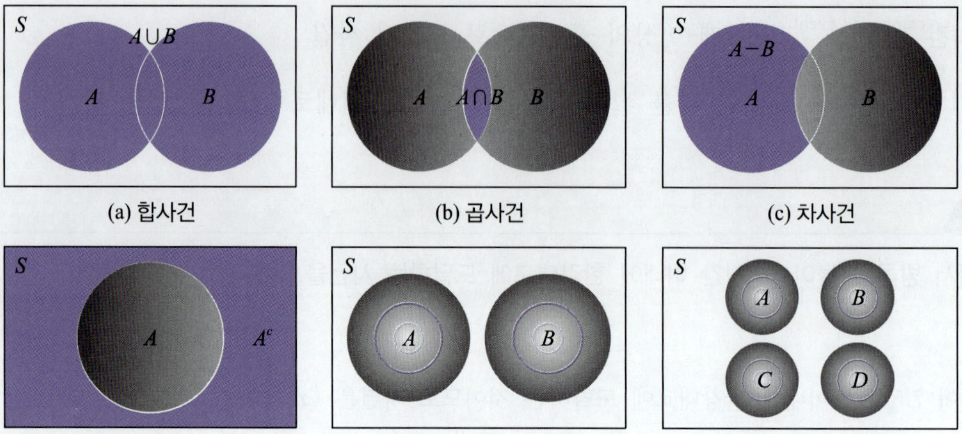

(a) 합사건 (b) 곱사건 (c) 차사건

(d) 여사건 (e) 배반사건 (f) 쌍마다 배반사건

[그림 4.1] 여러 가지 사건

특히 표본공간 S의 부분집합인 사건 A_1, A_2, $\cdots$, A_n이 다음 두 조건을 만족할 때, n개의 사건 $\{A_1, A_2, \cdots, A_n\}$을 표본공간 S의 **분할**partition이라 한다.

(1) $A_i \cap A_j = \varnothing$, $i \neq j$, $i, j = 1, 2, \cdots, n$

(2) $S = A_1 \cup A_2 \cup \cdots \cup A_n$

예제 3

동전을 두 번 던지는 게임에서 앞면이 두 번인 사건을 A, 앞면이 한 번인 사건을 B, 뒷면이 두 번인 사건을 C라 할 때, 세 사건 A, B, C가 표본공간의 분할임을 보여라.

풀이

동전을 두 번 던지는 경우에 대한 표본공간은 $S = \{\text{HH, HT, TH, TT}\}$이고, 세 사건 A, B, C는 각각 다음과 같다.

$$A = \{\text{HH}\},\ B = \{\text{HT, TH}\},\ C = \{\text{TT}\}$$

세 사건 A, B, C는 쌍마다 배반이고, $S = A \cup B \cup C$이므로 A, B, C는 표본공간 S의 분할이다.

■ 사건의 연산

임의의 사건 A, B, C에 대해 다음 성질이 성립한다.

정리 1 합사건의 성질

(1) $A \cup A = A$

(2) $A \cup B = B \cup A$ (교환법칙)

(3) $A \cup \varnothing = A$

(4) $A \cup A^c = S$

(5) $A \cup S = S$

(6) $(A \cup B) \cup C = A \cup (B \cup C)$ (결합법칙)

정리 2 곱사건의 성질

(1) $A \cap A = A$

(2) $A \cap B = B \cap A$ (교환법칙)

(3) $A \cap \varnothing = \varnothing$

(4) $A \cap A^c = \varnothing$

(5) $A \cap S = A$

(6) $(A \cap B) \cap C = A \cap (B \cap C)$ (결합법칙)

정리 3 여사건과 부분사건의 성질

(1) $(A^c)^c = A$

(2) $A \subset B$이면 $A \cup B = B$, $A \cap B = A$

(3) $A \subset B$이면 $B = A \cup (B - A)$

정리 4 분배법칙과 드모르간의 법칙

(1) $(A \cup B) \cap C = (A \cap C) \cup (B \cap C)$

(2) $(A \cap B) \cup C = (A \cup C) \cap (B \cup C)$

(3) $(A \cup B)^c = A^c \cap B^c$

(4) $(A \cap B)^c = A^c \cup B^c$

예제 4

주사위 두 번 던지는 게임에서 첫 번째 나온 눈의 수가 1인 사건을 A, 두 번째 나온 눈의 수가 4인 사건을 B 그리고 두 눈의 수의 합이 7인 사건을 C라 할 때, 다음을 구하라.

(a) $A \cup B$ (b) $A \cap B$ (c) $B - C$ (d) $(A \cap B) \cup C$

풀이

먼저 표본공간과 각 사건을 구하면 다음과 같다.

$$S = \begin{Bmatrix} (1,\ 1), (1,\ 2), (1,\ 3), (1,\ 4), (1,\ 5), (1,\ 6), \\ (2,\ 1), (2,\ 2), (2,\ 3), (2,\ 4), (2,\ 5), (2,\ 6), \\ (3,\ 1), (3,\ 2), (3,\ 3), (3,\ 4), (3,\ 5), (3,\ 6), \\ (4,\ 1), (4,\ 2), (4,\ 3), (4,\ 4), (4,\ 5), (4,\ 6), \\ (5,\ 1), (5,\ 2), (5,\ 3), (5,\ 4), (5,\ 5), (5,\ 6), \\ (6,\ 1), (6,\ 2), (6\ ,3), (6,\ 4), (6,\ 5), (6,\ 6) \end{Bmatrix}$$

$$A = \{(1,\ 1),\ (1,\ 2),\ (1,\ 3),\ (1,\ 4),\ (1,\ 5),\ (1,\ 6)\}$$

$$B = \{(1,\ 4),\ (2,\ 4),\ (3,\ 4),\ (4,\ 4),\ (5,\ 4),\ (6,\ 4)\}$$

$$C = \{(1,\ 6),\ (2,\ 5),\ (3,\ 4),\ (4,\ 3),\ (5,\ 2),\ (6,\ 1)\}$$

(a) $A \cup B = \{(1,\ 1),\ (1,\ 2),\ (1,\ 3),\ (1,\ 4)\ (1,\ 5),\ (1,\ 6),\ (2,\ 4),\ (3,\ 4),\ (4,\ 4)\ (5,\ 4),\ (6,\ 4)\}$

(b) $A \cap B = \{(1,\ 4)\}$

(c) $B - C = \{(1,\ 4),\ (2,\ 4),\ (4,\ 4),\ (5,\ 4),\ (6,\ 4)\}$

(d) $(A \cap B) \cup C = \{(1,\ 4),\ (1,\ 6),\ (2,\ 5),\ (3,\ 4),\ (4,\ 3),\ (5,\ 2),\ (6,\ 1)\}$

4.2 확률

1장에서 기술통계학과 추측통계학의 통계처리 과정을 나타낸 [그림 1.6]은 표본으로부터 얻은 통계량을 바탕으로 모수에 대해 통계적 추론을 수행하는 과정을 보여 준다. 이때 추론의 타당성에 대한 신뢰성을 부여하기 위해 확률의 개념이 반드시 필요하며, 이 개념은 다음과 같이 공학의 전 분야에서 활용되고 있다.

- 화학공학: 기체 분자 운동에 대한 이론
- 토목공학: 몇 년 동안 측정된 일일 최대 강우량에 대한 모형
- 컴퓨터공학: 컴퓨터 작동 시스템의 디자인 및 분석
- 전자공학: 전자 장비와 통신 시스템에서 노이즈에 대한 처리 모형
- 환경공학: 환경오염물질에 대한 모형

- 산업공학: 비행기와 같은 복잡한 시스템에 대한 신뢰성 모형
- 유전학: 돌연변이와 그에 따른 자연적 변이에 대한 모형
- 보건학: COVID 19와 같은 공기에 의한 전염병의 확산 및 제어 모형

이 절에서는 다양한 형태의 확률에 대한 개념과 확률 계산에 대해 살펴본다.

■ 고전적 확률

가장 간단한 확률의 개념은 표본점이 N개이고 개개의 표본점이 나타날 가능성이 동일한 유한표본공간에 대해, n개의 표본점으로 구성된 사건 A의 확률을 구하는 것이다. 이때 사건 A의 확률을 $P(A)$로 나타내며, 다음과 같이 정의한다.

$$P(A) = \frac{n}{N}$$

이와 같은 확률의 개념을 **고전적 확률**classical probability 또는 **수학적 확률**mathematical probability이라 한다. 예를 들어, 공정한 동전을 던져서 앞면이 나올 확률을 구한다고 하자. 그러면 표본공간은 $S = \{\text{H, T}\}$이고, 공정한 동전을 던지므로 앞면과 뒷면이 나올 가능성은 동일하다. 이때 앞면이 나오는 사건을 A라 하면 $A = \{\text{H}\}$이다. 따라서 표본공간 S와 사건 A에 대한 표본점의 개수가 각각 $N=2$, $n=1$이며, 동전을 던져서 앞면이 나올 확률은 $P(A) = \frac{1}{2}$이다. 그러나 고전적 확률은 각각의 표본점이 나타날 가능성이 동일하지 않은 경우에는 사용할 수 없다.

■ 통계적 확률

[표 4.1]은 통계 패키지를 이용하여 동전을 n번 던진 경우에 대한 실험 결과이다.

[표 4.1] 동전 던지기 실험 결과

시행 횟수(n)	10	50	100	200	500	1,000	1,500	2,000	3,000
앞면이 나온 횟수(r_n)	3	26	48	115	243	494	733	991	1,499
상대도수(p_n)	0.3	0.52	0.48	0.575	0.486	0.494	0.4887	0.4955	0.4997

앞면이 나온 횟수를 r_n, 앞면이 나온 횟수에 대한 상대도수를 $p_n = \frac{r_n}{n}$이라 하자. 그러면 [그림 4.2]와 같이 시행 횟수 n이 커질수록 앞면이 나온 상대도수 p_n은 0.5에 가까워진다는 것을 알 수 있으며, 이는 뒷면이 나오는 상대도수도 역시 0.5에 가까워지는 것을 의미한다. 즉, 앞면과 뒷면으로 구

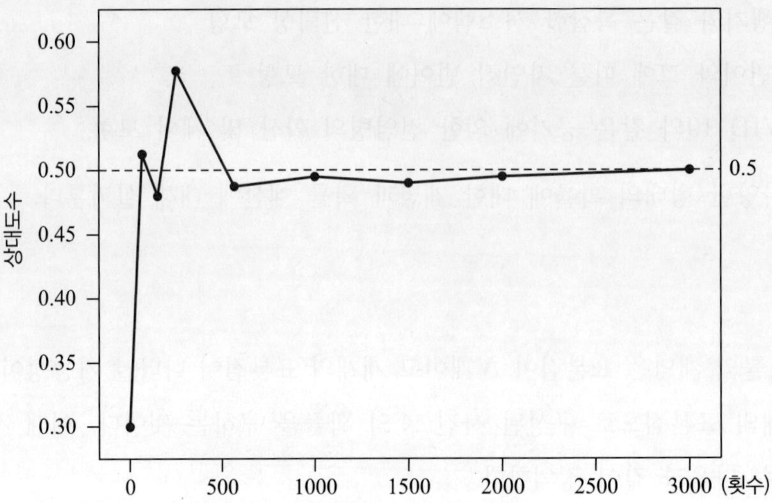

[그림 4.2] 시행 횟수 n에 따른 p_n의 변화

성된 동전을 무수히 많이 던지는 경우, 두 결과가 나타날 가능성이 거의 같아진다.

이와 같이 동일한 확률 실험을 반복할수록 어떤 사건 A에 대한 상대도수 p_n은 다음과 같이 일정한 수 p에 가까워지며, 이때 p를 사건 A의 **통계적 확률**statistical probability 또는 상대도수에 의한 확률이라 한다.

$$P(A) = \lim_{n \to \infty} \frac{r_n}{n} = p$$

따라서 공정한 동전을 던지는 게임에서 앞면이 나오는 사건을 A라 할 때, 사건 A가 일어날 통계적 확률은 고전적 확률의 개념과 동일한 것을 알 수 있다.

■ 공리론적 확률

고전적 확률 또는 통계적 확률의 개념은 표본공간 안에 있는 표본점의 개수가 유한한 경우에만 적용할 수 있다. 이러한 제약을 극복하기 위해 러시아 수학자 콜모고로프Andrei Kolmogorov; 1903~1987는 다음과 같은 공리론적 확률의 개념을 도입하였다.

정의 1 공리론적 확률

다음 세 가지 공리를 만족하는 표본공간 S의 각 사건 A에 대해 실수로 대응하는 함수 $P(A)$를 사건 A의 **공리론적 확률**axiomatic probability이라 한다.

[공리 1] $P(S)=1$

[공리 2] $A \subset S$이면 $0 \le P(A) \le 1$이다.

[공리 3] 쌍마다 배반인 사건 A_n, $n=1, 2, 3, \cdots$ 에 대해 다음이 성립한다.

$$P(A_1 \cup A_2 \cup \cdots) = P(A_1) + P(A_2) + \cdots$$

공리론적 확률의 개념은 고전적 확률의 개념과 달리 명확한 형태로 정의되지 않지만, 대부분 다음과 같이 정의한다.

$$P(A) = \frac{\text{사건 } A\text{에 대한 영역의 크기}}{\text{표본공간 전체 영역의 크기}}$$

이산표본공간에서 영역의 크기는 표본점의 개수를 나타내며, 연속표본공간인 직선, 평면, 공간에서 영역의 크기는 각각 길이, 넓이, 부피를 의미한다.

예제 5

다음 확률을 구하라.

(a) 주사위를 두 번 던져서 합이 7인 사건 A의 확률

(b) 반지름의 길이가 10 cm인 다트 판에 다트를 던져서 중심으로부터 5 cm 이내에 꽂힐 확률

풀이

(a) [예제 4]에서 살펴본 바와 같이 주사위를 두 번 던지는 경우에 표본공간의 표본점의 개수는 36이고, 사건 A의 표본점의 개수는 6이므로 A의 확률은 $P(A) = \frac{6}{36} = \frac{1}{6}$이다.

(b) 중심으로부터 5 cm 이내인 원을 A라 하면 A의 넓이는 $\text{Area}(A) = 25\pi(\text{cm}^2)$이다. 표본공간은 반지름의 길이가 10 cm인 다트 판이므로 S의 넓이는 $\text{Area}(S) = 100\pi(\text{cm}^2)$이다. 그러므로 구하는 확률은 $P(A) = \frac{25\pi}{100\pi} = \frac{1}{4}$이다.

예제 6

실린더 직경이 6.4 cm와 6.8 cm 사이에서 측정될 때, 임의로 선택한 실린더의 직경이 6.5 cm 이상인 사건을 A, 6.7 cm 이하인 사건을 B라 하자. 이때 확률 $P(A)$, $P(B)$, $P(A \cap B)$를 구하라.

풀이

표본공간과 두 사건 A와 B는 각각 다음과 같다.

$$S=\{x\,|\,6.4\le x\le 6.8\},\ A=\{x\,|\,6.5\le x\le 6.8\},\ B=\{x\,|\,6.4\le x\le 6.7\}$$

그러므로 $A\cap B=\{x\,|\,6.5\le x\le 6.7\}$이고, 각 사건의 길이는 다음과 같다.

$$\text{length}(S)=0.4,\ \text{length}(A)=0.3,\ \text{length}(B)=0.3,\ \text{length}(A\cap B)=0.2$$

따라서 구하는 확률은 각각 다음과 같다.

$$P(A)=\frac{\text{length}(A)}{\text{length}(S)}=\frac{0.3}{0.4}=\frac{3}{4}$$

$$P(B)=\frac{\text{length}(B)}{\text{length}(S)}=\frac{0.3}{0.4}=\frac{3}{4}$$

$$P(A\cap B)=\frac{\text{length}(A\cap B)}{\text{length}(S)}=\frac{0.2}{0.4}=\frac{1}{2}$$

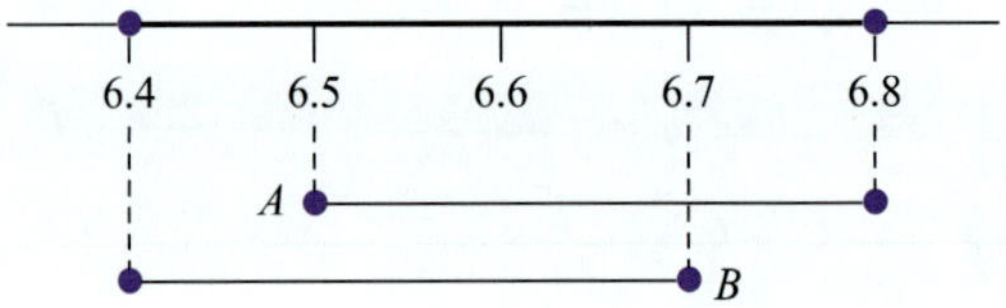

[정리 5]는 고전적 확률의 개념이나 공리론적 확률의 개념을 이용하여 쉽게 증명할 수 있으며, 이를 이용하여 확률을 쉽게 계산할 수 있다.

정리 5 확률 법칙

(1) 공사건의 확률: $P(\varnothing)=0$

(2) 덧셈 법칙

- A와 B가 배반사건인 경우: $P(A\cup B)=P(A)+P(B)$
- A와 B가 배반사건이 아닌 경우: $P(A\cup B)=P(A)+P(B)-P(A\cap B)$

(3) 여사건의 확률: $P(A^c)=1-P(A)$

(4) 차사건의 확률: $A\subset B$이면 $P(B-A)=P(B)-P(A)$이고 $P(A)\le P(B)$

(5) 합사건의 확률:

$$P(A\cup B\cup C)=P(A)+P(B)+P(C)-P(A\cap B)-P(A\cap C)$$
$$-P(B\cap C)+P(A\cap B\cap C)$$

예제 7

관개 수로를 흐르는 물의 pH 농도가 7보다 작으면 산성이고 7 이상이면 정상이라고 한다. 농번기에 강으로부터 공급 받는 물의 pH 농도는 거의 동등하게 6.5에서 7.4까지 0.1씩 증가하면서 관측된다. 관개 수로를 흐르는 물의 pH 농도가 6.7 이상 7.2 이하인 사건을 A, 6.9 이상 7.3 이하인 사건을 B라 할 때, 확률 $P(A)$, $P(B)$, $P(A \cap B)$, $P(A \cup B)$, $P(A-B)$, $P(B-A)$를 구하라.

풀이

표본공간과 두 사건 A와 B는 각각 다음과 같다.

$$S = \{6.5,\ 6.6,\ 6.7,\ 6.8,\ 6.9,\ 7.0,\ 7.1,\ 7.2,\ 7.3,\ 7.4\}$$
$$A = \{6.7,\ 6.8,\ 6.9,\ 7.0,\ 7.1,\ 7.2\}$$
$$B = \{6.9,\ 7.0,\ 7.1,\ 7.2,\ 7.3\}$$

그러므로 다음 사건을 얻는다.

$$A \cap B = \{6.9,\ 7.0,\ 7.1,\ 7.2\},\quad A \cup B = \{6.7,\ 6.8,\ 6.9,\ 7.0,\ 7.1,\ 7.2,\ 7.3\}$$
$$A - B = \{6.7,\ 6.8\},\qquad B - A = \{7.3\}$$

구하는 확률은 각각 다음과 같다.

$$P(A) = \frac{6}{10} = \frac{3}{5},\ P(B) = \frac{5}{10} = \frac{1}{2},\ P(A \cap B) = \frac{4}{10} = \frac{2}{5},$$
$$P(A \cup B) = \frac{7}{10},\ P(A - B) = \frac{2}{10} = \frac{1}{5},\ P(B - A) = \frac{1}{10}$$

4.3 조건부 확률

지금까지 속성이 하나인 사건의 확률을 구하는 방법에 대해 살펴봤다. 그러나 실험실에서 얻는 대부분의 자료는 속성이 둘 이상인 경우가 많으며, 조건에 따라 확률이 다르게 나타나기도 한다. 이 절에서 두 개의 속성이 결합되는 경우의 확률과 주어진 조건에 따른 확률을 구하는 방법에 대해 살펴본다.

■ 결합확률과 주변확률

구리선의 강도와 전도성 사이의 관계를 조사하기 위해 50개의 구리선을 조사하여 [표 4.2]를 얻었다고 하자.

[표 4.2] 구리선의 강도와 전도성

전도성 \ 강도	높음	중간	낮음	합계
높음	21	6	3	30
낮음	13	5	2	20
합계	34	11	5	50

전도성이 높은 사건을 A_1, 전도성이 낮은 사건을 A_2라 하자. 그리고 구리선의 강도가 높은 사건을 B_1, 중간인 사건을 B_2, 낮은 사건을 B_3이라 하자. 그러면 임의로 선정한 구리선의 전도성과 강도가 동시에 높은 사건은 $A_1 \cap B_1$이고 전도성과 강도가 동시에 낮은 사건은 $A_2 \cap B_3$이다. 이러한 곱사건들에 대한 고전적 확률은 [표 4.3]과 같이 표를 이용하여 표현할 수 있으며, 이와 같은 확률표를 **결합확률표**joint probability table라 한다.

[표 4.3] 구리선의 강도와 전도성에 대한 결합확률표

전도성 \ 강도	높음	중간	낮음	합계
높음	0.42	0.12	0.06	0.60
낮음	0.26	0.10	0.04	0.40
합계	0.68	0.22	0.10	1.00

수평 방향 확률의 합 0.6과 0.4는 50개의 구리선 중 임의로 하나를 선정할 때 각각 구리선의 강도가 높을 확률과 낮을 확률을 나타내고, 수직 방향 확률의 합 0.68, 0.22, 0.10은 임의로 선정한 구리선의 강도가 높을 확률, 중간일 확률, 낮을 확률을 나타낸다. 이런 확률은 결합확률표의 오른쪽과 아래쪽 주변에 표시된다는 이유에서 **주변확률**marginal probability이라 한다.

■ 조건부 확률

임의로 선정한 구리선의 전도성이 높다는 조건 아래 이 구리선의 강도가 높을 확률을 구해 보자. 그러면 전도성이 높은 구리선 30개만 생각하며, 이들 중 강도가 높은 구리선이 21개이므로 구하는 확률은 $\frac{21}{30} = 0.7$이다. 구리선의 전도성이 높을 확률은 $\frac{30}{50} = 0.6$이고, 구리선의 전도성과 강도가 모두 높을 확률은 $\frac{21}{50} = 0.42$이다. 이때 선정한 구리선의 전도성이 높다는 조건 아래 이 구리선의 강도가 높을 확률을 $P(B_1 | A_1)$이라 하면 다음 관계가 성립하는 것을 알 수 있다.

$$P(B_1 | A_1) = \frac{21}{30} = \frac{21/50}{30/50} = \frac{P(A_1 \cap B_1)}{P(A_1)}$$

이와 같이 어떤 사건 A가 주어졌다는 조건 아래 사건 B가 나타날 확률을 다음과 같이 정의하며, 이 확률을 사건 A에 대한 사건 B의 **조건부 확률**conditional probability이라 하고, $P(B|A)$로 나타낸다.

$$P(B|A) = \frac{P(A \cap B)}{P(A)}, \quad P(A) > 0$$

어떤 사건 A가 주어졌다는 조건 아래 사건 B의 조건부 확률은 [그림 4.3]과 같이 사건 A의 확률에 대한 사건 $A \cap B$의 확률에 대한 비율을 나타낸다.

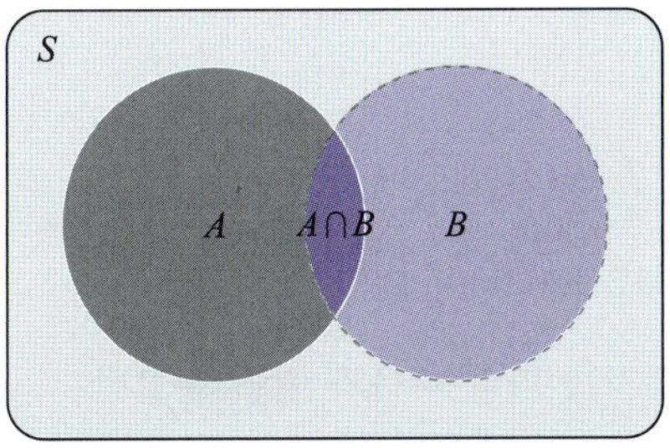

[그림 4.3] 조건부 확률의 의미

예제 8

어떤 철근 제조 업체에서 생산한 공동주택 건설용 철근 100개를 길이의 적절성과 지름의 적절성으로 분류하여 조사하였더니 다음 결과를 얻었다. 이 회사에서 제조한 철근 하나를 선정했을 때, 다음 확률을 구하라.

길이 \ 지름	굵음	적절함	가늚	합계
긺	12	15	3	30
적절함	12	42	6	60
짧음	1	3	1	5
합계	25	60	10	100

(a) 길이가 적절하지만 지름이 적절하지 않을 확률

(b) 길이가 적절할 확률

(c) 길이와 지름이 모두 적절할 확률

(d) 길이가 적절하다는 조건 아래 지름이 적절할 조건부 확률

풀이

결합확률표는 다음과 같다.

길이 \ 지름	굵음	적절함	가늚	합계
긺	0.12	0.15	0.03	0.30
적절함	0.12	0.42	0.06	0.60
짧음	0.01	0.03	0.01	0.05
합계	0.25	0.60	0.10	100

(a) 길이가 적절한 사건을 A, 지름의 길이가 굵은 사건을 B_1, 적절한 사건을 B_2, 가는 사건을 B_3이라 하면 길이가 적절하지만 지름이 적절하지 않은 사건은 $A \cap B_1$과 $A \cap B_3$이다. 이 두 사건은 배반사건이므로 구하는 확률은 다음과 같다.

$$P(A \cap B_2^c) = P[(A \cap B_1) \cup (A \cap B_3)] = P(A \cap B_1) + P(A \cap B_3)$$

$$= 0.12 + 0.06 = 0.18$$

(b) 길이가 적절한 사건은 지름의 굵기에 따라 다음과 같이 분할된다.

$$A = (A \cap B_1) \cup (A \cap B_2) \cup (A \cap B_3)$$

세 사건은 쌍마다 배반이므로 구하는 확률은 다음과 같다.

$$P(A) = P(A \cap B_1) + P(A \cap B_2) + P(A \cap B_3)$$

$$= 0.12 + 0.42 + 0.06 = 0.6$$

(c) 길이와 지름이 모두 적절할 확률은 $P(A \cap B_2) = 0.42$이다.

(d) 길이가 적절하다는 조건 아래 지름이 적절할 조건부 확률은 다음과 같다.

$$P(B_2 | A) = \frac{P(A \cap B_2)}{P(A)} = \frac{0.42}{0.6} = 0.7$$

■ 곱의 법칙

$P(A) > 0$인 사건 A가 주어졌을 때, 사건 A에 대한 사건 B의 조건부 확률 $P(B|A)$의 정의로부터 두 사건 A와 B의 곱사건 $A \cap B$의 확률은 다음과 같으며, 이것을 **곱의 법칙**multiplication law이라 한다.

$$P(A\cap B)=P(A)P(B\mid A),\quad P(A)>0$$

마찬가지로 $A\cap B$의 확률은 사건 B에 대한 사건 A의 조건부 확률을 이용하여 다음과 같이 표현할 수 있다.

$$P(A\cap B)=P(B)P(A\mid B),\quad P(B)>0$$

곱의 법칙은 세 개 이상의 사건에도 적용할 수 있다. 세 사건 A, B, C에 대해 $P(A\cap B)>0$이라 하면 $A\cap B$가 주어졌다는 조건 아래 사건 C의 조건부 확률은 다음과 같다.

$$P(C\mid A\cap B)=\frac{P(A\cap B\cap C)}{P(A\cap B)}$$

따라서 $P(A\cap B\cap C)=P(A\cap B)P(C\mid A\cap B)$이고 $P(A\cap B)=P(A)P(B\mid A)$이므로 세 사건 A, B, C에 대한 곱의 법칙은 다음과 같다.

$$P(A\cap B\cap C)=P(A)P(B\mid A)P(C\mid A\cap B),\quad P(A\cap B)>0$$

이와 같은 방법을 반복하면 n개의 사건 A_1, A_2, $\cdots$, A_n에 대해 $P(A_1\cap A_2\cap\cdots\cap A_{n-1})>0$일 때, 다음 곱의 법칙이 성립한다.

$$P(A_1\cap A_2\cap\cdots\cap A_n)=P(A_1)P(A_2\mid A_1)P(A_3\mid A_1\cap A_2)\cdots P(A_n\mid A_1\cap A_2\cap\cdots\cap A_{n-1})$$

예제 9

다음과 같이 두 구성요소 A와 B가 직렬로 연결된 시스템을 생각하자. 구성요소 A가 작동할 확률은 0.95이고, A가 작동하는 경우에 구성요소 B가 작동할 확률은 0.94이다. 이 시스템이 작동할 확률을 구하라.

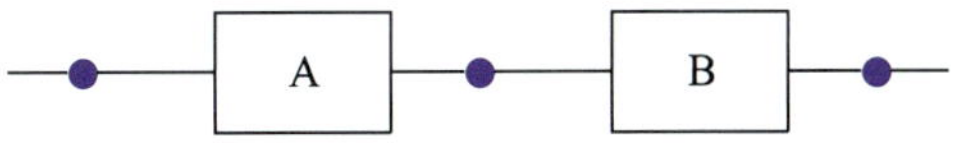

풀이

두 구성요소 A와 B가 작동하는 사건을 각각 A와 B라 하면 $P(A)=0.95$, $P(B\mid A)=0.94$이다. 이 시스템이 작동하기 위해서는 두 구성요소 A와 B가 모두 작동해야 하며, 이렇게 되기 위해서는 구성요소 A가 작동해야 하고 그 조건 아래 구성요소 B가 작동해야 한다. 따라서 구하는 확률 $P(A \cap B)$는 다음과 같다.

$$P(A \cap B) = P(A)P(B \mid A) = (0.95)(0.94) = 0.893$$

모집단으로부터 n개의 대상을 순서대로 선택할 때, 추출된 대상이 한 번 이상 반복하여 선택되도록 허용하는 경우와 그렇지 않은 경우를 생각할 수 있다. 예를 들어, 흰색 바둑돌 3개와 검은색 바둑돌 2개가 들어 있는 주머니에서 처음에 꺼낸 바둑돌이 흰색이라 하자. 이때 꺼낸 바둑돌을 다시 주머니에 넣는다면 [그림 4.4(a)]와 같이 두 번째 바둑돌을 꺼내는 경우에 모집단은 변함이 없다. 그러나 [그림 4.4(b)]와 같이 처음에 꺼낸 바둑돌을 주머니 안에 다시 넣지 않는다면 두 번째 바둑돌을 꺼내는 경우에 모집단은 달라진다. 이러한 두 가지 추출 방법을 각각 복원추출과 비복원추출이라 한다.

- **복원추출**replacement : 표본공간에서 표본점을 선택할 때, 동일한 표본점이 한 번 이상 반복하여 선택되도록 허용하는 추출 방법
- **비복원추출**without replacement : 선택한 표본점이 반복하여 선정되지 않도록 추출하는 방법

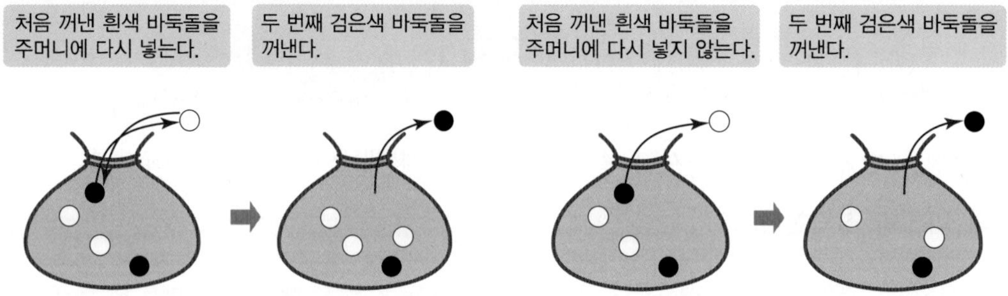

(a) 복원추출 (b) 비복원추출

[그림 4.4] 추출 방법

예제 10

흰색 바둑돌 3개와 검은색 바둑돌 2개가 들어 있는 주머니에서 다음 방법에 의해 순서대로 꺼낸 바둑돌이 흰색과 검은색일 확률을 구하라.

(a) 복원추출 (b) 비복원추출

풀이

처음 깨낸 바둑돌이 흰색인 사건을 A, 두 번째 꺼낸 바둑돌이 검은색인 사건을 B라 하자.

(a) 처음에 흰색 바둑돌이 나올 확률은 $P(A) = \dfrac{3}{5}$이다. 복원추출에 의해 바둑돌을 꺼내므로 두 번째 바둑

돌을 꺼낼 때, 주머니 안에 흰색 바둑돌 3개와 검은색 바둑돌 2개가 들어 있다. 따라서 두 번째 꺼낸 바둑돌이 검은색일 확률은 $P(B \mid A) = \frac{2}{5}$이고, 구하는 확률은 다음과 같다.

$$P(A \cap B) = P(A)P(B \mid A) = \frac{3}{5} \times \frac{2}{5} = \frac{6}{25}$$

(b) 처음에 흰색 바둑돌이 나올 확률은 $P(A) = \frac{3}{5}$이고, 비복원추출에 의해 바둑돌을 꺼내므로 두 번째 바둑돌을 꺼낼 때 주머니 안에 흰색 바둑돌 2개와 검은색 바둑돌 2개가 들어 있다. 따라서 두 번째 꺼낸 바둑돌이 검은색일 확률은 $P(B \mid A) = \frac{2}{4} = \frac{1}{2}$이고, 구하는 확률은 다음과 같다.

$$P(A \cap B) = P(A)P(B \mid A) = \frac{3}{5} \times \frac{1}{2} = \frac{3}{10}$$

4.4 독립사건

[예제 10]에서 복원추출인 경우와 비복원추출인 경우에 따라서 두 번째 검은색 바둑돌을 꺼낼 확률이 달라지는 것을 알 수 있다. 특히 복원추출인 경우, 처음에 꺼낸 바둑돌이 검은색일 확률은 $\frac{2}{5}$이며, 처음에 흰색 바둑돌이 나왔다는 조건 아래 두 번째 검은색 바둑돌이 나올 확률도 동일하게 $P(B|A) = \frac{2}{5}$이다. 따라서 복원추출인 경우, 처음에 흰색 바둑돌이 나왔다는 조건이 두 번째 검은색 바둑돌이 나올 확률에 아무런 영향을 미치지 않는다. 이와 같이 어떤 사건 A의 발생 여부가 다른 사건 B의 발생에 아무런 영향을 미치지 않을 때, 즉 다음이 성립할 때 두 사건 A와 B는 **독립**independent이라 한다.

$$P(B \mid A) = P(B), \quad P(A) > 0$$

그러나 비복원추출과 같이 사건 A의 발생 여부가 B의 발생 가능성에 영향을 미치는 경우, 두 사건을 **종속**dependent이라 한다. 곱의 법칙에 의해 $P(A \cap B) = P(A)P(B \mid A)$이므로 두 사건 A와 B가 독립일 필요충분조건은 다음과 같다.

$$A\text{와 } B\text{가 독립} \Leftrightarrow P(A \cap B) = P(A)P(B)$$

A와 B가 독립이면 A^c와 B, A와 B^c 그리고 A^c와 B^c 역시 독립이며, [정리 6]이 성립한다.

정리 6 독립에 대한 필요충분조건

A와 B가 독립일 필요충분조건은 다음과 같다.

(1) A^c와 B가 독립이다. 즉, $P(A^c \cap B) = P(A^c)P(B)$이다.

(2) A^c와 B^c가 독립이다. 즉, $P(A^c \cap B^c) = P(A^c)P(B^c)$이다.

예제 11

생산 라인 공정은 서로 독립적인 두 부분의 기계장치로 구성되어 있으며, 두 기계장치가 고장 나면 그 즉시 교체된다고 한다. 기계장치 A와 B가 고장 날 확률은 각각 17%와 12%일 때, 두 기계장치 가운데 적어도 한 기계장치가 고장 날 확률을 구하라.

풀이

두 기계장치 A와 B가 고장 나는 사건을 각각 A와 B라 하면 $P(A) = 0.17$, $P(B) = 0.12$이다. 또한 기계장치 A와 B가 고장 나는 사건은 독립이므로 다음이 성립한다.

$$P(A \cap B) = P(A)P(B) = (0.17)(0.12) = 0.0204$$

따라서 두 기계장치 가운데 적어도 한 기계장치가 고장 날 확률은 다음과 같다.

$$P(A \cup B) = P(A) + P(B) - P(A \cap B) = 0.17 + 0.12 - 0.0204 = 0.2696$$

독립성의 개념은 세 개 이상의 사건에도 적용할 수 있으며, 다음 조건을 만족하는 n개의 사건 A_1, A_2, $\cdots$, A_n을 독립이라 한다.

$$P(A_1 \cap A_2 \cap \cdots \cap A_n) = P(A_1)P(A_2)\cdots P(A_n)$$

사건 A_1, A_2, $\cdots$, A_n에 대해 임의로 선택한 두 사건이 독립인 경우, 즉 다음을 만족하는 n개의 사건 A_1, A_2, $\cdots$, A_n을 **쌍마다 독립**pairwisely independent이라 한다.

$$P(A_i \cap A_j) = P(A_i)P(A_j),\ i \neq j,\ i, j = 1, 2, \cdots, n$$

예제 12

100원짜리 동전과 500원짜리 동전을 동시에 던질 때, 100원짜리 동전이 앞면인 사건을 A, 500원짜리 동전이 앞면인 사건을 B, 두 면이 동일한 사건을 C라 하자. 세 사건이 독립인지, 쌍마다 독립인지 보여라.

풀이

표본공간은 $S=\{(\mathrm{H}_{100}, \mathrm{H}_{500}), (\mathrm{H}_{100}, \mathrm{T}_{500}), (\mathrm{T}_{100}, \mathrm{H}_{500}), (\mathrm{T}_{100}, \mathrm{T}_{500})\}$이고, 세 사건은 각각 다음과 같다.

$$A=\{(\mathrm{H}_{100}, \mathrm{H}_{500}), (\mathrm{H}_{100}, \mathrm{T}_{500})\}$$

$$B=\{(\mathrm{H}_{100}, \mathrm{H}_{500}), (\mathrm{T}_{100}, \mathrm{H}_{500})\}$$

$$C=\{(\mathrm{H}_{100}, \mathrm{H}_{500}), (\mathrm{T}_{100}, \mathrm{T}_{500})\}$$

따라서 다음 곱사건을 얻는다.

$$A\cap B=\{(\mathrm{H}_{100}, \mathrm{H}_{500})\},\ A\cap C=\{(\mathrm{H}_{100}, \mathrm{H}_{500})\},$$

$$B\cap C=\{(\mathrm{H}_{100}, \mathrm{H}_{500})\},\ A\cap B\cap C=\{(\mathrm{H}_{100}, \mathrm{H}_{500})\}$$

그러면 각 사건과 곱사건의 확률은 각각 다음과 같다.

$$P(A)=P(B)=P(C)=\frac{1}{2},\ P(A\cap B)=P(A\cap C)=P(B\cap C)=P(A\cap B\cap C)=\frac{1}{4}$$

따라서 다음 관계를 얻는다.

$$P(A\cap B)=P(A)P(B),\ P(A\cap C)=P(A)P(C),\ P(B\cap C)=P(B)P(C)$$

$$P(A\cap B\cap C)=\frac{1}{4}\neq P(A)P(B)P(C)=\frac{1}{8}$$

따라서 세 사건 A, B, C는 쌍마다 독립이지만 독립은 아니다.

4.5 베이즈 정리

실험을 통해 어떤 관찰값을 얻는 경우, 단순히 어느 한 가지 요인에 의해 그 관찰값이 나타나기도 하지만 여러 요인에 의해 나타나는 경우가 많다. 어떤 관찰값이 관측되었을 때, 이 관찰값이 나타나게 하는 여러 요인 중 특정한 요인이 영향을 미쳤을 확률을 구하고자 한다.

■ 전확률 공식

사건 A_1, A_2, $\cdots$, A_n을 표본공간 S의 분할이라 하면 다음 두 조건을 만족한다.

(1) $A_i \cap A_j = \varnothing$, $i \neq j$, $i, j = 1, 2, \cdots, n$

(2) $S = A_1 \cup A_2 \cup \cdots \cup A_n$

[그림 4.5]와 같이 사건 A_1, A_2, $\cdots$, A_n은 임의의 사건 B를 분할하며, 다음이 성립한다.

$$P(B) = P(A_1 \cap B) + P(A_2 \cap B) + \cdots + P(A_n \cap B)$$

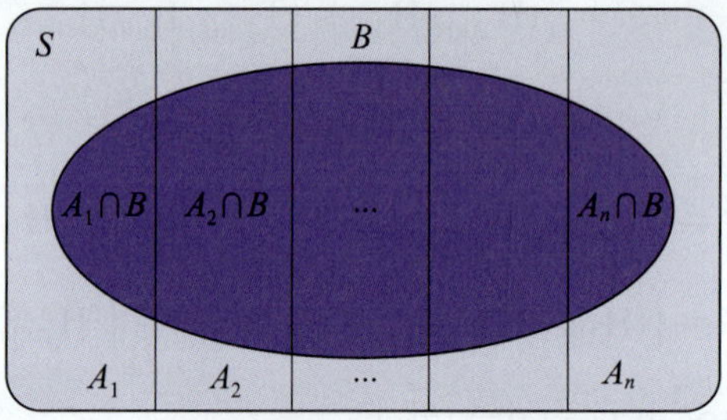

[그림 4.5] 사건 B의 분할

더욱이 곱의 법칙을 이용하면 $P(A_i \cap B) = P(A_i)P(B \mid A_i)$, $i = 1, 2, \cdots, n$이므로 임의의 사건 B의 확률을 다음과 같이 구할 수 있으며, 이를 **전확률 공식**formula of total probability이라 한다.

$$P(B) = \sum_{i=1}^{n} P(A_i)P(B \mid A_i), \quad P(A_i) > 0$$

예제 13

특정 제품을 세 공정 라인 A, B, C에서 각각 30%, 30%, 40%를 생산하며, 세 공정 라인 A, B, C에서 생산된 제품 중 각각 4%, 3%, 5%가 불량품이라 한다. 임의로 선택한 제품이 불량품일 확률을 구하라.

풀이

이 제품이 세 공정 라인 A, B, C에서 생산되는 사건을 각각 A, B, C라 하고, 불량품이 나오는 사건을 D라 하자. 그러면 각 사건에 대한 확률은 다음과 같다.

$$P(A) = 0.3, \ P(B) = 0.3, \ P(C) = 0.4, \ P(D \mid A) = 0.04, \ P(D \mid B) = 0.03, \ P(D \mid C) = 0.05$$

따라서 선택한 제품이 불량품일 확률은 다음과 같다.

$$P(D) = P(A)P(D|A) + P(B)P(D|B) + P(C)P(D|C)$$
$$= (0.3)(0.04) + (0.3)(0.03) + (0.4)(0.05) = 0.041$$

■ 베이즈 정리

사건 $A_1, A_2, \cdots, A_n$이 표본공간 S의 분할이고, $P(B) > 0$인 어떤 사건 B가 발생했다고 하자. 그러면 조건부 확률의 정의에 의해 다음이 성립한다.

$$P(A_i|B) = \frac{P(A_i \cap B)}{P(B)}$$

또한 곱의 법칙에 의해 $P(A_i \cap B) = P(A_i)P(B|A_i)$이므로 전확률 공식에 의해 다음 확률 법칙이 성립한다.

$$P(A_i|B) = \frac{P(A_i)P(B|A_i)}{\sum_{j=1}^{n} P(A_j)P(B|A_j)}$$

이와 같은 확률 법칙을 **베이즈 정리**Bayes' theorem라 하며, $P(A_i)$를 **사전확률**prior probability, $P(A_i|B)$를 **사후확률**posterior probability이라 한다. 그러면 사건 $A_1, A_2, \cdots, A_n$은 사건 B가 나타나는 데 영향을 미치는 요인을 나타내며, 사전확률 $P(A_i)$, $i = 1, 2, \cdots, n$은 사건 B가 나타나는 데 영향을 미칠 확률이다. 이러한 여러 요인에 의해 사건 B가 나타났을 때, 사후확률 $P(A_i|B)$는 사건 A_i가 영향을 미쳤을 확률이다.

예제 14

[예제 13]에서 임의로 선택한 제품이 불량품이었을 때, 이 제품이 각 공정 라인에서 생산되었을 확률을 구하라.

풀이

[예제 13]에서 선택한 제품이 불량품일 확률 $P(D) = 0.041$을 구했다.

- 공정 라인 A에서 생산되었을 확률: $P(A|D) = \frac{P(A)P(D|A)}{P(D)} = \frac{(0.3)(0.04)}{0.041} \approx 0.2927$

• 공정 라인 B에서 생산되었을 확률: $P(B|D)=\dfrac{P(B)P(D|B)}{P(D)}=\dfrac{(0.3)(0.03)}{0.041}\approx 0.2195$

• 공정 라인 C에서 생산되었을 확률: $P(C|D)=\dfrac{P(C)P(D|C)}{P(D)}=\dfrac{(0.4)(0.05)}{0.041}\approx 0.4878$

연습문제

1. $S=A\cup B$이고 $P(A)=0.75$, $P(B)=0.63$이라 할 때, $P(A\cap B)$를 구하라.

2. 두 사건 A와 B에 대해 $P(A\cup B)=0.9$, $P(A)=0.6$, $P(B)=0.8$일 때, 다음 확률을 구하라.

(a) $P(A\cap B)$ (b) $P(A^c\cup B^c)$

3. 두 사건 A와 B에 대하여 $P(A)=\dfrac{1}{4}$, $P(B)=\dfrac{1}{3}$, $P(A\cup B)=\dfrac{1}{2}$이다.

(a) 두 사건 A와 B가 배반사건인지 구하라.

(b) $P(A\cap B)$를 구하라.

4. 두 사건 A와 B에 대해 $P(A)=0.3$, $P(B)=0.5$, $P(A\cap B^c)=0.2$일 때, 다음 확률을 구하라.

(a) $P(A\cap B)$ (b) $P(A\cup B)$ (c) $P(A^c\cap B^c)$

5. $P(A)=P(B)=P(C)=\dfrac{1}{3}$, $P(A\cap B)=P(A\cap C)=P(B\cap C)=\dfrac{1}{9}$, $P(A\cap B\cap C)=\dfrac{1}{27}$ 일 때, $P(A\cup B\cup C)$를 구하라.

6. 기계에서 생산된 5 kΩ인 저항기 중, 오차가 10 Ω 이내에 들지 않으면 불량품으로 간주된다. 이에 따라 임의로 선정한 저항기 4개를 시험하였다.

(a) 표본공간을 구하라.

(b) i번째 선정한 저항기가 양호한 사건을 A_i라 할 때, 네 사건 A_1, A_2, A_3, A_4는 배반사건인지 조사하라.

(c) 4개의 저항기가 모두 양호한 사건을 B, 정확히 저항기 하나가 불량인 사건을 C라 할 때, 두 사건 $B\cup C$와 $B\cap C$를 설명하라.

(d) A_1, A_2, A_3, A_4를 이용하여 사건 B와 사건 C를 표현하라.

7. 파이프 라인 1, 2, 3, 4를 통하여 두 수원지 1과 2에서 두 도시 A와 B에 물을 공급하며, 두 도시에 필요한 물은 두 수원지 중 어느 하나이면 충분하다. 파이프 라인 1, 2, 3, 4에 이상이 생겨 물 공급이 원활하지 않은 사건을 각각 A_i, $i = 1, 2, 3, 4$라 할 때, A_i를 이용하여 다음 사건을 간단히 표현하라.

(a) A 도시에 물 공급이 원활하지 않는 사건

(b) B 도시에 물 공급이 원활한 사건

(c) 적어도 한 도시에 물 공급이 원활한 사건

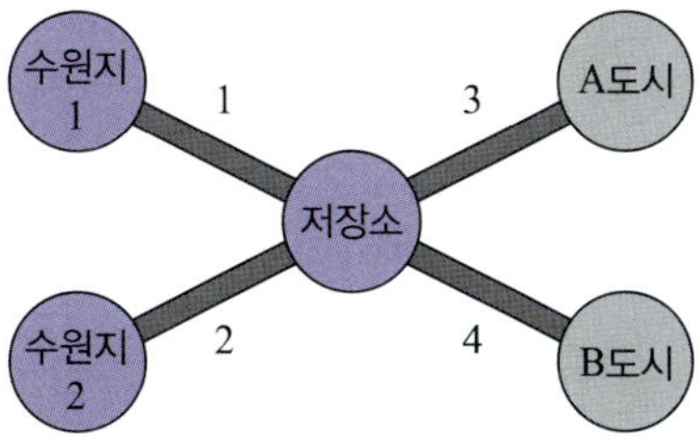

8. 불량 전구 5개를 포함하여 20개의 전구가 들어 있는 상자에서 임의로 전구 3개를 선정할 때, 선정한 전구 안에 포함된 불량전구의 개수에 대한 확률을 구하라.

9. 컴퓨터 시스템은 문자 26개(a~z)와 숫자 10개(0~9)로 이루어진 6개의 비밀번호를 사용한다. 첫 번째 비밀번호가 모음으로 시작하는 사건을 A, 마지막 비밀번호가 짝수인 사건을 B라 하자. 해커가 임의로 암호를 선택한다고 할 때, 확률 $P(A)$, $P(B)$, $P(A \cap B)$, $P(A \cup B)$를 구하라(단, 대문자 알파벳은 사용하지 않으며, 문자와 숫자를 중복으로 선택하지 않는다).

10. 50개의 레이저 다이오드의 효율성은 1에서 4 사이에서 다양하게 측정된다. 50개 중 효율성이 1, 1.5, 2, 2.5, 3, 3.5, 4인 다이오드는 각각 4, 4, 7, 8, 15, 7, 5개씩 관찰되었다. 무작위로 선정한 다이오드의 효율성이 3 이하일 확률과 2 이상 3.5 미만일 확률을 구하라(단, 단위는 mW/mA이다).

11. 직사각형의 판넬을 제작하는 제조 업체는 판넬의 길이가 불량일 확률이 0.02, 폭이 불량일 확률이 0.03이라는 사실을 알고 있다. 길이와 폭에서 불량률이 나오는 사건이 독립이라 할 때, 생산한 제품이 불량품일 확률을 구하라.

12. 100개의 폴리카보네이트 플라스틱 디스크 100개를 무작위로 선정하여 경도와 충격 흡수율을 조

사하여 다음을 얻었다. 무작위로 디스크 하나를 선정할 때, 경도가 중간 사건을 A, 충격 흡수율이 높은 사건을 B라 하자.

(a) 사건 $A \cap B$, $A \cup B$, $A-B$, $B-A$를 설명하라.

(b) (a)의 사건에 대한 원소의 개수를 구하라.

(c) 이 표본을 기준으로 임의로 선택한 디스크가 $A \cap B$, $A \cup B$, $A-B$, $B-A$일 확률을 구하라.

경도 \ 충격 흡수율	낮음	중간	높음
낮음	4	9	12
중간	6	12	16
높음	7	14	20

13. 어느 전자제품의 수명이 10,000시간 이상일 확률이 0.56이고 5,000시간 미만일 확률이 0.02라고 한다. 다음 확률을 구하라.

(a) 수명이 10,000시간 미만일 확률

(b) 수명이 5,000시간 이상일 확률

(c) 수명이 5,000시간 이상 10,000시간 미만일 확률

14. 그림과 같은 교차로에서 좌회전 차로를 디자인할 때, 원활한 교통을 위해 좌회전 차로의 길이를 결정하는 것은 매우 중요하다. 다음은 이 목적 아래 일주일 동안 교통량이 많은 출퇴근 시간대에 해당 교차로에서 좌회전하기 위해 기다리는 차량의 대수를 관찰한 것이다.

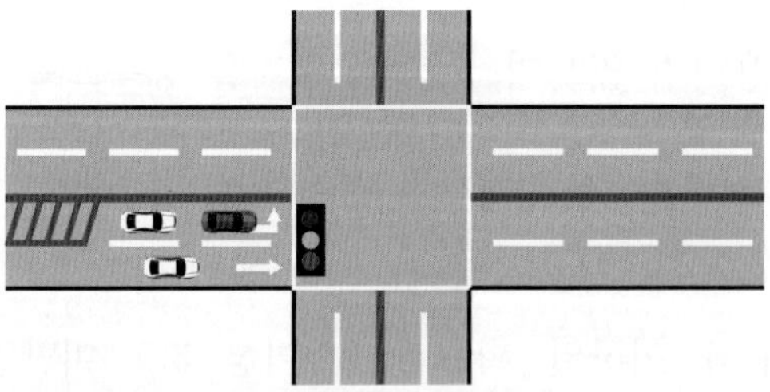

4	5	7	9	8	7	8	7	7	2	3	9	5	8	7	7	6	8	4	5	9	7	6	5	3
5	8	2	6	9	0	8	4	6	2	8	5	2	6	8	9	5	1	5	9	4	7	5	7	7

(a) 차량의 대수에 대한 도수분포표를 작성하라.

(b) 출퇴근 시간대 중 임의의 시각에 좌회전하기 위해 기다리는 차량이 5대 이상일 확률을 상대도수를 이용하여 구하라.

15. 그림과 같이 두 고속도로 A와 B가 고속도로 C로 합류된다. 두 고속도로 A와 B의 교통량은 동일하지만 혼잡한 시간대에 두 고속도로 A와 B가 혼잡할 확률은 각각 0.2, 0.4이다. 고속도로 A가 혼잡할 때 고속도로 B가 혼잡해질 확률은 0.8이고, 고속도로 B가 혼잡할 때 고속도로 A가 혼잡해질 확률은 0.4이다. 또한 두 고속도로 A와 B가 모두 혼잡하지 않을 때 고속도로 C가 혼잡해질 확률은 0.3이다. 이때 고속도로 C가 혼잡해질 확률을 구하라.

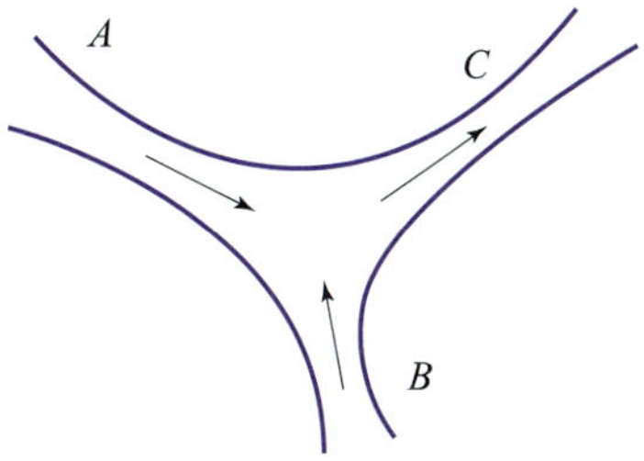

16. 어느 도시에 공급되는 상수도를 조사하면 두 종류의 불순물이 공통적으로 발견된다고 한다. 상수도의 20%는 아무런 불순물도 포함되지 않았고, A형의 불순물이 발견된 상수도는 45%, B형의 불순물이 발견된 상수도는 55%이었다. 이 도시에 있는 어느 한 가정을 임의로 선택하여 불순물을 조사할 때, 오로지 한 종류의 불순물만 발견될 확률을 구하라.

17. 그림과 같이 하중 500 kg이 작용하는 세 개의 고리로 연결된 체인은 어느 한 고리라도 파단되면 체인은 하중을 지지하지 못하고 끊어진다. 각각의 고리가 파단될 확률은 동일하게 0.04이고, 각 고리는 다른 고리의 파단에 아무런 영향을 미치지 않는다고 한다. 이 체인이 끊어질 확률을 구하라.

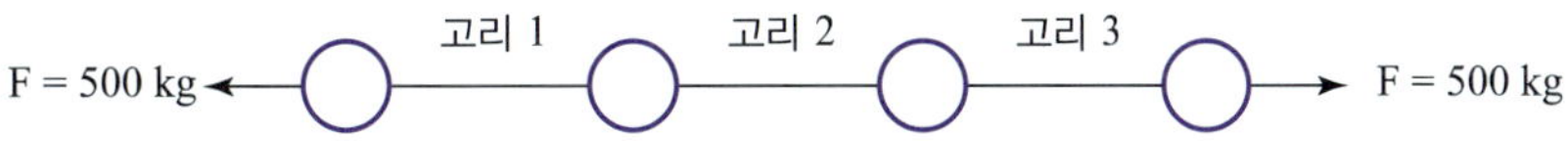

18. 생산 라인은 서로 독립적인 두 부분의 기계장치로 구성되어 있으며, 두 기계장치가 고장 나면 그 즉시 교체된다고 한다. 기계장치 A와 B가 고장 날 확률은 각각 15%와 11%이다. 이때 두 기계장치 가운데 적어도 한 기계장치가 고장 날 확률을 구하라.

19. 어느 회사는 국가에서 실시하는 두 프로젝트를 동시에 지원한다. 이때 두 프로젝트 중에서 어느 하나가 선정될 확률은 0.8이고 두 프로젝트 모두 선정될 확률은 0.3이라 한다. 이때 두 프로젝트 중에서 꼭 하나만 선정될 확률을 구하라.

20. 전자공학에서 웨이퍼는 집적회로를 비롯하여 마이크로 장치 제작에 사용되는 반도체 재료의 얇은 박막이다. 이것은 매우 순수한 결정성 물질로 형성되며, 이 물질에 전기적 특성을 조절하기 위해 불순물 원자 등이 도핑된다. 도핑은 가볍거나 무거운 n-형 또는 p-형이 있다. 이때 가벼운

도핑은 100만 원자당 1불순물이고 무거운 도핑은 1만 원자당 1불순물이다. 다음 표는 20개의 웨이퍼를 임의로 선정하여 범주별로 분류한 것이다. 웨이퍼 하나를 임의로 선정할 때, n-타입 웨이퍼가 선정되는 사건을 A, 도핑 정도가 무거운 웨이퍼가 선정되는 사건을 B라 하자.

도핑 유형 \ 도핑 정도	가벼움	무거움
n-형	3	5
p-형	8	4

(a) 확률 $P(A\cap B)$, $P(A\cup B)$, $P(A\cup B^c)$를 구하라.

(b) 20개의 웨이퍼 중 복원추출에 의해 두 개의 웨이퍼를 선정할 때, 차례대로 n-형과 p-형이 나올 확률을 구하라.

(c) 비복원추출에 의해 두 개의 웨이퍼를 선정할 때, 차례대로 가벼운 n-형과 무거운 p-형이 나올 확률을 구하라.

21. 고층 건물의 붕괴는 불충분한 지지대 또는 과도한 침하의 두 가지 원인에 기인한다. 불충분한 지지대와 과도한 침하에 의해 붕괴되는 사건을 각각 A, B라 할 때, $P(A)=0.002$, $P(B)=0.007$, $P(A|B)=0.12$라 한다.

(a) 고층 건물이 붕괴할 확률을 구하라.

(b) 과도한 침하에 의해서만 붕괴할 확률을 구하라.

(c) 어느 한 원인에 의해서만 붕괴할 확률을 구하라.

22. 어느 도시는 두 발전소 A와 B로부터 전력을 공급 받는다. 하루 중 피크 시간대에 적어도 한 발전소의 전력 공급이 중단되면 도시 전체가 정전된다. 두 발전소 A와 B의 전력 공급이 중단될 확률은 각각 0.02, 0.005이고 두 발전소의 공급이 모두 중단될 확률은 0.0007일 때, 다음 확률을 구하라.

(a) 두 발전소 중 어느 한 곳의 전력 공급이 중단됐을 때, 다른 발전소의 전력 공급도 중단될 확률

(b) 도시 전체가 정전될 확률

(c) 도시 전체가 정전됐을 때, 발전소 A의 전력 공급만 중단됐을 확률

23. 퓨즈 상자에 불량품 5개를 포함한 50개의 퓨즈가 들어 있다. 다음과 같은 방법으로 이 상자에서 퓨즈 두 개를 임의로 선정할 때, 두 개 모두 불량품일 확률을 구하라.

(a) 복원추출　　　　(b) 비복원추출

24. 두 기계 A와 B에 의하여 독립적으로 컴퓨터 칩이 생산되며, 기계 A의 불량률은 0.08이고 기계 B의 불량률은 0.05라고 한다. 두 기계에서 각각 하나의 컴퓨터 칩을 선정했을 때, 다음 확률을 구하라.

(a) 두 개 모두 불량품일 확률 (b) 두 개 모두 양호품일 확률

(c) 정확히 하나만 불량품일 확률

25. 지질학자에 따르면 어떤 지역에 석유가 내장될 확률이 90%라고 한다. 이 지역에 석유가 존재한다면 유전을 발견할 확률이 50%라 할 때, 이 지역에서 유전을 발견할 확률을 구하라.

26. 근로자가 어떤 기계의 사용 설명서에 따라 사용할 때 오작동이 발생할 확률은 1%이고 그렇지 않을 때 오작동이 발생할 확률은 4%라고 한다. 시간이 부족한 관계로 근로자가 설명서를 80% 밖에 숙지하지 못한 상태로 기계를 사용할 때, 이 기계에 오작동이 발생할 확률을 구하라.

27. 독립적으로 작동하는 스프링클러 A와 B로 구성된 시스템을 생각하자. 연기가 발생할 때, 장치 A에 의해 감지될 확률은 0.98이고 장치 B에 의해 감지될 확률은 0.96이다. 연기가 발생하는 경우에 다음 확률을 구하라.

(a) 두 스프링클러가 모두 연기를 감지할 확률

(b) 어느 한 스프링클러가 연기를 감지할 확률

28. 어떤 전기 장치는 그림과 같이 독립적으로 작동하는 세 개의 주요 부품으로 구성된다. A는 노후된 부품이라 작동할 확률이 각각 0.45이고 B와 C가 작동할 확률은 각각 0.99와 0.98이라 한다. 이 전기 장치가 작동할 확률을 구하라.

(a)

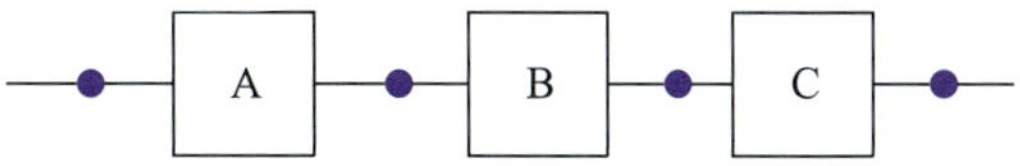

(b)

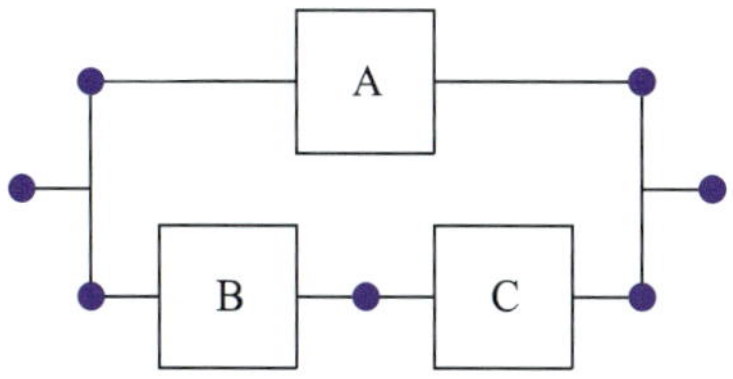

(c)

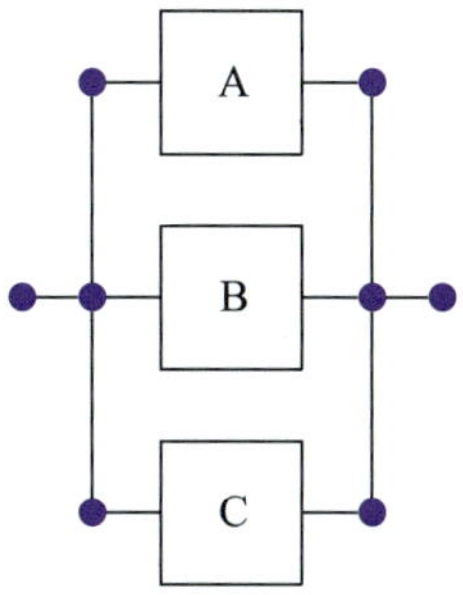

(d)

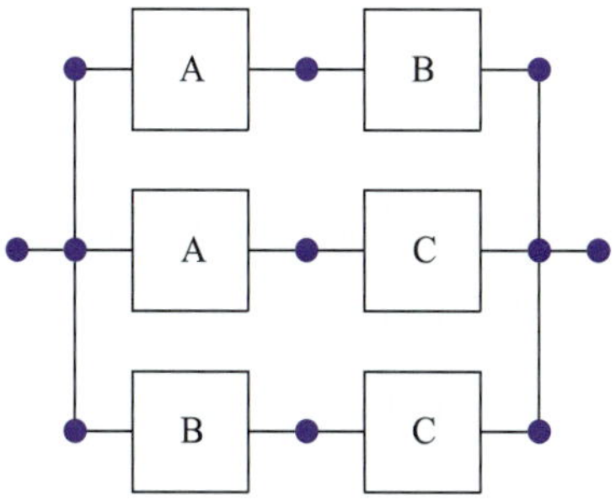

29. 위성 시스템은 컴퓨터 1에 의하여 조정되며, 이 시스템은 두 개의 독립적인 백업용 컴퓨터 2와 3으로 구성된다. 정상적으로 컴퓨터 1은 시스템을 조정하지만 이 컴퓨터가 고장 나면 자동적으로 컴퓨터 2가 작동하고, 컴퓨터 2가 고장 나면 컴퓨터 3이 작동한다. 그리고 세 컴퓨터가 모두 고장 나면 위성 시스템은 멈춘다고 한다. 그리고 각 컴퓨터들의 멈출 확률은 0.01이고, 이 컴퓨터들이 멈추는 것은 역시 독립적이다. 이때 각 컴퓨터들이 작동할 확률과 위성 시스템이 멈출 확률을 구하라.

30. 전체 승용차의 30%가 대기 오염도의 기준을 초과하는 것으로 알려져 있다. 자동차 검사장의 오염도 측정 기계의 특성에 의해 기준을 초과하는 승용차가 측정에서 합격할 확률이 0.05이고, 기준을 초과하지 않는 승용차가 측정에서 불합격할 확률이 0.02라 한다. 검사장에 입고된 승용차 한 대를 측정하였을 때, 다음 확률을 구하라.

(a) 이 승용차가 측정에서 불합격할 확률

(b) 불합격한 승용차가 기준을 초과하지 않는 승용차일 확률

31. 상자 안에 50Ω인 저항기 6개와 100Ω인 저항기 4개가 들어 있다. 비복원추출에 의해 저항기를 꺼낼 때, 다음 확률을 구하라.

(a) 두 번째 꺼낸 저항기가 50Ω일 확률

(b) 두 번째 50Ω인 저항기가 나왔을 때, 처음에 50Ω인 저항기가 나왔을 확률

32. 상자 안에 50Ω인 저항기 6개와 100Ω인 저항기 4개가 들어 있다. 복원추출에 의해 저항기를 꺼낼 때 다음 확률을 구하라.

(a) 두 번째 꺼낸 저항기가 50Ω일 확률

(b) 두 번째 50Ω인 저항기가 나왔을 때, 처음에 50Ω인 저항기가 나왔을 확률

33. 다음 그림은 비대칭 2진 통신채널을 나타내며, 입력이 0일 확률은 $\frac{1}{3}$이고 1일 확률은 $\frac{2}{3}$이다. 입력이 0인 경우 출력이 0과 1인 확률은 각각 $\frac{3}{4}$, $\frac{1}{4}$이고, 입력이 1인 경우 출력이 0과 1일 확률은 각각 $\frac{2}{5}$, $\frac{3}{5}$이다.

(a) 출력이 0일 확률과 1일 확률을 구하라.

(b) 출력이 0인 경우, 입력이 0일 확률과 1일 확률을 구하라.

(c) 출력이 1인 경우, 입력이 0일 확률과 1일 확률을 구하라.

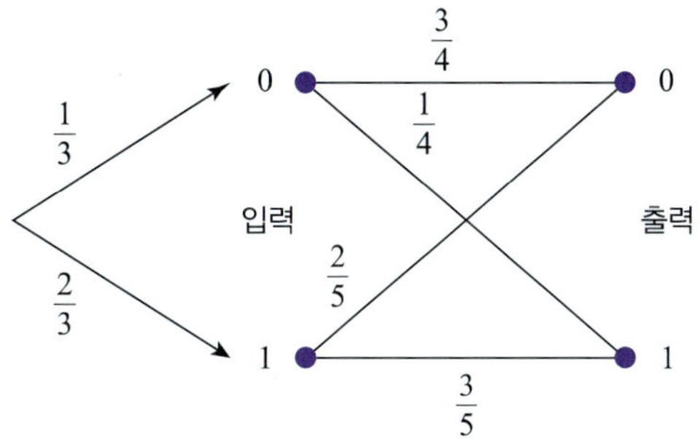

34. 아파트 건설을 위해 두 철근회사 A, B에서 각각 40%, 60%의 비율로 철근을 구입한다. 이때 과거 자료에 의하면 A 회사에서 생산된 철근의 2%가 기준 미달이고, B 회사에서 생산된 철근의 3%가 기준 미달이라고 한다. 두 회사에서 구입하여 섞어 놓은 철근들 중 임의로 하나를 선정했을 때, 다음 확률을 구하라.

(a) 선정한 철근이 기준 미달일 확률

(b) 선정한 철근이 기준 미달이라 할 때, 이 철근이 A 회사에서 생산되었을 확률

(c) 선정한 철근이 양호할 때, 이 철근이 B 회사에서 생산되었을 확률

35. 한 건설현장에서 정전기, 장비의 오작동, 근로자의 부주의, 파업에 의해 폭발이 발생할 확률은 각각 0.25, 0.2, 0.4, 0.75으로 분석된다. 각 원인의 사전확률이 각각 0.2, 0.4, 0.25, 0.15일 때, 다음을 구하라.

(a) 폭발이 일어날 확률

(b) 가능성이 가장 높은 폭발 원인과 확률

(c) 가능성이 가장 낮은 폭발 원인과 확률

36. 어느 자동차에 사용되는 코일스프링을 세 회사 A, B, C에서 각각 30%, 35%, 35%의 비율로 구입하며, 각 회사에서 구입한 코일스프링이 기준 미달일 확률은 각각 2%, 3%, 4%라고 한다. 구입한 스프링 중 임의로 하나를 선정했을 때, 이 스프링이 불량일 확률과 A 회사에서 생산되었을 확률을 구하라.

37. 세 공장 A, B, C에서 각각 40%, 30%, 30%의 비율로 제품을 생산하며, 이 세 공정 라인에서 불량품이 제조될 가능성은 각각 2%, 3%, 5%라 한다. 어떤 제품 하나를 임의로 선정했을 때, 다음 확률을 구하라.

(a) 이 제품이 불량품일 확률

(b) 임의로 선정된 제품이 불량품이었을 때, 이 제품이 A에서 만들어졌을 확률과 B에서 만들어졌을 확률

(c) 임의로 선정된 제품이 불량품이었을 때, 이 제품이 A 또는 B에서 만들어졌을 확률

38. 250명의 성인을 임의로 선정하여 흡연과 고혈압의 관계를 조사하여 다음 결과를 얻었다.

	비흡연자(N)	적당한 흡연자(M)	심한 흡연자(H)
고혈압 환자(A)	27	39	43
저혈압 환자(B)	10	16	22
정상인(C)	53	28	12

(a) 임의로 한 사람을 선정했을 때, 이 사람이 심한 흡연자일 확률을 구하라.

(b) 임의로 한 사람을 선정했을 때, 이 사람이 고혈압 환자일 확률을 구하라.

(c) 선정한 사람이 심한 흡연자일 때, 이 사람이 고혈압 환자일 확률을 구하라.

(d) 선정한 사람이 고혈압 환자일 때, 이 사람이 심한 흡연자일 확률을 구하라.

39. 세 공정 라인에서 생산한 500개의 반도체 웨이퍼를 조사하여 다음 자료를 얻었다. 웨이퍼 하나를 무작위로 선정했을 때, 다음 확률을 구하라.

(a) 웨이퍼가 공정 라인 1에서 생산되었을 때, 이 웨이퍼가 적합 판정을 받을 확률

(b) 웨이퍼가 적합 판정을 받았을 때, 이 웨이퍼가 공정 라인 2에서 생산되었을 확률

(c) 웨이퍼가 적합 판정을 받았을 때, 이 웨이퍼가 공정 라인 2에서 생산되지 않았을 확률

적합도 \ 라인	공정 라인 1	공정 라인 2	공정 라인 3
적합	144	140	188
부적합	6	10	12

40. 어떤 교차로는 직진하는 차량이 우회전하는 차량의 두 배 정도로 많으며, 좌회전하는 차량은 우회전하는 차량의 $\frac{1}{2}$이라 한다.

(a) 교차로에 접근하는 어떤 차량이 직진, 좌회전, 우회전할 확률을 각각 구하라.

(b) 교차로에 접근하는 어떤 차량이 회전한다고 할 때, 이 차량이 좌회전할 확률을 구하라.

41. 어느 공장에서 지난해 발생한 사고를 분석했더니 다음과 같이 근로 환경, 근로자의 부주의, 기계의 결함에 의해 발생했다는 것을 알게 됐다. 근로자의 근무 시간인 1교대(09:00~17:00), 2교대(17:00~01:00), 3교대(01:00~09:00)도 한 요인이었다. 지난해 발생한 사고 중 임의로 한 사례를 선정했다.

근무 시간 \ 사고 원인	근로 환경	근로자의 부주의	기계의 결함
1교대	3%	23%	2%
2교대	5%	28%	1%
3교대	6%	29%	3%

(a) 선정한 사고가 각 근무 시간대에 발생했을 확률을 구하라.

(b) 선정한 사고가 근로자의 부주의에 의해 발생했을 확률을 구하라.

(c) 근로자의 부주의에 의해 사고가 발생했을 때, 이 사고가 1교대 시간대에서 발생했을 확률을 구하라.

42. 어느 지역을 비행 중에 사라진 경비행기가 발견될 확률은 60%이다. 이 비행기가 발견될 때 위치탐사장치를 갖고 있을 확률이 80%이고, 발견되지 않은 비행기의 95%가 위치탐사장치를 갖고 있지 않았다. 비행기가 사라졌다고 할 때, 다음을 구하라.

(a) 위치탐사장치를 갖고 있지만 이 비행기가 발견되지 않을 확률

(b) 위치탐사장치를 갖고 있지 않지만 이 비행기가 발견될 확률

43. 특정 전염병에 걸릴 확률이 0.5%라 한다. 어떤 사람이 이 전염병에 걸렸을 때, 혈액 검사로 이 전염병에 양성 반응이 나타날 확률이 99%이다. 그러나 건강한 사람에 대해 혈액 검사를 실시하여 이 전염병에 대해 양성 반응을 보일 확률이 2%이다.

(a) 임의로 선정한 어떤 사람이 혈액 검사에서 양성 반응을 보일 확률을 구하라.

(b) 어떤 사람이 양성 반응을 보였을 때, 이 사람이 건강한 사람일 확률을 구하라.

44. 네 상자 A, B, C, D에 각각 긴 볼트와 작은 볼트가 각각 (3개, 2개), (2개, 1개), (5개, 3개), (1개, 1개)씩 들어 있다. 다음 방법에 의해 볼트 하나를 꺼낼 때, 꺼낸 볼트가 긴 볼트일 확률을 구하라.

(a) 네 상자를 선정하는 기회가 모두 동일한 경우

(b) 동전을 세 번 던져서 모두 앞면이면 A 상자, 앞면이 두 번이면 B 상자, 앞면이 한 번이면 C 상자, 모두 뒷면이면 D 상자를 선택한다.

45. [문제 44(a)]에서 긴 볼트가 나왔을 때, 이 볼트가 어느 상자에서 나올 확률이 가장 큰지 구하라.

46. [문제 44(b)]에서 긴 볼트가 나왔을 때, 이 볼트가 어느 상자에서 나올 확률이 가장 큰지 구하라.

CHAPTER 05

확률변수와 확률분포

5.1 확률변수

지금까지 실험실에서 발생하는 다양한 형태의 사건에 대한 확률을 구하는 방법에 대해 살펴봤다. 이러한 사건들 중에는 표본점의 특성에 따라 구분되는 경우가 있으며, 이와 같은 경우에는 수치로 변환할 수 있다. 예를 들어, 동전을 세 번 던지는 경우에 앞면이 나온 횟수라는 특성으로 표본공간을 분할할 수 있으며, 각 사건을 수치로 변환할 수 있다. 이 절에서는 사건을 수치로 변환하는 방법과 그 경우의 확률을 구하는 방법에 대해 살펴본다.

■ 확률변수

동전을 세 번 던지는 확률 실험을 하는 경우, 표본공간은 다음과 같다.

$$S=\{\mathrm{HHH, HHT, HTH, THH, HTT, THT, TTH, TTT}\}$$

이때 다음과 같은 사건을 생각하자.

$$A=\{\mathrm{HHH}\},\ B=\{\mathrm{HHT, HTH, THH}\},\ C=\{\mathrm{HTT, THT, TTH}\},\ D=\{\mathrm{TTT}\}$$

각 사건은 앞면이 나온 횟수가 각각 3, 2, 1, 0인 사건이고, 따라서 [그림 5.1]과 같이 네 사건을 수 3, 2, 1, 0과 대응시킬 수 있다.

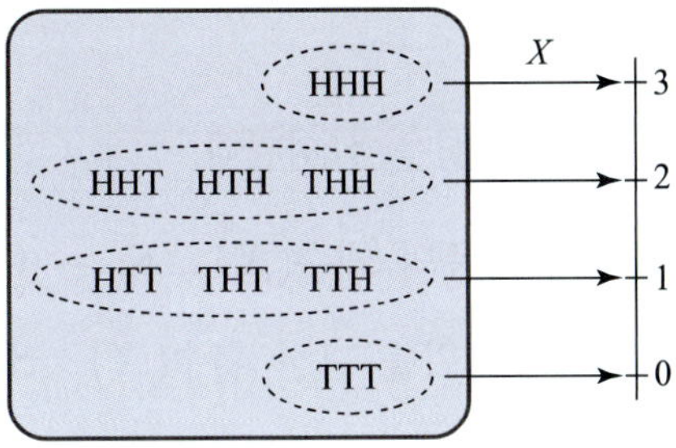

[그림 5.1] 확률변수 X의 의미

이와 같이 표본공간 안의 각 표본점을 실수와 대응시키는 함수를 **확률변수**random variable라 하며, 보편적으로 X와 같은 대문자로 나타낸다. 동전을 세 번 던져서 앞면이 나온 횟수에 관한 네 사건 A, B, C, D는 다음과 같이 확률변수를 이용하여 간단히 표현할 수 있다.

$$A = \{\mathrm{HHH}\} = \{X=3\}, \qquad B = \{\mathrm{HHT, HTH, THH}\} = \{X=2\},$$
$$C = \{\mathrm{HTT, THT, TTH}\} = \{X=1\}, \qquad D = \{\mathrm{TTT}\} = \{X=0\}$$

확률변수 X가 취할 수 있는 모든 수는 0, 1, 2, 3뿐이고, 확률변수 X가 취할 수 있는 모든 수들의 집합을 확률변수 X의 **상태공간**state space이라 하며, 보통 S_X로 나타낸다.

예제 1

공정한 동전을 세 번 던질 때, 앞면이 나온 횟수를 확률변수 X라 하자. 이때 X가 0, 1, 2, 3인 경우의 확률을 구하라.

풀이

앞에서 설명한 바와 같이 X가 0, 1, 2, 3인 각 경우는 다음과 같다.

$$\{X=0\} = \{\mathrm{TTT}\}, \qquad \{X=1\} = \{\mathrm{HTT, THT, TTH}\},$$
$$\{X=2\} = \{\mathrm{HHT, HTH, THH}\}, \qquad \{X=3\} = \{\mathrm{HHH}\}$$

그러므로 확률변수 X가 취하는 각 경우의 확률은 다음과 같다.

$$P(X=0) = P(\{\mathrm{TTT}\}) = \frac{1}{8}, \ P(X=1) = P(\{\mathrm{HTT, THT, TTH}\}) = \frac{3}{8},$$
$$P(X=2) = P(\{\mathrm{HHT, HTH, THH}\}) = \frac{3}{8}, \ P(X=3) = P(\{\mathrm{HHH}\}) = \frac{1}{8}$$

■ 확률변수의 종류

4.1절에서 다음과 같은 네 가지 확률 실험을 살펴봤다.

❶ 생산한 100개의 볼트에 포함된 불량품의 개수(X) : $S_X = \{0, 1, 2, \cdots, 100\}$

❷ 처음으로 1의 눈이 나올 때까지 주사위를 던진 횟수(X) : $S_X = \{1, 2, 3, \cdots\}$

❸ 통상적으로 라텍스 페인트의 건조 시간(X)이 2분에서 5분 사이인 경우 : $S_X = [2, 5]$

❹ 새로 교체한 형광등의 수명(X) 측정하기 : $S_X = (0, \infty)$

❶ 또는 ❷와 같이 X의 상태공간이 유한집합이거나 원소의 개수를 셀 수 있는 무한집합인 확률변수 X를 **이산확률변수**discrete random variable라 한다. 그리고 ❸ 또는 ❹와 같이 상태공간이 구간인 확률변수 X를 **연속확률변수**continuous random variable라 한다.

예제 2

다음 확률변수 X가 이산확률변수인지 아니면 연속확률변수인지 결정하라.

(a) X는 오차가 2Ω이고 250Ω으로 표시된 저항기의 실제 저항이다.

(b) X는 10대의 승용차에 대해 충격 시험에 통과한 차량 수이다.

(c) X는 새로 구입한 휴대전화의 수명이다.

(d) X는 불량인 볼트가 나올 때까지 검사한 볼트의 개수이다.

풀이

(a) 표시 저항 250Ω에 대해 실제 저항은 오차 $\pm 2\Omega$ 이내이므로 X의 상태공간은 구간 $[248, 252]$이다. 따라서 X는 연속확률변수이다.

(b) 모든 차량이 충격시험에 통과하지 못한 경우부터 모두 통과하는 경우를 생각할 수 있으므로 X의 상태공간은 $\{0, 1, \cdots, 10\}$이다. 따라서 X는 이산확률변수이다.

(c) 새로 구입한 휴대전화가 언제 수명을 다할지 모르므로 X의 상태공간은 $[0, \infty)$이다. 따라서 X는 연속확률변수이다.

(d) 처음 검사한 볼트가 불량인 경우에서 계속하여 불량인 볼트가 나올 때까지 검사한 볼트의 수이므로 X의 상태공간은 $\{1, 2, 3, \cdots\}$이다. 따라서 X는 이산확률변수이다.

■ 확률분포

[예제 1]에서 공정한 동전을 세 번 던질 때, 앞면이 나온 횟수를 나타내는 확률변수 X가 취할 수

있는 각 경우에 대해 다음 확률을 구했다.

$$P(X=0)=\frac{1}{8},\quad P(X=1)=\frac{3}{8},\quad P(X=2)=\frac{3}{8},\quad P(X=3)=\frac{1}{8}$$

이 경우 확률변수 X에 대한 확률값을 다음과 같이 함수, 표 또는 그림을 이용하여 간단하고 쉽게 알 수 있도록 표현할 수 있다.

❶ 다음과 같이 확률변수 X에 대해 확률값을 대응시키는 함수 $p(x)$를 X의 **확률함수**probability function 라 한다.

$$p(x)=\begin{cases}\frac{1}{8}, & x=0, 3\\ \frac{3}{8}, & x=1, 2\end{cases}$$

❷ 다음과 같이 확률변수 X에 대해 확률값을 대응시키는 표를 **확률표**probability table라 한다.

[표 5.1] 확률표

X	0	1	2	3
$P(X=x)$	$\frac{1}{8}$	$\frac{3}{8}$	$\frac{3}{8}$	$\frac{1}{8}$

❸ 확률변수가 취하는 개개의 값을 중심으로 밑변의 길이가 1이고 높이가 확률값인 직사각형 그림을 **확률히스토그램**probability histogram이라 한다.

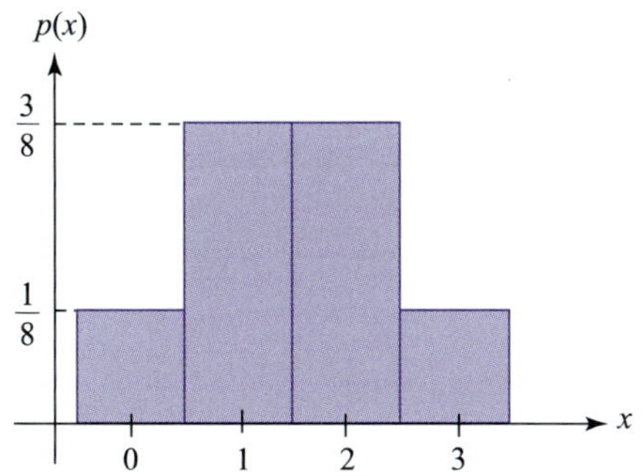

[그림 5.2] 확률히스토그램

이와 같이 확률변수가 정의되면 그 확률변수가 취하는 각각의 값에 대한 확률을 대응시키는 것을 확률변수 X의 **확률분포**probability distribution라 한다.

예제 3

가느다란 구리선으로 전선을 제작하는데, 구리선의 충족에 따라 전선의 전도성이 달라진다. 이때 전선 안에 들어가는 구리선이 완전할 확률이 70%, 한 가닥의 구리선이 빠질 확률이 20%, 두 가닥의 구리선이 빠질 확률이 10%라 한다. 전선에서 구리선이 빠진 개수를 확률변수 X라 할 때, X에 대한 확률함수, 확률표 그리고 확률히스토그램을 구하라.

풀이

확률변수 X는 전선에서 빠진 구리선의 개수를 나타내므로 상태공간은 $S_X = \{0, 1, 2\}$이다. 각 경우의 확률은 다음과 같다.

$$P(X=0) = 0.7,\ P(X=1) = 0.2,\ P(X=2) = 0.1$$

• 확률함수 : $P(X=x) = \begin{cases} 0.7, & x=0 \\ 0.2, & x=1 \\ 0.1, & x=2 \end{cases}$

• 확률표 :

X	0	1	2
$P(X=x)$	0.7	0.2	0.1

• 확률히스토그램 :

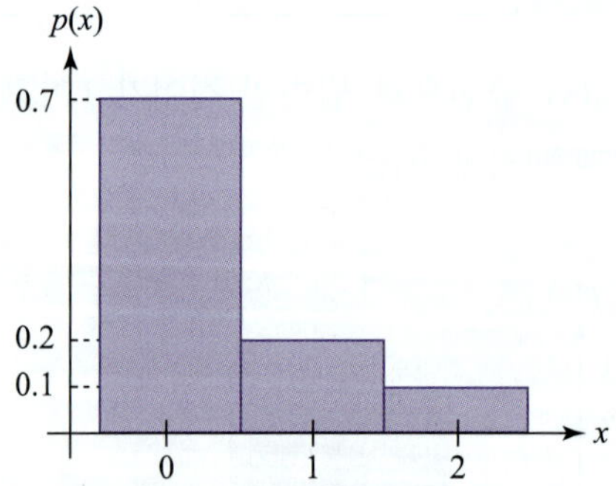

5.2 이산확률분포

이산확률변수의 확률함수를 확장한 개념인 확률질량함수와 특정한 값까지 누적된 확률을 나타내는 누적분포함수에 대해 살펴본다.

■ 확률질량함수

이산확률변수 X의 확률함수 $p(x)$는 상태공간 S_X 안에 있는 실수 x에 대한 확률을 표현한 함수이다. 이제 확률함수의 개념을 모든 실수로 확장하여 다음과 같이 정의되는 함수 $f(x)$를 생각할 수 있으며, 함수 $f(x)$를 이산확률변수 X의 **확률질량함수** probability mass function라 한다.

$$f(x)=\begin{cases} p(x), & x\in S_X \\ 0 \quad , & x\notin S_X \end{cases}$$

함수 $f(x)$는 상태공간 안에 있는 실수에 대해서 확률 $f(x)=P(X=x)$로 대응하고, 상태공간 안에 있지 않은 모든 실수에 대해 확률이 0인 함수를 나타낸다. 예를 들어, [예제 3]에서 언급한 이산확률변수 X에 대한 확률질량함수는 다음과 같이 표현할 수 있다.

$$f(x)=\begin{cases} 0.7\,, & x=0 \\ 0.2\,, & x=1 \\ 0.1\,, & x=2 \\ 0 \quad , & \text{다른 곳에서} \end{cases}$$

[그림 5.3]은 이 확률질량함수 $f(x)$의 그래프를 나타낸다.

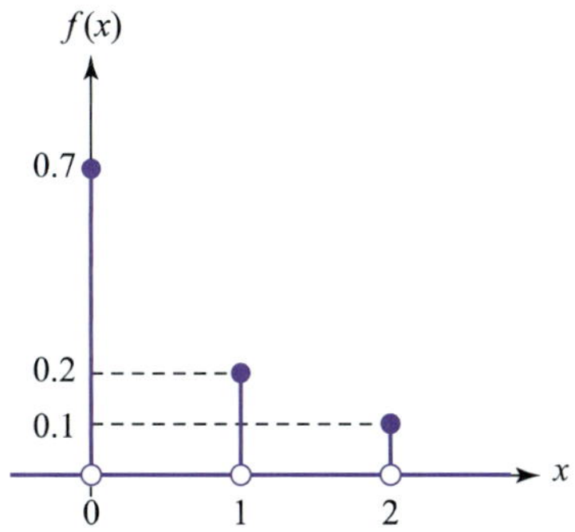

[그림 5.3] 확률질량함수의 그래프

확률질량함수의 특성

❶ 임의의 실수 x에 대해 $f(x)\geq 0$이다.

❷ 모든 실수에 대한 $f(x)$의 합은 1이다. 즉, $\sum_{\text{모든 } x} f(x)=1$이다.

❸ 임의의 실수로 구성된 집합 A에 대해 확률 $P(X\in A)=\sum_{x\in A} f(x)$이다.

■ 누적분포함수

임의의 실수 x에 대해 집합 $A = (-\infty, x]$를 생각하자. 그러면 확률질량함수의 특성 ❸에서 다음 확률을 얻는다.

$$P[X \in (-\infty, x]] = P(X \le x) = \sum_{u \le x} f(u)$$

임의의 실수 x에 대해 다음과 같이 이산확률변수 X가 x보다 작거나 같은 확률을 모두 합한 누적 확률인 함수 $F(x)$를 이산확률변수 X의 **누적분포함수**cumulative distribution function 또는 간단히 **분포함수**distribution function라 한다.

$$F(x) = P(X \le x) = \sum_{u \le x} f(u)$$

예를 들어, [예제 3]의 이산확률변수에 대한 누적확률 $P(X \le x)$를 구해 보자. [그림 5.4(a)]와 같이 $x < 0$이면 누적확률은 다음과 같다.

$$P(X \le x) = \sum_{u \le x} f(u) = 0$$

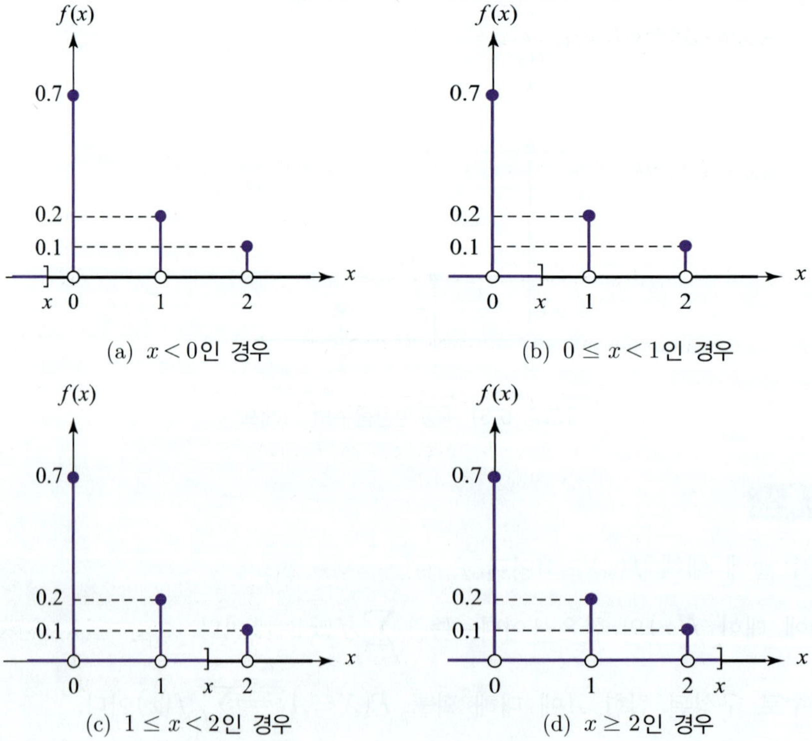

(a) $x < 0$인 경우 (b) $0 \le x < 1$인 경우 (c) $1 \le x < 2$인 경우 (d) $x \ge 2$인 경우

[그림 5.4] 임의의 실수 x에 따른 누적확률 $P(X \le x)$

[그림 5.4(b)]와 같이 $0 \le x < 1$이면 누적확률은 다음과 같다.

$$P(X \le x) = \sum_{u \le x} f(u) = f(0) = 0.7$$

[그림 5.4(c)]와 같이 $1 \le x < 2$이면 누적확률은 다음과 같다.

$$P(X \le x) = \sum_{u \le x} f(u) = f(0) + f(1) = 0.7 + 0.2 = 0.9$$

[그림 5.4(d)]와 같이 $x \ge 2$이면 다음 누적확률을 얻는다.

$$P(X \le x) = \sum_{u \le x} f(u) = f(0) + f(1) + f(2) = 0.7 + 0.2 + 0.1 = 1$$

따라서 확률변수 X의 누적분포함수 $F(x)$는 다음과 같이 정의된다.

$$F(x) = P(X \le x) = \begin{cases} 0 \ , & x < 0 \\ 0.7, & 0 \le x < 1 \\ 0.9, & 1 \le x < 2 \\ 1 \ , & x \ge 2 \end{cases}$$

누적분포함수 $F(x)$의 그래프는 [그림 5.5]와 같다.

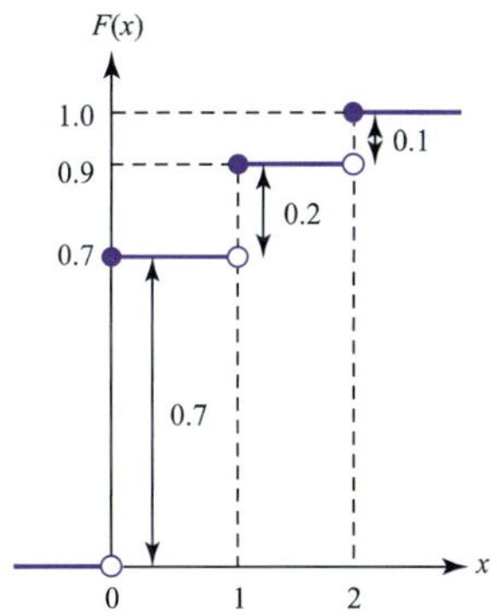

[그림 5.5] 누적분포함수

[그림 5.5]에서 보는 바와 같이 누적분포함수 $F(x)$는 이산확률변수 X가 취하는 값 0, 1, 2에서 불연속이고, 불연속인 점에서 점프 크기가 확률값을 나타내는 것을 알 수 있다. 즉, [표 5.2]가 성립하는 것을 알 수 있다.

특히 $F(x)$가 불연속인 점, 즉 이산확률변수 X가 취하는 값 x에서 확률 $P(X = x)$는 다음과 같이 구할 수 있다. 여기서 $F(x-)$는 x에서 $F(x)$의 좌극한을 나타내며, $F(x)$가 불연속이 아닌 모든 점 x에서 $F(x) = F(x-)$이므로 $P(X = x) = 0$이다.

[표 5.2] 분포함수의 불연속점과 확률의 관계

$F(x)$의 불연속점	점프 크기
$x=0$	0.7
$x=1$	0.2
$x=2$	0.1

$\Leftrightarrow$

확률변수 X의 값	확률 $P(X=x)$
$X=0$	0.7
$X=1$	0.2
$X=2$	0.1

특히 $F(x)$가 불연속인 점, 즉 이산확률변수 X가 취하는 값 x에서 확률 $P(X=x)$는 다음과 같이 구할 수 있다.

$$P(X=x)=F(x)-F(x-)$$

또한, 임의의 실수 a와 $b(a<b)$에 대해 다음이 성립한다.

❶ $P(a<X\le b)=P(X\le b)-P(X\le a)=F(b)-F(a)$

❷ $P(X>b)=1-P(X\le b)=1-F(b)$

❸ $P(X\ge b)=1-P(X<b)=1-F(b-)$

예제 4

1m^2의 철판을 제작하는 과정에서 기계적 문제로 결점이 발생할 수 있다. 철판에 생기는 결점의 수를 확률변수 X라고 할 때, 그 확률분포는 아래와 같다. 다음을 구하라.

X	0	1	2	3
$P(X=x)$	0.7	0.15	0.1	0.05

(a) 확률질량함수

(b) 누적분포함수

(c) 결점이 두 개 이상일 확률

(d) 결점이 많아야 하나일 확률

풀이

(a) 확률질량함수 $f(x)=\begin{cases} 0.70\,, & x=0 \\ 0.15\,, & x=1 \\ 0.10\,, & x=2 \\ 0.05\,, & x=3 \\ 0\,, & \text{다른 곳에서} \end{cases}$

(b) 누적분포함수 $F(x)=\begin{cases} 0 & , x<0 \\ 0.70, & 0 \le x < 1 \\ 0.85, & 1 \le x < 2 \\ 0.95, & 2 \le x < 3 \\ 1 & , x \ge 3 \end{cases}$

(c) $P(X \ge 2) = f(2) + f(3) = 0.10 + 0.05 = 0.15$

또는 $P(X \ge 2) = 1 - P(X \le 1) = 1 - F(1) = 1 - 0.85 = 0.15$

(d) $P(X \le 1) = f(0) + f(1) = 0.70 + 0.15 = 0.85$ 또는 $P(X \le 1) = F(1) = 0.85$

예제 5

이산확률변수 X의 누적분포함수 $F(x)$가 그림과 같을 때, 다음을 구하라.

(a) 확률질량함수 (b) $P(X \le 2)$ (c) $P(1 < X \le 3)$ (d) $P(X > 1)$

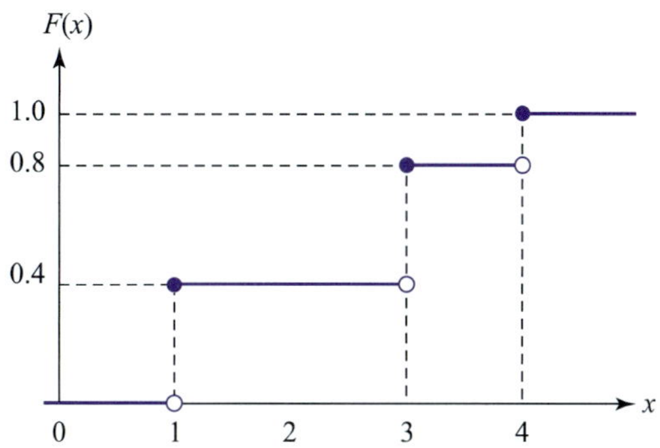

풀이

(a) 누적분포함수 $F(x)$는 $x = 1, 3, 4$에서 점프 크기가 각각 0.4, 0.4, 0.2인 불연속점을 가지므로 확률질량함수는 다음과 같다.

$$f(x)=\begin{cases} 0.4, & x = 1, 3 \\ 0.2, & x = 4 \\ 0 & , \text{다른 곳에서} \end{cases}$$

(b) $P(X \le 2) = F(2) = 0.4$

(c) $P(1 < X \le 3) = F(3) - F(1) = 0.8 - 0.4 = 0.4$

(d) $P(X > 1) = 1 - P(X \le 1) = 1 - F(1) = 1 - 0.4 = 0.6$

5.3 연속확률분포

이산확률변수의 확률질량함수에 대응하는 연속확률변수의 확률함수에 대한 개념과 이에 대한 누적 분포함수에 대해 살펴본다.

■ 확률밀도함수

연속확률변수 X에 대해 다음 두 조건을 만족하는 함수 $f(x)$를 X의 **확률밀도함수**probability density function라 한다.

❶ 임의의 실수 x에 대해 $f(x) \geq 0$이다.

❷ 모든 실수 구간과 함수 $f(x)$로 둘러싸인 부분의 넓이는 1이다. 즉, $\int_{S_X} f(x)\,dx = 1$이다.

확률밀도함수는 상태공간 안에서 [그림 5.6]과 같이 연속함수이다.

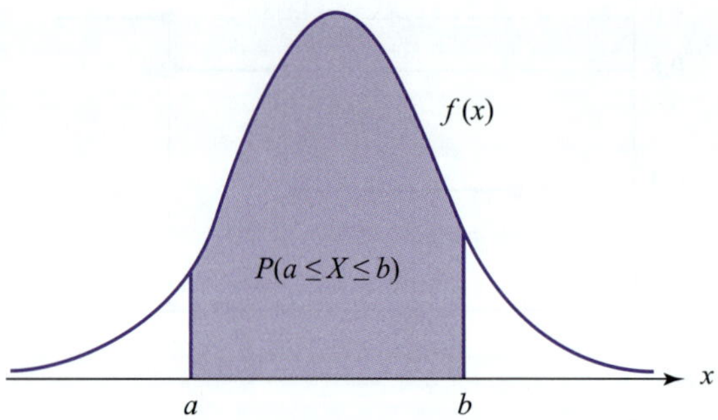

[그림 5.6] 확률밀도함수와 확률

이때 임의의 실수 a와 $b\,(a < b)$에 대해, $P(a \leq X \leq b)$는 [그림 5.6]의 구간 $[a,\ b]$에서 x축과 확률밀도함수 $f(x)$로 둘러싸인 부분의 넓이이다. 그러므로 확률 $P(a \leq X \leq b)$는 다음과 같이 구할 수 있다.

$$P(a \leq X \leq b) = \int_a^b f(x)\,dx$$

특히 임의의 실수 a에 대해 $P(X=a)$는 다음과 같이 생각할 수 있다.

$$P(X=a) = P(a \leq X \leq a) = \int_a^a f(x)\,dx = 0$$

정리하면, 연속확률변수 X에 대해 다음 확률 법칙이 성립한다.

❶ $P(X=a)=0$

❷ $P(X \geq a)=P(X>a)$, $P(X \leq a)=P(X<a)$

❸ $P(a \leq X \leq b)=P(a<X \leq b)=P(a \leq X<b)=P(a<X<b)$

❹ $P(a \leq X \leq b)=P(X \leq b)-P(X \leq a)$

예제 6

어느 제조 업체에서 생산한 실린더의 반경은 다음과 같은 확률밀도함수를 갖는다고 한다. 이 회사에서 생산된 실린더 하나를 택했을 때, 다음을 구하라(단, 단위는 mm이다).

$$f(x)=\begin{cases} \frac{1}{2}, & 49 \leq x \leq 51 \\ 0, & \text{다른 곳에서} \end{cases}$$

(a) 반경이 50 mm를 초과할 확률

(b) 반경이 49.5 mm에서 49.9 mm 사이일 확률

(c) 반경이 50.5 mm 미만일 확률

풀이

(a) $P(X>50)=\int_{50}^{\infty} f(x)\,dx=\int_{50}^{51} \frac{1}{2} dx=\left[\frac{1}{2} x\right]_{50}^{51}=\frac{1}{2}(51-50)=0.5$

(b) $P(49.5 \leq X \leq 49.9)=\int_{49.5}^{49.9} \frac{1}{2} dx=\left[\frac{1}{2} x\right]_{49.5}^{49.9}=\frac{1}{2}(49.9-49.5)=0.2$

(c) $P(X<50.5)=\int_{-\infty}^{50.5} f(x)\,dx=\int_{49}^{50.5} \frac{1}{2} dx=\left[\frac{1}{2} x\right]_{49}^{50.5}=\frac{1}{2}(50.5-49)=0.75$

■ 누적분포함수

이산확률변수와 동일하게 연속확률변수 X에 대하여 $F(x)=P(X \leq x)$를 연속확률변수 X의 누적분포함수라 하며, 다음과 같이 정의된다.

$$F(x)=P(X \leq x)=\int_{-\infty}^{x} f(u)\,du$$

연속확률변수 X의 누적분포함수 $F(x)$는 모든 실수 x에 대해 연속이다. 또한, X가 연속확률변수

이면 임의의 실수 x에 대해 $P(X=x)=0$이므로 분포함수 $F(x)$를 이용하여 다음과 같이 확률을 구할 수 있다.

$$P(a \le X \le b) = P(a < X \le b) = P(a \le X < b) = P(a < X < b)$$
$$= F(b) - F(a)$$

특히 연속확률변수 X의 확률밀도함수 $f(x)$와 누적분포함수 $F(x)$ 사이에 다음 성질이 성립한다.

$$\frac{d}{dx}F(x) = f(x)$$

예제 7

[예제 6]의 실린더의 반경에 대한 누적분포함수를 구하고, 누적분포함수를 이용하여 다음 확률을 구하라.

(a) 반경이 50 mm를 초과할 확률

(b) 반경이 49.5 mm에서 49.9 mm 사이일 확률

(c) 반경이 50.5 mm 미만일 확률

풀이

확률밀도함수 $f(x)$의 그래프를 그리면 그림과 같다.

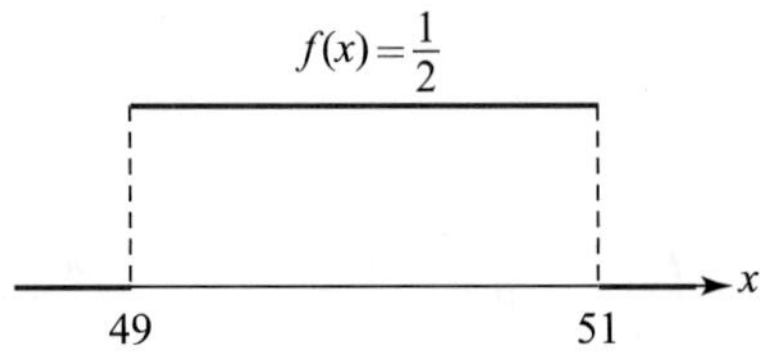

이제 누적분포함수를 구하기 위해 다음 그림과 같이 임의의 x에 대해 $(-\infty,\ x]$에서 $f(x)$를 적분한다.

(i) $x < 49$인 경우: $f(x)=0$이므로 $F(x) = \int_{-\infty}^{x} f(u)\,du = \int_{-\infty}^{x} 0\,du = 0$

(ii) $49 \le x < 51$인 경우: $f(x) = \frac{1}{2}$이므로

$$F(x) = \int_{-\infty}^{x} f(u)\,du = \int_{-\infty}^{49} 0\,du + \int_{49}^{x} \frac{1}{2}\,du$$
$$= \left[\frac{1}{2}u\right]_{49}^{x} = \frac{1}{2}(x-49)$$

(iii) $x > 51$인 경우: $49 \le x < 51$이면 $f(x) = \dfrac{1}{2}$이고 $x > 51$이면 $f(x) = 0$이므로

$$F(x) = \int_{-\infty}^{x} f(u)\,du = \int_{-\infty}^{49} 0\,du + \int_{49}^{51} \frac{1}{2}\,du + \int_{51}^{x} 0\,du$$

$$= \left[\frac{1}{2}u\right]_{49}^{51} = 1$$

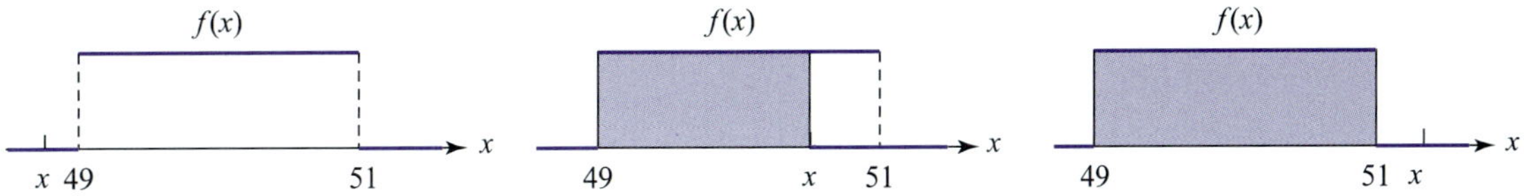

(i) $x < 49$인 경우 (ii) $49 \le x < 51$인 경우 (iii) $x > 51$인 경우

따라서 누적분포함수와 그래프는 다음과 같다.

$$F(x) = \begin{cases} 0 & , \ x < 49 \\ \dfrac{1}{2}(x - 49), & 49 \le x < 51 \\ 1 & , \ x \ge 51 \end{cases}$$

(a) $P(X > 50) = 1 - F(50) = 1 - \dfrac{1}{2}(50 - 49) = 0.5$

(b) $P(49.5 \le X \le 49.9) = F(49.9) - F(49.5) = \dfrac{1}{2}(49.9 - 49) - \dfrac{1}{2}(49.5 - 49) = 0.2$

(c) $P(X < 50.5) = F(50.5) = \dfrac{1}{2}(50.5 - 49) = 0.75$

5.4 기댓값

3장에서 수집한 양적자료에 대한 특성을 알기 위해 중심위치를 비롯하여 흩어진 정도를 나타내는 척도들에 대해 살펴봤다. 이에 대응하여 확률분포의 특성을 결정짓는 중심위치 및 산포도를 비롯한 다양한 형태의 척도를 생각할 수 있다. 이 절에서는 확률변수의 평균과 분산을 비롯한 여러 가지 척도를 살펴본다.

■ 확률변수의 기댓값

수집한 자료에 대한 평균과 가중평균의 개념을 확률변수의 평균에 적용할 수 있다. 예를 들어, 자료 [1, 2, 3, 4, 5, 6]의 평균은 다음과 같다.

$$\mu_1 = \frac{1}{6}(1+2+3+4+5+6) = 3.5$$

그리고 자료 [2, 2, 3, 4, 5, 5]의 평균은 다음과 같다.

$$\mu_2 = \frac{1}{6}(2+2+3+4+5+5) = 3.5$$

이때 두 자료집단에 대한 평균은 다음과 같이 표현할 수 있다.

$$\begin{aligned}\mu_1 &= \frac{1}{6}(1+2+3+4+5+6) \\ &= 1\times\frac{1}{6}+2\times\frac{1}{6}+3\times\frac{1}{6}+4\times\frac{1}{6}+5\times\frac{1}{6}+6\times\frac{1}{6} = 3.5\end{aligned}$$

$$\begin{aligned}\mu_2 &= \frac{1}{6}(2+2+3+4+5+5) \\ &= 2\times\frac{2}{6}+3\times\frac{1}{6}+4\times\frac{1}{6}+5\times\frac{2}{6} = 3.5\end{aligned}$$

평균에 대한 개념을 확률변수에 적용하기 위해 다음과 같은 두 가지 확률 실험을 생각해 보자.

❶ 공정하게 만들어진 주사위를 던지는 실험

❷ 1과 6의 눈이 각각 2와 5의 눈으로 잘못 만들어진 주사위를 던지는 실험

주사위를 던져서 나온 눈의 수를 확률변수 X라 하면 두 실험에 대한 확률변수 X의 확률표는 각각 다음과 같다.

[표 5.3] 공정한 주사위를 던지는 경우

X	1	2	3	4	5	6
$P(X=x)$	$\frac{1}{6}$	$\frac{1}{6}$	$\frac{1}{6}$	$\frac{1}{6}$	$\frac{1}{6}$	$\frac{1}{6}$

[표 5.4] 불공정한 주사위를 던지는 경우

X	2	3	4	5
$P(X=x)$	$\frac{2}{6}$	$\frac{1}{6}$	$\frac{1}{6}$	$\frac{2}{6}$

따라서 두 확률 실험의 평균은 각각 확률변수 X가 취하는 값과 그 경우의 확률을 곱하여 모두 더한 것과 동일하다. 이러한 평균은 [그림 5.7]과 같이 확률변수 X의 확률분포에서 중심위치(▲)를 나타내는 척도이다.

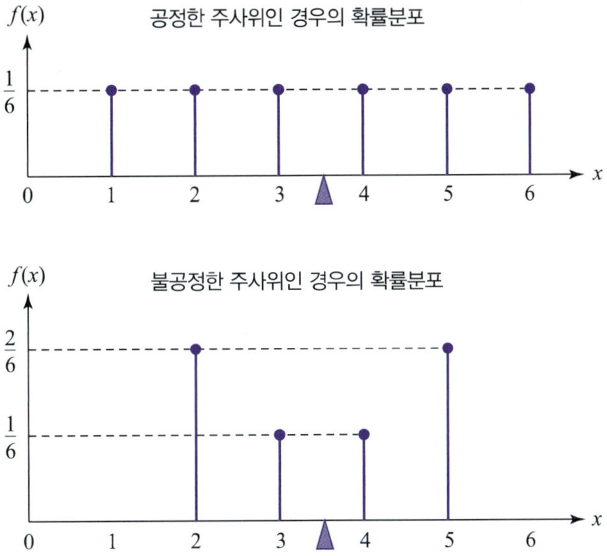

[그림 5.7] 확률변수의 평균과 중심위치

이와 같이 확률변수의 평균은 확률 실험에서 평균적으로 나타날 것으로 기대되는 수치를 의미하며, 이 평균을 이산확률변수 X의 **기댓값**expected value이라 하고, 다음과 같이 정의한다.

$$\mu = E(X) = \sum_{\text{모든 } x} x f(x) = \sum_{x \in S_X} x P(X = x)$$

연속확률변수 X의 기댓값은 다음과 같이 정의한다.

$$\mu = E(X) = \int_{-\infty}^{\infty} x f(x)\,dx = \int_{S_X} x f(x)\,dx$$

기댓값의 성질

임의의 상수 a, $b\,(a \neq 0)$와 확률변수 X에 대한 함수 $u(X)$와 $v(X)$에 대해 다음이 성립한다.

❶ $E(a) = a$

❷ $E(aX) = aE(X)$

❸ $E(aX+b)=aE(X)+b$

❹ $E[u(X)+v(X)]=E[u(X)]+E[v(X)]$

예제 8

어떤 부품의 수명 X의 확률밀도함수가 다음과 같을 때, X의 기댓값을 구하라.

$$f(x)=\begin{cases}\dfrac{1}{10}e^{-x/10}, & x\geq 0\\ 0, & x<0\end{cases}$$

풀이

$$E(X)=\int_{-\infty}^{\infty}x f(x)\,dx=\frac{1}{10}\int_{0}^{\infty}x e^{-x/10}dx=\frac{1}{10}\lim_{a\to\infty}\int_{0}^{a}x e^{-x/10}dx$$

$$=\lim_{a\to\infty}\left[-(x+10)e^{-x/10}\right]_0^a=\lim_{a\to\infty}\left[10-(a+10)e^{-a/10}\right]=10$$

특히 이산확률변수 X가 0 이상인 정수 값을 취한다면 X의 평균은 다음과 같다.

$$\begin{aligned}E(X)&=\sum_{x=1}^{\infty}xP(X=x)\\&=P(X=1)+P(X=2)+P(X=3)+\cdots\ (=P(X\geq 1))\\&\qquad\qquad\ +P(X=2)+P(X=3)+\cdots\ (=P(X\geq 2))\\&\qquad\qquad\qquad\qquad\ +P(X=3)+\cdots\ (=P(X\geq 3))\\&\qquad\qquad\qquad\qquad\qquad\quad\vdots\qquad\qquad\quad\vdots\\&=\sum_{x=1}^{\infty}P(X\geq x)\end{aligned}$$

따라서 다음 정리가 성립한다.

정리 1 음이 아닌 이산확률변수의 기댓값

음이 아닌 이산확률변수 X에 대해 다음이 성립한다.

$$E(X)=\sum_{x=1}^{\infty}xP(X=x)=\sum_{x=1}^{\infty}P(X\geq x)$$

■ 중심적률과 분산

일반적으로 확률변수 X의 함수 $g(X)$의 기댓값은 다음과 같이 정의한다.

$$E[g(X)] = \begin{cases} \sum_{\text{모든 } x} g(x)f(x) & , X\text{가 이산확률변수인 경우} \\ \int_{-\infty}^{\infty} g(x)f(x)\,dx, & X\text{가 연속확률변수인 경우} \end{cases}$$

이때 양의 정수 k에 대해 기댓값 $E(X^k)$을 확률변수 X의 k차 **적률**moment이라 한다. 그리고 $\mu = E(X)$라 할 때, 기댓값 $E[(X-\mu)^k]$을 k차 **중심적률**central moment이라 한다. 특히 2차 중심적률 $E[(X-\mu)^2]$을 확률변수 X의 **분산**variance이라 하며, σ^2 또는 $Var(X)$로 나타낸다. 이산확률변수 X에 대한 적률과 중심적률 그리고 분산은 각각 다음과 같다.

- k차 적률: $E(X^k) = \sum_{\text{모든 } x} x^k f(x) = \sum_{x \in S_X} x^k P(X=x)$
- k차 중심적률: $E[(X-\mu)^k] = \sum_{\text{모든 } x} (x-\mu)^k f(x)$
- 분산: $\sigma^2 = E[(X-\mu)^2] = \sum_{\text{모든 } x} (x-\mu)^2 f(x)$

연속확률변수 X에 대한 적률과 중심적률 그리고 분산은 각각 다음과 같다.

- k차 적률: $E(X^k) = \int_{-\infty}^{\infty} x^k f(x)\,dx$
- k차 중심적률: $E[(X-\mu)^k] = \int_{-\infty}^{\infty} (x-\mu)^k f(x)\,dx$
- 분산: $\sigma^2 = E[(X-\mu)^2] = \int_{-\infty}^{\infty} (x-\mu)^2 f(x)\,dx$

분산에 대한 양의 제곱근을 확률변수 X의 **표준편차**standard deviation라 하며, σ 또는 $SD(X)$로 나타낸다. 확률변수 X의 분산 또는 표준편차는 평균을 중심으로 확률분포가 밀집하는 정도를 나타내며, [그림 5.8]과 같이 표준편차가 작을수록 확률분포는 평균에 밀집하고, 표준편차가 클수록 평균을 중심으로 폭넓게 분포한다.

이때 기댓값의 성질을 이용하면 분산을 다음과 같이 간편하게 계산할 수 있다.

$$\sigma^2 = E(X^2) - \mu^2 = E(X^2) - [E(X)]^2$$

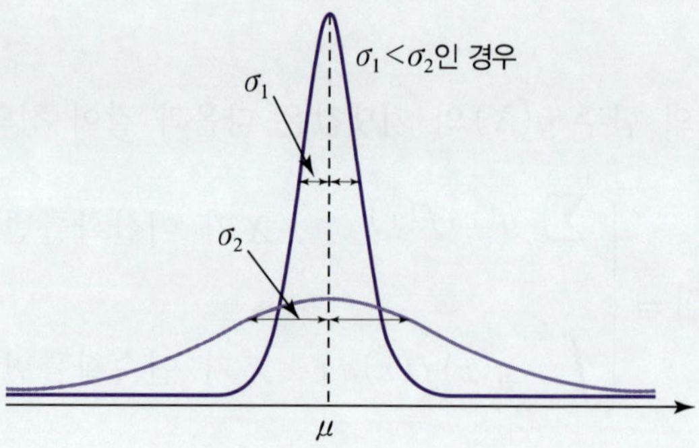

[그림 5.8] 표준편차와 확률분포

예제 9

[예제 8]의 확률변수 X의 분산과 표준편차를 구하라.

풀이

[예제 8]에서 평균 $\mu = E(X) = 10$을 구했다. 그리고 X의 2차 적률은 다음과 같다.

$$E(X^2) = \int_{-\infty}^{\infty} x^2 f(x)\,dx = \frac{1}{10}\int_0^{\infty} x^2 e^{-x/10}\,dx = \frac{1}{10}\lim_{a\to\infty}\int_0^{a} x^2 e^{-x/10}\,dx$$

$$= \lim_{a\to\infty}\left[-(x^2+20x+200)e^{-x/10}\right]_0^a = \lim_{a\to\infty}\left[200-(a^2+20a+200)e^{-a/10}\right]$$

$$= 200$$

따라서 분산과 표준편차는 각각 다음과 같다.

- 분산 : $\sigma^2 = E(X^2) - \mu^2 = 200 - 10^2 = 100$
- 표준편차 : $\sigma = \sqrt{100} = 10$

분산과 표준편차의 성질

❶ $Var(a) = 0$ $\qquad SD(a) = 0$

❷ $Var(aX) = a^2\,Var(X)$ $\qquad SD(aX) = |a|\,SD(X)$

❸ $Var(aX+b) = a^2\,Var(X)$ $\qquad SD(aX+b) = |a|\,SD(X)$

예제 10

[예제 8]의 확률변수 X에 대해 $2X+1$의 평균과 분산을 구하라.

풀이

[예제 8]과 [예제 9]에서 $E(X)=10$, $Var(X)=100$을 구했다. 따라서 기댓값과 분산의 성질에 의해 다음을 얻는다.

- **평균**: $E(2X+1)=2E(X)+1=(2)(10)+1=21$
- **분산**: $Var(2X+1)=4\,Var(X)=(4)(100)=400$

한편, 확률분포의 비대칭도와 봉우리 부분의 모양을 결정짓는 척도인 왜도와 첨도를 각각 다음과 같이 정의한다.

- **왜도**: $s_k=\dfrac{E[(X-\mu)^3]}{\sigma^3}$
- **첨도**: $\kappa=\dfrac{E[(X-\mu)^4]}{\sigma^4}$

이때 $s_k=0$이면 확률분포가 대칭형이고 $s_k>0$이면 양의 비대칭, 즉 왼쪽으로 치우치고 오른쪽으로 긴 꼬리를 갖는다. 또한, $s_k<0$이면 음의 비대칭, 즉 오른쪽으로 치우치고 왼쪽으로 긴 꼬리를 갖는다. $\kappa=3$이면 표준정규분포[11] 모양을 이루며, $\kappa>3$이면 봉우리 부분이 표준정규분포보다 뾰족하고 $\kappa<3$이면 봉우리 부분이 표준정규분포에 비해 납작하다.

예제 11

확률변수 X의 확률밀도함수가 다음과 같을 때, 왜도와 첨도를 구하고 확률분포를 설명하라.

$$f(x)=\begin{cases}\dfrac{1}{4}, & -2\le x\le 2\\ 0, & \text{다른 곳에서}\end{cases}$$

풀이

k차 적률을 구하면 다음과 같다.

$$E(X^k)=\int_{-2}^{2}\frac{1}{4}x^k\,dx=\left[\frac{1}{4(k+1)}x^{k+1}\right]_{-2}^{2}=\frac{1}{4(k+1)}[2^{k+1}-(-2)^{k+1}]$$

11) 표준정규분포는 7.2절에서 살펴본다.

그러면 1차, 2차, 3차, 4차 적률은 각각 다음과 같다.

$$\mu = E(X) = 0,\ E(X^2) = \frac{4}{3},\ E(X^3) = 0,\ E(X^4) = \frac{16}{5}$$

따라서 $\sigma^2 = E[(X-\mu)^2] = E(X^2) = \frac{4}{3}$, $\sigma = \frac{2}{\sqrt{3}}$ 이므로 왜도와 첨도는 각각 다음과 같다.

$$E[(X-\mu)^3] = E(X^3) = 0$$

• 왜도 : $s_k = \frac{E[(X-\mu)^3]}{\sigma^3} = \frac{E(X^3)}{\sigma^3} = 0$

• 첨도 : $\kappa = \frac{E[(X-\mu)^4]}{\sigma^4} = \frac{E(X^4)}{\sigma^4} = \frac{16/5}{(4/3)^2} = \frac{9}{5}$

• 분포 모양 : 그림과 같이 $s_k = 0$ 이므로 좌우 대칭형이고 $\kappa < 3$ 이므로 봉우리 부분이 납작하다.

■ 위치척도

기댓값을 이용하여 확률변수 X의 분포에 대한 중심위치를 구할 수 있지만, 모든 확률분포에 대해 기댓값이 반드시 존재하는 것은 아니다. 예를 들어, 연속확률변수 X의 확률밀도함수가 다음과 같다고 하자.

$$f(x) = \frac{1}{\pi(1+x^2)}, \quad -\infty < x < \infty$$

이 확률밀도함수는 [그림 5.9]와 같이 $x=0$을 중심으로 좌우 대칭이며, $x=0$이 분포의 중심이다. 그러나 이 확률분포는 기댓값이 존재하지 않음이 알려져 있고, 그 과정은 이 책의 범위를 벗어나므로 생략한다.

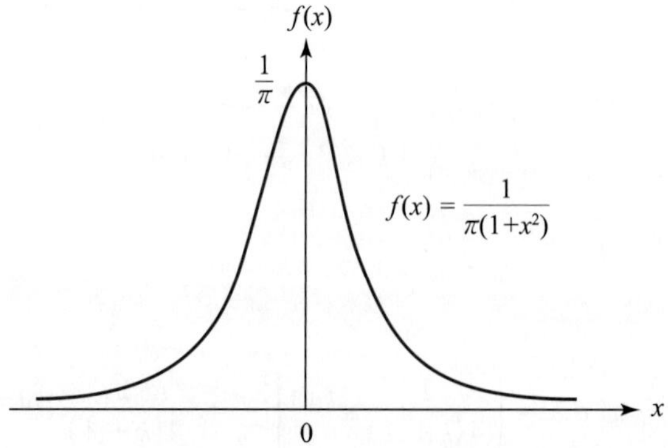

[그림 5.9] $f(x) = \frac{1}{\pi(1+x^2)}$ 의 그래프

이와 같은 경우, 확률분포의 중심위치를 구하기 위해 다음과 같이 정의되는 최빈값과 중앙값을 이용한다.

- **최빈값**: $f(x_0) = \max\{f(x) | x \in S_X\}$을 만족하는 $x = x_0$
- **중앙값**: $P(X \le x_0) = P(X \ge x_0) = 0.5$를 만족하는 $x = x_0$

[그림 5.9]의 확률밀도함수는 $x=0$에서 최댓값 $f(0)=\dfrac{1}{\pi}$을 가지므로 확률변수 X의 최빈값은 $x=0$이다. 또한 이 확률밀도함수는 $x=0$에 관해 대칭이므로 $P(X \le 0) = P(X \ge 0) = 0.5$이고, 따라서 중앙값은 $x=0$이다.

연습문제

1. 다음은 이산확률변수 X의 확률표이다. 두 양수 a와 b에 대해 $a=2b$일 때, 다음을 구하라.

X	1	2	3	4	5
$P(X=x)$	$\frac{1}{8}$	a	$\frac{1}{4}$	b	$\frac{1}{8}$

(a) 상수 a와 b　　(b) 확률 $P(X \le 3)$　　(c) 확률 $P(X \ge 2)$

2. 주어진 구간에서 함수 $f(x)$가 확률밀도함수가 되도록 양의 상수 k를 구하라.

(a) $f(x) = \dfrac{x}{2},\ -k \le x \le 3k$　　(b) $f(x) = \dfrac{1}{\sqrt{x}},\ 1 \le x \le k$

3. 함수 $f(x) = \dfrac{k}{1+x^2}$가 모든 실수 범위에서 확률밀도함수가 되기 위한 상수 k를 구하고, 확률 $P\left(X \ge \dfrac{1}{\sqrt{3}}\right)$을 구하라.

4. 어떤 기계의 수명은 구간 $(0,\ 30)$에서 $(10+x)^{-2}$에 비례하는 확률밀도함수 $f(x)$를 갖는다고 한다(단, 단위는 년이다).

(a) 확률밀도함수 $f(x)$를 구하라.

(b) 누적분포함수 $F(x)$를 구하라.

(c) 이 기계의 수명이 15년 이하일 확률을 구하라.

(d) 이 기계의 수명이 10년 이상 20년 이하일 확률을 구하라.

5. 전기회로의 가변저항 X의 확률밀도함수는 다음과 같다(단, 단위는 Ω이다).

$$f(x)=\begin{cases} kx(x^2-1), & 1 \le x \le 2 \\ 0, & \text{다른 곳에서} \end{cases}$$

(a) 상수 k를 구하라.

(b) 누적분포함수 $F(x)$를 구하라.

(c) 이 전기저항이 1.55Ω과 1.65Ω 사이일 확률을 구하라.

6. 양수 a에 대해 연속확률변수 X의 확률밀도함수 $y=f(x)$, $0 \le x \le a$는 그림과 같이 두 직선 $y=2x$, $y=a-x$로 구성된다.

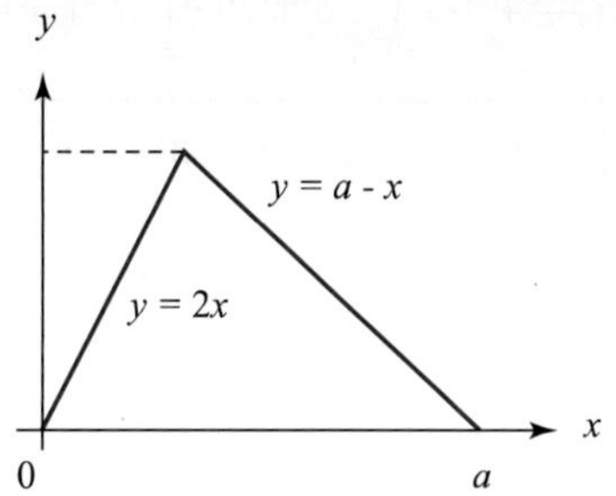

(a) 상수 a를 구하라.

(b) $P(X \ge k)=P(X \le k)$를 만족하는 상수 k를 구하라.

(c) X의 누적분포함수를 구하라.

(d) X가 1.5 이하일 확률을 구하라.

7. 불량품이 나올 확률이 0.25인 기계에서 생산한 제품이 양호하면 확률변수를 0, 불량이면 확률변수를 1이라 한다. 생산한 제품 5개를 임의로 선정하였을 때, 불량품인 제품의 개수에 대해 다음을 구하라.

(a) 확률질량함수 $f(x)$

(b) 불량품이 없을 확률

(c) 불량품이 1개 이상일 확률

8. 특수 공정에 의해 제조된 구리선 1 m의 결함 수 X에 대한 아래 확률표를 이용하여 다음을 구하라.

X	0	1	2	3	4
$P(X=x)$	0.42	0.38	0.14	0.05	0.01

(a) X의 평균

(b) X의 분산과 표준편차

(c) X의 왜도

(d) X의 첨도

9. 네 개의 온도에서 중탄산나트륨에 대한 흡열반응을 조사하여 아래 자료를 얻었다. 상대도수에 의한 확률을 이용하여 다음을 구하라.

온도	125°C	130°C	135°C	140°C
반응 수	5	17	31	47

(a) 온도 X에 대한 확률표

(b) X의 평균

(c) X의 분산과 표준편차

(d) X의 왜도

(e) X의 첨도

10. 어떤 합성 직물 10 m당 결점의 수 X의 확률분포는 다음과 같다.

X	0	1	2	3	4
$P(X=x)$	0.41	0.37	0.16	0.05	0.01

(a) X의 누적분포함수를 구하라.

(b) X의 평균을 구하라.

(c) X의 최빈값을 구하라.

(d) 확률 $P(X>1)$을 구하라.

11. NiCd 전지에서 완전히 충전된 셀은 수산화니켈로 구성되며, 니켈은 다중 산화상태를 갖는 원소이다. 니켈전하에 따른 산화상태의 비율을 조사하여 다음 자료를 얻었다.

니켈전하	0	1	2	3
상태의 비율	0.15	0.22	0.26	0.25

(a) X의 누적분포함수를 구하라.

(b) X의 평균을 구하라.

(c) X의 최빈값을 구하라.

(d) 확률 $P(X \le 1)$을 구하라.

12. 정사각형 모양인 구리판의 결점 수(X)의 확률은 다음과 같다.

X	0	1	2	3	4
$P(X=x)$	0.21	0.41	0.28	0.08	0.02

(a) X의 누적분포함수를 구하라.

(b) X의 평균을 구하라.

(c) X의 최빈값을 구하라.

(d) $P(X \le k) = 0.62$인 상수 k를 구하라.

13. 공정 라인에서 생산된 제품의 품질이 규격 이하로 떨어지면, 품질을 향상시키기 위해 공정 라인을 중단하고 수리를 한다. 1년 동안 공정 라인이 멈춘 일수 X의 확률분포는 다음과 같다.

X	0	1	2	3	4
$P(X=x)$	0.37	0.24	0.24	0.12	0.03

(a) X의 평균을 구하라.

(b) X의 분산을 구하라.

(c) $Y = 2X + 1$의 평균을 구하라.

(d) $Y = 2X + 1$의 분산을 구하라.

14. 특수 공정에 의해 제조된 구리선 1 m의 결함 수 X의 확률분포는 다음과 같다.

X	0	1	2	3	4
$P(X=x)$	0.45	0.37	0.12	0.05	0.01

(a) X의 평균을 구하라.

(b) X의 분산을 구하라.

(c) $Y = 4X - 1$의 평균을 구하라.

(d) $Y = 4X - 1$의 분산을 구하라.

15. 컴퓨터 네트워크 상에서 시간당 전송된 문자의 수 X의 확률분포는 다음과 같다.

X	5	6	7	8	9
$P(X=x)$	0.05	0.10	0.15	0.20	0.20

(a) X의 평균을 구하라.

(b) X의 분산과 표준편차를 구하라.

(c) 확률 $P(\mu-\sigma<X<\mu+\sigma)$를 구하라.

(d) 확률 $P(\mu-2\sigma<X<\mu+2\sigma)$를 구하라.

16. 디지털 전송 채널을 통해 전송된 비트가 오류로 수신될 가능성이 있다. X는 전송된 다음 4비트에서 오류가 발생한 비트 수와 같다고 하자. X에 사용할 수 있는 값은 $\{0, 1, 2, 3, 4\}$이고, 각 오류 비트 수의 확률은 다음과 같다.

X	0	1	2	3	4
$P(X=x)$	0.63	0.29	0.04	0.03	0.01

(a) X의 평균을 구하라.

(b) X의 분산과 표준편차를 구하라.

(c) 확률 $P(\mu-\sigma<X<\mu+\sigma)$를 구하라.

(d) 확률 $P(\mu-2\sigma<X<\mu+2\sigma)$를 구하라.

17. 실험적인 전송 채널의 오류는 누락된 펄스를 감지하는 인증자가 전송을 확인할 때 발견된다. 8비트 바이트로 발견된 오류의 개수 X에 대한 누적분포함수가 다음과 같다.

$$F(x)=\begin{cases} 0\ , & x<1 \\ 0.8\ , & 1\le x<3 \\ 0.9\ , & 3\le x<5 \\ 1\ , & x\ge 5 \end{cases}$$

(a) X의 확률질량함수를 구하라.

(b) X의 평균을 구하라.

(c) 확률 $P(X<3)$과 $P(X\le 3)$을 구하라.

18. 목재 패널의 두께 X에 대한 누적분포함수가 다음과 같다(단, 단위는 cm이다).

$$F(x)=\begin{cases}0\ , & x<\dfrac{1}{4}\\ 0.1\ , & \dfrac{1}{4}\le x<\dfrac{1}{2}\\ 0.8\ , & \dfrac{1}{2}\le x<\dfrac{3}{4}\\ 1\ , & x\ge\dfrac{3}{4}\end{cases}$$

(a) X의 확률질량함수를 구하라.

(b) X의 평균을 구하라.

(c) 확률 $P\left(X<\dfrac{2}{3}\right)$과 $P\left(X\ge\dfrac{1}{3}\right)$을 구하라.

19. X의 확률질량함함수가 $f(x)=\left(\dfrac{1}{2}\right)^x$, $x=1, 2, 3, \cdots$이다. 이때 2^X의 기댓값이 존재하지 않음을 보여라.

20. 100Ω으로 표시된 저항기의 실제 저항은 90Ω에서 110Ω 사이에서 균일하게 나타난다.

(a) 실제 저항 X의 확률밀도함수를 구하라.

(b) X의 누적분포함수를 구하라.

(c) 확률 $P(X<95)$와 $P(X\ge 104)$를 구하라.

21. 포장된 화학 제초제의 순 중량 X의 확률밀도함수는 다음과 같다(단, 단위는 kg이다).

$$f(x)=\begin{cases}2\ , & 4.75<x<5.25\\ 0\ , & \text{다른 곳에서}\end{cases}$$

(a) 포장된 화학 제초제의 무게가 5를 초과할 확률을 구하라.

(b) 포장된 화학 제초제의 무게가 4.84와 5.12 사이일 확률을 구하라.

(c) X의 평균을 구하라.

22. 얇은 구리선에서 측정된 전류 X는 $[0, 10]$에서 확률밀도함수가 일정하다고 한다(단, 단위는 mA이다).

(a) X의 확률밀도함수를 구하라.

(b) X의 평균을 구하라.

(c) X의 분산과 표준편차를 구하라.

(d) $Y=2X+3$의 평균을 구하라.

(e) $Y=2X+3$의 분산과 표준편차를 구하라.

23. 와셔의 두께 X의 확률밀도함수는 다음과 같다(단, 단위는 μm이다).

$$f(x)=\begin{cases}\frac{3}{4}\left[1-(x-3)^2\right], & 2 \le x \le 4 \\ 0 & , \text{다른 곳에서}\end{cases}$$

(a) X의 평균을 구하라.

(b) X의 분산과 표준편차를 구하라.

(c) $Y=3X-1$의 평균을 구하라.

(d) $Y=3X-1$의 분산과 표준편차를 구하라.

24. 제어실험에서 반응온도(°C)의 변화에 따른 측정 오차 X는 다음 확률밀도함수를 갖는다.

$$f(x)=\begin{cases}\frac{1}{2}, & -1 < x < 1 \\ 0, & \text{다른 곳에서}\end{cases}$$

(a) X의 평균을 구하라.

(b) X의 분산과 표준편차를 구하라.

(c) X의 왜도를 구하라.

(d) X의 첨도를 구하라.

25. 자기 기록 헤드의 중요한 특성인 갭 간격 X의 확률밀도함수는 $f(x)=\frac{3}{8}x^2$, $0 < x < 2$이고 다른 곳에서 $f(x)=0$이다(단, 단위는 mm이다).

(a) X의 평균을 구하라.

(b) X의 분산과 표준편차를 구하라.

(c) X의 왜도를 구하라.

(d) X의 첨도를 구하라.

26. 어떤 감기약의 유효기간 X의 확률밀도함수는 다음과 같다(단, 단위는 월이다).

$$f(x)=\begin{cases}\frac{800}{(x+20)^3}, & x \ge 0 \\ 0 & , x < 0\end{cases}$$

(a) X의 누적분포함수를 구하라.

(b) X의 평균을 구하라.

(c) 15개월 이상 사용할 확률을 구하라.

(d) 기껏해야 25개월 동안 사용할 확률을 구하라.

27. 어느 지역의 강우 유출량 X의 확률밀도함수는 $f(x)=x-\dfrac{x^3}{4}$, $0<x<2$이고 다른 곳에서 $f(x)=0$이다(단, 단위는 m^3/s이다).

(a) X의 누적분포함수를 구하라.

(b) 강우 유출량이 $1.5m^3/s$ 이상일 확률을 구하라.

(c) 평균 강우 유출량을 구하라.

28. 기상청의 대설 특보 기준을 보면 대설 주의보는 24시간 동안 새로 쌓인 눈의 높이가 5 cm 이상 예상될 때 발령되고, 대설경보는 24시간 동안 새로 쌓인 눈의 높이가 20 cm 이상 예상될 때 발령된다. 24시간 동안 새로 쌓인 눈의 높이 X는 다음과 같은 확률밀도함수를 갖는다고 한다(단, 단위는 cm이다).

$$f(x)=\begin{cases}\dfrac{2}{x^3}, & x>1\\ 0, & x<1\end{cases}$$

(a) 대설 주의보를 발령할 확률을 구하라.

(b) 대설경보를 발령할 확률을 구하라.

(c) 24시간 동안 새로 쌓인 눈의 평균 높이를 구하라.

29. 어떤 화학공정에서 생산된 제품의 불순물 농도 X의 확률밀도함수는 다음과 같다(단, 단위는 % 이다).

$$f(x)=\begin{cases}\dfrac{3}{32}x(4-x), & 0\le x\le 4\\ 0, & \text{다른 곳에서}\end{cases}$$

(a) X의 평균과 분산을 구하라.

(b) $Y=2X+1$의 평균과 분산을 구하라.

(c) 확률 $P(2\le Y\le 4)$를 구하라.

30. 판금 부품에 구멍을 뚫고 축을 삽입할 때, 구멍의 반지름과 축의 반지름의 차이인 축의 공차 X의 확률밀도함수는 다음과 같다(단, 단위는 mm이다).

$$f(x)=\begin{cases}\dfrac{6}{5}(1-x^5), & 0<x<1\\ 0 & , \text{ 다른 곳에서}\end{cases}$$

(a) X의 평균과 분산을 구하라.

(b) $Y=-2X+2$의 평균과 분산을 구하라.

(c) 확률 $P(1<Y<2)$를 구하라.

31. 용접한 부분에 대한 균열의 크기 X의 확률밀도함수는 다음과 같다(단, 단위는 mm이다).

$$f(x)=\begin{cases}\dfrac{x}{4}, & 0<x<2\\ \dfrac{1}{2}, & 2\le x\le 3\\ 0, & \text{다른 곳에서}\end{cases}$$

(a) X의 누적분포함수를 구하라.

(b) 균열이 1.5 mm 이하일 확률을 구하라.

(c) 균열이 1 mm 이상일 확률을 구하라.

(d) 평균 균열의 크기를 구하라.

32. 발사체의 고체연료에서 중요하게 작용하는 입자의 크기 X의 확률밀도함수는 다음과 같다(단, 단위는 μm이다).

$$f(x)=\begin{cases}\dfrac{2}{x^3}, & x\ge 1\\ 0, & x<1\end{cases}$$

(a) X의 누적분포함수를 구하라.

(b) 입자의 크기가 5 μm 이상일 확률을 구하라.

(c) X의 평균을 구하라.

33. 고품질 자기테이프를 필요로 하는 레이더 원격측정에서 테이프 표면에 대한 결함 사이의 거리 X의 확률밀도함수는 다음과 같다(단, 단위는 m이다).

$$f(x)=\begin{cases}\dfrac{1}{1000}e^{-x/1000}, & x\geq 0\\ 0 & , x<0\end{cases}$$

(a) X의 누적분포함수를 구하라.

(b) 결함 사이의 거리가 1,500 m 이상일 확률을 구하라.

(c) X의 평균을 구하라.

(d) X의 분산을 구하라.

34. 어떤 기계의 수명 X는 정확하게 예측할 수 없으나 다음과 같은 확률밀도함수를 갖는다고 한다(단, 단위는 월이다).

$$f(x)=\begin{cases}\lambda e^{-x/100}, & x\geq 0\\ 0 & , x<0\end{cases}$$

(a) 상수 λ를 구하라.

(b) X의 누적분포함수를 구하라.

(c) 이 기계를 150개월 이상 가용할 확률을 구하라.

(d) 이 기계의 평균 수명을 구하라.

(e) 이 기계의 수명에 대한 분산과 표준편차를 구하라.

35. 어떤 전자제품의 수명을 X라 할 때, 확률밀도함수는 다음과 같다(단, 단위는 년이다).

$$f(x)=\begin{cases}\dfrac{1}{20}e^{-x/20}, & x\geq 0\\ 0 & , x<0\end{cases}$$

(a) X의 누적분포함수를 구하라.

(b) 이 제품의 평균 수명을 구하라.

(c) 이 제품의 수명에 대한 분산과 표준편차를 구하라.

(d) 이 제품을 25년 이상 사용할 확률을 구하라.

(e) 이 제품을 기껏해야 15년 동안 사용할 확률을 구하라.

36. 판금 구성 요소에 직경이 10 mm인 구멍을 뚫을 때, 작업자의 숙련도에 따라 천공된 구멍의 직경 X의 확률밀도함수는 다음과 같다.

$$f(x)=\begin{cases}15e^{-15(x-10)}, & x\geq 10\\ 0 & , x<10\end{cases}$$

(a) X의 누적분포함수를 구하라.

(b) 구멍의 평균 직경을 구하라.

(c) 직경이 10.5 mm 이하일 확률을 구하라.

37. 어떤 장비의 수명 X의 확률밀도함수는 다음과 같다(단, 단위는 월이다).

$$f(x)=\begin{cases}\dfrac{x}{400}e^{-x/20}, & x\geq 0\\ 0, & x<0\end{cases}$$

(a) X의 누적분포함수를 구하라.

(b) 이 장비의 평균 수명을 구하라.

(c) 이 장비를 50개월 이상 사용할 확률을 구하라.

(d) 이 장비를 기껏해야 30개월 동안 사용할 확률을 구하라.

38. 어떤 전자제품에 사용되는 동일한 종류의 부품에 대한 수명은 다음과 같다(단, 단위는 h이다).

$$f(x)=\begin{cases}\dfrac{100}{x^2}, & x>100\\ 0, & x\leq 100\end{cases}$$

(a) 이 부품을 작동한지 150시간 이내에 교환할 확률을 구하라.

(b) 이 전자제품이 3개의 부품으로 구성되어 있을 때, 150시간 이내에 교환된 부품의 개수에 대한 확률분포를 구하라.

39. 어떤 기계의 수리시간 X의 확률밀도함수는 다음과 같다(단, 단위는 h이다).

$$f(x)=\begin{cases}xe^{-x}, & x\geq 0\\ 0, & x<0\end{cases}$$

(a) X의 누적분포함수를 구하라.

(b) 평균 수리시간을 구하라.

(c) 기계를 수리하는 데 1시간 이상 소요될 확률을 구하라.

(d) 1시간 30분 이내에 수리할 확률을 구하라.

(e) 확률 $P(\mu-\sigma<X<\mu+\sigma)$를 구하라.

(f) 확률 $P(\mu-2\sigma<X<\mu+2\sigma)$를 구하라.

40. 화학반응이 완성될 때까지 걸리는 시간은 다음과 같은 누적분포함수를 갖는다(단, 단위는 sec이다).

$$F(x) = \begin{cases} 1 - e^{0.02x}, & x \geq 0 \\ 0, & x < 0 \end{cases}$$

(a) X의 확률밀도함수를 구하라.

(b) 화학반응이 완성될 때까지 걸리는 평균 시간을 구하라.

(c) 확률 $P(\mu - \sigma < X < \mu + \sigma)$를 구하라.

(d) 확률 $P(\mu - 2\sigma < X < \mu + 2\sigma)$를 구하라.

CHAPTER 06

결합확률분포

6.1 결합확률분포

지금까지 단일 확률변수에 대한 확률 모형을 설명했다. 그러나 많은 실험 결과는 두 개 이상의 확률변수를 필요로 한다. 예를 들어, 금속판의 용접에서 용접 부위의 지름과 전단강도, 온도에 따른 화학반응 속도, 상온에서 구리의 강도와 장력 사이의 관계를 규명하려면 두 개의 확률변수가 필요하다. 이 절에서는 두 확률변수가 결합된 확률분포를 정의하고, 이 확률분포로부터 각각의 확률분포를 얻는 방법 그리고 확률을 계산하는 방법 등을 살펴본다.

■ 결합확률질량함수

공정한 동전을 세 번 반복하여 던져서 앞면이 나온 횟수를 확률변수 X, 처음 두 번에서 뒷면이 나온 횟수를 확률변수 Y라 하자. 그러면 표본공간과 두 확률변수 X와 Y의 관계는 [표 6.1]과 같다.

[표 6.1] 표본공간과 두 확률변수

표본공간	HHH	HHT	HTH	THH	HTT	THT	TTH	TTT
X	3	2	2	2	1	1	1	0
Y	0	0	1	1	1	1	2	2

따라서 X의 상태공간은 $S_X = \{0, 1, 2, 3\}$이고 Y의 상태공간은 $S_Y = \{0, 1, 2\}$이다. 이때 사건 $A = \{\text{HTH, THH}\}$는 $X = 2$인 동시에 $Y = 1$인 사건을 의미한다. 따라서 사건 A와 두 확률변수의 쌍 $\{X = 2,\ Y = 1\}$은 동치이고, $P(A) = P(X = 2,\ Y = 1) = \dfrac{1}{4}$이다. [그림 6.1]은 사건 A와 두 확률변수의 쌍에 대한 확률을 나타낸다.

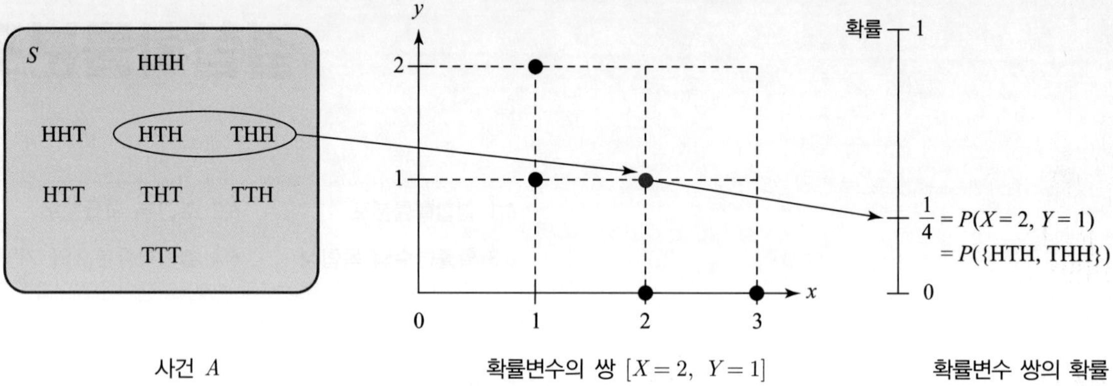

[그림 6.1] 사건에 대한 두 확률변수의 쌍 (X, Y)와 확률

같은 방법으로 두 확률변수 X와 Y의 상태공간 안에 있는 순서쌍에 대한 결합확률을 구하면 [표 6.2]와 같다.

[표 6.2] X와 Y의 결합확률표

Y \ X	0	1	2	3
0	0	0	$\frac{1}{8}$	$\frac{1}{8}$
1	0	$\frac{2}{8}$	$\frac{2}{8}$	0
2	$\frac{1}{8}$	$\frac{1}{8}$	0	0

[표 6.2]의 결합확률표를 다음과 같이 확률함수를 이용하여 표현할 수 있다.

$$p(x, y) = P(X = x,\ Y = y) = \begin{cases} \dfrac{1}{8}, & (x, y) = (0, 2), (1, 2), (2, 0), (3, 0) \\ \dfrac{2}{8}, & (x, y) = (1, 1), (2, 1) \end{cases}$$

특히 두 이산확률변수 X와 Y의 상태공간 S_X와 S_Y 안의 x와 y에 대해 $p(x, y)$를 대응시키고,

두 상태공간 이외의 x와 y에 대해 0을 대응시킨 함수 $f(x, y)$를 두 확률변수 X와 Y의 **결합확률질량함수**joint probability mass function라 한다.

$$f(x, y) = \begin{cases} P(X=x,\ Y=y), & x \in S_X,\ y \in S_Y \\ 0 & , \text{다른 곳에서} \end{cases}$$

또한, 두 이산확률변수 X와 Y의 결합확률질량함수를 그림으로 나타내면 [그림 6.2]와 같다.

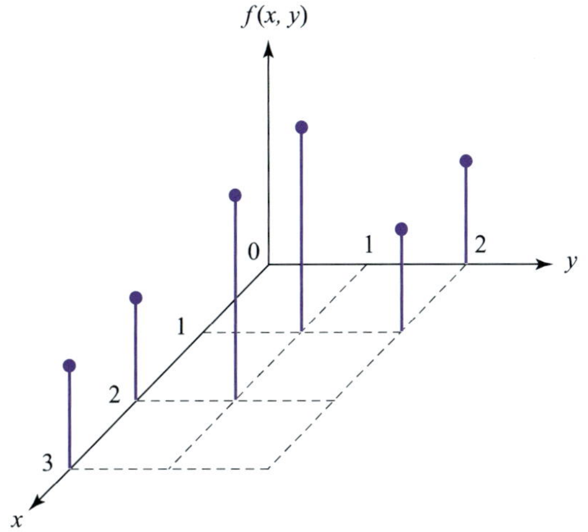

[그림 6.2] 결합확률질량함수 $f(x, y)$의 그림

이와 같이 두 개 이상의 확률변수가 결합된 확률분포를 **결합확률분포**joint probability distribution라 하며, 결합확률질량함수는 다음 성질을 갖는다.

❶ 모든 실수 x, y에 대해 $f(x, y) \ge 0$이다.

❷ 모든 실수 x, y에 대한 $f(x, y)$의 합은 1이다. 즉, $\sum_{\text{모든 } x} \sum_{\text{모든 } y} f(x, y) = 1$이다.

❸ 임의의 실수 a, b, c, $d(a < b,\ c < d)$에 대해 다음 확률을 얻는다.

$$P(a \le X \le b,\ c \le Y \le d) = \sum_{a \le x \le b} \sum_{c \le y \le d} f(x, y)$$

예를 들어, [표 6.2]의 두 확률변수 X와 Y에 대해 $A = \{(x, y) | 1 \le x \le 2,\ 0 \le y \le 1\}$이라 하자. 이때 $P(1 \le X \le 2,\ 0 \le Y \le 1)$은 [그림 6.3]과 같이 집합 A 안에 놓이는 모든 확률의 합을 나타내며, 다음과 같이 구한다.

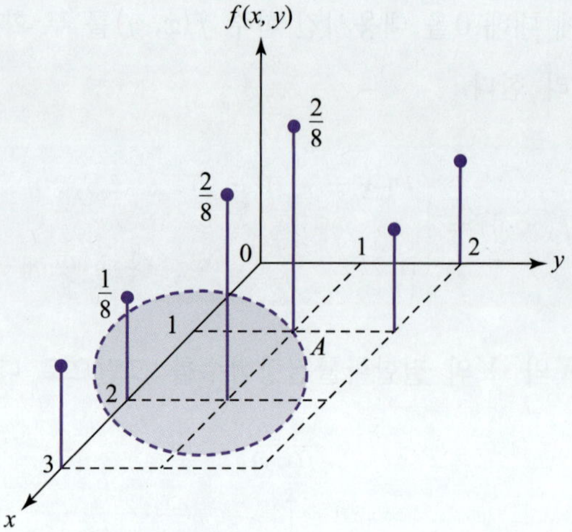

[그림 6.3] $P[(X, Y) \in A]$의 기하학적 의미

$$P(1 \le X \le 2,\ 0 \le Y \le 1) = \sum_{1 \le x \le 2} \sum_{0 \le y \le 1} f(x, y) = f(1, 1) + f(2, 0) + f(2, 1)$$

$$= \frac{2}{8} + \frac{1}{8} + \frac{2}{8} = \frac{5}{8}$$

예제 1

공용주택의 준공검사를 위해 두 명의 검사원이 안전도에 대해 각각 1, 2, 3, 4의 점수를 부여하며, 검사원 A의 점수(X)와 검사원 B의 점수(Y) 사이에 다음과 같은 결합확률을 갖는다고 하자.

(a) 두 검사원의 점수가 동일할 확률을 구하라.

(b) 검사원 A의 점수가 검사원 B의 점수보다 높을 확률을 구하라.

(c) 검사원 A의 점수가 2일 확률을 구하라.

(d) 검사원 B의 점수가 3일 확률을 구하라.

Y \ X	1	2	3	4
1	0.02	0.03	0.04	0.01
2	0.03	0.04	0.05	0.09
3	0.04	0.11	0.21	0.20
4	0.05	0.04	0.03	0.01

풀이

(a) 두 검사원의 점수가 동일한 사건은 $A = \{(1, 1), (2, 2), (3, 3), (4, 4)\}$이고, 구하는 확률은 다음과 같다.

$$P(X=Y) = f(1,1)+f(2,2)+f(3,3)+f(4,4)$$
$$= 0.02+0.04+0.21+0.01 = 0.28$$

(b) 검사원 A의 점수가 검사원 B의 점수보다 높은 사건은 다음과 같다.

$$B = \{(2,1),(3,1),(4,1),(3,2),(4,2),(4,3)\}$$

따라서 구하는 확률은 다음과 같다.

$$P(X>Y) = f(2,1)+f(3,1)+f(4,1)+f(3,2)+f(4,2)+f(4,3)$$
$$= 0.03+0.04+0.01+0.05+0.09+0.20 = 0.42$$

(c) 검사원 A의 점수가 2인 사건은 $C = \{(2,1),(2,2),(2,3),(2,4)\}$이고, 구하는 확률은 다음과 같다.

$$P(X=2) = f(2,1)+f(2,2)+f(2,3)+f(2,4)$$
$$= 0.03+0.04+0.11+0.04 = 0.22$$

(d) 검사원 B의 점수가 3인 사건은 $D = \{(1,3),(2,3),(3,3),(4,3)\}$이고, 구하는 확률은 다음과 같다.

$$P(Y=3) = f(1,3)+f(2,3)+f(3,3)+f(4,3)$$
$$= 0.04+0.11+0.21+0.20 = 0.56$$

■ 주변확률질량함수

[예제 1] (c)와 (d)에서 $P(X=2)=0.22$, $P(Y=3)=0.56$을 구한 것과 동일하게 임의의 x와 y 대한 확률 $P(X=x)$와 $P(Y=y)$를 구할 수 있다. [그림 6.4]와 같이 X와 Y의 결합확률표에서 세로

Y \ X	0	1	2	3		$f_Y(y)$ (Y의 주변확률분포)
0	0	0	$\frac{1}{8}$	$\frac{1}{8}$	→	$\frac{1}{4}$
1	0	$\frac{2}{8}$	$\frac{2}{8}$	0	→	$\frac{1}{2}$
2	$\frac{1}{8}$	$\frac{1}{8}$	0	0	→	$\frac{1}{4}$

↓ ↓ ↓ ↓

$f_X(x)$	$\frac{1}{8}$	$\frac{3}{8}$	$\frac{3}{8}$	$\frac{1}{8}$

X의 주변확률분포

[그림 6.4] X와 Y의 주변확률분포

방향의 확률을 모두 더하면 X의 확률분포이며, 가로 방향의 확률을 모두 더하면 Y의 확률분포를 얻는다. 이와 같이 두 이산확률변수 X와 Y의 결합확률분포로부터 얻은 X와 Y의 확률분포를 **주변확률분포**marginal probability distribution라 한다.

결합확률질량함수 $f(x, y)$로부터 X와 Y 각각의 확률질량함수를 다음과 같이 얻을 수 있으며, 이러한 확률질량함수를 X와 Y의 **주변확률질량함수**marginal probability mass function라 하며, $f_X(x)$, $f_Y(y)$로 나타낸다.

❶ X의 주변확률질량함수 : $f_X(x) = P(X = x) = \sum_{\text{모든 } y} f(x, y), \quad x \in S_X$

❷ Y의 주변확률질량함수 : $f_Y(y) = P(Y = y) = \sum_{\text{모든 } x} f(x, y), \quad y \in S_Y$

따라서 X와 Y의 주변확률질량함수와 결합확률질량함수를 이용하여 다음과 같이 확률을 구할 수 있다.

$$P(a \le X \le b) = \sum_{a \le x \le b} f_X(x) = \sum_{a \le x \le b} \sum_{\text{모든 } y} f(x, y)$$

$$P(c \le Y \le d) = \sum_{c \le y \le d} f_Y(y) = \sum_{c \le y \le d} \sum_{\text{모든 } x} f(x, y)$$

예제 2

[예제 1]의 결합분포에 대해 다음을 구하라.

(a) X와 Y의 주변분포 (b) $P(X \ge 2)$ (c) $P(Y \le 2)$ (d) $P(X \ge 2,\ Y \le 2)$

풀이

(a) 결합확률표로부터 가로 방향의 결합확률을 더하고 세로 방향의 결합확률을 더하여 다음 표를 작성한다.

Y \ X	1	2	3	4	$f_Y(y)$
1	0.02	0.03	0.04	0.01	0.10
2	0.03	0.04	0.05	0.09	0.21
3	0.04	0.11	0.21	0.20	0.56
4	0.05	0.04	0.03	0.01	0.13
$f_X(x)$	0.14	0.22	0.33	0.31	1

그러면 X와 Y의 주변분포는 각각 다음 표와 같다.

X	1	2	3	4
$f_X(x)$	0.14	0.22	0.33	0.31

Y	1	2	3	4
$f_Y(y)$	0.10	0.21	0.56	0.13

(b) $P(X \geq 2) = f_X(2) + f_X(3) + f_X(4) = 0.22 + 0.33 + 0.31 = 0.86$

또는 $P(X \geq 2) = 1 - f_X(1) = 1 - 0.14 = 0.86$

(c) $P(Y \leq 2) = f_Y(1) + f_Y(2) = 0.10 + 0.21 = 0.31$

(d) $P(X \geq 2,\ Y \leq 2) = f(2, 1) + f(3, 1) + f(4, 1) + f(2, 2) + f(3, 2) + f(4, 2)$

$$= 0.03 + 0.04 + 0.01 + 0.04 + 0.05 + 0.09 = 0.26$$

결합분포에 대한 주변분포는 세 개 이상의 이산확률변수가 결합된 경우로 확장할 수 있다. 예를 들어, 이산확률변수 X, Y, Z의 결합확률질량함수 $f(x, y, z)$에 대해 X의 주변확률질량함수 $f_X(x)$는 다음과 같이 구한다.

$$f_X(x) = \sum_{\text{모든 } y} \sum_{\text{모든 } z} f(x, y, z), \quad x \in S_X$$

같은 방법으로 X와 Y의 결합확률질량함수 $f_{XY}(x, y)$는 다음과 같다.

$$f_{XY}(x, y) = \sum_{\text{모든 } z} f(x, y, z), \quad x \in S_X,\ y \in S_Y$$

예제 3

이산확률변수 X, Y, Z의 결합확률질량함수가 다음과 같다.

$$f(x, y, z) = \begin{cases} \dfrac{1}{4}, & (x, y, z) = (1, 0, 0), (0, 1, 0), (0, 2, 1), (1, 3, 1) \\ 0, & \text{다른 곳에서} \end{cases}$$

(a) X와 Y의 주변확률질량함수를 구하라.

(b) X와 Y의 결합확률질량함수를 구하라.

풀이

(a) X와 Y의 상태공간은 각각 $S_X = \{0, 1\}$, $S_Y = \{0, 1, 2, 3\}$이다. 이때 확률변수 X에 대해 다음 확률을 얻는다.

$$P(X=0) = \sum_{\text{모든 } y} \sum_{\text{모든 } z} f(0, y, z) = f(0, 1, 0) + f(0, 2, 1) = \frac{1}{4} + \frac{1}{4} = \frac{1}{2}$$

$$P(X=1) = \sum_{\text{모든 } y} \sum_{\text{모든 } z} f(1, y, z) = f(1, 0, 0) + f(1, 3, 1) = \frac{1}{4} + \frac{1}{4} = \frac{1}{2}$$

X의 주변확률질량함수는 다음과 같다.

$$f_X(x) = \begin{cases} \frac{1}{2}, & x = 0, 1 \\ 0, & \text{다른 곳에서} \end{cases}$$

확률변수 Y에 대해 다음 확률을 얻는다.

$$P(Y=0) = \sum_{\text{모든 } x} \sum_{\text{모든 } z} f(x, 0, z) = f(1, 0, 0) = \frac{1}{4}$$

$$P(Y=1) = \sum_{\text{모든 } x} \sum_{\text{모든 } z} f(x, 1, z) = f(0, 1, 0) = \frac{1}{4}$$

$$P(Y=2) = \sum_{\text{모든 } x} \sum_{\text{모든 } z} f(x, 2, z) = f(0, 2, 1) = \frac{1}{4}$$

$$P(Y=3) = \sum_{\text{모든 } x} \sum_{\text{모든 } z} f(x, 3, z) = f(1, 3, 1) = \frac{1}{4}$$

Y의 주변확률질량함수는 다음과 같다.

$$f_Y(y) = \begin{cases} \frac{1}{4}, & x = 0, 1, 2, 3 \\ 0, & \text{다른 곳에서} \end{cases}$$

(b) (X, Y)가 취할 수 있는 값은 $(1, 0)$, $(0, 1)$, $(0, 2)$, $(1, 3)$뿐이므로 다음 확률을 얻는다.

$$P(X=1, Y=0) = \sum_{\text{모든 } z} f(1, 0, z) = f(1, 0, 0) = \frac{1}{4}$$

$$P(X=0, Y=1) = \sum_{\text{모든 } z} f(0, 1, z) = f(0, 1, 0) = \frac{1}{4}$$

$$P(X=0, Y=2) = \sum_{\text{모든 } z} f(0, 2, z) = f(0, 2, 1) = \frac{1}{4}$$

$$P(X=1, Y=3) = \sum_{\text{모든 } z} f(1, 3, z) = f(1, 3, 1) = \frac{1}{4}$$

따라서 구하는 결합확률질량함수는 다음과 같다.

$$f_{XY}(x,\ y) = \begin{cases} \dfrac{1}{4}\ , & (x,\ y) = (0,\ 1),\ (0,\ 2),\ (1,\ 0),\ (1,\ 3) \\ 0\ , & \text{다른 곳에서} \end{cases}$$

■ 결합확률밀도함수

두 연속확률변수 X와 Y의 결합상태공간을 $S = S_X \times S_Y$라 할 때, 다음 조건을 만족하는 음이 아닌 함수 $f(x,\ y)$를 연속확률변수 X와 Y의 **결합확률밀도함수**joint probability density function라 한다.

$$\int\int_S f(x,\ y)\,dx\,dy = 1$$

결합확률밀도함수의 특성은 다음과 같다.

❶ 모든 x, y에 대하여 $f(x,\ y) \geq 0$이다.

❷ $\int_{-\infty}^{\infty}\int_{-\infty}^{\infty} f(x,\ y)\,dx\,dy = 1$이다.

결합확률밀도함수 $f(x,\ y)$는 [그림 6.5(a)]와 같이 xy평면 위의 영역 S에서 곡면을 이루며, 이 영역에서 $f(x,\ y)$로 둘러싸인 입체의 부피는 1이 된다.

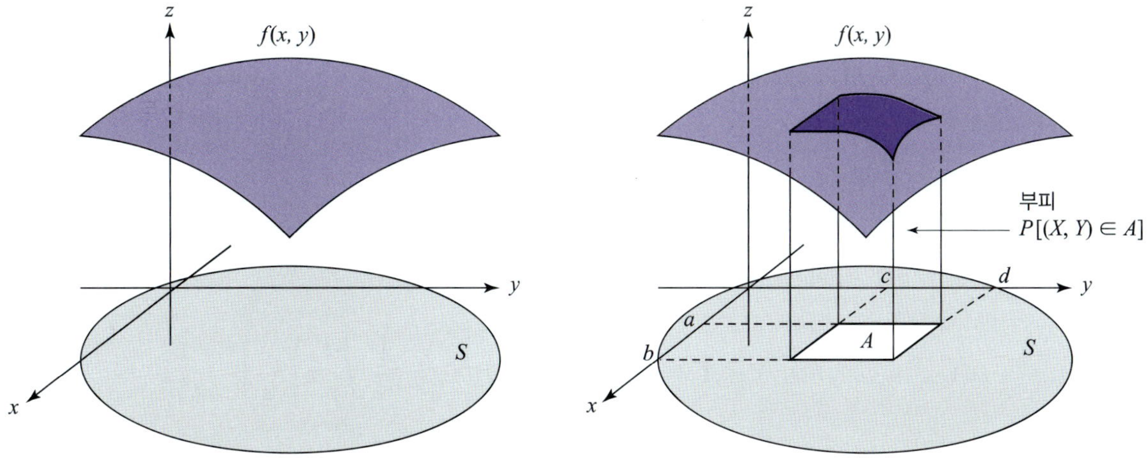

(a) X와 Y의 결합확률밀도함수

(b) X와 Y의 결합확률

[그림 6.5] X와 Y의 결합확률밀도함수와 결합확률

이때 결합상태공간 S 안에 놓이는 임의의 영역 A에 대해 확률 $P[(X, Y) \in A]$는 다음과 같으며, [그림 6.5(b)]와 같이 영역 A와 함수 $f(x, y)$로 둘러싸인 입체의 부피를 나타낸다.

$$P[(X, Y) \in A] = \iint_A f(x, y)\,dx\,dy$$

따라서 영역이 직사각형 $A = \{(x, y) \mid a \le x \le b,\ c \le y \le d\}$이면 확률 $P[(X, Y) \in A]$는 다음과 같다.

$$P(a \le X \le b,\ c \le Y \le d) = \int_a^b \int_c^d f(x, y)\,dy\,dx$$

예제 4

어떤 양의 상수 k에 대해 연속확률변수 X와 Y의 결합확률밀도함수가 다음과 같을 때, 상수 k와 확률 $P(1 \le X \le 2,\ 0 \le Y \le 1)$을 구하라.

$$f(x, y) = \begin{cases} kxy, & 0 \le x \le 2,\ 0 \le y \le 2 \\ 0, & \text{다른 곳에서} \end{cases}$$

풀이

결합상태공간이 $S = \{(x, y) \mid 0 \le x \le 2,\ 0 \le y \le 2\}$이고 $f(x, y)$가 결합확률밀도함수이므로 다음을 만족해야 한다.

$$\begin{aligned}\iint_S f(x, y)\,dx\,dy &= \int_0^2 \int_0^2 kxy\,dy\,dx = k\int_0^2 x\left[\frac{y^2}{2}\right]_{y=0}^{y=2} dx \\ &= k\int_0^2 2x\,dx = k\left[x^2\right]_0^2 = 4k = 1\end{aligned}$$

따라서 상수는 $k = \frac{1}{4}$이다. 구하는 확률은 다음과 같다.

$$\begin{aligned}P(1 \le X \le 2,\ 0 \le Y \le 1) &= \int_1^2 \int_0^1 \frac{1}{4}xy\,dy\,dx = \frac{1}{4}\int_1^2 x\left[\frac{y^2}{2}\right]_{y=0}^{y=1} dx \\ &= \frac{1}{8}\int_1^2 x\,dx = \frac{1}{8}\left[\frac{x^2}{2}\right]_1^2 = \frac{3}{16}\end{aligned}$$

■ 주변확률밀도함수

두 이산확률변수의 결합분포와 동일하게 두 연속확률변수 X와 Y의 결합확률밀도함수에 대해 X와 Y의 **주변확률밀도함수**marginal probability density function를 각각 다음과 같이 정의한다.

❶ X의 주변확률밀도함수 : $f_X(x) = \int_{S_Y} f(x, y)\,dy, \; x \in S_X$

❷ Y의 주변확률밀도함수 : $f_Y(y) = \int_{S_X} f(x, y)\,dx, \; y \in S_Y$

따라서 X와 Y의 주변확률밀도함수와 결합확률밀도함수를 이용하여 다음과 같이 확률을 구할 수 있다.

$$P(a \le X \le b) = \int_a^b f_X(x)\,dx = \int_a^b \int_{S_Y} f(x, y)\,dy\,dx$$

$$P(c \le Y \le d) = \int_c^d f_Y(y)\,dy = \int_c^d \int_{S_X} f(x, y)\,dx\,dy$$

예제 5

[예제 4]의 결합확률밀도함수 $f(x, y)$에 대해 다음을 구하라.

(a) X와 Y의 주변확률밀도함수　　(b) $P(1 \le X \le 2)$　　(c) $P(0 \le Y \le 1)$

풀이

(a) X와 Y의 상태공간은 각각 $S_X = \{x \mid 0 \le x \le 2\}$, $S_Y = \{y \mid 0 \le y \le 2\}$이다.

- X의 주변확률밀도함수

$$f_X(x) = \int_{S_Y} f(x, y)\,dy = \int_0^2 \frac{1}{4}xy\,dy = \frac{x}{4}\left[\frac{y^2}{2}\right]_0^2 = \frac{x}{2}, \; 0 \le x \le 2$$

- Y의 주변확률밀도함수

$$f_Y(y) = \int_{S_X} f(x, y)\,dx = \int_0^2 \frac{1}{4}xy\,dx = \frac{y}{4}\left[\frac{x^2}{2}\right]_0^2 = \frac{y}{2}, \; 0 \le y \le 2$$

(b) $P(1 \le X \le 2) = \int_1^2 \frac{1}{2}x\,dx = \left[\frac{x^2}{4}\right]_1^2 = \frac{3}{4}$

(c) $P(0 \le Y \le 1) = \int_0^1 \frac{1}{2}y\,dy = \left[\frac{y^2}{4}\right]_0^1 = \frac{1}{4}$

연속확률변수 X, Y, Z의 결합확률밀도함수 $f(x, y, z)$에 대해 X의 주변확률밀도함수 $f_X(x)$는 다음과 같이 구한다.

$$f_X(x) = \int_{S_Y}\int_{S_Z} f(x, y, z)\,dz\,dy, \quad x \in S_X$$

같은 방법으로 X와 Y의 **결합주변확률밀도함수**joint marginal probability density function $f_{XY}(x, y)$는 다음과 같이 구한다.

$$f_{XY}(x, y) = \int_{S_Z} f(x, y, z)\,dz, \quad x \in S_X, \ y \in S_Y$$

예제 6

연속확률변수 X, Y, Z의 결합확률밀도함수 $f(x, y, z)$에 대해 다음을 구하라.

$$f(x, y, z) = \begin{cases} \frac{1}{3}xy^2z^3, & 0 \le x \le 3,\ 0 \le y \le 2,\ 0 \le z \le 1 \\ 0 & , \text{다른 곳에서} \end{cases}$$

(a) X와 Y의 주변확률밀도함수

(b) X와 Y의 결합확률밀도함수

(c) $P(0 \le X \le 1, 0 \le Y \le 1, 0 \le Z \le 1)$

풀이

(a) X와 Y의 상태공간은 각각 $S_X = \{x \mid 0 \le x \le 3\}$, $S_Y = \{y \mid 0 \le y \le 2\}$이다. 따라서 X의 주변확률밀도함수는 다음과 같다.

$$\begin{aligned} f_X(x) &= \int_{S_Y}\int_{S_Z} f(x, y, z)\,dz\,dy = \int_0^2\int_0^1 \frac{1}{3}xy^2z^3\,dz\,dy \\ &= \frac{x}{3}\int_0^2 y^2\left[\frac{z^4}{4}\right]_0^1 dy = \frac{x}{12}\int_0^2 y^2\,dy = \frac{x}{12}\left[\frac{y^3}{3}\right]_0^2 = \frac{2}{9}x, \ 0 \le x \le 3 \end{aligned}$$

Y의 주변확률밀도함수는 다음과 같다.

$$\begin{aligned} f_Y(y) &= \int_{S_X}\int_{S_Z} f(x, y, z)\,dz\,dx = \int_0^3\int_0^1 \frac{1}{3}xy^2z^3\,dz\,dx \\ &= \frac{y^2}{3}\int_0^3 x\left[\frac{z^4}{4}\right]_0^1 dx = \frac{y^2}{12}\int_0^3 x\,dx = \frac{y^2}{12}\left[\frac{x^2}{2}\right]_0^3 = \frac{3}{8}y^2, \ 0 \le y \le 2 \end{aligned}$$

(b) $0 \le x \le 3,\ 0 \le y \le 2$에 대해 X와 Y의 결합확률밀도함수는 다음과 같다.

$$f_{XY}(x, y) = \int_{S_Z} f(x, y, z)\,dz = \int_0^1 \frac{1}{3} x y^2 z^3\,dz = \frac{1}{3} x y^2 \left[\frac{z^4}{4}\right]_0^1 = \frac{1}{12} x y^2$$

(c) $P(0 \le X \le 1, 0 \le Y \le 1, 0 \le Z \le 1) = \int_0^1 \int_0^1 \int_0^1 \frac{1}{3} x y^2 z^3\,dz\,dy\,dx$

$$= \frac{1}{3} \int_0^1 \int_0^1 x y^2 \left[\frac{z^4}{4}\right]_0^1 dy\,dx = \frac{1}{12} \int_0^1 \int_0^1 x y^2\,dy\,dx$$

$$= \frac{1}{12} \int_0^1 x \left[\frac{y^3}{3}\right]_0^1 dx = \frac{1}{36} \int_0^1 x\,dx = \frac{1}{36} \left[\frac{x^2}{2}\right]_0^1 = \frac{1}{72}$$

■ 결합분포함수

임의의 실수 x와 y에 대해 $F(x, y) = P(X \le x, Y \le y)$를 두 확률변수 X, Y의 **결합분포함수**joint distribution function라 한다. 따라서 확률변수 X와 Y의 결합분포함수는 다음과 같다.

❶ X와 Y가 이산확률변수인 경우: $F(x, y) = \sum_{u \le x} \sum_{v \le y} f(u, v)$

❷ X와 Y가 연속확률변수인 경우: $F(x, y) = \int_{-\infty}^{x} \int_{-\infty}^{y} f(u, v)\,dv\,du$

결합분포함수 $F(x, y)$를 이용하여 다음 확률을 구할 수 있다.

$$P(a < X \le b, c < Y \le d) = F(b, d) - F(a, d) - F(b, c) + F(a, c)$$

특히 연속확률변수 X와 Y에 대해 결합분포함수 $F(x, y)$와 결합확률밀도함수 $f(x, y)$ 사이에 다음이 성립한다.

$$f(x, y) = \frac{\partial^2}{\partial x\, \partial y} F(x, y)$$

■ 주변분포함수

이산확률변수의 X와 Y의 결합확률질량함수 $f(x, y)$에 대해 X의 주변확률질량함수 $f_X(x)$는 다음과 같이 정의했다.

$$f_X(x) = \sum_{\text{모든 } y} f(x, y)$$

따라서 X와 Y의 결합분포로부터 X의 분포함수 $F_X(x)$를 다음과 같이 구한다.

$$F_X(x) = \sum_{u \le x} f_X(u) = \sum_{u \le x}\left(\sum_{\text{모든 } y} f(x, y)\right) = \sum_{u \le x}\sum_{\text{모든 } y} f(x, y)$$

동일한 방법으로 연속확률변수 X와 Y의 결합확률밀도함수 $f(x, y)$에 대해 X의 분포함수 $F_X(x)$는 다음과 같다.

$$F_X(x) = \int_{-\infty}^{x} f_X(u)\,du = \int_{-\infty}^{x}\left(\int_{-\infty}^{\infty} f(x, y)\,dy\right)du = \int_{-\infty}^{x}\int_{-\infty}^{\infty} f(x, y)\,dy\,du$$

이와 같이 두 확률변수의 결합확률분포로부터 X의 분포함수를 구할 수 있으며, 이러한 분포함수를 X의 **주변분포함수**[marginal distribution function]라 한다.

❶ X와 Y가 이산확률변수인 경우: $F_X(x) = \sum_{u \le x}\sum_{\text{모든 } y} f(u, y)$

❷ X와 Y가 연속확률변수인 경우: $F_X(x) = \int_{-\infty}^{x}\int_{-\infty}^{\infty} f(u, y)\,dy\,du$

X의 주변분포함수는 다음과 같이 X와 Y의 결합분포함수 $F(x, y)$를 이용하여 쉽게 구할 수 있다. 여기서 $y \to \infty$는 확률변수 Y가 취할 수 있는 가장 큰 값을 의미한다.

$$F_X(x) = P(X \le x, -\infty < Y < \infty) = \lim_{y \to \infty} P(X \le x,\ Y \le y) = \lim_{y \to \infty} F(x, y)$$

예제 7

[예제 4]의 결합분포에 대해 다음을 구하라.

(a) X와 Y의 결합분포함수

(b) X와 Y의 주변분포함수

(c) $P(1 \le X \le 2, 0 \le Y \le 1)$

(d) $P(1 \le X \le 2)$

풀이

(a) $0 \le x \le 2,\ 0 \le y \le 2$에 대해 결합분포함수는 다음과 같다.

$$F(x,\, y) = \int_{-\infty}^{x} \int_{-\infty}^{y} f(u,\, v)\,dv\,du = \int_{0}^{x} \int_{0}^{y} \frac{1}{4} u\,v\,dv\,du = \int_{-\infty}^{x} \left[\frac{1}{8} u\,v^2 \right]_{v=0}^{v=y} dx$$

$$= \int_{0}^{x} \frac{1}{8} u\,y^2\,du = \left[\frac{1}{16} u^2 y^2 \right]_{0}^{x} = \frac{1}{16} x^2 y^2$$

(b) $F_X(x) = \lim_{y \to \infty} F(x,\, y) = \lim_{y \to 2} \frac{1}{16} x^2 y^2 = \frac{1}{4} x^2,\ 0 \le x \le 2$

$$F_Y(y) = \lim_{x \to \infty} F(x,\, y) = \lim_{x \to 2} \frac{1}{16} x^2 y^2 = \frac{1}{4} y^2,\ 0 \le y \le 2$$

(c) $P(1 \le X \le 2,\, 0 \le Y \le 1) = F(2,\, 1) - F(2,\, 0) - F(1,\, 1) + F(1,\, 0)$

$$= \frac{1}{16}(4)(1) - \frac{1}{16}(4)(0) - \frac{1}{16}(1)(1) + \frac{1}{16}(1)(0) = \frac{3}{16}$$

(d) $P(1 \le X \le 2) = F_X(2) - F_X(1) = \frac{1}{4}(4) - \frac{1}{4}(1) = \frac{3}{4}$

6.2 조건부 확률분포

4.3절에서 $P(A) > 0$인 사건 A가 주어졌을 때, 사건 B의 조건부 확률을 다음과 같이 정의했다.

$$P(B|A) = \frac{P(A \cap B)}{P(A)}$$

이 절에서는 조건부 확률의 개념을 확률변수에 적용하여, 어떤 조건이 주어졌을 때 얻어지는 조건부 확률분포에 대해 살펴본다.

■ 조건부 확률분포

사건 A가 주어졌을 때, 사건 B의 조건부 확률 $P(B|A)$를 이산확률변수 X와 Y에 적용하기 위해 $A = \{X = a\}$, $B = \{Y = b\}$라 하자. 그러면 조건부 확률은 다음과 같이 표현할 수 있다.

$$P(Y = b | X = a) = \frac{P(X = a,\, Y = b)}{P(X = a)}$$

이때 이산확률변수 X와 Y의 결합확률질량함수를 $f(x,\, y)$, X의 주변확률질량함수를 $f_X(x)$라 하면 다음을 얻는다.

$$P(X=a,\ Y=b)=f(a,b),\ P(X=a)=f_X(a)$$

즉, 조건 $X=a$가 주어졌을 때, $Y=b$일 조건부 확률은 다음과 같이 정의된다.

$$P(Y=b \mid X=a)=\frac{P(X=a,\ Y=b)}{P(X=a)}=\frac{f(a,b)}{f_X(a)},\quad f_X(a)>0$$

따라서 조건 $X=a$가 주어졌을 때, Y의 상태공간 S_Y에 대해 다음 조건부 확률을 얻는다.

$$P(Y=y \mid X=a)=\frac{f(a,y)}{f_X(a)},\ y\in S_Y$$

상태공간 S_Y 안에 있는 각각의 y에 대해 조건부 확률 $P(Y=y \mid X=a)$을 $X=a$일 때 Y의 **조건부 확률질량함수**conditional probability mass function라 하며, $f(y \mid x=a)$ 또는 간단히 $f(y \mid a)$로 나타낸다. 따라서 $X=a$일 때 Y의 조건부 확률질량함수 $f(y \mid a)$는 다음과 같이 정의한다.

$$f(y \mid a)=\frac{f(a,y)}{f_X(a)}$$

동일한 방법으로 $Y=b$일 때 X의 조건부 확률질량함수 $f(x \mid b)$는 다음과 같다.

$$f(x \mid b)=\frac{f(x,b)}{f_Y(b)}$$

$X=a$일 때 Y의 조건부 확률질량함수 $f(y \mid a)$는 확률질량함수가 되기 위한 두 가지 조건을 만족한다.

❶ 임의의 y에 대하여 $f(y \mid a)\ge 0$이다.

❷ 모든 y에 대하여 $\sum_{\text{모든 } y} f(y \mid a)=1$이다.

조건부 확률분포의 개념을 연속확률변수 X와 Y에 적용하면, $X=a$일 때 Y의 **조건부 확률밀도함수**conditional probability density function는 다음과 같다.

$$f(y \mid a)=\frac{f(a,y)}{f_X(a)}$$

이때 $f(x,y)$는 연속확률변수 X와 Y의 결합확률밀도함수, $f_X(x)$는 X의 주변확률밀도함수이다.

예제 8

이산확률변수 X와 Y의 결합확률분포가 다음 표와 같다.

(a) $X=2$일 때, Y의 조건부 확률질량함수를 구하라.

(b) $Y=1$일 때, X의 조건부 확률질량함수를 구하라.

Y \ X	1	2	3	4
1	0.02	0.03	0.04	0.01
2	0.03	0.04	0.05	0.09
3	0.09	0.15	0.24	0.21

풀이

(a) 먼저 두 이산확률변수 X와 Y의 주변확률질량함수를 구한다.

Y \ X	1	2	3	4	$f_Y(y)$
1	0.02	0.03	0.04	0.01	0.10
2	0.03	0.04	0.05	0.09	0.21
3	0.09	0.15	0.24	0.21	0.69
$f_X(x)$	0.14	0.22	0.33	0.31	1

$X=2$일 때, Y의 조건부 확률은 다음과 같다.

$$P(Y=y \mid X=2)=\frac{f(2,\, y)}{f_X(2)}=\frac{P(X=2,\ Y=y)}{0.22}$$

따라서 Y가 취하는 각각의 값에 대한 확률은 다음과 같다.

- $Y=1$이면 $P(Y=1 \mid X=2)=\dfrac{P(X=2,\ Y=1)}{0.22}=\dfrac{0.03}{0.22}=\dfrac{3}{22}$
- $Y=2$이면 $P(Y=2 \mid X=2)=\dfrac{P(X=2,\ Y=2)}{0.22}=\dfrac{0.04}{0.22}=\dfrac{4}{22}$
- $Y=3$이면 $P(Y=3 \mid X=2)=\dfrac{P(X=2,\ Y=3)}{0.22}=\dfrac{0.15}{0.22}=\dfrac{15}{22}$

$X=2$일 때, Y의 조건부 확률질량함수는 다음과 같다.

$$f(y|2)=\begin{cases}\frac{3}{22}, & y=1\\ \frac{4}{22}, & y=2\\ \frac{15}{22}, & y=3\\ 0, & \text{다른 곳에서}\end{cases}$$

(b) $Y=1$일 때, X의 조건부 확률은 다음과 같다.

$$P(X=x|Y=1)=\frac{f(x,1)}{f_Y(1)}=\frac{P(X=x,\ Y=1)}{0.10}$$

따라서 X가 취하는 각각의 값에 대한 확률은 다음과 같다.

- $X=1$이면 $P(X=1|Y=1)=\dfrac{P(X=1,\ Y=1)}{0.10}=\dfrac{0.02}{0.10}=\dfrac{2}{10}$
- $X=2$이면 $P(X=2|Y=1)=\dfrac{P(X=2,\ Y=1)}{0.10}=\dfrac{0.03}{0.10}=\dfrac{3}{10}$
- $X=3$이면 $P(X=3|Y=1)=\dfrac{P(X=3,\ Y=1)}{0.10}=\dfrac{0.04}{0.10}=\dfrac{4}{10}$
- $X=4$이면 $P(X=4|Y=1)=\dfrac{P(X=4,\ Y=1)}{0.10}=\dfrac{0.01}{0.10}=\dfrac{1}{10}$

$Y=1$일 때, X의 조건부 확률질량함수는 다음과 같다.

$$f(x|1)=\begin{cases}\frac{2}{10}, & x=1\\ \frac{3}{10}, & x=2\\ \frac{4}{10}, & x=3\\ \frac{1}{10}, & x=4\\ 0, & \text{다른 곳에서}\end{cases}$$

예제 9

연속확률변수 X와 Y의 결합확률밀도함수가 다음과 같다.

$$f(x,y)=\begin{cases}\frac{1}{4}xy, & 0\le x\le 2,\ 0\le y\le 2\\ 0, & \text{다른 곳에서}\end{cases}$$

(a) $X=1$일 때, Y의 조건부 확률밀도함수를 구하라.

(b) $Y=\frac{1}{2}$일 때, X의 조건부 확률밀도함수를 구하라.

풀이

(a) [예제 5]에서 구한 X와 Y의 주변확률밀도함수는 각각 다음과 같다.

$$f_X(x)=\frac{x}{2},\ 0 \le x \le 2$$

$$f_Y(y)=\frac{y}{2},\ 0 \le y \le 2$$

$f_X(1)=\frac{1}{2},\ f(1, y)=\frac{y}{4}$이므로 $X=1$일 때, Y의 조건부 확률밀도함수는 다음과 같다.

$$f(y|1)=\frac{f(1, y)}{f_X(1)}=\frac{y/4}{1/2}=\frac{y}{2},\ 0 \le y \le 2$$

(b) $f_Y(1/2)=\frac{1}{4},\ f(x, 1/2)=\frac{x}{8}$이므로 $Y=\frac{1}{2}$일 때, X의 조건부 확률밀도함수는 다음과 같다.

$$f(x|1/2)=\frac{f(x, 1/2)}{f_Y(1/2)}=\frac{x/8}{1/4}=\frac{x}{2},\ 0 \le x \le 2$$

■ 조건부 분포함수

[예제 8]에서 보는 바와 같이 $X=a$일 때, Y의 조건부 확률질량함수는 $f_X(a)=\sum_{\text{모든 } y} f(a, y)$에 대한 결합확률 $f(a, y),\ y \in S_Y$의 상대적인 비율인 것을 알 수 있다. 따라서 $X=a$일 때, $c \le Y \le d$일 조건부 확률은 다음과 같다.

$$P(c \le Y \le d \,|\, X=a)=\sum_{c \le y \le d} f(y|a)=\frac{1}{f_X(a)}\sum_{c \le y \le d} f(a, y)$$

이 조건부 확률은 [그림 6.6]과 같이 X와 Y의 결합확률분포에서 $X=a$인 부분만 따로 떼어 냈을 때, $c \le Y \le d$인 부분의 상대적인 비율을 의미한다.

이러한 개념을 연속확률분포에 적용하면 [그림 6.7]과 같이 $f_X(a)$, 즉 결합확률밀도함수 $f(x, y)$를 평면 $x=a$로 절단한 절단면의 넓이에 대한 절단면 중에서 $c \le y \le d$인 부분의 넓이의 비율을 나타낸다.

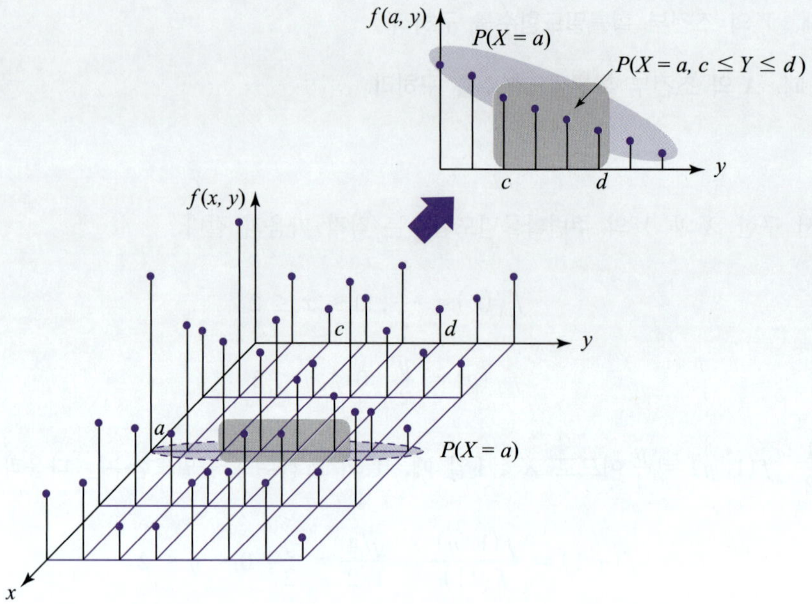

[그림 6.6] 이산확률변수에 대한 조건부 확률의 의미

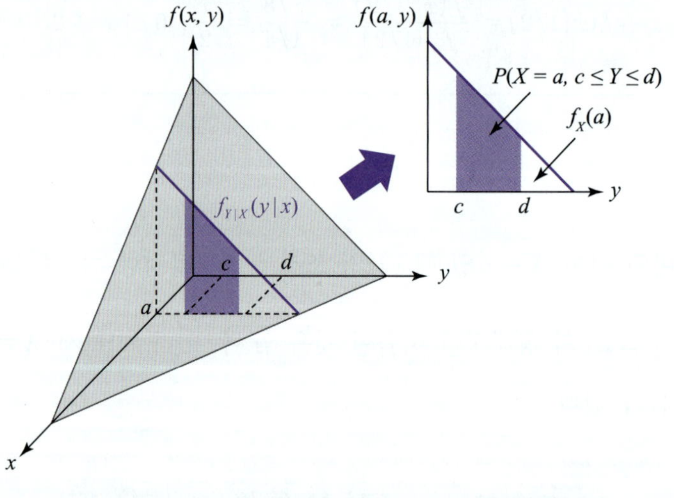

[그림 6.7] 연속확률변수에 대한 조건부 확률의 의미

따라서 연속확률분포인 경우 $X=a$일 때, $c \leq Y \leq d$일 조건부 확률은 다음과 같다.

$$P(c \leq Y \leq d | X=a) = \int_c^d f(y|a)\,dy = \frac{1}{f_X(a)} \int_c^d f(a, y)\,dy$$

특히 $X=a$일 때, $Y\le y$일 조건부 확률 $P(Y\le y|X=a)$, $y\in S_Y$를 **조건부 분포함수**conditional distribution function라 하며, $F(y|a)$로 나타낸다. 조건부 분포함수는 다음과 같이 구할 수 있다.

❶ 이산확률분포인 경우: $F(y|a)=\sum_{v\le y} f(v|a)=\dfrac{1}{f_X(a)}\sum_{v\le y} f(a,\,v)$

❷ 연속확률분포인 경우: $F(y|a)=\int_{-\infty}^{y} f(v|a)\,dv=\dfrac{1}{f_X(a)}\int_{-\infty}^{y} f(a,\,v)\,dv$

예제 10

[예제 8]에서 정의한 X와 Y의 결합확률분포에 대해 다음을 구하라.

(a) $X=2$일 때, Y의 조건부 분포함수

(b) $P(1.5<Y\le 3.5|X=2)$

풀이

(a) $X=2$일 때, Y의 조건부 확률질량함수와 조건부 분포함수는 각각 다음과 같다.

$$f(y|2)=\begin{cases}\dfrac{3}{22}, & y=1\\ \dfrac{4}{22}, & y=2\\ \dfrac{15}{22}, & y=3\\ 0, & \text{다른 곳에서}\end{cases}\quad,\quad F(y|2)=\begin{cases}0, & y<1\\ \dfrac{3}{22}, & 1\le y<2\\ \dfrac{7}{22}, & 2\le y<3\\ 1, & y\ge 3\end{cases}$$

(b) $P(1.5<Y\le 3.5|X=2)=F(3.5|2)-F(1.5|2)=\dfrac{18}{22}-\dfrac{3}{22}=\dfrac{15}{22}$

예제 11

[예제 9]에서 정의한 X와 Y의 결합확률분포에 대해 다음을 구하라.

(a) $Y=\dfrac{1}{2}$일 때, X의 조건부 분포함수

(b) $P(0.5<X\le 1.5|Y=1/2)$

풀이

(a) $Y=\dfrac{1}{2}$일 때, X의 조건부 확률밀도함수는 $f(x|1/2)=\dfrac{x}{2}$, $0\le x\le 2$이다. 따라서 Y의 조건부 분포함수는 다음과 같다.

$$F(x|1/2)=\int_{-\infty}^{x} f(u|1/2)\,du=\int_{0}^{x}\frac{u}{2}\,du=\left[\frac{u^2}{4}\right]_0^x=\frac{x^2}{4},\ 0\le x\le 2$$

(b) $P(0.5<X\le 1.5|\,Y=1/2)=F(1.5|1/2)-F(0.5|1/2)=\frac{2.25}{4}-\frac{0.25}{4}=\frac{1}{2}$

6.3 확률변수의 독립성

4.4절에서 살펴본 두 사건의 독립성에 대한 개념을 확률변수에 적용한 확률변수의 독립성에 대해 살펴본다. 이를 위해 결합확률밀도함수가 다음과 같은 연속확률변수 X와 Y를 생각하자.

$$f(x,y)=\begin{cases}\frac{1}{4}xy, & 0\le x\le 2,\ 0\le y\le 2\\ 0 & ,\ \text{다른 곳에서}\end{cases}$$

그러면 [예제 5]에서 구한 X의 주변확률밀도함수는 다음과 같다.

$$f_X(x)=\frac{x}{2},\ 0\le x\le 2$$

또한, [예제 9]에서 구한 $Y=\frac{1}{2}$일 때 X의 조건부 확률밀도함수가 다음과 같다.

$$f(x|1/2)=\frac{x}{2},\ 0\le x\le 2$$

그러면 $0\le x\le 2$에서 $f(x|1/2)=f_X(x)$인 것을 알 수 있다. 여기서 $f(x|1/2)=f_X(x)$는 $Y=\frac{1}{2}$이라는 전제 조건이 X의 확률분포에 아무런 영향을 미치지 않음을 의미한다. 이와 같이 임의의 실수 x와 y에 대해 $Y=y$라는 조건이 X의 확률분포에 아무런 영향을 미치지 않는 경우, 즉 다음 조건을 만족하는 경우에 두 확률변수 X와 Y는 **독립**[independent]이라 한다.

$$f_X(x)=f(x|y),\ f_Y(y)>0$$

한편, 두 확률변수 X와 Y가 독립이면 $f_X(x)>0$일 때 $f_Y(y)=f(y|x)$가 성립한다.

예제 12

어떤 측정기구의 길이와 두께의 측정 오차 X와 Y가 다음 결합확률밀도함수를 갖는다.

$$f(x, y) = \begin{cases} 6xy^2, & 0 < x < 1, 0 < y < 1 \\ 0 & , \text{다른 곳에서} \end{cases}$$

(a) X와 Y의 주변확률밀도함수를 구하라.

(b) $X = x$일 때 Y의 조건부 확률밀도함수를 구하라.

(c) $Y = y$일 때 X의 조건부 확률밀도함수를 구하라.

(d) X와 Y가 독립인지 조사하라.

풀이

(a) X와 Y의 주변확률밀도함수는 각각 다음과 같다.

$$f_X(x) = \int_{-\infty}^{\infty} f(x, y)\,dy = \int_0^1 6xy^2\,dy = 2x,\ 0 \le x \le 1$$

$$f_Y(y) = \int_{-\infty}^{\infty} f(x, y)\,dx = \int_0^1 6xy^2\,dx = 3y^2,\ 0 \le y \le 1$$

(b) $X = x$일 때, Y의 조건부 확률밀도함수는 다음과 같다.

$$f(y|x) = \frac{f(x, y)}{f_X(x)} = \frac{6xy^2}{2x} = 3y^2,\ 0 \le y \le 1$$

(c) $Y = y$일 때, X의 조건부 확률밀도함수는 다음과 같다.

$$f(x|y) = \frac{f(x, y)}{f_Y(y)} = \frac{6xy^2}{3y^2} = 2x,\ 0 \le x \le 1$$

(d) 모든 $0 \le x \le 1,\ 0 \le y \le 1$에 대해 다음을 만족하므로 X와 Y는 독립이다.

$$f(x|y) = f_X(x) = 2x \ \text{또는}\ f(y|x) = f_Y(y) = 3y^2$$

■ 독립성에 대한 필요충분조건

두 이산확률변수 X와 Y에 대해 $f_X(x) > 0$이면 조건부 확률질량함수는 다음과 같다.

$$f(y|x) = \frac{f(x, y)}{f_X(x)}$$

이때 X와 Y가 독립이면 $f_Y(y) = f(y|x)$이므로 다음을 얻는다.

$$f(x, y) = f_X(x) f_Y(y)$$

이러한 관계는 독립인 연속확률변수 X와 Y에 대해서도 동일하게 성립한다. 그러므로 두 확률변수 X와 Y가 독립일 필요충분조건은 다음과 같다.

$$f(x, y) = f_X(x) f_Y(y)$$

이를 이용하면 X와 Y가 독립일 필요충분조건에 대해 다음 성질을 얻는다.

정리 1 두 사건이 독립일 필요충분조건

임의의 두 확률변수 X와 Y에 대하여 다음은 동치이다.

(1) X와 Y가 독립이다.

(2) 임의의 실수 x와 y에 대해 $F(x, y) = F_X(x) F_Y(y)$이다.

(3) 임의의 실수 $a, b, c, d, a < b, c < d$에 대해 다음이 성립한다.

$$P(a < X \le b, c < Y \le d) = P(a < X \le b) P(c < Y \le d)$$

이러한 확률변수의 독립성에 대한 개념을 세 개 이상의 확률변수로 확장할 수 있다. 이산확률변수 X, Y, Z의 결합확률질량함수 $f(x, y, z)$와 주변확률질량함수 $f_X(x), f_Y(y), f_Z(z)$에 대해 다음을 만족할 때 확률변수 X, Y, Z는 **독립**[independent]이라 한다.

$$f(x, y, z) = f_X(x) f_Y(y) f_Z(z)$$

다음과 같이 확률변수 X, Y, Z 중 임의로 선택한 두 확률변수가 독립인 경우에 X, Y, Z는 **쌍마다 독립**[pairwisely independent]이라 한다.

$$f(x, y) = f_X(x) f_Y(y), \ f(x, z) = f_X(x) f_Z(z), \ f(y, z) = f_Y(y) f_Z(z)$$

연속확률변수 X, Y, Z에 대한 독립과 쌍마다 독립의 개념은 이산확률변수와 동일하다.

예제 13

확률변수 X, Y, Z의 결합확률이 다음과 같다.

$$f(x, y, z) = \begin{cases} \frac{1}{4}, & (x, y, z) = (1, 0, 0), (0, 1, 0), (0, 0, 1), (1, 1, 1) \\ 0, & \text{다른 곳에서} \end{cases}$$

(a) X, Y, Z는 쌍마다 독립임을 보여라.

(b) X, Y, Z는 독립이 아님을 보여라.

풀이

(a) (X, Y), (Y, Z), (Z, X)의 결합주변확률질량함수를 구하면 다음과 같다.

$$f_{XY}(x, y) = \begin{cases} \frac{1}{4}, & (x, y) = (0, 0), (0, 1), (1, 0), (1, 1) \\ 0, & \text{다른 곳에서} \end{cases}$$

$$f_{YZ}(y, z) = \begin{cases} \frac{1}{4}, & (y, z) = (0, 0), (0, 1), (1, 0), (1, 1) \\ 0, & \text{다른 곳에서} \end{cases}$$

$$f_{XZ}(x, z) = \begin{cases} \frac{1}{4}, & (x, z) = (0, 0), (0, 1), (1, 0), (1, 1) \\ 0, & \text{다른 곳에서} \end{cases}$$

따라서 X, Y, Z의 주변확률질량함수는 각각 다음과 같다.

$$f_X(x) = \begin{cases} \frac{1}{2}, & x = 0, 1 \\ 0, & \text{다른 곳에서} \end{cases}, \quad f_Y(y) = \begin{cases} \frac{1}{2}, & y = 0, 1 \\ 0, & \text{다른 곳에서} \end{cases}, \quad f_Z(z) = \begin{cases} \frac{1}{2}, & z = 0, 1 \\ 0, & \text{다른 곳에서} \end{cases}$$

그러면 $x = 0, 1$, $y = 0, 1$, $z = 0, 1$에 대해 다음이 성립하므로 X, Y, Z는 쌍마다 독립이다.

$$f_{XY}(x, y) = f_X(x) f_Y(y) = \frac{1}{4},$$

$$f_{YZ}(y, z) = f_Y(y) f_Z(z) = \frac{1}{4},$$

$$f_{XZ}(x, z) = f_X(x) f_Z(z) = \frac{1}{4}$$

(b) $f(x, y, z) = \frac{1}{4} \neq f_X(x) f_Y(y) f_Z(z) = \frac{1}{8}$이므로 X, Y, Z는 독립이 아니다.

특히 임의의 실수 x에 대해 두 확률변수 X와 Y의 확률분포가 동일한 경우, 즉 임의의 x에 대하여 다음이 성립하면 X와 Y는 **항등분포**identically distributed를 따른다고 한다.

$$f_X(x) = f_Y(x), \ x \in \mathbb{R}$$

두 개 이상의 확률변수들이 항등분포를 이루고 독립일 때, 이 확률변수들을 **i.i.d 확률변수**independently identical random variables라 한다. [예제 13]에서 X, Y, Z는 항등분포를 이루지만 독립이 아니다.

예제 14

결합분포함수가 다음과 같은 확률변수 X와 Y가 i.i.d 확률변수임을 보여라.

$$F(x, y) = (1 - e^{-2x})(1 - e^{-2y}), \ x > 0, \ y > 0$$

풀이

(a) X와 Y의 결합확률밀도함수와 주변확률밀도함수는 각각 다음과 같다.

$$f(x, y) = \frac{\partial^2}{\partial x \partial y} F(x, y) = 4e^{-(2x+2y)}, \quad x > 0, \ y > 0$$

$$f_X(x) = \int_0^\infty 4e^{-(2x+2y)} dy = 2e^{-2x} \left[-2e^{-2y}\right]_0^\infty = 2e^{-2x}, \quad x > 0$$

$$f_Y(y) = \int_0^\infty 4e^{-(2x+2y)} dy = 2e^{-2y} \left[-2e^{-2x}\right]_0^\infty = 2e^{-2y}, \quad y > 0$$

모든 $x > 0$, $y > 0$에 대해 $f(x, y) = f_X(x) f_Y(y) = 4e^{-2(x+y)}$이므로 X와 Y는 독립이고, $x > 0$에 대해 $f_X(x) = f_Y(x) = 2e^{-2x}$이므로 항등분포이다. 따라서 X, Y는 i.i.d 확률변수이다.

6.4 결합확률분포의 기댓값

이 절에서는 단일 분포에 대한 기댓값을 이변량 분포로 확대하고, 두 확률변수의 관계를 나타내는 공분산과 상관계수 그리고 선형성에 대해 살펴본다.

■ 결합분포의 기댓값

5.4절에서 살펴본 확률변수 X에 대한 적률의 개념을 두 확률변수의 결합확률분포로 확대할 수 있다. 두 확률변수 X와 Y의 함수 $g(X, Y)$의 기댓값 $E[g(X, Y)]$를 다음과 같이 정의한다.

❶ X와 Y가 이산확률변수인 경우: $E[g(X, Y)] = \sum_{\text{모든 } x} \sum_{\text{모든 } y} g(x, y) f(x, y)$

❷ X와 Y가 연속확률변수인 경우: $E[g(X, Y)] = \int_{-\infty}^{\infty} \int_{-\infty}^{\infty} g(x, y) f(x, y)\, dy dx$

이때 $g(X, Y) = X^k$이라 하면 결합분포로부터 X의 k차 적률은 다음과 같다.

❸ X와 Y가 이산확률변수인 경우: $E(X^k) = \sum_{\text{모든 } x} \sum_{\text{모든 } y} x^k f(x, y)$

❹ X와 Y가 연속확률변수인 경우: $E(X^k) = \int_{-\infty}^{\infty} \int_{-\infty}^{\infty} x^k f(x, y)\, dy dx$

그러므로 $k=1$이면 결합분포로부터 X의 평균 $\mu_X = E(X)$를 구할 수 있다.
또한 $g(X, Y) = (X-\mu_X)^k$이라 하면 X의 k차 중심적률은 다음과 같다.

❺ X와 Y가 이산확률변수인 경우: $E[(X-\mu_X)^k] = \sum_{\text{모든 } x} \sum_{\text{모든 } y} (x-\mu_X)^k f(x, y)$

❻ X와 Y가 연속확률변수인 경우: $E[(X-\mu_X)^k] = \int_{-\infty}^{\infty} \int_{-\infty}^{\infty} (x-\mu_X)^k f(x, y)\, dy dx$

이때 $k=2$이면 결합분포로부터 X의 분산 $\sigma_X^2 = E[(X-\mu_X)^2]$을 얻는다. 특히 다음과 같이 정의되는 기댓값을 확률변수 X와 Y의 **공분산**covariance이라 하고, $Cov(X, Y)$로 나타낸다.

$$Cov(X, Y) = E[(X-\mu_X)(Y-\mu_Y)]$$

공분산에 대한 성질

❶ $Cov(X, Y) = E(XY) - \mu_X \mu_Y$, 여기서 μ_X, μ_Y는 각각 X와 Y의 평균이다.

❷ $Cov(X, Y) = Cov(Y, X)$

❸ X와 Y가 독립이면 $Cov(X, Y) = 0$

❹ $Cov(X, X) = Var(X)$

❺ $Cov(aX+b, cY+d) = ac\,Cov(X, Y)$

성질 ❸의 역은 성립하지 않는다. 즉, $Cov(X, Y) = 0$이지만 X와 Y가 항상 독립인 것은 아니다.

예제 15

확률변수 X와 Y의 결합확률밀도함수가 다음과 같다.

$$f(x, y)=\begin{cases}\dfrac{1+xy(x^2-y^2)}{4}, & -1\le x\le 1, -1\le y\le 1\\ 0 & , \text{다른 곳에서}\end{cases}$$

(a) X와 Y의 주변확률밀도함수를 구하라.

(b) X와 Y는 독립이 아닌 것을 보여라.

(c) $E(XY)=E(X)E(Y)$임을 보여라.

풀이

(a) X와 Y의 주변확률밀도함수는 각각 다음과 같다.

$$f_X(x)=\int_{-1}^{1}\frac{1+xy(x^2-y^2)}{4}dy=\left[\frac{y}{4}+\frac{1}{8}x^3y^2-\frac{1}{16}xy^4\right]_{y=-1}^{y=1}=\frac{1}{2},\ -1\le x\le 1$$

$$f_Y(y)=\int_{-1}^{1}\frac{1+xy(x^2-y^2)}{4}dx=\left[\frac{x}{4}-\frac{1}{8}x^2y^3+\frac{1}{16}x^4y\right]_{y=-1}^{y=1}=\frac{1}{2},\ -1\le y\le 1$$

(b) 모든 $-1\le x\le 1,\ -1\le y\le 1$에 대해 다음이 성립하므로 X와 Y는 독립이 아니다.

$$f(x, y)=\frac{1+xy(x^2-y^2)}{4}\neq f_X(x)f_Y(y)=\frac{1}{4}$$

(c) X와 Y 그리고 XY의 기댓값은 다음과 같다.

$$E(X)=\int_{-1}^{1}\frac{x}{2}dx=\left[\frac{x^2}{4}\right]_{-1}^{1}=0,\quad E(Y)=\int_{-1}^{1}\frac{y}{2}dy=\left[\frac{y^2}{4}\right]_{-1}^{1}=0$$

$$\begin{aligned}E(XY)&=\int_{-1}^{1}\int_{-1}^{1}\frac{xy[1+xy(x^2-y^2)]}{4}dydx\\&=\int_{-1}^{1}\left[\frac{1}{8}xy^2+\frac{1}{12}x^4y^3-\frac{1}{20}x^2y^5\right]_{y=-1}^{y=1}dx\\&=\int_{-1}^{1}\left(\frac{-x^2}{10}+\frac{x^4}{6}\right)dx=-\frac{1}{30}\left[x^3-x^5\right]_{-1}^{1}=0\end{aligned}$$

그러므로 $E(XY)=E(X)E(Y)=0$이므로 $Cov(X, Y)=0$이다.

공분산을 이용하면 임의의 두 확률변수의 합 또는 차에 대한 분산을 다음과 같이 구할 수 있다.

$$\begin{aligned} Var(X \pm Y) &= E\left\{[(X \pm Y) - (\mu_X \pm \mu_Y)]^2\right\} = E\left\{[(X - \mu_X) \pm (Y - \mu_Y)]^2\right\} \\ &= E\left\{(X - \mu_X)^2 + (Y - \mu_Y)^2 \pm 2(X - \mu_X)(Y - \mu_Y)\right\} \\ &= Var(X) + Var(Y) \pm 2Cov(X, Y) \end{aligned}$$

특히 X와 Y가 독립이면 $Cov(X, Y) = 0$이므로 $Var(X \pm Y) = Var(X) + Var(Y)$이다.

분산의 성질

❶ $Var(X + Y) = Var(X) + Var(Y) + 2Cov(X, Y)$

❷ $Var(X - Y) = Var(X) + Var(Y) - 2Cov(X, Y)$

❸ X와 Y가 독립이면 $Var(X \pm Y) = Var(X) + Var(Y)$

한편, 두 확률변수 사이의 공분산을 각각의 표준편차로 나눈 수치를 이용하여 두 확률변수 사이의 선형적 관계를 살펴볼 수 있다. 이러한 척도를 확률변수 X와 Y의 **상관계수**correlation coefficient라 하며, 다음과 같이 정의한다.

$$\rho = Corr(X, Y) = \frac{Cov(X, Y)}{\sigma_X \sigma_Y}$$

상관계수의 성질

❶ $-1 \le \rho \le 1$

❷ $E(XY) = \mu_X \mu_Y + \rho \sigma_X \sigma_Y$

❸ $Corr(aX + b, cY + d) = \begin{cases} Corr(X, Y), & ac > 0 \\ -Corr(X, Y), & ac < 0 \end{cases}$

상관계수 ρ는 단위가 없으며, $\rho = 0$이면 두 확률변수는 **무상관관계**none correlation라 한다. 이때 X와 Y가 독립이면 $Cov(X, Y) = 0$이므로 $\rho = 0$, 즉 두 확률변수는 아무런 상관관계가 없다. 그러나 $Cov(X, Y) = 0$이지만 X와 Y가 독립이 아닌 경우가 있으므로 $\rho = 0$이라 해서 반드시 X와 Y가 독립인 것은 아니다. 또한, $\rho > 0$이면 두 확률변수는 **양의 상관관계**positive correlation가 있고, $\rho < 0$이면

두 확률변수는 **음의 상관관계**negative correlation가 있다. 특히 $\rho = 1$이면 두 확률변수 X와 Y는 기울기가 양수인 직선을 따라 분포하고, $\rho = -1$이면 기울기가 음수인 직선을 따라 분포한다. 즉, 이러한 경우에는 두 확률변수 사이에 완전하게 직선 $Y = aX + b$인 관계가 있다. 이때 $\rho = 1$이면 두 확률변수는 **완전 양의 상관관계**perfect positive correlation가 있다 하고, $\rho = -1$이면 두 확률변수는 **완전 음의 상관관계**perfect negative correlation가 있다고 한다.

예제 16

두 확률변수 X와 Y는 다음 결합확률밀도함수를 갖는다.

$$f(x, y) = 4e^{-2y}, \ 0 < x < y < \infty$$

(a) X와 Y의 주변확률밀도함수를 구하라.

(b) X와 Y의 평균과 분산을 구하라.

(c) XY의 기댓값을 구하라.

(d) X와 Y의 공분산을 구하라.

(e) X와 Y의 상관계수를 구하라.

풀이

(a) (x, y)가 취할 수 있는 영역은 $S = \{(x, y) | 0 < x < y < \infty\}$이고 그림과 같다.

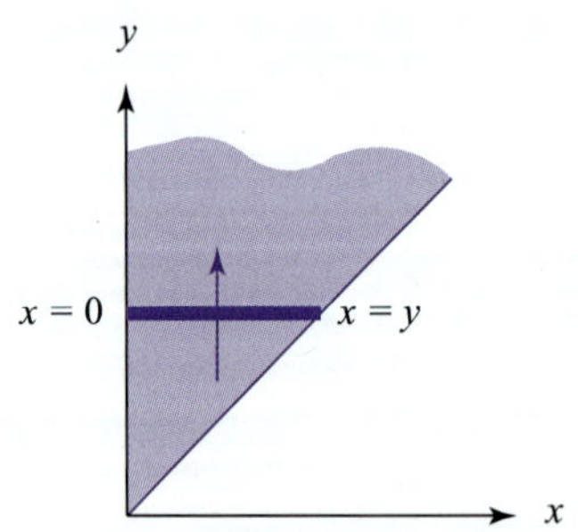

- X의 주변확률밀도함수

$$f_X(x) = \int_{-\infty}^{\infty} f(x, y)\, dy = \int_{x}^{\infty} 4e^{-2y}\, dy = \left[-2e^{-2y}\right]_x^{\infty} = 2e^{-2x}, \ x > 0$$

- Y의 주변확률밀도함수

$$f_Y(y) = \int_{-\infty}^{\infty} f(x, y)\, dx = \int_{0}^{y} 4e^{-2y}\, dx = \left[4xe^{-2y}\right]_0^{y} = 4ye^{-2y}, \ y > 0$$

(b) X의 평균과 분산은 다음과 같다.

- X의 평균 : $\mu_X = \int_0^\infty 2x e^{-2x} dx = \left[-\frac{1}{2}(2x+1)e^{-2x} \right]_0^\infty = \frac{1}{2}$
- X의 분산 : $E(X^2) = \int_0^\infty 2x^2 e^{-2x} dx = \left[-\frac{1}{2}(2x^2+2x+1)e^{-2x} \right]_0^\infty = \frac{1}{2}$이므로

$$Var(X) = E(X^2) - \mu_X^2 = \frac{1}{2} - \frac{1}{4} = \frac{1}{4}$$

Y의 평균과 분산은 다음과 같다.

- Y의 평균 : $\mu_Y = \int_0^\infty 4y^2 e^{-2y} dy = \left[(2y^2+2y+1)e^{-2y} \right]_0^\infty = 1$
- Y의 분산 : $E(Y^2) = \int_0^\infty 4y^3 e^{-2y} dy = \left[-\frac{1}{2}(4y^3+6y^2+6x+3)e^{-2x} \right]_0^\infty = \frac{3}{2}$이므로

$$Var(Y) = E(Y^2) - \mu_Y^2 = \frac{3}{2} - 1 = \frac{1}{2}$$

(c) XY의 기댓값은 다음과 같다.

$$E(XY) = \int_0^\infty \int_x^\infty 4xye^{-2y} dy dx = \int_0^\infty \left[x(2y+1)e^{-2y} \right]_{y=x}^\infty dx$$

$$= \int_0^\infty (x+2x^2)e^{-2x} dx = \left[-\frac{1}{4}(4x^2+6x+3)e^{-2x} \right]_0^\infty = \frac{3}{4}$$

(d) $Cov(X, Y) = E(XY) - \mu_X \mu_Y = \frac{3}{4} - \frac{1}{2}(1) = \frac{1}{4}$

(e) 표준편차는 각각 $\sigma_X = \frac{1}{2}$, $\sigma_Y = \frac{1}{\sqrt{2}}$이므로 상관계수는 다음과 같다.

$$\rho = \frac{Cov(X, Y)}{\sigma_X \sigma_Y} = \frac{1/4}{(1/2)(1/\sqrt{2})} = \frac{1}{\sqrt{2}}$$

■ 조건부 기댓값

$X = a$가 주어졌을 때 확률변수 Y의 조건부 확률분포에 대해 **조건부 기댓값**[conditional expectation] 또는 **조건부 평균**[conditional mean]을 다음과 같이 정의하며, $E(Y|X=a)$ 또는 $\mu_{Y|X=a}$로 나타낸다.

- X와 Y가 이산확률변수인 경우 : $\mu_{Y|X=a} = \sum_{\text{모든 } y} y f_{Y|X}(y|a) = \frac{1}{f_X(a)} \sum_{\text{모든 } y} y f(a, y)$

- X와 Y가 연속확률변수인 경우: $\mu_{Y|X=a} = \int_{-\infty}^{\infty} y f_{Y|X}(y|a) dy = \dfrac{1}{f_X(a)} \int_{-\infty}^{\infty} y f(a, y) dy$

$X=a$가 주어졌을 때, 확률변수 Y의 **조건부 분산**conditional variance을 다음과 같이 정의하며, $Var(Y|X=a)$ 또는 $\sigma^2_{Y|X}$으로 나타낸다.

- X와 Y가 이산확률변수인 경우: $\sigma^2_{Y|X} = \sum_{\text{모든 } x} (y-\mu_{Y|X})^2 f_{Y|X}(y|a)$

- X와 Y가 연속확률변수인 경우: $\sigma^2_{Y|X} = \int_{-\infty}^{\infty} (y-\mu_{Y|X})^2 f_{Y|X}(y|a) dy$

조건부 기댓값의 성질

❶ $E(a|X=c)=a$

❷ $E(aY+b|X=c)=aE(Y|X=a)+b$

❸ $E[g(Y)+h(Y)|X=c] = E[g(Y)|X=c]+E[h(Y)|X=c]$

❹ $\sigma^2_{Y|X} = E(Y^2|X=a) - \mu^2_{Y|X}$

예제 17

[예제 16]의 결합분포에서 $X=1$일 때, Y의 조건부 평균과 조건부 분산을 구하라.

풀이

[예제 16]에서 X의 주변확률밀도함수는 $f_X(x)=2e^{-2x}$, $x>0$이므로 $f_X(1)=2e^{-2}$이다. 그러므로 $X=1$일 때, Y의 조건부 확률밀도함수는 다음과 같다.

$$f(y|1) = \frac{f(1, y)}{f_X(1)} = \frac{4e^{-2y}}{2e^{-2}} = 2e^{-2(y-1)}, \ y>1$$

Y의 조건부 평균과 조건부 2차 적률은 각각 다음과 같다.

$$E(Y|X=1) = \int_1^{\infty} 2y e^{-2(y-1)} dy = \left[-\frac{1}{2}(2y+1)e^{-2(y-1)} \right]_1^{\infty} = \frac{3}{2}$$

$$E(Y^2|X=1) = \int_1^{\infty} 2y^2 e^{-2(y-1)} dy = \left[-\frac{1}{2}(2y^2+2y+1)e^{-2(y-1)} \right]_1^{\infty} = \frac{5}{2}$$

Y의 조건부 평균은 $\mu_{Y|X=1} = \dfrac{3}{2}$이고 조건부 분산은 다음과 같다.

$$\sigma^2_{Y|X} = E(Y^2|X=1) - \mu^2_{Y|X} = \frac{5}{2} - \left(\frac{3}{2}\right)^2 = \frac{1}{4}$$

다음 정리는 $X=x$가 주어졌을 때, Y의 조건부 기댓값은 주어진 x의 선형함수로 표현되는 것을 의미한다.

정리 2 회귀함수

$X=x$가 주어졌을 때, Y의 조건부 기댓값은 다음과 같다.

$$E(Y|X=x) = \mu_Y + \rho\frac{\sigma_Y}{\sigma_X}(x-\mu_X)$$

증명

연속확률변수 X와 Y에 대해 X와 Y의 결합확률밀도함수를 $f(x, y)$, X의 주변확률밀도함수를 $f_X(x)$ 그리고 $X=x$가 주어졌을 때, Y의 조건부 확률밀도함수를 $f(y|x)$라 하자. Y의 조건부 기댓값을 $E(Y|X=x) = ax+b$라 하면, $a = \rho\frac{\sigma_Y}{\sigma_X}$이고 $b = \mu_Y - \rho\frac{\sigma_Y}{\sigma_X}\mu_X$임을 보이면 된다. 이때 Y의 조건부 기댓값은 다음과 같다.

$$E(Y|X=x) = \int_{-\infty}^{\infty} yf(y|x)\,dy = ax+b$$

이 식의 양변에 $f_X(x)$를 곱하면 다음을 얻는다.

$$f_X(x)\int_{-\infty}^{\infty} yf(y|x)\,dy = (ax+b)f_X(x) = axf_X(x) + bf_X(x)$$

좌변에서 $f_X(x)$는 변수 y를 포함하지 않으므로 위 식의 좌변은 다음과 같다.

$$\int_{-\infty}^{\infty} yf_X(x)f(y|x)\,dy = \int_{-\infty}^{\infty} yf(x, y)\,dy$$

즉, 다음 관계식을 얻는다.

$$\int_{-\infty}^{\infty} yf(x, y)\,dy = axf_X(x) + bf_X(x) \tag{1}$$

이 식의 양변을 x에 관해 적분하면 다음과 같다.

$$\mu_Y = \int_{-\infty}^{\infty}\int_{-\infty}^{\infty} y f(x, y)\,dy\,dx = \int_{-\infty}^{\infty} [ax f_X(x) + b f_X(x)]\,dx$$

$$= a\int_{-\infty}^{\infty} x f_X(x)\,dx + b\int_{-\infty}^{\infty} f_X(x)\,dx$$

$$= a\mu_X + b$$

앞에서와 동일하게 식 (1)의 양변에 x를 곱하고 변수 x에 대해 적분하면 다음을 얻는다.

$$x\int_{-\infty}^{\infty} y f(x, y)\,dy = \int_{-\infty}^{\infty} xy f(x, y)\,dy = ax^2 f_X(x) + bx f_X(x)$$

$$E(XY) = \int_{-\infty}^{\infty}\int_{-\infty}^{\infty} xy f(x, y)\,dy\,dx = \int_{-\infty}^{\infty} [ax^2 f_X(x) + bx f_X(x)]\,dx$$

$$= a\int_{-\infty}^{\infty} x^2 f_X(x)\,dx + b\int_{-\infty}^{\infty} x f_X(x)\,dx$$

$$= aE(X^2) + b\mu_X$$

한편, $\sigma_X^2 = E(X^2) - \mu_X^2$이므로 $E(X^2) = \sigma_X^2 + \mu_X^2$이고 $Cov(X, Y) = E(XY) - \mu_X\mu_Y$이므로 $E(XY) = Cov(X, Y) + \mu_X\mu_Y$이다. 더욱이 $\rho = \dfrac{Cov(X, Y)}{\sigma_X\sigma_Y}$이므로 $Cov(X, Y) = \rho\sigma_X\sigma_Y$이고, 마지막 적분은 다음과 같이 표현된다.

$$\rho\sigma_X\sigma_Y + \mu_X\mu_Y = a(\sigma_X^2 + \mu_X^2) + b\mu_X \tag{2}$$

끝으로 식 (1)과 (2)를 a와 b에 관해 풀면 다음을 얻는다.

$$a = \rho\frac{\sigma_Y}{\sigma_X}, \quad b = \mu_Y - \rho\frac{\sigma_Y}{\sigma_X}\mu_X$$

따라서 증명이 완성된다. ■

이때 조건부 기댓값 $E(Y|X=x)$를 X에 대한 Y의 **회귀함수**regression function라 하며, 13장의 회귀분석에서 자세히 살펴본다.

예제 18

[예제 16]의 결합분포에 대해 X에 대한 Y의 회귀함수를 구하라.

풀이

[예제 16]에서 다음을 구했다.

$$\mu_X = \frac{1}{2},\ \mu_Y = 1,\ Var(X) = \frac{1}{4},\ Var(Y) = \frac{1}{2},\ \rho = \frac{1}{\sqrt{2}}$$

$\sigma_X = \frac{1}{2},\ \sigma_Y = \frac{1}{\sqrt{2}}$이므로 X에 대한 Y의 회귀함수는 다음과 같다.

$$E(Y|X=x) = 1 + \frac{1}{\sqrt{2}} \times \frac{1/\sqrt{2}}{1/2}\left(x - \frac{1}{2}\right) = 2x$$

연습문제

1. 확률변수 X의 표준편차가 σ_X이고 $Y = aX + b,\ a > 0$일 때 X와 Y의 상관계수를 구하라.

2. 가정에서 사용하는 원통형 배관 파이프의 내부 지름은 평균 28 mm, 표준편차 0.2 mm인 확률변수이고, 배관의 두께는 평균 3 mm, 표준편차 0.01 mm인 확률변수이다. 두 확률변수는 독립일 때, 이 배관의 바깥 지름에 대한 평균과 표준편차를 구하라.

3. 일반적으로 사용하는 벽돌의 길이는 평균 190 mm, 표준편차 1.5 mm인 확률변수이고, 두 벽돌 사이의 회반죽의 두께는 평균 12 mm, 표준편차 1 mm인 확률변수이다. 벽돌의 길이와 회반죽의 두께가 독립일 때, 벽돌 10장을 나란히 놓아서 만든 벽면의 길이에 대한 평균과 표준편차를 구하라.

4. 그림과 같이 한쪽 끝이 고정되고 다른 끝은 받쳐지지 않은 보(캔틸레버보)에 두 개의 무작위한 하중 X와 Y가 독립적으로 작용한다. 이때 고정된 벽면에서의 휨 모멘트 M과 전단력 Q는 다음과 같다.

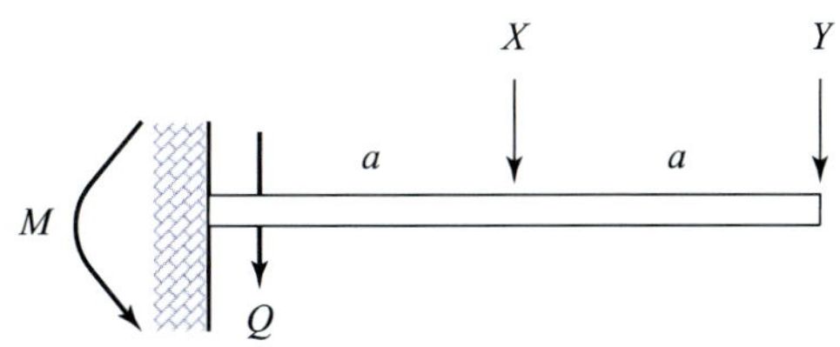

X와 Y의 평균과 분산이 각각 μ_X, σ_X^2과 μ_Y, σ_Y^2일 때, $M = aX + 2aY$, $Q = X + Y$에 대해 다음을 구하라.

(a) M과 Q의 공분산

(b) M과 Q의 상관계수

(c) $\sigma_X^2 = \sigma_Y^2 = 1$일 때, M과 Q의 공분산과 상관계수

5. 한 달 동안 인접한 두 도시 A와 B의 교통사고 건수를 조사한 결과, 각각의 교통사고 건수 X와 Y는 다음 결합확률함수를 갖는다.

$$f(x, y) = \frac{2^x 3^y}{x! y!} e^{-5}, \quad x = 0, 1, 2, \cdots, \; y = 0, 1, 2, \cdots$$

(a) X와 Y의 주변확률질량함수를 구하라.

(b) $Y = 2$일 때 X의 조건부 확률질량함수를 구하라.

(c) X와 Y가 독립인지 조사하라.

(d) 두 도시의 교통사고 건수가 각각 1을 초과하지 못할 확률을 구하라.

6. 어떤 제품의 결함 수(X)와 생산 라인(Y)의 결합확률이 다음과 같다.

Y \ X	0	1	2	3
1	$\frac{1}{16}$	$\frac{3}{16}$	$\frac{1}{4}$	$\frac{1}{8}$
2	$\frac{1}{16}$	$\frac{1}{16}$	$\frac{1}{8}$	$\frac{1}{8}$

(a) X와 Y의 주변확률질량함수를 구하라.

(b) X와 Y의 평균과 분산을 구하라.

(c) $P(X \le 1, Y < 2)$를 구하라.

(d) X와 Y가 독립인지 조사하라.

7. 어느 수치제어기가 하루 동안 오작동하는 횟수(X)와 기술자의 호출 횟수(Y)의 결합확률이 다음과 같다.

Y \ X	1	2	3	4
1	0.08	0.09	0.10	0.11
3	0.06	0.05	0.07	0.13
5	0.00	0.04	0.09	0.18

(a) X와 Y의 주변확률질량함수를 구하라.

(b) X와 Y의 평균과 표준편차를 구하라.

(c) $P(X \le 2,\ Y < 3)$을 구하라.

(d) $P(Y = 3 \mid X = 2)$를 구하라.

(e) X와 Y가 독립인지 조사하라.

8. 매일 인접한 두 도시 A와 B에서 발생하는 교통사고의 사고 발생 시간 X와 Y의 결합확률밀도함수는 다음과 같다.

$$f(x, y) = \begin{cases} ke^{-(x+2y)}, & x > 0,\ y > 0 \\ 0, & \text{다른 곳에서} \end{cases}$$

(a) 상수 k를 구하라.

(b) X와 Y의 주변확률밀도함수를 구하라.

(c) X와 Y의 결합분포함수를 구하라.

(d) X와 Y가 독립인지 조사하라.

(5) 확률 $P(X \le 1,\ Y \le 1)$을 구하라.

9. 20대 청년층의 혈액 속에 들어 있는 칼슘 양(X)과 콜레스테롤 양(Y)이 $8 \le x \le 10$, $120 \le y \le 240$에서 일정하게 분포한다(단, 단위는 mg/dl이다).

(a) X와 Y의 결합확률밀도함수를 구하라.

(b) X와 Y의 주변확률밀도함수를 구하라.

(c) X와 Y의 결합분포함수를 구하라.

(d) X와 Y가 독립인지 조사하라.

(e) $P(X \le 9)$, $P(Y \le 150)$, $P(X \le 9,\ Y \le 150)$을 구하라.

10. 어떤 기계장치는 두 부품 중 어느 하나가 고장 날 때까지 작동하며, 두 부품의 수명에 대한 결합확률밀도함수는 다음과 같다(단, 단위는 년이다).

$$f(x,\, y) = \begin{cases} \dfrac{x+y}{27}, & 0 < x < 3,\, 0 < y < 3 \\ 0 & , \text{다른 곳에서} \end{cases}$$

(a) X와 Y의 주변확률밀도함수를 구하라.

(b) X와 Y가 i.i.d 확률변수인지 조사하라.

(c) X와 Y의 평균과 분산을 구하라.

(d) 이 장치가 1시간 안에 작동이 멈출 확률을 구하라.

11. 두 지역의 지난 1년간 측정된 강우량을 각각 X와 Y라 할 때, 다음과 같은 결합밀도함수를 갖는다고 한다(단, 단위는 100 mm이다).

$$f(x,\, y) = \begin{cases} 4xy\,, & 0 \le x \le 1,\; 0 \le y \le 1 \\ 0 & , \text{다른 곳에서} \end{cases}$$

(a) X와 Y의 주변확률밀도함수를 구하라.

(b) X와 Y의 결합분포함수를 구하라.

(c) X와 Y의 평균과 분산을 구하라.

(d) $P(X+Y \le 1)$을 구하라.

12. 임의로 선택한 보에 가해지는 힘(X)의 확률밀도함수는 $f(x) = \dfrac{1}{\ln 4 - \ln 2}\dfrac{1}{x},\; 2 \le x \le 4$이다. x의 힘이 가해질 때, 이 보가 고장 날 때까지 걸리는 시간(Y)의 조건부 확률밀도함수는 $f(y|x) = xe^{-xy},\; y > 0$이다. 이때 X와 Y의 결합확률밀도함수와 Y의 주변확률밀도함수를 구하라(단, 단위는 N이다).

13. 생산한 제품의 무게(X)와 포장재의 무게(Y)에 대한 결합확률밀도함수가 다음과 같다(단, 단위는 kg이다).

$$f(x,\, y) = \begin{cases} 60x^2 y\,, & 0 < x < 1,\; 0 < y < 1,\; x+y < 1 \\ 0 & , \text{다른 곳에서} \end{cases}$$

(a) X와 Y의 주변확률밀도함수를 구하라.

(b) $X=x$일 때 Y의 조건부 확률밀도함수를 구하라.

(c) $P\left(Y \geq \frac{1}{3} \,\middle|\, X=\frac{1}{2}\right)$을 구하라.

(d) X와 Y의 평균과 분산을 구하라.

14. 어떤 측정기구의 길이와 두께의 측정 오차 X와 Y는 다음 확률밀도함수를 갖는다(단, 단위는 mm이다).

$$f(x,\,y)=\begin{cases}6xy^2\,, & 0<x<1,\ 0<y<1\\ 0 & ,\ \text{다른 곳에서}\end{cases}$$

(a) X와 Y의 주변확률밀도함수를 구하라.

(b) X와 Y의 결합분포함수를 구하라.

(c) X와 Y의 주변분포함수를 구하라.

(d) X와 Y가 독립인지 조사하라.

15. 항공기 뒤쪽의 오른쪽 타이어의 실제 공기압력(X)과 왼쪽 타이어의 실제 공기압력(Y)의 결합확률밀도함수가 다음과 같다(단, 단위는 100psi이다).

$$f(x,\,y)=\begin{cases}\frac{16}{25}(2x+3y)\,, & 1<x<\frac{3}{2},\ 1<y<\frac{3}{2}\\ 0 & ,\ \text{다른 곳에서}\end{cases}$$

(a) X와 Y의 주변확률밀도함수를 구하라.

(b) $X=x$일 때 Y의 조건부 확률밀도함수를 구하라.

(c) X와 Y가 독립인지 조사하라.

(d) $P(Y<X)$를 구하라.

16. 어떤 자극제의 반응 시간(X)과 반응 온도(Y)의 결합확률밀도함수가 다음과 같다(단, 시간과 온도의 단위는 각각 h와 °C이다).

$$f(x,\,y)=\begin{cases}kxy\,, & 0<x<1,\ 0<y<1\\ 0 & ,\ \text{다른 곳에서}\end{cases}$$

(a) 상수 k를 구하라.

(b) X와 Y의 주변확률밀도함수를 구하라.

(c) $X=x$일 때 Y의 조건부 확률밀도함수를 구하라.

(d) $P\left(\frac{1}{3} \le Y \le \frac{1}{2} \middle| X=\frac{1}{2}\right)$을 구하라.

(e) X와 Y가 독립인지 조사하라.

17. 두 부품으로 구성된 어떤 전자 시스템에서 각각의 수명 X와 Y는 다음 결합확률밀도함수를 갖는다(단, 단위는 년이다).

$$f(x, y) = \begin{cases} ke^{-x-y}, & x>0,\ y>0 \\ 0 & , \text{다른 곳에서} \end{cases}$$

(a) 상수 k를 구하라.

(b) X와 Y의 주변확률밀도함수를 구하라.

(c) $X=x$일 때 Y의 조건부 확률밀도함수를 구하라.

(d) $P(2 \le Y \le 3 | X=1)$을 구하라.

(e) X와 Y가 독립인지 조사하라.

18. 어떤 시험용 견본의 로크웰 경도 X와 마모 손실량 Y의 결합확률밀도함수가 다음과 같다(단, 경도와 손실량의 단위는 각각 kgf/mm^{2}과 mm^{3}이다).

$$f(x, y) = \begin{cases} x+y, & 0 \le x \le 1,\ 0 \le y \le 1 \\ 0 & , \text{다른 곳에서} \end{cases}$$

(a) X와 Y의 주변확률밀도함수를 구하라.

(b) X와 Y의 평균과 분산을 구하라.

(c) $P(X \le 0.5,\ Y \le 0.5)$를 구하라.

(d) X와 Y가 독립인지 조사하라.

19. 어떤 자동차에 사용되는 두 종류의 배터리 수명은 다음 결합밀도함수를 갖는다고 한다(단, 단위는 년이다).

$$f(x, y) = \begin{cases} 1.1e^{-(x+1.1y)}, & x>0,\ y>0 \\ 0 & , \text{다른 곳에서} \end{cases}$$

(a) X와 Y의 주변밀도함수를 구하라.

(b) X와 Y가 독립인지 조사하라.

(c) $P(X > 1.5,\ Y > 2)$를 구하라.

20. 어떤 종류의 강철로 만들어진 구조물에 대한 정적인 힘(X)과 결점지수(Y)의 결합확률밀도함수가 다음과 같다(단, 힘과 결점지수의 단위는 각각 kgf와 miller index이다).

$$f(x,\ y) = \begin{cases} \dfrac{3}{4}x\,, & 0 < y < 2-x,\ 0 < x < 2 \\ 0 & ,\ 다른\ 곳에서 \end{cases}$$

(a) X와 Y의 주변확률밀도함수를 구하라.

(b) X와 Y의 평균을 구하라.

(c) $X = 1$일 때, Y의 조건부 확률밀도함수를 구하라.

(d) $X = 1$일 때, Y의 조건부 평균과 조건부 분산을 구하라.

21. 피복 전선의 지름(X)과 전선을 제조하는 세라믹 형틀의 지름(Y)의 결합확률밀도함수가 다음과 같다(단, 전선과 형틀 지름의 단위는 모두 mm이다).

$$f(x,\ y) = \begin{cases} \dfrac{1}{y}\,, & 0 < x < y < 1 \\ 0 & ,\ 다른\ 곳에서 \end{cases}$$

(a) X와 Y의 주변확률밀도함수를 구하라.

(b) $X = x$일 때, Y의 조건부 확률밀도함수를 구하라.

(c) X와 Y가 독립인지 조사하라.

(d) $P(Y < 1 - X)$를 구하라.

22. 지리위치 시스템을 이용하여 콜센터에서 차례대로 두 대의 택시에 메시지를 보낸다. 초 단위로 기록되는 응답시간 X와 Y의 결합확률밀도함수가 다음과 같다.

$$f(x,\ y) = \begin{cases} e^{-y}, & 0 < x < y \\ 0 & ,\ 다른\ 곳에서 \end{cases}$$

(a) X와 Y의 주변확률밀도함수를 구하라.

(b) $X=x$일 때 Y의 조건부 확률밀도함수를 구하라.

(c) $P(Y<4|X=2)$를 구하라.

(d) $P(Y<4)$를 구하라.

(e) X와 Y가 독립인지 조사하라.

23. 정화장치의 가동 유무에 따라 화력 발전소 굴뚝에서 내뿜는 미립자 공기 오염을 측정한다. 정화장치를 가동하지 않을 때의 공기에 포함된 미립자의 양(X)과 정화장치를 가동할 때의 공기에 포함된 미립자의 양(Y)의 결합확률밀도함수는 다음과 같다(단, 두 미립자 양의 단위는 $\mu g/m^3$이다).

$$f(x, y)=\begin{cases} k, & 0<2y<x<10 \\ 0, & \text{다른 곳에서} \end{cases}$$

(a) 상수 k를 구하라.

(b) X와 Y의 주변확률밀도함수를 구하라.

(c) $Y=3$일 때, X의 조건부 확률밀도함수를 구하라.

(d) $Y=3$일 때, X의 조건부 평균과 조건부 분산을 구하라.

24. 어떤 기계에 사용되는 주요한 두 부품의 수명은 다음 결합확률밀도함수를 갖는다(단, 단위는 년이다).

$$f(x, y)=\begin{cases} xe^{-x(1+y)}, & x>0,\ y>0 \\ 0, & \text{다른 곳에서} \end{cases}$$

(a) Y의 주변확률밀도함수를 구하라.

(b) $Y=1$일 때 X의 조건부 확률밀도함수를 구하라.

(c) $Y=1$일 때 $X<1$인 확률을 구하라.

(d) $Y=1$일 때 X의 조건부 평균을 구하라.

25. 온도 변화량(X)과 어떤 원자가 방출하는 스펙트럼 변화율(Y)의 결합확률밀도함수가 다음과 같다(단, 온도와 스펙트럼 변화율의 단위는 °C와 Å/°C이다).

$$f(x, y)=\begin{cases} 80xy^2, & 0<x<2y<1 \\ 0, & \text{다른 곳에서} \end{cases}$$

(a) X와 Y의 주변확률밀도함수를 구하라.

(b) $X=x$일 때 Y의 조건부 확률밀도함수를 구하라.

(c) $X=\frac{1}{2}$일 때 스펙트럼 변화율이 $\frac{1}{3}$ 이하일 확률을 구하라.

(d) X와 Y의 평균과 분산을 구하라.

26. 두 저수지 A, B의 하루 수위 X와 Y에 대한 결합확률밀도함수가 다음과 같다(단, 두 수위의 단위는 m이다).

$$f(x, y)=\begin{cases}\frac{3}{2}(x^2+y^2), & 0\le x\le 1,\ 0\le y\le 1\\ 0 & , \text{다른 곳에서}\end{cases}$$

(a) 저수지 A의 수위에 대한 주변확률밀도함수를 구하라.

(b) 저수지 A의 수위가 1/2일 때, 저수지 B의 수위에 대한 조건부 확률밀도함수를 구하라.

(c) 저수지 A의 수위가 1/2일 때, 저수지 B의 수위가 1/2 이상일 확률을 구하라.

(d) X와 Y가 독립인지 조사하라.

(e) 두 저수지 사이의 상관계수를 구하라.

27. 화학물질 배치에서 세 종류의 수분 함량(X)과 불순물의 정도(Y)에 대해 다음 분포가 성립한다(단, 불순물 정도의 단위는 g/m^3이다).

X	1	2	3
$P(X=x)$	0.2	0.3	0.5

Y \ $X=x$	$f(y\|x=1)$	$f(y\|x=2)$	$f(y\|x=3)$
1	0.6	0.3	0.1
2	0.4	0.7	0.9

(a) X와 Y의 결합확률표를 작성하라.

(b) X와 Y의 평균을 구하라.

(c) X와 Y의 분산을 구하라.

(d) X와 Y의 상관계수를 구하라.

(e) X에 대한 Y의 회귀함수를 구하라.

28. 자동차 검사소에 들어온 자동차의 마모된 타이어의 수(X)와 불량인 헤드라이트의 수(Y)에 대해 다음 분포가 성립한다.

Y	0	1	2
$f_Y(y)$	0.5	0.3	0.2

$f(x\|y)$ \ X	0	1	2	3
$f(x\|y=0)$	0.43	0.30	0.18	0.09
$f(x\|y=1)$	0.51	0.27	0.16	0.06
$f(x\|y=2)$	0.32	0.33	0.20	0.15

(a) X와 Y의 결합확률표를 작성하라.

(b) 확률 $P(X \le 1,\ Y \le 1)$을 구하라.

(c) 확률 $P(X + Y \le 1)$을 구하라.

(d) $Y=1$일 때 X의 조건부 평균과 분산을 구하라.

(e) Y에 대한 X의 회귀함수를 구하라.

29. 어느 지역에서 발생하는 폭우에 의한 강수량(X, cm)과 유출량(Y, cft)의 결합확률이 다음과 같다.

Y \ X	10	15	20	25
10	0.08	0.09	0.10	0.11
20	0.06	0.05	0.07	0.13
30	0.00	0.04	0.09	0.18

(a) 폭우에 의한 강수량이 20 cm 이상이고 유출량이 20 cft 이상일 확률을 구하라.

(b) 폭우가 멈춘 후 우량계에 나타난 강수량이 15 cm일 때, 유출량이 20 cft 이상일 확률을 구하라.

(c) 강수량이 15 cm일 때, 유출량의 확률분포를 구하라.

(d) 강수량과 유출량 사이의 상관계수를 구하라.

(e) X에 대한 Y의 회귀함수를 구하라.

30. 어떤 기계를 구성하는 두 부품의 수명은 다음의 결합밀도함수를 갖는다(단, 단위는 년이다).

$$f(x, y) = \begin{cases} \dfrac{6}{125}(5-x-y), & 0 < x < 5-y < 5 \\ 0 & , \text{다른 곳에서} \end{cases}$$

(a) X와 Y의 주변확률밀도함수를 구하라.

(b) $X=2$일 때 Y의 조건부 확률밀도함수를 구하라.

(c) $X=2$일 때 Y의 조건부 평균과 조건부 분산을 구하라.

(d) X와 Y의 평균과 분산을 구하라.

(e) X와 Y의 공분산을 구하라.

(f) X와 Y의 상관계수를 구하라.

(g) X에 대한 Y의 회귀함수를 구하라.

CHAPTER 07

여러 가지 확률분포

7.1 이산확률분포

5.2절에서 이산확률분포에 대해 살펴봤다. 그러나 일부 확률분포에는 특수한 명칭이 붙어 있다. 이 절에서는 대표적인 이산확률분포인 이산균등분포, 초기하분포, 이항분포 그리고 기하분포와 음이항분포, 푸아송분포, 다항분포 등에 대한 특성과 응용 그리고 그들의 확률함수, 평균과 분산 등에 대하여 살펴본다.

■ 이산균등분포

가장 간단한 형태의 이산확률분포는 확률변수가 취할 수 있는 유한 개의 값들이 모두 동등한 확률을 가지는 경우이다. 예를 들어, 주사위를 한 번 던져서 나온 눈의 수를 확률변수 X라 하면, 이 확률변수가 취할 수 있는 값은 1, 2, 3, 4, 5, 6뿐이며 각 경우의 확률은 동일하게 $\frac{1}{6}$이다. 따라서 확률변수 X의 확률함수는 다음과 같다.

$$p(x) = P(X = x) = \frac{1}{6}, \quad x = 1, 2, 3, 4, 5, 6$$

이와 같이 확률변수 X가 취하는 값 $x_1, x_2, \cdots, x_n$에 대한 확률이 동등하게 $\frac{1}{n}$인 이산확률분포를

이산균등분포 discrete uniform distribution라 한다. 따라서 이 경우에 확률변수 X의 확률질량함수는 다음과 같다.

$$f(x) = \begin{cases} \dfrac{1}{n}, & x = x_1, x_2, \cdots, x_n \\ 0, & \text{다른 곳에서} \end{cases}$$

그러면 X의 확률질량함수의 그래프는 [그림 7.1]과 같다.

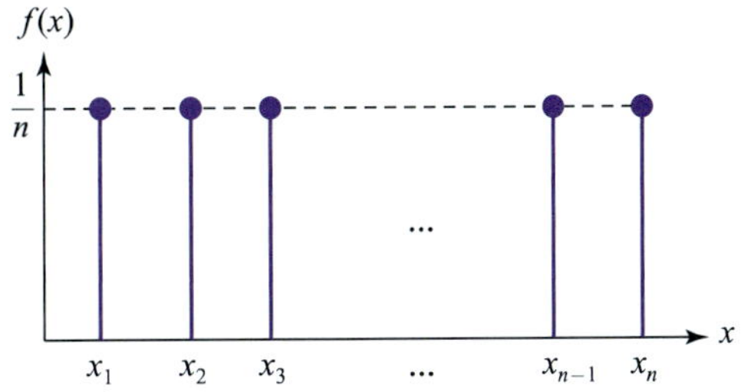

[그림 7.1] 이산균등분포

확률변수 X의 평균과 분산은 각각 다음과 같다.

❶ 평균 : $\mu = \dfrac{1}{n}\sum_{i=1}^{n} x_i$

❷ 분산 : $\sigma^2 = \dfrac{1}{n}\sum_{i=1}^{n} (x_i - \mu)^2$

예제 1

길이가 1 cm, 5 cm, 10 cm, 15 cm, 20 cm인 못이 각각 10개씩 들어 있는 상자에서 임의로 하나를 꺼낼 때, 선정된 못의 길이(X)에 대한 확률질량함수와 평균, 분산을 구하라.

풀이

확률변수 X의 상태공간은 $S_X = \{1, 5, 10, 15, 20\}$이고 각각이 선정될 확률은 $\dfrac{1}{5}$이므로 확률질량함수는 다음과 같다.

$$f(x) = \begin{cases} \dfrac{1}{5}, & x = 1, 5, 10, 15, 20 \\ 0, & \text{다른 곳에서} \end{cases}$$

- 평균 : $\mu = \dfrac{1}{5}(1 + 5 + 10 + 15 + 20) = \dfrac{51}{5} = 10.2$
- 분산 : $\sigma^2 = \dfrac{1}{5}\sum_{i=1}^{n}(x_i - 10.2)^2 = \dfrac{1}{5}(84.64 + 27.04 + 0.04 + 23.04 + 96.04) = \dfrac{230.8}{5} = 46.16$

특히 확률변수 X가 취하는 값이 1, 2, ⋯, n이고 각각의 확률이 동등하게 $\frac{1}{n}$인 이산균등분포를 $X \sim DU(n)$으로 나타내며, 다음을 얻는다.

❸ 확률질량함수: $f(x) = \begin{cases} \frac{1}{n}, & x = 1, 2, \cdots, n \\ 0, & \text{다른 곳에서} \end{cases}$

❹ 평균: $\mu = \frac{n+1}{2}$

❺ 분산: $\sigma^2 = \frac{n^2-1}{12}$ [12)]

■ 베르누이 분포

상품의 불량품과 양품, 스위치의 on과 off 등과 같이 오로지 두 가지의 서로 상반되는 결과를 갖는 통계적 실험을 생각하자. 이때 관심을 갖는 결과(성공)의 확률을 p라 하면, 그렇지 않은 결과(실패)의 확률은 $1-p$이다. 이와 같이 가능한 결과가 단지 두 가지인 확률 실험을 **베르누이 실험**[Bernoulli experiment]이라 한다. 이때 실험 결과가 성공이면 확률변수를 $X=1$, 실패이면 $X=0$이라 하면 확률질량함수는 다음과 같으며, X의 확률분포를 모수 p인 **베르누이 분포**[Bernoulli distribution]라 하고 $X \sim B(1, p)$로 나타낸다.

$$f(x) = \begin{cases} p^x (1-p)^{1-x}, & x = 0, 1 \\ 0, & \text{다른 곳에서} \end{cases}$$

모수 p인 베르누이 분포의 평균과 분산은 각각 다음과 같다.

❶ 평균: $\mu = p$

❷ 분산: $\sigma^2 = p(1-p)$

베르누이 실험을 독립적으로 반복하여 시행하는 것을 **베르누이 시행**[Bernoulli trial]이라 한다. n번째 시행 결과를 X_n이라 하면, n번째 결과가 성공일 때 $X_n = 1$이고 실패일 때 $X_n = 0$이다. 특히 베르누이 시행은 0과 1인 이진수에 의해 설명되는 컴퓨터 시스템을 비롯하여 동역학적 시스템을 비롯한 다양한 공학적 문제에 활용되고 있다.

---

12) $\sum_{x=1}^{n} x = \frac{n(n+1)}{2}$, $\sum_{x=1}^{n} x^2 = \frac{n(n+1)(2n+1)}{6}$을 이용한다.

■ 이항분포

성공률이 p인 베르누이 시행에서 확률변수 X를 다음과 같이 정의하자.

$$X = X_1 + X_2 + \cdots + X_n$$

모든 $i = 1, 2, \cdots, n$에 대해 i번째 시행 결과인 X_i가 취할 수 있는 값은 0 또는 1뿐이므로 X가 취할 수 있는 모든 값은 $0, 1, 2, \cdots, n$이다. 그리고 i번째 성공하면 $X_i = 1$, 실패하면 $X_i = 0$이므로 X는 매회 성공률이 p인 베르누이 시행에서 성공 횟수를 나타낸다. 이와 같이 매회 성공률이 p인 베르누이 시행을 n번 독립적으로 반복할 때, 성공 횟수 X의 확률분포를 모수 n, p인 **이항분포**binomial distribution라 하고 $X \sim B(n, p)$로 나타낸다.

예를 들어, 매회 성공률이 p인 베르누이 실험을 네 번 독립적으로 반복 시행한다고 하자. 이때 다음과 같이 정의되는 확률변수 X를 생각하자.

$$X = X_1 + X_2 + X_3 + X_4$$

그러면 모든 $n = 1, 2, 3, 4$에 대해 $P(X_n = 1) = p$, $P(X_n = 0) = 1 - p$이다. 따라서 성공(S)과 실패(F)에 대한 표본공간은 다음과 같다.

$$\begin{Bmatrix} \text{SSSS, SSSF, SSFS, SFSS, SSFF, SFSF, SFFS, SFFF,} \\ \text{FSSS, FSSF, FSFS, FFSS, FSFF, FFSF, FFFS, FFFF} \end{Bmatrix}$$

이때 각 사건에 대한 확률변수 X의 값과 각각의 사건에 대한 확률은 [표 7.1]과 같다.

[표 7.1] 각 사건에 대한 X의 값과 각각의 사건에 대한 확률

X	사건	각 경우의 확률
0	{FFFF}	$(1-p)^4$
1	{SFFF, FSFF, FFSF, FFFS}	$p(1-p)^3$
2	{SSFF, SFSF, SFFS, FSSF, FSFS, FFSS}	$p^2(1-p)^2$
3	{SSSF, SSFS, SFSS, FSSS}	$p^3(1-p)$
4	{SSSS}	p^4

확률변수 X가 취하는 값에 대한 경우의 수는 각각 다음과 같이 표현할 수 있다.

- $X = 0$인 경우: 1가지이며, 네 번의 시행에서 성공의 개수가 0이므로 ${}_4C_0 = 1$
- $X = 1$인 경우: 4가지이며, 네 번의 시행에서 성공의 개수가 1이므로 ${}_4C_1 = 4$

- $X=2$인 경우: 6가지이며, 네 번의 시행에서 성공의 개수가 2이므로 ${}_4C_2=6$
- $X=3$인 경우: 4가지이며, 네 번의 시행에서 성공의 개수가 3이므로 ${}_4C_3=4$
- $X=4$인 경우: 1가지이며, 네 번의 시행에서 성공의 개수가 4이므로 ${}_4C_4=1$

따라서 $0<p<1$에 대해 $q=1-p$라 하면 확률변수 X가 취하는 각각의 값에 대한 확률은 [표 7.2]와 같다.

[표 7.2] X의 값에 대한 확률표

X	0	1	2	3	4
$P(X=x)$	${}_4C_0\,p^0q^4$	${}_4C_1\,p^1q^3$	${}_4C_2\,p^2q^2$	${}_4C_3\,p^3q^1$	${}_4C_4\,p^4q^0$

확률 $P(X=2)$의 구조는 [그림 7.2]와 같다.

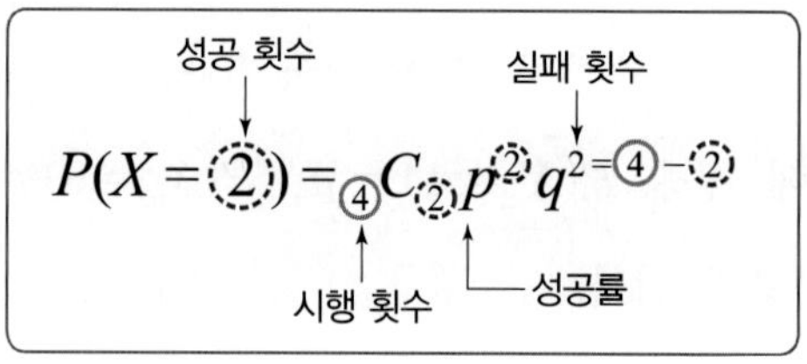

[그림 7.2] 확률함수의 구조

그러므로 [표 7.2]의 각 확률은 다음과 같이 표현할 수 있다.

$$P(X=x)={}_4C_x\,p^x(1-p)^{4-x},\ x=0,1,2,3,4$$

따라서 매회 성공률이 p인 베르누이 시행을 n번 반복할 때, 성공한 횟수인 확률변수 X의 확률질량함수는 다음과 같다.

$$f(x)=\begin{cases} {}_nC_x\,p^x q^{n-x}, & x=0,1,2,\cdots,n,\ q=1-p \\ 0 & ,\ \text{다른 곳에서} \end{cases}$$

이때 확률변수 X는 독립인 베르누이 확률변수 $X_i \sim B(1,p)$, $i=1,2,\cdots,n$에 대해 다음과 같이 정의된다.

$$X=X_1+X_2+\cdots+X_n$$

모수 n과 p인 이항분포의 평균과 분산은 다음과 같다.

❶ 평균: $\mu = np$

❷ 분산: $\sigma^2 = npq,\ q = 1-p$

예제 2

아스팔트 혼합물의 마샬 안정도는 500 이상을 요구하지만, 어느 업체에서 시공한 아스팔트가 이 기준에 미달일 확률이 $\frac{1}{5}$ 이다. 이 업체에서 시공한 아스팔트 표본 5개를 조사했을 때, 기준에 미달인 표본의 개수를 X라 하자.

(a) X의 확률질량함수를 구하라.

(b) 표본 중 정확히 2개가 미달일 확률을 구하라.

(c) 평균과 분산을 구하라.

풀이

(a) 각 표본은 독립이고 기준에 미달일 확률이 $\frac{1}{5}$ 이므로 X의 확률질량함수는 다음과 같다.

$$f(x) = \begin{cases} {}_5C_x \left(\frac{1}{5}\right)^x \left(\frac{4}{5}\right)^{5-x}, & x = 0, 1, 2, 3, 4, 5 \\ 0 & , \text{다른 곳에서} \end{cases}$$

(b) 표본 중 정확히 2개가 미달일 확률은 다음과 같다.

$$P(X=2) = f(2) = {}_5C_2 \left(\frac{1}{5}\right)^2 \left(\frac{4}{5}\right)^3 = \frac{(10)(4)^3}{5^5} = \frac{128}{625} = 0.2048$$

(c) 평균: $\mu = 5 \times \frac{1}{5} = 1$

분산: $\sigma^2 = 5 \times \frac{1}{5} \times \frac{4}{5} = \frac{4}{5}$

일반적으로 이항분포의 확률함수는 [그림 7.3]과 같다. [그림 7.3(a)]에서 p가 0에 가까울수록 이항분포는 왼쪽으로 치우치고 오른쪽으로 긴 꼬리 모양인 양의 비대칭형이 되는 반면, p가 1에 가까울수록 오른쪽으로 치우치고 왼쪽으로 긴 꼬리 모양인 음의 비대칭형이 된다. 그리고 $p = 0.5$이면 평균 $\mu = \frac{n}{2}$을 중심으로 좌우 대칭이다. 또한, [그림 7.3(b)]에서 $p = 0.4$일 때 n이 커질수록 오른쪽으로 이동하면서 이항분포는 종 모양인 대칭형에 가까워지는 것을 알 수 있다.

한편, $X \sim B(n, p)$에 대해 누적확률 $P(X \le x)$를 **누적이항확률**cumulative binomial probability이라 하며, a, $b = 0, 1, 2, \cdots, n$에 대해 다음이 성립한다.

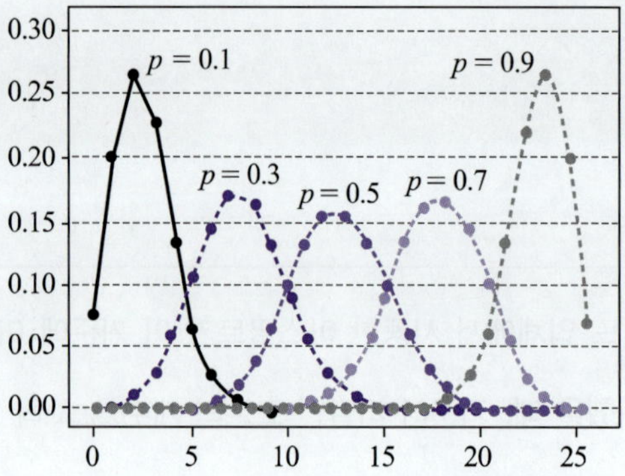

(a) $n=25$, $p=0.1, 0.3, 0.5, 0.7, 0.9$인 경우

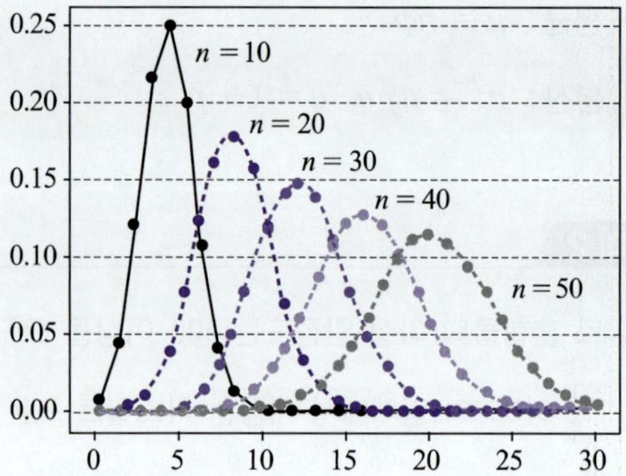

(b) $p=0.4$, $n=10, 20, 30, 40, 50$인 경우

[그림 7.3] n과 p에 따른 이항분포 비교

- $P(X=a)=P(X\le a)-P(X\le a-1)$
- $P(a<X\le b)=P(X\le b)-P(X\le a)$
- $P(a<X<b)=P(X\le b-1)-P(X\le a)$
- $P(X>a)=1-P(X\le a)$
- $P(X\ge a)=1-P(X\le a-1)$

[부록 ❶]에 제시된 이항분포에 대한 누적확률표를 이용하면 확률을 쉽게 얻을 수 있다. $X\sim B(10, 0.3)$에 대해 이항누적분포표를 이용하여 확률 $P(X\le 4)$를 다음과 같이 구한다.

시행 횟수 성공 횟수 성공률 $P(X\le 4)$

		p								
n	**x**	**0.05**	**0.10**	**0.15**	**0.20**	**0.25**	**0.30**	**0.35**	**0.40**	**0.45**
10	**0**	0.5987	0.3487	0.1969	0.1074	0.0563	0.0282	0.0135	0.0060	0.0025
	1	0.9139	0.7361	0.5443	0.3758	0.2440	0.1493	0.0860	0.0464	0.0233
	2	0.9885	0.9298	0.8202	0.6778	0.5256	0.3828	0.2616	0.1673	0.0996
	3	0.9990	0.9872	0.9500	0.8791	0.7759	0.6496	0.5138	0.3823	0.2660
	4	0.9999	0.9984	0.9901	0.9672	0.9219	0.8497	0.7515	0.6331	0.5044
	5	1.0000	0.9999	0.9986	0.9936	0.9803	0.9527	0.9051	0.8338	0.7384
	6	1.0000	1.0000	0.9999	0.9991	0.9965	0.9894	0.9740	0.9452	0.8980
	7	1.0000	1.0000	1.0000	0.9999	0.9996	0.9984	0.9952	0.9877	0.9726
	8	1.0000	1.0000	1.0000	1.0000	1.0000	0.9999	0.9995	0.9983	0.9893
	9	1.0000	1.0000	1.0000	1.0000	1.0000	1.0000	1.0000	0.9999	0.9997
	10	1.0000	1.0000	1.0000	1.0000	1.0000	1.0000	1.0000	1.0000	1.0000

[그림 7.4] 이항누적분포표

① n이 10인 표에서 x가 4인 부분에 수평선을 긋는다.

② 상단에서 p가 0.3인 부분에 수직선을 긋는다.

③ 수평선과 수직선이 만나는 위치의 수 0.8497이 $P(X \le 4)$이다.

예제 3

[예제 2]의 확률변수 X에 대해 다음 확률을 구하라.

(a) $P(X=2)$ (b) $P(X \ge 2)$ (c) $P(1 \le X \le 3)$

풀이

$X \sim B(5, 0.2)$이므로 이항누적분포표로부터 다음 확률을 얻는다.

(a) $P(X=2) = P(X \le 2) - P(X \le 1) = 0.9421 - 0.7373 = 0.2048$

(b) $P(X \ge 2) = 1 - P(X \le 1) = 1 - 0.7373 = 0.2627$

(c) $P(1 \le X \le 3) = P(X \le 3) - P(X \le 0) = 0.9933 - 0.3277 = 0.6656$

X, Y가 독립이고 $X \sim B(n, p)$, $Y \sim B(m, p)$이면 $X+Y \sim B(n+m, p)$이다. 즉, 성공률이 동일하고 시행 횟수가 다른 두 이항확률변수의 합 역시 이항분포를 이루며, 시행 횟수는 각 시행 횟수의 합이고 성공률은 동일하다.

예제 4

두 생산 라인 A와 B에서 생산한 제품의 불량률은 동일하게 0.05라 한다. 두 생산 라인 A와 B에서 각각 제품 4개와 6개를 임의로 선정했을 때, 다음을 구하라.

(a) 생산 라인 A에서 선정한 제품 중 불량품이 2개 포함될 확률

(b) 생산 라인 B에서 선정한 제품 중 불량품이 2개 포함될 확률

(c) 선정한 전체 제품 중 불량품이 2개 포함될 확률

풀이

생산 라인 A와 B에서 선정한 제품 중에서 불량품의 수를 각각 X, Y라 하면 $X \sim B(4, 0.05)$, $Y \sim B(6, 0.05)$, $X+Y \sim B(10, 0.05)$이므로 다음 확률을 얻는다.

(a) $P(X=2) = P(X \le 2) - P(X \le 1) = 0.9995 - 0.9860 = 0.0135$

(b) $P(Y=2) = P(Y \le 2) - P(Y \le 1) = 0.9978 - 0.9672 = 0.0306$

(c) $P(X+Y=2) = P(X+Y \le 2) - P(X+Y \le 1) = 0.9885 - 0.9139 = 0.0746$

■ 초기하분포

이항분포는 매 시행에서 성공률이 p이고 각 시행은 독립적으로 이루어지는 복원추출에 관한 확률 모형이다. 이와 유사하지만 매 시행마다 성공률이 달라지고 각 시행이 독립적이지 않은 비복원추출에 관한 확률 모형을 설명하기 위해 초기하분포를 사용한다. 이러한 초기하분포는 표본 검수, 전기시험, 품질 보증을 비롯한 다양한 영역에 적용되며, 다음 세 가지 성질을 갖는다.

① 모집단은 크기 N인 유한모집단이다.

② 모집단의 각 대상은 성공(S)과 실패(F)로 구성되며, 성공의 개수는 M이고 실패의 개수는 $N-M$이다.

③ 모집단으로부터 비복원추출에 의해 크기 n인 표본을 선정한다.

[그림 7.5]와 같이 크기 n인 표본 안에 포함된 성공 횟수 X에 대한 확률분포를 모수 N, M, n인 **초기하분포** hypergeometric distribution 라 하고 $X \sim H(N, M, n)$으로 나타낸다.

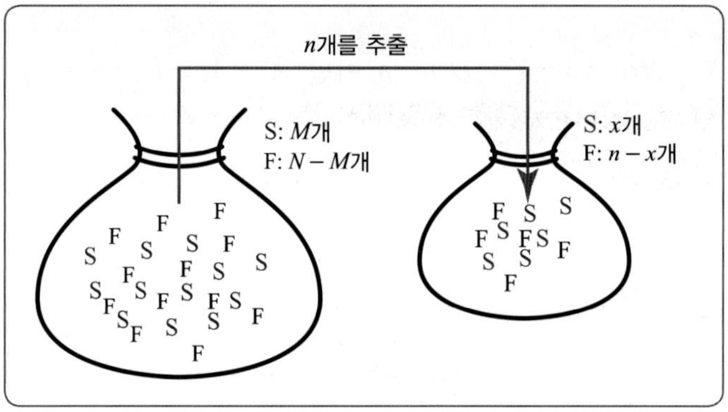

[그림 7.5] 비복원추출 표본

성공 M개와 실패 $N-M$개로 구성된 모집단에서 크기 n인 표본을 선택하는 경우의 수는 ${}_N C_n$이고, 표본 중에서 성공의 수가 x이면 실패의 수는 $n-x$이다. 그리고 M개의 성공 중에서 x개를 취하는 경우의 수는 ${}_M C_x$이고, 이러한 성공의 각각에 대해 $N-M$개의 실패 중 $n-x$개를 취하는 경우의 수는 ${}_{N-M} C_{n-x}$이다. 따라서 크기 n인 표본에 포함된 성공 횟수를 확률변수 X라 하면 다음 확률을 얻는다.

$$P(X=x) = \frac{{}_M C_x \, {}_{N-M} C_{n-x}}{{}_N C_n}$$

이때 표본 안에 포함된 성공 횟수 x는 다음과 같다.

$$\max(0,\ n+M-N) \le x \le \min(n,\ M)$$

따라서 확률변수 X의 확률질량함수는 다음과 같다.

$$f(x)=\begin{cases} \dfrac{{}_M C_x \ {}_{N-M} C_{n-x}}{{}_N C_n}, & \max(0,\ n+M-N) \le x \le \min(n,\ M) \\ 0 & ,\ \text{다른 곳에서} \end{cases}$$

보편적으로 $x=0,\ 1,\ 2,\ \cdots,\ n$인 경우를 많이 사용하며, 이 경우에 $X\sim H(N,\ M,\ n)$의 평균과 분산은 각각 다음과 같다.

❶ 평균 : $\mu = n\dfrac{M}{N}$

❷ 분산 : $\sigma^2 = n\dfrac{M}{N}\left(1-\dfrac{M}{N}\right)\left(\dfrac{N-n}{N-1}\right)$

예제 5

어느 지역의 토양 오염 정도를 조사하기 위해 크기 10인 표본을 추출했으며, 이 안에는 오염 정도가 심각한 표본 4개가 포함된 것으로 추정한다. 표본 중 3개를 임의로 선정할 때, 다음을 구하라.

(a) 오염 정도가 심각한 표본의 개수에 대한 확률질량함수

(b) 오염 정도가 심각한 표본의 개수에 대한 평균과 표준편차

(c) 오염 정도가 심각한 표본이 2개 포함될 확률

풀이

(a) 오염 정도가 심각한 토양의 개수를 X라 하면 $X\sim H(10,\ 4,\ 3)$이므로 확률질량함수는 다음과 같다.

$$f(x)=\begin{cases} \dfrac{{}_4 C_x \ {}_6 C_{3-x}}{{}_{10} C_3}, & x=0,\ 1,\ 2,\ 3 \\ 0 & ,\ \text{다른 곳에서} \end{cases}$$

(b) $N=10,\ M=4,\ n=3$이므로 평균과 분산은 각각 다음과 같다.

- 평균 : $\mu = 3\times\dfrac{4}{10} = 1.2$
- 분산 : $\sigma^2 = 3\times\dfrac{4}{10}\left(1-\dfrac{4}{10}\right)\left(\dfrac{10-3}{10-1}\right) = \dfrac{14}{25} = 0.56$
- 표준편차 : $\sigma = \sqrt{0.56} \approx 0.748$

(c) $P(X=2)=f(2)=\dfrac{{}_4C_2\times{}_6C_1}{{}_{10}C_3}=\dfrac{6\times 6}{120}=\dfrac{3}{10}$

[그림 7.6]은 세 종류의 초기하분포에 따르는 확률함수를 보여 준다. 이 그림에서 모집단의 성공률이 $\dfrac{M}{N}<0.5$이면 왼쪽으로 치우치고 오른쪽으로 긴 꼬리 모양인 양의 비대칭형이고, $\dfrac{M}{N}>0.5$이면 오른쪽으로 치우치고 왼쪽으로 긴 꼬리 모양인 음의 비대칭형이며, $\dfrac{M}{N}=0.5$이면 대칭형으로 나타나는 것을 알 수 있다.

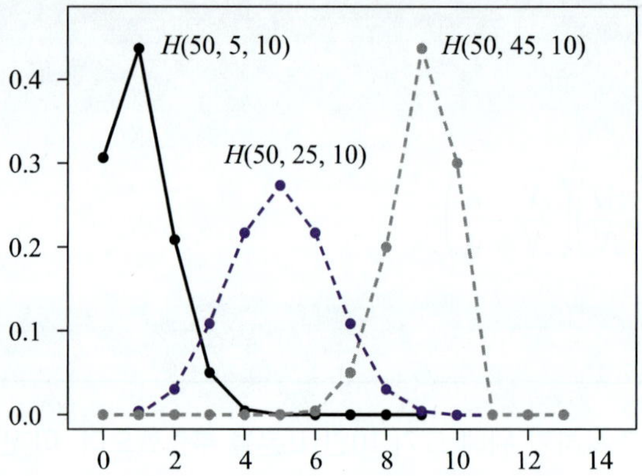

[그림 7.6] 초기하분포의 확률함수 비교

특히 모집단에서 성공률 $\dfrac{M}{N}=p$가 일정하고 N이 충분히 크다면, 즉 $N\to\infty$이면 $\dfrac{N-n}{N-1}\approx 1$이므로 평균은 $\mu=np$, 분산은 $\sigma^2\approx np(1-p)$이다. 따라서 모집단의 크기 N이 충분히 큰 초기하분포는 평균이 $\mu=np$이고 분산이 $\sigma^2=np(1-p)$인 이항분포에 근사하는 것을 알 수 있다. 이때 $\dfrac{N-n}{N-1}$을 **유한모집단 수정요소**finite population correction factor라 한다.

예제 6

불량품 5개가 포함되어 있는 100개의 집적회로가 들어 있는 상자에서 임의로 4개를 선정한다.

(a) 선정된 불량품 수에 대한 확률질량함수를 구하라.

(b) 불량품 2개가 포함될 확률을 구하라.

(c) 이항분포를 이용하여 불량품 2개가 포함될 근사확률을 구하라.

풀이

(a) 선정된 불량품 수를 X라 하면 $X\sim H(100,\,5,\,4)$이므로 확률질량함수는 다음과 같다.

$$f(x) = \frac{{}_5C_x \times {}_{95}C_{4-x}}{{}_{100}C_4}, \quad x = 0, 1, 2, 3, 4$$

(b) $P(X=2) = f(2) = \dfrac{{}_5C_2 \times {}_{95}C_2}{{}_{100}C_4} = \dfrac{1786}{156849} = 0.01139$

(c) $N = 100$, $M = 5$이므로 X는 이항분포 $B(4, 0.05)$에 근사한다. 그러므로 이항누적분포표를 이용한 근사확률은 다음과 같다.

$$P(X=2) = P(X \le 2) - P(X \le 1) = 0.9995 - 0.9860 = 0.0135$$

지금까지 모집단이 두 개의 상반되는 대상으로 구성된 초기하분포를 살펴봤으나, 여러 개의 대상을 구성하는 모집단으로 확대할 수 있다. 모집단이 서로 다른 특성을 갖는 대상 $A_1, A_2, \cdots, A_k$로 구성되며, 각 대상의 개수가 각각 $M_1, M_2, \cdots, M_k$, $M_1 + M_2 + \cdots + M_k = N$이라 하자. 이제 이 모집단으로부터 크기 n인 표본을 선정할 때, 모집단을 구성하는 대상 $A_1, A_2, \cdots, A_k$가 각각 $x_1, x_2, \cdots, x_k (x_1 + x_2 + \cdots + x_k = n)$개씩 포함되는 경우의 수는 곱의 법칙에 의해 다음과 같다.

$${}_{M_1}C_{x_1}\ {}_{M_2}C_{x_2} \cdots\ {}_{M_k}C_{x_k}$$

이때 선정된 표본 안에 포함된 $A_1, A_2, \cdots, A_k$의 개수를 각각 $X_1, X_2, \cdots, X_k$라 하자. 그러면 이 확률변수들의 결합확률질량함수는 다음과 같으며, 이 확률분포를 **다변량 초기하분포**multivariate hypergeometric distribution라 한다.

$$f(x_1, x_2, \cdots, x_n) = \frac{{}_{M_1}C_{x_1}\ {}_{M_2}C_{x_2} \cdots\ {}_{M_k}C_{x_k}}{{}_NC_n}, \quad \begin{array}{l} x_1 + x_2 + \cdots + x_k = n \\ 0 \le x_j \le M_j,\ j = 1, 2, \cdots, k \end{array}$$

예제 7

어느 지역의 토양 오염 정도를 조사하기 위하여 크기 10인 표본을 추출했으며, 이 안에는 오염 정도가 매우 심각한 표본, 심각한 표본, 약한 표본, 오염되지 않은 표본이 각각 1개, 3개, 4개, 2개씩 포함되어 있다. 표본 중 4개를 임의로 선정할 때, 다음을 구하라.

(a) 오염 정도에 대한 표본의 개수에 대한 결합확률질량함수

(b) 표본에 포함된 오염 정도가 매우 심각하거나 심각한 토양의 개수에 대한 확률질량함수

(c) 오염 정도가 심각한 표본, 약한 표본, 오염되지 않은 표본이 각각 1개, 1개, 2개씩 포함될 확률

(d) 표본에 오염 정도가 매우 심각하거나 심각한 표본이 2개 포함될 확률

풀이

(a) 오염 정도가 매우 심각한 표본, 심각한 표본, 약한 표본, 오염되지 않은 표본의 개수를 각각 X_1, X_2, X_3, X_4라 하면 결합확률질량함수는 다음과 같다.

$$f(x_1, x_2, x_3, x_n) = \frac{{}_1C_{x_1}\,{}_3C_{x_2}\,{}_4C_{x_3}\,{}_2C_{x_4}}{{}_{10}C_4},$$

$$x_1 + x_2 + x_3 + x_4 = 4,\ x_1 = 0, 1,\ x_2 = 0, 1, 2, 3,\ x_3 = 0, 1, 2, 3, 4,\ x_4 = 0, 1, 2$$

(b) 매우 심각하거나 심각한 표본의 개수를 X라 하면 $X \sim H(10, 4, 4)$이므로 확률질량함수는 다음과 같다.

$$g(x) = \frac{{}_4C_x\,{}_6C_{4-x}}{{}_{10}C_4},\ x = 0, 1, 2, 3, 4$$

(c) $P(X_1 = 0, X_2 = 1, X_3 = 1, X_4 = 2) = f(0, 1, 1, 2) = \dfrac{{}_1C_0\,{}_3C_1\,{}_4C_1\,{}_2C_2}{{}_{10}C_4} = \dfrac{2}{35}$

(d) $P(X = 2) = g(2) = \dfrac{{}_4C_2\,{}_6C_2}{{}_{10}C_4} = \dfrac{2}{7}$

■ 푸아송분포

다음과 같이 일정한 단위 시간이나 단위 면적 또는 단위 공간에서 특정한 사건이 발생하는 횟수에 관한 확률 모형은 푸아송분포를 사용한다.

- 단위 시간 동안 계수기를 지나는 방사능 입자의 수
- 한 달 동안 교차로에서 발생한 교통사고 건수
- 송유관 100 m당 균열의 수
- 음료수 1 mm^3 당 박테리아 수
- 하루 동안 항구에 도착한 유조선의 수
- 한 묶음의 반도체 안에 포함된 불량품의 수

이항분포 $X \sim B(n, p)$에 대해 $m = np$가 일정하면 확률 $P(X = x)$는 다음과 같다.

$$P(X = x) = {}_nC_x p^x (1-p)^{n-x} = \frac{n!}{x!(n-x)!}\left(\frac{m}{n}\right)^x \left(1 - \frac{m}{n}\right)^{n-x}$$

$$= \frac{m^x}{x!} \times \frac{n(n-1)\cdots(n-x+1)}{n^x} \times \left[\left(1 - \frac{m}{n}\right)^{-\frac{n}{m}}\right]^{-m} \times \left(1 - \frac{m}{n}\right)^{-x}$$

이때 m이 고정된 상수이므로 $n \to \infty$이면 다음을 얻는다.

- $\dfrac{n(n-1)\cdots(n-x+1)}{n^x} = 1 \times \left(1 - \dfrac{1}{n}\right) \times \cdots \times \left(1 - \dfrac{x-1}{n}\right) \to 1$이다.
- $\left[\left(1 - \dfrac{m}{n}\right)^{-\frac{n}{m}}\right]^{-m} \to e^{-m}$이고 $\left(1 - \dfrac{m}{n}\right)^{-x} \to 1$이다.

따라서 $P(X=x)$는 다음 극한을 갖는다.

$$\lim_{n \to \infty} P(X=x) = \frac{m^x}{x!} e^{-m}, \ x = 0, 1, 2, \cdots, \ m > 0$$

이와 같은 이항분포의 극한분포를 모수 m인 **푸아송분포**Poisson distribution라 하고, $X \sim P(m)$으로 나타낸다. 즉, 모수 m인 푸아송분포를 따르는 확률변수 X의 확률질량함수는 다음과 같다.

$$f(x) = \frac{m^x}{x!} e^{-m}, \ x = 0, 1, 2, \cdots$$

특히 $m = np$가 일정하므로 n이 커질수록 확률 p는 작아진다. 따라서 n이 충분히 크고 p가 작은 이항분포의 확률을 근사적으로 구하기 위해 모수 $m = np$인 푸아송분포를 사용할 수 있다. 이때 이항분포 $B(n, p)$에서 평균은 $\mu = np = m$이고 m이 일정한 수이므로 $n \to \infty$이면 분산은 다음과 같다.

$$\sigma^2 = np(1-p) = n\frac{m}{n}\left(1 - \frac{m}{n}\right) = m\left(1 - \frac{m}{n}\right) \to m$$

따라서 푸아송분포의 모수가 m이므로 푸아송분포의 평균과 분산은 각각 다음과 같다.

❶ **평균**: $\mu = m$

❷ **분산**: $\sigma^2 = m$

일반적으로 푸아송분포의 확률함수는 [그림 7.7]과 같으며, μ가 작을수록 푸아송분포는 왼쪽으로 치우치고 오른쪽으로 긴 꼬리 모양인 양의 비대칭형이지만 μ가 커질수록 종 모양의 대칭형으로 나타난다.

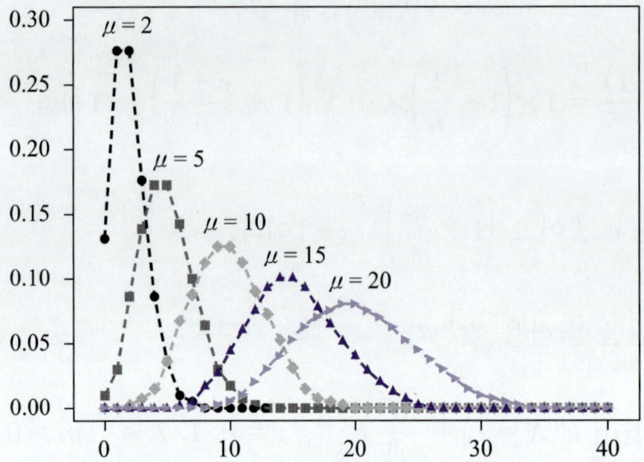

[그림 7.7] 평균에 따른 푸아송 확률함수

예제 8

1000분의 1초 동안 푸아송분포에 따라 평균적으로 4개의 방사능 입자가 계수관을 통과할 때, 다음을 구하라.

(a) 계수관을 통과하는 방사능 입자 수에 대한 확률질량함수

(b) 이 시간 동안 3개 이상의 입자가 계수관을 통과할 확률

(c) 이 시간 동안 정확히 입자 하나가 통과할 확률

풀이

(a) 계수관을 통과하는 방사능 입자 수를 X라 하면, X는 평균 4인 푸아송분포에 따르므로 확률질량함수는 다음과 같다.

$$f(x) = \frac{4^x e^{-4}}{x!}, \ x = 0, 1, 2, \cdots$$

(b) $P(X \geq 3) = 1 - P(X \leq 2) = 1 - f(0) - f(1) - f(2)$

$$= 1 - \frac{4^0 e^{-4}}{0!} - \frac{4^1 e^{-4}}{1!} - \frac{4^2 e^{-4}}{2!} = 1 - 13e^{-4} \approx 0.7619$$

(c) $P(X = 1) = f(1) = \dfrac{4^1 e^{-4}}{1!} = 4e^{-4} \approx 0.0733$

[예제 8]에서 확률을 구할 때, $e^{-4} \approx 0.0183$을 처리하는 번거로움이 있다. 이러한 번거로움을 피하기 위해 특별한 평균 μ에 대한 누적푸아송분포표 [부록 ❷]를 이용하면 편리하다. 예를 들어, [예제 8]의 $\mu = 4$인 푸아송분포에서 확률 $P(X \leq 2)$는 [그림 7.8]과 같은 누적푸아송분포표에서 다음과 같이 구한다.

① x가 2인 부분에 수평선을 긋는다.

② 상단에서 μ가 4인 부분에 수직선을 긋는다.

③ 수평선과 수직선이 만나는 위치의 수 0.238이 $P(X \le 2)$이다.

발생 횟수 $P(X \le 2)$ 평균

	μ								
x	**3.4**	**3.6**	**3.8**	**4.0**	**4.2**	**4.4**	**4.6**	**4.8**	**5.0**
0	0.033	0.027	0.022	0.018	0.015	0.012	0.010	0.008	0.007
1	0.147	0.126	0.107	0.092	0.078	0.066	0.056	0.048	0.040
2	0.340	0.303	0.269	0.238	0.210	0.185	0.163	0.143	0.125
3	0.558	0.515	0.473	0.433	0.395	0.359	0.326	0.294	0.265
4	0.744	0.706	0.668	0.629	0.590	.0551	0.513	0.476	0.440
5	0.871	0.844	0.816	0.785	0.753	0.720	0.686	0.651	0.616
6	0.942	0.927	0.909	0.899	0.867	0.844	0.818	0.791	0.762

[그림 7.8] 누적푸아송분포표

이 표를 이용하여 [예제 8]의 확률을 구하면 각각 다음과 같다.

$$P(X \ge 3) = 1 - P(X \le 2) = 1 - 0.238 = 0.762$$

$$P(X = 1) = P(X \le 1) - P(X \le 0) = 0.092 - 0.018 = 0.074$$

한편, 독립인 두 확률변수 X, Y가 각각 모수 μ, λ인 푸아송분포를 따른다면 $X + Y \sim P(\mu + \lambda)$가 성립한다.

예제 9

독립인 두 푸아송 확률변수 $X \sim P(0.6)$, $Y \sim P(1.4)$에 대해 다음 확률을 구하라.

(a) $P(X \ge 2)$ (b) $P(2 \le Y \le 5)$ (c) $P(2 \le X + Y \le 5)$

풀이

(a) $P(X \ge 2) = 1 - P(X \le 1) = 1 - 0.878 = 0.122$

(b) $P(2 \le Y \le 5) = P(Y \le 5) - P(Y \le 1) = 0.997 - 0.592 = 0.405$

(c) $X \sim P(0.6)$, $Y \sim P(1.4)$이면 $X + Y \sim P(2)$이므로

$P(2 \le X + Y \le 5) = P(X + Y \le 5) - P(X + Y \le 1) = 0.983 - 0.406 = 0.577$

푸아송분포에 따라 어떤 특정한 사건이 계속하여 발생하는 확률 모형을 생각하자. 이 확률 모형은 다음 네 가지 성질을 갖는다.

❶ 단위 시간(영역)에서 발생한 사건의 수는 다른 시간에 발생한 사건의 수와 독립이다.

❷ 서로 다른 시간이라 하더라도 동일한 시간 간격(영역)에서 사건이 발생할 확률은 동일하다.

❸ 매우 짧은 시간 간격(작은 영역)에서 사건이 한 번 발생할 확률은 시간 간격의 길이(영역의 크기)에 비례한다.

❹ 매우 짧은 시간 간격(작은 영역)에서 사건이 두 번 이상 발생할 확률은 거의 0이다.

사건들이 임의의 시점에서 발생하고, 시간 구간 $[0, t]$에서 발생한 사건의 수를 $N(t)$라 하자. 그러면 사건이 발생하는 비율 $\lambda(\lambda > 0)$에 대해 성질 ❸과 ❹는 다음과 같이 표현할 수 있다.

$$\lim_{h \to 0} \frac{P(N(h) = 1)}{h} = \lambda, \quad \lim_{h \to 0} \frac{P(N(h) \geq 2)}{h} = 0$$

또한, 성질 ❶은 시간 구간 $(t, t+s]$에서 발생한 사건의 수 $N(t+s) - N(t)$는 $[0, t]$에서 발생한 사건의 수 $N(t)$와 독립인 것을 나타낸다. 성질 ❷는 서로 다른 두 시간 구간 $(t, t+s]$와 $(t_1, t_1+s]$에서 k개의 사건이 발생할 확률은 다음과 같이 동일함을 나타낸다.

$$P[N(t+s) - N(t) = k] = P[N(t_1+s) - N(t_1) = k]$$

특히 최초 관찰 시점에서는 사건이 발생하지 않는다. 즉, $N(0) = 0$이다. 이러한 성질을 만족하면서 $[0, t]$에서 발생한 사건의 수 $N(t)$에 대한 $\{N(t) | t > 0\}$을 비율 λ인 **푸아송과정**Poisson Process이라 한다. 그러면 시간 구간 $[0, t]$에서 발생한 사건의 수 $N(t)$에 대해 다음이 성립한다.

- $P[N(t) = 0] = e^{-\lambda t}$
- $P[N(t) = k] = \dfrac{(\lambda t)^k}{k!} e^{-\lambda t}, \ k = 1, 2, 3, \cdots$
- $t > 0$에 대해 $E[N(t)] = \lambda t, \ Var[N(t)] = \lambda t$

예제 10

시간당 $\lambda = 2$ 인 푸아송과정에 따라 컴퓨터 시스템에 신호가 들어온다고 할 때, 다음 확률을 구하라.

$$P[N(1.5) = 3, \ N(3) = 5, \ N(4) = 7]$$

풀이

사건 $[N(1.5)=3,\ N(3)=5,\ N(4)=7]$은 그림과 같이 처음 1.5시간 동안 신호가 3개, 처음 3시간 동안 5개, 처음 4시간 동안 7개의 신호가 들어오는 것을 의미한다.

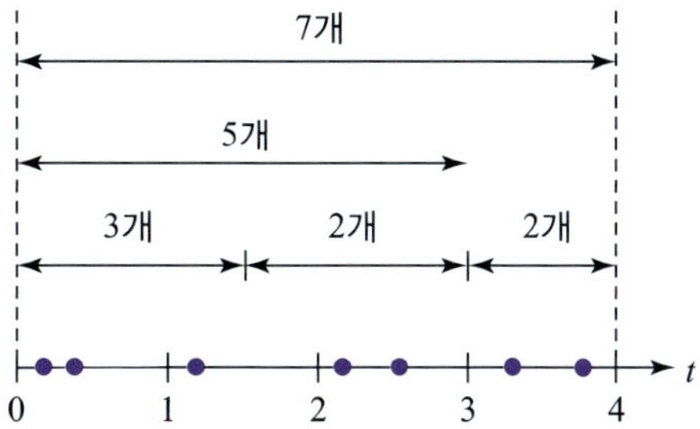

따라서 이 신호는 $(1, 1.5]$에서 3개, $(1.5, 3]$에서 2개, $(3, 4]$에서 2개의 신호가 관찰된다. 즉, 사건 $[N(1.5)=3,\ N(3)=5,\ N(4.2)=7]$은 다음 사건과 동치이다.

$$[N(1.5)=3,\ N(3)-N(1.5)=2,\ N(4)-N(3)=2]$$

그러므로 푸아송과정의 성질 ❶과 ❷에 의하여 다음을 얻는다.

$$\begin{aligned}
&P[N(1.5)=3,\ N(3)=5,\ N(4.2)=7] \\
&=P[N(1.5)=3,\ N(3)-N(1.5)=2,\ N(4)-N(3)=2] \\
&=P[N(1.5)=3]P[N(3)-N(1.5)=2]P[N(4)-N(3)=2] \\
&=P[N(1.5)=3]P[N(1.5)=2]P[N(1)=2]
\end{aligned}$$

또한, $\lambda=2$이면 성질 ❺에 의해 $N(1.5)\sim P(3)$, $N(1)\sim P(2)$이므로 누적푸아송분포표로부터 다음 확률을 얻는다.

$$P[N(1.5)=3]=0.125,\quad P[N(1.5)=2]=0.251,\quad P[N(1)=2]=0.184$$

그러면 구하는 확률은 다음과 같다.

$$P[N(1.5)=3,\ N(3)=5,\ N(4.2)=7]=(0.125)(0.251)(0.184)\approx 0.0058$$

■ 기하분포와 음이항분포

이항분포는 매회 성공률이 p인 베르누이 시행에서 처음으로 성공할 때까지 시행한 횟수 X에 관한 확률분포를 모수 p인 **기하분포**geometric distribution라 하며, $X\sim G(p)$로 나타낸다. 그러면 처음 성공할 때까지 베르누이 실험을 독립적으로 반복 시행하는 경우에 표본공간과 확률은 [표 7.3]과 같다.

[표 7.3] 처음 성공할 때까지 시행한 횟수와 확률

표본공간	S	F S	F F S	F F F S	F F F F S	⋯
X	1	2	3	4	5	⋯
$P(X=x)$	p	$p(1-p)$	$p(1-p)^2$	$p(1-p)^3$	$p(1-p)^4$	⋯

따라서 확률변수 X의 상태공간은 $S_X=\{1, 2, 3, \cdots\}$이고 X의 확률질량함수는 다음과 같다.

$$f(x)=pq^{x-1},\ x=1, 2, 3, \cdots\ ,\ q=1-p$$

5장 [정리 1]에 의해 X의 기댓값은 다음과 같이 구할 수 있다.

$$E(X)=\sum_{n=1}^{\infty}P(X\geq n)=\sum_{n=1}^{\infty}\sum_{x=n}^{\infty}pq^{x-1}=\sum_{n=1}^{\infty}p\frac{q^{n-1}}{1-q}=\sum_{n=1}^{\infty}q^{n-1}=\frac{1}{1-q}=\frac{1}{p}$$

약간 복잡하지만 X의 2차 적률은 $E(X^2)=\dfrac{1+q}{p^2}$이고, 따라서 $X\sim G(p)$에 대한 평균과 분산은 각각 다음과 같다.

❶ 평균 : $\mu=\dfrac{1}{p}$

❷ 분산 : $\sigma^2=\dfrac{q}{p^2}$

특히 기하분포는 현재의 진행 과정이 과거에 진행해 온 과정에 아무런 영향을 받지 않으며, 따라서 다음 성질이 성립한다.

정리 1 비기억성 성질memorylessness property

임의의 양의 정수 m, n에 대해 $X\sim G(p)$이면 $P(X>n+m\,|\,X>n)=P(X>m)$이 성립한다.

증명

양의 정수 x에 대하여 다음을 얻는다.

$$P(X>x)=P(X\geq x+1)=\sum_{u=x+1}^{\infty}pq^{u-1}=p\frac{q^x}{1-q}=q^x$$

그러므로 양의 정수 m과 n에 대하여 $P(X>m)=q^m$이고 다음 조건부 확률을 얻는다.

$$P(X>m+n \mid X>n)=\frac{P(X>m+n,\ X>n)}{P(X>n)}=\frac{P(X>m+n)}{P(X>n)}=\frac{q^{m+n}}{q^n}=q^m \qquad ■$$

이러한 비기억성 성질은 처음 성공할 때까지 반복 시행한 횟수가 그 이후로 다시 처음 성공할 때까지 반복 시행한 횟수에 독립이고 항등분포인 것을 나타낸다.

예제 11

우리나라 연안에서 채취되는 어패류의 비브리오 패혈증균의 분포를 연구한 과학자는 패혈증균에 감염된 어패류가 발견될 때까지 조사한 어패류의 수 X는 모수 0.4인 지수분포를 따르는 것으로 추정한다.

(a) 패혈증균에 감염된 어패류가 발견될 때까지 조사한 평균 어패류 수를 구하라.

(b) 세 번째 어패류에서 패혈증균에 감염된 어패류가 발견될 확률을 구하라.

(c) 어패류를 5개 이상 조사해야 처음으로 패혈증균에 감염된 어패류가 발견될 확률을 구하라.

(d) 5개를 초과하는 어패류를 조사했다고 할 때, 앞으로 2개를 초과하여 조사해야 처음으로 패혈증균에 감염된 어패류가 발견될 확률을 구하라.

풀이

(a) $X \sim G(0.4)$이므로 $\mu=\dfrac{1}{0.4}=2.5$이다.

(b) 확률질량함수가 $f(x)=(0.4)(0.6)^{x-1},\ x=1,2,\cdots$이므로 구하는 확률은 다음과 같다.

$$P(X=3)=f(3)=(0.4)(0.6)^2=0.144$$

(c) $P(X\ge 5)=\displaystyle\sum_{x=5}^{\infty}(0.4)(0.6)^{x-1}=(0.4)\frac{(0.6)^4}{1-0.6}=(0.6)^4=0.1296$

(d) $P(X>2+5 \mid X>5)=P(X>2)=P(X\ge 3)=\displaystyle\sum_{x=3}^{\infty}(0.4)(0.6)^{x-1}$

$$=(0.4)\frac{(0.6)^2}{1-0.6}=(0.6)^2=0.36$$

매회 성공률이 p인 베르누이 시행에서 r번째 성공이 있기까지 반복적으로 시행한 횟수를 X라 하자. 그러면 최소한 r번 이상 반복적으로 시행해야 하므로 확률변수 X가 취할 수 있는 값은 r, $r+1$, $r+2$, $\cdots$이다. 이때 x번째 시행에서 마지막으로 r번째 성공이 이루어진다면, $x-1$번의 시행에서 $r-1$번 성공하고 x번째 시행에서 r번째 성공이 이루어져야 한다. 또한 각 시행은 독립적으로 이루어지므로 x번째 시행에서 마지막으로 r번째 성공이 이루어질 확률은 다음과 같다.

$$P(X=x)=P(x-1\text{번 시행에서 } r-1\text{번 성공})\cdot P(x\text{번째에서 } r\text{번째 성공})$$

특히 매회 성공률이 p인 베르누이 시행을 $x-1$번 실시하여 $r-1$번 성공할 확률은 다음과 같다.

$$P(x-1\text{번 시행에서 } r-1\text{번 성공})={}_{x-1}C_{r-1}\,p^{r-1}q^{(x-1)-(r-1)}={}_{x-1}C_{r-1}\,p^{r-1}q^{x-r}$$

따라서 확률 $P(X=x)$는 다음과 같다.

$$P(X=x)={}_{x-1}C_{r-1}\,p^{r-1}q^{x-r},\ x=r, r+1, r+2, \cdots, q=1-p$$

이와 같이 매회 성공률이 p인 베르누이 시행에서 r번째 성공이 있기까지 반복적으로 시행한 횟수를 X의 확률분포를 모수 r과 p인 **음이항분포**negative binomial distribution라 하며, $X\sim NB(r, p)$로 나타낸다. 그러면 X의 확률질량함수는 다음과 같으며, $r=1$인 음이항분포는 기하분포이다.

$$f(x)={}_{x-1}C_{r-1}\,p^{r}q^{x-r},\ x=r, r+1, r+2, \cdots, q=1-p$$

이제 X_k를 $k-1$번째 성공한 이후로 처음 성공할 때까지 반복 시행한 횟수라 하자. 그러면 비기억성 성질에 의해 확률변수들 $X_1,\ X_2,\ \cdots,\ X_r$은 독립이고 $X_k\sim G(p),\ k=1, 2, \cdots, r$이다. 이때 $X=X_1+X_2+\cdots+X_r$이라 하면 [그림 7.9]와 같이 X는 r번째 성공이 있기까지 반복 시행한 횟수를 나타낸다.

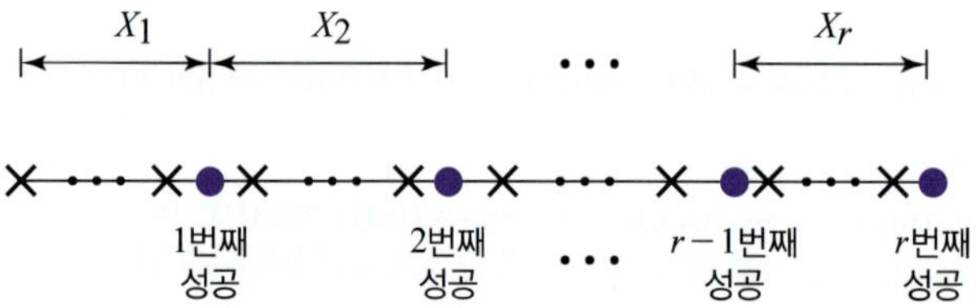

[그림 7.9] 베르누이 시행에서 r번째 성공

그러면 $X_1,\ X_2,\ \cdots,\ X_r$이 독립이고 각 확률변수 X_k의 평균과 분산은 각각 다음과 같다.

$$E(X_k)=\frac{1}{p},\quad Var(X_k)=\frac{q}{p^2},\quad k=1, 2, \cdots, r$$

따라서 $X\sim NB(r, p)$에 대한 평균과 분산은 각각 다음과 같다.

❶ 평균: $\mu=\dfrac{r}{p}$

❷ 분산: $\sigma^2=\dfrac{rq}{p^2}$

예제 12

[예제 11]에서 여섯 번째 패혈증균에 감염된 어패류가 발견할 때까지 조사한 어패류의 수에 대한 평균과 분산을 구하라.

풀이

• 평균 : $p = 0.4$, $r = 5$이므로 $\mu = \dfrac{6}{0.4} = 15$

• 분산 : $\sigma^2 = \dfrac{(6)(0.6)}{(0.4)^2} = 22.5$

■ 다항분포

다변량 초기하분포는 서로 다른 특성을 갖는 여러 대상으로 구성된 모집단에서 비복원추출에 의해 추출하는 확률 모형을 설명한다. 그러나 모집단이 서로 다른 특성을 갖는 대상 $A_1,\ A_2,\ \cdots,\ A_k$로 구성되며, 복원추출에 의해 각 대상이 선정될 가능성이 각각 $p_1,\ p_2,\ \cdots,\ p_k$라 하자. 복원추출에 의해 크기 n인 표본을 선정할 때, 모집단을 구성하는 대상 $A_1,\ A_2,\ \cdots,\ A_k$가 각각 $x_1,\ x_2,\ \cdots,\ x_k$ $(x_1 + x_2 + \cdots + x_k = n)$개 포함되는 경우의 수는 다음과 같으며, 이 수를 **다항 계수**multinomial coefficient라 한다.

$$\binom{n}{x_1,\ x_2,\ \cdots,\ x_k} = \frac{n!}{x_1!\ x_2! \cdots\ x_k!}$$

이때 선정된 표본 안에 포함된 $A_1,\ A_2,\ \cdots,\ A_k$의 개수를 각각 $X_1,\ X_2,\ \cdots,\ X_k$라 하면 이 확률변수들의 결합확률질량함수는 다음과 같으며, 이 확률분포를 **다항분포**multinomial distribution라 하고 $(X_1,\ X_2,\ \cdots,\ X_k) \sim \mathrm{Mult}(n,\ p_1,\ p_2,\ \cdots,\ p_k)$로 나타낸다.

$$f(x_1,\ x_2,\ \cdots,\ x_k) = \binom{n}{x_1,\ x_2,\ \cdots,\ x_k} p_1^{x_1} p_2^{x_2} \cdots\ p_k^{x_k},$$

$$0 \le x_i \le n,\ \ i = 1,\ 2,\ 3,\ \cdots,\ k$$

$$x_1 + x_2 + \cdots + x_k = n,\ \ p_1 + p_2 + \cdots + p_k = 1$$

이때 $k = 2$이면 다항분포는 이항분포이며, 특정한 대상 A_i가 선정된 개수는 $X_i \sim B(n,\ p_i)$를 따른다. 그러므로 각각의 확률변수 X_i의 평균 μ_i와 분산 σ_i^2은 각각 다음과 같다.

❶ 평균: $\mu_i = np_i$, $i = 1, 2, 3, \cdots, k$

❷ 분산: $\sigma_i^2 = np_i q_i$, $q_i = 1 - p_i$

임의의 두 확률변수들 X_i, X_j에 대한 공분산과 상관계수는 각각 다음과 같다.

❸ 공분산: $Cov(X_i, X_j) = -np_i p_j$

❹ 상관계수: $\rho = -\left[\dfrac{p_i p_j}{(1-p_i)(1-p_j)}\right]^{1/2}$

따라서 $(X_1, X_2, \cdots, X_k) \sim \text{Mult}(n, p_1, p_2, \cdots, p_k)$인 확률변수들 X_1, X_2, $\cdots$, X_k는 독립이 아니며, 임의의 두 확률변수 X_i와 X_j는 음의 상관관계를 갖는다.

예제 13

프로젝터용 전구의 수명은 500시간 미만, 500시간 이상 600시간 미만 그리고 600시간 이상으로 구분되며, 각각의 확률은 0.4, 0.4, 0.2이다. 임의로 전구 5개를 선정할 때, 전구의 수명이 500시간 미만, 500시간 이상 600시간 미만 그리고 600시간 이상인 전구의 개수를 각각 X, Y, Z라 하자.

(a) X, Y, Z의 결합확률질량함수를 구하라.

(b) $P(X=1,\ Y=3,\ Z=1)$을 구하라.

(c) X의 평균 μ_X와 분산 σ_X^2을 구하라.

(d) X와 Y의 공분산과 상관계수를 구하라.

풀이

(a) $f(x, y, z) = \binom{5}{x,\ y,\ z}(0.4)^x(0.4)^y(0.2)^z$, $x, y, z = 0, 1, 2, 3, 4, 5$, $x+y+z=5$

(b) $P(X=1,\ Y=3,\ Z=1) = \binom{5}{1,\ 3,\ 1}(0.4)^1(0.4)^3(0.2)^1 = \dfrac{5!}{1!\,3!\,1!}(0.4)^4(0.2) = 0.1024$

(c) $X \sim B(5, 0.4)$이므로 $\mu_X = (5)(0.4) = 2$, $\sigma_X^2 = (5)(0.4)(0.6) = 1.2$이다.

(d) X와 Y의 공분산과 상관계수는 각각 다음과 같다.

- 공분산: $Cov(X, Y) = -(5)(0.4)(0.4) = -0.8$
- 상관계수: $\rho = -\sqrt{\dfrac{(0.4)(0.4)}{(0.6)(0.6)}} = \dfrac{2}{3} \approx 0.6667$

7.2 연속확률분포

이 절에서는 대표적인 연속확률분포인 균등분포, 지수분포, 감마분포를 비롯한 정규분포와 공학에서 많이 사용하는 확률분포의 확률밀도함수, 평균과 분산 등에 대하여 살펴본다.

■ 균등분포

확률변수 X가 취할 수 있는 유한 개의 값들이 모두 동등한 확률을 가지는 이산확률분포가 이산균등분포이다. 이와 동일하게 X가 취할 수 있는 구간 (a, b)에서 확률밀도함수 $f(x)$가 일정하면 [그림 7.10]과 같다.

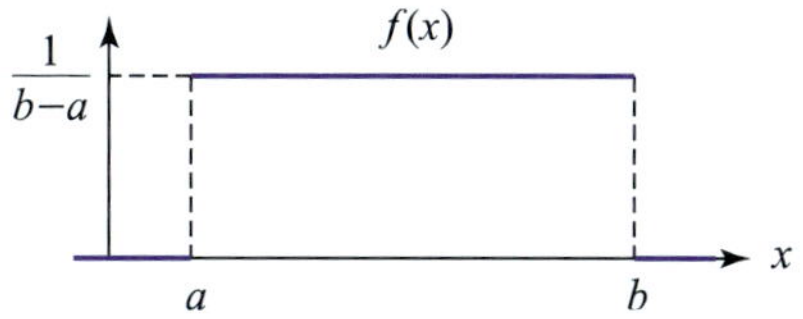

[그림 7.10] 균등분포 확률밀도함수

이와 같이 구간 (a, b)에서 확률변수 X가 균등하게 분포를 이루는 확률분포를 모수 a와 b인 **균등분포**uniform distribution라 하고, $X \sim U(a, b)$로 나타낸다. 그러면 함수 $f(x)$가 확률밀도함수이므로 구간 (a, b)에서 $f(x)$로 둘러싸인 직사각형의 넓이는 1이고, 따라서 확률밀도함수 $f(x)$는 다음과 같다.

$$f(x) = \begin{cases} \dfrac{1}{b-a}, & a < x < b \\ 0 \quad, & \text{다른 곳에서} \end{cases}$$

$a \le x < b$에 대해 $\displaystyle\int_a^x \frac{1}{b-a}\,dt = \frac{x-a}{b-a}$이므로 X의 누적분포함수는 다음과 같다.

$$F(x) = \begin{cases} 0 \quad, & x < a \\ \dfrac{x-a}{b-a}, & a \le x < b \\ 1 \quad, & x \ge b \end{cases}$$

$X \sim U(a, b)$에 대한 평균과 분산은 각각 다음과 같다.

❶ 평균 : $\mu = \dfrac{a+b}{2}$

❷ 분산 : $\sigma^2 = \dfrac{(b-a)^2}{12}$

한편, $a \le c < d \le b$에 대해 $P(c \le X \le d)$는 [그림 7.11]과 같이 구간 $[c, d]$에서 $f(x)$로 둘러싸인 직사각형의 넓이를 나타낸다.

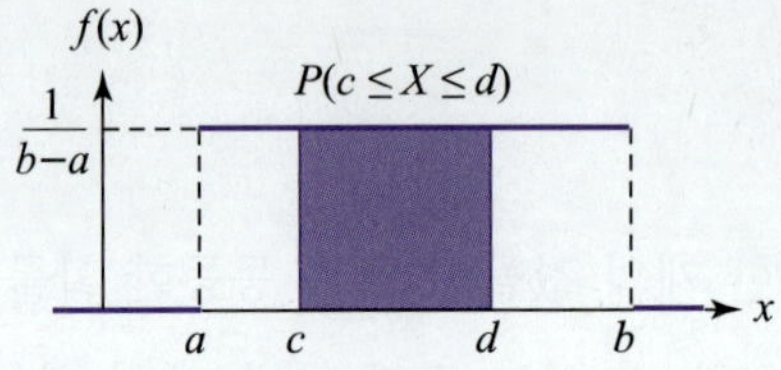

[그림 7.11] $P(c \le X \le d)$

따라서 $P(c \le X \le d)$는 다음과 같다.

$$P(c \le X \le d) = \frac{d-c}{b-a}$$

예제 14

모뎀에 들어오는 신호의 위상각은 0과 2π에서 균등하게 분포한다.

(a) 신호의 위상각 X의 확률밀도함수와 분포함수를 구하라.

(b) 확률변수 X의 평균과 분산을 구하라.

(c) 확률 $P\left(\dfrac{\pi}{4} < X \le \dfrac{\pi}{2}\right)$를 구하라.

(d) 확률 $P\left(X \le \dfrac{3\pi}{4} \middle| X > \dfrac{\pi}{2}\right)$를 구하라.

풀이

(a) X가 $[0, 2\pi]$에서 균등분포를 이루므로 확률밀도함수와 누적분포함수는 각각 다음과 같다.

$$f(x) = \begin{cases} \dfrac{1}{2\pi}, & 0 \le x \le 2\pi \\ 0, & \text{다른 곳에서} \end{cases}, \quad F(x) = \begin{cases} 0, & x < 0 \\ \dfrac{x}{2\pi}, & 0 \le x < 2\pi \\ 1, & x \ge 2\pi \end{cases}$$

(b) 구하는 평균과 분산은 각각 다음과 같다.

- 평균 : $\mu = \dfrac{2\pi - 0}{2} = \pi$
- 분산 : $\sigma^2 = \dfrac{(2\pi - 0)^2}{12} = \dfrac{\pi^2}{3}$

(c) $P\left(\frac{\pi}{4} < X \le \frac{\pi}{2}\right) = \left(\frac{\pi}{2} - \frac{\pi}{4}\right)\left(\frac{1}{2\pi}\right) = \frac{1}{8}$

(d) $P\left(X \le \frac{3\pi}{4} \middle| X > \frac{\pi}{2}\right) = \dfrac{P\left(X \le \frac{3\pi}{4},\, X > \frac{\pi}{2}\right)}{P\left(X > \frac{\pi}{2}\right)} = \dfrac{P\left(\frac{\pi}{2} < X \le \frac{3\pi}{4}\right)}{1 - F\left(\frac{\pi}{2}\right)}$

$$= \frac{\left(\frac{3\pi}{4} - \frac{\pi}{2}\right)\left(\frac{1}{2\pi}\right)}{1 - \left(\frac{\pi}{2}\right)\left(\frac{1}{2\pi}\right)} = \frac{1/8}{3/4} = \frac{1}{6}$$

■ 지수분포

푸아송분포는 단위시간 동안 어떤 특정한 사건이 발생한 횟수에 대한 확률 모형이다. 이 분포와 관련되면서 신뢰성 공학, 큐잉이론 또는 고장률이 일정한 기계장치 등의 수명에 관한 연속확률분포가 지수분포이다. 비율 λ에 따라 신호가 들어오는 푸아송과정에서 신호가 들어온 이후로 다음 신호가 들어올 때까지 걸리는 시간을 생각하자. 그러면 수신된 신호 건수 X의 확률질량함수는 다음과 같다.

$$f(x) = \frac{(\lambda t)^x}{x!} e^{-\lambda t}, \quad x = 0, 1, 2, \cdots$$

신호가 수신된 이후로 첫 번째 신호가 들어올 때까지 걸리는 시간을 T라 하면, [그림 7.12]와 같이 사건 $[T > t]$는 관측을 시작한 이후로 t 시간이 지난 이후에야 처음으로 신호가 수신되는 것을 의미한다.

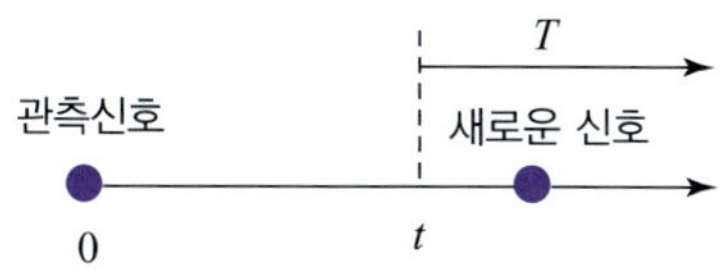

[그림 7.12] $[T > t]$인 사건

즉, 사건 $[T > t]$는 t 시간 이전에 신호가 수신되지 않아야 하며, 두 사건 $[T > t]$와 $[X = 0]$은 동치이다. 따라서 다음 확률을 얻는다.

$$P(T > t) = P(X = 0) = e^{-\lambda t}$$

그러면 $t > 0$에 대해 확률변수 T의 누적분포함수와 확률밀도함수는 각각 다음과 같다.

$$F(t) = P(T \le t) = 1 - P(T > t) = 1 - e^{-\lambda t}$$

$$f(t) = \frac{d}{dt}F(t) = \lambda e^{-\lambda t}$$

이와 같이 비율 λ인 푸아송과정을 따라 발생하는 사건들에 대해, 사건이 발생한 이후로 첫 번째 사건이 발생할 때까지 걸리는 대기 시간 X의 확률분포를 모수 λ인 **지수분포**^exponential distribution^라 하며, $X \sim \mathrm{Exp}(\lambda)$로 나타낸다. 그러면 X는 다음 확률밀도함수를 갖는다.

$$f(x) = \begin{cases} \lambda e^{-\lambda x}, & x \geq 0 \\ 0, & x < 0 \end{cases}$$

모수 λ인 지수분포는 [그림 7.13]과 같이 양의 왜도를 갖는다.

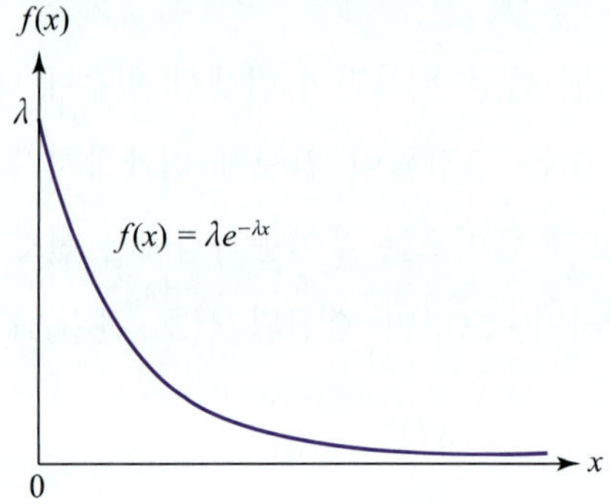

[그림 7.13] 모수 λ인 지수분포

그러면 모수 λ인 지수분포에 따르는 확률변수 X의 평균과 분산은 각각 다음과 같다.

❶ 평균 : $\mu = \frac{1}{\lambda}$

❷ 분산 : $\sigma^2 = \frac{1}{\lambda^2}$

또한, X의 누적분포함수는 $x > 0$에 대하여 다음과 같다.

$$F(x) = \int_0^x \lambda e^{-\lambda u}\, du = \left[-e^{-\lambda u}\right]_0^x = 1 - e^{-\lambda x}$$

이때 연속확률변수 X에 대해 꼬리 확률 $S(x) = P(X > x)$를 **생존함수**^survival function^라 한다. 따라서 모수 λ인 지수분포에 따르는 확률변수 X의 누적분포함수와 생존함수는 다음과 같다.

❸ 누적분포함수 : $F(x) = 1 - e^{-\lambda x}$

❹ 생존함수 : $S(x) = P(X > x) = e^{-\lambda x}$

이러한 생존함수는 시스템 또는 기계 등이 일정한 환경에서 고장 없이 주어진 시간 이상 성능을 유지할 수 있는 신뢰성을 나타낸다. 특히 확률변수 X의 생존함수에 대한 확률밀도함수의 비율을 확률변수 X의 **위험률**hazard rate 또는 **고장률**failure rate이라 한다.

$$h(x) = \frac{f(x)}{S(x)}$$

그러면 모수 λ인 지수분포에 따르는 확률변수 X의 고장률은 다음과 같이 모수 λ와 동일하다. 즉, 모수 λ인 지수분포의 고장률은 일정한 상수이다.

$$h(x) = \frac{f(x)}{S(x)} = \frac{\lambda e^{-\lambda x}}{e^{-\lambda x}} = \lambda$$

한편, 지수분포는 기하분포와 동일하게 비기억성 성질을 갖는다. 임의의 양수 a와 b에 대해 다음 성질이 성립한다.

$$P(X > a + b \mid X > a) = P(X > b)$$

이 성질은 모수 λ인 지수분포에 따라 발생하는 사건이 a시간이 지날 때까지 관찰되지 않았다고 할 때, a시간 이후로 이 사건이 관측될 때까지 걸리는 시간은 모수 λ인 지수분포를 따르는 것을 의미한다.

예제 15

자동차 타이어의 수명은 평균 5만 km인 지수분포를 따른다고 한다.

(a) 타이어 수명 X의 확률밀도함수와 누적분포함수를 구하라.

(b) 타이어를 6년 이상 사용할 확률을 구하라.

(c) 타이어를 4년 이내에 교체할 확률을 구하라.

(d) 타이어를 4년 이상 사용했다고 할 때, 이 타이어를 앞으로 2년 이상 더 사용할 확률을 구하라.

풀이

(a) X의 평균이 5이므로 $\mu = \frac{1}{\lambda} = 5$이고 $X \sim \text{Exp}(1/5)$이다.

- 확률밀도함수 : $f(x) = \frac{1}{5} e^{-x/5}, \ x > 0$
- 누적분포함수 : $F(x) = 1 - e^{-x/5}, \ x > 0$

(b) 생존함수가 $S(x)=e^{-x/5}$, $x>0$이므로 구하는 확률은 다음과 같다.

$$P(X \geq 6)=S(6)=e^{-6/5} \approx 0.3$$

(c) $P(X \leq 4)=F(4)=1-e^{-4/5} \approx 0.55$

(d) $P(X>6 \mid X>4)=P(X>2)=S(2)=e^{-2/5} \approx 0.67$

■ 감마분포

이제 감마분포를 살펴보기 위해 임의의 양수 α에 대해 다음과 같이 정의되는 **감마함수**Gamma function를 생각하자.

$$\Gamma(\alpha)=\int_0^{\infty} t^{\alpha-1} e^{-t}\, dt$$

그러면 감마함수에 대해 다음 성질이 성립한다.

정리 2 감마함수의 성질

(1) $\alpha>1$에 대해 $\Gamma(\alpha)=(\alpha-1)\Gamma(\alpha-1)$

(2) 임의의 자연수 n에 대해 $\Gamma(n)=(n-1)!$

(3) $\Gamma(1)=1$

(4) $\Gamma\left(\frac{1}{2}\right)=\sqrt{\pi}$

임의의 양수 α에 대해 $\Gamma(\alpha)>0$이므로 다음 식을 얻는다.

$$\int_0^{\infty} \frac{1}{\Gamma(\alpha)} t^{\alpha-1} e^{-t}\, dt=1$$

이제 임의의 양수 β에 대해 $t=\frac{x}{\beta}$라 하면 다음을 얻는다.

$$\begin{aligned}\int_0^{\infty} \frac{1}{\Gamma(\alpha)} t^{n-1} e^{-t}\, dt &= \int_0^{\infty} \frac{1}{\Gamma(\alpha)}\left(\frac{x}{\beta}\right)^{\alpha-1} \exp\left(-\frac{x}{\beta}\right) \frac{1}{\beta}\, dx \\ &= \int_0^{\infty} \frac{1}{\Gamma(\alpha)\beta^{\alpha}} x^{\alpha-1} \exp\left(-\frac{x}{\beta}\right) dx=1\end{aligned}$$

그러므로 다음과 같이 정의되는 함수 $f(x)$는 확률밀도함수이며, 이러한 확률밀도함수를 갖는 확률분포를 모수 α, β인 **감마분포**gamma distribution라 하고, $X \sim \Gamma(\alpha, \beta)$로 나타낸다.

$$f(x) = \begin{cases} \dfrac{1}{\Gamma(\alpha)\beta^{\alpha}} x^{\alpha-1} e^{-x/\beta}, & x>0,\ \alpha>0,\ \beta>0 \\ 0, & \text{다른 곳에서} \end{cases}$$

이때 $\alpha = 1$이면 감마분포는 모수 $\lambda = \dfrac{1}{\beta}$인 지수분포인 것을 알 수 있다. 모수가 $\alpha = \dfrac{n}{2}$, $\beta = 2$일 때, 이 확률분포를 자유도 n인 **카이제곱분포**chi-squared distribution라 하며, $X \sim \chi^2(n)$으로 나타낸다. 한편, 모수가 α, β인 감마분포는 [그림 7.14]와 같이 양의 왜도를 갖는다.

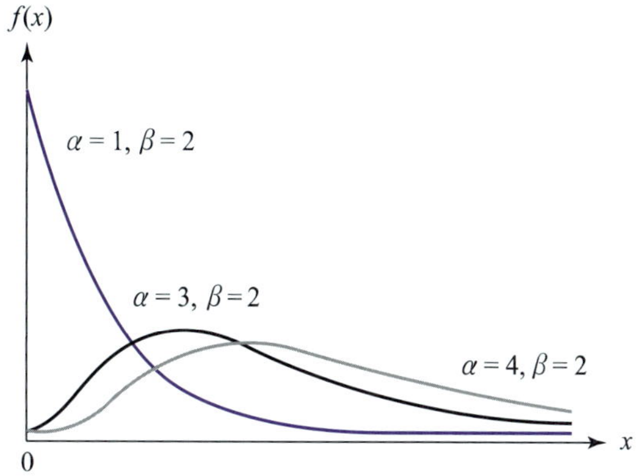

[그림 7.14] 모수 α, β인 감마분포

$X \sim \Gamma(\alpha, \beta)$일 때, X의 기댓값은 다음과 같다.

$$\begin{aligned} E(X) &= \int_0^{\infty} x f(x)\,dx = \int_0^{\infty} \frac{x}{\Gamma(\alpha)\beta^{\alpha}} x^{\alpha-1} e^{-x/\beta} dx \\ &= \frac{1}{\Gamma(\alpha)\beta^{\alpha}} \int_0^{\infty} x^{(\alpha+1)-1} e^{-x/\beta} dx \\ &= \frac{\Gamma(\alpha+1)\beta}{\Gamma(\alpha)} \int_0^{\infty} \frac{1}{\Gamma(\alpha+1)\beta^{\alpha+1}} x^{(\alpha+1)-1} e^{-x/\beta} dx \end{aligned}$$

마지막 적분에서 피적분함수는 $X \sim \Gamma(\alpha+1, \beta)$인 확률밀도함수이므로 적분 결과는 1이고, X의 평균은 다음과 같다.

$$\mu = E(X) = \frac{\Gamma(\alpha+1)\beta}{\Gamma(\alpha)} = \frac{\alpha\Gamma(\alpha)\beta}{\Gamma(\alpha)} = \alpha\beta$$

동일한 방법에 의해 X^2의 기댓값은 다음과 같다.

$$E(X^2) = \int_0^\infty x^2 f(x)\,dx = \int_0^\infty \frac{x^2}{\Gamma(\alpha)\beta^\alpha} x^{\alpha-1} e^{-x/\beta} dx$$

$$= \frac{1}{\Gamma(\alpha)\beta^\alpha}\int_0^\infty x^{(\alpha+2)-1} e^{-x/\beta} dx$$

$$= \frac{\Gamma(\alpha+2)\beta^2}{\Gamma(\alpha)}\int_0^\infty \frac{1}{\Gamma(\alpha+2)\beta^{\alpha+2}} x^{(\alpha+2)-1} e^{-x/\beta} dx$$

$$= \frac{\Gamma(\alpha+2)\beta^2}{\Gamma(\alpha)} = \alpha(\alpha+1)\beta^2$$

그러면 X의 분산은 $\sigma^2 = E(X^2) - [E(X)]^2 = \alpha(\alpha+1)\beta^2 - (\alpha\beta)^2 = \alpha\beta^2$이다. 즉, 모수 α, β인 감마분포를 따르는 확률변수 X의 평균과 분산은 각각 다음과 같다.

❶ 평균: $\mu = \alpha\beta$

❷ 분산: $\sigma^2 = \alpha\beta^2$

비율 λ에 따라 신호가 들어오는 푸아송과정에서 $i-1$번째 신호와 i번째 신호가 들어오는 사이의 시간을 X_i, $i=1, 2, \cdots, n$이라 하면, 각각의 확률변수 X_i는 독립이고 $X_i \sim \text{Exp}(\lambda)$이다. 따라서 [그림 7.15]와 같이 확률변수 $X = X_1 + X_2 + \cdots + X_n$은 첫 번째 신호가 수신된 이후로 n번째 신호가 수신될 때까지 걸리는 전체 시간을 나타내며, X는 모수 $\alpha = n$, $\beta = \frac{1}{\lambda}$인 감마분포를 따른다.

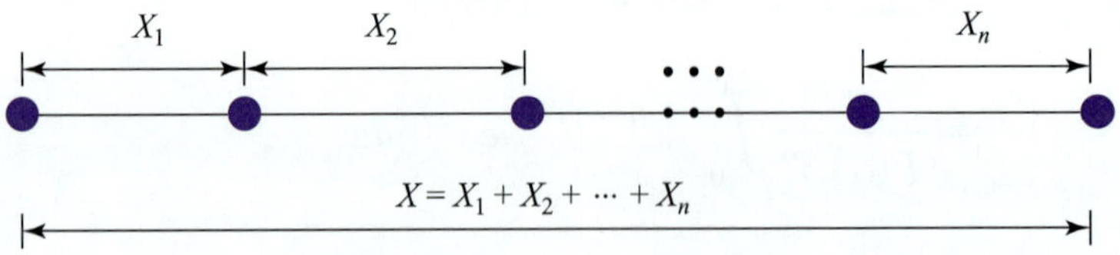

[그림 7.15] 푸아송과정에 따른 수신된 신호의 전체 시간

예제 16

송수신용 컴퓨터 시스템에 분당 평균 4건의 신호가 푸아송과정에 따라 감지된다.

(a) n건의 신호가 수신될 때까지 걸리는 시간 X의 확률밀도함수를 구하라.

(b) 최초 1분 동안 수신된 신호가 3건일 확률을 구하라.

풀이

(a) 컴퓨터 시스템에 분당 평균 4건의 신호가 들어오므로 신호가 감지되는 비율은 $\beta = \frac{1}{4}$ 이다. n 건의 신호가 들어올 때까지 걸리는 전체 시간을 X라 하면 $X \sim \Gamma\left(n, \frac{1}{4}\right)$이다. 따라서 X의 확률밀도함수는 다음과 같다.

$$f(x) = \begin{cases} \frac{4^n}{\Gamma(n)} x^{n-1} e^{-4x}, & x > 0 \\ 0 & , \text{다른 곳에서} \end{cases}$$

(b) $P(X \le 1) = \int_0^1 \frac{4^3}{\Gamma(3)} x^2 e^{-4x} dx = 32\left[-\frac{1}{32}(8x^2 + 4x + 1)e^{-4x}\right]_0^1$

$= 1 - 13e^{-4} \approx 0.024$

■ 베타분포

베타분포는 제조 과정에서 불량품의 비율 또는 불순물의 비율, 기계가 작동하는 비율, 서비스에 만족하는 고객의 비율 등과 같이 비율에 관한 확률 모형을 다룰 때 많이 사용한다. 이러한 베타분포는 양수 α, β에 대해 다음과 같이 정의되는 **베타함수**beta function로부터 유도된다.

$$B(\alpha, \beta) = \int_0^1 x^{\alpha-1}(1-x)^{\beta-1} dx$$

$\text{Beta}(\alpha, \beta) > 0$이므로 다음을 얻는다.

$$\int_0^1 \frac{1}{B(\alpha, \beta)} x^{\alpha-1}(1-x)^{\beta-1} dx = 1$$

따라서 $0 < x < 1$에서 피적분함수는 확률밀도함수이며, 다음과 같은 확률밀도함수를 갖는 확률분포를 모수 α, β인 **베타분포**beta distribution라 하고, $X \sim B(\alpha, \beta)$로 나타낸다.

$$f(x) = \begin{cases} \frac{1}{B(\alpha, \beta)} x^{\alpha-1}(1-x)^{\beta-1}, & 0 < x < 1 \\ 0 & , \text{다른 곳에서} \end{cases}$$

이때 베타함수와 감마함수 사이에 다음 관계가 성립한다.

$$B(\alpha,\, \beta) = \frac{\Gamma(\alpha)\Gamma(\beta)}{\Gamma(\alpha+\beta)}, \quad \alpha > 0,\ \beta > 0$$

따라서 감마함수를 이용하여 베타분포의 확률밀도함수를 나타내면 다음과 같다.

$$f(x) = \begin{cases} \dfrac{\Gamma(\alpha+\beta)}{\Gamma(\alpha)\Gamma(\beta)} x^{\alpha-1}(1-x)^{\beta-1}, & 0 < x < 1 \\ 0 & , \text{다른 곳에서} \end{cases}$$

베타분포는 모수 α, β에 따라 [그림 7.16]과 같이 다양하다. [그림 7.16(a)]에서 보는 바와 같이 $\alpha = 1$일 때, $\beta = 2$이거나 $\alpha = 2$일 때, $\beta = 1$이면 직선의 식으로 나타나고, 특히 $\alpha = 1$이고 $\beta = 1$이면 확률밀도함수는 $f(x) = 1,\ 0 < x < 1$이므로 균등분포를 따른다. 한편 [그림 7.16(b)]와 같이 $\alpha = 2$일 때 β가 작으면 분포 모양은 오른쪽으로 치우치고 β가 크면 왼쪽으로 치우치는 것을 알 수 있다. 특히 $\alpha = \beta$이면 베타분포는 $x = 0.5$를 중심으로 좌우 대칭이며, 이때 α, β가 커질수록 분포 모양은 $x = 0.5$를 중심으로 좌우 대칭인 종 모양에 가까워진다.

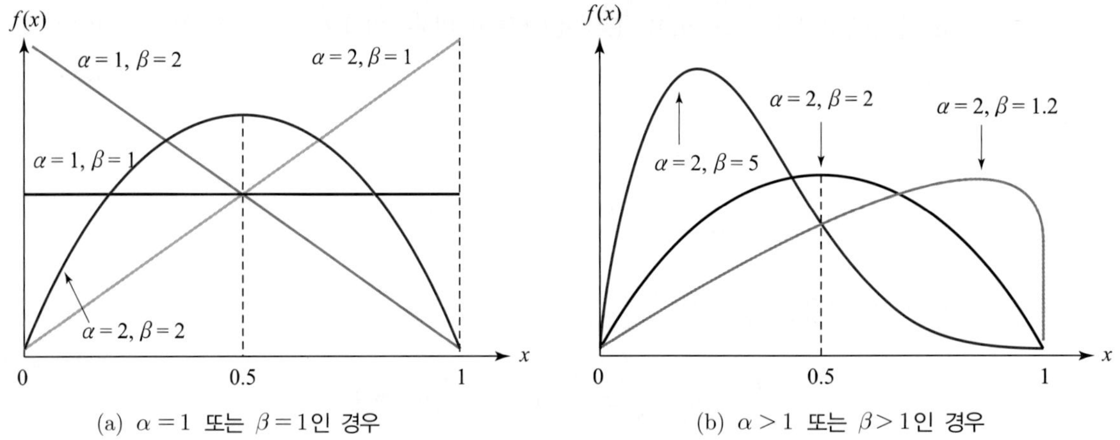

[그림 7.16] 모수 α, β에 따른 베타분포의 모양

더욱이 $\alpha < 1$ 또는 $\beta < 1$이면 [그림 7.17]에서 보는 것과 같이 $x = 0$과 $x = 1$ 부근에서 급격히 증가하고 중심부에서는 매우 완만하게 나타난다.

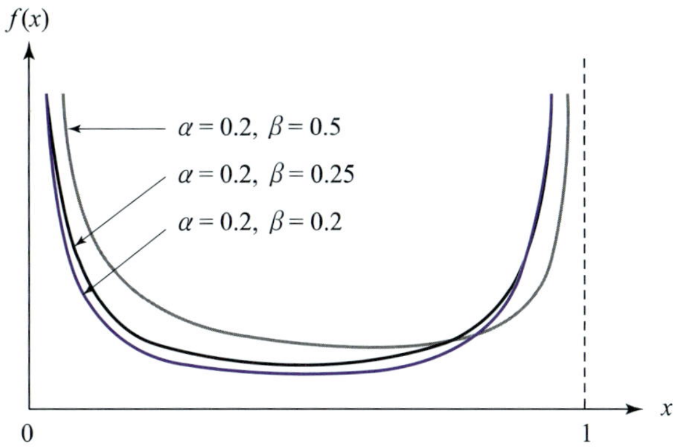

[그림 7.17] $\alpha < 1$ 또는 $\beta < 1$인 경우

한편 $X \sim B(\alpha, \beta)$에 대한 1차 적률은 다음과 같다.

$$E(X) = \int_0^1 \frac{\Gamma(\alpha+\beta)}{\Gamma(\alpha)\Gamma(\beta)} x^{\alpha}(1-x)^{\beta-1}\,dx$$

$$= \frac{\Gamma(\alpha+\beta)}{\Gamma(\alpha)\Gamma(\beta)} \frac{\Gamma(\alpha+1)\Gamma(\beta)}{\Gamma(\alpha+1+\beta)} \int_0^1 \frac{\Gamma(\alpha+1+\beta)}{\Gamma(\alpha+1)\Gamma(\beta)} x^{(\alpha+1)-1}(1-x)^{\beta-1}\,dx$$

$$= \frac{\Gamma(\alpha+\beta)}{\Gamma(\alpha)} \frac{\Gamma(\alpha+1)}{\Gamma(\alpha+1+\beta)}$$

$$= \frac{\alpha}{\alpha+\beta}$$

같은 방법으로 2차 적률을 구하면 $E(X^2) = \dfrac{\alpha(\alpha+1)}{(\alpha+\beta+1)(\alpha+\beta)}$이다. 그러므로 $X \sim \text{Beta}(\alpha, \beta)$에 대한 평균과 분산은 각각 다음과 같다.

❶ 평균 : $\mu = \dfrac{\alpha}{\alpha+\beta}$

❷ 분산 : $\sigma^2 = \dfrac{\alpha\beta}{(\alpha+\beta)^2(\alpha+\beta+1)}$

예제 17

금속합금에 포함된 주석의 비율 X가 모수 $\alpha = 2$, $\beta = 3$인 베타분포를 따른다고 한다.

(a) X의 확률밀도함수를 구하라.

(b) 금속합금에 포함된 주석의 평균 비율을 구하라.

(c) 금속합금에 주석이 20% 이내로 포함될 확률을 구하라.

풀이

(a) $X \sim \text{Beta}(2, 3)$이므로 $\dfrac{\Gamma(5)}{\Gamma(2)\Gamma(3)} = \dfrac{4!}{(1!)(2!)} = 12$이고 확률밀도함수는 다음과 같다.

$$f(x) = 12x(1-x)^2, \quad 0 < x < 1$$

(b) $\alpha = 2,\ \beta = 3$이므로 평균은 $\mu = \dfrac{2}{5}$이다.

(c) 20%는 0.2이므로 구하는 확률은 다음과 같다.

$$P(X \le 0.2) = \int_0^{0.2} 12x(1-x)^2 dx = \left[3x^4 - 8x^3 + 6x^2\right]_0^{0.2} = 0.1808$$

■ 와이블 분포

지수분포는 고장률이 일정한 상수이지만 고장률이 일정하지 않은 어떤 부품의 수명과 관련된 경우에 와이블 분포를 사용한다. 와이블 분포는 스웨덴의 물리학자 와이블[Waloddi Weibull]이 재료의 파괴 강도를 분석하면서 고안한 확률분포로 금속 및 복합재료의 강도, 전자 및 기계부품의 수명 분포를 비롯하여 생존 분석, 신뢰성 분석, 전기공학에서 전기시스템에 발생하는 과전압, 산업공학에서 제조 및 배송시간, 통신시스템 엔지니어링, 일기예보 및 풍력산업에서 풍속분포를 나타내는 데 적합한 확률분포이다. 특히 이 분포는 시간이 흐름에 따라 사용 중인 기계가 고장 날 확률이 높아지는 경우와 작아지는 경우 그리고 일정한 경우 등 모든 경우를 설명하는 데 적합하다.

양수 $\alpha,\ \beta$에 대해 확률변수 X의 확률밀도함수가 다음과 같은 확률분포를 모수 $\alpha,\ \beta$인 **와이블 분포**[Weibull distribution]라 하며, $X \sim \text{Wei}(\alpha, \beta)$로 나타낸다.

$$f(x) = \begin{cases} \alpha\beta x^{\beta-1} e^{-\alpha x^{\beta}}, & x > 0 \\ 0 & , \text{다른 곳에서} \end{cases}$$

[그림 7.18]은 $\alpha = 1$에 대해 $\beta = 1, 2, 3$인 경우의 와이블 분포를 나타낸다.

모수 $\alpha,\ \beta$인 와이블 분포에 대한 평균과 분산은 각각 다음과 같다.

❶ 평균 : $\mu = \alpha^{-1/\beta}\,\Gamma\left(1 + \dfrac{1}{\beta}\right)$

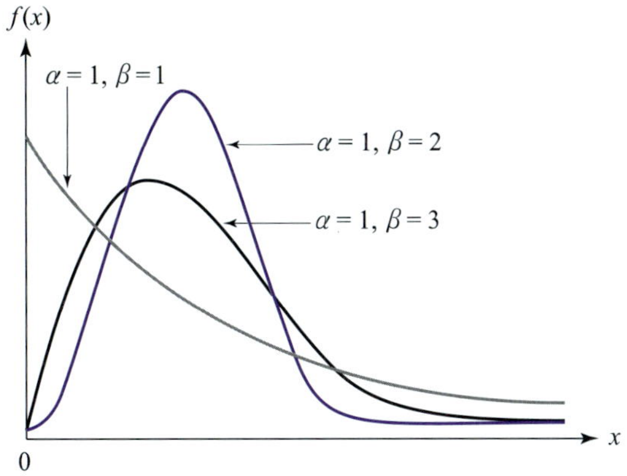

[그림 7.18] 모수 α, β에 따른 와이블 분포

❷ 분산 : $\sigma^2 = \alpha^{-2/\beta}\left\{\Gamma\left(1+\dfrac{2}{\beta}\right)-\left[\Gamma\left(1+\dfrac{1}{\beta}\right)\right]^2\right\}$

X의 누적분포함수는 $x>0$에 대하여 다음과 같다.

$$F(x)=\int_0^x \alpha\beta u^{\beta-1}e^{-\alpha u^\beta}du=\left[-e^{-\alpha u^\beta}\right]_0^x=1-e^{-\alpha x^\beta}$$

따라서 모수 α, β에 따른 와이블 분포의 생존함수와 고장률은 다음과 같다.

- 누적분포함수 : $F(x)=1-e^{-\alpha x^\beta}$, $x>0$
- 생존함수 : $S(x)=e^{-\alpha u^\beta}$, $x>0$
- 고장률 : $h(x)=\alpha\beta x^{\beta-1}$, $x>0$

그러면 형상모수인 β의 값에 따른 고장률은 [그림 7.19]와 같으며, 다음과 같은 특성을 갖는다.

- $0<\beta<1$이면, $x=0$ 부근에서 고장률 $h(x)$가 급격히 증가한다. 따라서 장비가 초기부터 고장이 난 상태이다.
- $\beta=1$이면, $h(x)=\alpha$이고 장치의 고장률이 일정하므로 우발적인 고장이 발생한다.
- $\beta>1$이면, 시간이 지날수록 고장률 $h(x)$가 증가한다. 따라서 장비를 오랫동안 사용함으로써 장비의 노후화에 따른 고장 상태에 이른다.

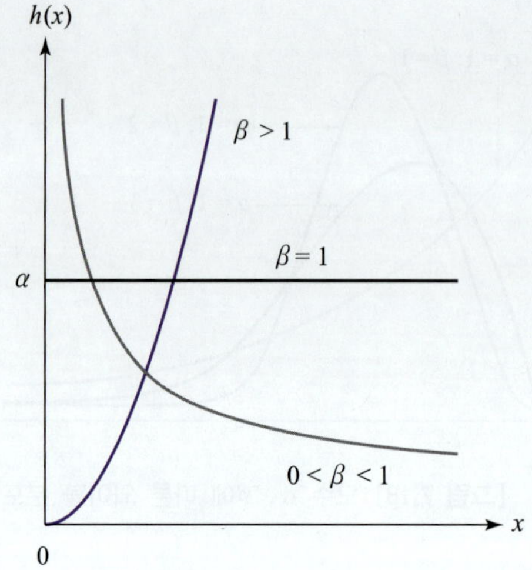

[그림 7.19] β에 따른 고장률

특히 $\beta=1$인 와이블 분포는 모수 α인 지수분포가 된다. 또한 와이블 분포에서 $\beta=2$이면 확률밀도함수는 다음과 같으며, 이 확률분포를 **레일리 분포**Rayleigh distribution라 한다.

$$f(x)=\begin{cases}2\alpha x e^{-\alpha x^2}, & x>0 \\ 0 & , \text{ 다른 곳에서}\end{cases}$$

레일리 분포는 협대역 스펙트럼 등의 파고 분포, 여러 파동이 합쳐져서 나타나는 해상파의 파면 분포 또는 여러 다중경로 신호에 의해 수신된 신호의 무작위 진폭을 비롯하여 입력 리턴 손실 측정값, 모듈레이션 사이드 밴드 인젝션, 캐리어 서프레션, RF 페이딩 등의 특성을 분석하는 확률 모형에 많이 사용한다.

예제 18

반도체 제조에서 베이킹 단계의 시간 X는 $\alpha=2,\ \beta=1$인 와이블 분포를 따른다고 한다.

(a) 베이킹 단계가 0.5시간 이상일 확률을 구하라.

(b) 베이킹 단계가 1시간 이상 1.5시간 이하일 확률을 구하라.

풀이

(a) 베이킹 단계의 시간 X는 $\alpha=2,\ \beta=1$인 와이블 분포를 따르므로 누적분포함수는 다음과 같다.

$$F(x)=1-e^{-2x},\ x>0$$

따라서 구하는 확률은 $P(X \geq 0.5) = 1 - F(0.5) = e^{-1} \approx 0.368$이다.

(b) $P(1 \leq X \leq 1.5) = F(1.5) - F(1) = (1 - e^{-3}) - (1 - e^{-2})$

$$= e^{-2} - e^{-3} \approx 0.086$$

■ 파레토 분포

통신량, 최대 풍속, 최대 강우량, 지진 혹은 산불과 같은 자연재해의 규모, 유전 지역의 오일 매장량 등과 같이 자연환경에서 발생하는 여러 가지 현상을 설명할 때 파레토 분포를 많이 사용한다.

양의 실수 α, β에 대하여 확률밀도함수가 다음과 같은 확률분포를 모수 α, β인 **파레토 분포**Pareto distribution라 하며, $X \sim \text{Pareto}(\alpha, \beta)$로 나타낸다.

$$f(x) = \begin{cases} \dfrac{\alpha\beta^{\alpha}}{x^{\alpha+1}}, & x \geq \beta \\ 0, & x < \beta \end{cases}$$

여기서 α는 분포 모양을 결정하는 형상모수이고, β는 분포가 시작하는 위치를 나타내는 위치모수이다. 파레토 분포는 [그림 7.20]과 같이 모수 β에 집중하고 오른쪽으로 긴 꼬리를 갖는 양의 왜도를 갖는다. 이때 α가 작을수록 분포의 꼬리가 두터워지며 산포가 커진다.

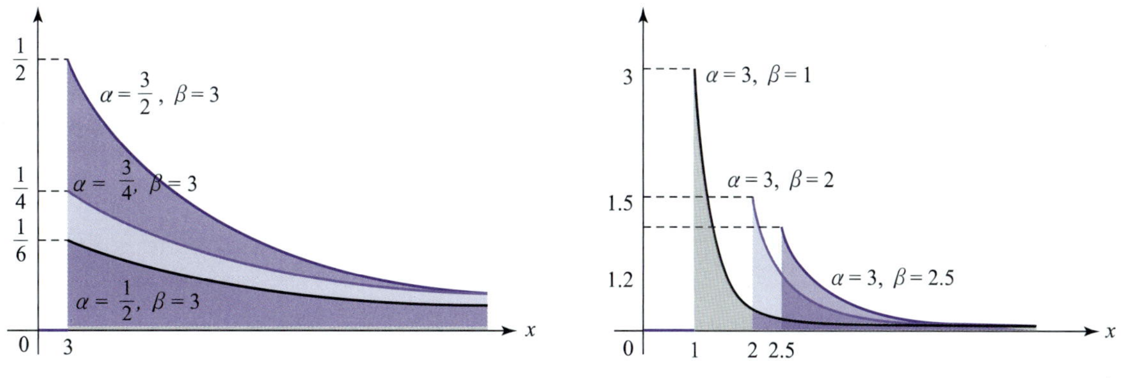

[그림 7.20] 모수에 따른 파레토 분포

특히 [그림 7.21]과 같이 α가 커지면 β에서 확률 1을 가지는 퇴화분포가 된다.

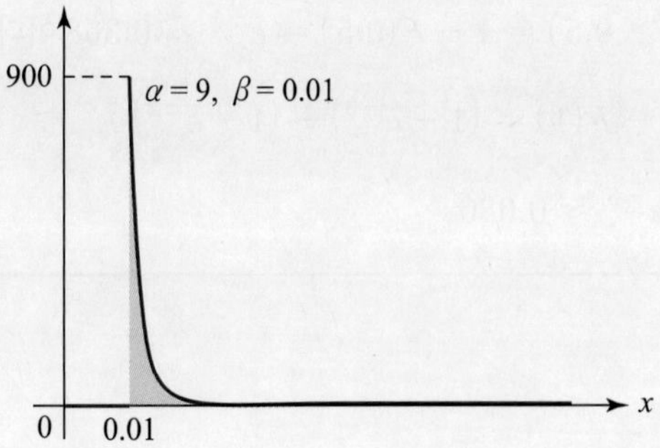

[그림 7.21] $\alpha = 9,\ \beta = 0.01$인 파레토 분포

한편, $\alpha > 1$에 대하여 X의 1차 적률은 다음과 같다.

$$E(X) = \int_{\beta}^{\infty} x \cdot \frac{\alpha\beta^{\alpha}}{x^{\alpha+1}}\,dx = \alpha\beta^{\alpha}\int_{\beta}^{\infty} x^{-\alpha}\,dx$$

$$= \alpha\beta^{\alpha}\left[-\frac{1}{\alpha-1}x^{-\alpha+1}\right]_{\beta}^{\infty} = (\alpha\beta^{\alpha})\frac{1}{\alpha-1}\beta^{-\alpha+1} = \frac{\alpha\beta}{\alpha-1}$$

동일한 방법에 의해 X의 2차 적률을 구하면 $E(X^2) = \dfrac{\alpha\beta^2}{\alpha-2}$, $\alpha > 2$이다. 그러므로 $X \sim \text{Pareto}(\alpha, \beta)$에 대한 평균과 분산은 각각 다음과 같다.

❶ 평균 : $\mu = \dfrac{\alpha\beta}{\alpha-1}$, $\alpha > 1$

❷ 분산 : $\sigma^2 = \dfrac{\alpha\beta^2}{(\alpha-1)^2(\alpha-2)}$, $\alpha > 2$

또한 $x > \beta$에 대해 누적분포함수는 다음과 같다.

$$F(x) = \int_{\beta}^{x} \frac{\alpha\beta^{\alpha}}{u^{\alpha+1}}\,du = \alpha\beta^{\alpha}\left[-\frac{1}{\alpha}u^{-\alpha}\right]_{\beta}^{\infty} = 1 - \left(\frac{\beta}{x}\right)^{\alpha}$$

따라서 $X \sim \text{Pareto}(\alpha, \beta)$의 누적분포함수와 생존함수는 각각 다음과 같다.

- 누적분포함수 : $F(x) = 1 - \left(\dfrac{\beta}{x}\right)^{\alpha}$, $x \ge \beta > 0$
- 생존함수 : $S(x) = 1 - F(x) = \left(\dfrac{\beta}{x}\right)^{\alpha}$, $x \ge \beta > 0$
- 고장률 : $h(x) = \dfrac{\alpha}{\beta^{\alpha-2}}\dfrac{1}{x}$, $x \ge \beta > 0$

그러면 시간이 흐름에 따라 고장률은 줄어드는 것을 알 수 있다.

예제 19

파레토 분포 $X \sim \text{Pareto}(3, 3)$에 대해 다음을 구하라.

(a) 평균과 분산 (b) $P(4 < X \le 6)$ (c) $P(X \ge 6)$

풀이

(a) $X \sim \text{Pareto}(3, 3)$이므로 평균과 분산은 각각 다음과 같다.

$$\mu = \frac{(3)(3)}{3-1} = \frac{9}{2}, \quad \sigma^2 = \frac{(3)(3)^2}{(3-1)^2(3-2)} = \frac{27}{4}$$

(b) 누적분포함수 $F(x) = 1 - \left(\frac{3}{x}\right)^3$이므로 다음 확률을 얻는다.

$$P(4 < X \le 6) = F(6) - F(4) = \left(1 - \frac{3^3}{6^3}\right) - \left(1 - \frac{3^3}{4^3}\right) = \frac{19}{64} \approx 0.297$$

(c) 생존함수 $S(x) = \frac{27}{x^3}$이므로 $P(X \ge 6) = S(6) = \frac{27}{6^3} = \frac{1}{8} = 0.125$이다.

■ 정규분포

정규분포는 통계학의 전 분야에 걸쳐 가장 중요한 연속확률분포이며, 오류분포를 모형화하거나 자연적으로 발생하는 현상을 확률적으로 모형화할 때 사용한다. 특히 품질개선을 위해 기업에서 도입하고 있는 식스 시그마(6σ) 기법은 생산한 제품의 불량률을 정규분포에서 $\pm 6\sigma$ 밖에 있도록 하는 것이다. 이것은 생산한 제품의 불량률을 100만 개의 제품 중 3~4개의 불량만을 허용하는 3 ~ 4PPM parts per million을 말한다.

확률밀도함수가 다음과 같은 연속확률분포를 **정규분포** normal distribution 또는 **가우스분포** Gaussian distribution라 하며, $X \sim N(\mu, \sigma^2)$으로 나타낸다. 이때 μ는 평균이고 σ^2은 분산이다.

$$f(x) = \frac{1}{\sqrt{2\pi}\,\sigma} e^{-(x-\mu)^2/2\sigma^2}, \quad -\infty < x < \infty$$

이 확률밀도함수는 다음과 같은 성질을 갖는다.

- $f(x)$는 $x=\mu$에 대하여 좌우 대칭이고, X의 중위수는 $M_e=\mu$이다.
- $f(x)$는 $x=\mu$에서 최댓값 $\dfrac{1}{\sqrt{2\pi}\,\sigma}$을 가지고, X의 최빈값은 $M_o=\mu$이다.
- $x=\mu\pm\sigma$에서 $f(x)$는 변곡점을 갖는다. 따라서 곡선의 꼭짓점에서 $x=\mu\pm\sigma$까지 곡선이 급하게 하강하고, 그 이후부터 완만하게 감소한다.
- $x=\mu\pm 3\sigma$에서 x축에 거의 접하는 모양을 가지고 $x\to\pm\infty$ 이면 $f(x)\to 0$이다.
- 곡선과 x축 사이의 넓이는 1이다.

확률밀도함수 $f(x)$의 그래프는 [그림 7.22]와 같이 종 모양이며, 이러한 곡선을 **정규곡선**normal curve이라 한다.

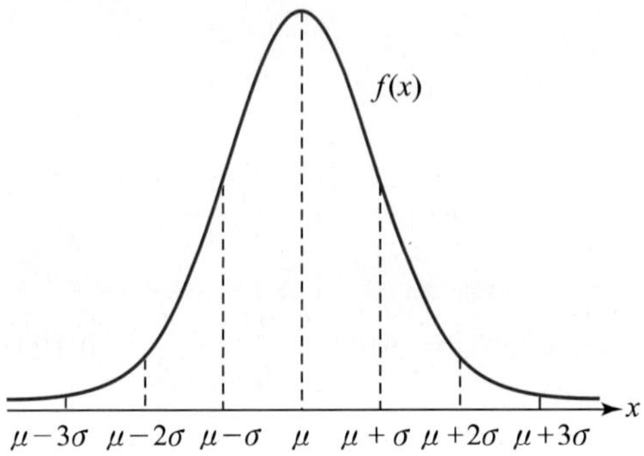

[그림 7.22] 정규곡선

이때 평균이 다르고 분산이 동일한 경우에 [그림 7.23(a)]와 같이 중심위치만 다를 뿐 모양은 동일하다. 그러나 평균이 동일하고 분산이 다른 경우는 [그림 7.23(b)]와 같이 모양이 다를 뿐만 아니라 분산이 작을수록 분포 모양이 평균에 집중한다.

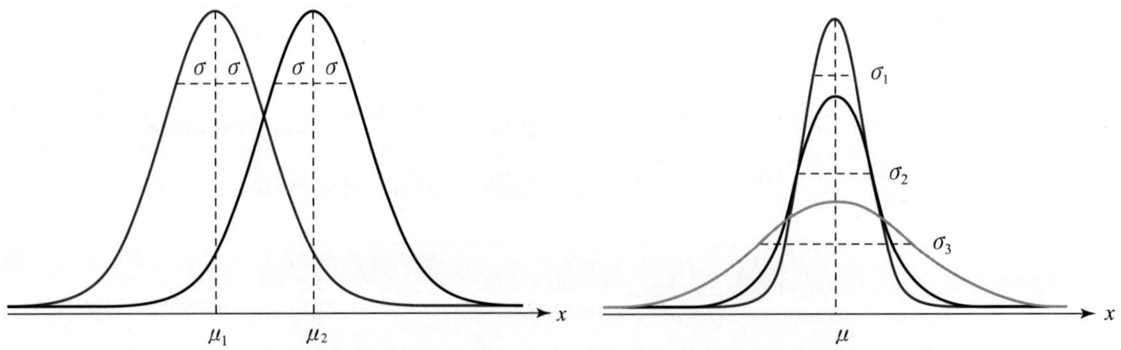

(a) σ가 같고 $\mu_1\neq\mu_2$인 경우 (b) μ가 같고 $\sigma_1\neq\sigma_2\neq\sigma_3$인 경우

[그림 7.23] 평균과 표준편차에 따른 정규곡선의 비교

특히 평균이 0이고 분산이 1인 정규분포를 **표준정규분포**[standard normal distribution]라 하며, $Z \sim N(0, 1)$로 나타낸다. 따라서 표준정규분포의 확률밀도함수는 다음과 같다.

$$\phi(z) = \frac{1}{\sqrt{2\pi}} e^{-z^2/2}, \quad -\infty < z < \infty$$

표준정규분포를 따르는 확률변수 Z의 누적분포함수는 다음과 같다.

$$\Phi(z) = P(Z \le z) = \frac{1}{\sqrt{2\pi}} \int_{-\infty}^{z} e^{-u^2/2} du$$

표준정규분포에서 $\Phi(t) = P(Z \le t)$는 [그림 7.24(a)]와 같으며, 확률밀도함수 $\phi(z)$가 $z = 0$에 대하여 대칭이므로 $\Phi(0) = 0.5$이고, 누적분포함수는 [그림 7.24(b)]와 같이 S자 모양으로 나타난다.

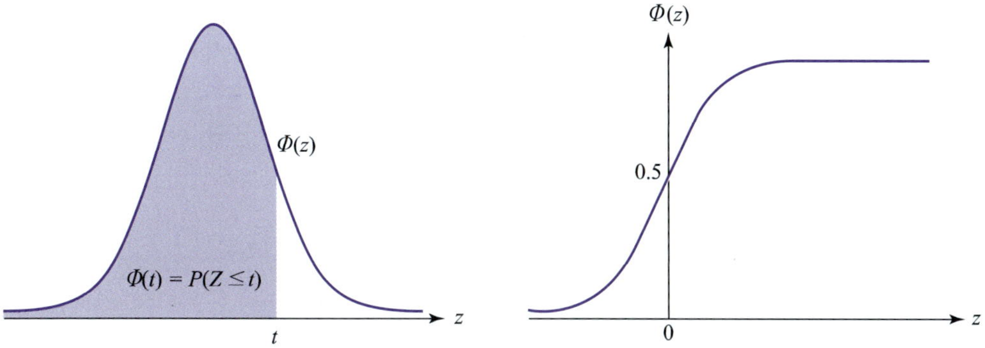

(a) 확률 $\Phi(t) = P(Z \le t)$의 의미 (b) 누적분포함수 $\Phi(z)$

[그림 7.24] 표준정규분포의 누적분포함수

임의의 양수 α, $0 < \alpha < 0.5$에 대해 [그림 7.25]와 같이 $P(Z > z) = \alpha$를 만족하는 임계점 z, 즉 $100(1-\alpha)\%$ 백분위수를 $z = z_\alpha$로 나타내며, 이 확률 α를 **꼬리확률**[tail probability]이라 한다. 표준정규분포는 $z = 0$에 대해 대칭이므로 왼쪽 꼬리확률은 $P(Z < -z_\alpha) = \alpha$이다.

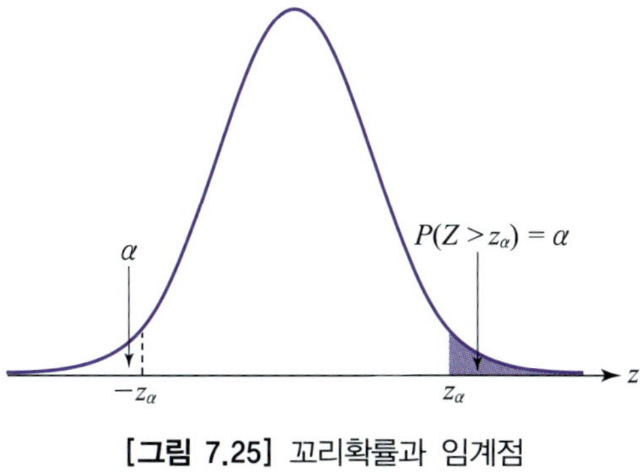

[그림 7.25] 꼬리확률과 임계점

표준정규분포에 대해 다음 성질이 성립한다.

❶ $P(Z \le 0) = P(Z \ge 0) = 0.5$

❷ $\Phi(-z) = P(Z \le -z) = P(Z \ge z) = 1 - \Phi(z)$

❸ $\Phi(z_\alpha) = P(Z \le z_\alpha) = 1 - \alpha,\ P(Z \ge z_\alpha) = \alpha$

❹ $P(0 \le Z \le z) = \Phi(z) - 0.5$

❺ $P(Z \ge z) = 0.5 - P(0 \le Z \le z)$

❻ $P(-z \le Z \le z) = 2P(0 \le Z \le z) = 2\Phi(z) - 1$

❼ $P(|Z| \le z_{\alpha/2}) = P(-z_{\alpha/2} \le Z \le z_{\alpha/2}) = 1 - \alpha$

❽ $P(|Z| \le 1) = 0.683,\quad P(|Z| \le 2) = 0.954,\ P(|Z| \le 3) = 0.997$

❾ $P(Z > 1.645) = 0.05,\quad P(Z > 1.96) = 0.025,\ P(Z > 2.58) = 0.005$

❿ $P(|Z| < 1.645) = 0.9,\quad P(|Z| < 1.96) = 0.95,\ P(|Z| < 2.58) = 0.99$

특히 성질 ❾의 꼬리확률과 성질 ❿의 중심확률은 [그림 7.26]과 같으며, 이러한 꼬리확률과 백분위수는 통계적 추론에서 많이 사용한다.

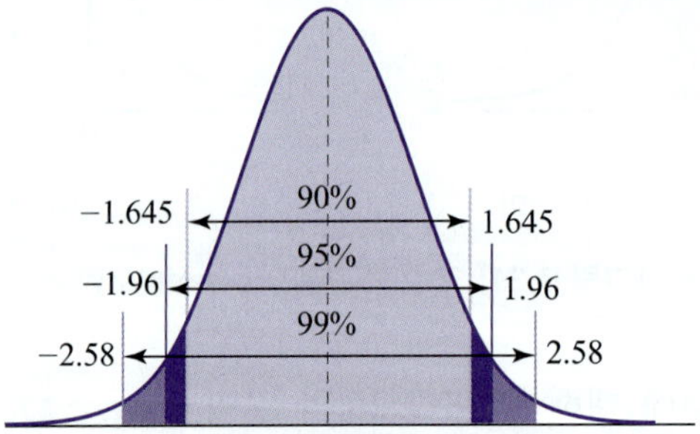

[그림 7.26] 중심확률과 백분위수

이제 표준정규분포에 대한 확률을 구하기 위해 [부록 ❸]의 표준정규분포표를 이용하는 방법을 살펴본다. 예를 들어, $P(Z \le 1.34)$를 구한다면, [그림 7.27]과 같이 1.3과 0.04에서 각각 수평선과 수직선을 그어서 만나는 위치의 수치 0.9099를 선택하면 $P(Z \le 1.34) = 0.9099$이다.

표준정규분포 확률변수 Z에 대하여 $P(a \le Z \le b)$는 누적분포함수를 이용하여 다음과 같이 구할 수 있다.

$$P(a \le Z \le b) = \Phi(b) - \Phi(a)$$

z	0.00	0.01	0.02	0.03	0.04	0.05	0.06	0.07	0.08	0.09
0.9	0.8159	0.8186	0.8212	0.8238	0.8264	0.8289	0.8315	0.9340	0.8365	0.8389
1.0	0.8413	0.8438	0.8461	0.8485	0.8508	0.8531	0.8554	0.8577	0.8599	0.8621
1.1	0.8643	0.8665	0.8686	0.8708	0.8729	0.8749	0.8770	0.8790	0.8810	0.8830
1.2	0.8949	0.8869	0.8888	0.8907	0.8925	0.8944	0.8962	0.8980	0.8997	0.9015
1.3	0.9032	0.9049	0.9066	0.9182	0.9099	0.9115	0.9131	0.9147	0.9162	0.9177
1.4	0.9192	0.9207	0.9222	0.9236	0.9251	0.9265	0.9279	0.9292	0.9306	0.9319
1.5	0.9332	0.9345	0.9357	0.9370	0.9382	0.9394	0.9406	0.9418	0.9429	0.9441
1.6	0.9452	0.9463	0.9474	0.9484	0.9495	0.9505	0.9515	0.9525	0.9535	0.9545
1.7	0.9554	0.9564	0.9573	0.9582	0.9591	0.9599	0.9608	0.9616	0.9625	0.9633

[그림 7.27] 표준정규분포표

예제 20

표준정규분포 확률변수 Z에 대해 다음 확률을 구하라.

(a) $P(Z \le 1.25)$　　(b) $P(Z \le -1.25)$　　(c) $P(0.95 < Z \le 1.73)$

(d) $P(|Z| \le 1.55)$　　(e) $P(0 < Z \le 1.65)$　　(f) $P(Z > 1.77)$

풀이

[그림 7.28]의 표준정규분포표를 이용하여 구한다.

(a) $P(Z \le 1.25) = 0.8944$

(b) $P(Z \le -1.25) = P(Z \ge 1.25) = 1 - P(Z < 1.25) = 1 - 0.8944 = 0.1056$

(c) $P(0.95 < Z \le 1.73) = P(Z \le 1.73) - P(Z \le 0.95) = 0.9582 - 0.8289 = 0.1293$

(d) $P(|Z| \le 1.55) = 2P(Z \le 1.55) - 1 = (2)(0.9394) - 1 = 0.8788$

(e) $P(0 < Z \le 1.65) = P(Z \le 1.65) - 0.5 = 0.9095 - 0.5 = 0.4095$

(f) $P(Z > 1.77) = 1 - P(Z \le 1.77) = 1 - 0.9616 = 0.0384$

일반적으로 평균 μ이고 분산 σ^2인 확률변수 X에 대해 평균편차를 표준편차로 나눈 값을 확률변수 X에 대한 **표준화 확률변수**standardized random variable라 한다.

$$Z = \frac{X - \mu}{\sigma}$$

이때 Z의 평균과 분산은 각각 다음과 같다.

$$E(Z) = E\left(\frac{X-\mu}{\sigma}\right) = \frac{1}{\sigma}E(X-\mu) = \frac{1}{\sigma}[E(X)-\mu] = 0$$

$$Var(Z) = Var\left(\frac{X-\mu}{\sigma}\right) = \frac{1}{\sigma^2}\,Var(X-\mu) = \frac{1}{\sigma^2}\,Var(X) = 1$$

확률변수 X를 표준화한다는 것은 X의 절대적인 수치가 평균 μ의 왼쪽 또는 오른쪽으로 표준편차 σ의 몇 배만큼 떨어져 있는지를 나타내는 것을 의미한다. 그러면 평균 μ, 분산 σ^2인 정규분포와 표준정규분포 사이에 다음 관계가 성립한다.

- $X \sim N(\mu, \sigma^2)$이면 $Z = \dfrac{X-\mu}{\sigma} \sim N(0, 1)$이다.
- $Z \sim N(0, 1)$이면 $X = \mu + \sigma Z \sim N(\mu, \sigma^2)$이다.

따라서 $X \sim N(\mu, \sigma^2)$에 대한 확률을 표준화하여 표준정규분포에 대한 확률을 구할 수 있다. 즉, $P(a \le X \le b)$를 구하기 위해 a와 b를 다음과 같이 표준화하여 표준정규분포를 이용한다.

$$z_a = \frac{a-\mu}{\sigma}, \quad z_b = \frac{b-\mu}{\sigma}$$

그러면 다음 관계를 얻는다.

$$P(a \le X \le b) = P\left(\frac{a-\mu}{\sigma} \le Z \le \frac{b-\mu}{\sigma}\right) = \Phi(z_b) - \Phi(z_a)$$

예제 21

어떤 전선의 저항은 평균 $50\,\mathrm{m}\Omega$과 표준편차 $2\,\mathrm{m}\Omega$인 정규분포를 따른다고 한다. 임의로 선정한 전선의 저항 X에 대해 다음 확률을 구하라.

(a) $P(X \le 47)$　　(b) $P(X \ge 55)$　　(c) $P(48 < X \le 52)$

풀이

$X \sim N(50, 4)$이므로 $Z = \dfrac{X-50}{2} \sim N(0, 1)$이다.

(a) $z_b = \dfrac{47-50}{2} = -1.5$이므로 구하는 확률은 다음과 같다.

$$P(X \le 47) = P(Z \le -1.5) = 1 - P(Z \le 1.5) = 1 - 0.9332 = 0.0668$$

(b) $z_a = \dfrac{55-50}{2} = 2.5$이므로 구하는 확률은 다음과 같다.

$$P(X \ge 55) = P(Z \ge 2.5) = 1 - P(Z \le 2.5) = 1 - 0.9938 = 0.0062$$

(c) $z_a = \dfrac{48-50}{2} = -1,\ z_b = \dfrac{52-50}{2} = 1$이므로 구하는 확률은 다음과 같다.

$$P(48 < X \le 52) = P(-1 \le Z \le 1) = 2P(Z \le 1) - 1 = (2)(0.8413) - 1 = 0.6826$$

6.4절에서 독립인 두 확률변수 X와 Y가 독립이면 $Var(X \pm Y) = Var(X) + Var(Y)$가 성립하는 것을 살펴봤다. 또한, 두 정규확률변수 $X \sim N(\mu_1, \sigma_1^2)$, $Y \sim N(\mu_2, \sigma_2^2)$이 독립이면 확률변수 $aX+bY$도 정규분포를 따르는 것으로 알려져 있다. 이때 $aX+bY$의 평균과 분산은 각각 다음과 같다.

❶ $E(aX+bY) = a\mu_1 + b\mu_2$

❷ $Var(aX+bY) = a^2\sigma_1^2 + b^2\sigma_2^2$

예제 22

2개의 기구를 이용하여 높이가 h(m)인 탑을 측량한다. 한 기구의 측량오차는 평균 0과 표준편차 $0.006h$인 정규분포를 따르고, 다른 기구의 측량오차는 평균 0과 표준편차 $0.004h$인 정규분포를 따른다. 두 기구의 측량값이 독립일 때, 두 측량값의 평균오차가 탑 높이의 $0.005h$ 편차 안에 들어올 확률을 구하라.

풀이

두 기구의 측량오차를 각각 X, Y라 하면 X와 Y는 독립이고 각각 다음 정규분포를 따른다.

$$X \sim N(0, (0.006h)^2),\ \ Y \sim N(0, (0.004h)^2)$$

두 측량값의 평균오차를 $V = \dfrac{X+Y}{2}$라 하면, V는 정규분포를 따르고 평균과 분산은 각각 다음과 같다.

$$\mu_V = \mu_X + \mu_Y = 0$$

$$\sigma_V^2 = Var\left(\frac{X+Y}{2}\right) = \frac{1}{4}(\sigma_X^2 + \sigma_Y^2)$$

$$= \frac{1}{4}\{(0.006h)^2 + (0.004h)^2\} \approx (0.0036h)^2$$

따라서 두 측량값의 평균오차가 탑 높이의 $0.005h$ 편차 안에 들어올 확률은 다음과 같다.

$$\begin{aligned} P(|V| \le 0.005h) &= P(-0.005h \le V \le 0.005h) \\ &= P\left(\frac{-0.005h-0}{0.0036h} \le Z \le \frac{0.005h-0}{0.0036h}\right) \\ &\approx P(-1.39 \le Z \le 1.39) = 2P(Z \le 1.39) - 1 \\ &= (2)(0.9177) - 1 = 0.8354 \end{aligned}$$

평균 μ이고 분산 σ^2인 확률변수들 $X_1, X_2, \cdots, X_n$에 대해 다음과 같이 정의되는 $\overline{X}$를 **표본평균** sample mean이라 한다.

$$\overline{X} = \frac{1}{n}\sum_{i=1}^{n} X_i$$

이때 독립인 확률변수들 $X_1, X_2, \cdots, X_n$이 평균 μ이고 분산 σ^2인 정규분포를 따른다면 표본평균 $\overline{X}$의 확률분포는 다음과 같다.

$$\overline{X} \sim N\left(\mu, \frac{\sigma^2}{n}\right)$$

예제 23

야적장에 쌓여 있는 전선들의 저항은 평균 $50\,\mathrm{m}\Omega$과 표준편차 $2\,\mathrm{m}\Omega$인 정규분포를 따른다고 한다. 이 전선들 중에서 임의로 4개의 전선을 선정했다.

(a) 4개의 평균 저항이 $49\,\mathrm{m}\Omega$을 초과할 확률을 구하라.

(b) 4개의 평균 저항이 $49.5\,\mathrm{m}\Omega$과 $50.5\,\mathrm{m}\Omega$ 사이일 확률을 구하라.

풀이

$X_i \sim N(50, 4),\ i = 1, 2, 3, 4$이므로 표본평균의 분포는 $\overline{X} \sim N(50, 1)$이다.

(a) $z_a = \dfrac{49-50}{1} = 1$이므로 구하는 확률은 다음과 같다.

$$P(\overline{X} \ge 49) = P(Z \ge 1) = 1 - P(Z \le 1) = 1 - 0.8413 = 0.1587$$

(b) $z_a = \dfrac{49.5-50}{1} = -0.5,\ z_b = \dfrac{50.5-50}{1} = 0.5$이므로 구하는 확률은 다음과 같다.

$$P\left(49.5 < \overline{X} \le 50.5\right) = P(-0.5 \le Z \le 0.5) = 2P(Z \le 0.5) - 1 = (2)(0.6915) - 1 = 0.3830$$

7.1절에서 모수가 n, p인 이항분포에 대해 평균 $\mu = np$가 일정하고 n이 충분히 크면 $p \approx 0$이고, 이때 푸아송분포를 이용하여 이항확률을 근사적으로 구했다. 그러나 시행 횟수 n이 충분히 크지만 성공률 p가 충분히 작지 않을 경우에 푸아송분포를 이용하여 확률을 구하면 오차가 커진다. 이러한 경우, 정규분포를 이용하여 이항확률을 근사적으로 구한다. 일반적으로 $np \ge 5$, $nq \ge 5$이면 시행 횟수 n이 커질수록 이항분포는 평균 $\mu = np$, 분산 $\sigma^2 = npq$인 정규분포에 가까워지는 것으로 알려져 있다. 따라서 모수가 n, p인 이항분포에 대해 이항확률변수 X는 다음과 같이 정규분포에 근사하며, 이를 이항분포의 **정규근사**normal approximation라 한다.

$$X \approx N(np,\ npq)$$

따라서 시행 횟수 n이 충분히 큰 이항확률변수 X를 표준화하면 다음과 같이 표준정규분포에 근사한다.

$$Z = \frac{X - np}{\sqrt{npq}} \approx N(0, 1)$$

예제 24

$X \sim B(60,\ 0.6)$일 때, 다음 확률을 구하라(단, $P(X \le 40) = 0.8830$, $P(X \le 29) = 0.0445$이다).

(a) 이항확률 $P(30 \le X \le 40)$

(b) 정규근사에 의한 $P(30 \le X \le 40)$

풀이

(a) $P(30 \le X \le 40) = P(X \le 40) - P(X \le 29) = 0.8830 - 0.0445 = 0.8385$

(b) 확률변수 X는 평균이 $\mu = (60)(0.6) = 36$, 분산이 $\sigma^2 = (60)(0.6)(0.4) = 14.4$인 정규분포에 근사한다. 즉, $X \approx N(36,\ 3.795^2)$이다. 그러므로 구하는 확률은 다음과 같다.

$$\begin{aligned} P(30 \le X \le 40) &= P\left(\frac{30-36}{3.795} \le Z \le \frac{40-36}{3.795}\right) \approx P(-1.58 \le Z \le 1.05) \\ &= P(Z \le 1.05) - P(Z \le -1.58) = P(Z \le 1.05) - [1 - P(Z \le 1.58)] \\ &= 0.8531 - (1 - 0.9429) = 0.7960 \end{aligned}$$

[예제 24]에서 이항확률과 정규근사 확률의 차는 0.0425이다. 이때 이항확률은 확률 히스토그램에서 막대들의 넓이를 합한 수치이다. 그러나 30~40에서 정규근사를 하는 경우, [그림 7.28]과 같이 확률 히스토그램의 밑변 29.5~30의 넓이와 40~40.5의 넓이(확률)가 누락된다. 이로 인해 이항확률과 정규근사 확률 사이의 오차가 커진다.

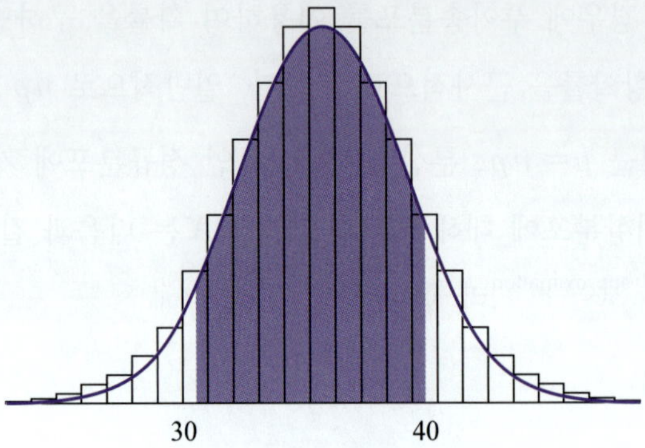

[그림 7.28] 이항분포의 정규근사

따라서 [그림 7.29]와 같이 $P(29.5 \le X \le 40.5)$를 구하면, 이항확률과 정규근사 확률 사이의 오차를 줄일 수 있다.

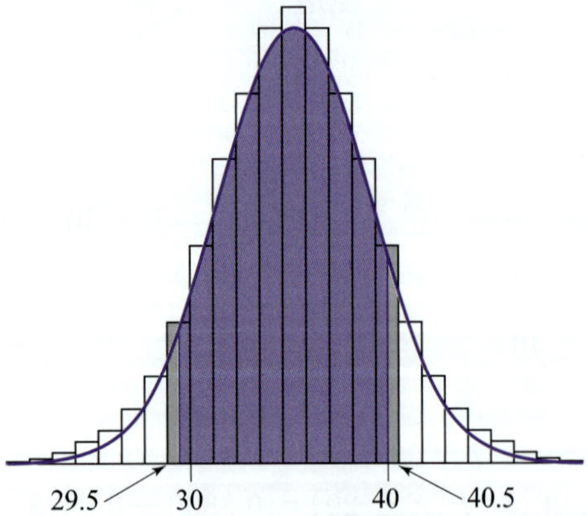

[그림 7.29] 연속성 수정 이항분포의 정규근사 확률

이와 같이 이항확률 $P(a \le X \le b)$의 정규근사 확률을 얻기 위해 $P(a - 0.5 \le X \le b + 0.5)$를 구하며, 이러한 정규근사 확률을 **연속성 수정 정규근사**[normal approximation with continuity correction factor]라 한다. 즉, $X \sim B(n, p)$에 대해 이항확률 $P(a \le X \le b)$를 구하기 위해 다음과 같이 연속성을 수정한 정규근사를 이용한다.

$$P(a \le X \le b) \approx \Phi\left(\frac{b+0.5-np}{\sqrt{npq}}\right) - \Phi\left(\frac{a-0.5-np}{\sqrt{npq}}\right)$$

예제 25

[예제 24]에서 연속성을 수정한 정규근사에 의해 $P(30 \le X \le 40)$을 구하고 이항확률과의 차를 구하라.

풀이

$$P(29.5 \le X \le 40.5) = P\left(\frac{29.5-36}{3.795} \le Z \le \frac{40.5-36}{3.793}\right) \approx P(-1.71 \le Z \le 1.19)$$

$$\approx P(Z < 1.19) - P(Z < -1.71) = P(Z < 1.19) - [1 - P(Z < 1.71)]$$

$$= 0.8830 - (1 - 0.9564) = 0.8394$$

이 확률과 이항확률의 차는 0.0009이다.

■ 로그정규분포

정규분포는 대칭성을 가지고 매우 유용하게 사용되지만, 양의 왜도를 갖거나 이상점을 포함하는 경우에는 적절하지 않다. 이 경우에 적당한 확률분포는 정규분포로부터 파생된 로그정규분포이다. 예를 들어, 광물질의 분열로 인하여 발생하는 수많은 입자에서 개별 입자의 크기, 사금 채집물에서 금 입자의 크기는 로그정규분포를 따르며, 지진단층 지역에서 압력 방출에 관한 연구에도 활용된다.

평균 μ와 분산 σ^2인 정규분포 확률변수 Y에 대하여 확률변수 $X = e^Y$의 확률분포는 모수 μ와 σ^2인 **로그정규분포**log-normal distribution를 따른다 하며, $X \sim \text{Log N}(\mu, \sigma^2)$으로 나타낸다. 그러면 $Y = \ln X$이고 다음 관계가 성립한다.

$$Y \sim N(\mu, \sigma^2) \Leftrightarrow X = e^Y, \ X \sim \text{Log N}(\mu, \sigma^2)$$

이때 X의 확률밀도함수는 다음과 같다.

$$f(x) = \frac{1}{x\sigma\sqrt{2\pi}} \exp\left[-\frac{(\ln x - \mu)^2}{2\sigma^2}\right], \quad x > 0$$

따라서 표준정규분포 확률변수 Z의 누적분포함수 $\Phi(z)$에 대하여 X의 누적분포함수는 다음과 같다.

$$F(x) = \int_0^x \frac{1}{u\sigma\sqrt{2\pi}} \exp\left[-\frac{(\ln u - \mu)^2}{2\sigma^2}\right] du = \Phi\left(\frac{\ln x - \mu}{\sigma}\right), \quad x > 0$$

[그림 7.30]은 모수 μ와 σ^2인 로그정규분포 확률밀도함수의 그림을 보여 준다.

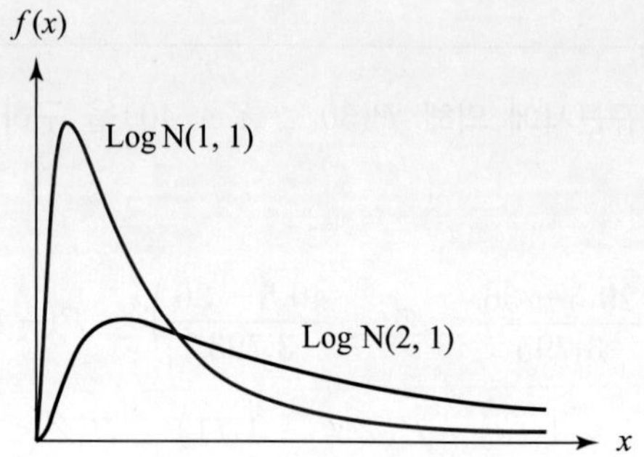

[그림 7.30] 로그정규분포

X의 평균과 분산은 각각 다음과 같으며, 구하는 과정은 생략한다.

- 평균 : $\mu_X = \exp\left(\mu + \frac{\sigma^2}{2}\right)$
- 분산 : $\sigma_X^2 = \left(e^{\sigma^2} - 1\right)e^{2\mu + \sigma^2}$

예제 26

염료공장에서 배출하는 오염물질의 농도(ppm) X는 모수 $\mu = 4,\ \sigma = 2$인 로그정규분포를 따른다고 할 때, 다음을 구하라.

(a) 평균과 표준편차 (b) $P(X \geq 6)$

풀이

(a) X가 모수 $\mu = 4,\ \sigma = 1$인 로그정규분포를 따르므로

- 평균 : $\mu_X = \exp\left(4 + \frac{2^2}{2}\right) \approx 2980.96$
- 분산 : $\sigma_X^2 = \left(e^4 - 1\right)e^{2(4)+4} \approx 8.723 \times 10^6$
- 표준편차 : $\sigma_X = \sqrt{8.723 \times 10^6} \approx 2953.53$

(b) $P(X \geq 6) = 1 - P(X < 6) = 1 - \Phi\left(\frac{\ln 6 - 4}{2}\right) \approx 1 - [1 - P(Z \leq 1.1)] = 0.8643$

■ 이변량정규분포

연속확률변수의 결합분포 중에서 특히 중요한 분포가 두 정규분포 확률변수의 결합분포이다. 임의의 상수 $\sigma_X > 0$, $\sigma_Y > 0$과 $-\infty < \mu_X$, $\mu_Y < \infty$, $-1 < \rho < 1$에 대해 Q를 다음과 같이 정의하자.

$$Q = \frac{1}{1-\rho^2}\left[\left(\frac{x-\mu_X}{\sigma_X}\right)^2 - 2\rho\left(\frac{x-\mu_X}{\sigma_X}\right)\left(\frac{y-\mu_Y}{\sigma_Y}\right) + \left(\frac{y-\mu_Y}{\sigma_Y}\right)^2\right]$$

X와 Y의 결합확률밀도함수가 다음과 같을 때, X와 Y는 모수 μ_X, μ_Y, σ_X, σ_Y, ρ를 갖는 **이변량 정규분포**[bivariate normal distribution]를 따른다 하고, $(X, Y) \sim N(\mu_X, \mu_Y, \sigma_X^2, \sigma_Y^2, \rho)$로 나타낸다.

$$f(x, y) = \frac{1}{2\pi\sigma_X\sigma_Y\sqrt{1-\rho^2}}\, e^{-Q/2}, \quad -\infty < x, y < \infty$$

여기서 상수 ρ는 X와 Y 사이의 상관계수이며, 두 확률변수 X와 Y가 동시에 어떻게 변하는지를 나타낸다. 특히 확률변수 X와 Y가 독립이면 $\rho = 0$이고, 결합밀도함수는 다음과 같다.

$$f(x, y) = \frac{1}{2\pi\sigma_X\sigma_Y}\exp\left[-\frac{(x-\mu_X)^2}{2\sigma_X^2} - \frac{(y-\mu_Y)^2}{2\sigma_Y^2}\right], \quad -\infty < x, y < \infty$$

[그림 7.31]은 확률변수 X와 Y가 독립인 경우 $\mu_X = 0$, $\mu_Y = 0$, $\sigma_X = 1$, $\sigma_Y = 1$, $\rho = 0$에 대한 이변량정규분포함수의 개형을 나타낸다.

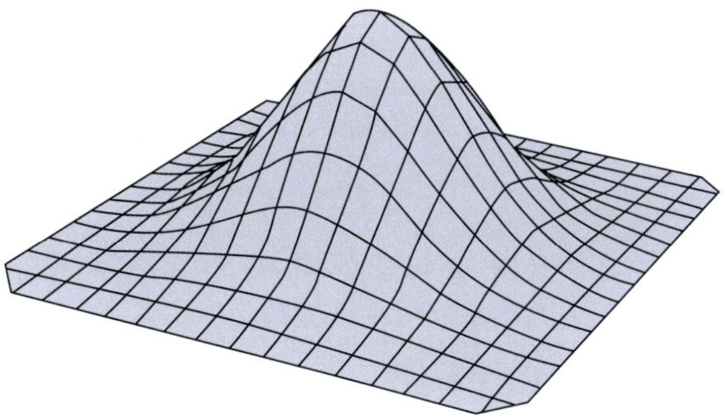

[그림 7.31] X와 Y가 독립인 이변량정규분포

확률변수 X와 Y가 양의 상관관계가 있으면, [그림 7.32(a)]와 같이 X와 Y가 동시에 커지거나 작아진다. 그러나 X와 Y가 음의 상관관계가 있으면, [그림 7.32(b)]와 같이 X가 커지면 Y는 작아진다.

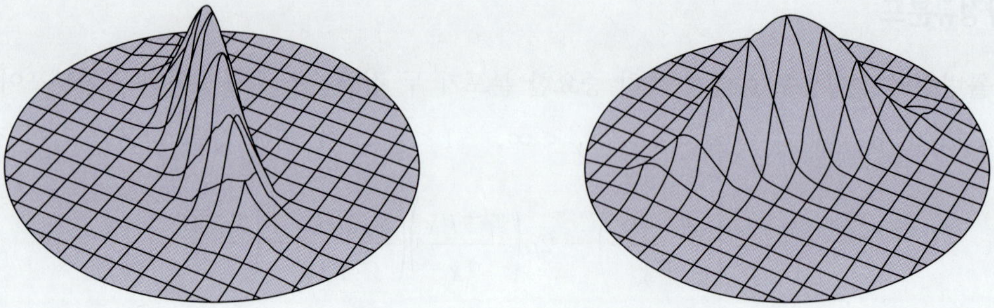

(a) $\mu_X=0,\ \mu_Y=0,\ \sigma_X=1,\ \sigma_Y=1,\ \rho=0.9$ (b) $\mu_X=0,\ \mu_Y=0,\ \sigma_X=1,\ \sigma_Y=1,\ \rho=-0.9$

[그림 7.32] 독립이 아닌 이변량정규분포

이변량정규분포인 경우, X와 Y의 주변확률밀도함수는 각각 다음과 같다.

$$f_X(x)=\frac{1}{\sqrt{2\pi}\,\sigma_X}\exp\left(-\frac{(x-\mu_X)^2}{2\sigma_X^2}\right)\sim N(\mu_X,\ \sigma_X^2),\ -\infty<x<\infty$$

$$f_Y(y)=\frac{1}{\sqrt{2\pi}\,\sigma_Y}\exp\left(-\frac{(y-\mu_Y)^2}{2\sigma_Y^2}\right)\sim N(\mu_Y,\ \sigma_Y^2),\ -\infty<y<\infty$$

$X=x$가 주어졌을 때, Y의 조건부 확률밀도함수는 다음과 같다.

$$f(y|x)=\frac{f(x,\,y)}{f_X(x)}=\frac{1}{\sqrt{2\pi}\,\sigma_Y\sqrt{1-\rho^2}}\exp\left[-\frac{(x-b_Y)^2}{2\sigma_Y^2(1-\rho^2)}\right],\quad -\infty<x<\infty$$

즉, $X=x$가 주어졌을 때, Y의 조건부 확률변수는 다음과 같은 정규분포를 따른다.

$$Y|X=x\sim N\left(b_Y,\ \sigma_Y^2(1-\rho^2)\right)$$

여기서 상수 b_Y는 다음과 같이 $X=x$가 주어졌을 때, Y의 조건부 평균이다.

$$b_Y=E(Y|X=x)=\mu_Y+\rho\frac{\sigma_Y}{\sigma_X}(x-\mu_X)$$

예제 27

$\mu_X=176,\ \mu_Y=160,\ \sigma_X=1,\ \sigma_Y=1.2,\ \rho=0.8$인 이변량정규분포에 대해 다음을 구하라.

(a) $P(Y\geq 158)$

(b) $P(Y\geq 158|X=175)$

풀이

(a) $Y \sim N(160,\ 1.2^2)$이므로 구하는 확률은 다음과 같다.

$$P(Y \geq 158) = P\left(Z \geq \frac{158-160}{1.2}\right) \approx P(Z \geq -1.67) = 1 - P(Z < 1.67)$$

$$= 1 - 0.9525 = 0.0475$$

(b) $b_Y = E(Y \mid X = 175) = 160 + (0.8)(1.2)(175 - 176) = 159.04$,

$\sigma_Y^2(1-\rho^2) = (1.2)^2(1-0.8^2) = 0.72^2$이므로 $Y \mid X = 175 \sim N(159.04,\ 0.72^2)$

$$P(Y \geq 158 \mid X = 175) = P\left(Z \geq \frac{158-159.04}{0.72}\right) \approx P(Z \geq -1.44)$$

$$= 1 - P(Z < 1.44) = 1 - 0.9251 = 0.0749$$

연습문제

1. 건설업자는 신도시 건설을 위해 중고 불도저를 구입하려고 한다. 이 업자가 이전에 불도저를 구입한 경험에 의하면, 각 불도저를 적어도 1년 이상 사용할 수 있을 확률이 35%이다. 이 사람이 새로운 신도시 건설을 위해 불도저 5대를 구입했다.

(a) 1년 후에도 사용할 수 있는 불도저의 수에 대한 확률질량함수를 구하라.

(b) 1년 후에도 두 대 이상 사용할 수 있을 확률을 구하라.

2. 어떤 보안회사는 99.5%의 신뢰성을 갖는 보안 시스템을 개발하고자 한다. 5명의 해커를 상대로 새로 개발한 보안 시스템을 시험했다.

(a) 이 보안 시스템을 풀어 낸 해커의 수에 대한 확률질량함수를 구하라.

(b) 이 보안 시스템을 풀어 낸 해커가 4명 이상일 확률을 구하라.

(c) 적어도 한 명이 보안 시스템을 풀어 낼 확률을 구하라.

3. 치명적인 자동차 사고의 55%가 음주운전에 의한 것이라는 보고가 있다. 어느 날 5건의 치명적인 자동차 사고가 날 때, 음주운전에 의하여 사고가 난 횟수 X에 대하여 다음 확률을 구하라.

(a) 다섯 번 모두 (b) 꼭 3번 (c) 적어도 1번 이상

4. 노이즈 지수가 3dB을 초과할 확률이 0.05인 에르븀 첨가 광섬유 증폭기를 20대 갖고 있다.

(a) 노이즈 지수가 3dB을 초과하는 증폭기 수의 평균과 분산을 구하라.

(b) 정확히 증폭기 세 대가 3dB을 초과할 확률을 구하라.

(c) 두 대 이상의 증폭기가 3dB을 초과할 확률을 구하라.

5. 주유소에는 주유를 시작하기 전에 정전기를 막기 위한 방전 장치가 주유기에 부착되어 있다. 주유소 종업원이 관찰한 결과, 고객의 10명 중 2명 정도가 방전 장치를 이용하지 않았다. 어느 날 20대의 자동차가 주유를 위해 이 주유소에 찾아왔을 때, 다음을 구하라.

(a) 방전 장치를 이용하지 않은 고객이 5명 이하일 확률

(b) 방전 장치를 이용하지 않은 고객이 5명을 초과할 확률

(c) 방전 장치를 이용하지 않은 고객이 3명 이상 7명 미만일 확률

(d) 정확히 4명이 방전 장치를 이용하지 않았을 확률

6. 쌍방향 페이징 시스템이 메시지를 전달할 때, 무선호출기가 발신된 메시지를 수신할 확률은 0.9이다. 무선호출기가 메시지를 수신함과 동시에 응답 신호를 페이징 시스템에 전송하며, 이 시스템이 메시지를 네 번 송신했다.

(a) 수신된 횟수 X에 대한 확률질량함수를 구하라.

(b) 평균과 분산을 구하라.

(c) 페이징 시스템이 메시지를 적어도 두 번 이상 수신할 확률을 구하라.

7. 지질학자들이 어느 지역에 분포된 화강암과 퇴적암 표본을 각각 10개씩 채취하여 연구실로 가져와 이들 중에서 임의로 10개를 선택했을 때, 다음을 구하라.

(a) 화강암 표본의 개수에 대한 확률질량함수

(b) 화강암 표본의 평균과 분산

(c) 화강암 표본이 많아야 두 개 선정될 확률

(d) 어느 한 종류의 표본이 모두 선정될 확률

8. 어느 지역의 오염 정도를 조사하기 위해 추출한 40개의 표본 안에 오염 정도가 심각한 표본 4개가 포함된 것으로 추정한다. 40개의 표본 중 임의로 4개의 표본을 선정할 때, 다음을 구하라.

(a) 오염 정도가 심각한 표본 수에 대한 확률질량함수

(b) 오염 정도가 심각한 표본이 2개 포함될 확률

(c) 이항분포에 의한 오염 정도가 심각한 표본 2개가 포함될 근사확률

9. 어느 강물의 오염 실태를 조사하기 위해 강의 주변 지역 20곳에서 물을 채취하여 병에 담았다고 한다. 수질을 조사한 결과, 오염이 매우 심각한 지역은 10곳, 약간 오염된 지역은 6곳, 청정한 지역은 4곳이며, 채취한 강물을 담은 병들 중에서 임의로 5개를 선정했다. 오염이 매우 심각한 물병, 약간 오염된 물병, 청정한 물병의 개수를 각각 확률변수 X, Y, Z라 할 때, 다음을 구하라.

(a) X, Y, Z의 확률질량함수

(b) 오염이 매우 심각한 물병이 2개, 약간 오염된 물병이 2개, 청정한 물병이 1개일 확률

(c) 오염이 매우 심각한 물병의 개수에 대한 확률표

(d) 오염이 매우 심각한 물병의 평균 개수

(e) 4개 이상이 오염이 매우 심각한 물병일 확률

10. 어느 교차로에서 교통사고로 사망한 사람이 연평균 3명인 푸아송분포를 따른다고 할 때, 다음을 구하라.

(a) 1년 동안 교통사고로 사망한 사람이 없을 확률

(b) 1년 동안 교통사고로 많아야 2명이 사망할 확률

(c) 1년 동안 교통사고로 적어도 2명 이상이 사망할 확률

11. 1000분의 1초 동안 평균적으로 방사능 입자 3개가 계수관을 통과할 때, 다음을 구하라.

(a) 계수관을 통과하는 방사능 입자 수에 대한 확률질량함수

(b) 단위 시간 동안 계수관을 통과한 입자가 적어도 하나 이상일 확률

(c) 이 시간 동안 정확히 한 입자가 통과할 확률

12. 세라믹 타일 조각 안에 생긴 금의 수는 평균 2.4인 푸아송분포를 따른다고 한다.

(a) 이 조각 안에 금이 하나도 없을 확률을 구하라.

(b) 이 조각 안에 금이 적어도 두 개 이상 있을 확률을 구하라.

13. 어느 유명한 상표의 900 cm^2인 정사각형 모양의 타일은 20장 중 평균 0.3개의 흠집이 있으며, 흠집의 개수는 푸아송분포를 따른다고 한다. 건설업자가 별장을 지으면서 이 상표의 타일 100장을 구입했을 때, 다음을 구하라.

(a) 흡집 개수의 평균과 분산

(b) 흠집이 없을 확률

(c) 흠집이 2개 이하일 확률

(d) 흠집이 4개 이상일 확률

14. 지질학자들은 지르콘의 표면에 있는 우라늄의 분열 흔적의 수를 이용하여 지르콘의 연대를 측정한다. 특정한 지르콘은 1 cm^2 당 평균 5개의 흔적을 가지고 있다. 이 지르콘의 2 cm^2에 많아야

3개의 흔적을 가질 확률을 구하라(단, 이 분열 흔적의 수는 푸아송분포를 따른다고 한다).

15. 상자 안에 500개의 전기 스위치가 들어 있으며, 불량품이 나올 확률은 0.004라고 한다. 이 상자 안에 불량품이 많아야 하나 있을 확률을 구하라.

16. 해저 케이블에 생긴 결함의 수는 1 km당 발생 비율 $\lambda = 0.15$인 푸아송과정을 따른다고 한다.

(a) 처음 3 km에서 결함이 발견되지 않을 확률을 구하라.

(b) 처음 3 km에서 결함이 발견되지 않았다고 할 때, 3 km 지점과 4 km 지점에서 결함이 발견되지 않을 확률을 구하라.

(c) 처음 3 km 지점 이전에 1개, 3 km 지점과 4 km 지점에서 1개의 결함이 발견되지만, 4 km 지점과 5 km 지점에서 결함이 발견되지 않을 확률을 구하라.

17. 어떤 생물학자가 우리나라 전 해역에서 잡히는 넙치에서 발견되는 기생충의 분포를 연구한다. 이 생물학자는 기생충에 감염된 넙치가 발견될 때까지 조사한 넙치의 수 X의 확률질량함수는 $f(x) = (0.2)(0.8)^{x-1},\ x = 1, 2, \cdots$인 것을 발견했다.

(a) 기생충에 감염된 넙치가 발견될 때까지 조사된 평균 넙치의 수를 구하라.

(b) 네 번째 넙치를 조사했을 때, 처음으로 기생충에 감염된 넙치가 발견될 확률을 구하라.

18. 어떤 공정 라인에서 생산되는 제품은 10개당 평균 1개의 불량품이 발생한다.

(a) 불량품이 발견될 때까지 생산된 제품의 개수에 대한 확률질량함수를 구하라.

(b) 다섯 번째에서 처음으로 불량품이 발생할 확률을 구하라.

(c) 다섯 번째에서 두 번째 불량품이 나올 확률을 구하라.

19. 로켓을 발사대에 성공적으로 세울 확률은 0.75이다.

(a) 처음 성공할 때까지 시도한 횟수에 대한 확률질량함수를 구하라.

(b) 다섯 번째 시도해서 처음으로 성공적으로 세울 확률을 구하라.

(c) 발사대에 세우기 위해 다섯 번을 넘게 시도했을 때, 다시 다섯 번을 넘게 시도해야 로켓을 세울 확률을 구하라.

(d) 세 번째 성공하기 위해 시도한 횟수에 대한 확률질량함수를 구하라.

(e) 세 번째 성공하기 위해 시도한 평균 횟수를 구하라.

(f) 7번 시도하여 세 번째로 성공할 확률을 구하라.

20. 바다에 설치하는 풍력발전기는 유의파고(평균 해면으로부터 파고가 10m를 넘는 파도)에 견디도록 고안되어 있으며, 연간 20% 정도의 유의파고가 찾아온다고 하자.

(a) 유의파고가 발생하는 평균 연수를 구하라.

(b) 유의파고가 처음으로 발생한 횟수에 대한 확률질량함수를 구하라.

(c) 이 풍력발전기가 세워진 이후로 2년 이내에 유의파고가 발생한 확률을 구하라.

(d) 이 풍력발전기가 세워진 이후로 2년 만에 처음으로 유의파고가 발생했을 때, 정확히 5년 후에 다음 유의파고가 발생할 확률을 구하라.

(e) 이 풍력발전기가 세워진 이후로 2년이 지났을 때, 앞으로 5년을 넘겨야 이 파도가 발생할 확률을 구하라.

21. 해안 지역에 건설되는 건물은 내구 설계에 대한 건축 법규를 따른다. 이 건축 법규에 설계 풍속을 평균 25년 주기로 찾아오는 강풍이 명시되어 있을 때, 다음을 구하라.

(a) 건물을 새로 건설한 첫해 1년 동안 이 풍속이 처음 찾아올 확률

(b) 건물을 새로 건설한 이후로 x번째 해에 이 풍속이 처음 찾아올 확률

(c) 건물을 새로 건설한 이후로 3년 이내에 이 풍속이 찾아올 확률

22. 운항 중인 비행기의 기류 측정 장치가 과도한 기류를 감지할 확률이 0.05일 때, 다음을 구하라.

(a) 처음으로 과도한 기류를 감지할 때까지 측정한 횟수에 관한 확률질량함수

(b) 과도한 기류를 감지할 때까지 측정한 평균 횟수

(c) 다섯 번 측정해서 처음으로 감지할 확률

23. 특별한 질병에 대한 새로운 치료법을 개발한 의학 연구팀은 이 질병에 걸린 한 환자를 찾고자 한다. 이 질병에 걸린 사람은 전체 인구의 0.5%이며, 연구팀은 이 질병에 걸린 환자를 찾을 때까지 반복적으로 진찰한다.

(a) 이 질병에 걸린 환자를 처음 만날 때까지 진찰한 평균 환자수를 구하라.

(b) 10명 이하의 환자를 진찰해서 이 질병에 걸린 환자를 만날 확률을 구하라.

(c) 11명 이상을 진찰해야 이 질병에 걸린 환자를 만날 수 있다고 할 때, 정확히 15번째에서 질병에 걸린 환자를 만날 확률을 구하라.

(d) (c)의 조건 아래, 그 이후로 5명을 초과해야 이 질병에 걸린 환자를 만날 확률을 구하라.

24. [문제 23]에서 연구팀은 이 질병에 걸린 두 번째 환자를 찾을 때까지 임의로 진찰한다고 한다.

(a) 이 질병에 걸린 두 번째 환자를 만날 때까지 진찰한 평균 환자 수를 구하라.

(b) 두 번째 환자를 만날 때까지 진찰한 환자 수에 대한 확률질량함수를 구하라.

(c) 10번째 진찰한 환자가 이 질병에 걸린 두 번째 환자일 확률을 구하라.

25. 제품 생산 라인에 있는 기계의 고장은 전기적 원인과 기계적 원인 그리고 사용상의 부주의에 기인한다고 하자. 그리고 이러한 요인에 의하여 고장 날 가능성은 각각 0.3, 0.2, 0.5라고 한다. 이제 기술자가 이 기계를 사용하여 10번의 고장을 유발시켰을 때, 다음을 구하라.

(a) 각 원인별 고장 횟수에 대한 확률분포

(b) 전기적 원인 5회, 기계적 원인 3회, 부주의에 의한 원인 2회로 구성되어 있을 확률

(c) 기계적 원인에 의한 평균 고장 횟수

26. 프로젝터용 전구의 사용 시간은 5000시간 미만, 500시간 이상 600시간 미만 그리고 600시간 이상으로 구분되며, 각각의 확률은 0.25, 0.60 그리고 0.15이다. 전구 10개를 사용할 때, 사용시간이 500시간 미만, 500시간 이상 600시간 미만 그리고 600시간 이상 사용한 횟수를 각각 X, Y, Z라 할 때, 다음을 구하라.

(a) X, Y, Z의 결합확률질량함수

(b) $P(X=4,\ Y=4,\ Z=2)$

(c) Z의 평균 μ_Z와 분산 σ_Z^2

(d) Y와 Z의 공분산과 상관계수

27. 어느 건전지 제조 회사에서 만들어진 1.5볼트 건전지는 실제로 1.45볼트에서 1.55볼트 사이에서 균등분포를 이룬다고 한다.

(a) 생산된 건전지 중 임의로 하나를 선정했을 때, 기대되는 전압과 표준편차를 구하라.

(b) 건전지 전압이 1.49볼트보다 크고 1.51볼트보다 작을 확률을 구하라.

(c) 20개의 건전지가 들어 있는 상자 안에 전압이 1.49볼트보다 크고 1.51볼트보다 작은 건전지 수의 평균과 분산을 구하라.

(d) (c)에서 1.49볼트보다 크고 1.51볼트보다 작은 전압을 가진 건전지가 4개 이상 들어 있을 확률을 구하라.

28. 화학반응의 결과는 실험을 시작한 이후로 12시간에서 14시간 사이에서 균등하게 나타난다. 실험 결과가 나타날 때까지 걸리는 시간에 대해 다음을 구하라.

(a) 확률밀도함수

(b) 평균 시간과 분산

(c) 12시간 30분 이전에 실험 결과가 나올 확률

29. 관측을 시작한 이후로 1년 동안 교차로에서 처음으로 교통사고가 발생할 때까지 걸리는 시간이 확률밀도함수 $f(x)=4e^{-4x}$, $x>0$으로 관측될 때, 다음을 구하라.

(a) 한 달이 지난 후에 사고가 처음 발생할 확률

(b) 두 달 안에 사고가 처음 발생할 확률

(c) 평균적으로 사고가 발생하는 개월 수

30. 반도체를 생산하는 공정 라인에 있는 기계가 한 달 동안 멈추는 시간이 $\lambda=0.2$인 지수분포를 따를 때, 다음을 구하라(단, 단위는 일이다).

(a) 기계가 멈추는 평균 시간

(b) 기계가 수리된 이후로 적어도 1주일 이상 사용할 확률

(c) 1주일 이상 무리 없이 사용하였을 때, 이 기계를 앞으로 이틀 동안 더 사용할 확률

31. 통계 역학에서 중요한 기체 분자 운동론에 따르면, 한 분자가 다른 분자와 충돌하기 전에 움직인 거리 X는 모수 $\frac{1}{\lambda}$, $\lambda>0$인 지수분포를 따르는 것으로 알려져 있다.

(a) 두 기체가 충돌할 때, 두 기체의 평균 거리를 구하라.

(b) $\lambda=10$일 때, 확률 $P(X>5 \mid X>3)$을 구하라.

32. 어떤 기계의 고장 나는 날의 간격이 $\lambda=0.3$인 지수분포를 따른다고 한다.

(a) 이 기계가 고장 나는 날의 평균과 표준편차를 구하라.

(b) 이 기계가 수리된 후 다시 고장 나기까지 적어도 일주일 이상 사용할 확률을 구하라.

(c) 이 기계를 5일 동안 정상적으로 사용했을 때, 고장 나기까지 적어도 이틀 이상 사용할 확률을 구하라.

33. 우리나라 동남부 지역에서 평균적으로 1년에 4번의 지진이 푸아송과정을 따라 발생한다.

(a) 앞으로 2년간 적어도 6번의 지진이 일어날 확률을 구하라.

(b) 지금부터 다음 지진이 일어날 때까지 걸리는 시간 T의 확률분포를 구하라.

34. 전화 교환대에 1분당 평균 2번의 비율로 신호가 들어오고 있으며, 교환대에 도착한 신호의 횟수는 푸아송과정을 따른다고 한다.

(a) 푸아송과정의 비율 λ를 구하라.

(b) 교환대에 들어오는 두 신호 사이의 평균 시간을 구하라.

(c) 2분과 3분 사이에 신호가 없을 확률을 구하라.

(d) 교환원이 3분 이상 기다려야 첫 번째 신호가 들어올 확률을 구하라.

(e) 처음 2분 동안 신호가 없으나 2분과 4분 사이에 4건의 신호가 있을 확률을 구하라.

(f) 처음 신호가 15초 이내에 들어오고, 그 이후 두 번째 신호가 들어오기까지 3분 이상 걸릴 확률을 구하라.

35. 증폭기에 신호가 분당 평균 2번의 비율로 푸아송분포를 따라 들어올 때, 다음을 구하라.

(a) 신호가 들어온 이후 다음 신호가 들어올 때까지 걸리는 시간 T의 확률밀도함수

(b) 증폭기에 들어오는 두 신호 사이의 평균 시간

(c) 신호가 들어온 이후로 2분 동안 신호가 없을 확률

(d) 처음부터 2분 동안 신호가 들어오지 않을 확률

(e) 네 번째 신호가 들어올 때까지 걸리는 시간 X의 확률밀도함수

(f) 네 번째 신호가 2분과 3분 사이에 있을 확률

(g) 처음 신호가 30초 이내에 들어오고, 그 이후 두 번째 신호가 들어오기까지 2분 이상 걸릴 확률

36. 소재 생산 공정을 거쳐 판넬 생산 공정으로 이동하는 자동차 차체 생산 라인에서, 판넬은 1시간당 평균 1.625개의 비율인 푸아송과정을 따라 도착한다고 한다.

(a) 판넬 생산 공정에 도착하는 두 판넬 사이의 평균 시간을 구하라.

(b) 판넬 생산 공정에 도착하는 두 판넬 사이의 시간이 적어도 1시간일 확률을 구하라.

(c) 4시간 동안 도착한 판넬의 수에 대한 분포를 구하라.

(d) 4시간 동안 적어도 3개의 판넬이 도착할 확률을 구하라.

37. 푸아송분포를 따라 1분 동안 평균 10개의 입자를 발사하는 방사성 선원에서 세 번째 입자가 발사될 때까지 걸리는 시간을 X라 하자.

(a) X의 확률밀도함수를 구하라.

(b) 세 번째 입자가 발사될 때까지 걸리는 평균 시간과 분산을 구하라.

(c) 세 번째 입자가 발사될 때까지 걸리는 시간이 10초 이내에 있을 확률을 구하라.

38. 스프레이 모기약을 뿌린 후에 죽은 모기의 비율 X는 평균 0.6, 표준편차 0.2인 베타분포를 따른다고 할 대, 다음을 구하라.

(a) 모수 α, β

(b) X의 확률밀도함수

(c) X의 누적분포함수

(d) 50% 이상의 모기가 죽을 확률

39. 어떤 고온에서 박테리아의 생존 시간(분) X는 모수 $\alpha = 5$, $\beta = 3$인 와이블 분포를 따른다고 한다.

(a) 누적분포함수 $F(x)$를 구하고, $P(X \le 4)$를 구하라.

(b) 생존함수 $S(x)$를 구하고, $P(X \ge 10)$을 구하라.

(c) 고장률 함수 $h(x)$를 구하라.

(d) X의 평균, 중위수 그리고 분산을 구하라.

(e) $F(x_0) = 0.95$를 만족하는 x_0을 구하고, x_0의 의미를 말하라.

40. 온도에 민감한 전기회로의 고장시간(년)은 모수 $\alpha = 3$, $\beta = 2$인 와이블 분포를 따른다고 한다.

(a) 누적분포함수 $F(x)$를 구하고, $P(X \le 4)$를 구하라.

(b) 생존함수 $S(x)$를 구하고, $P(X \ge 5)$를 구하라.

(c) 고장률 함수 $h(x)$를 구하라.

(d) X의 평균과 분산을 구하라.

41. 어떤 발전기의 수명 X는 고장률이 시간당 $h(x) = 10^{-3}x$인 와이블 분포를 이룬다.

(a) 이 발전기의 수명에 대한 확률밀도함수를 구하라.

(b) 발전기의 평균 수명을 구하라.

(c) 이 발전기를 30시간 이상 사용할 확률을 구하라.

42. 시속 100 km로 속도가 제한된 고속도로의 한 구역을 지나는 차량의 속도는 평균 98 km, 표준편차 2 km인 정규분포를 따른다고 한다.

(a) 시속 95 km 이하로 통과하는 차량의 비율을 구하라.

(b) 시속 97 km와 99 km 사이로 통과하는 차량의 비율을 구하라.

(c) 이 구간을 지나는 차량 중 제한 속도를 넘는 차량의 비율을 구하라.

43. 의료폐수를 하수관로에 흘려보내면서 발생하는 대장균의 법정 배출 허용 기준치는 1 mL당 3,000개이다. 어느 의료 기관에서 배출되는 폐수로 인한 대장균 수는 평균 3,000개, 표준편차 200개인 정규분포를 따른다고 한다.

(a) 대장균 수가 2,500개 이하일 확률을 구하라.

(b) 대장균 수가 3,346개 이상일 확률을 구하라.

(c) 대장균 수가 2,870개 이상 3,426개 이하일 확률을 구하라.

44. 장마철에 어느 도시에서 배출되는 물의 양은 시간당 평균 26.5만 m^3, 표준편차 5만 m^3인 정규분포를 따른다. 배수시설은 시간당 최대 32만 m^3를 배출하도록 고안되어 있다.

(a) 시간당 배출량이 23.5만 m^3와 30.8만 m^3 사이일 확률을 구하라.

(b) 장마철에 이 도시가 침수로 피해를 입을 확률을 구하라.

45. 보편적으로 핸드폰의 수명은 평균 800, 표준편차 30인 정규분포를 따른다고 한다(단, 단위는 일이다).

(a) 820일 이상 핸드폰을 사용할 확률을 구하라.

(b) 750일 이상 사용하였다는 조건 아래, 820일 이상 사용할 확률을 구하라.

(c) 핸드폰 수명에 대한 95% 백분위수를 구하라.

46. 건축물에 사용되는 철근은 평균 5 m와 표준편차 0.1 m인 정규분포를 따라 절단된다.

(a) 절단된 길이가 오차한계인 4.85 m와 5.15 m를 벗어날 확률을 구하라.

(b) 절단된 길이가 오차한계 km 안에 놓일 확률이 95%가 되는 k를 구하라.

47. 시속 100 km로 제한된 고속도로에서 자동차들이 평균 110 km, 표준편차 5 km로 달리고 있으며, 자동차 속도는 정규분포를 따른다고 한다.

(a) 어떤 자동차가 100 km 이하의 규정 속도를 지킬 확률을 구하라.

(b) 자동차 네 대의 평균 속도가 105 km와 115 km 사이일 확률을 구하라.

(c) 자동차의 속도가 상위 15%인 최저 속도를 구하라.

(d) 자동차의 속도가 하위 10%인 최고 속도를 구하라.

48. 신형 자동차의 휘발유 탱크의 용량은 평균 65리터, 표준편차 1.2리터인 정규분포를 따른다고 한다.

(a) 이 탱크에 많아야 63.5리터가 들어갈 확률을 구하라.

(b) 이 탱크에 적어도 65.5리터 이상 들어갈 확률을 구하라.

(c) 10개의 탱크를 제작했을 때, 평균 용량이 64.5리터와 65.5리터 사이일 확률을 구하라.

49. 어떤 금속의 인장강도는 1 cm^2당 평균 10톤, 분산 0.16톤인 정규분포를 따른다.

(a) 인장강도가 9톤과 11.2톤 사이일 확률을 구하라.

(b) 인장강도가 10.86톤을 초과할 확률을 구하라.

(c) 이 금속 10개의 평균 강도가 10.3톤을 초과할 확률을 구하라.

50. A와 B 두 회사에서 제조된 전구의 수명(시간)은 각각 $X \sim N(425, 25)$, $Y \sim N(420, 15)$인 정규분포를 따르고, 이 두 전구의 수명은 서로 독립이라고 한다.

(a) A 회사에서 제조된 전구를 436시간 이상 사용할 확률을 구하라.

(b) 어느 하나를 먼저 사용하다 전구의 수명이 끝나면 곧바로 다른 전구를 사용한다. 이와 같이 해서 860시간 이상 사용할 확률을 구하라.

(c) A 회사 전구의 수명과 B 회사 전구의 수명에 대한 차가 3시간 이하일 확률을 구하라.

51. 특정 시간대에 두 지역의 교차로에서 한 달 동안 차량의 흐름을 조사한 결과, 다음 결과를 얻었다. 하루 동안 두 교차로를 지나는 차량은 정규분포를 따른다고 한다(단, 단위는 대이다).

지역	평균	표준편차
A 지역	257.5	5.5
B 지역	245.3	6.3

(a) A 지역과 B 지역을 지나는 차량의 차에 대한 확률분포를 구하라.

(b) A 지역을 지나는 차량이 B 지역보다 25대 이상 많을 확률을 구하라.

(c) B 지역을 지나는 차량이 A 지역보다 많을 확률을 구하라.

52. 어떤 전기회로에 필요한 저항은 평균 4Ω, 표준편차 0.25Ω인 정규분포를 따른다. 저항이 4.32Ω 이하이면 이 전기회로에 사용할 수 있다. 공장에서 10,000개의 저항을 생산했을 때, 이 전기회로에 사용할 수 있는 저항의 개수를 구하라.

53. 좌석이 30개인 작은 비행기에 승객이 나타나지 않을 확률은 다른 승객에 독립적으로 0.1이라 한다. 그리고 이 항공사는 32개의 항공권을 판매하였다. 이때 비행기에 탑승하기 위하여 나타난 승객이 가용할 수 있는 좌석보다 더 많을 확률을 다음 방법에 의해 구하라.

(a) 확률함수를 이용하여

(b) 연속성을 수정한 정규근사를 이용하여

54. 화학공장에서 배출되는 오염 농도는 $m = 4$, $s = 1.5$인 로그정규분포를 따른다고 한다.

(a) 오염 농도가 10과 20 사이일 확률을 구하라.

(b) 5% 백분위수 $x_{0.95}$를 구하라.

55. 확률변수 X와 Y는 $\mu_X = \mu_Y = 0$, $\sigma_X = \sigma_Y = 1$, $\rho = 0.8$인 이변량정규분포를 따른다.

(a) X의 주변확률밀도함수를 구하라.

(b) $X = 1$인 조건 아래, Y의 조건부 확률밀도함수를 구하라.

CHAPTER 08

표본분포

8.1 모집단분포와 표본분포

1.3절에서 통계적 분석을 위한 관심의 대상이 되는 모든 사람, 응답, 실험 결과, 측정값 전체로 이루어진 자료집단을 모집단이라 했다. 그러나 일반적으로 모집단의 모든 대상을 조사한다는 것이 불가능하거나 매우 어려우므로, 모집단의 일부로 구성된 표본을 조사하게 된다. 이 절에서는 모집단분포와 표본분포의 개념에 대해 살펴본다.

■ 모집단분포

모집단을 구성하는 개개의 자료 값은 어떤 확률분포를 따르는 확률변수 X의 관찰값이다. 다음 두 가지 경우를 생각해보자.

- 조립 라인에서 생산된 완성품 N개의 결함을 조사하는 경우

  검사 결과 양호하면 0, 불량인 경우 1이라 하면 모집단의 각 관찰값은 $X \sim B(1, p)$인 베르누이분포를 따른다. 그러나 불량률 p는 모든 제품을 조사해야만 알 수 있는 모수이다.

- 하루 동안 생산한 배터리 N개의 수명을 조사하는 경우

  개개의 배터리 수명에 대한 관찰값은 구간에서 관찰되는 연속확률변수이며, 배터리 수명은 어떤 형태의 연속확률분포를 따른다. 그러나 모든 배터리를 조사해야만 분포 모형을 알 수 있다.

이와 같이 어떤 통계적 실험 결과인 모집단의 자료가 가지는 확률분포를 **모집단분포**population distribution라 한다. 불량률인 모비율 또는 배터리 수명의 평균이나 분산 등은 모든 자료 값을 측정해야만 알 수 있으나, 모든 자료 값을 관측하는 것은 불가능하다. 따라서 표본을 추출하여 모집단의 모수를 추측하는 통계적 추론이 불가피하다.

■ 표본분포

크기가 N이고 분포가 $f(x)$인 모집단으로부터 무작위로 선정한 크기 n인 표본을 생각하자. [그림 8.1]과 같이 표본으로 선정된 첫 번째 관찰값 x_1은 모집단으로부터 얻은 N개 중 하나이며, 모집단분포 $f(x)$를 따르는 확률변수를 X_1의 관찰값으로 생각할 수 있다. 같은 방법으로 복원추출에 의해 독립적으로 선정한 i번째 관찰값 x_i는 모집단분포 $f(x)$를 따르는 확률변수 X_i의 관찰값이다. 따라서 크기 n인 표본을 선정할 때, 확률변수 X_1, X_2, $\cdots$, X_n은 서로 독립이고 동일한 분포 $f(x)$를 따른다. 그리고 표본으로 얻은 각 관찰값은 x_1, x_2, $\cdots$, x_n은 이 확률변수들의 관찰값이다.

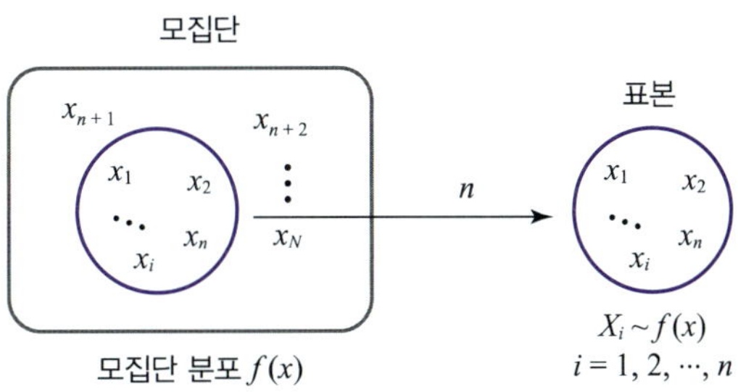

[그림 8.1] 모집단분포와 표본의 대상

이때 모집단분포 $f(x)$를 따르고 독립인 확률변수 X_1, X_2, $\cdots$, X_n을 크기 n인 **확률표본**random sample이라 하며, 결합분포는 다음과 같다.

$$f(x_1, x_2, \cdots, x_n) = f(x_1)f(x_2)\cdots f(x_n)$$

표본으로부터 얻은 통계량인 표본평균, 표본분산, 표본표준편차, 표본비율의 확률분포를 **표본분포**sampling distribution라 한다.

• 표본평균: $\overline{X} = \frac{1}{n}\sum_{i=1}^{n} X_i$

• 표본분산: $S^2 = \frac{1}{n-1}\sum_{i=1}^{n}(X_i - \overline{X})^2$

• 표본표준편차: $S = \sqrt{\frac{1}{n-1}\sum_{i=1}^{n}(X_i - \overline{X})^2}$

• 표본비율: $\hat{p} = \frac{X}{n}$, 여기서 X는 표본에서 성공의 개수이다.

8.2 표본평균의 분포(모분산을 아는 경우)

표본평균은 모평균과 매우 밀접한 관계가 있으며 모분산을 아는지, 그렇지 않은지에 따라 관련되는 확률분포가 다르다. 이 절에서는 모분산을 아는 단일 모집단으로부터 추출한 표본평균과 독립인 두 모집단으로부터 추출한 두 표본평균의 차와 관련된 확률분포를 살펴본다.

모집단이 모분산 σ^2인 정규분포를 따를 때, 크기 n인 확률표본 $X_1, X_2, \cdots, X_n$의 표본평균 $\overline{X}$의 평균과 분산은 각각 다음과 같다.

$$E(\overline{X}) = \frac{1}{n}E(X_1 + X_2 + \cdots + X_n) = \frac{1}{n}(\underbrace{\mu + \mu + \cdots + \mu}_{n\text{개}}) = \mu$$

$$Var(\overline{X}) = Var\left(\frac{1}{n}\sum_{i=1}^{n} X_i\right) = \frac{1}{n^2}(\underbrace{\sigma^2 + \sigma^2 + \cdots + \sigma^2}_{n\text{개}}) = \frac{\sigma^2}{n}$$

즉, 모분산 σ^2인 정규모집단에서 추출한 크기 n인 표본평균의 평균과 분산은 각각 다음과 같다.

• 표본평균의 평균: $E(\overline{X}) = \mu$

• 표본평균의 분산: $Var(\overline{X}) = \frac{\sigma^2}{n}$

이제 정규모집단이 아닌 모집단에서 복원추출과 비복원추출에 의해 크기 n인 표본을 선정할 때, 표본평균의 평균과 분산을 살펴본다.

■ 중심극한정리

4개의 숫자로 구성된 모집단 {1, 2, 3, 4}의 모집단분포는 $f(x)=\frac{1}{4}$, $x=1, 2, 3, 4$이고, 모평균과 모분산은 각각 다음과 같다.

$$\mu=\frac{4+1}{2}=\frac{5}{2},\quad \sigma^2=\frac{4^2-1}{12}=\frac{5}{4}$$

복원추출에 의해 크기 2인 확률표본 $\{X_1, X_2\}$를 추출하면 X_1과 X_2의 결합확률은 $f(x_1, x_2)=f(x_1)f(x_2)$이므로 [표 8.1]을 얻는다.

[표 8.1] X_1과 X_2의 결합확률표

X_2 \ X_1	1	2	3	4	$f(x_2)$
1	$\frac{1}{16}$	$\frac{1}{16}$	$\frac{1}{16}$	$\frac{1}{16}$	$\frac{1}{4}$
2	$\frac{1}{16}$	$\frac{1}{16}$	$\frac{1}{16}$	$\frac{1}{16}$	$\frac{1}{4}$
3	$\frac{1}{16}$	$\frac{1}{16}$	$\frac{1}{16}$	$\frac{1}{16}$	$\frac{1}{4}$
4	$\frac{1}{16}$	$\frac{1}{16}$	$\frac{1}{16}$	$\frac{1}{16}$	$\frac{1}{4}$
$f(x_1)$	$\frac{1}{4}$	$\frac{1}{4}$	$\frac{1}{4}$	$\frac{1}{4}$	1

이때 크기 2인 확률표본 $\{X_1, X_2\}$의 표본평균 $\overline{X}=(X_1+X_2)/2$가 취하는 값은 다음과 같다.

$$\overline{x}=1 \Leftrightarrow \{x_1=1, x_2=1\}$$
$$\overline{x}=1.5 \Leftrightarrow \{x_1=1, x_2=2\}, \{x_1=2, x_2=1\}$$
$$\overline{x}=2 \Leftrightarrow \{x_1=1, x_2=3\}, \{x_1=2, x_2=2\}, \{x_1=3, x_2=1\}$$
$$\overline{x}=2.5 \Leftrightarrow \{x_1=1, x_2=4\}, \{x_1=2, x_2=3\}, \{x_1=3, x_2=2\}, \{x_1=4, x_2=1\}$$
$$\overline{x}=3 \Leftrightarrow \{x_1=2, x_2=4\}, \{x_1=3, x_2=3\}, \{x_1=4, x_2=2\}$$
$$\overline{x}=3.5 \Leftrightarrow \{x_1=3, x_2=4\}, \{x_1=4, x_2=3\}$$
$$\overline{x}=4 \Leftrightarrow \{x_1=4, x_2=4\}$$

따라서 크기 2인 표본평균 $\overline{X}$의 표본분포는 [표 8.2]와 같다.

[표 8.2] 크기 2인 표본평균의 확률분포

$\overline{X}$	1	$\frac{3}{2}$	2	$\frac{5}{2}$	3	$\frac{7}{2}$	4
$P(\overline{X}=\overline{x})$	$\frac{1}{16}$	$\frac{2}{16}$	$\frac{3}{16}$	$\frac{4}{16}$	$\frac{3}{16}$	$\frac{2}{16}$	$\frac{1}{16}$

$\overline{X}$의 평균과 분산은 각각 다음과 같다.

$$\mu_{\overline{X}}=1\times\frac{1}{16}+\frac{3}{2}\times\frac{2}{16}+\cdots+4\times\frac{1}{16}=\frac{5}{2}$$

$$\sigma_{\overline{X}}^2=1^2\times\frac{1}{16}+\left(\frac{3}{2}\right)^2\times\frac{2}{16}+\cdots+4^2\times\frac{1}{16}-\left(\frac{5}{2}\right)^2=\frac{5}{8}$$

그러면 다음이 성립하는 것을 확인할 수 있다.

$$\mu_{\overline{X}}=\mu=\frac{5}{2},\quad \sigma_{\overline{X}}^2=\frac{\sigma^2}{2}=\frac{5}{8}$$

한편, 크기 3인 확률표본 $\{X_1, X_2, X_3\}$의 표본평균 $\overline{X}=(X_1+X_2+X_3)/3$의 관찰값과 확률분포는 [표 8.3]과 같다.

[표 8.3] 크기 3인 표본평균의 확률분포

$\overline{X}$	1	$\frac{4}{3}$	$\frac{5}{3}$	2	$\frac{7}{3}$	$\frac{8}{3}$	3	$\frac{10}{3}$	$\frac{11}{3}$	4
$P(\overline{X}=\overline{x})$	$\frac{1}{64}$	$\frac{3}{64}$	$\frac{6}{64}$	$\frac{10}{64}$	$\frac{12}{64}$	$\frac{12}{64}$	$\frac{10}{64}$	$\frac{6}{64}$	$\frac{3}{64}$	$\frac{1}{64}$

$\overline{X}$의 평균과 분산은 각각 다음과 같다.

$$\mu_{\overline{X}}=1\times\frac{1}{64}+\frac{4}{3}\times\frac{3}{64}+\cdots+4\times\frac{1}{64}=\frac{5}{2}$$

$$\sigma_{\overline{X}}^2=1^2\times\frac{1}{64}+\left(\frac{4}{3}\right)^2\times\frac{3}{64}+\cdots+4^2\times\frac{1}{64}-\left(\frac{5}{2}\right)^2=\frac{5}{12}$$

따라서 다음이 성립한다.

$$\mu_{\overline{X}}=\mu=\frac{5}{2},\quad \sigma_{\overline{X}}^2=\frac{\sigma^2}{2}=\frac{5}{12}$$

동일한 방법으로 이 모집단으로부터 크기 n인 표본을 선정할 때, 표본평균 $\overline{X}$의 평균과 분산을 구하면 다음과 같다.

$$\mu_{\overline{X}} = \mu, \quad \sigma^2_{\overline{X}} = \frac{\sigma^2}{n}$$

[그림 8.2]와 같이 표본의 크기 n이 커질수록 $\overline{X}$의 분포는 종 모양에 근접하며, 정규분포는 종 모양의 분포를 이룬다.

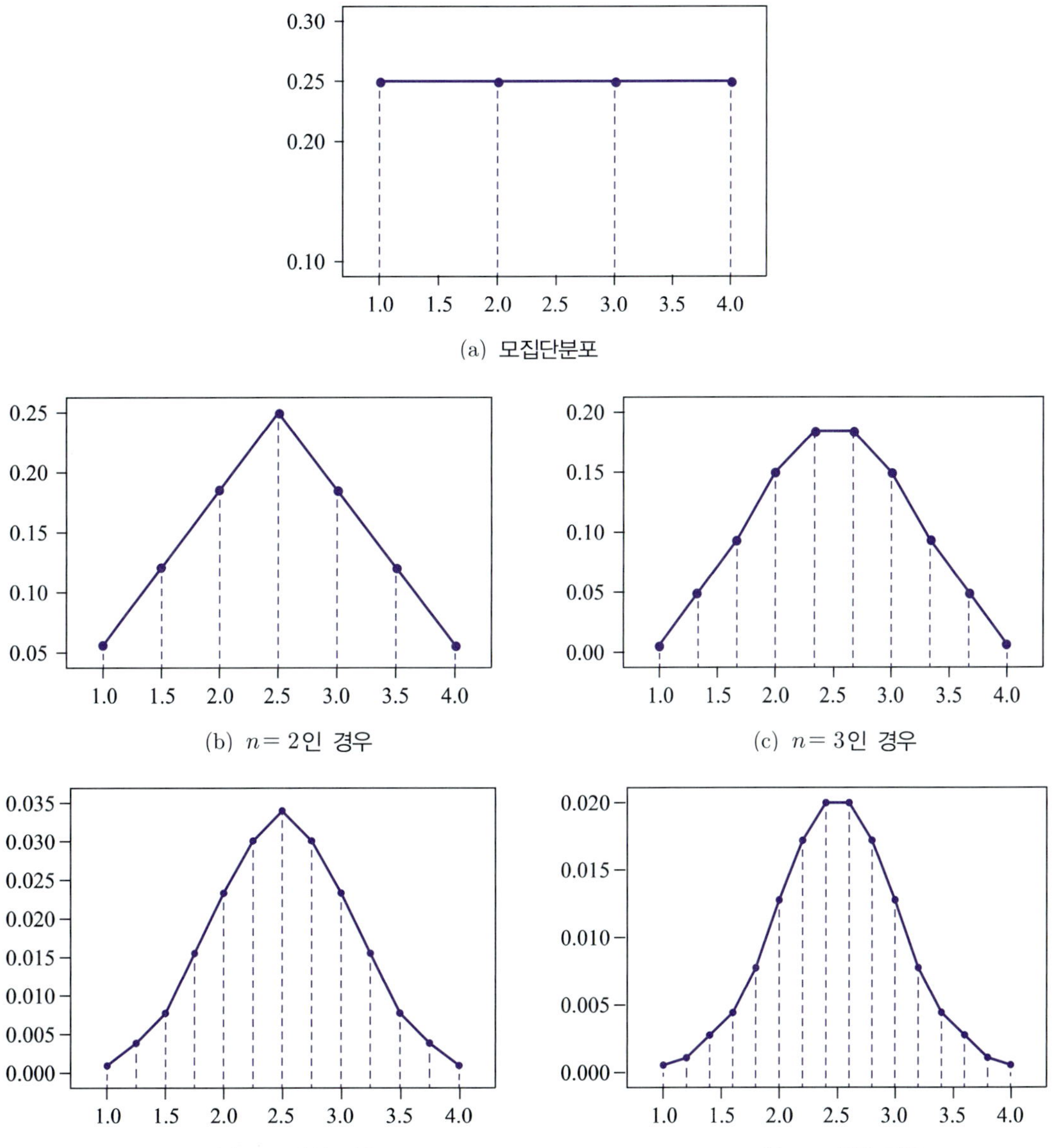

(a) 모집단분포

(b) $n=2$인 경우

(c) $n=3$인 경우

(d) $n=4$인 경우

(e) $n=5$인 경우

[그림 8.2] 모집단분포와 크기 n인 표본평균의 표본분포

이러한 성질은 이산균등분포뿐만 아니라, 일반적으로 정규분포가 아닌 임의의 모집단분포로부터 충분히 큰 표본을 추출할 경우에도 성립한다. 즉, 모평균 μ, 모분산 σ^2인 임의의 모집단으로부터 크기 n인 표본을 선정할 때, n이 충분히 크면($n \ge 30$) 표본평균 $\overline{X}$의 확률분포는 다음과 같이 평균 μ, 분산 $\dfrac{\sigma^2}{n}$인 정규분포에 근사하며, 이것을 **중심극한정리**central limit theorem라 한다.

$$\overline{X} \approx N\left(\mu, \frac{\sigma^2}{n}\right) \quad \text{또는} \quad Z = \frac{\overline{X} - \mu}{\sigma/\sqrt{n}} \approx N(0, 1)$$

예제 1

모집단분포가 $f(x) = \dfrac{1}{6}$, $x = 1, 2, \cdots, 6$인 모집단으로부터 크기 2인 확률표본 $\{X_1, X_2\}$를 복원추출할 때, 다음을 구하라.

(a) 표본평균 $\overline{X} = (X_1 + X_2)/2$의 확률분포

(b) $\overline{X}$의 평균과 분산

(c) 모평균, 모분산과 $\overline{X}$의 평균과 분산의 관계

풀이

(a) 확률변수 X_1, X_2가 취할 수 있는 값이 각각 1, 2, 3, 4, 5, 6이므로 표본으로 관찰될 수 있는 모든 경우는 (x_1, x_2), $x_1, x_2 = 1, 2, \cdots, 6$이고, X_1, X_2가 독립이므로 다음이 성립한다.

$$P(X_1 = x_1, X_2 = x_2) = P(X_1 = x_1)\,P(X_2 = x_2), \quad x_1, x_2 = 1, 2, \cdots, 6$$

따라서 X_1, X_2의 결합확률표는 다음과 같다.

X_1 \ X_2	1	2	3	4	5	6	$f(x_1)$
1	1/36	1/36	1/36	1/36	1/36	1/36	1/6
2	1/36	1/36	1/36	1/36	1/36	1/36	1/6
3	1/36	1/36	1/36	1/36	1/36	1/36	1/6
4	1/36	1/36	1/36	1/36	1/36	1/36	1/6
5	1/36	1/36	1/36	1/36	1/36	1/36	1/6
6	1/36	1/36	1/36	1/36	1/36	1/36	1/6
$f(x_2)$	1/6	1/6	1/6	1/6	1/6	1/6	1

표본평균 $\overline{X} = (X_1 + X_2)/2$가 취하는 값은 다음과 같다.

$$\bar{x} : 1,\ 1.5,\ 2,\ 2.5,\ 3,\ 3.5,\ 4,\ 4.5,\ 5,\ 5.5,\ 6$$

그리고 표본평균 $\overline{X}$의 확률분포는 다음과 같다.

$\overline{X}$	1	$\frac{3}{2}$	2	$\frac{5}{2}$	3	$\frac{7}{2}$	4	$\frac{9}{2}$	5	$\frac{11}{2}$	6
$f_{\overline{X}}(x)$	$\frac{1}{36}$	$\frac{2}{36}$	$\frac{3}{36}$	$\frac{4}{36}$	$\frac{5}{36}$	$\frac{6}{36}$	$\frac{5}{36}$	$\frac{4}{36}$	$\frac{3}{36}$	$\frac{2}{36}$	$\frac{1}{36}$

(b) $\overline{X}$ 의 평균과 분산은 각각 다음과 같다.

$$\mu_{\overline{X}} = 1 \times \frac{1}{36} + \frac{3}{2} \times \frac{2}{36} + \cdots + 6 \times \frac{1}{36} = \frac{7}{2}$$

$$\sigma^2_{\overline{X}} = 1^2 \times \frac{1}{36} + \left(\frac{3}{2}\right)^2 \times \frac{2}{36} + \cdots + 6^2 \times \frac{1}{36} - \left(\frac{7}{2}\right)^2 = \frac{35}{24}$$

(c) 모집단분포가 모수 6인 이산균등분포를 따르므로 모평균과 모분산은 각각 다음과 같다.

$$\mu = \frac{1+6}{2} = \frac{7}{2}, \quad \sigma^2 = \frac{6^2-1}{12} = \frac{35}{12}$$

따라서 $\mu_{\overline{X}} = \mu$, $\sigma^2_{\overline{X}} = \frac{\sigma^2}{2}$ 이다.

모집단으로부터 비복원추출에 의해 확률표본을 선정할 경우, 표본평균 $\overline{X}$ 의 평균과 분산은 각각 다음과 같다.

- **표본평균의 평균**: $\mu_{\overline{X}} = \mu$
- **표본평균의 분산**: $\sigma^2_{\overline{X}} = \frac{\sigma^2}{n} \cdot \frac{N-m}{N-1}$

따라서 모분산이 σ^2 이고 크기 N인 모집단에서 추출한 크기 n인 표본평균의 평균과 분산을 종합하면 [표 8.4]와 같다.

[표 8.4] 모집단과 표본평균의 평균과 분산 비교

구분	평균	분산
모집단	μ	σ^2
복원추출인 경우의 표본평균 $\overline{X}$	$\mu_{\overline{X}} = \mu$	$\sigma^2_{\overline{X}} = \frac{\sigma^2}{n}$
비복원추출인 경우의 표본평균 $\overline{X}$	$\mu_{\overline{X}} = \mu$	$\sigma^2_{\overline{X}} = \frac{\sigma^2}{n} \cdot \frac{N-m}{N-1}$

복원추출이나 비복원추출에 관계없이 임의의 모집단에서 추출한 표본평균의 평균은 모평균과 동일하다. 특히 비복원추출인 경우, 모집단의 크기 N이 충분히 크다면 표본평균의 분산은 다음과 같이 복원추출인 경우의 분산에 근사하는 것을 알 수 있다.

$$\sigma_{\overline{X}}^2 = \frac{\sigma^2}{n} \cdot \frac{N-m}{N-1} \approx \frac{\sigma^2}{n}$$

따라서 특별한 언급이 없는 한, 복원추출에 의한 표본추출에 대하여 생각한다.

예제 2

제조 업체에서 생산하는 압연강판의 두께 X는 평균 12 mm, 표준편차 0.3 mm라 한다. 이 업체에서 생산한 압연강판 36개를 임의로 선정할 때, 36개의 평균 두께가 12.08 mm 이하일 근사확률을 구하라.

풀이

$\mu = 12,\ \sigma = 0.3,\ n = 36$이므로 압연강판 36개의 평균 $\overline{X}$는 중심극한정리에 의해 다음 정규분포에 근사한다.

$$\overline{X} \approx N\left(12,\ \frac{0.3^2}{36}\right) \quad 즉,\ \overline{X} \approx N(12,\ 0.05^2)$$

따라서 구하는 근사확률은 다음과 같다.

$$P(\overline{X} \le 12.08) \approx P\left(Z \le \frac{12.08-12}{0.05}\right) = P(Z \le 1.6) = 0.9452$$

■ 모분산을 아는 정규모집단에 대한 표본평균의 분포

평균 μ, 분산 σ^2인 정규모집단에서 크기 n인 확률표본을 $X_1,\ X_2,\ \cdots,\ X_n$이라 하면 표본평균 $\overline{X}$는 다음 정규분포를 따른다.

$$\overline{X} = \frac{1}{n}\sum_{i=1}^{n} X_i \sim N\left(\mu,\ \frac{\sigma^2}{n}\right)$$

즉, 모분산 σ^2을 아는 정규모집단에서 크기 n인 표본을 선정할 때, 표본평균 $\overline{X}$는 평균 μ, 분산 $\frac{\sigma^2}{n}$인 정규분포를 따르며, 표본평균 $\overline{X}$의 표준화 확률변수 Z는 다음과 같다.

$$Z = \frac{\overline{X}-\mu}{\sigma/\sqrt{n}} \sim N(0,\ 1)$$

따라서 정규모집단에 대한 표본평균의 표본분포는 [그림 8.3]과 같이 모평균에 더욱 집중되는 정규분포를 이룬다.

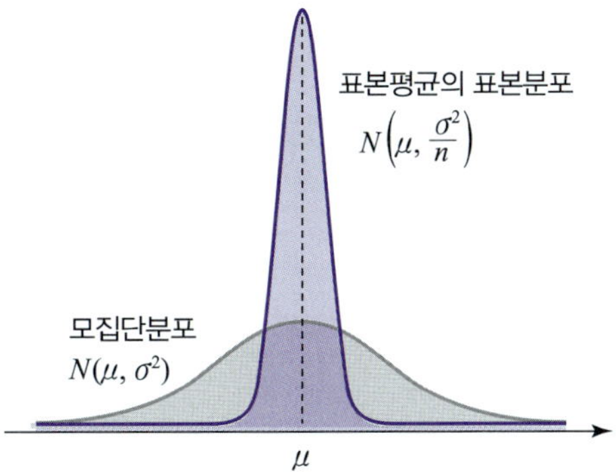

[그림 8.3] 정규모집단분포와 표본평균의 표본분포

예제 3

CPU 보드 HFMB-95가 CAD 작업을 처리하는 데 소요되는 시간은 평균 20초, 표준편차 2.5초인 정규분포를 따른다고 한다. CPU 보드 10개를 임의로 선정할 때, 평균 소요 시간이 18.3초와 21.7초 사이일 확률을 구하라.

풀이

$\mu = 20$, $\sigma^2 = 6.25$, $n = 10$이므로 CPU 10개의 평균 소요시간 $\overline{X}$는 다음 정규분포를 따른다.

$$\overline{X} \sim N\left(20, \frac{6.25}{10}\right) \text{ 즉, } \overline{X} \approx N(20, 0.79^2)$$

따라서 구하는 확률은 다음과 같다.

$$\begin{aligned} P(18.3 < \overline{X} < 21.7) &\approx P\left(\frac{18.3-20}{0.79} < Z < \frac{21.7-20}{0.79}\right) \approx P(-2.15 < Z < 2.15) \\ &= 2P(Z < 2.15) - 1 = (2)(0.9842) - 1 = 0.9684 \end{aligned}$$

■ 두 표본의 표본평균 차에 대한 분포

두 모분산 σ_1^2과 σ_2^2을 알고 독립인 정규모집단 $N(\mu_1, \sigma_1^2)$과 $N(\mu_2, \sigma_2^2)$에서 각각 크기 n과 m인 표본을 추출할 때, 각각의 표본평균을 $\overline{X}$, $\overline{Y}$라 하자. 그러면 두 표본평균은 각각 다음과 같은 정규분포를 따른다.

$$\overline{X} \sim N\left(\mu_1, \frac{\sigma_1^2}{n}\right), \quad \overline{Y} \sim N\left(\mu_2, \frac{\sigma_2^2}{n}\right)$$

이때 $\overline{X}$, $\overline{Y}$는 서로 독립인 정규모집단에서 추출한 표본평균이므로 독립이고, 두 표본평균의 차 $\overline{X}-\overline{Y}$는 다음 정규분포를 따른다.

$$\overline{X}-\overline{Y} \sim N\left(\mu_1-\mu_2,\ \frac{\sigma_1^2}{n}+\frac{\sigma_2^2}{m}\right)$$

그러므로 $\overline{X}-\overline{Y}$를 표준화하면 다음과 같다.

$$Z=\frac{\overline{X}-\overline{Y}-(\mu_1-\mu_2)}{\sqrt{\dfrac{\sigma_1^2}{n}+\dfrac{\sigma_2^2}{m}}} \sim N(0,\ 1)$$

예제 4

화학공업단지에 있는 화학공장 A와 B에서 배출되는 오염물질 양은 각각 평균 0.25 g, 0.20 g과 표준편차 0.06 g, 0.08 g인 정규분포를 따른다고 한다. A와 B에서 배출된 오염물질 표본을 각각 6개와 7개를 임의로 수거했을 때, 수거된 오염물질 양에 대한 평균의 차가 0.1 g 이상일 확률을 구하라.

풀이

$\mu_1=0.25$, $\mu_2=0.2$, $\sigma_1^2=0.0036$, $\sigma_2^2=0.0064$, $n=6$, $m=7$이므로 두 표본평균의 차는 다음 정규분포를 따른다.

$$\overline{X}-\overline{Y} \sim N\left(0.05,\ \frac{0.0036}{6}+\frac{0.0064}{7}\right) \text{ 즉, } \overline{X} \approx N\left(0.05,\ 0.039^2\right)$$

따라서 구하는 확률은 다음과 같다.

$$P\left(\overline{X}-\overline{Y} \ge 0.1\right) \approx P\left(Z \ge \frac{0.1-0.05}{0.039}\right) \approx P(Z \ge 1.28)$$
$$= 1-P(Z<1.28) = 1-0.8997 = 0.1003$$

특히 두 모분산이 동일하면, 즉 $\sigma_1^2=\sigma_2^2=\sigma^2$이면 $\overline{X}-\overline{Y}$의 표본분포는 다음과 같다.

$$\overline{X}-\overline{Y} \sim N\left(\mu_1-\mu_2,\ \left(\frac{1}{n}+\frac{1}{m}\right)\sigma^2\right)$$

따라서 $\overline{X}-\overline{Y}$를 표준화하면 다음과 같다.

$$Z=\frac{\overline{X}-\overline{Y}-(\mu_1-\mu_2)}{\sigma\sqrt{\frac{1}{n}+\frac{1}{m}}}\sim N(0,\ 1)$$

예제 5

[예제 4]에서 표준편차가 동일하게 0.06 g일 때, 수거된 오염물질 양에 대한 평균의 차가 0.1 g 이상일 확률을 구하라.

풀이

$\mu_1=0.25,\ \mu_2=0.2,\ \sigma_1^2=\sigma_2^2=0.0036,\ n=6,\ m=7$이므로 두 표본평균의 차는 다음 정규분포를 따른다.

$$\overline{X}-\overline{Y}\sim N\left(0.05,\ \left(\frac{1}{6}+\frac{1}{7}\right)(0.0036)\right)\ \text{즉, } \overline{X}\approx N(0.05,\ 0.033^2)$$

따라서 구하는 확률은 다음과 같다.

$$P(\overline{X}-\overline{Y}\geq 0.1)\approx P\left(Z\geq\frac{0.1-0.05}{0.033}\right)\approx P(Z\geq 1.52)$$
$$=1-P(Z<1.52)=1-0.9357=0.0643$$

이제 모평균이 $\mu_1,\ \mu_2$이고 모분산이 $\sigma_1^2,\ \sigma_2^2$이며 독립인 임의의 분포를 갖는 두 모집단에서 각각 크기 n과 m인 표본을 추출할 때, 표본평균을 $\overline{X},\ \overline{Y}$라 하자. 표본의 크기 n과 m이 충분히 크면 중심극한정리에 의해 두 표본평균 $\overline{X},\ \overline{Y}$는 다음 정규분포에 근사한다.

$$\overline{X}\approx N\left(\mu_1,\ \frac{\sigma_1^2}{n}\right),\quad \overline{Y}\approx N\left(\mu_2,\ \frac{\sigma_2^2}{n}\right)$$

따라서 두 표본평균의 차 $\overline{X}-\overline{Y}$의 표본분포는 다음과 같은 정규분포에 근사한다.

$$\overline{X}-\overline{Y}\approx N\left(\mu_1-\mu_2,\ \frac{\sigma_1^2}{n}+\frac{\sigma_2^2}{m}\right)$$

그러면 $\overline{X}-\overline{Y}$의 표준화 확률변수 Z는 다음과 같다.

$$Z = \frac{\overline{X} - \overline{Y} - (\mu_1 - \mu_2)}{\sqrt{\frac{\sigma_1^2}{n} + \frac{\sigma_2^2}{m}}} \approx N(0,\ 1)$$

예제 6

두 회사 A와 B에서 생산하는 베어링의 지름에 대한 평균과 분산은 각각 다음과 같다(단, 단위는 mm이다).

$$\mu_1 = 10.2,\ \mu_2 = 9.8,\ \sigma_1^2 = 0.12,\ \sigma_2^2 = 0.09$$

회사 A와 B에서 생산한 베어링을 각각 40개와 50개씩 임의로 선정할 때, 표본평균의 차가 0.5 이상일 확률을 구하라.

풀이

$\mu_1 = 10.2,\ \mu_2 = 9.8,\ \sigma_1^2 = 0.12,\ \sigma_2^2 = 0.09,\ n = 40,\ m = 50$이므로 두 표본평균의 차는 다음 정규분포에 근사한다.

$$\overline{X} - \overline{Y} \approx N\left(0.04,\ \frac{0.12}{40} + \frac{0.09}{50}\right) \quad 즉,\ \overline{X} \approx N(0.04,\ 0.0693^2)$$

따라서 구하는 확률은 다음과 같다.

$$P(\overline{X} - \overline{Y} \geq 0.5) \approx P\left(Z \geq \frac{0.5 - 0.4}{0.0693}\right) \approx P(Z \geq 1.44)$$

$$= 1 - P(Z < 1.44) = 1 - 0.9251 = 0.0749$$

8.3 표본평균의 분포(모분산을 모르는 경우)

모분산을 아는 경우, 표본평균 $\overline{X}$를 표준화하면 다음과 같다.

$$Z = \frac{\overline{X} - \mu}{\sigma / \sqrt{n}} \sim N(0,\ 1)$$

모분산을 모른다면 $\overline{X}$의 표준화 확률변수 Z에서 σ가 미지의 모수이므로 표준정규분포를 이용할 수 없다. 이와 같이 모분산 또는 모표준편차를 모르는 경우에 사용하는 확률분포가 t-분포이다.

■ t-분포

표준정규분포 확률변수 $Z \sim N(0, 1)$과 자유도 r인 카이제곱 확률변수 $V \sim \chi^2(r)$이 독립이라 하자. 이때 다음과 같이 정의되는 확률변수 T의 확률분포를 자유도 r인 **t-분포**[t-distribution]라 하며, $T \sim t(r)$로 나타낸다.

$$T = \frac{Z}{\sqrt{V/r}}$$

자유도 r인 확률변수 T의 확률밀도함수는 다음과 같다.

$$f(x) = \frac{\Gamma[(r+1)/2]}{\Gamma(r/2)\sqrt{r\pi}}\left(1+\frac{x^2}{r}\right)^{-(r+1)/2}, \quad -\infty < x < \infty$$

그리고 $T \sim t(r)$에 대한 평균과 분산은 각각 다음과 같다.

❶ **평균**: $\mu = 0$

❷ **분산**: $\sigma^2 = \dfrac{r}{r-2}$, $r > 2$

특히 t-분포는 다음과 같은 특성을 갖는다.

- 확률밀도함수는 $t = 0$에서 최대이고, 종 모양의 대칭이다.
- [그림 8.4(a)]와 같이 t-분포는 표준정규분포와 모양이 같지만 꼬리 부분이 약간 두텁다.
- [그림 8.4(b)]와 같이 자유도 r이 커질수록 t-분포는 표준정규분포에 근사한다.
- 표본의 크기가 작은 경우($n < 30$)에 모평균의 추론에 사용한다.

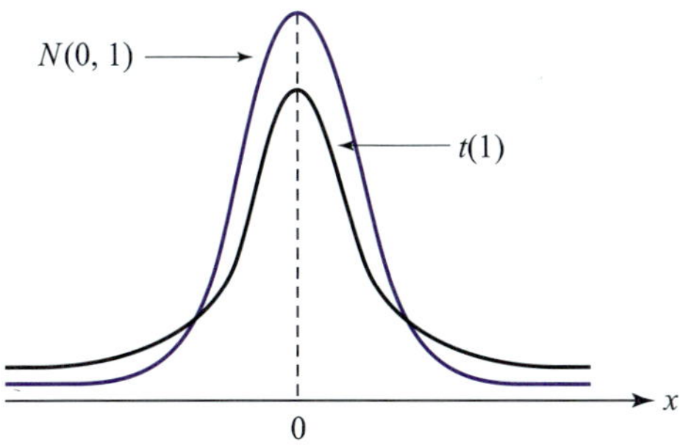

(a) t-분포와 표준정규분포

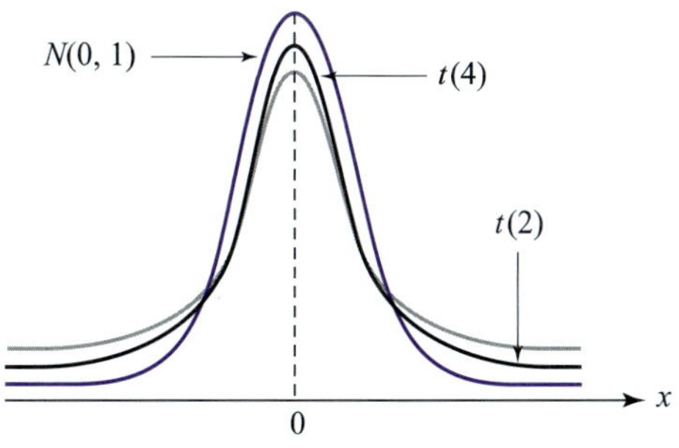

(b) 자유도에 따른 t-분포

[그림 8.4] t-분포의 모양

[그림 8.5(a)]와 같이 자유도 r인 t-분포에 대해 오른쪽 꼬리확률이 α인 $100(1-\alpha)\%$ 백분위수를 $t_\alpha(r)$로 나타낸다. t-분포가 $t = 0$에 대하여 대칭이므로 왼쪽 꼬리확률이 α인 $100\alpha\%$ 백분위수는

$-t_\alpha(r)$이다. [그림 8.5(b)]와 같이 왼쪽과 오른쪽 꼬리확률이 각각 $\dfrac{\alpha}{2}$인 임계점은 각각 $-t_{\alpha/2}(r)$, $t_{\alpha/2}(r)$이고, 이러한 두 임계점 사이의 확률은 $1-\alpha$이다.

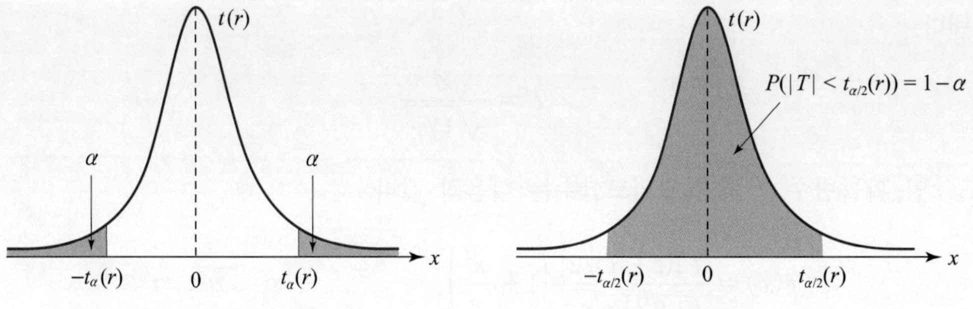

(a) 꼬리확률 $P(T>t_\alpha(r))=\alpha$ (b) 중심확률 $P(|T|<t_{\alpha/2}(r))=1-\alpha$

[그림 8.5] $100(1-\alpha)\%$ 백분위수 $t_\alpha(r)$

따라서 꼬리확률과 중심확률에 대해 다음을 얻는다.

- $P(T>t_\alpha(r))=\alpha$
- $P(T<t_{1-\alpha}(r))=P(T<-t_\alpha(r))=\alpha$
- $P(|T|<t_{\alpha/2}(r))=1-\alpha$

자유도 r인 t-분포에서 주어진 오른쪽 꼬리확률 α에 대한 백분위수 $t_\alpha(r)$를 구하기 위해 [부록 ❹]의 t-분포표를 이용하는 방법을 살펴본다. 예를 들어, 자유도 5인 t-분포에 대하여 99% 백분위수 $t_{0.01}(5)$를 구한다면, [그림 8.6]과 같이 d.f.에서 5를 선택하고, 꼬리확률을 나타내는 α에서 0.01을 선택하여 행과 열이 만나는 위치에 있는 수 3.365를 선택한다. 그러면 자유도 5인 t-분포에서 꼬리확

$t_{0.01}(5)=3.365,\ P(T>3.365)=0.01$

d.f. \ α	0.25	0.10	0.05	0.025	0.01	0.005
1	1.000	3.078	6.314	12.706	31.821	63.675
2	0.816	1.886	2.920	4.303	6.965	9.925
3	0.765	1.638	2.353	3.182	4.541	5.841
4	0.741	1.533	2.132	2.776	3.747	4.604
5	0.727	1.476	2.015	2.571	3.365	4.032
6	0.718	1.440	1.943	2.447	3.143	3.707

[그림 8.6] t-분포표

률이 0.01인 99% 백분위수는 $t_{0.01}(5) = 3.365$이다. 즉, $P(T > 3.365) = 0.01$ 또는 $P(T < 3.365) = 0.99$이다.

예제 7

확률변수 T가 자유도 4인 t-분포를 따를 때, 다음을 구하라.

(a) $P(T > t_0) = 0.05$를 만족하는 임계값 t_0

(b) $P(T < t_0) = 0.05$를 만족하는 임계값 t_0

(c) $P(-t_0 < T < t_0) = 0.99$를 만족하는 임계값 t_0

풀이

(a) [그림 8.6]에서 $P(T > t_0) = 0.05$를 만족하는 임계값은 $t_0 = t_{0.05}(4) = 2.132$이다.

(b) $P(T < t_0) = P(T > -t_0) = 0.05$이므로 [그림 8.6]에서 $-t_0 = t_{0.05}(4) = 2.132$이다. 따라서 $t_0 = -2.132$이다.

(c) $P(-t_0 < T < t_0) = 0.99$이므로 $P(T > t_0) = 0.005$이고, [그림 8.6]에서 $t_{0.005}(4) = 4.604$이므로 $t_0 = 4.604$이다.

■ 모분산을 모르는 정규모집단에 대한 표본평균

모분산 σ^2을 아는 정규모집단에서 크기 n인 표본을 선정하면, 표본평균은 다음 정규분포를 따른다.

$$Z = \frac{\overline{X} - \mu}{\sigma / \sqrt{n}} \sim N(0, 1)$$

이때 모표준편차 σ가 미지이므로 표준화 확률변수 Z에서 σ를 표본표준편차 S로 대체하면, Z는 자유도가 $n-1$인 t-분포를 따른다. 즉, 모분산 σ^2을 모르는 정규모집단에서 크기 n인 표본을 선정할 때, σ를 S로 대체한 표본평균 $\overline{X}$의 표준화 확률변수를 T로 나타내며, 다음과 같다.

$$T = \frac{\overline{X} - \mu}{S / \sqrt{n}} \sim t(n-1)$$

예제 8

원통 모양의 금속봉은 평균 지름이 10cm인 정규분포를 따른다고 한다. 임의로 금속봉 9개를 선정하여 측정한 지름은 다음과 같다.

$$[10.0,\ 9.8,\ 10.1,\ 9.7,\ 10.0,\ 10.2,\ 9.9,\ 9.7,\ 10.1]$$

(a) 표본평균과 표본표준편차를 구하라.

(b) 표본평균에 대한 표본분포를 구하라.

(c) 이 표본을 이용하여 표본평균이 상위 5%인 지름을 구하라.

풀이

(a) 선정한 표본의 표본평균과 표본분산은 각각 다음과 같다.

$$\bar{x} = \frac{1}{9}(10 + 9.8 + \cdots + 10.1) \approx 9.94$$

$$s^2 = \frac{1}{8}\sum_{i=1}^{9}(x_i - 9.94)^2 \approx \frac{0.2624}{8} = 0.0328$$

표본평균은 $\bar{x} \approx 9.94$이고 표본표준편차는 $s = \sqrt{0.0328} \approx 0.181$이다.

(b) 모집단분포가 평균 $\mu = 10$이고 모분산을 모르는 정규분포이다. 이때 $n = 9$, $s = 0.181$이므로 확률변수 T는 다음과 같다.

$$\frac{\overline{X} - \mu}{S/\sqrt{n}} = \frac{\overline{X} - 10}{0.181/\sqrt{9}} \approx \frac{\overline{X} - 10}{0.06}$$

따라서 표본평균의 표본분포는 $T = \dfrac{\overline{X} - 10}{0.06} \sim t(8)$이다.

(c) 상위 5%인 지름을 x_0이라 하면 $P(\overline{X} \geq x_0) = 0.05$이므로 다음을 얻는다.

$$P(\overline{X} \geq x_0) = P\left(\frac{\overline{X} - 10}{0.06} \geq \frac{x_0 - 10}{0.06}\right) = P(T \geq t_{0.05}(8)) = 0.05$$

이때 $t_{0.05}(8) = 1.860$이므로 구하는 x_0은 다음과 같다.

$$\frac{x_0 - 10}{0.06} = t_{0.05}(8) = 1.86,\ x_0 = 10 + (1.86)(0.06) \approx 10.11$$

독립인 두 정규모집단 $N(\mu_1, \sigma_1^2)$, $N(\mu_2, \sigma_2^2)$에서 각각 크기 n과 m인 표본을 추출할 때, $\sigma_1^2 = \sigma_2^2 = \sigma^2$이면 $\overline{X} - \overline{Y}$의 표준화 확률변수 Z는 다음과 같이 표준정규분포를 따르는 것을 살펴봤다.

$$Z = \frac{\overline{X} - \overline{Y} - (\mu_1 - \mu_2)}{\sigma\sqrt{\frac{1}{n} + \frac{1}{m}}} \sim N(0,\ 1)$$

그러나 $\sigma_1^2 = \sigma_2^2 = \sigma^2$인 사실만 알고, σ^2을 모르면 표준정규분포를 이용할 수 없으므로 독립인 두 표본에 대해 다음과 같이 정의되는 **합동표본분산**pooled sample variance을 이용한다.

$$S_p^2 = \frac{1}{n+m-2}\left[\sum_{i=1}^{n}(X_i - \overline{X})^2 + \sum_{j=1}^{m}(Y_j - \overline{Y})^2\right]$$

이때 확률표본 $\{X_1,\ X_2,\ \cdots,\ X_n\}$, $\{Y_1,\ Y_2,\ \cdots,\ Y_m\}$의 표본분산 S_1^2, S_2^2은 각각 다음과 같다.

$$S_1^2 = \frac{1}{n-1}\sum_{i=1}^{n}(X_i - \overline{X})^2, \quad S_2^2 = \frac{1}{m-1}\sum_{j=1}^{m}(Y_j - \overline{Y})^2$$

따라서 S_p^2은 다음과 같이 간단하게 표현할 수 있다.

$$S_p^2 = \frac{1}{n+m-2}\left[(n-1)S_1^2 + (m-1)S_2^2\right]$$

합동표본분산에 대한 양의 제곱근인 S_p를 **합동표본표준편차**pooled sample standard deviation라 하며, σ를 S_p로 대체하면 표준화 확률변수는 다음과 같이 자유도 $n+m-2$인 t-분포를 따르는 것으로 알려져 있다.

$$T = \frac{(\overline{X} - \overline{Y}) - (\mu_1 - \mu_2)}{S_p\sqrt{\frac{1}{n} + \frac{1}{m}}} \sim t(n+m-2)$$

예제 9

타이어를 생산하는 어느 회사에서 새로운 공정 방법과 예전 공정 방법으로 생산한 타이어의 주행거리에 대한 차를 알아보고자 한다. 연구진은 새로운 방법에 의해 생산된 타이어의 주행거리가 예전 타이어에 비해 평균 4,000 km 더 길고, 동일한 분산을 갖는 정규분포를 따른다고 한다. 두 방법으로 생산한 타이어를 임의로 추출하여 주행거리를 조사했더니 다음 표를 얻었다. 두 방법으로 생산한 타이어의 평균 주행거리의 차가 5.77 km 이상일 확률을 구하라(단, 단위는 1,000 km이다).

새로운 방법	65.4	63.6	61.5	62.5	61.4	60.4	62.5	62.4	63.7
예전 방법	59.4	60.6	56.6	62.0	58.4	57.9	58.1		

풀이

새로운 타이어의 평균 주행거리를 $\overline{X}$, 예전 타이어의 평균 주행거리를 $\overline{Y}$라 하면 표본평균과 표본분산은 각각 다음과 같다.

$$\overline{x} = \frac{1}{9}\sum_{i=1}^{9} x_i = 62.6, \quad \overline{y} = \frac{1}{7}\sum_{i=1}^{7} y_i = 59.0$$

$$s_1^2 = \frac{1}{8}\sum_{i=1}^{9}(x_i - 62.6)^2 = 2.2, \quad s_2^2 = \frac{1}{6}\sum_{i=1}^{7}(y_i - 59)^2 = 3.31$$

합동표본분산과 합동표본표준편차는 각각 다음과 같다.

$$s_p^2 = \frac{1}{9+7-2}\left[(8)(2.2) + (6)(3.31)\right] \approx 2.6757, \quad s_p = \sqrt{2.6757} \approx 1.6358$$

표본의 크기가 각각 $n = 9$, $m = 7$이므로 다음을 얻는다.

$$\sqrt{\frac{1}{n} + \frac{1}{m}} = \sqrt{\frac{1}{9} + \frac{1}{7}} \approx 0.504$$

즉, $s_p\sqrt{\frac{1}{n} + \frac{1}{m}} = (1.6358)(0.504) \approx 0.8245$이고, $\mu_1 - \mu_2 = 4$이므로 $\overline{X} - \overline{Y}$는 다음과 같은 t-분포를 따른다.

$$T = \frac{(\overline{X} - \overline{Y}) - 4}{0.8254} \sim t(14)$$

따라서 구하는 확률은 다음과 같다.

$$P(\overline{X} - \overline{Y} \ge 5.77) = P\left(\frac{\overline{X} - \overline{Y} - 4}{0.8254} \ge \frac{5.77 - 4}{0.8254}\right) \approx P(T \ge 2.144) \approx 0.025$$

이제 두 모분산 σ_1^2, $\sigma_2^2(\sigma_1^2 \neq \sigma_2^2)$을 모르고 독립인 두 정규모집단으로부터 크기 n과 m인 표본을 추출할 때, 표본평균의 차 $\overline{X} - \overline{Y}$에 대한 표본분포를 살펴보자. $\overline{X} - \overline{Y}$의 표준화 확률변수는 다음과 같다.

$$Z = \frac{\overline{X} - \overline{Y} - (\mu_1 - \mu_2)}{\sqrt{\frac{\sigma_1^2}{n} + \frac{\sigma_2^2}{m}}} \approx N(0, 1)$$

이때 미지의 두 모분산 σ_1^2, σ_2^2을 각각 표본분산 S_1^2, S_2^2으로 대체한 확률변수 T는 자유도 ν인 t-분포에 근사하는 것으로 알려져 있다.

$$T = \frac{(\overline{X} - \overline{Y}) - (\mu_1 - \mu_2)}{\sqrt{\dfrac{S_1^2}{n} + \dfrac{S_2^2}{m}}} \approx t(\nu)$$

여기서 S_1^2, S_2^2의 관찰값 s_1^2, s_2^2에 대해 자유도 ν는 다음 식에서 소수점 이하의 값을 버린 정수이다.

$$\nu = \frac{\left(\dfrac{s_1^2}{n} + \dfrac{s_2^2}{m}\right)^2}{\dfrac{1}{n-1}\left(\dfrac{s_1^2}{n}\right)^2 + \dfrac{1}{m-1}\left(\dfrac{s_2^2}{m}\right)^2}$$

예제 10

[예제 9]에서 새로운 공정 방법과 예전 공정 방법으로 생산한 타이어의 주행거리에 대한 분산이 다르다고 할 때, 두 방법으로 생산된 타이어의 평균 주행거리의 차가 5.77 km 이상일 확률을 구하라.

풀이

두 표본분산이 $s_1^2 = 2.2$, $s_2^2 = 3.31$이므로 다음 식에 의해 자유도는 $\nu = 11$이다.

$$\nu = \frac{\left(\dfrac{s_1^2}{n} + \dfrac{s_2^2}{m}\right)^2}{\dfrac{1}{n-1}\left(\dfrac{s_1^2}{n}\right)^2 + \dfrac{1}{m-1}\left(\dfrac{s_2^2}{m}\right)^2} = \frac{\left(\dfrac{2.2}{9} + \dfrac{3.31}{7}\right)^2}{\dfrac{1}{8}\left(\dfrac{2.2}{9}\right)^2 + \dfrac{1}{6}\left(\dfrac{3.31}{7}\right)^2} \approx 11.5016$$

$\sqrt{\dfrac{2.2}{9} + \dfrac{3.31}{7}} \approx 0.8469$이므로 통계량 T는 다음 t-분포를 따른다.

$$T = \frac{(\overline{X} - \overline{Y}) - 4}{0.8469} \approx t(11)$$

따라서 구하는 확률은 다음과 같다.

$$P(\overline{X} - \overline{Y} \geq 5.77) = P\left(\frac{\overline{X} - \overline{Y} - 4}{0.8469} \geq \frac{5.77 - 4}{0.8469}\right) \approx P(T \geq 2.09)$$

자유도 11인 t-분포표로부터 $P(T \geq 1.796) = 0.05$, $P(T \geq 2.201) = 0.025$이다. 이 확률의 근삿값을 구

하기 위해 두 점 (1.796, 0.05), (2.201, 0.025)를 지나는 직선의 방정식을 구하면 다음과 같다.

$$y-0.05=\frac{0.025-0.05}{2.201-1.796}(x-1.796)\approx -0.0617(x-1.796)$$

따라서 근사확률은 $y=0.05-0.0617(2.09-1.796)\approx 0.0319$, 즉 $P(T\geq 2.09)\approx 0.0319$이다. 참고로 엑셀을 이용하여 구한 정확한 확률은 $P(T\geq 2.09)\approx 0.03032$이다.

마지막으로 모평균이 μ_1, μ_2이고 모분산 σ_1^2, σ_2^2을 알지만 독립인 두 모집단분포가 알려지지 않았다고 하자. 그러면 크기가 충분히 큰 n과 m인 두 표본을 임의로 선정하면 중심극한정리에 의해 두 표본평균 $\overline{X}$, $\overline{Y}$는 각각 근사적으로 다음 정규분포를 따른다.

$$\overline{X}\approx N\left(\mu_1,\ \frac{\sigma_1^2}{n}\right),\quad \overline{Y}\approx N\left(\mu_2,\ \frac{\sigma_2^2}{m}\right)$$

따라서 표본평균의 차 $\overline{X}-\overline{Y}$는 근사적으로 다음과 같은 정규분포를 따른다.

$$\overline{X}-\overline{Y}\approx N\left(\mu_1-\mu_2,\ \frac{\sigma_1^2}{n}+\frac{\sigma_2^2}{m}\right)$$

즉, $\overline{X}-\overline{Y}$의 표준화 확률변수는 다음과 같다.

$$Z=\frac{(\overline{X}-\overline{Y})-(\mu_1-\mu_2)}{\sqrt{\frac{\sigma_1^2}{n}+\frac{\sigma_2^2}{m}}}\approx N(0,\ 1)$$

예제 11

모집단 A의 모평균과 모분산이 각각 6과 5이고 모집단 B의 모평균과 모분산이 각각 3과 7이다. 두 모집단에서 각각 크기가 45와 50인 표본을 임의로 추출할 때, 두 표본평균 $\overline{X}$, $\overline{Y}$에 대해 $P(\overline{X}-\overline{Y}>4.1)$의 근사확률을 구하라.

풀이

모평균과 모분산이 각각 6과 5인 모집단에서 크기 45인 표본평균을 $\overline{X}$, 모평균과 모분산이 각각 3과 7인 모집단에서 크기가 50인 표본평균을 $\overline{Y}$라 하면 다음을 얻는다.

$$Z = \frac{(\overline{X} - \overline{Y}) - (6-3)}{\sqrt{\frac{5}{45} + \frac{7}{50}}} \approx \frac{(\overline{X} - \overline{Y}) - 3}{0.5} \approx N(0,\ 1)$$

따라서 구하는 근사확률은 다음과 같다.

$$P(\overline{X} - \overline{Y} > 4.1) = P\left(Z > \frac{4.1-3}{0.5}\right) = P(Z > 2.2)$$

$$= 1 - P(Z \le 2.2) = 1 - 0.9861 = 0.0139$$

8.4 표본분산의 분포

정규모집단 $N(\mu, \sigma^2)$에서 크기 n인 표본을 선정할 때, 표본분산 S^2의 표본분포와 독립인 두 정규모집단에 대한 합동표본분산 S_p^2은 카이제곱분포와 관련되는 것을 살펴본다.

■ 카이제곱분포

7.2절에서 모수가 $\alpha = \frac{n}{2}$, $\beta = 2$인 감마분포를 자유도 n인 카이제곱분포라 하고, $V \sim \chi^2(n)$으로 나타냈다. 따라서 자유도 n인 카이제곱분포의 평균과 분산은 각각 다음과 같다.

❶ 평균 : $\mu = n$

❷ 분산 : $\sigma^2 = 2n$

일반적으로 카이제곱분포는 [그림 8.7]과 같이 왼쪽으로 치우치는 양의 왜도를 갖지만, 자유도 n이 커질수록 종 모양에 가까워진다.

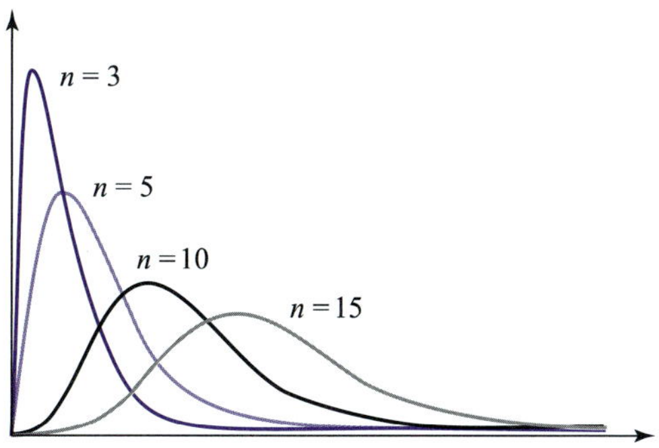

[그림 8.7] 자유도에 따른 카이제곱분포

$V \sim \chi^2(n)$에 대해 [그림 8.8]과 같이 오른쪽 꼬리확률이 α인 임계점, 즉 $P(V > v_0) = \alpha$를 만족하는 $100(1-\alpha)\%$ 백분위수 v_0을 $\chi^2_\alpha(n)$으로 나타낸다.

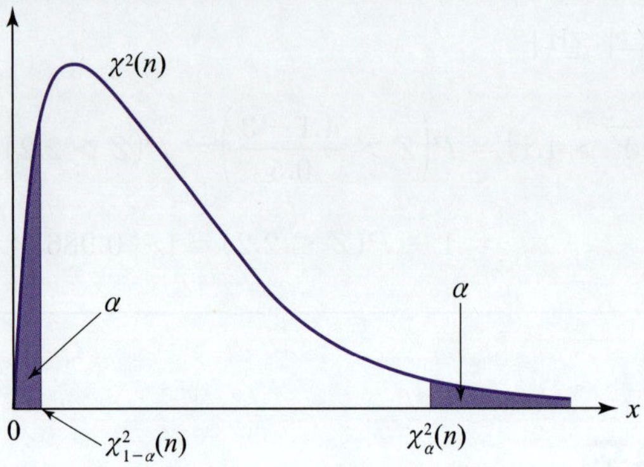

[그림 8.8] 카이제곱분포의 백분위수

왼쪽 꼬리확률이 α인 $100\alpha\%$ 백분위수는 $\chi^2_{1-\alpha}(n)$이고, 다음 확률을 얻는다.

- $P(V > \chi^2_\alpha(n)) = \alpha$
- $P(V < \chi^2_{1-\alpha}(n)) = \alpha$ 또는 $P(V > \chi^2_{1-\alpha}(n)) = 1-\alpha$
- $P(\chi^2_{1-(\alpha/2)}(n) < V < \chi^2_{1-(\alpha/2)}(n)) = 1-\alpha$

이제 [부록 ❺]의 카이제곱분포표를 이용하여 자유도 n인 카이제곱분포의 오른쪽 꼬리확률 α에 대한 백분위수 $\chi^2_\alpha(n)$을 구하는 방법을 살펴본다. 예를 들어, 자유도 6인 카이제곱분포에 대해 오른쪽 꼬리확률이 0.05인 95% 백분위수 $\chi^2_{0.05}(6)$을 구한다면, [그림 8.9]와 같이 d.f.에서 6을 선택하고 꼬

꼬리확률 $P(X > 12.59) = 0.05$

d.f. \ α	0.999	0.995	0.990	0.975	0.950	0.10	0.05	0.025	0.01	0.005
1	0.00	0.00	0.00	0.00	0.00	2.71	3.84	5.02	6.63	7.88
2	0.00	0.01	0.02	0.05	0.10	4.61	5.99	7.38	9.21	10.60
3	0.02	0.07	0.11	0.22	0.35	6.25	7.81	9.35	11.34	12.84
4	0.09	0.21	0.30	0.48	0.71	7.78	9.49	11.14	13.28	14.86
5	0.21	0.41	0.55	0.83	1.15	9.24	11.07	12.83	15.09	16.75
6	0.38	0.68	0.87	1.24	1.64	10.64	12.59	14.45	16.81	18.55
7	0.60	0.99	1.24	1.69	2.17	12.02	14.07	16.01	18.48	20.28
8	0.86	1.34	1.65	2.18	2.73	13.36	15.51	17.53	20.09	21.95
9	1.15	1.73	2.09	2.70	3.33	14.68	16.92	19.02	21.67	23.59

[그림 8.9] 카이제곱분포표

리확률을 나타내는 α에서 0.05를 선택하여 행과 열이 만나는 위치에 있는 수 12.59를 선택한다. 그러면 자유도 6인 카이제곱분포에서 $P(X > 12.59) = 0.05$이다. 또한, 왼쪽 꼬리확률이 0.05인 5% 백분위수 $\chi^2_{0.95}(6)$은 α에서 0.95를 선택하면 $\chi^2_{0.95}(6) = 1.64$이다. 즉, 자유도 6인 카이제곱분포에서 $P(X < 1.64) = 0.05$이다.

두 확률변수 U와 V가 독립이고 $U \sim \chi^2(n)$, $V \sim \chi^2(m)$이면 $U + V \sim \chi^2(n+m)$이다. 특히 정규분포와 카이제곱분포 사이에 다음 관계가 성립한다.

❶ $Z \sim N(0,\ 1)$이면 $Z^2 \sim \chi^2(1)$이다.

❷ $X \sim N(\mu,\ \sigma^2)$이면 $\left(\dfrac{X-\mu}{\sigma}\right)^2 \sim \chi^2(1)$이다.

❸ $Z = \dfrac{\overline{X}-\mu}{\sigma/}\sqrt{n} \sim N(0,\ 1)$이므로 $Z^2 = \left(\dfrac{\overline{X}-\mu}{\sigma/\sqrt{n}}\right)^2 \sim \chi^2(1)$이다.

❹ $Z_i \sim N(0,\ 1)$, $i = 1, 2, \cdots, n$이고 독립이면 $Z_1^2 + Z_2^2 + \cdots + Z_n^2 \sim \chi^2(n)$이다.

❺ $X_i \sim N(\mu,\ \sigma^2)$, $i = 1, 2, \cdots, n$이고 독립이면 $\displaystyle\sum_{i=1}^{n}\left(\frac{X-\mu}{\sigma}\right)^2 \sim \chi^2(n)$이다.

카이제곱분포는 통계적 추론에서 모집단의 분산을 추론할 때 매우 유용한 도구가 된다.

예제 12

다음을 만족하는 v_0을 구하라.

(a) $V \sim \chi^2(5)$에 대해 $P(V < v_0) = 0.975$

(b) $V \sim \chi^2(8)$에 대해 $P(V > v_0) = 0.01$

(c) 독립인 $U \sim \chi^2(2)$, $V \sim \chi^2(4)$에 대해 $P(U + V > v_0) = 0.01$

풀이

(a) [그림 8.9]에서 d.f. 5와 α에서 0.975를 선택하여 행과 열이 만나는 위치에 있는 수 0.83을 선택하면 $v_0 = \chi^2_{0.975}(5) = 0.83$이다.

(b) [그림 8.9]에서 d.f. 8과 α에서 0.01을 선택하여 행과 열이 만나는 위치에 있는 수 20.09를 선택하면 $v_0 = \chi^2_{0.01}(8) = 20.09$이다.

(c) $U \sim \chi^2(2)$, $V \sim \chi^2(4)$이고 독립이므로 $U + V \sim \chi^2(6)$이다. [그림 8.9]에서 d.f. 6과 α에서 0.01을 선택하여 행과 열이 만나는 위치에 있는 수 16.81을 선택하면 $v_0 = \chi^2_{0.01}(6) = 16.81$이다.

■ 표본분산의 분포

이제 정규모집단 $N(\mu, \sigma^2)$으로부터 크기 n인 표본을 추출할 때, 다음과 같이 정의되는 표본분산 S^2과 관련된 표본분포를 살펴본다.

$$S^2 = \frac{1}{n-1}\sum_{i=1}^{n}(X_i - \overline{X})^2$$

평균이 μ이고 독립인 확률변수들의 평균편차에 대한 제곱합은 다음과 같다.

$$\begin{aligned}\sum_{i=1}^{n}(X_i - \mu)^2 &= \sum_{i=1}^{n}\left[(X_i - \overline{X}) + (\overline{X} - \mu)\right]^2 \\ &= \sum_{i=1}^{n}\left[(X_i - \overline{X})^2 + 2(X_i - \overline{X})(\overline{X} - \mu) + (\overline{X} - \mu)^2\right] \\ &= \sum_{i=1}^{n}(X_i - \overline{X})^2 + n(\overline{X} - \mu)^2\end{aligned}$$

따라서 표준화 확률변수의 제곱합은 표본분산 S^2을 이용하여 다음과 같이 표현된다.

$$\begin{aligned}\sum_{i=1}^{n}Z_i^2 &= \frac{1}{\sigma^2}\sum_{i=1}^{n}(X_i - \mu)^2 = \frac{1}{\sigma^2}\sum_{i=1}^{n}(X_i - \overline{X})^2 + \frac{n}{\sigma^2}(\overline{X} - \mu)^2 \\ &= \frac{n-1}{\sigma^2}S^2 + \left(\frac{\overline{X} - \mu}{\sigma/\sqrt{n}}\right)^2\end{aligned}$$

마지막 식에서 $\frac{n-1}{\sigma^2}S^2$과 $\left(\frac{\overline{X} - \mu}{\sigma/\sqrt{n}}\right)^2$은 독립인 것으로 알려져 있다. 그러면 카이제곱분포의 성질 ❸에 의해 $\left(\frac{\overline{X} - \mu}{\sigma/\sqrt{n}}\right)^2 \sim \chi^2(1)$이고 성질 ❹에 의해 $\sum_{i=1}^{n}Z_i^2 \sim \chi^2(n)$이므로 $\frac{n-1}{\sigma^2}S^2$은 자유도 $n-1$인 카이제곱분포를 따른다. 즉, 정규모집단 $N(\mu, \sigma^2)$으로부터 크기 n인 표본을 추출할 때, 표본분산 S^2과 관련된 통계량 V는 다음과 같이 자유도 $n-1$인 카이제곱분포를 따른다.

$$V = \frac{(n-1)S^2}{\sigma^2} \sim \chi^2(n-1)$$

특히 $V \sim \chi^2(n)$이면 $E(V) = n$이므로 다음과 같이 표본분산의 평균이 모분산과 일치한다.

$$E\left[\frac{(n-1)S^2}{\sigma^2}\right] = n-1, \quad \frac{n-1}{\sigma^2}E(S^2) = n-1, \quad E(S^2) = \sigma^2$$

예제 13

핸드폰 배터리를 생산하는 회사는 배터리의 수명이 평균 36시간, 표준편차 1.95시간인 정규분포를 따른다고 한다. 임의로 추출한 배터리 6개의 수명을 측정하여 다음을 얻었다.

$$[34,\quad 31,\quad 36,\quad 37,\quad 30,\quad 36]$$

(a) 통계량 $V = \dfrac{(n-1)S^2}{\sigma^2}$의 관찰값 v_0을 구하라.

(b) $P(S^2 > v_0)$의 근사확률을 구하라.

풀이

(a) 표본과 분산은 각각 다음과 같다.

$$\bar{x} = \frac{1}{6}\sum_{i=1}^{6} x_i = 34,\ s^2 = \frac{1}{5}\sum_{i=1}^{6}(x_i - 34)^2 = 8.4$$

$\sigma = 1.95$이므로 $\sigma^2 = 3.8025$이고, 통계량의 값은 $v_0 = \dfrac{(n-1)s^2}{\sigma^2} = \dfrac{(5)(8.4)}{3.8025} = 11.05$이다.

(b) $V \sim \chi^2(5)$이므로 구하는 확률은 $P(S^2 > 11.05) \approx P(S^2 > 11.07) = 0.05$이다.

■ 합동표본분산의 분포

동일한 모분산 $\sigma_1^2 = \sigma_2^2 = \sigma^2$을 갖고 독립인 두 정규모집단에서 각각 크기 n과 m인 두 확률표본을 추출한다고 하자. 그러면 두 확률표본의 표본분산 S_1^2과 S_2^2은 독립이고, 다음 분포를 갖는다.

$$\frac{n-1}{\sigma^2}S_1^2 \sim \chi^2(n-1), \qquad \frac{m-1}{\sigma^2}S_2^2 \sim \chi^2(m-1)$$

따라서 독립인 카이제곱분포를 따르는 확률변수의 합도 카이제곱분포를 따르므로 다음을 얻는다.

$$\frac{n-1}{\sigma^2}S_1^2 + \frac{m-1}{\sigma^2}S_2^2 \sim \chi^2(n+m-1)$$

한편, 합동표본분산 S_p^2은 다음과 같이 S_1^2과 S_2^2을 이용하여 표현되는 것을 살펴봤다.

$$S_p^2 = \frac{1}{n+m-2}\left[(n-1)S_1^2 + (m-1)S_2^2\right]$$

그러면 합동표본분산 S_p^2에 대하여 다음을 얻는다.

$$\frac{n+m-2}{\sigma^2}S_p^2 = \frac{n-1}{\sigma^2}S_1^2 + \frac{m-1}{\sigma^2}S_2^2$$

그러므로 동일한 모분산 $\sigma_1^2 = \sigma_2^2 = \sigma^2$을 갖고 독립인 두 정규모집단에서 각각 크기 n과 m인 두 확률표본을 추출할 때, 합동표본분산 S_p^2에 대해 다음 표본분포를 얻는다.

$$\frac{n+m-2}{\sigma^2}S_p^2 \sim \chi^2(n+m-2)$$

예제 14

서로 독립인 두 정규모집단 $N(\mu_1, 25)$와 $N(\mu_2, 25)$에서 각각 크기 8과 10인 확률표본을 추출할 때, $P(S_p^2 > s_0) = 0.05$를 만족하는 s_0을 구하라.

풀이

$n = 8$, $m = 10$이고 $\sigma_1^2 = \sigma_2^2 = 25$이므로 $\frac{n+m-2}{\sigma^2} = \frac{16}{25}$이다. 따라서 $\frac{16}{25}S_p^2 \sim \chi^2(16)$이고 자유도 16에 대한 95% 백분위수는 $\chi^2_{0.05}(16) = 26.30$이다. 즉, 다음이 성립한다.

$$P(S_p^2 > s_0) = P\left(\frac{16S_p^2}{25} > \frac{16s_0}{25}\right) = P\left(\frac{16S_p^2}{25} > \chi^2_{0.05}(16)\right) = 0.05$$

그러므로 구하는 s_0은 다음과 같다.

$$\frac{16s_0}{25} = \chi^2_{0.05}(16) = 26.3, \quad s_0 = \frac{(25)(26.3)}{16} \approx 41.1$$

8.5 표본분산 비의 분포

독립인 두 정규모집단의 모분산 σ_1^2과 σ_2^2을 비교하기 위해 많이 사용하는 확률분포는 F-분포이다. 이 절에서는 F-분포의 특성과 이 분포를 이용하여 두 모분산을 비교하는 방법에 대해 살펴본다.

■ F-분포

독립이고 자유도가 각각 m과 n인 카이제곱분포를 따르는 확률변수 U와 V를 생각하자. 이때 $U \sim \chi^2(m)$과 $V \sim \chi^2(n)$에 대해 다음과 같이 정의되는 확률변수 F를 분자와 분모의 자유도가 각각

m과 n인 ***F*-분포**F-distribution라 하며, $F \sim F(m, n)$으로 나타낸다.

$$F = \frac{U/m}{V/n}$$

이때 확률변수 F의 평균과 분산은 각각 다음과 같다.

❶ 평균: $\mu = \dfrac{n}{n-2}$, $n \geq 3$

❷ 분산: $\sigma^2 = \dfrac{2n^2(m+n-2)}{m(n-2)^2(n-4)}$, $n \geq 5$

일반적으로 F-분포의 확률밀도함수는 [그림 8.10]과 같이 왼쪽으로 치우치는 양의 왜도를 갖는다. 특히 분모의 자유도 n이 커질수록 $\mu \approx 1$, $\sigma^2 \approx \dfrac{2}{m}$이며, m과 n이 모두 커지면 F-분포는 $\mu = 1$을 중심으로 좌우 대칭인 종 모양에 근사한다.

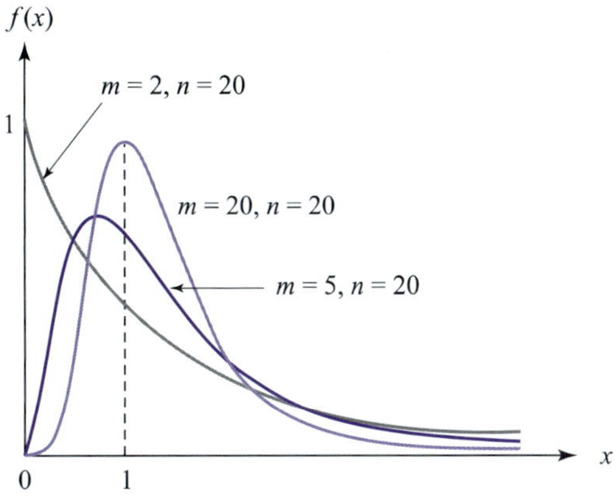

[그림 8.10] 자유도에 따른 F-분포

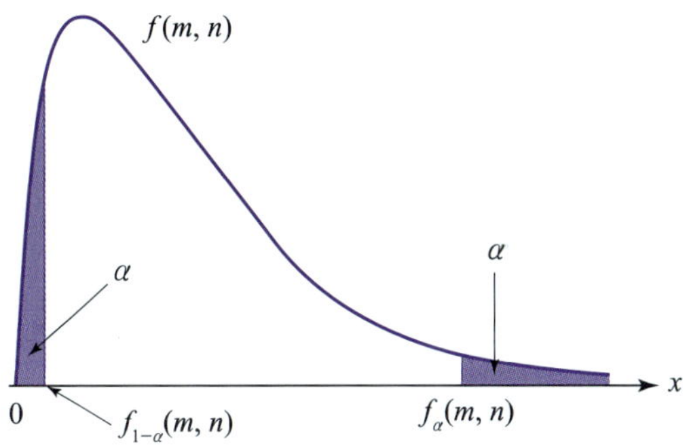

[그림 8.11] 백분위수 $f_\alpha(m, n)$

[그림 8.11]과 같이 분자와 분모의 자유도가 각각 m과 n인 F-분포에 대하여 오른쪽 꼬리확률이 α인 $100(1-\alpha)\%$ 백분위수를 $f_\alpha(m, n)$으로 나타낸다.

왼쪽 꼬리확률이 α인 $100\alpha\%$ 백분위수를 $f_{1-\alpha}(m, n)$으로 나타내며, 다음 확률을 얻는다.

- $P(F > f_\alpha(m, n)) = \alpha$
- $P(F < f_{1-\alpha}(m, n)) = \alpha$ 또는 $P(F > f_{1-\alpha}(m, n)) = 1 - \alpha$
- $P(f_{1-(\alpha/2)}(m, n) < F < f_{\alpha/2}(m, n)) = 1 - \alpha$

특히 $F \sim F(m, n)$이면 $F = \dfrac{U/m}{V/n}$이므로 $\dfrac{1}{F} = \dfrac{V/n}{U/m}$이다. 따라서 $\dfrac{1}{F} \sim F(n, m)$이므로 왼쪽

꼬리확률 $f_{1-\alpha}(m, n)$은 다음과 같이 구할 수 있다.

$$f_{1-\alpha}(m, n) = \frac{1}{f_\alpha(n, m)}$$

왼쪽과 오른쪽 꼬리확률이 각각 $\frac{\alpha}{2}$인 임계점 $f_{1-(\alpha/2)}(m, n)$과 $f_{\alpha/2}(m, n)$에 대하여 중심확률은 다음과 같다.

$$P\left(\frac{1}{f_{\alpha/2}(n, m)} < F < f_{\alpha/2}(m, n)\right) = 1 - \alpha$$

이제 [부록 ❻]의 F-분포표를 이용하여 분자와 분모의 자유도가 각각 m과 n인 F-분포에 대해 $100(1-\alpha)\%$ 백분위수 $f_\alpha(m, n)$를 구하는 방법을 살펴본다. 예를 들어, 분자와 분모의 자유도가 각각 4와 5인 F-분포에서 $f_{0.05}(4, 5)$를 구한다면 [그림 8.12]과 같이 분모의 자유도를 나타내는 왼쪽 열 5에서 α인 0.050을 선택하고, 분자의 자유도 4를 선택하여 행과 열이 만나는 위치의 수 5.19를 선택한다. 그러면 $f_{0.05}(4, 5) = 5.19$이고 $P(F > 5.19) = 0.05$이다.

꼬리확률

$f_{0.05}(4, 5) = 5.19,\ P(F > 5.19) = 0.05$

분모의 자유도	α	분자의 자유도								
		1	2	3	4	5	6	7	8	9
4	0.010	4.54	4.32	4.19	4.11	4.05	4.01	3.98	3.95	3.94
	0.050	7.71	6.94	6.59	6.39	6.26	6.16	6.09	6.04	6.00
	0.025	12.22	10.65	9.98	9.60	9.36	9.20	7.07	8.98	8.90
	0.005	21.20	18.00	16.69	15.98	15.52	15.21	14.98	14.80	14.66
	0.001	74.14	61.25	56.18	53.44	51.71	50.53	49.66	49.00	48.47
5	0.010	4.06	3.78	3.62	3.52	3.45	3.40	3.37	3.34	3.32
	0.050	6.61	5.79	5.41	5.19	5.05	4.95	4.88	4.82	4.77
	0.025	10.01	8.43	7.76	7.39	7.15	6.98	6.85	6.76	6.68
	0.005	16.26	13.27	12.06	11.39	10.97	10.67	10.46	10.29	10.16
	0.001	47.18	37.12	33.20	31.09	29.75	28.83	28.16	27.65	27.24

[그림 8.12] F-분포표

예제 15

$X \sim F(4, 5)$에 대하여 $f_{0.01}(4, 5)$와 $f_{0.99}(4, 5)$를 구하라.

풀이

[그림 8.12]에서 $f_{0.01}(4,\ 5)=3.52$이고 $f_{0.99}(4,\ 5)=\dfrac{1}{f_{0.01}(5,\ 4)}=\dfrac{1}{4.05}\approx 0.2469$이다.

■ 표본분산 비의 분포

서로 독립인 두 정규모집단의 모분산 σ_1^2, σ_2^2 중 어느 것이 더 큰지 비교하는 경우를 생각해 보자. 모분산은 양수이므로 두 모분산 비의 값을 이용하여 다음과 같이 비교할 수 있다.

$$\sigma_1^2>\sigma_2^2 \Leftrightarrow \frac{\sigma_1^2}{\sigma_2^2}>1,\quad \sigma_1^2=\sigma_2^2 \Leftrightarrow \frac{\sigma_1^2}{\sigma_2^2}=1,\quad \sigma_1^2<\sigma_2^2 \Leftrightarrow \frac{\sigma_1^2}{\sigma_2^2}<1$$

모분산이 σ_1^2, σ_2^2이고 서로 독립인 두 정규모집단에서 각각 크기 n과 m인 표본을 추출하면, 표본분산 S_1^2과 S_2^2은 독립이며, 다음 표본분포가 성립한다.

$$U=\frac{n-1}{\sigma_1^2}S_1^2\sim\chi^2(n-1),\qquad V=\frac{m-1}{\sigma_2^2}S_2^2\sim\chi^2(m-1)$$

그러면 F-분포의 정의에 의하여 명백히 다음이 성립한다.

$$\frac{S_1^2/\sigma_1^2}{S_2^2/\sigma_2^2}=\frac{\dfrac{(n-1)S_1^2/\sigma_1^2}{n-1}}{\dfrac{(m-1)S_2^2/\sigma_2^2}{m-1}}\sim F(n-1,\ m-1)$$

따라서 두 표본분산의 비에 대해 다음 표본분포를 얻는다.

$$F=\frac{S_1^2/\sigma_1^2}{S_2^2/\sigma_2^2}=\frac{\sigma_2^2\,S_1^2}{\sigma_1^2\,S_2^2}\sim F(n-1,\ m-1)$$

예제 16

모직의 절단강도는 분산이 $\sigma_1^2=9$이고, 인조섬유의 절단강도는 분산이 $\sigma_2^2=8$인 정규분포를 따른다고 한다. 모직 6조각과 인조섬유 8조각에 대한 절단강도의 분산을 각각 S_1^2과 S_2^2이라 할 때, $P\left(\dfrac{S_1^2}{S_2^2}>s_0\right)=0.05$를 만족하는 s_0을 구하라(단, 단위는 Mpa이다).

풀이

$n=6$, $m=8$이고 $\sigma_1^2=9$, $\sigma_2^2=8$이므로 $\dfrac{8S_1^2}{9S_2^2} \sim F(5,7)$이고 F-분포에서 제95백분위수는 $f_{0.05}(5,7)$ $=3.97$이다. 따라서 다음이 성립한다.

$$P\left(\frac{S_1^2}{S_2^2} > s_0\right) = P\left(\frac{8S_1^2}{9S_2^2} > \frac{8s_0}{9}\right) = P\left(\frac{8S_1^2}{9S_2^2} > f_{0.05}(5,7)\right) = 0.05$$

그러면 구하는 s_0은 다음과 같다.

$$\frac{8s_0}{9} = f_{0.05}(5,7) = 3.97, \ s_0 = \frac{(9)(3.97)}{8} \approx 4.47$$

8.6 표본비율의 분포

3.6절에서 모집단에서 성공의 비율인 모비율과 표본에서 성공의 비율인 표본비율을 정의했다. 이 절에서는 모비율과 관련된 통계량인 표본비율의 표본분포에 대해 살펴본다.

크기가 N이고 모비율이 p인 모집단에서 크기 n인 확률표본 $\{X_1, X_2, \cdots, X_n\}$을 선정한다고 하자. 그러면 각각의 확률변수 X_i, $i=1, 2, \cdots, n$은 다음과 같이 정의되며, $P(X_i=1)=p$이다.

$$X_i = \begin{cases} 1, & \text{성공인 경우} \\ 0, & \text{실패인 경우} \end{cases}$$

X_i들의 합 $X=X_1+X_2+\cdots+X_n$은 표본에서 성공 횟수를 나타내며, 7.1절에서 살펴본 바와 같이 $X \sim B(n,p)$이다. 따라서 X의 평균과 분산은 각각 다음과 같다.

$$E(X)=np, \ Var(X)=np(1-p)$$

표본비율 $\hat{p}=\dfrac{X}{n}$의 평균과 분산은 각각 다음과 같다.

- 평균: $\mu_{\hat{p}} = E\left(\dfrac{X}{n}\right) = \dfrac{1}{n}E(X) = \dfrac{1}{n}(np) = p$
- 분산: $\sigma_{\hat{p}}^2 = Var\left(\dfrac{X}{n}\right) = \dfrac{1}{n^2}Var(X) = \dfrac{1}{n^2}(npq) = \dfrac{pq}{n}$

또한, $X \sim B(n, p)$일 때 표본의 크기 n이 충분히 크면, 즉 $np \geq 5$, $nq \geq 5$이면 정규근사에 의해 $X \approx N(np, npq)$가 성립하므로 표본비율 $\hat{p}$은 다음과 같은 정규분포에 근사한다.

$$\hat{p} \approx N\left(p, \frac{pq}{n}\right)$$

그리고 $\hat{p}$을 표준화하면 다음과 같이 표준정규분포에 근사한다.

$$Z = \frac{\hat{p} - p}{\sqrt{\frac{pq}{n}}} \approx N(0, 1)$$

예제 17

자율주행 자동차에 반드시 필요한 반도체를 생산하는 제조 업체에서 생산한 반도체의 불량률은 1.5%라 한다. 이 주장을 알아보기 위해 생산된 반도체 80개를 임의로 추출하여 조사했을 때, 다음을 구하라.

(a) 적어도 3개 이상이 불량품일 확률

(b) 불량률이 3% 이상일 확률

풀이

(a) 반도체 80개에 포함된 불량품의 수는 $X \sim B(80, 0.015)$이므로 $\mu = (80)(0.015) = 1.2$, $\sigma^2 = (80)(0.015)(0.985) = 1.182$이다. 따라서 $X \approx N(1.2, 1.0872^2)$이고, 구하는 근사확률은 다음과 같다.

$$P(X \geq 3) = P\left(Z \geq \frac{3 - 1.2}{1.0872}\right) \approx P(Z \geq 1.66)$$
$$= 1 - P(Z \leq 1.66) = 1 - 0.9515 = 0.0485$$

(b) $p = 0.015$, $n = 80$이므로 $\sqrt{\frac{pq}{n}} = \sqrt{\frac{(0.015)(0.985)}{80}} \approx 0.0136$이고, $\frac{\hat{p} - 0.015}{0.0136} \approx N(0, 1)$이다.

따라서 구하는 확률은 다음과 같다.

$$P(\hat{p} \geq 0.03) = P\left(Z \geq \frac{0.03 - 0.015}{0.0136}\right) \approx P(Z \geq 1.10)$$
$$= 1 - P(Z < 1.10) = 1 - 0.8643 = 0.1357$$

서로 독립이고 모비율이 각각 p_1, p_2인 두 모집단에서 각각 크기 n과 m인 확률표본을 선정할 때, n과 m이 충분히 크면 표본비율은 각각 근사적으로 다음 정규분포를 따른다.

$$\hat{p}_1 \approx N\left(p_1, \frac{p_1 q_1}{n}\right), \quad \hat{p}_2 \approx N\left(p_2, \frac{p_2 q_2}{m}\right)$$

두 표본이 독립이므로 두 표본비율의 차 $\hat{p}_1 - \hat{p}_2$은 다음과 같은 정규분포를 따른다.

$$\hat{p}_1 - \hat{p}_2 \approx N\left(p_1 - p_2, \frac{p_1 q_1}{n} + \frac{p_2 q_2}{m}\right)$$

따라서 두 표본비율의 차 $\hat{p}_1 - \hat{p}_2$을 표준화하면 다음과 같다.

$$Z = \frac{(\hat{p}_1 - \hat{p}_2) - (p_1 - p_2)}{\sqrt{\dfrac{p_1 q_1}{n} + \dfrac{p_2 q_2}{m}}} \approx N(0, 1)$$

예제 18

두 생산 라인 1과 2에서 생산한 완제품의 불량률이 각각 $p_1 = 0.003$, $p_2 = 0.001$이라 한다. 두 생산 라인에서 생산한 완제품을 동일하게 100개씩 임의로 선정할 때, 불량률의 차가 0.0015와 0.0025 사이일 근사확률을 구하라.

풀이

표본 1과 2의 표본비율을 각각 $\hat{p}_1$, $\hat{p}_2$이라 하면 $p_1 - p_2 = 0.002$이고, 다음이 성립한다.

$$\sqrt{\frac{p_1 q_1}{n} + \frac{p_2 q_2}{m}} = \sqrt{\frac{(0.003)(0.997)}{100} + \frac{(0.001)(0.999)}{100}} = \sqrt{0.0000399} \approx 0.0063$$

따라서 $Z = \dfrac{(\hat{p}_1 - \hat{p}_2) - 0.002}{0.0063} \approx N(0, 1)$이고 구하는 근사확률은 다음과 같다.

$$\begin{aligned} P(0.0015 < \hat{p}_1 - \hat{p}_2 < 0.0025) &= P\left(\frac{0.0015 - 0.002}{0.0063} < Z < \frac{0.0025 - 0.002}{0.0063}\right) \\ &\approx P(-0.08 < Z < 0.08) = 2P(Z < 0.08) - 1 \\ &= (2)(0.5319) - 1 = 0.0638 \end{aligned}$$

연습문제

1. 모평균 $\mu=10$, 모분산 $\sigma^2=9$인 정규모집단에서 크기 16인 확률표본을 선정할 때, 다음을 구하라.

(a) $P(8<\overline{X}<12)$ (b) $P(\overline{X}\geq x_0)=0.05$를 만족하는 x_0

2. 정규모집단에서 크기 16인 표본을 임의로 추출할 때, 다음 경우에 대해 $P(|\overline{X}-\mu|\geq 4)$를 구하라.

(a) 모분산이 $\sigma^2=25$인 경우 (b) 표본분산이 $s^2=25$인 경우

3. 모평균 34, 모표준편차 5인 정규모집단에서 다음과 같은 크기 n인 확률표본을 선정할 때, $P(33<\overline{X}<35)$를 구하라.

(a) $n=16$ (b) $n=49$

(c) $n=64$ (d) n이 커짐에 따른 확률의 변화

4. 모평균이 34이고 모표준편차가 다음과 같은 모집단에서 크기 25인 확률표본을 선정할 때, 표본평균의 확률 $P(33<\overline{X}<35)$를 구하라.

(a) $\sigma=4$ (b) $\sigma=9$

(c) $\sigma=12$ (d) σ가 커짐에 따른 확률의 변화

5. 모평균이 μ인 정규모집단으로부터 크기 16인 표본을 임의로 추출한다. 추출된 표본의 표본분산이 9일 때, $P(|\overline{X}-\mu|<k)=0.95$를 만족하는 상수 k를 구하라.

6. 모평균과 모분산이 각각 $\mu_1=122$, $\mu_2=112$, $\sigma_1=4$, $\sigma_2=3$이고 독립인 두 정규모집단에서 각각 크기 $n=m=36$인 표본을 임의로 추출했다.

(a) 두 표본평균의 차에 대한 확률분포를 구하라.

(b) 두 표본평균의 차가 12 이상일 확률을 구하라.

7. 두 모집단은 평균이 각각 $\mu_1=70$, $\mu_2=68$이고 모분산은 미지이지만 동일한 정규분포를 따른다고 한다. 두 모집단으로부터 표본을 추출하여 다음 결과를 얻었다.

	표본의 크기	표본평균	표본표준편차
표본 A	$n=12$	$\overline{x}=72$	$s_1=2$
표본 B	$m=15$	$\overline{y}=67$	$s_2=4$

(a) 합동표본분산 s_p^2을 구하라.

(b) 두 표본평균의 차 $\overline{X}-\overline{Y}$에 대한 확률분포를 구하라.

(c) $P(\overline{X}-\overline{Y}>t_0)=0.05$를 만족하는 t_0을 구하라.

8. [문제 7]에서 미지인 두 모분산이 서로 다르다는 것을 알고 있다고 하자.

(a) 자유도를 구하라.

(b) 두 표본평균의 차 $\overline{X}-\overline{Y}$에 대한 확률분포를 구하라.

(c) $P(\overline{X}-\overline{Y}>t_0)=0.05$를 만족하는 t_0을 구하라.

9. $\sigma^2=4$인 정규모집단에서 크기 10인 표본을 추출하여 다음을 얻었다.

7.9	5.1	10.2	7.1	5.5	6.4	4.5	6.8	4.2	2.9

(a) 통계량 $V=(n-1)\dfrac{S^2}{\sigma^2}$의 분포를 구하라.

(b) 관찰된 표본분산의 값 s_0^2을 구하라.

(c) $P(S^2<v_1)=0.1$을 만족하는 v_1을 구하라.

(d) $P(S^2>v_2)=0.05$를 만족하는 v_2를 구하라.

10. 다음 표는 고혈압에 걸린 환자 30명을 두 그룹으로 분류하여 각기 다른 방법으로 치료한 결과이다. 두 방법에 의한 치료 결과는 동일한 평균을 갖는 정규분포를 따른다고 한다.

	표본의 크기	표본평균	표본분산
치료법 A	$n=13$	$\overline{x}=127$	$s_1^2=36$
치료법 B	$m=13$	$\overline{y}=123$	$s_2^2=25$

(a) 두 표본에 대한 합동표본분산을 구하라.

(b) 이 표본에 기초하여 $P(\overline{X}-\overline{Y}>4.471)$을 구하라.

(c) $\sigma_1^2 = \sigma_2^2 = 16$일 때, $P(S_p^2 > 24.28)$을 구하라.

(d) $\sigma_1^2 = \sigma_2^2 = 16$일 때, $P\left(S_1^2 > (3.28)S_2^2\right)$을 구하라.

11. 모비율이 다음과 같은 모집단에서 크기가 100인 표본을 임의로 추출할 때, 표본비율이 0.4보다 클 근사 확률을 구하라.

(a) $p = 0.3$ (b) $p = 0.5$ (c) $p = 0.55$

12. 모비율이 $p = 0.25$인 모집단으로부터 크기가 각각 다음과 같은 표본을 임의로 선정한다. 이때 표본비율이 $p \pm 0.1$ 안에 있을 근사확률을 구하고, 표본의 크기가 커짐에 따른 확률의 변화를 비교하라.

(a) $n = 50$ (b) $n = 100$ (c) $n = 150$

13. 모비율이 $p_1 = 0.05$인 모집단 A와 모비율이 $p_2 = 0.03$인 모집단 B에서 임의로 표본을 선정하여 다음 결과를 얻었다.

	표본의 크기	불량품 수
표본 A	1,500	72
표본 B	2,000	68

(a) 두 표본비율의 차 $\hat{p}_1 - \hat{p}_2$에 대한 확률분포를 구하라.

(b) $P(\hat{p}_1 - \hat{p}_2 > 0.03)$을 구하라.

(c) $\hat{p}_1 - \hat{p}_2$이 관찰된 표본비율의 차보다 클 근사확률을 구하라.

(d) $\hat{p}_1 - \hat{p}_2$이 p_0보다 클 확률이 0.025인 p_0을 구하라.

14. 모평균 $\mu = 20$, 모표준편차 $\sigma = 4$인 정규모집단에서 크기 n인 표본을 임의로 추출하여 표본분산 0.5를 얻었다고 한다. 표본의 크기 n을 구하라.

15. 주머니 안에 1, 2, 3의 번호가 적힌 동일한 모양의 공이 3개 들어 있다. 주머니에서 복원추출로 공 2개를 임의로 꺼낸다고 하자.

(a) 표본으로 나올 수 있는 공의 숫자에 대한 모든 경우를 구하라.

(b) (a)에서 구한 각 표본의 평균을 구하라.

(c) 표본평균 $\overline{X}$의 확률분포를 구하라.

(d) 표본평균 $\overline{X}$의 평균과 분산을 구하라.

(e) 표본평균 $\overline{X}$의 평균과 모평균의 관계를 설명하라.

(f) 표본평균 $\overline{X}$의 분산과 모분산의 관계를 설명하라.

16. [문제 15]에서 비복원추출로 공 2개를 추출한다고 하자.

(a) 표본으로 나올 수 있는 공의 숫자에 대한 모든 경우를 구하라.

(b) (a)에서 구한 각 표본의 평균을 구하라.

(c) 표본평균 $\overline{X}$의 확률분포를 구하라.

(d) 표본평균 $\overline{X}$의 평균과 분산을 구하라.

(e) 표본평균 $\overline{X}$의 평균과 모평균의 관계를 설명하라.

(f) 표본평균 $\overline{X}$의 분산과 모분산의 관계를 설명하라.

17. 확률분포가 $P(X=1)=0.6$, $P(X=2)=0.4$인 모집단으로부터 크기 2인 표본을 복원추출에 의해 임의로 추출한다고 하자.

(a) 표본으로 나올 수 있는 모든 경우를 구하라.

(b) (a)에서 구한 각 표본의 평균을 구하라.

(c) 표본평균 $\overline{X}$의 확률분포를 구하라.

(d) 표본평균 $\overline{X}$의 평균과 분산을 구하라.

18. 어느 대도시의 시내 교차로에서 대기시간은 평균 3.5분, 표준편차 0.8분인 정규분포를 따른다고 한다. 임의로 교차로 20곳을 선정하여 대기시간을 조사할 때, 다음을 구하라.

(a) 표본평균의 표본분포

(b) 표본평균이 3분 이하일 확률

(c) 표본평균이 3.9분 이상일 확률

19. 정부는 자동차의 질소산화물(NOx) 배출량에 대한 허용 기준을 0.114 g/km로 강화했다. 어느 자동차 모델의 질소산화물 평균 배출량은 기준치의 두 배에 달하는 0.228 g/km이고 표준편차가 0.15 g/km인 정규분포를 따른다고 한다.

(a) 임의로 자동차 한 대를 선정했을 때, 질소산화물 배출량이 허용 기준에 적합할 확률을 구하라.

(b) 이 모델인 자동차 두 대를 무작위로 선정했을 때, 질소산화물 배출량의 표본평균이 허용 기준에 적합할 확률을 구하라.

20. 우리나라 20세 이상 성인 남자의 혈중 콜레스테롤 수치가 평균 $\mu = 198$, 분산 $\sigma^2 = 36$인 정규분포를 따른다고 가정하자(단, 단위는 mg/dl이다).

(a) 임의로 1명을 선정하였을 때, 이 사람의 콜레스테롤 수치가 195와 204 사이일 확률을 구하라.

(b) 16명을 임의로 선정하여 표본을 만들 때, 표본평균 $\overline{X}$의 표본분포를 구하라.

(c) 표본평균이 $\mu - 2$와 $\mu + 2$ 사이일 확률을 구하라.

21. 제철소에서 생산하는 콘크리트 보강용 강철봉의 강도는 평균이 40이고 분산이 4라고 한다. 이 회사에서 생산된 강철봉 100개를 임의로 선정할 때, 표본평균이 39.45와 40.25 사이일 근사확률을 구하라(단, 단위는 psi이다).

22. 계산기에 사용하는 배터리의 수명은 평균 3,000시간, 표준편차 155시간이라 한다. 이를 확인하기 위해 50개를 임의로 수거해서 조사했을 때, 다음을 구하라.

(a) 평균 사용 시간이 3,048시간 이상일 근사확률

(b) 평균 사용 시간이 2,984시간 이하일 근사확률

(c) 평균 사용 시간이 2,978시간과 3,034시간 사이일 근사확률

(d) $P(\overline{X} \geq x_0) = 0.025$인 x_0

23. 어느 회사에서 생산한 와이어의 평균 인장 강도는 5 kg이고 표준편차가 0.75 kg이라 한다. 이 회사에서 생산된 와이어 64개를 임의로 선정했을 때, 표본평균이 4.73 kg과 5.24 kg 사이일 근사확률을 구하라.

24. 어느 회사에서 제조한 전구의 수명은 평균 516시간, 분산 185시간이라 한다. 이 회사에서 제조한 전구 100개를 구입했을 때, 이 전구들의 평균 수명에 대한 평균과 분산을 구하고, 평균 수명이 520시간 이상일 근사확률을 구하라.

25. 청정 지역에서 떨어지는 빗물의 pH 농도가 평균 5.6이라 한다. 지난 10년 동안 서울 지역의 빗물에 대한 평균 pH 농도는 4.95인 정규분포를 따른다고 한다. 어느 한 달 동안 서울에 내린 빗물의 pH 농도에 대한 표본을 조사하여 다음을 얻었다.

4.2	3.6	4.4	4.8	5.1	4.7	4.9	4.2	4.5	4.6

(a) 표본평균과 표본표준편차를 구하라.

(b) 표본평균에 대한 표본분포를 구하라.

(c) 표본평균 $\overline{X}$가 실제로 조사한 표본의 평균 4.5를 초과할 근사확률을 구하라.

(d) 이 표본을 이용하여 표본평균이 하위 5%인 빗물의 pH 농도를 구하라.

26. 새로운 제조 방법으로 생산한 전구의 수명은 평균 5,000시간인 정규분포를 따른다고 한다. 이 회사에서 생산한 전구 16개를 구입하여 조사한 결과, $\overline{x} = 4{,}800$시간, $s = 1{,}000$시간이었다.

(a) 표본평균 $\overline{X}$의 표본분포를 구하라.

(b) 이 표본을 이용하여 $P(|\overline{X} - 5000| < x_0) = 0.9$를 만족하는 x_0을 구하라.

27. 반도체 웨이퍼 제조 공정에서 형성되는 산화막 두께는 평균 13.5 nm인 정규분포를 따른다고 한다. 임의로 5개의 웨이퍼를 선정하여 표본표준편차 0.3 nm를 얻었다.

(a) 표본평균에 대한 표본분포를 구하라.

(b) 표본평균이 13.9 nm를 초과할 확률을 구하라.

28. 고분자 라텍스에 대한 변형된 모르타르의 인장 접착강도 X는 평균 19.1, 표준편차 1.6인 정규분포를 따르고, 변형되지 않은 모르타르의 인장 접착강도 Y는 평균 17.7, 표준편차 1.4인 정규분포를 따르는 것으로 알려져 있다. 변형된 모르타르와 변형되지 않은 모르타르 표본을 각각 36개와 49개를 선정했을 때, 다음을 구하라(단, 단위는 kgf/cm^2이다).

(a) $\overline{X} - \overline{Y}$의 확률분포　　　(b) $P(\overline{X} - \overline{Y} \ge 0.5)$

29. 화학공정에서 촉매제 A의 수율 X는 평균 82.8, 표준편차 2.4인 정규분포를 따르고, 촉매제 B의 수율 Y는 평균 79.2, 표준편차 3.1인 정규분포를 따르는 것으로 알려져 있다. 촉매제 A와 B의 표본을 각각 16개와 9개를 선정했을 때, 다음을 구하라.

(a) $\overline{X} - \overline{Y}$의 확률분포　　　(b) $P(\overline{X} - \overline{Y} \ge 5)$

(c) $P(\overline{X} - \overline{Y} \ge x_0) = 0.025$를 만족하는 x_0

30. 모직 17묶음의 절단강도는 평균 452.4, 표준편차 12.3이고, 인조섬유 25묶음의 절단강도는 평균 474.6, 표준편차 5.5인 것으로 조사되었다. 두 종류의 섬유에 대한 절단강도는 동일한 분산을 갖는 정규분포를 따른다고 한다(단, 단위는 Mpa이다).

(a) 합동표본분산의 측정값 s_p^2을 구하라.

(b) 모직의 평균 절단강도 $\overline{X}$와 인조섬유의 평균 절단강도 $\overline{Y}$의 차 $T = \overline{Y} - \overline{X}$에 대한 확률분포를 구하라.

(c) 표본의 측정값 $t_0 = \bar{y} - \bar{x}$ 를 이용하여 인조섬유와 모직에 대한 절단강도의 평균의 차이 μ_0 에 대하여 $P(|T-\mu_0| \le t_0) = 0.95$ 인 μ_0의 범위를 구하라.

31. 타이어를 생산하는 어느 회사에서 새로운 공정 방법으로 생산한 타이어의 수명이 뛰어난지를 알아보기 위하여, 예전 공정 방법으로 생산한 타이어 7개와 새로운 방법으로 생산한 타이어 9개를 조사한 결과, 다음 표를 얻었다. 두 방법으로 생산한 타이어의 수명에 대한 예비실험을 통하여 평균 수명은 동일하다는 결론을 얻었다. 이때 새로운 방법으로 생산한 타이어가 예전 방법으로 생산한 타이어에 비해 평균 수명이 1,518 km 이상 더 클 확률을 구하라.

(단위: 1,000 km)

새로운 방법	65.4	63.6	60.4	62.5	61.5	62.4	62.6	63.7	61.1
예전 방법	59.2	60.6	57.7	58.1	62.0	56.2	58.1		

32. 어느 제조 업체에서 생산하는 베어링의 지름은 평균 10, 표준편차 0.15인 정규분포를 따른다고 한다. 이 회사에서 생산한 베어링 9개를 임의로 추출할 때, 다음을 구하라(단, 단위는 cm이다).

(a) 표본분산 S^2과 관련된 통계량 V의 분포

(b) $P(S^2 > s_0) = 0.05$를 만족하는 s_0

33. 우리나라 성인이 하루 동안 마시는 물의 양은 표준편차가 0.07리터인 정규분포를 따른다고 한다. 성인 16명을 임의로 선정하여 하루 동안 마시는 물의 양을 측정하여 다음을 얻었다.

1.74	1.63	1.60	1.74	1.62	1.64	1.61	1.65
1.59	1.34	1.37	1.53	1.66	1.67	1.65	1.72

(a) 통계량 $V = (n-1)\dfrac{S^2}{\sigma^2}$ 의 분포를 구하라.

(b) 관찰된 표본분산의 값 s_0^2 을 구하라.

(c) 이 표본을 이용하여 $v_0 = (n-1)\dfrac{s_0^2}{\sigma^2}$ 을 구하라.

(d) 표본분산 S^2이 (b)에서 구한 s_0^2 보다 클 근사확률을 구하라.

(e) $P(S^2 > v_1) = 0.05$ 인 v_1을 구하라.

34. 감기약의 무게는 분산이 0.000756인 정규분포를 따른다고 한다. 시중에서 판매되는 감기약 16개를 임의로 수거하여 무게를 측정하여 다음을 얻었다(단, 단위는 g이다).

4.23	4.26	4.26	4.24	4.27	4.23	4.19	4.27
4.21	4.25	4.23	4.29	4.30	4.24	4.20	4.24

(a) 표본분산 S^2과 관련된 통계량 V의 분포를 구하라.

(b) 관찰된 표본분산의 값 s_0^2을 구하라.

(c) 이 표본을 이용한 통계량의 관찰값 $v_0 = (n-1)\dfrac{s_0^2}{\sigma^2}$을 구하라.

(d) $P(S^2 > s_0^2)$을 구하라.

35. 남자와 여자의 폐활량은 각각 모분산 $\sigma_1^2 = 1.2$, $\sigma_2^2 = 1$인 정규분포를 따른다고 주장한다. 이 주장이 맞는지 알아보기 위해 남자와 여자를 무작위로 각각 16명과 20명씩 임의로 선정했다. 이때 남자와 여자의 폐활량에 대한 분산의 비가 x_0 이상일 확률이 0.05가 되는 x_0을 구하라(단, 단위는 리터이다).

36. 두 광역시의 일일 풍속에 차이가 있는지 알기 위하여, 두 광역시의 풍속에 대해 표본조사를 실시하여 다음을 얻었다(단, 두 광역시에 부는 풍속은 정규분포를 따르고, 단위는 m/s이다).

광역시 A	$n = 10,\quad \overline{x} = 2.39,\quad s_1 = 0.21$
광역시 B	$m = 10,\quad \overline{y} = 2.42,\quad s_2 = 0.23$

(a) 두 모표준편차가 동일하게 $\sigma = 0.2$라 할 때, 합동표본분산이 0.0139보다 작을 근사확률을 구하라.

(b) (a)의 조건에서 $P\left(S_2^2 \geq (10.11)S_1^2\right)$을 구하라.

(c) 두 표본에 대한 합동표본분산을 구하라.

(d) 두 광역시의 평균 풍속이 동일하지만 분산을 모른다 할 때, 광역시 B의 풍속이 광역시 A의 풍속보다 0.251 m/s 이상일 확률을 구하라.

37. 다음 표는 고혈압에 걸린 환자 30명을 두 그룹으로 분류하여 각기 다른 방법으로 치료한 결과이다(단, 두 방법에 의한 치료 결과는 동일한 평균을 갖는 정규분포를 따른다고 한다).

치료법 A	$n = 15,\quad \bar{x} = 127.2,\quad s_1^2 = 36$
치료법 B	$m = 15,\quad \bar{y} = 123.4,\quad s_2^2 = 25$

(a) 두 표본에 대한 합동표본분산을 구하라.

(b) 이 표본에 기초하여 $P(\overline{X} - \overline{Y} > 4.975)$를 구하라.

(c) $\sigma_1^2 = \sigma_2^2 = 16$일 때, $P(S_p^2 > 29.137)$을 구하라.

(d) $\sigma_1^2 = \sigma_2^2 = 16$일 때, $P(S_1^2 > (0.4)S_2^2)$을 구하라(단, $f_{0.05}(14, 14) = 0.4$이다).

38. 두 레미콘 회사에서 생산되는 시멘트의 압축강도에 대한 분산 σ_1^2과 σ_2^2이 동일한지 알아보기 위해 각각 크기 8과 9인 표본조사를 실시하였다. 두 표본분산 s_1^2과 s_2^2에 대해 다음을 구하라.

(a) 두 모분산 비 $\dfrac{\sigma_1^2}{\sigma_2^2}$이 $\dfrac{S_1^2}{S_2^2}$의 f_0배보다 클 확률이 0.95인 f_0

(b) $\sigma_1^2 = \sigma_2^2$일 때, $P\left(\dfrac{S_1^2}{S_2^2} < f_0\right) = 0.05$를 만족하는 f_0

(c) $\sigma_1^2 = (1.2)\sigma_2^2$일 때, $P\left(\dfrac{S_1^2}{S_2^2} > f_0\right) = 0.05$를 만족하는 f_0

39. 어느 회사에서 생산된 배터리의 10%가 불량품이라고 한다. 이 회사에서 임의로 8개를 선정했다.

(a) 불량품이 없을 확률을 구하라.

(b) 두 개 이상 불량품이 포함될 확률을 구하라.

(c) 15% 이상 불량품이 포함될 확률을 구하라.

40. [문제 39]에서 임의로 80개를 선정했을 때, (a), (b), (c)를 구하라.

41. 색상이 조화롭게 보이는 비율은 70: 25: 5라고 한다. 여기서 70은 기본 색상의 비율, 25는 보조 색상의 비율, 5는 주제 색상의 비율이다. 이 비율을 사용한 대표적인 어떤 두 회사의 주제 색상은 각각 노란색과 짙은 초록색이다. 주제 색상을 5의 비율로 사용한 전국 매장의 비율이 5%라고 하자. 임의로 선정한 1,500개의 매장 중 주제 색상을 5의 비율로 사용하는 비율에 대해 다음을 구하라.

(a) 표본비율 $\hat{p}$의 확률분포

(b) 모비율 p에 대해 $P(p - 0.014 < \hat{p} < p + 0.014)$

(c) 주제 색상을 5의 비율로 사용하는 매장이 50곳과 80곳 사이일 확률

(d) 표본비율의 90% 백분위수

42. 트랜스미션에 대한 주요 결점은 외부 요인으로 발생하며, 과거의 경험에 의하면 모든 결점의 70%가 번개로 인해 발생하는 것으로 알려졌다. 이를 확인하기 위하여 결함이 있는 트랜스미션 200개를 조사한 결과, 151개 이상이 번개에 의한 원인일 확률을 구하라.

43. 유전학자들은 음성적으로 혈액 질환 치료 성분을 갖고 있는 우리나라 남성의 비율이 약 11%라고 한다. 이것을 확인하기 위하여 남성 200명을 선정했을 때, 다음을 구하라.

(a) 표본비율의 근사확률분포

(b) 표본비율이 7% 미만일 확률

(c) 표본비율의 95% 백분위수

44. 기존 방법에 의한 부품의 불량률은 5%이지만 새로운 공정 방법에 의한 불량률은 3%라고 한다. 이것을 알아보기 위해 임의로 표본을 선정하여 다음 결과를 얻었다.

	표본의 크기	불량품 수
기존 방법	1500	72
새로운 방법	2000	68

(a) 기존 방법과 새로운 방법에 의한 표본비율을 각각 $\hat{p}_1$, $\hat{p}_2$이라 할 때 $\hat{p}_1 - \hat{p}_2$에 대한 확률분포를 구하라.

(b) $P(\hat{p}_1 - \hat{p}_2 > 0.03)$을 구하라.

(c) $\hat{p}_1 - \hat{p}_2$이 관찰된 표본비율의 차보다 클 근사확률을 구하라.

(d) $\hat{p}_1 - \hat{p}_2$이 p_0보다 클 확률이 0.025인 p_0을 구하라.

45. 어느 자동차 동호회는 월요일에 만들어진 자동차의 결함률이 8%이고, 다른 요일에 제조된 자동차의 결함률은 월요일보다 2% 작다고 주장한다. 이 주장의 진위를 알아보기 위해 월요일에 생산된 자동차 100대와 다른 요일에 생산된 자동차 200대를 임의로 선정하여 조사한 결과, 월요일에 만들어진 자동차가 다른 요일에 만들어진 자동차보다 결함이 있는 비율이 2.2% 더 많을 확률을 구하라.

46. 두 종류의 약품 A와 B의 치료율 p_1, p_2가 동일하게 90% 인지 알아보기 위해 임의로 표본을 선정하여 다음 결과를 얻었다.

	표본의 크기	치료율
약품 A	250	91%
약품 B	250	88%

(a) 표본비율의 차 $\hat{p}_1 - \hat{p}_2$에 대한 확률분포를 구하라.

(b) $P(\hat{p}_1 - \hat{p}_2 \ge 0.03)$을 구하라.

(c) $\hat{p}_1 - \hat{p}_2$이 p_0보다 클 확률이 0.05인 p_0을 구하라.

Ⅲ 통계적 추론

CHAPTER 09

추정

9.1 추정의 개념

모집단의 자료를 수집하여 정리하고 요약하는 이유는, 모집단의 특성을 나타내는 여러 수치를 구하기 위함이다. 그러나 대부분의 모집단은 크기가 매우 크고, 모수 또한 알려져 있지 않다. 따라서 표본을 선택하여 모수와 관련된 통계량을 선택하여 미지의 모수를 추정한다. 그러나 통계량의 선택과 표본의 선정에 따라 모수의 추정값에는 큰 차이가 발생할 수 있으므로 모수를 추정하기 위해 가장 바람직한 통계량을 선택해야 한다. 이 절에서는 모수를 추론하기 위한 두 가지 방법인 점추정과 구간추정의 개념을 살펴본다.

■ 통계적 추론

모수의 참값에 대해 통계적인 측면에서 가장 많이 접하는 두 가지 경우가 있다. 하나는 미지인 모수의 참값을 추정하는 것이고, 다른 하나는 모수의 참값에 대한 주장의 타당성을 검정하는 것이다. 예를 들어, 전기 자동차 배터리의 평균 전압이 얼마인지 추정하는 것이고, 다른 하나는 평균 전압이 650볼트라는 주장의 타당성을 판정하는 것이다. 이를 위해 생산된 모든 배터리를 사용한다는 것은 불가능하므로, 임의로 선정된 표본을 이용하여 추정하거나 검정한다. 즉, [그림 9.1]과 같이 배터리 100개를

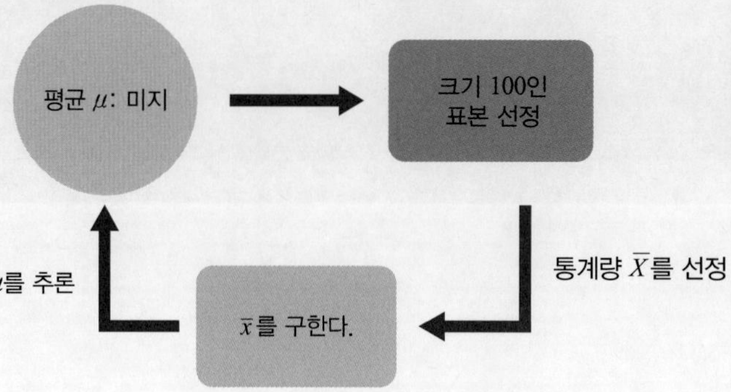

[그림 9.1] 모평균의 추론 과정

임의로 선정한 뒤, 표본평균의 관찰값을 이용하여 생산된 배터리의 평균 전압을 추정하거나, 평균 전압에 대한 주장의 타당성을 검정한다.

이와 같이 표본을 이용하여 모집단의 특성을 나타내는 모수의 참값을 추정하거나 모수에 대한 주장을 검정하는 과정을 **통계적 추론** statistical inference 이라 한다. 그리고 표본으로부터 얻은 추정량을 이용하여 모수를 추론하는 과정을 **추정** estimate 이라 한다. 이때 모수의 참값을 표본으로부터 얻은 하나의 수치를 이용하여 추정하는 방법과, 모수의 참값이 포함될 것으로 여겨지는 구간을 추정하는 방법이 있다.

■ 점추정

어떤 전기 자동차의 고전압 배터리는 30개의 모듈로 구성되며, 1개 모듈에는 평균 전압이 3.6볼트인 6개의 셀로 구성된다. 이 전기 자동차의 배터리에 사용하는 셀의 평균 전압을 조사하기 위해, 셀 100개를 임의로 선정한 뒤 전압을 측정하여 평균 3.65볼트와 표준편차 0.02볼트를 얻었다고 하자. 이때 모수의 참값을 추정하기 위해 사용하는 표본의 통계량을 **추정량** estimator 이라 한다. 그러면 100개의 셀에 대한 평균 3.65볼트를 이용하여 전체 셀의 평균을 추정한다. 이와 같이 표본으로부터 얻은 추정량의 값을 이용하여 미지인 모수의 참값을 추정하는 과정을 점추정이라 하고, 3.65볼트와 같이 표본으로부터 얻은 통계량의 관찰값을 점추정값이라 한다.

- **점추정** point estimation : 모수의 참값에 대해 최적의 추정값을 구하는 과정
- **점추정량** point estimator : 모수의 참값에 대해 최적의 추정값을 구하기 위한 추정량
- **점추정값** point estimate : 점추정량의 관찰값

임의로 선정한 표본의 관찰값과 모수의 참값 사이에 [그림 9.2]와 같은 경우를 생각할 수 있다. [그림 9.2(a)]와 [그림 9.2(b)]는 표본이 어느 한쪽으로 편향되어 있으며, [그림 9.2(c)]와 [그림 9.2(d)]는

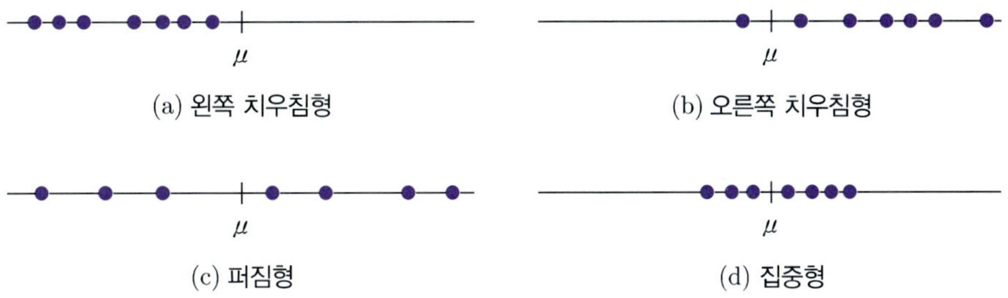

[그림 9.2] 표본의 유형

모평균 μ를 중심으로 퍼지거나 집중하는 경향을 보인다.

모수 μ의 참값을 모르므로 선정한 표본의 관찰값이 어떤 형태로 나타나는지 정확히 알 수 없다. 또한, 동일한 표본이라 하더라도 추정량을 어떻게 설정하느냐에 따라 모수의 추정값은 다양하게 나타날 수 있다. 그러므로 가장 바람직한 추정값을 얻기 위한 추정량을 선택해야 한다.

■ 불편추정량

표본평균의 평균과 모평균이 동일한 것을 살펴봤다. 즉, $E(\overline{X}) = \mu$이다. 따라서 모집단으로부터 반복하여 얻은 표본들의 평균들은 모집단의 중심 위치가 될 것으로 기대할 수 있다. 이와 같이 모수 θ에 대한 점추정량 $\hat{\Theta}$의 기댓값이 모수 θ와 일치하는 추정량, 즉 다음을 만족하는 추정량 $\hat{\Theta}$을 모수 θ의 **불편추정량**unbiased estimator이라 한다.

$$E(\hat{\Theta}) = \theta$$

[그림 9.3(a)]와 같이 불편추청량은 추정량의 평균이 모수의 참값과 일치하는 추정량이다. 그리고 [그림 9.3(b)]와 같이 $E(\hat{\Theta}) \neq \theta$인 경우에 추정량 $\hat{\Theta}$을 **편의추정량**biased estimator이라 하고, $\text{bias}(\hat{\Theta}) = E(\hat{\Theta}) - \theta$를 **편의**bias라 한다.

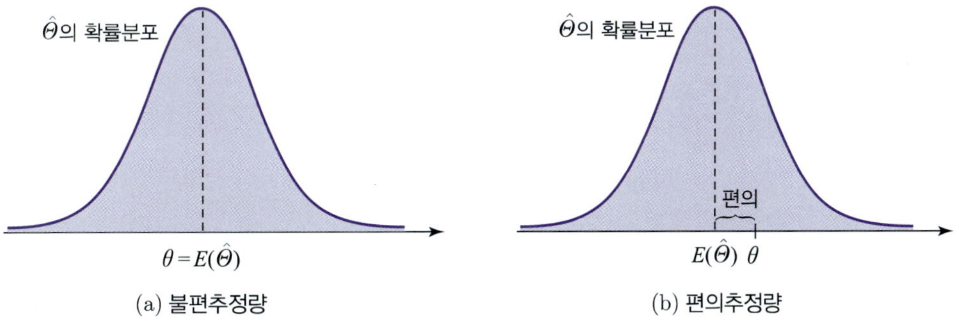

[그림 9.3] 불편추정량과 편의추정량

예제 1

모평균이 μ이고 모분산이 σ^2인 모집단에서 크기 3인 확률표본 X_1, X_2, X_3을 추출하여, 모평균에 대한 점추정량을 다음과 같이 정의했다. 불편추정량과 편의추정량을 구하라.

$$\hat{\mu}_1 = \frac{1}{3}(X_1 + X_2 + X_3), \quad \hat{\mu}_2 = \frac{1}{4}(X_1 + 2X_2 + X_3), \quad \hat{\mu}_3 = \frac{1}{5}(X_1 + X_2 + 2X_3)$$

풀이

X_1, X_2, X_3이 동일한 확률분포를 따르므로 각각의 기댓값은 μ이다. 따라서 각 추정량의 기댓값을 구하면 다음과 같다.

$$E(\hat{\mu}_1) = \frac{1}{3}E(X_1 + X_2 + X_3) = \frac{1}{3}[E(X_1) + E(X_2) + E(X_3)] = \mu$$

$$E(\hat{\mu}_2) = \frac{1}{4}E(X_1 + 2X_2 + X_3) = \frac{1}{4}[E(X_1) + 2E(X_2) + E(X_3)] = \mu$$

$$E(\hat{\mu}_3) = \frac{1}{5}E(X_1 + X_2 + 2X_3) = \frac{1}{5}[E(X_1) + E(X_2) + 2E(X_3)] = \frac{4}{5}\mu$$

그러면 $\hat{\mu}_1$과 $\hat{\mu}_2$은 불편추정량이고, $\hat{\mu}_3$은 편의추정량이다.

표본분산이 모분산의 불편추정량임을 확인하기 위해, 표본분산 S^2을 다음과 같이 변형한다.

$$\begin{aligned} S^2 = \frac{1}{n-1}\sum_{i=1}^{n}(X_i - \overline{X})^2 &= \frac{1}{n-1}\sum_{i=1}^{n}\left[(X_i - \mu) - (\overline{X} - \mu)\right]^2 \\ &= \frac{1}{n-1}\sum_{i=1}^{n}\left[(X_i - \mu)^2 - 2(\overline{X} - \mu)(X_i - \mu) + (\overline{X} - \mu)^2\right] \\ &= \frac{1}{n-1}\left[\sum_{i=1}^{n}(X_i - \mu)^2 - n(\overline{X} - \mu)^2\right] \end{aligned}$$

이때 $E(\overline{X}) = \mu$이므로 표본평균의 분산은 다음과 같다.

$$Var(\overline{X}) = E[(\overline{X} - \mu)^2] = \frac{\sigma^2}{n}$$

따라서 표본분산 S^2의 기댓값은 다음과 같다.

$$E(S^2) = \frac{1}{n-1}\left[\sum_{i=1}^{n} E[(X_i - \mu)^2] - nE[(\overline{X} - \mu)^2]\right]$$
$$= \frac{1}{n-1}\left[n\sigma^2 - n\,Var(\overline{X})\right] = \frac{1}{n-1}(n\sigma^2 - \sigma^2)$$
$$= \sigma^2$$

그러나 표본분산을 $S^2 = \frac{1}{n}\sum_{i=1}^{n}(X_i - \overline{X})^2$이라 하면 S^2의 기댓값은 다음과 같으며, 이 경우에 S^2은 σ^2에 대한 편의추정량이다.

$$E(S^2) = \left(\frac{n-1}{n}\right)\sigma^2$$

이와 같은 이유로 표본분산을 $S^2 = \frac{1}{n-1}\sum_{i=1}^{n}(X_i - \overline{X})^2$으로 정의한다.

이제 모비율이 p인 모집단으로 크기 n인 확률표본 $\{X_1, X_2, \cdots, X_n\}$을 생각하자. $X_i \sim B(1, p)$, $i = 1, 2, \cdots, n$이므로 $X = X_1 + \cdots + X_n$은 이항분포 $B(n, p)$를 따르고, $E(X) = np$이다. 따라서 표본비율 $\hat{p} = \frac{X}{n}$의 평균은 다음과 같다.

$$E(\hat{p}) = E\left(\frac{X}{n}\right) = \frac{1}{n}E(X) = \frac{1}{n}(np) = p$$

즉, 표본비율 $\hat{p}$은 모비율 p의 불편추정량이다. 이를 정리하면 다음을 얻는다.

❶ **표본평균**: $\overline{X} = \frac{1}{n}\sum_{i=1}^{n} X_i$는 모평균 μ에 대한 불편추정량이다.

❷ **표본분산**: $S^2 = \frac{1}{n-1}\sum_{i=1}^{n}(X_i - \overline{X})^2$은 모분산 σ^2에 대한 불편추정량이다.

❸ **표본비율**: $\hat{p} = \frac{X}{n}$는 모비율 p에 대한 불편추정량이다.

한편, 모수 θ의 참값과 추정값 $\hat{\theta}$의 차 $\hat{\theta} - \theta$를 **추정오차**estimation error라 한다. 이때 모수 θ에 대한 불편추정량 $\hat{\Theta}$은 편향이 0이므로 표본으로부터 모수 θ의 참값을 과대하게 추정하거나 과소하게 추정하더라도 추정오차의 평균은 0임을 나타낸다. 이런 불편성이 바람직한 특성이기는 하지만, 불편성 하나만으로는 가장 바람직한 추정량이 될 수 없다. 예를 들어, [예제 1]에서 $\hat{\mu}_1$과 $\hat{\mu}_2$이 모평균이 μ의 불편추정량이지만, 두 추정량이 모두 바람직한 것은 아니다.

■ 유효추정량

[예제 1]과 같이 모수 θ에 대한 여러 개의 불편추정량 중에는 분산이 큰 것도 있고 작은 것도 있다. 이때 분산이 작을수록 추정량의 분포는 평균 $E(\hat{\Theta}) = \theta$에 집중하는 경향을 보인다. 즉, [그림 9.4]와 같이, 불편추정량 중에서도 분산이 작을수록 추정량의 분포는 모수 θ의 참값에 더 집중됨을 나타낸다.

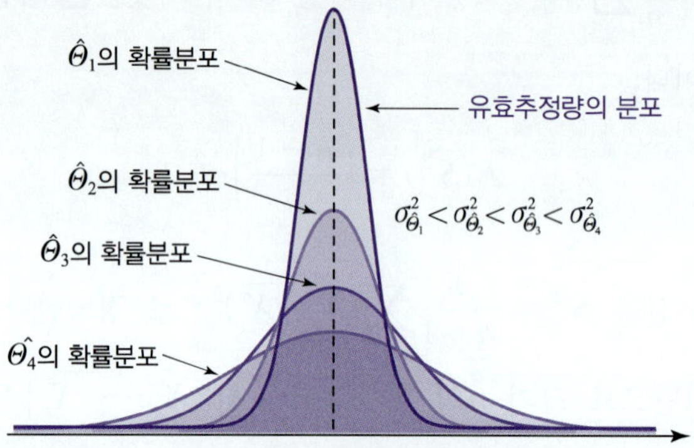

[그림 9.4] 유효추정량의 의미

이와 같이 추정량의 확률분포가 모수 θ의 참값에 가장 가깝게 집중하는 추정량을 **유효추정량**efficient estimator이라 한다. 즉, 다음을 만족하는 추정량 $\hat{\Theta}$은 유효추정량이다.

$$Var(\hat{\Theta}) = \min\left\{ Var(\hat{\Theta}_1),\ Var(\hat{\Theta}_2),\ \cdots,\ Var(\hat{\Theta}_k) \right\}$$

이때 다음과 같이 정의되는 추정량 $\hat{\Theta}$의 표준편차를 **표준오차**standard error라 한다.

$$\text{S.E}(\hat{\Theta}) = \sqrt{Var(\hat{\Theta})}$$

표준오차는 표본을 어떻게 추출하더라도 모수의 참값과 추정값이 표준오차 범위 안에 놓이는 것을 의미한다. 일반적으로 모평균 μ를 추정하기 위한 추정량들 중 표본평균의 분산이 가장 작은 것으로 알려져 있다. 즉, 표본평균 $\overline{X}$는 모평균 μ에 대한 불편성과 유효성을 모두 갖는 추정량이다. 이와 같이 모수 θ를 추정하기 위한 여러 형태의 추정량 중에서 가장 작은 분산을 갖는 불편추정량을 **최소분산불편추정량**minimum variance unbiased estimator이라 한다.

예제 2

[예제 1]에서 최소분산불편추정량을 구하라.

풀이

[예제 1]에서 μ에 대한 불편추정량은 $\hat{\mu}_1$과 $\hat{\mu}_2$인 것을 구했다. X_1, X_2, X_3이 동일한 확률분포를 따르므로 각각의 분산은 σ^2이다. 따라서 두 추정량의 분산을 구하면 각각 다음과 같다.

$$Var(\hat{\mu}_1) = \frac{1}{9} Var(X_1 + X_2 + X_3) = \frac{1}{9} [Var(X_1) + Var(X_2) + Var(X_3)] = \frac{\sigma^2}{3}$$

$$Var(\hat{\mu}_2) = \frac{1}{16} Var(X_1 + 2X_2 + X_3) = \frac{1}{16} [Var(X_1) + 4Var(X_2) + Var(X_3)] = \frac{3\sigma^2}{8}$$

따라서 $\hat{\mu}_1$은 μ에 대한 최소분산불편추정량이다.

■ 일치추정량

크기 n인 표본의 표본평균 $\overline{X}$의 평균과 분산은 각각 다음과 같음을 살펴봤다.

$$E(\overline{X}) = \mu, \quad Var(\overline{X}) = \frac{\sigma^2}{n}$$

[그림 9.5]와 같이 n이 커질수록 $\overline{X}$의 분포는 모평균 μ에 집중한다. 이와 같이 표본의 크기가 커질수록 모수 θ에 대한 추정량 $\hat{\Theta}$의 분산이 0에 가까워지는 성질은 통계적 추론에서 매우 중요하며, 이런 성질을 갖는 추정량을 **일치추정량**consistent estimator이라 한다. 표본평균 $\overline{X}$, 표본분산 S^2 그리고 표본비율 $\hat{p}$은 각각 μ, σ^2, p에 대한 일치추정량이며, 증명은 생략한다.

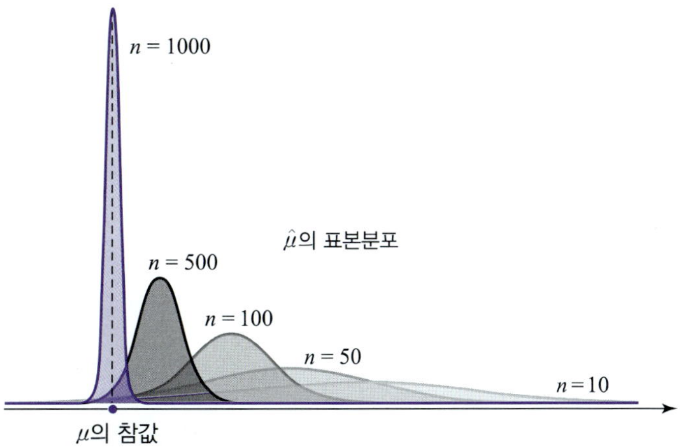

[그림 9.5] n에 따른 추정량 $\hat{\mu}$의 표본분포

■ 구간추정

가장 바람직한 점추정량을 사용하여 모수의 참값을 추정하더라도 표본의 추정량을 이용한 추정값이므로 추정값과 모수의 참값 사이에 오차가 발생한다. 또한, 표본의 선정에 따라 모수의 추정값이 다를 뿐만 아니라 모수의 참값에 대한 왜곡된 추정값을 얻는 경우도 발생한다.

예를 들어, 전기 자동차 배터리용 셀 100개를 임의로 선정한 뒤, 전압을 측정하여 표본평균 $\overline{x}=3.65$와 표본표준편차 $s=0.02$를 얻었다고 하자. 그러면 생산한 전체 셀의 평균 전압 μ는 3.65와 차이가 있으므로 μ의 참값은 3.65보다 크거나 작다. 이때 μ의 참값이 표본평균 3.65로부터 얼마나 떨어져 있는지 구간을 설정한다. 이와 같이 모수 θ의 참값이 포함될 것으로 여겨지는 구간을 추정하는 방법을 **구간추정**interval estimation이라 한다. 그러나 이 경우에도 표본의 선정에 따라 추정량 $\hat{\Theta}$의 관찰값이 달라지므로 모수 θ의 참값이 포함될 것으로 여겨지는 구간은 다양하게 나타난다. 따라서 어느 정도의 신뢰성을 갖고 점추정량 $\hat{\Theta}$의 확률분포와 표본에 의해 결정되는 두 개의 관찰값 $\hat{\theta}_l$과 $\hat{\theta}_r$에 대하여 다음과 같은 유형의 구간을 추정한다.

$$\hat{\theta}_l < \theta < \hat{\theta}_r$$

이때 관찰값 $\hat{\theta}_l$과 $\hat{\theta}_r$의 값은 표본의 선정에 따라 달라지므로 구간추정의 양 끝 점은 $\hat{\Theta}$에 의해 결정되는 두 추정량 $\hat{\Theta}_l$과 $\hat{\Theta}_r$의 관찰값으로 생각할 수 있다. 따라서 추정량 $\hat{\Theta}_l$과 $\hat{\Theta}_r$은 확률변수가 되므로 $\hat{\Theta}$의 표본분포로부터 다음을 만족하는 $\hat{\Theta}_l$과 $\hat{\Theta}_r$을 결정할 수 있다.

$$P(\hat{\Theta}_l < \theta < \hat{\Theta}_r) = 1-\alpha,\ 0<\alpha<1$$

표본을 어떻게 선정하더라도 모수 θ의 참값은 구간 $(\hat{\Theta}_l,\ \hat{\Theta}_r)$ 안에 놓이며, 모수 θ의 참값이 이 구간 안에 포함될 확률은 $1-\alpha$이다.

- **구간추정량**interval estimator : 모수 θ의 참값이 포함될 것으로 믿어지는 두 통계량의 구간 $(\hat{\Theta}_l,\ \hat{\Theta}_r)$
- **신뢰계수**confidence coefficient 또는 **신뢰도**degree of confidence : 모수의 참값이 구간추정량 안에 포함될 것으로 여겨지는 확신의 정도 $1-\alpha$ 또는 $100(1-\alpha)\%$
- **신뢰구간**confidence interval : 표본으로부터 얻은 $\hat{\Theta}_l$과 $\hat{\Theta}_r$의 관찰값 $\hat{\theta}_l$과 $\hat{\theta}_r$에 대한 구간 추정값 $(\hat{\theta}_l,\ \hat{\theta}_r)$, 즉 신뢰도 $100(1-\alpha)\%$에서 모수 θ의 참값을 포함할 것으로 여겨지는 구간 $(\hat{\theta}_l,\ \hat{\theta}_r)$
- **신뢰구간의 하한**lower confidence limit과 **상한**upper confidence limit : 신뢰구간의 양 끝 점 $\hat{\theta}_l$과 $\hat{\theta}_r$

• **오차한계**margin of error : 모수 θ 에 대한 점추정값 $\hat{\theta}$ 에 대한 최대오차

신뢰구간은 [그림 9.6]과 같이 모수 θ 에 대한 점추정값 $\hat{\theta}$ 을 중심으로 오차한계 e 만큼 떨어진 구간으로 결정하며, 따라서 신뢰구간의 하한은 $\hat{\theta}_l = \hat{\theta} - e$, 상한은 $\hat{\theta}_r = \hat{\theta} + e$ 이다.

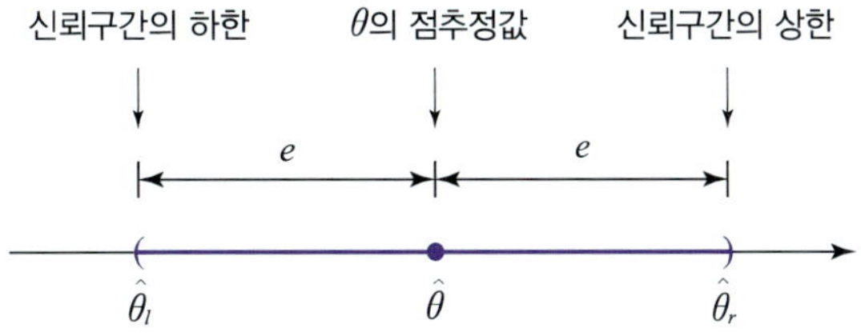

[그림 9.6] 신뢰도 $100(1-\alpha)\%$ 의 신뢰구간

특히 $\alpha = 0.1,\ 0.05,\ 0.01$ 인 경우, 즉 90%, 95%, 99% 신뢰도를 사용하며, 신뢰도가 커질수록 신뢰구간은 커진다. 신뢰도가 90%라 함은 [그림 9.7]과 같이 동일한 모집단에서 동일한 크기의 표본 10개를 임의로 추출하면, 이 표본들에 의한 10개의 신뢰구간 중 90%에 해당하는 9개의 신뢰구간이 모수의 참값을 포함하고, 최대 10%에 해당하는 1개의 구간은 모수의 참값을 포함하지 않을 수 있음을 의미한다.

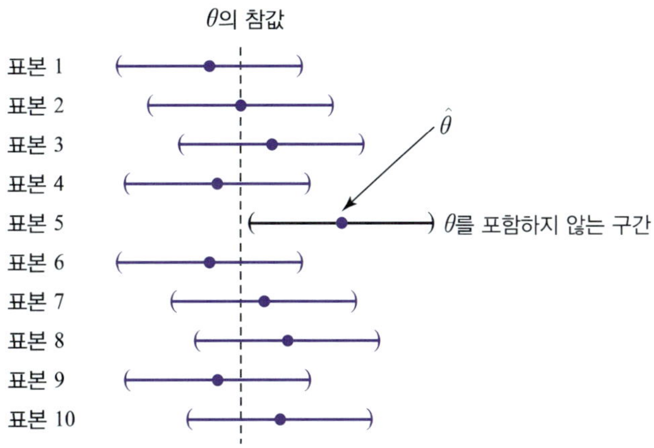

[그림 9.7] 신뢰도 90%의 의미

9.2 단일 모평균의 추정

9.1절에서 살펴봤듯이 표본평균은 모평균에 대한 최소분산불편추정량이다. 이 절에서는 표본평균을 이용하여 단일 정규모집단의 모평균에 대한 신뢰구간을 구하는 방법을 살펴본다.

■ 모분산을 아는 정규모집단인 경우

모분산 σ^2을 아는 정규모집단 $N(\mu, \sigma^2)$에서 크기 n인 확률표본 $\{X_1, X_2, \cdots, X_n\}$을 얻었다고 하자. 표본평균 $\overline{X}$는 모평균 μ에 대한 최소분산불편추정량이므로 μ에 대한 구간추정량을 얻기 위해 $\overline{X}$를 많이 사용한다. 이때 $100(1-\alpha)\%$ 신뢰도에서 모평균 μ의 참값을 포함할 것으로 여겨지는 구간추정량 $(\hat{\mu}_l, \hat{\mu}_r)$은 표본평균 $\overline{X}$를 중심으로 오차한계 e만큼 떨어진 구간으로 결정된다. 한편, 표본평균 $\overline{X}$의 표준화 확률변수 Z는 다음과 같이 표준정규분포를 따른다.

$$Z = \frac{\overline{X} - \mu}{\sigma / \sqrt{n}} \sim N(0, 1)$$

양쪽 꼬리확률이 각각 $\frac{\alpha}{2}$인 임계값은 [그림 9.8]과 같이 각각 $-z_{\alpha/2}$와 $z_{\alpha/2}$이다.

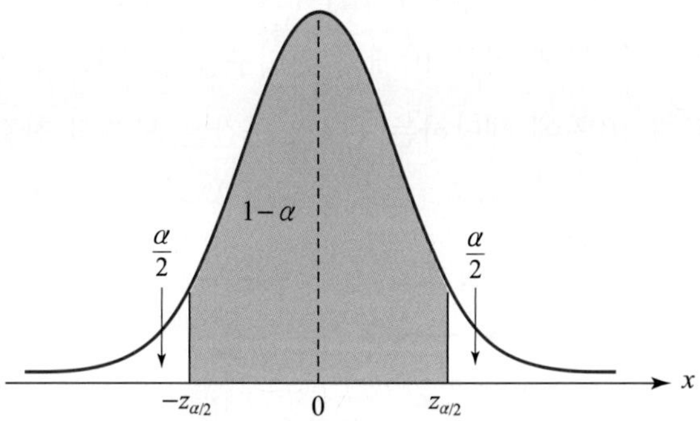

[그림 9.8] 정규분포의 꼬리확률과 임계값

그러므로 중심확률 $1-\alpha$에 대해 다음을 얻는다.

$$P\left(\left|\frac{\overline{X} - \mu}{\sigma / \sqrt{n}}\right| < z_{\alpha/2}\right) = P\left(|\overline{X} - \mu| < z_{\alpha/2}\frac{\sigma}{\sqrt{n}}\right) = 1 - \alpha$$

$$P\left(\overline{X} - z_{\alpha/2}\frac{\sigma}{\sqrt{n}} < \mu < \overline{X} + z_{\alpha/2}\frac{\sigma}{\sqrt{n}}\right) = 1 - \alpha$$

따라서 $100(1-\alpha)\%$ 신뢰도에서 모평균 μ의 참값이 포함될 것으로 여겨지는 구간추정량은 다음과 같다.

$$\overline{X} - z_{\alpha/2}\frac{\sigma}{\sqrt{n}} < \mu < \overline{X} + z_{\alpha/2}\frac{\sigma}{\sqrt{n}}$$

표본의 관찰값이 $\{x_1, x_2, \cdots, x_n\}$일 때, 모평균 μ에 대한 $100(1-\alpha)\%$ 신뢰구간의 하한과 상한 그리고 추정오차한계는 각각 다음과 같다.

❶ 신뢰구간의 하한 : $\hat{\mu}_l = \overline{x} - z_{\alpha/2}\dfrac{\sigma}{\sqrt{n}}$

❷ 신뢰구간의 상한 : $\hat{\mu}_r = \overline{x} + z_{\alpha/2}\dfrac{\sigma}{\sqrt{n}}$

❸ 추정오차한계 : $e = z_{\alpha/2}\dfrac{\sigma}{\sqrt{n}}$

즉, 모분산 σ^2을 아는 정규모집단 $N(\mu, \sigma^2)$의 모평균 μ에 대한 $100(1-\alpha)\%$ 신뢰구간은 다음과 같다.

$$\left(\overline{x} - z_{\alpha/2}\frac{\sigma}{\sqrt{n}},\quad \overline{x} + z_{\alpha/2}\frac{\sigma}{\sqrt{n}}\right)$$

7.2절에서 표준정규분포의 성질에 대해 다음을 살펴보았다.

$$P(|Z| < 1.645) = 0.9, \quad P(|Z| < 1.96) = 0.95, \quad P(|Z| < 2.58) = 0.99$$

그리고 오른쪽 꼬리확률에 대한 임계값은 다음과 같다.

$$z_{0.05} = 1.645, \quad z_{0.025} = 1.96, \quad z_{0.005} = 2.58$$

따라서 모분산을 아는 정규모집단의 모평균 μ에 대한 90%, 95%, 99% 신뢰구간은 각각 다음과 같다.

- μ에 대한 90% 신뢰구간 : $\left(\overline{x} - 1.645\dfrac{\sigma}{\sqrt{n}},\ \overline{x} + 1.645\dfrac{\sigma}{\sqrt{n}}\right)$
- μ에 대한 95% 신뢰구간 : $\left(\overline{x} - 1.96\dfrac{\sigma}{\sqrt{n}},\ \overline{x} + 1.96\dfrac{\sigma}{\sqrt{n}}\right)$
- μ에 대한 99% 신뢰구간 : $\left(\overline{x} - 2.58\dfrac{\sigma}{\sqrt{n}},\ \overline{x} + 2.58\dfrac{\sigma}{\sqrt{n}}\right)$

예제 3

CPU 보드 HFMB-95는 CAD 작업을 처리하는 데 소요되는 시간은 표준편차 2.5초인 정규분포를 따른다고 한다. 임의로 선정한 16개 작업 처리 소요 시간을 측정하여 $\overline{x} = 20.5$, $s = 2$를 얻었다. CAD 작업을 처리하는 데 소요되는 평균 시간에 대한 95% 신뢰구간을 구하라.

풀이

$n = 16$, $\overline{x} = 20.5$, $\sigma = 2.5$이므로 $\dfrac{\sigma}{\sqrt{n}} = \dfrac{2.5}{\sqrt{16}} = 0.625$이다. $z_{0.025} = 1.96$이므로 오차한계는 다음과 같다.

$$e = z_{\alpha/2}\frac{\sigma}{\sqrt{n}} = (1.96)\frac{2.5}{\sqrt{16}} = 1.225$$

따라서 평균 소요 시간에 대한 95% 신뢰구간은 $(20.5 - 1.225,\ 20.5 + 1.225) = (19.275,\ 21.725)$이다.

■ 모분산을 모르는 정규모집단인 경우

모분산 σ^2을 모르는 정규모집단 $N(\mu, \sigma^2)$에서 크기 n인 확률표본 $\{X_1, X_2, \cdots, X_n\}$을 선정할 때, 표본평균 $\overline{X}$의 표준화 확률변수 Z는 다음과 같다.

$$Z = \frac{\overline{X} - \mu}{\sigma/\sqrt{n}}$$

이때 알려지지 않은 모표준편차 σ를 표본표준편차 S로 대체하면 $T = \dfrac{\overline{X} - \mu}{S/\sqrt{n}}$는 다음과 같이 자유도 $n-1$인 t-분포를 따른다.

$$T = \frac{\overline{X} - \mu}{S/\sqrt{n}} \sim t(n-1)$$

t-분포는 $t = 0$에 대해 좌우 대칭이므로 [그림 9.9]와 같이 양쪽 꼬리확률이 $\dfrac{\alpha}{2}$인 두 임계값 $-t_{\alpha/2}(n-1)$, $t_{\alpha/2}(n-1)$에 대한 중심확률이 $1-\alpha$이다.

이때 중심확률 $1-\alpha$에 대해 다음을 얻는다.

$$P\left(\left|\frac{\overline{X} - \mu}{S/\sqrt{n}}\right| < t_{\alpha/2}(n-1)\right) = P\left(|\overline{X} - \mu| < t_{\alpha/2}(n-1)\frac{S}{\sqrt{n}}\right) = 1-\alpha$$

$$P\left(\overline{X} - t_{\alpha/2}(n-1)\frac{S}{\sqrt{n}} < \mu < \overline{X} + t_{\alpha/2}(n-1)\frac{S}{\sqrt{n}}\right) = 1-\alpha$$

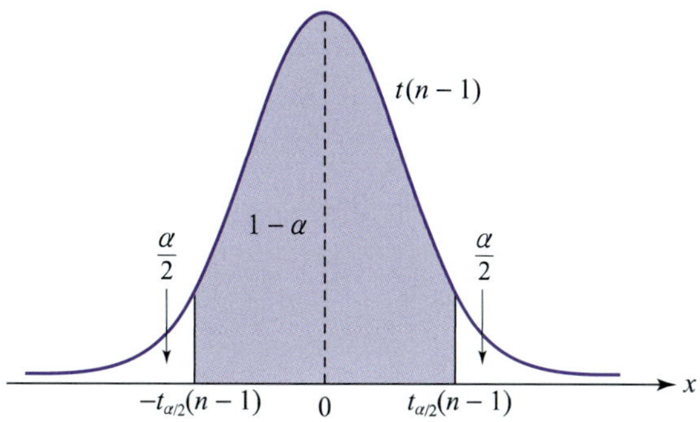

[그림 9.9] t-분포의 꼬리확률과 임계값

따라서 $100(1-\alpha)\%$ 신뢰도에서 모평균 μ의 참값이 포함될 것으로 여겨지는 구간추정량은 다음과 같다.

$$\overline{X}-t_{\alpha/2}(n-1)\frac{S}{\sqrt{n}}<\mu<\overline{X}+t_{\alpha/2}(n-1)\frac{S}{\sqrt{n}}$$

그러므로 표본의 관찰값 $\{x_1, x_2, \cdots, x_n\}$에 대해 모평균 μ에 대한 $100(1-\alpha)\%$ 신뢰구간의 하한과 상한 그리고 추정오차한계는 각각 다음과 같다.

❶ 신뢰구간의 하한: $\hat{\mu}_l=\overline{x}-t_{\alpha/2}(n-1)\frac{s}{\sqrt{n}}$

❷ 신뢰구간의 상한: $\hat{\mu}_r=\overline{x}+t_{\alpha/2}(n-1)\frac{s}{\sqrt{n}}$

❸ 추정오차한계: $e=t_{\alpha/2}(n-1)\frac{s}{\sqrt{n}}$

즉, 모분산 σ^2을 모르는 정규모집단 $N(\mu, \sigma^2)$의 모평균 μ에 대한 $100(1-\alpha)\%$ 신뢰구간은 다음과 같다.

$$\left(\overline{x}-t_{\alpha/2}(n-1)\frac{s}{\sqrt{n}},\quad \overline{x}+t_{\alpha/2}(n-1)\frac{s}{\sqrt{n}}\right)$$

예제 4

어느 제조 업체에서 생산한 원통 모양인 금속봉의 지름은 정규분포를 따른다고 알려져 있다. 이 업체에서 생산한 금속봉의 평균 지름을 추정하기 위해 임의로 선정한 금속봉 9개의 지름을 측정하여 다음을 얻었다. 이 업체에서 생산한 금속봉의 평균 지름에 대한 95% 신뢰구간을 구하라.

$$[10.0,\ 9.8,\ 10.1,\ 9.7,\ 10.0,\ 10.2,\ 9.9,\ 9.7,\ 10.1]$$

풀이

선정된 표본의 표본평균과 표본분산은 각각 다음과 같다.

$$\bar{x} = \frac{1}{9}(10 + 9.8 + \cdots + 10.1) \approx 9.94$$

$$s^2 = \frac{1}{8}\sum_{i=1}^{9}(x_i - 9.94)^2 \approx \frac{0.2624}{8} = 0.0328$$

$\bar{x} = 9.94,\ s = \sqrt{0.0328} \approx 0.181$이고 $\alpha = 0.05,\ n = 9$이므로 추정오차한계는 다음과 같다.

$$e = t_{0.025}(8)\frac{s}{\sqrt{n}} = (2.306)\frac{0.181}{\sqrt{9}} \approx 0.14$$

따라서 평균 지름에 대한 95% 신뢰구간은 $(9.94 - 0.14,\ 9.94 + 0.14) = (9.80,\ 10.08)$이다.

■ 임의의 모집단인 경우

모분산 σ^2을 알고 있으나 모집단분포를 모르는 경우, 표본의 크기 n이 충분히 크다면 중심극한정리에 의해 표본평균 $\overline{X}$는 다음과 같은 정규분포에 근사한다.

$$\overline{X} \approx N\left(\mu,\ \frac{\sigma^2}{\sqrt{n}}\right)$$

따라서 $\overline{X}$의 표준화 확률변수 Z는 다음과 같이 표준정규분포에 근사한다.

$$Z = \frac{\overline{X} - \mu}{\sigma/\sqrt{n}} \approx N(0,\ 1)$$

그러므로 모분산 σ^2을 아는 임의의 모집단에 대한 모평균 μ에 대한 $100(1-\alpha)\%$ 근사신뢰구간은 다음과 같다.

$$\left(\bar{x} - z_{\alpha/2}\frac{\sigma}{\sqrt{n}},\quad \bar{x} + z_{\alpha/2}\frac{\sigma}{\sqrt{n}}\right)$$

모분산을 모르는 경우에도 모집단으로부터 추출한 표본의 크기가 충분히 크면, 표본분산은 모분산의 일치추정량이므로 $S^2 \approx \sigma^2$이다. 따라서 표본의 관찰값이 $\{x_1,\ x_2,\ \cdots,\ x_n\}$일 때, 표본평균 $\overline{X}$는 근사적으로 다음 분포를 따른다.

$$\frac{\overline{X}-\mu}{s/\sqrt{n}} \approx N(0,\ 1)$$

이 경우에 모평균 μ에 대한 $100(1-\alpha)\%$ 근사신뢰구간은 다음과 같다.

$$\left(\overline{x}-z_{\alpha/2}\frac{s}{\sqrt{n}},\quad \overline{x}+z_{\alpha/2}\frac{s}{\sqrt{n}}\right)$$

예제 5

어느 지자체는 댐의 수질 관리를 위해 64곳의 시료를 조사하여 평균 BOD가 0.9이고 표준편차가 0.04인 것을 알았다. 이 댐의 평균 BOD에 대한 95% 근사신뢰구간을 구하라(단, 단위는 mg/L이다).

풀이

$z_{0.05}=1.96$, $n=64$, $\overline{x}=0.9$, $s=0.04$이므로 평균 BOD에 대한 추정오차한계는 다음과 같다.

$$e=z_{\alpha/2}\frac{s}{\sqrt{n}}=(1.96)\frac{0.04}{\sqrt{64}}=0.0098$$

따라서 95% 근사신뢰구간은 $(0.9-0.0098,\ 0.9+0.0098)=(0.8902,\ 0.9098)$이다.

■ 예측구간

지금까지 모분산에 대한 정보를 알거나 그렇지 않은 정규모집단의 경우와 정규모집단이 아닌 경우에 모평균을 추정하는 방법에 대해 살펴봤다. 그러나 때로는 모평균 자체보다는 미래 관찰값을 예측하는 것이 필요한 경우가 있다. 예를 들어, TV 한 대를 구입하려는 고객에게는 해당 모델의 평균 수명보다는 자신이 구매할 TV 한 대의 수명에 대해 알고 싶어 할 것이다.

이제 관찰될 수 있는 특정한 값인 미래 관찰값이 포함될 것으로 여겨지는 구간을 추정하기 위해, 모분산 σ^2을 아는 정규모집단에서 크기 n인 표본을 추출한다고 하자. 그러면 미래 관찰값에 대한 점추정값은 당연히 표본평균 $\overline{X}$이고, $\overline{X}$의 분산은 $\frac{\sigma^2}{n}$이다. 이때 미래 관찰값을 예측하기 위해서는 두 가지 변동, 즉 표본평균의 변동과 미래 관찰값의 변동을 고려해야 한다. 미래 관찰값을 X_0이라 하면 $X_0 \sim N(\mu,\ \sigma^2)$이므로 X_0의 분산은 σ^2이고, 또한 $\overline{X}$와 X_0은 독립이므로 $\overline{X}-X_0$은 평균과 분산이 각각 다음과 같은 정규분포를 따른다.

$$E(\overline{X}-X_0)=0,\quad Var(\overline{X}-X_0)=\frac{\sigma^2}{n}+\sigma^2$$

따라서 $\overline{X}-X_0$ 의 표준화 확률변수 Z는 표준정규분포를 따른다.

$$Z=\frac{\overline{X}-X_0}{\sqrt{\frac{\sigma^2}{n}+\sigma^2}}=\frac{\overline{X}-X_0}{\sigma\sqrt{\frac{1}{n}+1}}$$

그러면 꼬리확률 $\frac{\alpha}{2}$에 대해 다음 확률을 얻는다.

$$P\left(\left|\frac{\overline{X}-X_0}{\sigma/\sqrt{1+(1/n)}}\right|<z_{\alpha/2}\right)=P\left(|\overline{X}-X_0|<z_{\alpha/2}\frac{\sigma}{\sqrt{1+(1/n)}}\right)=1-\alpha$$

$$P\left(\overline{X}-z_{\alpha/2}\frac{\sigma}{\sqrt{1+(1/n)}}<X_0<\overline{X}+z_{\alpha/2}\frac{\sigma}{\sqrt{1+(1/n)}}\right)=1-\alpha$$

모분산 σ^2을 아는 정규모집단에 대해 다음 구간을 미래 관찰값 X_0의 $100(1-\alpha)\%$ **예측구간** prediction interval이라 한다.

$$\left(\overline{x}-z_{\alpha/2}\frac{\sigma}{\sqrt{1+(1/n)}},\ \overline{x}+z_{\alpha/2}\frac{\sigma}{\sqrt{1+(1/n)}}\right)$$

이것은 임의로 추출한 크기 n인 표본에 대한 표본평균이 $\overline{x}$ 라는 조건에서 예측 가능한 관찰값 x_0을 측정할 때, $100(1-\alpha)\%$의 확률로 x_0 이 관찰될 구간을 의미한다. 같은 방법으로 모분산 σ^2을 모르는 정규모집단에 대한 미래 관찰값 X_0 의 $100(1-\alpha)\%$ 예측구간은 다음과 같다.

$$\left(\overline{x}-t_{\alpha/2}(n-1)\frac{s}{\sqrt{1+(1/n)}},\ \overline{x}+t_{\alpha/2}(n-1)\frac{s}{\sqrt{1+(1/n)}}\right)$$

표본의 크기 n이 충분히 크면 $t_{\alpha/2}(n-1)\approx z_{\alpha/2}$, $1+(1/n)\approx 1$이므로 미래 관찰값 X_0의 $100(1-\alpha)\%$ 근사예측구간은 다음과 같다.

$$\left(\overline{x}-z_{\alpha/2}s,\ \overline{x}+z_{\alpha/2}s\right)$$

예제 6

매장에서 판매되는 TV 10대의 표본에 대한 수명을 측정하여 다음 결과를 얻었다. 아직 측정되지 않은 TV의 수명 X_0에 대한 95% 예측구간을 구하라.

[9.7 10.4 10.8 10.5 11.4 9.1 10.6 10.4 10.6 9.5]

풀이

표본평균과 표본분산은 각각 다음과 같다.

$$\bar{x} = \frac{1}{10}\sum_{i=1}^{10} x_i = 10.3, \; s^2 = \frac{1}{9}\sum_{i=1}^{10}(x_i - 10.3)^2 = 0.46$$

$n = 10$, $s = \sqrt{0.46} \approx 0.678$, $t_{0.025}(9) = 2.262$이므로 오차한계는 다음과 같다.

$$(2.262)\frac{0.678}{\sqrt{1 + (1/10)}} \approx 1.46$$

따라서 95% 예측구간은 $(10.3 - 1.46, 10.3 + 1.46) = (8.84, 11.76)$이다.

9.3 두 모평균 차의 추정

독립인 두 정규모집단에 대한 모평균의 차를 추정하는 방법은 단일 모집단의 경우와 동일하다. 이 절에서는 두 모분산을 아는 경우와 그렇지 않은 경우 그리고 독립이 아니면서 쌍체로 이루어진 두 모집단에 대한 모평균의 차를 추정하는 방법을 살펴본다.

■ 두 모분산을 아는 정규모집단인 경우

두 모분산 σ_1^2과 σ_2^2을 알고, 독립인 두 정규모집단 $N(\mu_1, \sigma_1^2)$과 $N(\mu_2, \sigma_2^2)$에서 각각 크기 n과 m인 표본의 표본평균을 $\overline{X}$, $\overline{Y}$라 하면, 두 표본평균 차 $\overline{X} - \overline{Y}$는 다음 정규분포를 따른다.

$$\overline{X} - \overline{Y} \sim N\left(\mu_1 - \mu_2, \frac{\sigma_1^2}{n} + \frac{\sigma_2^2}{m}\right)$$

그러면 $\overline{X} - \overline{Y}$의 표준화 확률변수 Z는 다음과 같다.

$$Z = \frac{(\overline{X} - \overline{Y}) - (\mu_1 - \mu_2)}{\sqrt{(\sigma_1^2/n) + (\sigma_2^2/m)}} \sim N(0, 1)$$

따라서 양쪽 꼬리확률이 각각 $\frac{\alpha}{2}$ 인 백분위수 $-z_{\alpha/2}$와 $z_{\alpha/2}$에 대하여 다음을 얻는다.

$$P\left(-z_{\alpha/2} < \frac{(\overline{X} - \overline{Y}) - (\mu_1 - \mu_2)}{\sqrt{(\sigma_1^2/n) + (\sigma_2^2/m)}} < z_{\alpha/2}\right) = 1 - \alpha$$

$$P\left((\overline{X} - \overline{Y}) - z_{\alpha/2}\sqrt{\frac{\sigma_1^2}{n} + \frac{\sigma_2^2}{m}} < \mu_1 - \mu_2 < (\overline{X} - \overline{Y}) + z_{\alpha/2}\sqrt{\frac{\sigma_1^2}{n} + \frac{\sigma_2^2}{m}}\right) = 1 - \alpha$$

$100(1-\alpha)\%$ 신뢰도에서 두 모평균 차 $\mu_1 - \mu_2$의 참값이 포함될 것으로 여겨지는 구간추정량은 다음과 같다.

$$\left((\overline{X} - \overline{Y}) - z_{\alpha/2}\sqrt{\frac{\sigma_1^2}{n} + \frac{\sigma_2^2}{m}},\ (\overline{X} - \overline{Y}) + z_{\alpha/2}\sqrt{\frac{\sigma_1^2}{n} + \frac{\sigma_2^2}{m}}\right)$$

그러므로 두 표본의 관찰값이 각각 $\{x_1, x_2, \cdots, x_n\}$, $\{y_1, y_2, \cdots, y_m\}$일 때, 두 모평균 차 $\mu_1 - \mu_2$에 대한 $100(1-\alpha)\%$ 신뢰구간의 하한과 상한 그리고 추정오차한계는 각각 다음과 같다.

❶ 신뢰구간의 하한: $\hat{\mu}_l = (\overline{x} - \overline{y}) - z_{\alpha/2}\sqrt{\frac{\sigma_1^2}{n} + \frac{\sigma_2^2}{m}}$

❷ 신뢰구간의 상한: $\hat{\mu}_r = (\overline{x} - \overline{y}) + z_{\alpha/2}\sqrt{\frac{\sigma_1^2}{n} + \frac{\sigma_2^2}{m}}$

❸ 추정오차한계: $e = z_{\alpha/2}\sqrt{\frac{\sigma_1^2}{n} + \frac{\sigma_2^2}{m}}$

따라서 모분산을 아는 두 정규모집단에 대해 모평균 차 $\mu_1 - \mu_2$에 대한 90%, 95%, 99% 신뢰구간은 각각 다음과 같다.

- $\mu_1 - \mu_2$에 대한 90% 신뢰구간: $\left((\overline{x} - \overline{y}) - 1.645\sqrt{\frac{\sigma_1^2}{n} + \frac{\sigma_2^2}{m}},\ (\overline{x} - \overline{y}) + 1.645\sqrt{\frac{\sigma_1^2}{n} + \frac{\sigma_2^2}{m}}\right)$
- $\mu_1 - \mu_2$에 대한 95% 신뢰구간: $\left((\overline{x} - \overline{y}) - 1.96\sqrt{\frac{\sigma_1^2}{n} + \frac{\sigma_2^2}{m}},\ (\overline{x} - \overline{y}) + 1.96\sqrt{\frac{\sigma_1^2}{n} + \frac{\sigma_2^2}{m}}\right)$
- $\mu_1 - \mu_2$에 대한 99% 신뢰구간: $\left((\overline{x} - \overline{y}) - 2.58\sqrt{\frac{\sigma_1^2}{n} + \frac{\sigma_2^2}{m}},\ (\overline{x} - \overline{y}) + 2.58\sqrt{\frac{\sigma_1^2}{n} + \frac{\sigma_2^2}{m}}\right)$

특히 $\sigma_1^2=\sigma_2^2=\sigma^2$이면, 모평균 차 $\mu_1-\mu_2$에 대한 $100(1-\alpha)\%$ 신뢰구간은 다음과 같다.

$$\left((\bar{x}-\bar{y})-z_{\alpha/2}\sigma\sqrt{\frac{1}{n}+\frac{1}{m}},\quad (\bar{x}-\bar{y})+z_{\alpha/2}\sigma\sqrt{\frac{1}{n}+\frac{1}{m}}\right)$$

예제 7

두 자동차 회사의 동급인 자동차 A와 B의 연비에 차이가 있는지 알아보기 위해, 두 회사에서 각각 자동차 25대와 30대를 임의로 선정하여 조사하였다. 선정된 자동차들의 1리터당 평균 거리가 각각 17.5 km와 16.0 km일 때, 두 자동차의 1리터당 평균 거리 차이에 대한 95% 신뢰구간을 구하라(단, 자동차 A와 B의 1리터당 운행 거리는 모표준편차가 각각 1.4 km와 1.1 km인 정규분포를 따른다고 한다).

풀이

선정된 자동차 A와 B의 표본평균을 각각 $\overline{X}$와 $\overline{Y}$라 하면 다음과 같이 요약된다.

$$\alpha=0.05,\ z_{0.025}=1.96,\ n=25,\ m=30,$$

$$\bar{x}=17.5,\ \bar{y}=16.0,\ \sigma_1^2=1.96,\ \sigma_2^2=1.21$$

그러면 $\bar{x}-\bar{y}=1.5$이고 오차한계는 다음과 같다.

$$e=1.96\sqrt{\frac{1.96}{25}+\frac{1.21}{30}}\approx(1.96)(0.1187)\approx 0.675$$

따라서 95% 신뢰구간은 $(1.5-0.675,\ 1.5+0.675)=(0.825,\ 2.175)$이다.

■ 두 모분산이 동일하지만 값을 모르는 정규모집단인 경우

독립인 두 정규모집단에 대해 모분산이 $\sigma_1^2=\sigma_2^2=\sigma^2$이지만 σ_1^2과 σ_2^2을 모른다고 하자. 8.3절에서 합동표본분산 S_p^2에 대해 두 표본평균 차 $\overline{X}-\overline{Y}$는 다음과 같이 자유도 $n+m-2$인 t-분포를 따르는 것을 살펴봤다.

$$T=\frac{(\overline{X}-\overline{Y})-(\mu_1-\mu_2)}{S_p\sqrt{\dfrac{1}{n}+\dfrac{1}{m}}}\sim t(n+m-2)$$

그러면 오른쪽 꼬리확률이 $\dfrac{\alpha}{2}$인 백분위수 $t_{\alpha/2}(n+m-2)$에 대하여 다음을 얻는다.

$$P\left(\left|(\overline{X}-\overline{Y})-(\mu_1-\mu_2)\right| < t_0 s_p \sqrt{\frac{1}{n}+\frac{1}{m}}\right) = 1-\alpha$$

$$P\left((\overline{X}-\overline{Y})-t_0 s_p \sqrt{\frac{1}{n}+\frac{1}{m}} < \mu_1-\mu_2 < (\overline{X}-\overline{Y})+t_0 s_p \sqrt{\frac{1}{n}+\frac{1}{m}}\right) = 1-\alpha$$

여기서 $t_0 = t_{\alpha/2}(n+m-2)$이다. 따라서 $100(1-\alpha)\%$ 신뢰도에서 두 모평균 차 $\mu_1-\mu_2$의 참값이 포함될 것으로 믿어지는 구간추정량은 다음과 같다.

$$\left((\overline{X}-\overline{Y})-t_{\alpha/2}(n+m-2)s_p\sqrt{\frac{1}{n}+\frac{1}{m}},\ (\overline{X}-\overline{Y})+t_{\alpha/2}(n+m-2)s_p\sqrt{\frac{1}{n}+\frac{1}{m}}\right)$$

그러므로 두 표본의 관찰값이 각각 $\{x_1, x_2, \cdots, x_n\}$, $\{y_1, y_2, \cdots, y_m\}$일 때, 두 모평균 차 $\mu_1-\mu_2$에 대한 $100(1-\alpha)\%$ 신뢰구간의 하한과 상한 그리고 추정오차한계는 각각 다음과 같다.

❶ 신뢰구간의 하한 : $\hat{\mu}_l = (\overline{x}-\overline{y})-t_{\alpha/2}(n+m-2)s_p\sqrt{\frac{1}{n}+\frac{1}{m}}$

❷ 신뢰구간의 상한 : $\hat{\mu}_r = (\overline{x}-\overline{y})+t_{\alpha/2}(n+m-2)s_p\sqrt{\frac{1}{n}+\frac{1}{m}}$

❸ 추정오차한계 : $e = t_{\alpha/2}(n+m-2)s_p\sqrt{\frac{1}{n}+\frac{1}{m}}$

예제 8

두 회사 A와 B에서 생산한 동일한 굵기의 등산용 로프에 대한 인장강도에 차이가 있는지 조사하기 위해 표본조사를 실시하여 다음을 얻었다. 두 회사에서 생산한 등산용 로프에 대한 평균 인장강도의 차에 대한 95% 신뢰구간을 구하라(단, 두 종류의 로프는 분산이 동일한 정규분포를 따르는 것으로 알려져 있고, 단위는 KN이다).

표본	표본의 크기	표본평균	표본표준편차
회사 A	$n=11$	$\overline{x}=25.5$	$s_1=0.5$
회사 B	$m=8$	$\overline{y}=22.3$	$s_2=0.8$

풀이

로프의 표본 A와 B에 대한 요약값은 다음과 같다.

$$n=11,\ m=8,\ \alpha=0.05,\ t_{0.025}(17)=2.11,$$

$$\overline{x} = 25.5,\ \overline{y} = 22.3,\ s_1^2 = 0.25,\ s_2^2 = 0.64$$

그러면 $\overline{x} - \overline{y} = 3.2$이고 합동표본분산과 합동표본표준편차는 각각 다음과 같다.

$$s_p^2 = \frac{1}{11+8-2}[(10)(0.25)+(7)(0.64)] \approx 0.4106,\ s_p = \sqrt{0.4106} \approx 0.6408$$

그리고 추정오차한계는 다음과 같다.

$$e = t_{0.025}(17)\, s_p \sqrt{\frac{1}{10} + \frac{1}{8}} \approx (2.11)(0.64)(0.4743) \approx 0.641$$

따라서 95% 신뢰구간은 $(3.2 - 0.641,\ 3.2 + 0.641) = (2.559,\ 3.841)$이다.

■ 두 모분산이 다르고 값을 모르는 정규모집단인 경우

8.3절에서 독립인 두 정규모집단의 모분산이 $\sigma_1^2 \neq \sigma_2^2$이고 값을 모르는 경우, 두 표본평균 차 $\overline{X} - \overline{Y}$는 다음과 같이 자유도 ν인 t-분포를 따르는 것을 살펴봤다.

$$T = \frac{(\overline{X} - \overline{Y}) - (\mu_1 - \mu_2)}{\sqrt{\dfrac{s_1^2}{n} + \dfrac{s_2^2}{m}}} \approx t(\nu)$$

여기서 자유도 ν는 다음 식에서 소수점 이하의 값을 버린 정수이다.

$$\nu = \frac{\left(\dfrac{s_1^2}{n} + \dfrac{s_2^2}{m}\right)^2}{\dfrac{1}{n-1}\left(\dfrac{s_1^2}{n}\right)^2 + \dfrac{1}{m-1}\left(\dfrac{s_2^2}{m}\right)^2}$$

따라서 두 모분산이 서로 다르고 미지인 경우, 모평균의 차 $\mu_1 - \mu_2$에 대한 $100(1-\alpha)\%$ 신뢰구간의 하한과 상한 그리고 추정오차한계는 각각 다음과 같다.

❶ 신뢰구간의 하한 : $\hat{\mu}_l = (\overline{x} - \overline{y}) - t_{\alpha/2}(\nu)\sqrt{\dfrac{s_1^2}{n} + \dfrac{s_2^2}{m}}$

❷ 신뢰구간의 상한 : $\hat{\mu}_r = (\overline{x} - \overline{y}) + t_{\alpha/2}(\nu)\sqrt{\dfrac{s_1^2}{n} + \dfrac{s_2^2}{m}}$

❸ 추정오차한계 : $e = t_{\alpha/2}(\nu)\sqrt{\dfrac{s_1^2}{n} + \dfrac{s_2^2}{m}}$

예제 9

[예제 8]에서 두 모분산이 같지 않다는 정보를 알고 있는 경우, 평균 인장강도의 차에 대한 95% 신뢰구간을 구하라.

풀이

ν의 값을 구하면 다음과 같으므로 자유도는 10이다.

$$\nu = \frac{\left(\frac{0.5^2}{11} + \frac{0.8^2}{8}\right)^2}{\frac{1}{10}\left(\frac{0.5^2}{11}\right)^2 + \frac{1}{7}\left(\frac{0.8^2}{8}\right)^2} \approx 10.9$$

로프의 표본 A와 B에 대한 요약값은 다음과 같다.

$$n = 11,\ m = 8,\ \alpha = 0.05,\ t_{0.025}(10) = 2.228,$$

$$\overline{x} = 25.5,\ \overline{y} = 22.3,\ s_1^2 = 0.25,\ s_2^2 = 0.64$$

그리고 추정오차한계는 다음과 같다.

$$e = (2.228)\sqrt{\frac{0.25}{11} + \frac{0.64}{8}} \approx (2.228)(0.32) \approx 0.71$$

따라서 95% 신뢰구간은 $(3.2 - 0.71,\ 3.2 + 0.71) = (2.49,\ 3.91)$이다.

■ 두 모집단분포를 모르는 경우

두 모집단분포를 모르는 경우, 두 가지 경우를 생각할 수 있다. 우선 두 모분산 σ_1^2과 σ_2^2을 알 때, 중심극한정리에 의해 두 표본평균은 다음과 같은 정규분포에 근사한다.

$$\overline{X} \approx N\left(\mu_1,\ \frac{\sigma_1^2}{n}\right),\ \ \overline{Y} \approx N\left(\mu_2,\ \frac{\sigma_2^2}{m}\right)$$

따라서 두 표본평균 차 $\overline{X} - \overline{Y}$는 다음 정규분포에 근사한다.

$$\overline{X} - \overline{Y} \approx N\left(\mu_1 - \mu_2,\ \frac{\sigma_1^2}{n} + \frac{\sigma_2^2}{m}\right) \text{ 또는 } Z = \frac{(\overline{X} - \overline{Y}) - (\mu_1 - \mu_2)}{\sqrt{(\sigma_1^2/n) + (\sigma_2^2/m)}} \approx N(0,\ 1)$$

정규모집단의 경우와 동일하게 다음이 성립한다.

$$P\left((\overline{X}-\overline{Y})-z_{\alpha/2}\sqrt{\frac{\sigma_1^2}{n}+\frac{\sigma_2^2}{m}}<\mu_1-\mu_2<(\overline{X}-\overline{Y})+z_{\alpha/2}\sqrt{\frac{\sigma_1^2}{n}+\frac{\sigma_2^2}{m}}\right)\approx 1-\alpha$$

즉, 모평균의 차 $\mu_1-\mu_2$에 대한 $100(1-\alpha)\%$ 근사신뢰구간의 하한과 상한은 다음과 같다.

❶ 근사신뢰구간의 하한 : $\hat{\mu}_l=(\overline{X}-\overline{Y})-z_{\alpha/2}\sqrt{\dfrac{\sigma_1^2}{n}+\dfrac{\sigma_2^2}{m}}$

❷ 근사신뢰구간의 상한 : $\hat{\mu}_r=(\overline{X}-\overline{Y})+z_{\alpha/2}\sqrt{\dfrac{\sigma_1^2}{n}+\dfrac{\sigma_2^2}{m}}$

또한, 두 모분산 σ_1^2과 σ_2^2을 모를 때, n과 m이 충분히 크면 $\sigma_1^2\approx s_1^2$, $\sigma_2^2\approx s_2^2$이므로 다음 근사정규분포를 얻는다.

$$Z=\frac{(\overline{X}-\overline{Y})-(\mu_1-\mu_2)}{\sqrt{(s_1^2/n)+(s_2^2/m)}}\approx N(0,1)$$

따라서 모평균의 차 $\mu_1-\mu_2$에 대한 $100(1-\alpha)\%$ 근사신뢰구간의 하한과 상한은 다음과 같다.

❶ 근사신뢰구간의 하한 : $\hat{\mu}_l=(\overline{X}-\overline{Y})-z_{\alpha/2}\sqrt{\dfrac{s_1^2}{n}+\dfrac{s_2^2}{m}}$

❷ 근사신뢰구간의 상한 : $\hat{\mu}_r=(\overline{X}-\overline{Y})+z_{\alpha/2}\sqrt{\dfrac{s_1^2}{n}+\dfrac{s_2^2}{m}}$

예제 10

두 배터리 회사에서 생산한 핸드폰 배터리의 수명에 차이가 있는지 조사하기 위해 표본조사를 실시하여 다음을 얻었다. 두 종류의 배터리에 대한 평균 수명의 차에 대한 90% 근사신뢰구간을 구하라(단, 단위는 h이다).

표본	표본의 크기	표본평균	표본표준편차
회사 A	$n=50$	$\overline{x}=26.5$	$s_1=1.3$
회사 B	$m=50$	$\overline{y}=25.6$	$s_2=1.1$

풀이

$n=m=50$, $s_1^2=1.69$, $s_2^2=1.21$, $\overline{x}-\overline{y}=0.9$이므로 근사오차한계는 다음과 같다.

$$e = z_{0.05}\sqrt{\frac{1.3^2}{50} + \frac{1.1^2}{50}} \approx (1.645)(0.24) \approx 0.39$$

그러므로 $\mu_1 - \mu_2$에 대한 90% 근사신뢰구간은 $(0.9 - 0.39,\ 0.9 + 0.39) = (0.51,\ 1.29)$이다.

■ 쌍체 모집단인 경우

지금까지 독립인 두 정규모집단의 모평균 차에 대한 추정 방법을 살펴봤다. 그러나 동일한 실험 대상에 대해 어떤 처치가 이루어지기 이전과 이후의 평균에 대한 차이를 비교하는 경우가 있다. 예를 들어, 4대강 보의 수질 BOD를 낮추기 위해 녹조 제거용 선박을 개발하여 보의 수질을 향상시킨다고 하자. 5개의 보를 임의로 선정하여 녹조를 제거하기 전의 BOD와 선박을 이용하여 녹조를 제거한 이후의 BOD를 측정한다면, 표본은 처치 전의 관찰값 x와 처치 후의 관찰값 y를 얻을 것이다. 따라서 실험 결과는 처치 전후의 관찰값인 (x, y)와 같은 형태로 나타나며, 이와 같이 쌍으로 구성된 실험 결과 (x, y)를 **쌍체 관찰값**paired observation이라 한다.

처치 전후의 관찰값이 정규분포를 따르고, 각각의 모평균을 μ_1, μ_2라 할 때, 두 모평균 차 $\mu_D = \mu_1 - \mu_2$에 대한 $100(1-\alpha)\%$ 신뢰구간을 구해 보자. 이를 위해 크기 n인 표본을 임의로 선정하여 처치 전의 관찰값을 X_i, 처치 후의 관찰값을 Y_i, $i = 1, 2, \cdots, n$이라 하자. 그러면 [그림 9.10]과 같이 처치 전후의 표본에 대한 관찰값의 차인 $D_i = X_i - Y_i$, $i = 1, 2, \cdots, n$은 평균이 $\mu_D = \mu_1 - \mu_2$이고 분산이 σ_D^2인 정규분포를 따른다.

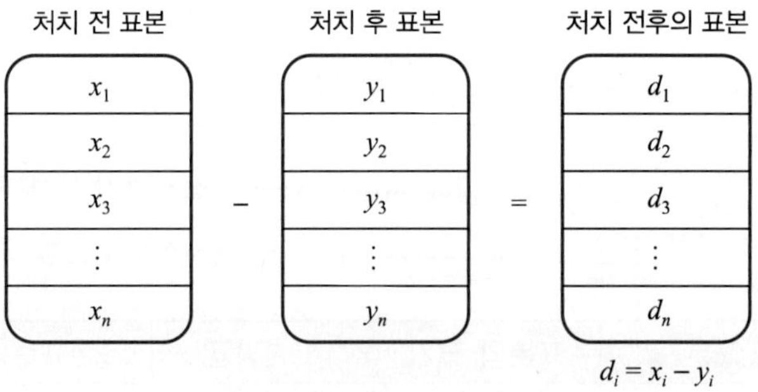

[그림 9.10] 처치 전후의 표본

이때 처치 전후의 차에 대한 평균 $\overline{D}$와 표본분산 S_D^2은 각각 다음과 같다.

$$\overline{D} = \overline{X} - \overline{Y} = \frac{1}{n}\sum_{i=1}^{n} D_i\,,\quad S_D^2 = \frac{1}{n-1}\sum_{i=1}^{n}\left(D_i - \overline{D}\right)^2$$

따라서 처치 전후의 관찰값이 각각 $\{x_1, x_2, \cdots, x_n\}$, $\{y_1, y_2, \cdots, y_n\}$일 때, 표본분산 s_D^2은 다음과 같이 간단히 구할 수 있다.

$$\overline{d} = \frac{1}{n}\sum_{i=1}^{n} d_i = \frac{1}{n}\sum_{i=1}^{n}(x_i - y_i), \quad s_D^2 = \frac{1}{n(n-1)}\left[n\left(\sum_{i=1}^{n} d_i^2\right) - \left(\sum_{i=1}^{n} d_i\right)^2\right]$$

처치 전후의 차에 대한 표본평균 $\overline{D}$는 모평균의 차 μ_D에 대한 불편추정량이며, $\overline{D}$에 대한 다음 확률변수 T는 자유도 $n-1$인 t-분포를 따른다.

$$T = \frac{\overline{D} - \mu_D}{s_D / \sqrt{n}} \sim t(n-1)$$

모평균의 차 μ_D에 대한 $100(1-\alpha)\%$ 신뢰구간의 하한과 상한 그리고 추정오차한계는 각각 다음과 같다.

❶ 신뢰구간의 하한 : $\hat{\mu}_l = \overline{d} - t_{\alpha/2}(n-1)\frac{s_D}{\sqrt{n}}$

❷ 신뢰구간의 상한 : $\hat{\mu}_r = \overline{d} + t_{\alpha/2}(n-1)\frac{s_D}{\sqrt{n}}$

❸ 추정오차한계 : $e = t_{\alpha/2}(n-1)\frac{s_D}{\sqrt{n}}$

즉, 처치 전후 모평균의 차 $\mu_D = \mu_1 - \mu_2$에 대한 $100(1-\alpha)\%$ 신뢰구간은 다음과 같다.

$$\left(\overline{d} - t_{\alpha/2}(n-1)\frac{s_D}{\sqrt{n}}, \quad \overline{d} + t_{\alpha/2}(n-1)\frac{s_D}{\sqrt{n}}\right)$$

예제 11

경찰청에서 사고가 빈번한 교차로의 신호 체계를 바꾸면 사고를 줄일 수 있는지 조사하기 위해, 시범적으로 사고가 잦은 지역을 선정하여 지난 한 달 동안 발생한 사고 건수를 조사하여 다음을 얻었다. 신호 체계를 바꾸기 전후의 사고 건수가 정규분포를 따른다고 할 때, 신호 체계 변경 전후의 평균 사고 건수의 차에 대한 95% 신뢰구간을 구하라.

지역	1	2	3	4	5	6	7	8	9
교체 전	6	8	7	8	11	14	8	5	9
교체 후	3	8	5	5	7	9	7	6	8

풀이

쌍체 관찰값의 차 $d_i = x_i - y_i$를 구하면 다음과 같다.

지역	1	2	3	4	5	6	7	8	9	합계
d_i	3	0	2	3	4	5	1	-1	1	18
d_i^2	9	0	4	9	16	25	1	1	1	66

따라서 d_i에 대한 평균 $\overline{d}$와 표준편차 s_D는 다음과 같다.

$$\overline{d} = \frac{18}{9} = 2,\ s_D^2 = \frac{(9)(66) - 18^2}{(9)(8)} = 3.75,\ s_D \approx 1.936$$

$n = 9,\ \alpha = 0.05$에 대해 $t_{0.025}(8) = 2.306$이므로 오차한계는 다음과 같다.

$$e = \frac{(2.306)(1.936)}{\sqrt{9}} \approx 1.49$$

그러므로 $\mu_1 - \mu_2$에 대한 95% 신뢰구간은 $(2 - 1.49,\ 2 + 1.49) = (0.51,\ 3.49)$이다.

9.4 모분산의 추정

생산된 제품의 평균이 생산자와 주문자의 요구에 부합하더라도, 제품의 수치에 변동성이 크다면 제조 공정에서 많은 불량품이 발생할 수 있다. 따라서 변동성에 대한 추론은 매우 중요하며, 이 절에서는 정규모집단의 모분산에 대한 구간추정량을 구하는 방법을 살펴본다.

■ 단일 모분산의 추정

정규모집단에서 추출한 크기 n인 표본분산 S^2은 σ^2에 대한 불편추정량이며 일치추정량이므로 S^2을 이용하여 모분산 σ^2을 추정한다. 다음과 같이 정의되는 통계량 V는 자유도 $n-1$인 카이제곱분포를 이루는 것을 8.4절에서 살펴봤다.

$$V = \frac{(n-1)S^2}{\sigma^2} \sim \chi^2(n-1)$$

[그림 9.11]과 같이 자유도 $n-1$인 카이제곱분포에서 양쪽 꼬리확률이 $\frac{\alpha}{2}$인 두 백분위수 $\chi^2_{1-(\alpha/2)}(n-1)$과 $\chi^2_{\alpha/2}(n-1)$에 대한 중심확률은 $1-\alpha$이다.

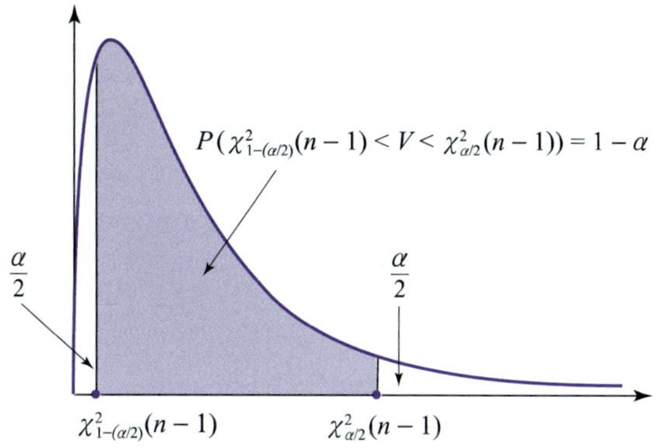

[그림 9.11] 카이제곱분포의 중심확률

따라서 중심확률은 다음과 같다.

$$P\left(\chi^2_{1-(\alpha/2)}(n-1) < \frac{(n-1)S^2}{\sigma^2} < \chi^2_{\alpha/2}(n-1)\right) = 1-\alpha$$

$$P\left(\frac{(n-1)S^2}{\chi^2_{\alpha/2}(n-1)} < \sigma^2 < \frac{(n-1)S^2}{\chi^2_{1-(\alpha/2)}(n-1)}\right) = 1-\alpha$$

$100(1-\alpha)\%$ 신뢰도에서 모분산 σ^2의 참값이 포함될 것으로 믿어지는 구간추정량은 다음과 같다.

$$\left(\frac{(n-1)S^2}{\chi^2_{\alpha/2}(n-1)},\ \frac{(n-1)S^2}{\chi^2_{1-(\alpha/2)}(n-1)}\right)$$

표본의 관찰값이 $\{x_1, x_2, \cdots, x_n\}$일 때, 모분산 σ^2에 대한 $100(1-\alpha)\%$ 신뢰구간의 하한과 상한은 다음과 같다.

❶ 신뢰구간의 하한: $\hat{\sigma}_l^2 = \dfrac{(n-1)s^2}{\chi^2_{\alpha/2}(n-1)}$

❷ 신뢰구간의 상한: $\hat{\sigma}_r^2 = \dfrac{(n-1)s^2}{\chi^2_{1-(\alpha/2)}(n-1)}$

표본표준편차 S는 모표준편차 σ에 대한 불편추정량이 아니지만, $n \geq 10$이면 편의를 무시할 수 있으므로 모표준편차를 추정할 때 표본표준편차를 이용한다.

예제 12

연강용 피복 아크 용접봉으로 일미나이트(TiO2, FeO)를 30% 정도 함유한 용접봉은 선박, 교량 및 연강제 구조물에 널리 사용한다. 일미나이트계 용접봉의 인장강도에 대한 분산을 조사하기 위해 15개의 표본을 추출하여 표본평균 45, 표본표준편차 1.6을 얻었다. 일미나이트계 용접봉의 인장강도 분산에 대한 95% 신뢰구간을 구하라(단, 단위는 kg/mm^2이다).

풀이

$n=15$, $\alpha=0.05$이므로 $\chi^2_{0.025}(14)=26.12$, $\chi^2_{0.975}(14)=5.63$이고 $s^2=1.6^2=2.56$이다. 따라서 모분산 σ^2에 대한 95% 신뢰구간은 다음과 같다.

$$\left(\frac{(13)(2.56)}{26.12},\ \frac{(13)(2.56)}{5.63}\right) \approx (1.27,\ 5.91)$$

■ 두 모분산 비의 추정

모분산이 각각 σ_1^2, σ_2^2이고 독립인 두 정규모집단에서 각각 크기가 n, m인 표본을 추출하여 표본분산을 S_1^2과 S_2^2이라 하면, S_1^2/S_2^2은 분자와 분모의 자유도가 각각 $n-1$, $m-1$인 F-분포를 따른다.

$$F=\frac{S_1^2/\sigma_1^2}{S_2^2/\sigma_2^2}=\frac{\sigma_2^2 S_1^2}{\sigma_1^2 S_2^2} \sim F(n-1,\ m-1)$$

[그림 9.12]와 같이 F-분포에서 양쪽 꼬리확률이 $\frac{\alpha}{2}$인 두 백분위수 $f_{1-(\alpha/2)}(n-1,\ m-1)$, $f_{\alpha/2}(n-1,\ m-1)$에 대한 중심확률은 $1-\alpha$이다.

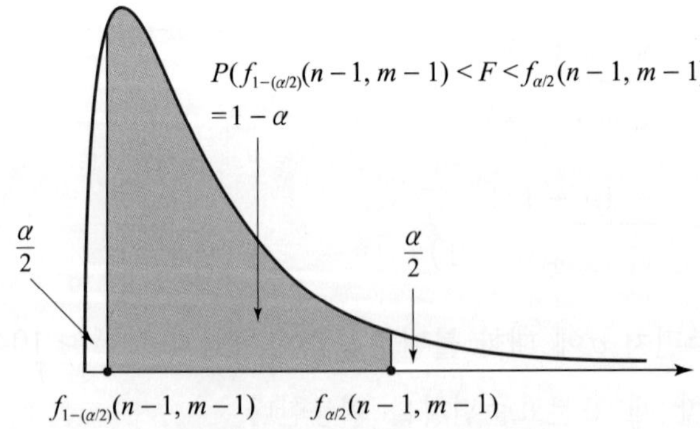

[그림 9.12] F-분포의 중심확률

따라서 중심확률은 다음과 같다.

$$P\left(f_{1-(\alpha/2)}(n-1,\ m-1) < \frac{S_1^2/\sigma_1^2}{S_2^2/\sigma_2^2} < f_{\alpha/2}(n-1,\ m-1)\right) = 1-\alpha$$

$$P\left(\frac{1}{f_{\alpha/2}(n-1,\ m-1)}\frac{S_1^2}{S_2^2} < \frac{\sigma_1^2}{\sigma_2^2} < \frac{1}{f_{1-(\alpha/2)}(n-1,\ m-1)}\frac{S_1^2}{S_2^2}\right) = 1-\alpha$$

그러므로 $100(1-\alpha)\%$ 신뢰도에서 모분산 σ^2의 참값이 포함될 것으로 믿어지는 구간추정량은 다음과 같다.

$$\left(\frac{1}{f_{\alpha/2}(n-1,\ m-1)}\frac{S_1^2}{S_2^2},\ \frac{1}{f_{1-(\alpha/2)}(n-1,\ m-1)}\frac{S_1^2}{S_2^2}\right)$$

표본의 관찰값이 각각 $\{x_1, x_2, \cdots, x_n\}$, $\{y_1, y_2, \cdots, y_m\}$일 때, 두 모분산의 비 $\dfrac{\sigma_1^2}{\sigma_2^2}$에 대한 $100(1-\alpha)\%$ 신뢰구간의 하한과 상한은 다음과 같다.

❶ 신뢰구간의 하한 : $\hat{f}_l = \dfrac{s_1^2/s_2^2}{f_{\alpha/2}(n-1,\ m-1)}$

❷ 신뢰구간의 상한 : $\hat{f}_r = \dfrac{s_1^2/s_2^2}{f_{1-(\alpha/2)}(n-1,\ m-1)} = \dfrac{s_1^2}{s_2^2}f_{\alpha/2}(m-1,\ n-1)$

예제 13

모직과 인조섬유의 절단강도가 동일한지 알아보기 위해, 모직 6묶음과 인조섬유 8묶음을 조사하여 각각 $s_1^2 = 9$와 $s_2^2 = 8$을 얻었다. 이때 모직과 인조섬유의 절단강도의 분산 비에 대한 95% 신뢰구간을 구하라.

풀이

$n=6,\ m=8,\ \alpha=0.05$이므로 $f_{0.025}(5,\ 7)=5.29,\ f_{0.025}(7,\ 5)=6.85$이다. 따라서 모분산 비에 대한 95% 신뢰구간은 다음과 같다.

$$\left(\frac{9/8}{5.29},\ \frac{9}{8}(6.85)\right) \approx (0.213,\ 7.706)$$

9.5 모비율의 추정

완제품에 포함된 불량품의 비율 또는 두 생산 라인에서 생산된 불량품의 비율에 대한 차이와 같이 모집단의 모비율 p와 두 모비율의 차 $p_1 - p_2$에 대한 신뢰구간을 구하는 방법에 대하여 살펴본다.

■ 단일 모비율의 추정

모비율이 p인 모집단에서 크기 n인 확률표본 $\{X_1, X_2, \cdots, X_n\}$을 선정할 때, 표본에서 성공의 횟수 X에 대해 표본비율은 $\hat{p} = \dfrac{X}{n}$로 정의된다. 이때 표본비율 $\hat{p}$은 모비율 p에 대한 불편추정량이며 일치추정량이므로 $\hat{p}$을 이용하여 모비율 p를 추정한다. 8.6절에서 표본의 크기 n이 충분히 크면, 즉 $np \geq 5$, $nq \geq 5$이면 정규근사에 의해 표본비율 $\hat{p}$은 다음과 같은 정규분포에 근사하는 것을 살펴봤다.

$$\hat{p} \approx N\left(p, \frac{pq}{n}\right) \text{ 또는 } Z = \frac{\hat{p} - p}{\sqrt{\dfrac{pq}{n}}} \approx N(0, 1)$$

따라서 양쪽 꼬리확률이 각각 $\alpha/2$인 임계값 $-z_{\alpha/2}$와 $z_{\alpha/2}$에 대해 다음을 얻는다.

$$P\left(\left|\frac{\hat{p} - p}{\sqrt{pq/n}}\right| < z_{\alpha/2}\right) = P\left(|\hat{p} - p| < z_{\alpha/2}\sqrt{\frac{pq}{n}}\right) \approx 1 - \alpha$$

$$P\left(\hat{p} - z_{\alpha/2}\sqrt{\frac{pq}{n}} < p < \hat{p} + z_{\alpha/2}\sqrt{\frac{pq}{n}}\right) \approx 1 - \alpha$$

여기서 모비율 p는 알려지지 않은 모수이므로 pq는 알려지지 않은 수치이다. 그러나 충분히 큰 표본의 크기 n에 대해 $p \approx \hat{p}$, $q \approx \hat{q} = 1 - \hat{p}$이므로 다음을 얻는다.

$$P\left(\hat{p} - z_{\alpha/2}\sqrt{\frac{\hat{p}\hat{q}}{n}} < p < \hat{p} + z_{\alpha/2}\sqrt{\frac{\hat{p}\hat{q}}{n}}\right) \approx 1 - \alpha$$

$100(1-\alpha)\%$ 신뢰도에서 모비율 p의 참값이 포함될 것으로 여겨지는 구간추정량은 다음과 같다.

$$\left(\hat{p} - z_{\alpha/2}\sqrt{\frac{\hat{p}\hat{q}}{n}},\ \hat{p} + z_{\alpha/2}\sqrt{\frac{\hat{p}\hat{q}}{n}}\right)$$

그러므로 모비율 p에 대한 $100(1-\alpha)\%$ 신뢰구간의 하한과 상한 그리고 오차한계는 다음과 같다.

❶ 신뢰구간의 하한: $\hat{p}_l = \hat{p} - z_{\alpha/2}\sqrt{\dfrac{\hat{p}\,\hat{q}}{n}}$

❷ 신뢰구간의 상한: $\hat{p}_r = \hat{p} + z_{\alpha/2}\sqrt{\dfrac{\hat{p}\,\hat{q}}{n}}$

❸ 추정오차한계: $e = z_{\alpha/2}\sqrt{\dfrac{\hat{p}\,\hat{q}}{n}}$

모비율 p에 대한 90%, 95%, 99% 신뢰구간은 다음과 같다.

- p에 대한 90% 신뢰구간: $\left(\hat{p} - 1.645\sqrt{\dfrac{\hat{p}\,\hat{q}}{n}},\ \hat{p} + 1.645\sqrt{\dfrac{\hat{p}\,\hat{q}}{n}}\right)$
- p에 대한 95% 신뢰구간: $\left(\hat{p} - 1.96\sqrt{\dfrac{\hat{p}\,\hat{q}}{n}},\ \hat{p} + 1.96\sqrt{\dfrac{\hat{p}\,\hat{q}}{n}}\right)$
- p에 대한 99% 신뢰구간: $\left(\hat{p} - 2.58\sqrt{\dfrac{\hat{p}\,\hat{q}}{n}},\ \hat{p} + 2.58\sqrt{\dfrac{\hat{p}\,\hat{q}}{n}}\right)$

예제 14

어느 회사에서 생산한 배터리 1,000개를 임의로 선정하여 조사한 결과, 5개가 불량품이었다. 이 회사에서 생산한 배터리의 불량률에 대한 95% 신뢰구간을 구하라.

풀이

1,000개의 배터리 중 불량품이 5개이므로 $\hat{p} = \dfrac{5}{1000} = 0.005$, $\hat{q} = 0.995$이다. $\alpha = 0.05$, $z_{0.025} = 1.96$, $n = 1000$이므로 오차한계는 다음과 같다.

$$e = 1.96\sqrt{\frac{\hat{p}\,\hat{q}}{n}} = 1.96\sqrt{\frac{(0.005)(0.995)}{1000}} \approx 0.0044$$

따라서 모비율 p에 대한 95% 신뢰구간은 $(0.005 - 0.0044,\ 0.005 + 0.0044) = (0.0006,\ 0.0094)$이다.

■ 두 모비율 차의 추정

모비율이 각각 p_1, p_2이고 독립인 두 모집단에서 각각 크기 n과 m인 표본을 선정하여 표본비율을 $\hat{p}_1$, $\hat{p}_2$이라 하면, 두 표본비율은 다음 정규분포에 근사하고 독립이다.

$$\hat{p}_1 \approx N\left(p_1,\ \frac{p_1 q_1}{n}\right),\quad \hat{p}_2 \approx N\left(p_2,\ \frac{p_2 q_2}{m}\right)$$

따라서 두 표본비율 차 $\hat{p}_1 - \hat{p}_2$은 다음 정규분포에 근사한다.

$$\hat{p}_1 - \hat{p}_2 \approx N\left(p_1 - p_2,\ \frac{p_1 q_1}{n} + \frac{p_2 q_2}{m}\right) \text{ 또는 } \frac{(\hat{p}_1 - \hat{p}_2) - (p_1 - p_2)}{\sqrt{\dfrac{p_1 q_1}{n} + \dfrac{p_2 q_2}{m}}} \approx N(0,\ 1)$$

그러므로 양쪽 꼬리확률이 각각 $\alpha/2$인 임계값 $-z_{\alpha/2}$와 $z_{\alpha/2}$에 대해 다음을 얻는다.

$$P\left(-z_{\alpha/2} < \frac{(\hat{p}_1 - \hat{p}_2) - (p_1 - p_2)}{\sqrt{(p_1 q_1/n) + (p_2 q_2/m)}} < z_{\alpha/2}\right) = 1 - \alpha$$

$$P\left((\hat{p}_1 - \hat{p}_2) - z_{\alpha/2}\sqrt{\frac{p_1 q_1}{n} + \frac{p_2 q_2}{m}} < p_1 - p_2 < (\hat{p}_1 - \hat{p}_2) + z_{\alpha/2}\sqrt{\frac{p_1 q_1}{n} + \frac{p_2 q_2}{m}}\right) = 1 - \alpha$$

표본의 크기 n과 m이 충분히 크면 $p_1 \approx \hat{p}_1$, $p_2 \approx \hat{p}_2$이므로 다음 근사분포를 얻는다.

$$P\left((\hat{p}_1 - \hat{p}_2) - z_{\alpha/2}\sqrt{\frac{\hat{p}_1 \hat{q}_1}{n} + \frac{\hat{p}_2 \hat{q}_2}{m}} < p_1 - p_2 < (\hat{p}_1 - \hat{p}_2) + z_{\alpha/2}\sqrt{\frac{\hat{p}_1 \hat{q}_1}{n} + \frac{\hat{p}_2 \hat{q}_2}{m}}\right) = 1 - \alpha$$

따라서 신뢰도 $100(1-\alpha)\%$에서 모비율의 차 $p_1 - p_2$의 참값이 포함될 것으로 믿어지는 구간추정량은 다음과 같다.

$$\left((\hat{p}_1 - \hat{p}_2) - z_{\alpha/2}\sqrt{\frac{\hat{p}_1 \hat{q}_1}{n} + \frac{\hat{p}_2 \hat{q}_2}{m}},\ (\hat{p}_1 - \hat{p}_2) + z_{\alpha/2}\sqrt{\frac{\hat{p}_1 \hat{q}_1}{n} + \frac{\hat{p}_2 \hat{q}_2}{m}}\right)$$

그러므로 모비율의 차 $p_1 - p_2$에 대한 $100(1-\alpha)\%$ 신뢰구간의 하한과 상한 그리고 오차한계는 다음과 같다.

❶ 신뢰구간의 하한 : $\hat{p}_l = (\hat{p}_1 - \hat{p}_2) - z_{\alpha/2}\dfrac{\sqrt{\hat{p}_1 \hat{q}_1}}{n} + \dfrac{\hat{p}_2 \hat{q}_2}{m}$

❷ 신뢰구간의 상한 : $\hat{p}_r = (\hat{p}_1 - \hat{p}_2) + z_{\alpha/2}\sqrt{\dfrac{\hat{p}_1 \hat{q}_1}{n} + \dfrac{\hat{p}_2 \hat{q}_2}{m}}$

❸ 추정오차한계 : $e = z_{\alpha/2}\sqrt{\dfrac{\hat{p}_1 \hat{q}_1}{n} + \dfrac{\hat{p}_2 \hat{q}_2}{m}}$

예제 15

두 압출기계 A와 B에서 생산된 철근의 길이와 직경이 규격을 충족하는지 알고자 한다. 두 기계에서 생산한 철근을 임의로 선정하여 다음 결과를 얻었다. 물음에 답하라.

표본	표본의 크기	불량품 수
압출기계 A	$n=500$	$x=5$
압출기계 B	$m=400$	$y=5$

(a) 압출기계 A의 불량률 p_1에 대한 95% 신뢰구간을 구하라.

(b) 압출기계 B의 불량률 p_2에 대한 95% 신뢰구간을 구하라.

(c) 두 압출기계 불량률의 차 p_1-p_2에 대한 95% 신뢰구간을 구하라.

풀이

(a) $n=500$, $x=5$이므로 $\hat{p}_1=\dfrac{5}{500}=0.01$, $\hat{q}_1=0.99$이고, $\alpha=0.05$, $z_{0.025}=1.96$이므로 오차한계는 다음과 같다.

$$e=1.96\sqrt{\frac{(0.01)(0.99)}{500}}\approx(1.96)(0.004)\approx 0.0078$$

따라서 모비율 p_1에 대한 95% 신뢰구간은 다음과 같다.

$$(0.01-0.0078,\ 0.01+0.0078)=(0.0022,\ 0.0178)$$

(b) $m=400$, $y=5$이므로 $\hat{p}_2=\dfrac{5}{400}=0.0125$, $\hat{q}_2=0.9875$이고, $\alpha=0.05$, $z_{0.025}=1.96$이므로 오차한계는 다음과 같다.

$$e=1.96\sqrt{\frac{(0.0125)(0.9875)}{400}}\approx(1.96)(0.0056)\approx 0.011$$

따라서 모비율 p_2에 대한 95% 신뢰구간은 다음과 같다.

$$(0.0125-0.011,\ 0.0125+0.011)=(0.0015,\ 0.0235)$$

(c) $n=500$, $m=400$, $\hat{p}_1=0.01$, $\hat{q}_1=0.99$, $\hat{p}_2=0.0125$, $\hat{q}_2=0.9875$, $\alpha=0.05$, $z_{0.025}=1.96$이므로 $\hat{p}_1-\hat{p}_2=-0.0025$이고 오차한계는 다음과 같다.

$$e=1.96\sqrt{\frac{(0.01)(0.99)}{500}+\frac{(0.0125)(0.9875)}{400}}\approx(1.96)(0.0071)\approx 0.014$$

따라서 모비율 차 p_1-p_2에 대한 95% 신뢰구간은 다음과 같다.

$$(-0.0025-0.014,\ -0.0025+0.014)=(-0.0165,\ 0.0115)$$

9.6 표본의 크기 결정

지금까지는 이미 주어진 표본의 크기에 대해 모수를 추정하는 방법을 살펴봤다. 이 절에서는 주어진 신뢰수준과 오차한계를 고려하여 표본의 크기를 결정하는 방법을 살펴본다.

일반적으로 모수 θ의 참값과 점추정값 $\hat{\theta}$의 차이가 오차한계 e 이내인 구간, 즉 $|\hat{\theta}-\theta|<e$를 만족하는 구간을 추정했다. 따라서 θ에 대한 추정값의 정확도는 추정오차 범위의 크기 $|\hat{\theta}-\theta|$에 의해 결정된다. 이때 추정오차 범위의 크기 또는 신뢰구간의 길이가 짧을수록 모수에 대한 추정값은 더욱 정확해진다. 한편, 모평균 μ와 모비율 p에 대한 추정오차 범위의 크기는 다음과 같음을 살펴봤다.

❶ 모분산이 알려진 정규모집단에 대해 표본의 크기가 $n>30$인 경우, 모평균의 추정오차한계

$$e = z_{\alpha/2}\frac{\sigma}{\sqrt{n}}$$

❷ 모분산을 모르는 정규모집단에 대해 표본의 크기가 $n \le 30$인 경우, 모평균의 추정오차한계

$$e = t_{\alpha/2}(n-1)\frac{s}{\sqrt{n}}$$

❸ $np \ge 5$, $nq \ge 5$인 표본에 대해 모비율의 추정오차한계

$$e = z_{\alpha/2}\sqrt{\frac{\hat{p}\,\hat{q}}{n}}$$

σ 또는 p를 구하기 위한 추정오차한계는 표본의 크기 n과 주어진 α에 의해 결정되며, 고정된 α에 대해 n이 커질수록 신뢰구간의 길이가 좁아지고 추정값은 더욱 정확해진다.

■ 모평균의 추정을 위한 표본의 크기(모분산을 아는 경우)

모분산 σ^2을 아는 정규모집단에 대해 $100(1-\alpha)\%$ 신뢰도에서 모평균 μ에 대한 오차한계를 d 이하로 추정하면 다음을 얻는다.

$$e = z_{\alpha/2}\frac{\sigma}{\sqrt{n}} \le d$$

따라서 $100(1-\alpha)\%$ 신뢰도에서 오차한계를 d 이하로 모평균 μ를 추정하기 위한 표본의 크기 n은 다음 부등식을 만족하는 가장 작은 정수이다.

$$n \geq \left(z_{\alpha/2}\frac{\sigma}{d}\right)^2$$

예제 16

$\sigma = 0.25$인 정규모집단의 모평균에 대한 95% 신뢰구간을 얻기 위한 표본의 크기를 구하라(단, 최대허용오차는 $d = 0.05$이다).

풀이

$\sigma = 0.25$, $d = 0.05$이므로 모평균에 대한 95% 신뢰구간을 얻기 위한 표본의 크기는 다음과 같다.

$$n \geq \left(1.96 \times \frac{0.25}{0.05}\right)^2 = 96.4, \ n = 97$$

■ 모평균의 추정을 위한 표본의 크기(모분산을 모르는 경우)

대부분의 모집단에 대해 모분산은 미지이므로 표본의 크기를 결정하기 위해 σ^2을 추측해야 한다. 보편적으로 모분산을 추측하기 위해 다음 두 가지 방법을 사용한다.

❶ 이전에 조사한 경험이 있는 자료에 대한 모분산 σ_0^2을 사용한다.

❷ 이런 자료가 없는 경우, 본조사를 실시하기 전에 예비조사로 얻은 표본분산 s_0^2을 모분산으로 이용한다.

❷의 경우, 크기 n_1인 예비조사를 이용하여 구한 표본분산의 관찰값이 s_0^2이고, $100(1-\alpha)\%$ 신뢰도에서 모평균 μ에 대한 오차한계는 $t_{\alpha/2}(n_1-1)\frac{s}{\sqrt{n}}$이므로 오차한계를 d 이하로 추정하면 다음을 얻는다.

$$t_{\alpha/2}(n_1-1)\frac{s_0}{\sqrt{n}} \leq d$$

모평균 μ를 추정하기 위한 표본의 크기 n은 다음 부등식을 만족한다.

$$n \geq \left(t_{\alpha/2}(n_1-1)\frac{s_0}{d}\right)^2$$

한편, 표본의 크기 n이 증가함에 따라 $t_{\alpha/2}(n-1) \approx z_{\alpha/2}$이므로 예비조사로부터 얻은 표본분산의 관찰값 s_0^2을 이용하여 표본의 크기 n은 다음 부등식을 만족하는 가장 작은 정수이다.

$$n \geq \left(z_{\alpha/2}\frac{s_0}{d}\right)^2$$

예제 17

직경이 1.5 mm인 볼트의 직경을 조사하기 위해, 크기 16인 표본을 조사하여 신뢰도 95%에 대한 신뢰구간 (1.49, 1.51)을 얻었다. 95% 신뢰도에서 오차한계를 0.005 이하로 만들기 위해 조사해야 할 볼트의 수를 구하라.

풀이

예비조사에 의한 신뢰구간의 길이가 $L_0 = 1.51 - 1.49 = 0.02$이므로 오차한계는 $e = 0.01$이다. $t_{0.025}(15) = 2.131$이므로 예비조사에서 얻은 표본표준편차는 다음과 같다.

$$e = t_{0.025}(15)\frac{s_0}{\sqrt{n}} = \frac{(2.131)\,s_0}{\sqrt{16}} = 0.01,\ \ s_0 \approx 0.0188$$

오차한계가 $d = 0.005$이고, $z_{0.025} = 1.96$이므로 표본의 크기는 다음과 같다.

$$n \geq \left(\frac{(1.96)(0.0188)}{0.005}\right)^2 \approx 54.31$$

따라서 $n = 55$이고 16개를 예비조사에서 사용했으므로 추가로 39개를 더 조사하면 된다.

■ 모비율의 추정을 위한 표본의 크기

$100(1-\alpha)\%$ 신뢰도에서 모비율 p에 대한 오차한계는 $e = z_{\alpha/2}\sqrt{\frac{\hat{p}\,\hat{q}}{n}}$ 이다. 따라서 이 오차한계를 d 이하로 추정하면 다음을 얻는다.

$$z_{\alpha/2}\sqrt{\frac{\hat{p}\,\hat{q}}{n}} \leq d$$

따라서 $100(1-\alpha)\%$ 신뢰도에서 오차한계를 d 이하로 모비율 p를 추정하기 위한 표본의 크기 n은 다음과 같다.

$$n \geq \left(\frac{z_{\alpha/2}}{d}\right)^2 \hat{p}\,\hat{q}$$

점추정량 $\hat{p}$은 표본을 조사한 후에야 얻어지는 통계량의 관찰값이므로 허용오차를 d 이하로 만들기 위한 표본의 크기를 결정하기 위해 다음 방법을 이용한다.

❶ 과거 조사 결과 p^*를 알고 있는 경우, $\hat{p}=p^*$를 사용한다. 즉, $n \ge \left(\frac{z_{\alpha/2}}{d}\right)^2 p^* q^*$이다.

❷ $n \ge \frac{z_{\alpha/2}^2}{4d^2}$을 택하는데, $\hat{p}(1-\hat{p}) = -\left(\hat{p}-\frac{1}{2}\right)^2 + \frac{1}{4} \le \frac{1}{4}$이기 때문이다.

예제 18

어느 제조 회사에서 생산한 신제품의 불량률을 조사하고자 한다. 다음 두 경우 최대 허용오차 1%에서 불량률에 대한 신뢰도 95%인 신뢰구간을 구하기 위해 조사해야 할 제품의 수를 구하라.

(a) 예비조사에 의해 불량률이 5%인 경우

(b) 사전 정보가 없는 경우

풀이

(a) 사전조사에 의해 불량률이 $p_0 = 0.05$이므로 $n \ge \left(\frac{1.96}{0.01}\right)^2 (0.05)(0.95) = 1824.76$이므로 $n = 1825$이다.

(b) $n \ge \frac{1.96^2}{(4)(0.01)^2} = 9604$이므로 $n = 9604$이다.

연습문제

1. 모평균이 μ인 모집단에서 크기 2인 확률표본 $\{X_1, X_2\}$를 추출하여, 모평균에 대한 점추정량을 다음과 같이 정의했다. 물음에 답하라.

(a) 모평균 μ에 대한 불편추정량과 편의추정량을 구하라.

(b) 모평균 μ에 대한 최소분산불편추정량을 구하라.

$$\hat{\mu}_1 = X_1,\ \hat{\mu}_2 = \frac{1}{2}(X_1 + X_2),\ \hat{\mu}_3 = \frac{1}{3}(X_1 + 2X_2),\ \hat{\mu}_4 = \overline{X} + \frac{1}{2}$$

2. 모평균이 μ인 모집단에서 크기 3인 확률표본 $\{X_1, X_2, X_3\}$을 추출하여, 모평균에 대한 점추정량을 다음과 같이 정의했다. 물음에 답하라.

(a) 모평균 μ에 대한 불편추정량과 편의추정량을 구하라.

(b) 모평균 μ에 대한 최소분산불편추정량을 구하라.

$$\hat{\mu}_1 = \frac{1}{3}(X_1 + X_2 + X_3),\ \hat{\mu}_2 = \frac{1}{4}(2X_1 + X_2 + X_3),\ \hat{\mu}_3 = \frac{1}{5}(X_1 + 2X_2 + X_3)$$

3. 모집단으로부터 크기 2인 표본을 임의로 선정하여 $\{X_1, X_2\}$라 하자. 이때 양의 상수 a와 b에 대하여 점추정량 $\hat{\mu} = \dfrac{aX_1 + bX_2}{a+b}$는 μ에 대한 불편추정량임을 보여라.

4. 모표준편차가 다음과 같은 정규모집단의 모평균에 대한 95% 신뢰구간을 구하기 위해 크기 36인 표본을 선정할 때, 오차한계를 구하라.

(a) $\sigma = 1$ (b) $\sigma = 2$ (c) $\sigma = 5$ (d) $\sigma = 10$

(e) 모표준편차가 커질수록 신뢰구간이 어떻게 변하는지 설명하라.

5. $\sigma = 2$인 정규모집단의 모평균에 대한 95% 신뢰구간을 구하기 위해 다음과 같은 크기의 표본을 선정할 때, 오차한계를 구하라.

(a) $n = 10$ (b) $n = 20$ (c) $n = 50$ (d) $n = 100$

(e) 표본의 크기가 커질수록 신뢰구간이 어떻게 변하는지 설명하라.

6. $\sigma = 2$인 정규모집단의 모평균을 추정하기 위해 크기 25인 표본을 조사하여 $\bar{x} = 10$을 얻었다. 다음 신뢰도에 대한 모평균의 신뢰구간을 구하라.

(a) 90% (b) 95% (c) 99%

(d) 신뢰도가 커질수록 신뢰구간이 어떻게 변하는지 설명하라.

7. 독립인 두 정규모집단에서 표본조사를 실시하여 다음을 얻었다. 모평균 차에 대한 95% 신뢰구간을 구하라.

표본	표본의 크기	표본평균	모분산
표본 1	$n = 25$	$\bar{x} = 12.1$	$\sigma_1^2 = 1.2$
표본 2	$m = 25$	$\bar{y} = 10.9$	$\sigma_2^2 = 1.5$

8. 모분산을 모르지만 동일하고 독립인 두 정규모집단에서 표본조사를 실시하여 다음을 얻었다. 모평균 차에 대한 95% 신뢰구간을 구하라.

표본	표본의 크기	표본평균	표본분산
표본 1	$n = 8$	$\overline{x} = 121$	$s_1^2 = 14.5$
표본 2	$m = 11$	$\overline{y} = 105$	$s_2^2 = 13.2$

9. [문제 8]에서 두 모분산이 서로 다르지만 값을 모르는 경우에 대해 모평균 차에 대한 95% 신뢰구간을 구하라.

10. 어느 하천의 1 m^3당 평균 아연 농도를 조사하기 위해 25곳의 시료를 임의로 채취하여 평균 3.3 ppm을 얻었다. 이 하천의 아연 농도는 모표준편차가 0.4 ppm인 정규분포를 따른다고 할 때, 평균 아연 농도에 대한 95% 신뢰구간을 구하라.

11. 어느 회사에서 제조되는 저항기는 표준편차가 2Ω인 정규분포를 따른다고 한다. 이 회사에서 생산되는 저항기의 평균 저항을 알기 위하여 40개를 임의로 선정하여 측정한 결과, 다음과 같았다. 이 회사에서 제조되는 저항기의 평균 저항에 대한 90% 신뢰구간을 구하라.

38.7	40.6	40.5	40.3	40.9	38.2	38.7	40.6	40.2	40.7
39.2	40.8	41.3	39.4	40.2	41.6	41.9	42.0	40.0	39.1
38.2	38.4	39.0	41.7	41.9	39.4	39.4	40.4	38.6	41.6
41.3	40.2	41.0	39.4	40.7	38.4	38.2	40.7	39.0	40.5

13. 두께가 10 cm인 강판에 구멍을 뚫는 데 소요되는 평균 시간을 알고자 한다. 이를 위해 5곳을 임의로 선정하여 구멍을 뚫는 데 평균 시간이 21초인 것을 알았다. 모표준편차가 2초인 정규분포를 따른다고 할 때, 평균 소요 시간에 대한 90% 신뢰구간을 구하라.

14. 휴대전화 케이스 코팅 중소기업이 집중된 어느 지역에서 배출되는 오염물질인 총탄화수소의 농도를 알아보고자 한다. 이 지역의 중소기업체 50곳을 조사한 결과 평균이 895ppm일 때, 이 지역에서 배출되는 총탄화수소의 평균 농도에 대한 95% 신뢰구간을 구하라(단, 총탄화수소의 농도는 표준편차가 25.1 ppm인 정규분포를 따른다고 한다).

15. 제철소에서 생산되는 콘크리트 보강용 강철봉의 강도는 $\sigma = 4$ psi인 정규분포를 따른다고 한다. 이 회사에서 생산된 강철봉 49개를 임의로 선정하여 강도를 측정하여 평균 40 psi를 얻었다. 이 회사에서 생산한 강철봉의 평균 강도에 대한 99% 신뢰구간을 구하라.

16. 신경정신과에서 사용하는 흥분억제제의 반응 시간은 표준편차가 0.7초인 정규분포를 따른다고 한다. 이 병원에서 사용하는 이 약품의 평균 반응 시간을 알기 위하여 20명의 환자에게 투약하여 반응 시간을 측정한 결과, 다음과 같았다. 이 약품의 평균 반응 시간에 대한 90% 신뢰구간을 구하라.

4.1	3.3	2.4	2.6	3.3	3.6	2.5	2.8	3.3	2.3
4.7	3.6	3.9	4.8	3.9	4.4	4.7	4.0	3.2	4.6

17. 1주일 동안 어떤 기계에 의해 생산된 베어링 200개의 반지름을 측정한 결과 $\overline{x} = 0.824$ cm, $s = 0.042$ cm를 얻었다. 이 기계에서 생산된 베어링 반지름의 평균에 대한 99% 신뢰구간을 구하라.

18. 페인트 제조 회사는 새로 개발한 페인트의 평균 건조 시간을 알아보려고 한다. 크기 20인 표본을 선정하여 측정한 결과, $\overline{x} = 55$분과 $s = 5.8$분을 얻었을 때, 모평균 μ에 대한 95% 신뢰구간을 구하라(단, 건조 시간은 정규분포를 따르는 것으로 알려져 있다).

19. 어느 회사에서 생산한 와이어의 평균 인장강도를 알아보기 위해 24개를 임의로 선정하여 표본평균 5kg과 표준편차 0.75 kg을 얻었다. 이 회사에서 생산한 와이어의 평균 인장강도에 대한 90% 신뢰구간을 구하라(단, 인장강도는 정규분포를 따른다고 한다).

20. 반도체 웨이퍼 제조 공정에서 형성되는 산화막의 평균 두께를 알아보기 위해 15개의 웨이퍼를 선정하여 평균 13.5 nm, 표본표준편차 0.3 nm를 얻었다. 산화막의 두께가 정규분포를 따른다고 할 때, 평균 두께에 대한 95% 신뢰구간을 구하라.

21. 어느 배터리 회사는 전기 자동차용 평균 배터리 용량을 알고자 한다. 이를 위해 10개의 배터리를 임의로 선정하여 측정한 결과, 평균 용량이 72.6 kWh, 표본표준편차가 2.4 kWh였다. 배터리 용량이 정규분포를 따른다고 할 때, 생산한 전기 자동차용 평균 배터리 용량에 대한 95% 신뢰구간을 구하라.

22. 어느 공업 지역 부근을 흐르는 하천의 평균 수소이온 농도를 알기 위해 20곳을 임의로 선정하여 평균 6.4pH와 표준편차 0.3pH를 얻었다. 이 하천의 평균 수소이온 농도에 대한 99% 신뢰구간을 구하라(단, 수소이온 농도는 정규분포를 따른다고 한다).

23. 길이가 5 m인 철근을 생산하는 철근절단기에서 절단된 철근의 길이를 알기 위해 임의로 15개를 선정하여 다음 측정값을 얻었다. 이 철근절단기에 의해 절단된 철근의 평균 길이에 대한 95% 신뢰구간을 구하라(단, 단위는 m이고, 철근의 길이는 정규분포를 따른다고 한다).

5.3	5.0	4.7	4.6	4.8	5.4	5.1	4.6	4.5	5.0	5.3	4.7	5.2	5.0	5.2

24. 어느 지역의 공기에 대한 청정도를 측정하고자 한다. 지자체에서 어느 한 달 동안 이 지역에 내린 빗물의 pH 농도에 대한 표본을 조사하여 다음을 얻었다. 이 지역에 내리는 빗물의 평균 pH 농도에 대한 95% 신뢰구간을 구하라(단, 빗물의 평균 pH 농도는 정규분포를 따른다고 한다).

4.2	3.6	4.4	4.8	5.1	4.7	4.9	4.2	4.5	4.6

25. 새로 개발한 자동차의 질소산화물 평균 배출량을 알기 위해, 임의로 8대를 선정하여 평균 0.228 g/km와 표준편차 0.15 g/km인 사실을 얻었다. 배출량이 정규분포를 따른다고 할 때, 평균 배출량에 대한 95% 신뢰구간을 구하라.

26. 특수한 화학약품이 들어 있는 시료들 중 임의로 10개를 선정하여 이 약품의 함량을 측정하여 다음을 얻었다. 이 약품의 함량은 정규분포를 따른다고 할 때, 모평균에 대한 95% 신뢰구간을 구하라(단, 단위는 mmg이다).

10.3	9.5	10.0	10.3	9.6	9.8	10.4	10.5	9.7	9.9

27. 어느 도시의 미세먼지(PM-10) 농도를 측정하여 다음을 얻었다. 미세먼지 농도가 정규분포를 따른다고 할 때, 이 도시의 미세먼지 평균농도에 대한 95% 신뢰구간을 구하라(단, 단위는 $\mu g/m^3$이다).

55	54	49	46	51	49	52	47	57	48	51	48	57	59	54	55

28. 고분자 라텍스에 대한 변형된 모르타르의 인장 접착강도 X와 변형되지 않은 모르타르의 인장 접착강도 Y는 각각 표준편차가 1.6과 1.4인 정규분포를 따르는 것으로 알려져 있다. 변형된 모르타르와 변형되지 않은 모르타르 표본을 각각 36개와 49개를 선정했을 때, 표본평균이 각각 19.1과 17.7이었다. 이때 두 접착강도의 평균 차에 대한 95% 신뢰구간을 구하라(단, 단위는 kgf/cm^2이다).

29. 화학공정에서 두 촉매제 A와 B의 수율에 차이가 있는지 조사하고자 한다. 수율 A와 B는 표준편차가 각각 2.4와 3.1인 정규분포를 따르는 것으로 알려져 있다. 촉매제 A와 B의 표본을 각각 16개와 9개를 선정하여 평균 82.8과 79.2를 얻었을 때, 두 촉매제의 평균 수율의 차에 대한 95% 신뢰구간을 구하라.

30. 두 광역시의 일일 풍속에 차이가 있는지 알아보기 위해, 각각 크기 10인 표본을 조사하여 평균 풍속 $\overline{x} = 2.56$과 $\overline{y} = 2.39$를 얻었다. 두 도시의 풍속은 각각 $\sigma_1 = 0.21$, $\sigma_2 = 0.23$인 정규분포를 따른다고 할 때, 평균 풍속의 차에 대한 90% 신뢰구간을 구하라.

31. 금속 부품을 어떻게 처리하느냐에 따라 세척 공정에서 제거되는 금속의 두께에 차이가 있는지 조사하고자 한다. 임의로 선정한 15개는 세척제 A를 이용하여 세척하였고, 12개는 세척제 B를 이용하여 세척하였다. 제거된 금속의 두께를 측정한 결과 각각 $\overline{x} = 14.3$과 $\overline{y} = 12.5$일 때, 제거된 평균 두께에 대한 99% 신뢰구간을 구하라(단, 제거된 금속의 두께가 $\sigma_1 = 1.2$, $\sigma_2 = 0.9$인 정규분포를 따르고, 단위는 μm이다).

32. 화학처리과정에서 두 종류의 촉매제 A와 B의 효과를 비교하고자 한다. 촉매제 A와 B를 각각 15개씩 임의로 조사하여 $\overline{x} = 55$, $\overline{y} = 52$를 얻었을 때, 촉매제 A와 B의 평균 차에 대한 90% 신뢰구간을 구하라(단, 촉매제 A와 B에 의한 반응물은 모분산이 각각 $\sigma_1^2 = 9$, $\sigma_2^2 = 16$인 정규분포를 따르고, 단위는 EC50이다).

33. 화학실험에서 두 종류의 촉매 작용에 대한 반응 효과를 비교하고자 한다. 시약 I을 사용한 12번의 실험에서 얻은 결과는 평균 87, 표준편차 4였고, 시약 II를 사용한 10번의 실험에서 얻은 결과는 평균 81, 표준편차 5였다. 반응 효과가 두 모분산이 동일한 정규분포를 따른다고 할 때, 두 모평균의 차에 대한 99% 신뢰구간을 구하라(단, 단위는 EC50이다).

34. 남한강 상류와 하류의 평균 BOD 농도에 차이가 있는지 조사하는 연구가 진행되었다. 상류 지역의 12곳을 조사한 결과 평균 1.6, 표준편차 0.4이었고, 하류 지역의 10곳을 조사하여 평균 0.9, 표준편차 0.6을 얻었다. 다음 조건 아래 상류와 하류의 평균 BOD 농도에 대한 95% 신뢰구간을 구하라.

(a) 모분산이 동일한 정규분포를 따르는 경우

(b) 모분산이 다른 정규분포를 따르는 경우

35. 타이어를 생산하는 어느 회사에서 새로운 공정 방법으로 생산한 타이어의 수명이 뛰어난지 알아보기 위해, 예전 방식으로 생산한 타이어 7개와 새로운 방법으로 생산한 타이어 9개를 조사한 결과, 다음 표와 같았다. 두 방법에 의한 생산한 타이어 평균 수명의 차에 대한 95% 신뢰구간을 구하라(단, 단위는 1,000 km이다).

새로운 방법	63.9	62.4	60.4	63.7	62.4	62.6	62.5	61.3	61.5
예전 방법	59.2	58.1	58.3	57.7	56.2	60.6	62.2		

36. 인조섬유 25묶음의 절단강도는 평균 474.6, 표준편차 5.5이고 모직 17묶음의 절단강도는 평균 452.4, 표준편차 12.3인 것으로 조사되었다. 두 종류의 섬유에 대한 절단강도는 동일한 분산을 갖는 정규분포를 따른다고 할 때, 평균 절단강도의 차에 대한 95% 신뢰구간을 구하라(단, 단위는 Mpa이다).

37. 상온에서 두 종류의 염료 A와 B에 대한 건조 시간에 차이가 있는지 알기 위해 크기가 20인 표본을 조사하여 다음을 얻었다. 건조 시간이 정규분포를 따른다고 할 때, 염료 A와 B의 평균 건조 시간의 차에 대한 95% 신뢰구간을 구하라(단, 단위는 h이다).

(a) 건조 시간이 $\sigma_A^2 = 4$, $\sigma_B^2 = 4$인 정규분포를 따르는 경우

(b) 모분산이 동일한 정규분포를 따르는 경우

(c) 모분산이 다른 정규분포를 따르는 경우

염료 A	5.0	2.6	5.3	4.8	5.3	3.7	4.3	5.0	5.0	4.9
	2.5	3.3	3.8	4.7	3.7	4.9	4.5	2.6	3.9	4.2
염료 B	2.6	2.5	2.8	3.4	3.9	4.5	3.5	3.7	3.8	3.1
	2.9	3.7	3.1	5.2	5.1	2.5	5.1	2.7	3.5	4.4

38. 다음은 서울과 부산 두 지역의 측정된 아황산가스 오염 수치이다. 물음에 답하라(단, 단위는 ppm이다).

서울	0.067	0.088	0.075	0.094	0.053	0.082	0.059	0.068	0.077	0.084
부산	0.073	0.078	0.085	0.089	0.064	0.072	0.069	0.068	0.087	0.077

(a) 서울의 평균 아황산가스 오염 수치에 대한 95% 신뢰구간을 구하라.

(b) 부산의 평균 아황산가스 오염 수치에 대한 95% 신뢰구간을 구하라.

(c) 서울과 부산 지역의 평균 오염 수치의 차에 대한 95% 신뢰구간을 구하라.

39. 동일한 효능의 두 약품 A와 B에 의해 치료하는 데 걸리는 기간을 분석하고자 한다. 환자를 다음과 같이 두 그룹으로 나누어 치료하여 다음을 얻었다. 두 약품으로 치료하는 데 걸리는 평균 기간의 차이에 대한 98% 신뢰구간을 구하라(단, 약품 A와 B는 각각 정규분포를 따르고 모분산은 동일하며, 단위는 일이다).

표본	표본의 크기	표본평균	표본표준편차
약품 A	$n = 15$	$\overline{x} = 34.5$	$s_1 = 2.1$
약품 B	$m = 17$	$\overline{y} = 31.6$	$s_2 = 3.7$

40. 안전사고에 대한 교육 전후의 평균 사고 건수를 알아보기 위해, 5곳의 작업장에서 종사하는 근로자를 상대로 조사하여 다음 결과를 얻었다. 이를 이용하여 교육 전후의 평균 사고 건수의 차이에 대한 95% 신뢰구간을 구하라(단, 사고 건수는 정규분포를 따른다고 알려져 있다).

작업장	1	2	3	4	5
교육 전	4	3	5	4	3
교육 후	2	2	2	2	0

41. 자동차를 고속도로와 시내에서 주행할 때 방출되는 입자상물질의 양에 대한 차이를 비교하기 위해 10대의 자동차를 시험하여 다음을 얻었다. 시내주행과 고속도로주행에서 방출되는 평균 방출량에 대한 95% 신뢰구간을 구하라(단, 방출량은 정규분포를 따른다고 알려져 있다).

자동차	1	2	3	4	5	6	7	8	9	10
시내 주행	1325	765	1231	1184	2156	1095	1124	945	878	1532
고속도로 주행	956	427	786	1024	1857	1143	1068	884	856	1114

42. 어느 회사의 생산본부에서 불량품을 줄이기 위해 생산 라인을 교체하였다. 교체 전후 불량품의 평균에 차이가 있는지 근로자 11명을 임의로 선정하여 다음을 얻었다. 교체 전후 불량품의 평균 개수의 차에 대한 98% 신뢰구간을 구하라(단, 불량품의 개수는 정규분포를 따른다고 알려져 있다).

근로자	1	2	3	4	5	6	7	8	9	10	11
교체 전	9	11	8	7	9	10	8	10	9	8	10
교체 후	5	9	9	5	7	9	4	7	8	8	4

43. 건조 기간이 3일과 5일인 경우, 콘크리트 블록의 압축강도에 차이가 있는지 조사하기 위해 서로 다른 콘크리트 배치에서 측정하여 다음을 얻었다. 건조 기간이 5일인 경우와 3일인 경우의 평균 강도 차이에 대한 95% 신뢰구간을 구하라(단, 압축강도는 정규분포를 따르고, 단위는 KPa이다).

블록	1	2	3	4	5	6
3일	1214	1216	1225	1265	1272	1235
5일	1268	1237	1274	1287	1294	1274

44. 어느 생수 회사에서 생산되는 생수 페트병 15개를 수거하여 무게를 조사한 결과, 표준편차 2.4g을 얻었다. 생수병 무게의 모표준편차에 대한 90% 신뢰구간을 구하라.

45. 어떤 약품의 로트에서 6회에 걸쳐 표본을 구하여 그 융점을 측정하였더니 표본분산이 $s^2 = 0.4$이었다. 이 약품 융점의 모분산에 대한 95% 신뢰구간을 구하라.

46. 직경 20 mm인 볼트를 생산하는 제조 회사에서 제작한 볼트의 표준편차를 구하기 위해 10개를 임의로 조사하여 다음을 얻었다. 이 회사에서 생산하는 볼트의 표준편차에 대한 95% 신뢰구간을 구하라(단, 단위는 mm이다).

20.8	20.2	19.2	21.1	20.6	20.0	20.3	19.5	19.7	20.3

47. 다음은 어떤 음료수 회사에서 생산되는 음료수를 분석한 당분 함량의 자료이다. 이 자료를 이용하여 이 회사에서 생산되는 음료수의 당분 함량에 대한 분산과 표준편차에 대한 95% 신뢰구간을 구하라(단, 단위는 g이다).

14.7	15.9	13.5	14.6	6.1	15.6	15.4	15.1	13.4	14.8	15.6	15.3

48. 다음은 고혈압에 걸린 환자 11명을 두 그룹으로 분류하여 각기 다른 방법으로 치료한 결과이다. 두 방법에 의한 치료 결과가 정규분포를 따른다고 할 때, 두 모분산의 비에 대한 95% 신뢰구간을 구하라.

치료법 A	$n = 6,\ \overline{x} = 127.2,\ s_1^2 = 36$
치료법 B	$m = 5,\ \overline{y} = 123.4,\ s_2^2 = 25$

49. 두 배터리 제조 회사에서 생산되는 스마트폰 배터리의 수명을 조사하여 다음을 얻었다. 이 자료를 이용하여 배터리 수명에 대한 모분산 비율의 90% 신뢰구간을 구하라(단, 배터리의 수명은 정규분포를 따르며, 단위는 년이다).

수명 A	$n=10,\ \ \overline{x}=2.5,\ \ s_1=0.8$
수명 B	$m=10,\ \ \overline{y}=2.1,\ \ s_2=0.5$

50. 새로 개발된 50나노 디램의 신뢰성을 조사하기 위하여 250개를 임의로 추출하여 조사한 결과, 7개가 불량이었다. 이 회사에서 생산한 디램의 불량률 p에 대한 99% 신뢰구간을 구하라.

51. 새로 출시된 신형 자동차의 접촉사고로 인한 손상 비율을 알기 위해 50대의 자동차 임의로 선정하여 저충격 충돌실험을 실시하였다. 선정된 자동차 중에서 두 대에서 눈에 보일 정도의 손상이 생겼을 때, 손상 비율에 대한 90% 신뢰구간을 구하라.

52. 어떤 건설 회사에서 공급하는 도로포장용 자갈이 대형인 비율을 알기 위해 2,000개의 자갈을 조사한 결과, 156개가 대형이었다. 이 회사에서 공급하는 대형 자갈의 비율에 대한 95% 신뢰구간을 구하라.

53. 기존의 로켓 발사 성공률은 80%이다. 새로 개발한 추진체를 이용하여 45번의 로켓 발사에서 성공한 횟수는 38번일 때, 물음에 답하라.

(a) 새로운 추진체에 의한 로켓 발사 성공률의 95% 신뢰구간을 구하라.

(b) 새로운 추진체에 의한 로켓 발사가 기존의 방법보다 좋은지 말하라.

54. 자동차를 생산하는 조립 라인 A와 B의 불량률의 차이를 알아보기 위해 조사한 결과, 다음을 얻었다. 두 조립 라인의 불량률의 차에 대한 99% 신뢰구간을 구하라.

조립 라인	조사 대상 자동차 수	불량인 자동차 수
A	250대	16대
B	150대	6대

55. 어느 회사의 생산관리부서에서 특정 제품을 생산하는 생산 라인 A와 B의 불량률의 차이를 알아보고자 한다. 생산 라인 A에서 생산한 제품 500개 중 6개가 불량품이었고, 생산 라인 B에서 생산한 제품 450개 중 5개가 불량품이었다. 두 생산 라인의 불량률의 차에 대한 95% 신뢰구간을 구하라.

56. 핸드폰 유심 칩을 연구하는 연구원은 칩의 결함을 방지하기 위한 새로운 방법을 고안하였다. 기존 방법과 새로운 방법에 의한 유심 칩을 임의로 선정하여 다음 결과를 얻었다. 기존 방법의 결함 비율과 새로운 방법의 결함 비율의 차에 대한 95% 신뢰구간을 구하라.

생산 방법	조사 대상 수	불량품 수
기존 방법	500개	15개
새로운 방법	400개	9개

57. 동일한 증세에 사용하는 두 약품의 효능을 조사하기 위해 환자를 두 그룹으로 분류하여 임상실험을 실시했다. 156명으로 구성된 한 그룹에서 한 달 안에 치료가 이루어진 환자는 148명이었고, 186명으로 구성된 다른 그룹에서 한 달 안에 치료가 이루어진 환자는 168명이었다. 두 약품의 평균 치료율에 대한 차이의 95% 신뢰구간을 구하라.

58. 최대오차 범위 0.4 psu에서 바닷물 속에 포함된 염분의 평균 농도에 대한 90% 신뢰구간을 얻기 위한 표본의 수를 구하라(단, 염분의 농도에 대한 표준편차는 2 psu인 것으로 알려져 있다고 한다).

59. 페트병의 평균 두께에 대하여, 오차 범위 0.5 mm에서 95% 신뢰구간을 얻기 위한 표본의 크기를 구하라(단, 사전 조사에 의하면 플라스틱 판 두께의 표준편차가 2.0 mm를 넘지 않는다고 한다).

60. 어느 철강 회사에서 제조한 강판의 평균 두께를 최대오차 범위 0.01 mm 이내에서 90% 신뢰도를 얻기 위한 표본의 크기를 구하라(단, 이전 자료에 의하면 강판 두께의 표준편차는 0.04 mm를 넘지 않는다고 한다).

61. 어느 제조 회사는 새로 개발한 신제품의 불량률을 조사하고자 한다. 최대허용오차 1% 이내에서 신제품의 불량률에 대한 95% 신뢰구간을 구하기 위한 표본의 크기를 구하라.

62. 원통형 파이프를 성형하는 과정에서 발생하는 불량률에 대해 최대오차범위 2% 이내에서 95% 신뢰구간을 구하고자 한다. 다음 두 경우에 대한 표본의 크기를 구하라.

(a) 임의로 100개를 선정한 예비조사에서 불량률이 4%인 경우

(b) 사전 정보가 없는 경우

CHAPTER 10

가설검정

10.1 가설검정의 개요

9장에서 표본을 이용하여 모수의 참값을 추정하는 방법에 대해 살펴봤다. 그러나 많은 경우, 모수의 참값을 추정하는 것보다는 표본을 근거로 모수에 대한 주장의 타당성을 통계적으로 입증하는 의사결정을 더 선호한다. 이 절에서는 모수에 대한 타당성을 통계적으로 입증하는 과정인 가설검정의 의미와 그 절차에 대해 살펴본다.

우리나라 법은 기소된 어떤 사람이 유죄임을 법정에서 밝히기까지 무죄 추정의 원칙을 따른다. 법정에서 피고인측의 변호사는 무죄를 주장하는 반면, 검사는 피고의 주장인 무죄를 반박할 수 있는 모든 증거 자료를 이용하여 피고인이 유죄임을 밝히려고 한다. 판사는 다음과 같은 변호사와 검사의 두 주장 중 어느 하나를 선택할 것이다.

- H_0 : 기소인은 무죄이다(변호사의 주장).
- H_1 : 기소인은 유죄이다(검사의 주장).

무죄에 반대되는 증거 자료에 타당성이 있다면, 판사는 무죄 추정을 기각하고 피고에게 유죄 판결을 내릴 것이다. 그리고 검사의 주장인 유죄에 대한 증거 자료가 충분하지 않다면, 판사는 피고에게 무죄를 선고할 것이다. 이 과정에서 피고에게 무죄를 선고하는 것은 피고가 완전히 죄가 없음을 의미하는 것이 아니라 피고가 유죄라는 증거가 불충분하다는 것을 의미한다. 변호사와 검사의 주장과 같이 타당성의 유무를 명확히 밝혀야 할 모수에 대한 두 가지 주장을 **가설**hypothesis이라 하고, 표본을 선정하여 관찰된 통계량의 값을 이용하여 모수에 대한 두 주장의 진위 여부를 통계적으로 검정하는 과정을 **가설검정**hypothesis test이라 한다.

■ 귀무가설과 대립가설

어느 철강 회사에서 생산한 H빔의 평균 강도가 $\mu = 500(\mathrm{MPa})$이라 주장한다고 하자. 변호사는 철강 회사의 주장인 $\mu = 500$이 참이라 할 것이고, 검사는 표본을 통하여 $\mu \neq 500$임을 입증하려고 한다. 판사는 무죄 추정의 원칙과 같이 변호사의 주장인 $\mu = 500$이 참이라는 조건 아래, 변호사의 주장에 반대되는 검사의 주장에 대한 증거가 충분한지를 판정한다. 이때 변호사의 주장을 귀무가설이라 하고, 검사의 주장을 대립가설이라 한다. 즉, 귀무가설과 대립가설을 다음과 같이 정의한다.

- **귀무가설**null hypothesis(H_0) : 거짓임이 명확히 규명될 때까지 참인 것으로 인정되는 주장, 즉 타당성을 입증해야 할 가설
- **대립가설**alternative hypothesis(H_1) : 귀무가설의 반대가 되는 가설, 즉 귀무가설이 거짓이라면 참이 되는 가설

철강 회사의 주장인 $\mu = 500$은 귀무가설이고, 이에 반대되는 주장 $\mu \neq 500$은 대립가설이다. 가설검정의 최종 목표는 표본을 이용하여 귀무가설 H_0이 참이라고 추론할 수 있는 증거를 제시하는 것이다. 모수를 추정하기 위해 표본으로부터 얻은 추정량을 이용하듯이, 귀무가설 H_0의 진위 여부를 판정하기 위한 통계량을 **검정통계량**test statistic이라 한다.

■ 기각역과 검정의 오류

철강 회사의 주장인 귀무가설 $H_0 : \mu = 500$에 대해 표본을 이용하여 검정한 결과, 검정통계량의 관찰값이 귀무가설 H_0의 수치인 500과 편차가 매우 크면 H_0의 신빙성이 떨어지고 대립가설 $H_1 : \mu \neq 500$의 타당성이 높을 것이다. 이와 같이 표본으로부터 H_0의 신빙성이 떨어지고 H_1의 타당성이 높으면 귀무가설 H_0을 **기각한다**reject 하고, 반대로 H_0이 신빙성이 높고 H_1의 타당성이 낮으면

귀무가설 H_0 을 기각할 수 없다. 이때 귀무가설 H_0 을 기각시키는 검정통계량의 영역을 **기각역**[critical region]이라 하며, 표본에서 얻은 검정통계량의 관찰값이 기각역 안에 놓이게 되면 H_0 을 기각한다. 반면, 검정통계량의 관찰값이 기각역 안에 놓이지 않으면 귀무가설 H_0 을 기각할 수 없다. 귀무가설 H_0 을 기각할 수 없다는 것은 표본을 이용하여 검정한 결과가 H_0 을 기각시킬 만큼 증거가 충분하지 않음을 의미한다.

표본을 이용하여 귀무가설의 기각 여부를 결정하므로 올바른 판단을 할 수 있지만 때로는 잘못 판단하는 오류를 범할 수 있다. 즉, 다음과 같은 두 가지 오류가 나타난다.

❶ 귀무가설 H_0이 실제로 참이고, 검정 결과에 따라 H_0을 기각하는 경우

❷ 귀무가설 H_0이 실제로 거짓이고, 검정 결과에 따라 H_0을 기각하지 않는 경우

실제로 참인 귀무가설 H_0에 대해 H_0을 기각하지 않는 검정 결과를 얻거나, 실제로 거짓인 귀무가설 H_0에 대해 H_0을 기각하는 검정 결과를 얻는다면 올바른 결정을 얻는다. 그러나 참인 귀무가설 H_0에 대해 H_0을 기각하거나 거짓인 귀무가설 H_0에 대해 H_0을 기각하지 않는다면 오류가 발생한다. 이와 같이 검정 결과에 의해 발생하는 오류를 **검정오류**[test error]라 하며, 검정오류에는 다음 두 가지 종류가 있다.

- **제1종 오류**[type 1 error] : 귀무가설 H_0이 참이지만 H_0을 기각함으로써 발생하는 오류
- **제2종 오류**[type 2 error] : 귀무가설 H_0이 거짓이지만 H_0을 기각시키지 않음으로써 발생하는 오류

이를 요약하면 [표 10.1]과 같다.

[표 10.1] H_0에 대한 가설검정 결과

실제 상황 / 검정 결과	H_0이 참	H_0이 거짓
H_0을 기각하지 않는다.	올바른 결정	제2종 오류
H_0을 기각한다.	제1종 오류	올바른 결정

다음과 같이 제1종 오류를 범할 확률을 **유의수준**[significance level]이라 하며, α로 나타낸다.

$$\alpha = P(\text{제1종 오류}) = P(H_0\text{을 기각} \mid H_0\text{이 참})$$

그리고 다음과 같이 제2종 오류를 범할 확률을 β로 나타낸다.

$$\beta = P(H_0\text{을 기각하지 않음} \mid H_0\text{이 거짓})$$

표본의 크기가 일정하면 α와 β 중 어느 하나가 줄어들면 다른 하나는 증가하지만, 표본의 크기가 커지면 α와 β를 모두 줄일 수 있다. 한편, 귀무가설 H_0이 거짓일 때 H_0을 기각함으로써 올바른 결정을 할 확률을 **검정력**power of the test이라 하며, 검정력은 $1-\beta$이다. 검정력은 여러 종류의 검정법을 비교 평가하는 기준으로 사용하며, 바람직한 검정력을 얻으려면 표본의 크기 또는 유의수준을 증가시켜야 한다. 그러나 유의수준이 커지면 귀무가설을 기각시킬 정도가 아니지만, 표본으로부터 얻은 검정 결과가 귀무가설을 기각시키는 경우가 발생한다. 따라서 유의수준을 일정한 수준에서 통제하며, 보편적으로 $\alpha = 0.01,\ 0.05,\ 0.1$을 많이 사용한다. 그리고 고정된 유의수준 α에 대해 β를 최소로 하는 기각역을 구한다면 $1-\beta$는 최대로 커지게 된다.

귀무가설 H_0이 참인 조건 아래, 검정통계량이 어떤 z_0보다 클 확률이 유의수준 α가 되는 z_0을 **임계값**critical value이라 하며, [그림 10.1]과 같이 귀무가설이 참이지만 검정통계량의 관찰값이 임계값보다 커서 귀무가설을 기각시키는 경계값이다. 반면, 대립가설이 참인 분포에서 임계값보다 작은 부분의 확률이 제2종 오류의 확률인 β이다. 즉, β는 귀무가설이 거짓이지만 임계값보다 작아서 귀무가설을 기각하지 않는 확률이다.

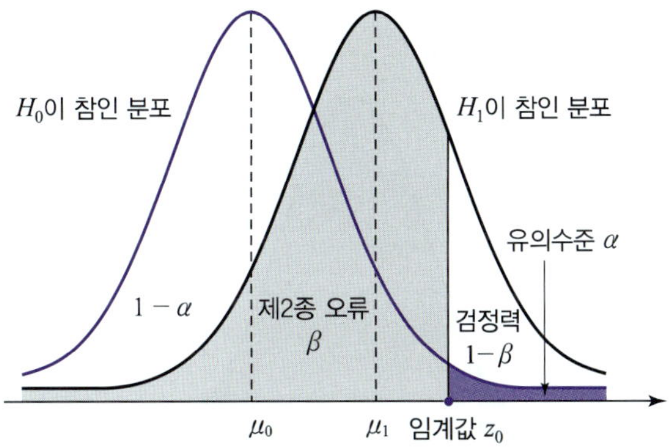

[그림 10.1] 유의수준과 검정력

■ 가설의 유형

가설검정은 대립가설이 참이라고 주장할 수 있는 증거를 제시하는 것이다. 예를 들어, 철강 회사에서 생산한 H빔의 평균 강도가 $\mu = 500$이라고 주장한다면, 반대 주장 $\mu \neq 500$을 설정한다. 따라서 귀무가설과 대립가설은 각각 다음과 같다.

$$H_0: \mu = 500,\ \ H_1: \mu \neq 500$$

또한, H빔의 평균 강도가 500 이상이라고 주장한다면 반대 주장은 500 미만이고, 귀무가설과 대립가설은 각각 다음과 같다.

$$H_0: \mu \geq 500,\ \ H_1: \mu < 500$$

한편, H빔의 평균 강도가 500 이하라고 주장한다면 반대 주장은 500 초과이고, 귀무가설과 대립가설은 각각 다음과 같다.

$$H_0: \mu \leq 500,\ \ H_1: \mu > 500$$

이와 같이 세 가지 유형의 가설을 생각할 수 있으며, 귀무가설은 항상 등호(=)가 포함된 기호를 사용하고, 대립가설은 등호가 없는 부등호만 사용한다. 즉, 모수 θ에 대한 주장 θ_0의 귀무가설과 대립가설은 다음과 같다.

$$\begin{cases} H_0: \theta = \theta_0 \\ H_1: \theta \neq \theta_0 \end{cases} \qquad \begin{cases} H_0: \theta \geq \theta_0 \\ H_1: \theta < \theta_0 \end{cases} \qquad \begin{cases} H_0: \theta \leq \theta_0 \\ H_1: \theta > \theta_0 \end{cases}$$

귀무가설 $H_0: \theta = \theta_0$에 대해 대립가설 $H_1: \theta \neq \theta_0$으로 구성되는 검정 방법을 **양측검정**two sided hypothesis이라 한다. 그러면 H_0이 거짓으로 판정될 때까지 참인 것으로 가정하며, [그림 10.2]와 같이 유의수준 α에 대한 기각역은 양쪽 꼬리확률이 각각 $\dfrac{\alpha}{2}$가 되는 두 임계값보다 작거나 큰 범위가 된다.

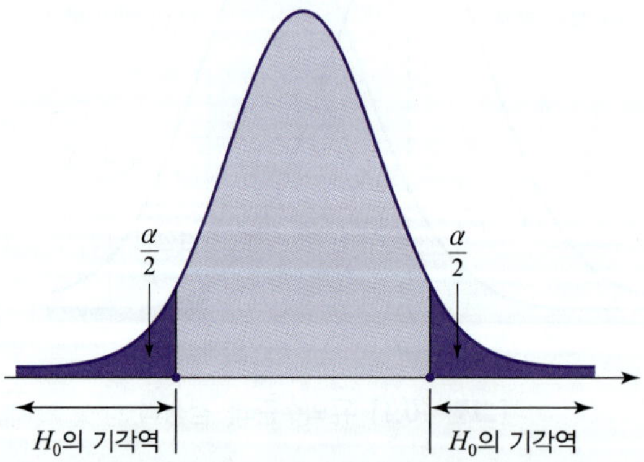

[그림 10.2] 양측검정에 대한 기각역

[그림 10.3]과 같이 검정통계량의 관찰값 z_0이 기각역인 왼쪽 꼬리 부분 또는 오른쪽 꼬리 부분에 놓이게 되면 H_0을 기각하고, 기각역 안에 놓이지 않는다면 H_0을 기각할 수 없다.

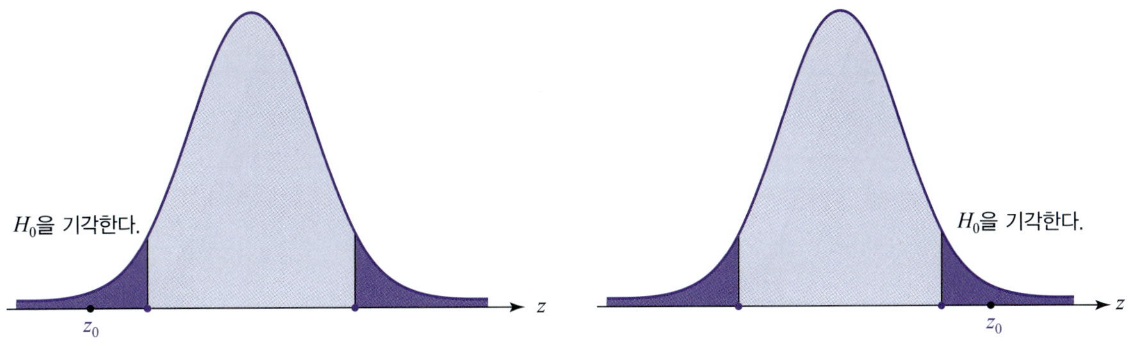

[그림 10.3] 검정통계량의 관찰값과 H_0의 기각

귀무가설 $H_0: \theta \geq \theta_0$에 대하여 대립가설 $H_1: \theta < \theta_0$으로 구성되는 검정 방법을 **하단측검정**one sided lower hypothesis이라 한다. 이 경우, 기각역은 유의수준 α에 대해 H_0이 참이지만 H_0을 기각시키는 영역이므로 [그림 10.4(a)]와 같이 왼쪽 꼬리 부분이 된다. 따라서 검정통계량의 관찰값 z_0이 [그림 10.4(b)]와 같이 기각역인 왼쪽 꼬리 부분에 놓이게 되면 H_0을 기각하고, 기각역 안에 놓이지 않는다면 H_0을 기각할 수 없다.

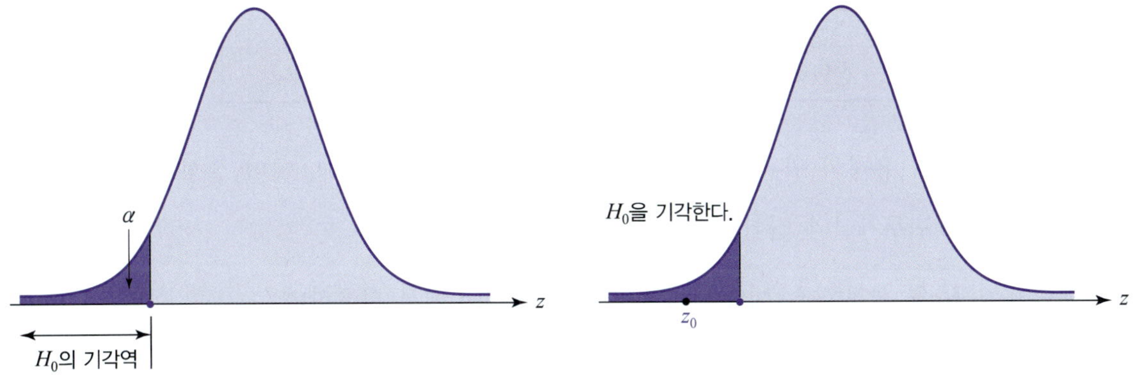

(a) H_0의 기각역　　(b) H_0을 기각하는 경우

[그림 10.4] 하단측검정에 대한 기각역과 H_0의 기각

귀무가설 $H_0: \theta \leq \theta_0$에 대하여 대립가설 $H_1: \theta > \theta_0$으로 구성되는 검정 방법을 **상단측검정**one sided upper hypothesis이라 한다. 이 경우, 기각역은 [그림 10.5(a)]와 같이 오른쪽 꼬리 부분이 된다. 따라서 [그림 10.5(b)]와 같이 검정통계량의 관찰값 z_0이 기각역인 오른쪽 꼬리 부분에 놓이게 되면 H_0을 기각하고, 기각역 안에 놓이지 않는다면 H_0을 기각할 수 없다.

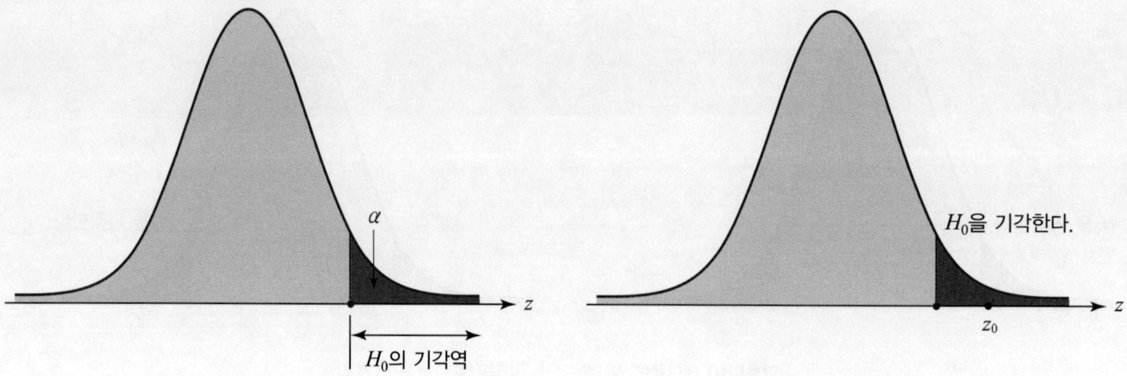

(a) H_0 의 기각역　　　　(b) H_0 을 기각하는 경우

[그림 10.5] 상단측검정에 대한 기각역과 H_0의 기각

이를 정리하면 [표 10.2]와 같다.

[표 10.2] 가설에 따른 검정 방법

검정 유형	귀무가설	대립가설
양측검정	$H_0: \theta = \theta_0$	$H_1: \theta \neq \theta_0$
하단측검정	$H_0: \theta \geq \theta_0$	$H_1: \theta < \theta_0$
상단측검정	$H_0: \theta \leq \theta_0$	$H_1: \theta > \theta_0$

이와 같은 세 가지 유형의 귀무가설 H_0을 통계적으로 검정하기 위해, 이미 설정한 유의수준 α에 따라 다음 순서로 귀무가설의 진위 여부를 검정한다.

❶ 대립가설 H_1을 설정한다. 이때 등호는 항상 귀무가설에서 사용한다.

❷ 적당한 검정통계량을 선택하고, 검정통계량의 관찰값을 구한다.

❸ 검정 유형에 따라 유의수준 α에 대한 기각역을 구한다.

❹ 검정통계량의 관찰값이 기각역 안에 놓이면 귀무가설 H_0을 기각하고, 그렇지 않으면 H_0을 기각하지 않는다.

■ p-값과 기각역

지금까지 H_0의 기각 여부는 유의수준 α에 따른 기각역 안에 검정통계량의 관찰값이 놓이는지, 그렇지 않은지에 따라 결정했다. 예를 들어, 상단측검정에서 검정통계량의 관찰값이 $z_0 = 2.15$이면, [그림 10.6]과 같이 유의수준 $\alpha = 0.05$에 대한 기각역은 $Z > 1.645$이고 관찰값 $z_0 = 2.15$가 기각역 안에 놓이므로 H_0 을 기각한다. 그러나 유의수준이 $\alpha = 0.01$ 이면 기각역은 $Z > 2.326$ 이고 관찰값 $z_0 = 2.15$ 가 기각역 안에 놓이지 않으므로 H_0 을 기각할 수 없다. 따라서 기각역을 이용한 가설검정은 유의수준에 따라 동일한 검정통계량의 관찰값에 대해 귀무가설을 기각하거나 그렇지 못하는 경우가 발생한다.

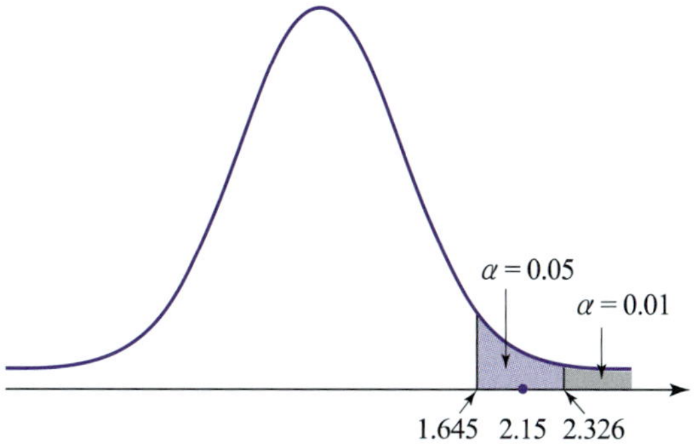

[그림 10.6] 유의수준에 따른 기각 여부

이러한 모호함을 피하기 위해 p-값이라 하는 변동 가능한 유의수준을 사용한다. **p-값**[p-value] 은 표본에서 얻은 검정통계량의 관찰값에 기초하여 귀무가설 H_0을 기각할 수 있는 가장 작은 유의수준을 의미한다. 예를 들어, 상단측검정에서 검정통계량의 관찰값이 $z_0 = 2.15$ 이면 표본을 이용하여 H_0을 기각할 수 있는 최소 확률인 p-값은 다음과 같다.

$$p\text{-값} = P(Z > 2.15) = 1 - 0.9842 = 0.0158$$

[그림 10.7]과 같이 $0.01 < p\text{-값} < 0.05$ 이고, 따라서 유의수준 $\alpha = 0.05$ 에서 H_0을 기각하고 유의수준이 $\alpha = 0.01$ 에서 H_0을 기각하지 않음을 알 수 있다.

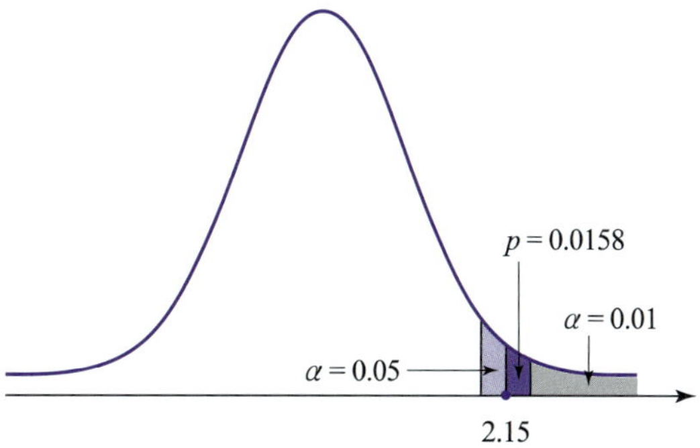

[그림 10.7] p-값과 유의수준

이와 같이 p-값을 구하면 귀무가설 H_0 을 기각시킬 유의수준을 얻을 수 있다. [그림 10.7]에서 p-값이 작을수록 검정통계량의 관찰값 z_0은 귀무가설에서 주장하는 모수의 값으로부터 멀리 떨어지는 반면, p-값이 클수록 검정통계량의 관찰값 z_0은 귀무가설에서 주장하는 모수의 값에 가까워지는 것을 살펴볼 수 있다. 따라서 p-값이 작을수록 H_0이 거짓이고 기각되어야 한다는 강한 증거를 제시한다. p-값과 유의수준 α에 따른 귀무가설 H_0의 기각 여부는 [표 10.3]과 같다.

[표 10.3] p-값과 유의수준에 따른 H_0의 기각 여부

p-값	유의수준(α)		
	0.1	0.05	0.01
p-값 ≥ 0.1	H_0을 기각 안 함	H_0을 기각 안 함	H_0을 기각 안 함
$0.05 \leq p$-값 < 0.1	H_0을 기각함	H_0을 기각 안 함	H_0을 기각 안 함
$0.01 \leq p$-값 < 0.05	H_0을 기각함	H_0을 기각함	H_0을 기각 안 함
p-값 < 0.01	H_0을 기각함	H_0을 기각함	H_0을 기각함

[표 10.3]에 대해 검정 결과의 유의미성을 다음과 같이 표현한다.

- p-값 < 0.01이면 H_0을 기각하고, 검정 결과는 통계적으로 강하게 **유의미하다**[significant]고 한다.
- $0.01 \leq p$-값 < 0.05이면 유의수준이 1%인 경우를 제외하고 H_0을 기각하고, 검정 결과는 통계적으로 유의미하다고 한다.
- $0.05 \leq p$-값 < 0.1이면 유의수준이 10%인 경우에만 귀무가설 H_0을 기각하고, 검정 결과는 통계적으로 약하게 유의미하다고 한다.
- p-값 ≥ 0.1이면 모든 유의수준에 대해 귀무가설 H_0을 기각하지 않으며, 검정 결과는 통계적으로 유의미하지 않다고 한다.

유의수준 α에 대해 p-값을 이용한 귀무가설 H_0의 기각 여부는 다음과 같이 검정한다.

❶ 대립가설 H_1을 설정한다. 이때 등호는 항상 귀무가설에서 사용한다.

❷ 적당한 검정통계량을 선택하고, 검정통계량의 관찰값을 구한다.

❸ p-값을 구한다.

❹ p-값 $\leq \alpha$이면 귀무가설을 기각하고, p-값 $> \alpha$이면 귀무가설 H_0을 기각하지 않는다.

10.2 단일 모평균의 가설검정(모분산을 아는 경우)

모분산 σ^2을 아는 정규모집단의 모평균을 추정하기 위해 표본평균 $\overline{X}$를 이용한 것과 동일하게, 모평균에 대한 귀무가설을 검정하기 위해 표본평균을 이용한다. 이 절에서는 표본평균을 이용하여 모평균에 대한 귀무가설을 검정하는 방법을 살펴본다. 모분산을 아는 경우, 모평균의 가설을 검정하기 위해 표준화된 확률변수 Z를 사용하며, 이 경우의 검정 방법을 **Z-검정**[z-test]이라 한다.

■ 양측검정

모분산 σ^2을 아는 정규모집단 $N(\mu, \sigma^2)$에서 크기 n인 확률표본 $\{X_1, X_2, \cdots, X_n\}$을 얻었다고 하자. 그러면 표본평균 $\overline{X}$의 표준화 확률변수 Z는 다음과 같이 표준정규분포를 이룬다.

$$Z = \frac{\overline{X} - \mu}{\sigma/\sqrt{n}} \sim N(0, 1)$$

귀무가설 $H_0 : \mu = \mu_0$에 대해 유의수준 α에서 양측검정 방법을 생각하자. 그러면 H_0이 거짓임이 판명나기 전까지 $\mu = \mu_0$이라는 주장 H_0이 정당한 것으로 가정한다. 따라서 크기 n인 표본에 대해 검정통계량 $\overline{X}$는 다음 정규분포를 따른다.

$$Z = \frac{\overline{X} - \mu_0}{\sigma/\sqrt{n}} \sim N(0, 1)$$

10.1절에서 살펴본 바와 같이 유의수준 α에 대한 양측검정인 경우, 양쪽 꼬리확률이 각각 $\frac{\alpha}{2}$가 되는 두 임계값을 c_1, $c_2 (c_1 < c_2)$라 하면, 기각역은 c_1보다 작거나 c_2보다 큰 범위가 된다. 따라서 H_0을 기각시킬 임계값 c_1, c_2에 대해 유의수준 α는 다음과 같다.

$$\begin{aligned}
\alpha &= P(H_0 : \text{기각} \mid H_0 : \text{참}) \\
&= P\left(\overline{X} \neq \mu_0 \mid \overline{X} \sim N(\mu_0, \sigma^2/n)\right) \\
&= P\left(\overline{X} < c_1 \mid \overline{X} \sim N(\mu_0, \sigma^2/n)\right) + P\left(\overline{X} > c_2 \mid \overline{X} \sim N(\mu_0, \sigma^2/n)\right) \\
&= P\left(Z < \frac{c_1 - \mu_0}{\sigma/\sqrt{n}}\right) + P\left(Z > \frac{c_2 - \mu_0}{\sigma/\sqrt{n}}\right) \\
&= P(Z < -z_{\alpha/2}) + P(Z > z_{\alpha/2})
\end{aligned}$$

즉, 귀무가설 H_0을 기각시킬 임계값은 다음과 같다.

$$c_1 = \mu_0 - z_{\alpha/2}\frac{\sigma}{\sqrt{n}},\quad c_2 = \mu_0 + z_{\alpha/2}\frac{\sigma}{\sqrt{n}}$$

따라서 H_0에 대한 기각역은 다음과 같다.

$$\overline{X} < \mu_0 - z_{\alpha/2}\frac{\sigma}{\sqrt{n}},\quad \overline{X} > \mu_0 + z_{\alpha/2}\frac{\sigma}{\sqrt{n}}$$

표본평균 $\overline{X}$의 표준화 확률변수 Z를 이용한 기각역은 다음과 같다.

$$Z < -z_{\alpha/2},\quad Z > z_{\alpha/2}$$

귀무가설 $H_0 : \mu = \mu_0$에 대한 기각역은 [그림 10.8]과 같으며, 검정통계량 Z의 관찰값 z_0이 기각역 안에 놓이면 귀무가설 H_0을 기각한다.

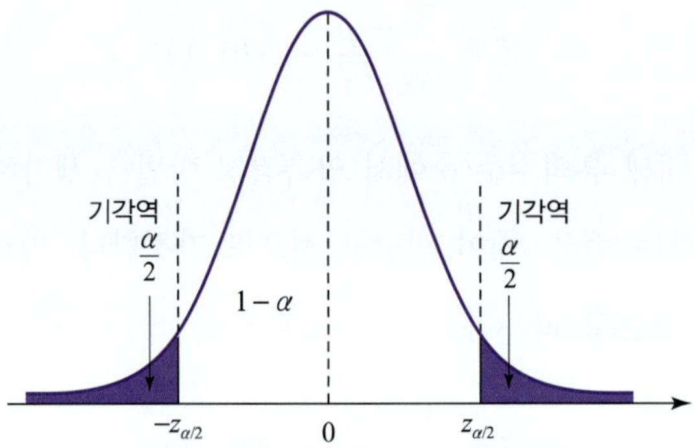

[그림 10.8] 양측검정의 기각역

한편, 검정통계량의 관찰값 z_0에 대해 양측검정에 대한 p-값은 다음과 같이 정의된다.

$$p\text{-값} = P(Z < -|z_0|) + P(Z > |z_0|) = 2P(Z > |z_0|)$$

이때 p-값 $> \alpha$이면 H_0을 기각하지 않고 p-값 $< \alpha$이면 H_0을 기각한다. 따라서 σ^2을 아는 정규모집단의 모평균에 대한 양측검정은 다음과 같이 요약된다.

유의수준 α에서 귀무가설 $H_0 : \mu = \mu_0$에 대한 양측검정은 다음과 같다.	
❶ 검정통계량	$Z = \dfrac{\overline{X} - \mu_0}{\sigma/\sqrt{n}}$
❷ 기각역	$Z < -z_{\alpha/2},\quad Z > z_{\alpha/2}$
❸ p-값	p-값 $= 2P(Z > \|z_0\|)$
❹ 기각 여부	관찰값 z_0이 기각역 안에 놓이거나 p-값 $< \alpha$이면 H_0을 기각한다.

값은 $z_0 = \dfrac{49700 - 50000}{1000/\sqrt{36}} \approx -1.8$이다.

④ z_0이 기각역 안에 놓이므로 H_0을 기각한다. 즉, 이 연구진의 주장은 타당성이 없다.

(b) 검정통계량의 관찰값이 $z_0 \approx -1.8$이므로 p-값은 다음과 같다.

$$p\text{-값} \approx P(Z < -1.8) = 1 - P(Z \le 1.8) = 1 - 0.9641 = 0.0359 < \alpha = 0.05$$

p-값이 유의수준보다 작으므로 H_0을 기각한다.

■ 임의의 모집단분포에 대한 가설검정

모분산 σ^2을 아는 임의의 모집단의 모평균에 대한 귀무가설을 검정하는 방법을 살펴본다. 모집단분포가 알려지지 않았으나 모분산을 알고 있는 경우, 표본의 크기가 충분히 크면($n \ge 30$) 중심극한 정리에 의해 표본평균 $\overline{X}$는 근사적으로 정규분포를 따름을 알고 있다. 따라서 귀무가설 $H_0: \mu = \mu_0$을 검정하기 위해 다음 검정통계량을 사용한다.

$$Z = \frac{\overline{X} - \mu_0}{\sigma/\sqrt{n}} \approx N(0,\,1)$$

한편, 모집단분포에 대한 아무런 정보를 갖고 있지 않은 경우, 즉 모분산도 모르고 모집단분포도 모르는 경우, 표본의 크기 n이 충분히 크면 $s^2 \approx \sigma^2$임을 알고 있다. 따라서 귀무가설 $H_0: \mu = \mu_0$을 검정하기 위해 다음 검정통계량을 사용한다.

$$Z = \frac{\overline{X} - \mu_0}{s/\sqrt{n}} \approx N(0,\,1)$$

따라서 임의의 모집단분포에 대한 모평균의 귀무가설을 검정하기 위한 검정통계량과 확률분포는 다음과 같다.

- 모분산을 아는 경우: $Z = \dfrac{\overline{X} - \mu_0}{\sigma/\sqrt{n}} \approx N(0,\,1)$
- 모분산을 모르는 경우: $Z = \dfrac{\overline{X} - \mu_0}{s/\sqrt{n}} \approx N(0,\,1)$

예제 4

직경이 0.1 mm인 매우 작은 정밀 부품을 생산하기 위한 연구가 진행되고 있다. 이 연구에 따라 부품을 생산하여 실험하고, 보완하는 작업을 거쳐서 비로소 제품으로 출시하려고 한다. 임의로 100개의 부품을 조사하여 $\overline{x} = 0.101$, $s = 0.005$를 얻었을 때, 유의수준 5%에서 $H_0: \mu = 0.1$을 검정하라.

풀이

① 귀무가설 $H_0: \mu = 0.1$과 대립가설 $H_1: \mu \neq 0.1$을 설정한다.

② 유의수준 $\alpha = 0.05$에 대한 양측검정의 기각역은 $Z < -1.96$, $Z > 1.96$이다.

③ $n = 100$, $s = 0.005$이므로 검정통계량은 $Z = \dfrac{\overline{X} - 0.1}{0.005 / \sqrt{100}}$이고 검정통계량의 관찰값은

$z_0 = \dfrac{0.101 - 0.1}{0.005 / \sqrt{100}} = 2.0$이다.

④ 검정통계량의 관찰값 $z_0 = 2.0$은 기각역 안에 놓이므로 귀무가설을 기각한다. 즉, 연구진의 주장은 타당성이 없다.

10.3 단일 모평균의 가설검정(모분산을 모르는 경우)

실제 상황에서 대부분의 모집단은 모분산이 알려져 있지 않다. 이때 모분산을 모르는 정규모집단에 대한 모평균의 추정과 동일하게 표본평균 $\overline{X}$와 t-분포를 이용하여 모평균에 대한 귀무가설을 검정하는 방법을 살펴본다. 특히 모분산을 모르는 경우에 모평균의 가설을 검정하기 위해 확률변수 T를 사용하며, 이 경우의 검정 방법을 **t-검정**[t-test]이라 한다.

■ 양측검정

모분산 σ^2을 모르는 정규모집단에서 크기 n인 확률표본 $\{X_1, X_2, \cdots, X_n\}$을 선정하면, 표본표준편차 S에 대해 다음이 성립하는 것을 알고 있다.

$$T = \frac{\overline{X} - \mu}{S/\sqrt{n}} \sim t(n-1)$$

따라서 모분산을 모르는 정규모집단의 모평균에 대한 귀무가설 $H_0: \mu = \mu_0$을 검정하기 위한 검정통계량은 다음과 같으며, 자유도 $n-1$인 t-분포를 사용한다.

$$T = \frac{\overline{X} - \mu}{S/\sqrt{n}}$$

유의수준 α에서 귀무가설 $H_0: \mu = \mu_0$에 대한 기각역은 양쪽 꼬리확률이 $\frac{\alpha}{2}$인 두 임계값 $-t_{\alpha/2}(n-1)$보다 작거나 $t_{\alpha/2}(n-1)$보다 크다. 즉, 유의수준 α에 대한 양측검정의 기각역은 다음과 같다.

$$T < -t_{\alpha/2}(n-1), \quad T > t_{\alpha/2}(n-1)$$

귀무가설 $H_0: \mu = \mu_0$에 대한 기각역은 [그림 10.11]과 같으며, 검정통계량 T의 관찰값 t_0이 기각역 안에 놓이면 귀무가설 H_0을 기각한다.

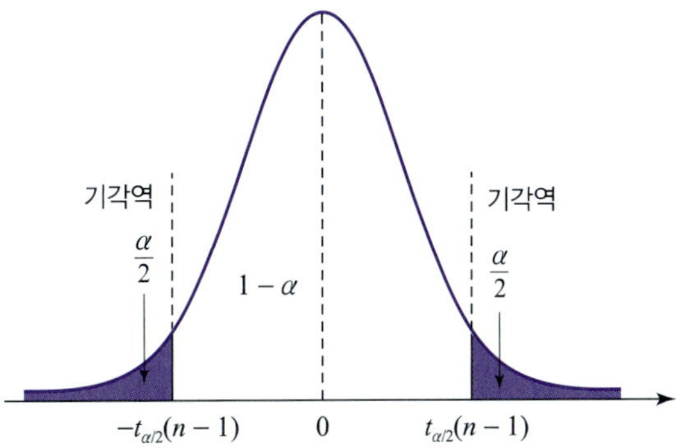

[그림 10.11] 양측검정의 기각역

검정통계량의 관찰값이 t_0일 때, 양측검정에 대한 p-값은 다음과 같이 정의된다.

$$p\text{-값} = P(T < -|t_0|) + P(T > |t_0|) = 2P(T > |t_0|)$$

이때 p-값 $> \alpha$이면 H_0을 기각하지 않고, p-값 $< \alpha$이면 H_0을 기각한다. 따라서 σ^2을 모르는 정규모집단의 모평균에 대한 양측검정은 다음과 같이 요약된다.

유의수준 α에서 귀무가설 $H_0: \mu = \mu_0$에 대한 양측검정은 다음과 같다.	
❶ 검정통계량	$T = \frac{\overline{X} - \mu}{S/\sqrt{n}}$
❷ 기각역	$T < -t_{\alpha/2}(n-1), \quad T > t_{\alpha/2}(n-1)$
❸ p-값	$p\text{-값} = 2P(T > \lvert t_0 \rvert)$
❹ 기각 여부	관찰값 z_0이 기각역 안에 놓이거나 p-값 $< \alpha$이면 H_0을 기각한다.

예제 5

어느 제조 업체는 원통 모양의 금속봉의 평균 지름이 10 mm라고 주장한다. 이 주장에 대한 진위 여부를 확인하기 위해 임의로 9개의 금속봉 지름을 측정하여 다음을 얻었다. 이 주장에 대해 아래 방법으로 유의수준 5%에서 검정하라(단, 금속봉의 지름은 정규분포를 따르는 것으로 알려져 있다).

$$[10.0,\ 9.8,\ 10.1,\ 9.7,\ 10.0,\ 10.2,\ 9.9,\ 9.7,\ 10.1]$$

(a) 기각역을 이용한다. (b) p-값을 이용한다.

풀이

(a) 선정된 표본의 표본평균과 표본분산, 표본표준편차를 구하면 각각 다음과 같다.

$$\bar{x} = \frac{1}{9}(10 + 9.8 + \cdots + 10.1) \approx 9.94$$

$$s^2 = \frac{1}{8}\sum_{i=1}^{9}(x_i - 9.94)^2 \approx \frac{0.2624}{8} = 0.0328,\ s = \sqrt{0.0328} \approx 0.181$$

① 귀무가설 $H_0: \mu = 10$과 대립가설 $H_1: \mu \neq 10$을 설정한다.

② $n = 9$이므로 유의수준 $\alpha = 0.05$에 대한 양측검정의 기각역은 다음과 같다.

$$T < -t_{0.025}(8) = -2.306,\ T > t_{0.025}(8) = 2.306$$

③ $s = 0.181$이므로 검정통계량은 $T = \dfrac{\overline{X} - 10}{0.181/\sqrt{9}}$이고 검정통계량의 관찰값은 $t_0 = \dfrac{9.94 - 10}{0.181/\sqrt{9}}$ ≈ -0.99이다.

④ 검정통계량의 관찰값 $t_0 \approx -0.99$는 기각역 안에 놓이지 않으므로 귀무가설을 기각할 수 없다. 즉, 회사의 주장은 타당성이 있다.

(b) 검정통계량의 관찰값에 대해 $|t_0| = 0.99$이므로 p-값$= 2P(T > 0.99)$이다. 이때 $t_{0.20}(8) = 0.889$, $t_{0.15}(8) = 1.108$, 즉 $P(T > 0.889) = 0.2$, $P(T > 1.108) = 0.15$이다.

따라서 $0.15 < P(T > 0.99) < 0.2$이고 $0.3 < p$-값< 0.4, 즉 p-값$> \alpha = 0.05$이므로 귀무가설을 기각할 수 없다.

■ 단측검정

귀무가설 $H_0: \mu \geq \mu_0$에 대한 하단측검정에서 유의수준 α에 대한 기각역은 [그림 10.12(a)]와 같이 왼쪽 꼬리부분이므로 기각역은 $T < -t_\alpha(n-1)$이다. 그러므로 검정통계량 T의 관찰값 t_0이 기각

역 안에 놓이면 귀무가설 H_0을 기각한다. 검정통계량의 관찰값 t_0에 대한 p-값은 다음과 같이 정의된다.

$$p\text{-값} = P(T < t_0)$$

귀무가설 $H_0: \mu \le \mu_0$에 대한 상단측검정에서 유의수준 α에 대한 기각역은 [그림 10.12(b)]와 같이 오른쪽 꼬리부분이므로 기각역은 $T > t_\alpha(n-1)$이다. 검정통계량의 관찰값 t_0에 대한 p-값은 다음과 같이 정의된다.

$$p\text{-값} = P(T > t_0)$$

두 단측검정인 경우에도 p-값 $> \alpha$이면 H_0을 기각하지 않고, p-값 $< \alpha$이면 H_0을 기각한다.

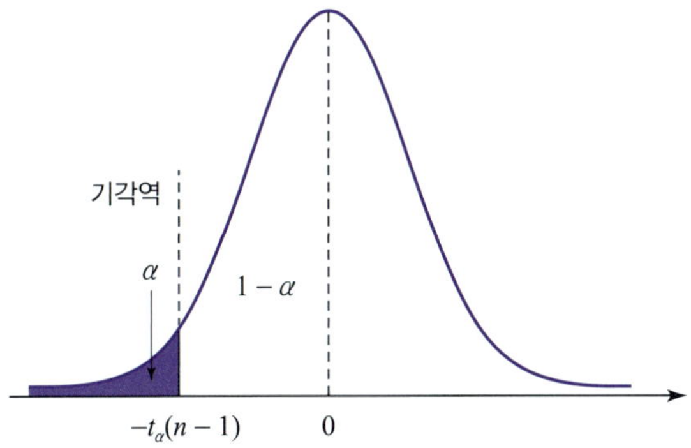

(a) 하단측검정의 기각역

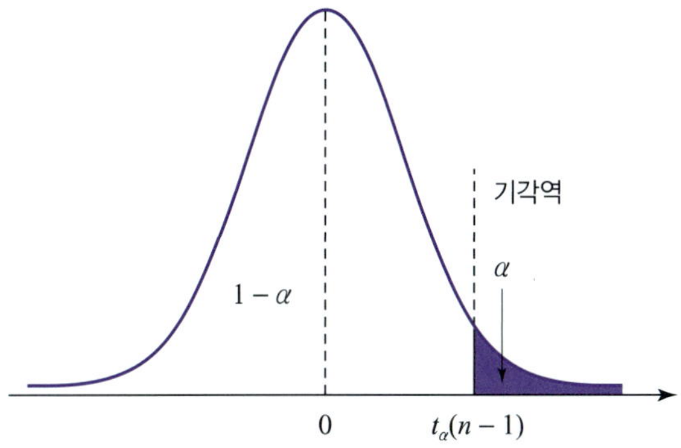

(b) 상단측검정의 기각역

[그림 10.12] 단측검정의 기각역

유의수준 α에서 단측검정을 요약하면 다음과 같다.

검정 유형	하단측검정 $H_0: \mu \ge \mu_0$	상단측검정 $H_0: \mu \le \mu_0$
❶ 검정통계량	$T = \dfrac{\overline{X} - \mu}{S/\sqrt{n}}$	
❷ 기각역	$T < -t_\alpha(n-1)$	$T > t_\alpha(n-1)$
❸ p-값	p-값 $= P(T < t_0)$	p-값 $= P(T > t_0)$
❹ 기각 여부	관찰값 t_0이 기각역 안에 놓이거나 p-값 $< \alpha$이면 H_0을 기각한다.	

예제 6

어느 자전거 생산 업체는 디스크 브레이크 체인스테이가 평균 두께는 20 mm 이하이지만 성능이 매우 뛰어나다고 주장한다. 임의로 선정한 16대의 자전거 체인스테이의 두께를 조사하여 $\bar{x} = 20.5$, $s = 1$을 얻었을 때, 유의수준 5%에서 업체의 주장을 검정하라(단, 체인스테이의 두께는 정규분포를 따르는 것으로 알려져 있다).

풀이

① 귀무가설 $H_0: \mu \le 20$과 대립가설 $H_1: \mu > 20$을 설정한다.

② $n = 16$이므로 유의수준 $\alpha = 0.05$에 대한 상단측검정의 기각역은 $T > t_{0.05}(15) = 1.753$이다.

③ $s = 1$이므로 검정통계량은 $T = \dfrac{\overline{X} - 20}{1/\sqrt{16}}$이고 검정통계량의 관찰값은 $t_0 = \dfrac{20.5 - 20}{1/\sqrt{16}} = 2.0$이다.

④ 검정통계량의 관찰값 $t_0 = 2.0$은 기각역 안에 놓이므로 귀무가설을 기각한다. 즉 회사의 주장은 타당성이 없다.

10.4 두 모평균 차의 가설검정

두 모평균의 차를 어떤 특정한 값 d_0과 비교하는 경우가 많다. 이 경우, 두 모평균 차에 대한 검정은 단일 모집단의 경우와 동일하게 수행한다. 이 절에서는 독립인 두 정규모집단의 모평균 차에 대한 가설을 검정하는 방법에 대해 살펴본다.

■ 두 모분산을 아는 경우

두 모분산 σ_1^2과 σ_2^2을 알고 독립인 두 정규모집단 $N(\mu_1, \sigma_1^2)$과 $N(\mu_2, \sigma_2^2)$에서 각각 크기 n과 m인 표본의 표본평균을 각각 $\overline{X}$와 $\overline{Y}$라 하면, 두 표본평균 차 $\overline{X} - \overline{Y}$의 표준화 확률변수 Z는 다음과 같다.

$$Z = \frac{(\overline{X} - \overline{Y}) - (\mu_1 - \mu_2)}{\sqrt{\dfrac{\sigma_1^2}{n} + \dfrac{\sigma_2^2}{m}}} \sim N(0, 1)$$

두 모평균 μ_1, μ_2에 대해 다음 귀무가설을 검정하는 방법을 살펴본다.

$$H_0: \mu_1 - \mu_2 = d_0, \quad H_0: \mu_1 - \mu_2 \ge d_0, \quad H_0: \mu_1 - \mu_2 \le d_0$$

이에 대한 대립가설은 각각 다음과 같다.

$$H_1: \mu_1 - \mu_2 \ne d_0, \quad H_1: \mu_1 - \mu_2 < d_0, \quad H_1: \mu_1 - \mu_2 > d_0$$

유의수준 α에서 모평균 차에 대한 귀무가설 $H_0: \mu_1 - \mu_2 = d_0$에 대해, 귀무가설이 거짓임이 확인되기 전까지 귀무가설의 주장이 참인 것으로 가정하므로 검정통계량 Z는 다음과 같다.

$$Z = \frac{(\overline{X} - \overline{Y}) - d_0}{\sqrt{\frac{\sigma_1^2}{n} + \frac{\sigma_2^2}{m}}}$$

이때 유의수준 α에 대한 양측검정의 기각역은 양쪽 꼬리부분 $Z < -z_{\alpha/2}$와 $Z > z_{\alpha/2}$이고, 두 표본평균의 관찰값 $\overline{x}$와 $\overline{y}$에 대해 검정통계량의 관찰값은 다음과 같다.

$$z_0 = \frac{(\overline{x} - \overline{y}) - d_0}{\sqrt{\frac{\sigma_1^2}{n} + \frac{\sigma_2^2}{m}}}$$

검정통계량 Z의 관찰값 z_0이 기각역 안에 놓이면 귀무가설 H_0을 기각한다. 또한, 양측검정에 대하여 p-값 $= 2P(Z > |z_0|)$이며, p-값 $> \alpha$이면 H_0을 기각하지 않고 p-값 $< \alpha$이면 H_0을 기각한다.

예제 7

실드가스로 이산화탄소를 이용한 용접과 아르곤을 이용한 용접에 대해, 용접 부위에 함유된 입자들의 평균 직경에 $0.1\ \mu\mathrm{m}$만큼 차이가 있는지 알아보기 위해 표본조사하여 다음을 얻었다. 두 실드가스에 의한 직경의 차이가 $0.1\ \mu\mathrm{m}$인지 유의수준 5%에서 검정하라(단, 이산화탄소와 아르곤을 이용한 용접에서 입자의 직경이 각각 모표준편차 $\sigma_1 = 0.16$, $\sigma_2 = 0.11$인 정규분포를 따른다).

표본	표본의 크기	표본평균	표본표준편차
이산화탄소를 이용한 용접	$n = 25$	$\overline{x} = 0.52$	$s_1 = 0.15$
아르곤을 이용한 용접	$m = 36$	$\overline{y} = 0.35$	$s_2 = 0.08$

풀이

① 귀무가설 $H_0: \mu_1 - \mu_2 = 0.1$과 대립가설 $H_1: \mu_1 - \mu_2 \neq 0.1$을 설정한다.

② 유의수준 $\alpha = 0.05$에 대한 양측검정의 기각역은 $Z < -1.96$, $Z > 1.96$이다.

③ $d_0 = 0.1$, $\sigma_1 = 0.16$, $\sigma_2 = 0.11$이므로 검정통계량은 다음과 같다.

$$Z = \frac{(\overline{X} - \overline{Y}) - 0.1}{\sqrt{(0.16^2/25) + (0.11^2/36)}} \approx \frac{(\overline{X} - \overline{Y}) - 0.1}{0.0369}$$

$\overline{x} - \overline{y} = 0.17$이므로 검정통계량의 관찰값은 $z_0 = \dfrac{0.17 - 0.1}{0.0369} \approx 1.897$이다.

④ 검정통계량의 관찰값 $z_0 \approx 1.897$은 기각역 안에 놓이지 않으므로 귀무가설을 기각할 수 없다. 즉, 두 실드가스에 의한 직경의 차이가 $0.1\,\mu$m이라는 주장은 타당성이 있다.

유의수준 α에서 귀무가설 $H_0: \mu_1 - \mu_2 \geq d_0$에 대한 검정은 하단측검정이므로 기각역과 p-값은 각각 다음과 같다.

- 기각역은 왼쪽 꼬리 부분 $Z < -z_\alpha$이다.
- p-값 $= P(Z < z_0)$이다.

한편, 귀무가설 $H_0: \mu_1 - \mu_2 \leq d_0$에 대한 기각역과 p-값은 다음과 같다.

- 기각역은 오른쪽 꼬리 부분 $Z \geq z_\alpha$이다.
- p-값 $= P(Z > z_0)$이다.

따라서 두 모분산을 아는 두 정규모집단의 모평균 차에 대한 가설검정은 [표 10.4]와 같이 요약된다.

[표 10.4] 두 모평균의 차에 대한 검정유형과 기각역과 p-값

검정 유형 \ 가설과 기각역	귀무가설 H_0	대립가설 H_1	H_0의 기각역	p-값
양측검정	$\mu_1 - \mu_2 = d_0$	$\mu_1 - \mu_2 \neq d_0$	$Z < -z_{\alpha/2}$, $Z > z_{\alpha/2}$	$2P(Z > \lvert z_0 \rvert)$
하단측검정	$\mu_1 - \mu_2 \geq d_0$	$\mu_1 - \mu_2 < d_0$	$Z < -z_\alpha$	$P(Z < z_0)$
상단측검정	$\mu_1 - \mu_2 \leq d_0$	$\mu_1 - \mu_2 > d_0$	$Z > z_\alpha$	$P(Z > z_0)$

예제 8

순수한 동선에 비하여 합금을 사용한 전선의 저항이 평균 $0.5\,\Omega$ 더 크다고 한다. 이 주장의 타당성을 알아보기 위해 표본조사를 실시하여 다음을 얻었다. 합금을 사용한 전선의 평균 저항이 $0.5\,\Omega$ 더 큰지 아래 방법에 의해 유의수준 5%에서 검정하라(단, 순수 동선과 합금의 저항은 각각 $\sigma_1 = 0.128$, $\sigma_2 = 0.125$인 정규분포를 따른다).

표본	표본의 크기	표본평균	표본표준편차
순수한 동선	$n = 40$	$\overline{x} = 1.44$	$s_1 = 0.15$
합금	$m = 50$	$\overline{y} = 1.99$	$s_2 = 0.08$

(a) 기각역을 이용하는 경우 (b) p-값을 이용하는 경우

풀이

(a) 순수한 동선과 합금을 사용한 전선의 평균 저항을 각각 μ_1, μ_2라 하자.

① 합금과 순순한 동선에 대한 평균 저항의 차가 0.5보다 크다는 주장, 즉 $\mu_2 - \mu_1 > 0.5$이므로 이 주장을 대립가설로 설정한다. 따라서 귀무가설은 $H_0 : \mu_2 - \mu_1 \le 0.5$이고 대립가설은 $H_1 : \mu_2 - \mu_1 > 0.5$이다.

② 유의수준 $\alpha = 0.05$에 대한 상단측검정의 기각역은 $Z > z_{0.05} = 1.645$이다.

③ $\sigma_1 = 0.128$, $\sigma_2 = 0.125$이고 $n = 40$, $m = 50$이므로 검정통계량은 다음과 같다.

$$Z = \frac{(\overline{Y} - \overline{X}) - 0.5}{\sqrt{(0.125^2/50) + (0.128^2/40)}} \approx \frac{(\overline{Y} - \overline{X}) - 0.5}{0.0269}$$

$\overline{y} - \overline{x} = 0.55$이므로 검정통계량의 관찰값은 $z_0 = \dfrac{0.55 - 0.5}{0.0269} \approx 1.86$이다.

④ 관찰값 $z_0 \approx 1.86$은 기각역 안에 놓이므로 $H_0 : \mu_2 - \mu_1 \le 0.5$를 기각한다. 즉, 합금을 사용한 전선의 저항이 평균 0.5Ω 더 크다는 주장은 타당성이 있다.

(b) 검정통계량의 관찰값이 $z_0 = 1.86$이므로 p-값 $= P(Z > 1.86) = 1 - 0.9699 = 0.0301 < 0.05$이고, 따라서 $H_0 : \mu_2 - \mu_1 \le 0.5$를 기각한다.

■ 두 모분산을 모르는 경우

독립인 두 정규모집단에 대해 모분산이 $\sigma_1^2 = \sigma_2^2 = \sigma^2$이지만 σ_1^2과 σ_2^2을 모르는 경우, 표본평균 차 $\overline{X} - \overline{Y}$는 다음과 같이 자유도 $n + m - 2$인 t-분포를 따르는 것을 살펴봤다.

$$T = \frac{(\overline{X} - \overline{Y}) - (\mu_1 - \mu_2)}{S_p\sqrt{\dfrac{1}{n} + \dfrac{1}{m}}} \sim t(n + m - 2)$$

이때 두 모평균 차에 대한 귀무가설 $H_0 : \mu_1 - \mu_2 = d_0$을 검정하는 방법을 살펴본다. 귀무가설이 거짓임이 확인되기 전까지 귀무가설의 주장이 참인 것으로 가정하므로 검정통계량 T는 다음과 같다.

$$T = \frac{(\overline{X} - \overline{Y}) - d_0}{S_p\sqrt{\dfrac{1}{n} + \dfrac{1}{m}}}$$

따라서 유의수준 α에 대한 세 가지 유형의 기각역은 다음과 같다.

❶ $H_0: \mu_1 - \mu_2 = d_0$에 대한 양측검정인 경우: $T < -t_{\alpha/2}(n+m-2)$, $T > t_{\alpha/2}(n+m-2)$

❷ $H_0: \mu_1 - \mu_2 \geq d_0$에 대한 하단측검정인 경우: $T < -t_{\alpha}(n+m-2)$

❸ $H_0: \mu_1 - \mu_2 \leq d_0$에 대한 상단측검정인 경우: $T > t_{\alpha}(n+m-2)$

두 표본평균의 관찰값 $\overline{x}$와 $\overline{y}$에 대해 검정통계량의 관찰값은 다음과 같다.

$$t_0 = \frac{(\overline{x} - \overline{y}) - d_0}{s_p \sqrt{\frac{1}{n} + \frac{1}{m}}}$$

검정통계량의 관찰값 t_0이 기각역 안에 놓이면 귀무가설을 기각한다. 또한, 검정통계량의 관찰값 t_0에 대해 검정 유형별 p-값은 다음과 같다.

❹ $H_0: \mu_1 - \mu_2 = d_0$에 대한 양측검정인 경우: p-값 $= 2P(T > |t_0|)$

❺ $H_0: \mu_1 - \mu_2 \geq d_0$에 대한 하단측검정인 경우: p-값 $= P(T < t_0)$

❻ $H_0: \mu_1 - \mu_2 \leq d_0$에 대한 상단측검정인 경우: p-값 $= P(T > t_0)$

p-값 $> \alpha$이면 H_0을 기각하지 않고, p-값 $< \alpha$이면 H_0을 기각한다.

예제 9

두 회사 A와 B에서 생산한 동일한 굵기의 등산용 로프에 대한 인장강도에 차이가 있는지 조사하기 위해 표본조사한 결과는 다음과 같다. A회사와 B회사에서 생산한 등산용 로프에 대한 평균 인장강도의 차이가 4 이상인지 유의수준 5%에서 검정하라(단, 두 종류의 로프는 분산이 동일한 정규분포를 따르는 것으로 알려져 있고, 단위는 KN이다).

표본	표본의 크기	표본평균	표본표준편차
회사 A	$n = 11$	$\overline{x} = 25.5$	$s_1 = 0.5$
회사 B	$m = 8$	$\overline{y} = 22.3$	$s_2 = 0.8$

풀이

합동표본분산과 합동표본표준편차는 각각 다음과 같다.

$$s_p^2 = \frac{1}{11+8-2}[(10)(0.25) + (7)(0.64)] \approx 0.41, \quad s_p = \sqrt{0.41} \approx 0.64$$

① 귀무가설은 $H_0: \mu_2 - \mu_1 \geq 4$이고 대립가설은 $H_1: \mu_2 - \mu_1 < 4$이다.

② $t_{0.05}(17) = 1.740$이므로 유의수준 $\alpha = 0.05$에 대한 하단측검정의 기각역은 $T < -1.740$이다.

③ $s_p = 0.64$, $n = 11$, $m = 8$이므로 검정통계량은 다음과 같다.

$$T = \frac{(\overline{X} - \overline{Y}) - 4}{(0.64)\sqrt{\frac{1}{11} + \frac{1}{8}}} \approx \frac{(\overline{Y} - \overline{X}) - 4}{0.297}$$

$\overline{x} - \overline{y} = 3.2$이므로 검정통계량의 관찰값은 $t_0 = \frac{3.2 - 4}{0.297} \approx -2.69$이다.

④ 관찰값 $t_0 \approx -2.69$은 기각역 안에 놓이므로 $H_0 : \mu_2 - \mu_1 \geq 4$를 기각한다. 즉, 인장강도의 차이가 4 이상이라는 주장은 타당성이 없다.

독립인 두 정규모집단의 모분산이 $\sigma_1^2 \neq \sigma_2^2$이고 그 값을 모르면, 두 표본평균 차 $\overline{X} - \overline{Y}$는 다음과 같이 자유도 ν인 t-분포를 따르는 것을 살펴봤다.

$$T = \frac{(\overline{X} - \overline{Y}) - (\mu_1 - \mu_2)}{\sqrt{\frac{s_1^2}{n} + \frac{s_2^2}{m}}} \approx t(\nu)$$

여기서 자유도 ν는 다음 식에서 소수점 이하의 값을 버린 정수이다.

$$\nu = \frac{\left(\frac{s_1^2}{n} + \frac{s_2^2}{m}\right)^2}{\frac{1}{n-1}\left(\frac{s_1^2}{n}\right)^2 + \frac{1}{m-1}\left(\frac{s_2^2}{m}\right)^2}$$

따라서 $H_0 : \mu_1 - \mu_2 = d_0$, $H_0 : \mu_1 - \mu_2 \geq d_0$, $H_0 : \mu_1 - \mu_2 \leq d_0$에 대한 검정통계량은 다음과 같다.

$$T = \frac{(\overline{X} - \overline{Y}) - d_0}{\sqrt{\frac{s_1^2}{n} + \frac{s_2^2}{m}}}$$

유의수준 α에 대한 세 가지 유형의 기각역은 다음과 같다.

❶ $H_0 : \mu_1 - \mu_2 = d_0$에 대한 양측검정인 경우: $T < -t_{\alpha/2}(\nu)$, $T > t_{\alpha/2}(\nu)$

❷ $H_0 : \mu_1 - \mu_2 \geq d_0$에 대한 하단측검정인 경우: $T < -t_{\alpha}(\nu)$

❸ $H_0 : \mu_1 - \mu_2 \leq d_0$에 대한 상단측검정인 경우: $T > t_{\alpha}(\nu)$

검정통계량의 관찰값이 기각역 안에 놓이면 각각의 귀무가설을 기각한다.

예제 10

두 화학공정에 사용되는 두 촉매제 A와 B의 평균 반응속도의 차이를 알아보기 위해 표본조사를 실시하여 다음을 얻었다. 두 촉매제의 평균 반응속도가 동일한지 유의수준 5%에서 검정하라(단, 두 종류의 촉매제는 분산이 동일하지 않은 정규분포를 따르는 것으로 알려져 있다).

표본	표본의 크기	표본평균	표본표준편차
촉매제 A	$n = 10$	$\overline{x} = 68$	$s_1 = 2.5$
촉매제 B	$m = 8$	$\overline{y} = 65$	$s_2 = 2.8$

풀이

$n = 10,\ m = 8,\ s_1 = 2.5,\ s_2 = 2.8$이므로 자유도 다음과 같이 $\nu = 14$이다.

$$\nu = \frac{(2.5^2/10 + 2.8^2/8)^2}{\dfrac{(2.5^2/10)^2}{9} + \dfrac{(2.8^2/8)^2}{7}} \approx 14.26$$

① 귀무가설은 $H_0 : \mu_2 - \mu_1 = 0$이고 대립가설은 $H_1 : \mu_2 - \mu_1 \neq 0$이다.

② $t_{0.025}(14) = 2.145$이므로 유의수준 $\alpha = 0.05$에 대한 양측검정의 기각역은 $T < -2.145,\ T > 2.145$이다.

③ $s_1^2 = 6.25,\ s_2^2 = 7.84,\ n = 10,\ m = 8$이므로 검정통계량은 다음과 같다.

$$T = \frac{(\overline{X} - \overline{Y}) - 0}{\sqrt{\dfrac{6.25}{10} + \dfrac{7.84}{8}}} \approx \frac{\overline{X} - \overline{Y}}{1.267}$$

$\overline{x} - \overline{y} = 3$이므로 검정통계량의 관찰값은 $t_0 = \dfrac{3}{1.267} \approx 2.37$이다.

④ 관찰값 $t_0 \approx 2.37$은 기각역 안에 놓이므로 $H_0 : \mu_2 - \mu_1 = 0$를 기각한다. 즉, 평균 반응속도가 동일하다는 주장은 타당성이 없다.

■ 종속인 두 모집단에 대한 모평균 차의 검정

처치 전후의 관찰값이 (x, y) 형태인 쌍체 관찰값에 대해, 두 모평균 $\mu_1,\ \mu_2$의 차 $\mu_D = \mu_1 - \mu_2$에 대한 검정 방법을 살펴본다. 9.3절에서 처치 전후의 표본에 대한 관찰값의 차 $D_i = X_i - Y_i$, $i = 1, 2, \cdots, n$의 평균을 $\overline{D}$, 분산을 S_D^2라 하면, $\overline{D}$는 다음과 같이 자유도 $n-1$인 t-분포를 따르는 것을 살펴봤다.

$$T = \frac{\overline{D} - \mu_D}{s_D / \sqrt{n}} \sim t(n-1)$$

두 모평균 차에 대한 귀무가설 $H_0: \mu_1 - \mu_2 = d_0$, 즉 $H_0: \mu_D = d_0$이 거짓임이 확인되기 전까지 귀무가설의 주장이 참인 것으로 가정하므로 검정통계량 T는 다음과 같다.

$$T = \frac{\overline{D} - d_0}{s_D / \sqrt{n}}$$

따라서 유의수준 α에 대한 세 가지 유형의 기각역은 다음과 같다.

❶ 귀무가설 $H_0: \mu_D = d_0$에 대한 양측검정인 경우: $T < -t_{\alpha/2}(n-1)$, $T > t_{\alpha/2}(n-1)$

❷ 귀무가설 $H_0: \mu_D \geq d_0$에 대한 하단측검정인 경우: $T < -t_{\alpha}(n-1)$

❸ 귀무가설 $H_0: \mu_D \leq d_0$에 대한 상단측검정인 경우: $T > t_{\alpha}(n-1)$

처치 전후의 표본평균의 차 $\overline{d}$에 대해 검정통계량의 관찰값은 다음과 같다.

$$t_0 = \frac{\overline{d} - d_0}{s_D / \sqrt{n}}$$

예제 11

염료와 안료의 광택에 차이가 있는지 비교하기 위해, 9개의 가죽을 각각 두 조각으로 분리하여 동일한 색상의 염료와 안료로 처리하였다. 두 도료가 완전히 건조된 후 광택을 측정하여 다음 결과를 얻었을 때, 염료와 안료의 평균 광택에 차이가 있는지 유의수준 5%에서 검정하라(단, 단위는 GU^gloss unit^이다).

표본	1	2	3	4	5	6	7	8	9
염료	17	18	14	18	21	22	18	24	19
안료	14	16	14	15	18	16	17	16	18

풀이

쌍체 관찰값의 차 $d_i = x_i - y_i$를 구하면 다음과 같다.

지역	1	2	3	4	5	6	7	8	9	합계
d_i	3	2	0	3	3	6	1	8	1	27
d_i^2	9	4	0	9	9	36	1	64	1	133

따라서 d_i에 대한 평균 $\overline{d}$와 표준편차 s_D는 다음과 같다.

$$\overline{d} = \frac{27}{9} = 3,\ s_D^2 = \frac{(9)(133) - 27^2}{(9)(8)} = 6.5,\ s_D \approx 2.55$$

① 귀무가설은 $H_0 : \mu_D = 0$이고 대립가설은 $H_1 : \mu_D \neq 0$이다.

② $n = 9$, $\alpha = 0.05$에 대해 $t_{0.025}(8) = 2.306$이므로 양측검정의 기각역은 $T < -2.306$, $T > 2.306$이다.

③ $s_D \approx 2.55$, $\overline{d} = 3$이므로 검정통계량은 $T = \dfrac{\overline{D} - 0}{2.55 / \sqrt{9}}$이고 검정통계량의 관찰값은 $t_0 = \dfrac{3}{2.55 / \sqrt{9}}$ ≈ 3.53이다.

④ 관찰값 $t_0 \approx 3.53$은 기각역 안에 놓이므로 $H_0 : \mu_D = 0$을 기각한다. 즉, 염료와 안료의 평균 광택이 차이가 있다고 할 수 있다.

10.5 모분산의 가설검정

지금까지 단일 모집단의 평균과 두 모집단의 평균 차에 대해 검정하는 방법을 살펴봤다. 그러나 모분산은 모평균보다 더 중요한 정보를 제공하는 경우가 있다. 9.4절에서 언급한 것과 같이 생산품에 변동성이 크다면 제조 공정에서 많은 불량품을 생산하게 되기 때문이다. 이 절에서는 단일 모집단의 모분산과 두 모집단의 분산에 대한 주장을 검정하는 방법에 대해 살펴본다.

■ 단일 모분산의 가설검정

정규모집단의 모분산에 대한 귀무가설 $H_0 : \sigma^2 = \sigma_0^2$에 대한 양측검정을 생각하자. 크기 n인 표본의 표본분산 S^2은 다음과 같이 자유도 $n-1$인 카이제곱분포를 따르는 것을 살펴봤다.

$$V = \frac{(n-1)S^2}{\sigma^2} \sim \chi^2(n-1)$$

귀무가설 H_0의 진위 여부를 명확히 판정하기 전까지 귀무가설의 주장을 참인 것으로 가정하므로 검정통계량은 다음과 같다.

$$V = \frac{(n-1)S^2}{\sigma_0^2}$$

[그림 10.13]과 같이 유의수준 α에서 양측검정에 대한 임계값이 $\chi^2_{1-(\alpha/2)}(n-1)$과 $\chi^2_{\alpha/2}(n-1)$이

므로 기각역은 다음과 같다.

$$V < \chi^2_{1-(\alpha/2)}(n-1), \quad V > \chi^2_{\alpha/2}(n-1)$$

그러므로 검정통계량의 관찰값 $v_0 = \dfrac{(n-1)s^2}{\sigma_0^2}$ 이 기각역 안에 놓이면 귀무가설을 기각한다.

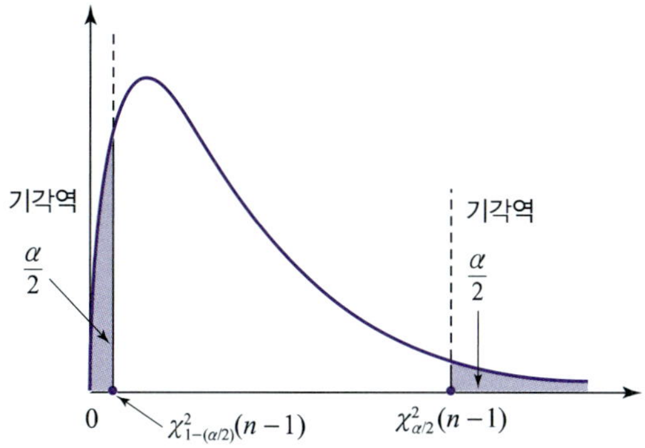

[그림 10.13] 양측검정에 대한 기각역

예제 12

스마트폰 배터리에 대한 수명의 분산이 $\sigma^2 = 0.15$ 인지 알아보기 위해 임의로 수거한 배터리 10개를 측정하여 $\bar{x} = 3.8$, $s^2 = 0.21$을 얻었다. 모분산이 0.15라는 주장을 유의수준 5%에서 검정하라(단, 배터리 수명은 정규분포를 따르고, 단위는 년이다).

풀이

① 귀무가설 $H_0 : \sigma^2 = 0.15$ 과 대립가설 $H_1 : \sigma^2 \neq 0.15$ 를 설정한다.

② $n = 10$, $\alpha = 0.05$ 이므로 양측검정의 기각역은 다음과 같다.

$$V < \chi^2_{0.975}(9) = 2.70, \quad V > \chi^2_{0.025}(9) = 19.02$$

③ $\sigma^2 = 0.15$ 이므로 검정통계량은 $V = \dfrac{9S^2}{0.15}$ 이고, $s^2 = 0.21$ 이므로 검정통계량의 관찰값은 $v_0 = \dfrac{(9)(0.21)}{0.15} = 12.6$ 이다.

④ 관찰값 $v_0 = 12.6$ 은 기각역 안에 놓이지 않으므로 귀무가설 H_0을 기각할 수 없다. 즉, 배터리 수명의 분산이 0.15라는 주장은 타당성이 있다.

[그림 10.14(a)]와 같이 유의수준 α에서 귀무가설 H_0: $\sigma^2 \geq \sigma_0^2$에 대한 하단측검정의 임계값이

$\chi^2_{1-\alpha}(n-1)$이므로 기각역은 다음과 같다.

$$V < \chi^2_{1-\alpha}(n-1)$$

[그림 10.14(b)]와 같이 유의수준 α에서 귀무가설 $H_0: \sigma^2 \le \sigma_0^2$에 대한 상단측검정의 임계값이 $\chi^2_{\alpha}(n-1)$이므로 기각역은 다음과 같다.

$$V > \chi^2_{\alpha}(n-1)$$

그러므로 검정통계량의 관찰값 $v_0 = \dfrac{(n-1)s^2}{\sigma_0^2}$이 기각역 안에 놓이면 귀무가설을 기각한다.

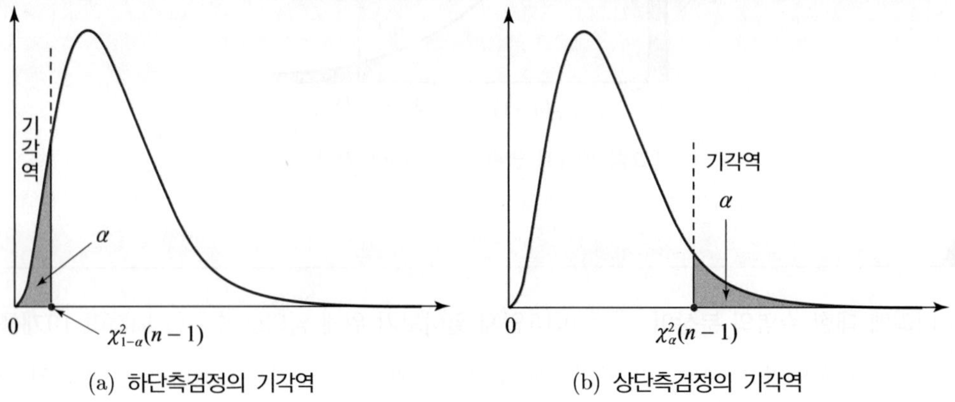

[그림 10.14] 단측검정의 기각역

모분산 σ^2에 대한 귀무가설에 대한 가설검정은 [표 10.5]와 같이 요약된다.

[표 10.5] 모분산에 대한 검정유형과 기각역

검정 유형 \ 가설과 기각역	귀무가설 H_0	대립가설 H_1	H_0의 기각역
양측검정	$\sigma^2 = \sigma_0^2$	$\sigma^2 \ne \sigma_0^2$	$V < \chi^2_{1-(\alpha/2)}(n-1),\ V > \chi^2_{\alpha/2}(n-1)$
하단측검정	$\sigma^2 \ge \sigma_0^2$	$\sigma^2 < \sigma_0^2$	$V < \chi^2_{1-\alpha}(n-1)$
상단측검정	$\sigma^2 \le \sigma_0^2$	$\sigma^2 > \sigma_0^2$	$V > \chi^2_{\alpha}(n-1)$

검정통계량의 관찰값이 v_0일 때, 모분산에 대한 검정의 p-값은 다음과 같이 정의한다.

❶ $H_0: \sigma^2 = \sigma_0^2$에 대한 양측검정인 경우: p-값 $= 2 \times \min\{P(V < v_0), P(V > v_0)\}$

❷ $H_0 : \sigma^2 \geq \sigma_0^2$에 대한 하단측검정인 경우: p-값 $= P(V < v_0)$

❸ $H_0 : \sigma^2 \leq \sigma_0^2$에 대한 상단측검정인 경우: p-값 $= P(V > v_0)$

p-값 $> \alpha$이면 H_0을 기각하지 않고, p-값 $< \alpha$이면 H_0을 기각한다.

예제 13

자동차 회사는 새로 개발한 자동차에 대한 연비의 표준편차가 1.3 km/L 미만이라고 발표했다. 이 주장을 조사하기 위해 9대의 자동차로 주행 시험을 실시하여 표준편차 0.8 km/L를 얻었다. 자동차 연비가 정규분포를 따른다고 할 때, 다음 방법에 따라 이 회사의 주장에 대한 신빙성을 유의수준 5%에서 검정하라.

(a) 기각역을 이용 (b) p-값을 이용

풀이

(a) ① $\sigma < 1.3$에 대한 검정이므로 귀무가설 $H_0 : \sigma \geq 1.3$에 대해 대립가설은 $H_1 : \sigma < 1.3$이다. 따라서 $H_0 : \sigma^2 \geq 1.69$, $H_1 : \sigma^2 < 1.69$를 검정한다.

② $n = 9$, $\alpha = 0.05$이므로 하단측검정의 기각역은 $V < \chi^2_{0.95}(8) = 2.73$이다.

③ $\sigma^2 = 1.69$이므로 검정통계량은 $V = \dfrac{8S^2}{1.69}$이고, $s^2 = 0.64$이므로 검정통계량의 관찰값은 $v_0 = \dfrac{(8)(0.64)}{1.69} \approx 3.03$이다.

④ 관찰값 $v_0 \approx 3.03$은 기각역 안에 놓이지 않으므로 귀무가설을 기각할 수 없다. 즉, 연비의 표준편차가 1.3 km/L 미만이라 주장은 근거가 충분하지 않다.

(b) 하단측검정이므로 p-값 $= P(V < 3.03)$이고, 자유도 8인 카이제곱분포에서 다음 확률을 얻는다.

$$P(V > 2.73) = 0.95, \quad P(V > 3.49) = 0.90$$

따라서 $P(V < 2.73) = 0.05$, $P(V < 3.49) = 0.10$이므로 p-값에 대해 다음이 성립하고, 유의수준 5%에서 귀무가설을 기각할 수 없다.

$$0.05 < p\text{-값} = P(V < 3.03) < 0.10$$

■ 모분산 비의 가설검정

모분산이 각각 σ_1^2, σ_2^2이고 독립인 두 정규모집단에서 각각 크기가 n, m인 표본을 추출하여 표본분산을 S_1^2과 S_2^2이라 하면, S_1^2/S_2^2은 다음과 같이 분자와 분모의 자유도가 각각 $n-1$, $m-1$인 F-

분포를 따르는 것을 살펴봤다.

$$F = \frac{S_1^2/\sigma_1^2}{S_2^2/\sigma_2^2} = \frac{\sigma_2^2 S_1^2}{\sigma_1^2 S_2^2} \sim F(n-1, m-1)$$

이때 귀무가설 $\sigma_1^2 = \sigma_2^2$, $\sigma_1^2 \ge \sigma_2^2$, $\sigma_1^2 \le \sigma_2^2$에 대한 검정은 $\frac{\sigma_1^2}{\sigma_2^2} = 1$, $\frac{\sigma_1^2}{\sigma_2^2} \ge 1$, $\frac{\sigma_1^2}{\sigma_2^2} \le 1$을 검정하는 것과 동일하다. 귀무가설 H_0의 진위 여부를 명확히 판정하기 전까지 귀무가설의 주장인 $\frac{\sigma_1^2}{\sigma_2^2} = 1$을 참인 것으로 가정하므로 검정통계량은 다음과 같다.

$$F = \frac{S_1^2}{S_2^2}$$

[그림 10.15]와 같이 유의수준 α에서 양측검정에 대한 임계값이 $f_{1-(\alpha/2)}(n-1, m-1)$과 $f_{\alpha/2}(n-1, m-1)$이므로 기각역은 다음과 같다.

$$F < f_{1-(\alpha/2)}(n-1, m-1), \quad F > f_{\alpha/2}(n-1, m-1)$$

그러므로 검정통계량의 관찰값 $f_0 = \frac{s_1^2}{s_2^2}$이 기각역 안에 놓이면 귀무가설을 기각한다.

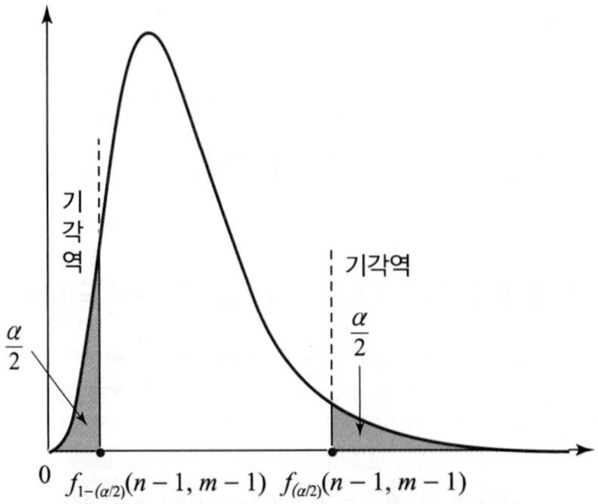

[그림 10.15] 양측검정에 대한 기각역

[그림 10.16(a)]와 같이 유의수준 α에서 귀무가설 $H_0 : \frac{\sigma_1^2}{\sigma_2^2} \ge 1$에 대한 하단측검정의 임계값이 $f_{1-\alpha}(n-1, m-1)$이므로 기각역은 다음과 같다.

$$F < f_{1-\alpha}(n-1, m-1)$$

[그림 10.16(b)]와 같이 유의수준 α에서 귀무가설 $H_0 : \dfrac{\sigma_1^2}{\sigma_2^2} \le 1$에 대한 상단측검정의 임계값이 $f_\alpha(n-1,\ m-1)$이므로 기각역은 다음과 같다.

$$F > f_\alpha(n-1,\ m-1)$$

그러므로 검정통계량의 관찰값 $f_0 = \dfrac{s_1^2}{s_2^2}$이 기각역 안에 놓이면 귀무가설을 기각한다.

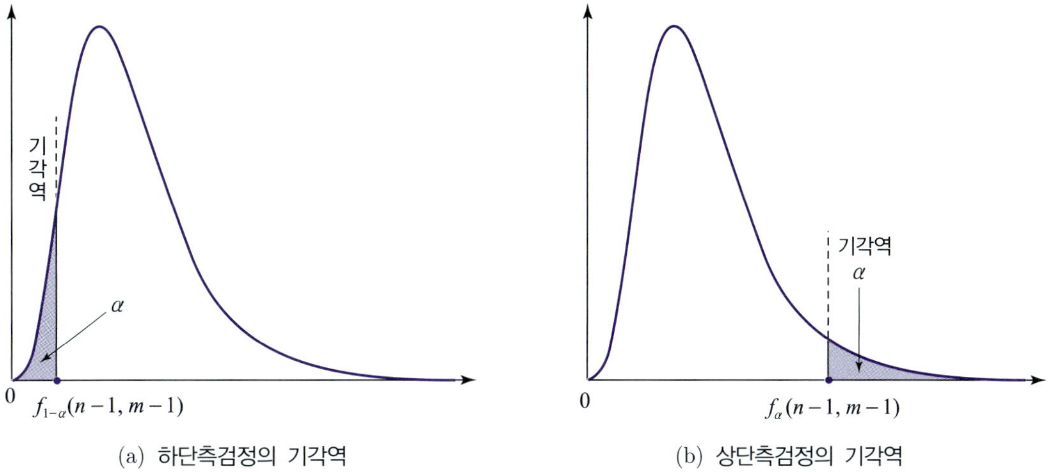

[그림 10.16] 단측검정의 기각역

모분산 비에 대한 귀무가설에 대한 가설검정은 [표 10.6]과 같이 요약된다.

[표 10.6] 모분산에 대한 검정유형과 기각역

가설과 기각역 / 검정 유형	귀무가설 H_0	대립가설 H_1	H_0의 기각역
양측검정	$\dfrac{\sigma_1^2}{\sigma_2^2} = 1\ (\sigma_1^2 = \sigma_2^2)$	$\dfrac{\sigma_1^2}{\sigma_2^2} \ne 1\ (\sigma_1^2 \ne \sigma_2^2)$	$F < f_{1-(\alpha/2)}(n-1,\ m-1)$, $F > f_{\alpha/2}(n-1,\ m-1)$
하단측검정	$\dfrac{\sigma_1^2}{\sigma_2^2} \ge 1\ (\sigma_1^2 \ge \sigma_2^2)$	$\dfrac{\sigma_1^2}{\sigma_2^2} < 1\ (\sigma_1^2 < \sigma_2^2)$	$F < f_{1-\alpha}(n-1,\ m-1)$
상단측검정	$\dfrac{\sigma_1^2}{\sigma_2^2} \le 1\ (\sigma_1^2 \le \sigma_2^2)$	$\dfrac{\sigma_1^2}{\sigma_2^2} > 1\ (\sigma_1^2 > \sigma_2^2)$	$F > f_\alpha(n-1,\ m-1)$

검정통계량의 관찰값이 f_0일 때, 모분산에 대한 검정의 p-값은 다음과 같이 정의한다.

❶ $H_0: \dfrac{\sigma_1^2}{\sigma_2^2} = 1$에 대한 양측검정인 경우: $p\text{-값} = 2 \times \min\{P(F < f_0),\ P(F > f_0)\}$

❷ $H_0: \dfrac{\sigma_1^2}{\sigma_2^2} \ge 1$에 대한 하단측검정인 경우: $p\text{-값} = P(F < f_0)$

❸ $H_0: \dfrac{\sigma_1^2}{\sigma_2^2} \le 1$에 대한 상단측검정인 경우: $p\text{-값} = P(F > f_0)$

p-값 $> \alpha$이면 H_0을 기각하지 않고, p-값 $< \alpha$이면 H_0을 기각한다.

예제 14

화학약품 A와 B를 이용하여 액정 패널을 처리할 때 남아 있는 불순물의 양에 대한 분산이 동일한지 알아보기 위해, 표본조사를 하여 다음 자료를 얻었다. 두 약품에 의한 불순물의 분산이 동일한지 유의수준 5%에서 검정하라.

표본	표본의 크기	표본평균	표본표준편차
약품 A	$n = 10$	$\overline{x} = 2.4$	$s_1 = 3.1$
약품 B	$m = 8$	$\overline{y} = 2.6$	$s_2 = 1.5$

풀이

① $\sigma_1^2 = \sigma_2^2$에 대한 검정이므로 귀무가설은 $H_0: \dfrac{\sigma_1^2}{\sigma_2^2} = 1$, 대립가설은 $H_0: \dfrac{\sigma_1^2}{\sigma_2^2} \ne 1$이다.

② $n = 10,\ m = 8,\ \alpha = 0.05$이므로 양측검정의 기각역은 다음과 같다.

$$F < f_{0.975}(9,\ 7) = \frac{1}{f_{0.025}(7,\ 9)} = \frac{1}{4.20} \approx 0.238,\ \ F > f_{0.025}(9,\ 7) = 4.82$$

③ 검정통계량은 $F = \dfrac{S_1^2}{S_2^2}$이고, $s_1^2 = 9.61,\ s_2^2 = 2.25$이므로 검정통계량의 관찰값은 $f_0 = \dfrac{9.61}{2.25} \approx 4.27$이다.

④ 관찰값 $f_0 \approx 4.27$은 기각역 안에 놓이지 않으므로 귀무가설을 기각할 수 없다. 즉, 두 약품에 의한 불순물의 분산이 동일하다고 할 수 있다.

10.6 모비율의 가설검정

제조 업체에서 생산한 제품의 불량률을 비롯하여 비율에 대한 가설검정은 활용도가 매우 높다. 이 절에서는 단일모집단의 모비율이 특정한 값과 차이가 있는지, 독립인 두 모집단의 모비율에 차이가 있는지 검정하는 방법에 대해 살펴본다.

■ 단일 모비율의 검정

모비율이 p 인 모집단에서 충분히 큰 표본을 선정할 때, 표본비율 $\hat{p}$ 은 다음과 같은 정규분포에 근사하는 것을 살펴봤다.

$$Z = \frac{\hat{p} - p}{\sqrt{\frac{pq}{n}}} \approx N(0, 1)$$

귀무가설 $H_0 : p = p_0$의 진위 여부를 명확히 판정하기 전까지 귀무가설의 주장을 참인 것으로 가정하므로 검정통계량은 다음과 같다.

$$Z = \frac{\hat{p} - p_0}{\sqrt{\frac{p_0 q_0}{n}}}$$

정규분포를 이용하므로 유의수준 α에서 양측검정에 대한 임계값은 $-z_{\alpha/2}$와 $z_{\alpha/2}$이고, 따라서 기각역은 $Z < -z_{\alpha/2}$, $Z > z_{\alpha/2}$이다. 그러므로 검정통계량의 관찰값 $z_0 = \frac{\hat{p} - p_0}{\sqrt{\frac{p_0 q_0}{n}}}$이 기각역 안에 놓이면 귀무가설을 기각한다. 검정통계량의 관찰값 z_0일 때, 양측검정에 대한 p-값은 다음과 같다.

$$p\text{-값} = P(|Z| > |z_0|)$$

귀무가설 $H_0 : p \geq p_0$의 검정은 하단측검정이므로 유의수준 α에서 기각역은 $Z < -z_\alpha$이고, p-값 $= P(Z < z_0)$이다. 귀무가설 $H_0 : p \leq p_0$의 검정은 상단측검정이므로 유의수준 α에서 기각역은 $Z > z_\alpha$이고 p-값 $= P(Z > z_0)$이다. 따라서 모비율에 대한 가설검정은 다음과 같이 요약된다.

유의수준 α에서 귀무가설에 대한 가설검정은 다음과 같다.			
검정 요소	양측검정 $H_0 : p = p_0$	하단측검정 $H_0 : p \geq p_0$	상단측검정 $H_0 : p \leq p_0$
❶ 검정통계량	$Z = \dfrac{\hat{p} - p_0}{\sqrt{\dfrac{p_0 q_0}{n}}}$		
❷ 기각역	$Z < -z_{\alpha/2}, \quad Z > z_{\alpha/2}$	$Z < -z_\alpha$	$Z > z_\alpha$
❸ p-값	p-값 $= 2P(Z > \lvert z_0 \rvert)$	p-값 $= P(Z < z_0)$	p-값 $= P(Z > z_0)$
❹ 기각 여부	관찰값 z_0이 기각역 안에 놓이거나 p-값 $< \alpha$이면 H_0을 기각한다.		

예제 15

어느 제조 회사에서 생산한 배터리의 불량률이 0.2% 이하라고 한다. 이를 조사하기 위해 배터리 2,000개를 임의로 선정하여 조사한 결과, 7개가 불량품이었다. 다음 방법에 의해 불량률이 0.2% 이하라는 주장을 유의수준 5%에서 검정하라.

(a) 기각역을 이용　　　　(b) p-값을 이용

풀이

(a) ① 귀무가설은 $H_0 : p \leq 0.002$이고 대립가설은 $H_1 : p > 0.002$이다.

② 유의수준 $\alpha = 0.05$에 대한 상단측검정 기각역은 $Z > 1.645$이다.

③ 검정통계량은 $Z = \dfrac{\hat{p} - 0.002}{\sqrt{(0.002)(0.998)/2000}} \approx \dfrac{\hat{p} - 0.002}{0.001}$이고 $\hat{p} = \dfrac{7}{2000} = 0.0035$이므로 검정통계량의 관찰값은 $z_0 = \dfrac{0.0035 - 0.002}{0.001} \approx 1.5$이다.

④ 검정통계량의 관찰값 $z_0 \approx 1.5$는 기각역 안에 놓이지 않으므로 $H_0 : p \leq 0.002$를 기각할 수 없다. 즉, 불량률이 0.2% 이하라는 주장은 타당성이 있다.

(b) 검정통계량의 관찰값이 $z_0 = 1.5$이므로 p-값은 다음과 같다.

$$p\text{-값} = P(Z > 1.5) = 1 - 0.9332 = 0.0668$$

따라서 p-값 $= 0.0668 > \alpha = 0.05$이므로 유의수준 5%에서 귀무가설을 기각할 수 없다.

■ 두 모비율 차의 검정

모비율이 각각 p_1, p_2이고 독립인 두 모집단에서 각각 크기 n과 m인 표본을 선정할 때, 표본비율의 차 $\hat{p}_1 - \hat{p}_2$은 다음 정규분포에 근사하는 것을 살펴봤다.

$$\frac{(\hat{p}_1 - \hat{p}_2) - (p_1 - p_2)}{\sqrt{\dfrac{p_1 q_1}{n} + \dfrac{p_2 q_2}{m}}} \approx N(0, 1)$$

두 가지 형태의 귀무가설 $H_0: p_1 = p_2$와 $H_0: p_1 - p_2 = p_0$에 대해 생각한다. 우선 귀무가설 $H_0: p_1 = p_2$에 대한 검정에서 $p_1 = p_2 = p$라 하면 표본비율 차 $\hat{p}_1 - \hat{p}_2$은 다음 정규분포에 근사한다.

$$Z = \frac{\hat{p}_1 - \hat{p}_2}{\sqrt{pq\left(\dfrac{1}{n} + \dfrac{1}{m}\right)}} \approx N(0, 1)$$

이때 p_1, p_2의 공통인 값 p를 명확하게 알 수 없으므로 통계량 Z를 이용할 수 없다. 이 경우, 다음과 같이 정의되는 두 표본을 합성한 표본의 비율 $\hat{p}$을 생각하며, 이 비율을 **합동표본비율**pooled sample proportion이라 한다.

$$\hat{p} = \frac{x + y}{n + m}$$

여기서 x와 y는 각각 두 표본의 성공 횟수를 나타낸다. 표본의 크기 n과 m이 충분히 크면 $\hat{p} \approx p$이고 따라서 표본비율 차 $\hat{p}_1 - \hat{p}_2$은 다음 정규분포에 근사한다.

$$Z = \frac{\hat{p}_1 - \hat{p}_2}{\sqrt{\hat{p}\,\hat{q}\left(\dfrac{1}{n} + \dfrac{1}{m}\right)}} \approx N(0, 1)$$

따라서 $H_0: p_1 = p_2$를 검정하기 위한 검정통계량은 다음과 같다.

$$Z = \frac{\hat{p}_1 - \hat{p}_2}{\sqrt{\hat{p}\,\hat{q}\left(\dfrac{1}{n} + \dfrac{1}{m}\right)}}$$

정규분포를 이용하므로 유의수준 α에서 양측검정에 대한 기각역은 $Z < -z_{\alpha/2}$, $Z > z_{\alpha/2}$이다. 따라서 검정통계량의 관찰값 z_0이 기각역 안에 놓이면 귀무가설을 기각한다. 검정통계량의 관찰값 z_0일 때, 양측검정에 대한 p-값은 다음과 같다.

$$p\text{-값} = 2P(Z > |z_0|)$$

귀무가설 $H_0: p_1 - p_2 \ge 0$의 검정은 하단측검정이므로 유의수준 α에서 기각역은 $Z < -z_\alpha$이고, p-값

$= P(Z < z_0)$이다. 귀무가설 $H_0 : p_1 - p_2 \le 0$의 검정은 상단측검정이므로 유의수준 α에서 기각역은 $Z > z_\alpha$이고 p-값 $= P(Z > z_0)$이다. 따라서 모비율에 대한 가설검정은 다음과 같이 요약된다.

유의수준 α에서 귀무가설에 대한 가설검정은 다음과 같다.			
검정 요소	양측검정 $H_0 : p_1 - p_2 = 0$	하단측검정 $H_0 : p_1 - p_2 \ge 0$	상단측검정 $H_0 : p_1 - p_2 \le 0$
❶ 검정통계량	$Z = \dfrac{\hat{p}_1 - \hat{p}_2}{\sqrt{\hat{p}\,\hat{q}\left(\frac{1}{n} + \frac{1}{m}\right)}}, \ \hat{p} = \dfrac{x+y}{n+m}$		
❷ 기각역	$Z < -z_{\alpha/2},\ Z > z_{\alpha/2}$	$Z < -z_\alpha$	$Z > z_\alpha$
❸ p-값	p-값 $= 2P(Z > \lvert z_0 \rvert)$	p-값 $= P(Z < z_0)$	p-값 $= P(Z > z_0)$
❹ 기각 여부	관찰값 z_0이 기각역 안에 놓이거나 p-값 $< \alpha$이면 H_0을 기각한다.		

예제 16

생산 라인 A와 B에서 생산한 마이크로칩의 불량률이 동일한지 알기 위해 표본조사를 실시하여 다음을 얻었다. 두 생산 라인의 불량률이 동일한지 유의수준 5%에서 다음 방법으로 검정하라.

(a) 기각역을 이용 (b) p-값을 이용

표본	표본의 크기	불량품의 수
생산 라인 A	$n = 1000$	$x = 4$
생산 라인 B	$m = 800$	$y = 10$

풀이

(a) ① 생산 라인 A와 B의 불량률을 각각 p_1, p_2라 하면, 귀무가설은 $H_0 : p_1 - p_2 = 0$이고 대립가설은 $H_1 : p_1 - p_2 \ne 0$이다.

② 유의수준 5%에서 양측검정이므로 기각역은 $Z < -1.96$ 또는 $Z > 1.96$이다.

③ $n = 1000,\ m = 800,\ x = 4,\ y = 10$이므로 $\hat{p} = \dfrac{4+10}{1000+800} \approx 0.0078$이고 검정통계량은 다음과 같다.

$$Z = \frac{\hat{p}_1 - \hat{p}_2}{\sqrt{(0.0078)(0.9922)\left(\frac{1}{1000} + \frac{1}{800}\right)}} \approx \frac{\hat{p}_1 - \hat{p}_2}{0.0042}$$

$\hat{p}_1 = \dfrac{4}{1000} = 0.004,\ \hat{p}_2 = \dfrac{10}{800} = 0.0125$이므로 검정통계량의 관찰값은 다음과 같다.

$$z_0 = \frac{0.004 - 0.0125}{0.0042} \approx -2.02$$

④ 검정통계량의 관찰값 $z_0 = -2.02$는 기각역 안에 놓이므로 귀무가설을 기각한다. 즉, 두 생산 라인의 불량률이 동일하다는 주장은 타당성이 없다.

(b) 검정통계량의 관찰값 $z_0 = -2.02$에 대한 p-값이 다음과 같이 유의수준 $\alpha = 0.05$보다 작으므로 귀무가설을 기각한다.

$$p\text{-값} = 2[1 - P(Z < 2.02)] = 2(1 - 0.9778) = 0.0444$$

이제 $p_0 \neq 0$에 대해 귀무가설 $H_0: p_1 - p_2 = p_0$을 검정하는 방법을 살펴보자. 두 표본의 크기 n과 m이 충분히 크면 $p_1 \approx \hat{p}_1$, $p_2 \approx \hat{p}_2$이므로 $H_0: p_1 - p_2 = p_0$에 대한 검정통계량은 다음과 같다.

$$Z = \frac{(\hat{p}_1 - \hat{p}_2) - p_0}{\sqrt{\frac{\hat{p}_1 \hat{q}_1}{n} + \frac{\hat{p}_2 \hat{q}_2}{m}}} \approx N(0, 1)$$

귀무가설 $H_0: p_1 - p_2 \geq p_0$의 검정은 하단측검정이므로 유의수준 α에서 기각역은 $Z < -z_\alpha$이고 p-값 $= P(Z < z_0)$이다. 귀무가설 $H_0: p_1 - p_2 \leq p_0$의 검정은 상단측검정이므로 유의수준 α에서 기각역은 $Z > z_\alpha$이고 p-값 $= P(Z > z_0)$이다. 따라서 모비율 차에 대한 가설검정은 다음과 같이 요약된다.

유의수준 α 에서 귀무가설에 대한 가설검정은 다음과 같다.			
검정 요소	양측검정 $H_0: p_1 - p_2 = p_0$	하단측검정 $H_0: p_1 - p_2 \geq p_0$	상단측검정 $H_0: p_1 - p_2 \leq p_0$
❶ 검정통계량	$Z = \frac{(\hat{p}_1 - \hat{p}_2) - p_0}{\sqrt{\frac{\hat{p}_1 \hat{q}_1}{n} + \frac{\hat{p}_2 \hat{q}_2}{m}}}$		
❷ 기각역	$Z < -z_{\alpha/2}$, $Z > z_{\alpha/2}$	$Z < -z_\alpha$	$Z > z_\alpha$
❸ p-값	p-값 $= 2P(Z > \lvert z_0 \rvert)$	p-값 $= P(Z < z_0)$	p-값 $= P(Z > z_0)$
❹ 기각 여부	관찰값 z_0이 기각역 안에 놓이거나 p-값 $< \alpha$이면 H_0을 기각한다.		

예제 17

[예제 16]에서 $p_1 - p_2 < 0.005$라는 주장을 유의수준 5%에서 검정하라.

풀이

① $p_1 - p_2 < 0.005$를 검정하는 것이므로 귀무가설은 $H_0: p_1 - p_2 \geq 0.005$이고 대립가설은 $H_1: p_1 - p_2 < 0.005$이다.

② 유의수준 5%에서 하단측검정이므로 기각역은 $Z < -1.645$이다.

③ $n = 1000$, $m = 800$이므로 검정통계량은 다음과 같다.

$$Z = \frac{(\hat{p}_1 - \hat{p}_2) - 0.005}{\sqrt{\dfrac{\hat{p}_1 \hat{q}_1}{1000} + \dfrac{\hat{p}_2 \hat{q}_2}{800}}}$$

[예제 16]으로부터 $\hat{p}_1 = 0.004$, $\hat{p}_2 = 0.0125$이므로 검정통계량의 관찰값은 다음과 같다.

$$z_0 = \frac{(0.004 - 0.0125) - 0.005}{\sqrt{\dfrac{(0.004)(0.996)}{1000} + \dfrac{(0.0125)(0.9875)}{800}}} \approx -\frac{0.0135}{0.0044} \approx -3.06$$

④ 검정통계량의 관찰값 $z_0 \approx -3.06$은 기각역 안에 놓이므로 귀무가설을 기각한다. 즉, $p_1 - p_2 < 0.005$라는 주장은 타당성이 있다.

연습문제

1. 50Ω의 저항기를 대량으로 주문 받은 회사는 제작한 저항기를 납품했다. 이 회사에서 생산한 저항기의 저항이 50Ω인지 조사하기 위해 80개를 임의로 선정하여 측정한 결과, $\overline{x} = 49.5\Omega$이었다. 이 회사 저항기는 표준편차가 2.9Ω인 정규분포를 따른다고 할 때, 납품한 저항기가 주문 회사의 요구를 충족시키는지 유의수준 5%에서 검정하라.

2. 어느 하천의 $1\ \text{m}^3$당 평균 아연 농도를 조사하기 위해 25곳의 시료를 임의로 선정한 결과, 평균 3.2 ppm을 얻었다. 이 하천의 아연 농도는 모표준편차가 0.4 ppm인 정규분포를 따른다고 할 때, 평균 아연농도가 3 ppm인지 유의수준 5%에서 검정하라.

3. 반도체에 사용되는 부품에 대한 평균 두께가 2 cm인지 알아보기 위해 27개의 부품을 조사한 결과, 표본평균 2.1 cm를 얻었다. 부품의 두께가 표준편차 0.3 cm인 정규분포를 따른다고 할 때, 평균 두께가 2 cm인지 p-값을 이용하여 유의수준 5%에서 검정하라.

4. 환경부는 휴대전화 케이스 코팅 중소기업이 집중된 어느 지역에서 오염물질인 총탄화수소의 대기배출 농도가 평균 902 ppm이라고 하였다. 이에 대해 알아보기 위하여 이 지역에 있는 50개의 중소기업을 조사한 결과, 평균 895 ppm을 얻었다. 농도가 표준편차 25.1 ppm인 정규분포를 따른다고 할 때, 총탄화수소의 대기배출 평균 농도가 902 ppm인지 유의수준 5%에서 검정하라.

5. 어느 자동차 회사는 새로 개발한 전기 자동차의 연비가 19 km/L 이상이라고 발표했다. 이 주장을 확인하기 위해 25대의 자동차를 시험하여 평균 연비 18.6 km/L를 얻었다. 연비가 모표준편차 0.92 km/L인 정규분포를 따르는 것으로 알려져 있을 때, 유의수준 5%에서 자동차 회사의 주장을 검정하라.

6. 어느 지자체의 하루에 배출되는 폐기물량이 300톤 이상이라고 환경단체가 주장한다. 이 사실을 알아보기 위하여 일일 폐기물량을 임의로 50번 측정한 결과, 평균 폐기물양이 290톤이었다. 유의수준 2.5%에서 환경단체의 주장을 검정하라(단, 이 도시의 일일 폐기물양은 표준편차 35톤인 정규분포를 따르는 것으로 알려져 있다).

7. 어떤 철근 콘크리트 구조물은 항복강도 40 psi 이상을 요구한다. 공급 받은 철근이 규격을 만족하는지 40개를 임의로 조사하여 표본평균 38.9 psi를 얻었다. 공급 받은 철근의 항복강도가 표준편차 3.0 psi인 정규분포를 따른다고 할 때, 공급 받은 철근이 규격에 맞는지 유의수준 5%에서 검정하라.

8. 환한 곳에서 어두운 방에 들어갈 경우, 우리의 눈이 어두운 곳에 적응하는 데 걸리는 시간은 평균 7.88초라고 안과 협회에서 주장한다. 이 주장을 검정하기 위해 임의로 50명을 선정하여 실험한 결과, 적응 시간이 평균 7.83초였다. 적응 시간이 표준편차 0.15초인 정규분포를 따른다고 할 때, p-값을 이용하여 평균 적응 시간이 7.88초인지 유의수준 5%에서 검정하라.

9. 시멘트 회사의 주장에 따르면 새로 개발한 경화법에 의한 시멘트의 압축강도는 평균 5,000 kg/cm^2, 표준편차 150 kg/cm^{2}라고 한다. 이를 확인하기 위해 시멘트 제품 50개를 선정하여 측정한 결과, 표본평균이 4,965 kg/cm^{2}이었다. p-값을 이용하여 유의수준 5%에서 평균 압축강도가 5,000 kg/cm^2 미만인지 검정하라.

10. 어느 도시의 여름철 강수량이 235 mm 이상이라고 한다. 이 사실을 알아보기 위해 과거 10년 동안 30번의 강수량을 측정한 결과, 평균 강수량이 228 mm이었다. p-값을 이용하여 유의수준 5%에서 이 주장을 검정하라(단, 이 도시의 강수량은 표준편차 36 mm인 정규분포를 따르는 것으로 알려져 있다).

11. 환경부는 비연속식 도장시설인 경우, 코팅 과정에서 배출되는 오염물질인 총탄화수소의 기준 농도는 110 ppm 이하라고 한다. 코팅과 관련된 중소기업이 집중된 지역에서 36개 회사를 조사한 결과, 총탄화수소의 평균 배출량이 112 ppm이었다. 이 지역에서 배출되는 총탄화수소의 평균 농도가 환경부의 기준을 만족하는지 유의수준 5%에서 검정하라(단, 이 지역은 총탄화수소의 농도는 표준편차가 7.2 ppm인 정규분포를 따른다고 한다).

12. 시민단체는 어느 대도시가 교통체계를 개선했음에도 교차로에서 평균 대기시간이 2분을 초과한다고 주장한다. 교차로 30곳을 선정하여 평균 대기시간을 측정한 결과, $\overline{x} = 2.2$분이었다. 대기시간이 $\sigma = 0.8$분인 정규분포를 따른다고 할 때, 이 도시의 주장을 유의수준 5%에서 검정하라.

13. 어느 회사에서 생산하는 밧줄의 평균 절단강도가 180 kg을 초과한다고 한다. 25개의 밧줄을 조사한 결과 평균 절단강도가 182.7 kg일 때, p-값을 이용하여 이 회사의 주장을 유의수준 10%에서 검정하라(단, 이 회사에서 생산하는 밧줄의 절단강도는 표준편차가 6.2 kg인 정규분포를 따른다).

14. 소비자 단체는 어느 회사에서 생산하는 디지털 사진기용 전구 수명이 900시간 이하라고 주장한다. 이를 알아보기 위해 임의로 선정한 전구 50개를 측정하여 평균 909시간을 얻었다. p-값을 이용하여 소비자 단체의 주장을 유의수준 5%에서 검정하라(단, 전구 수명은 표준편차가 40시간인 정규분포를 따른다고 한다).

15. 어떤 섬유는 파손강도가 250 psi를 초과해야 시중에 판매를 할 수 있으며, 이 섬유 조각 20개를 임의로 선정하여 파손강도를 측정하여 다음을 얻었다. 생산한 섬유를 시중에 판매할 수 있는지 p-값을 이용하여 유의수준 5%에서 검정하라(단, 파손강도는 표준편차 4.5 psi인 정규분포를 따른다).

253	256	252	248	254	245	255	248	252	253
249	264	252	248	256	243	255	251	250	248

16. 반도체 웨이퍼 제조 공정에서 형성되는 산화막의 평균 두께가 13 nm 이하인지 알아보기 위해

25개의 웨이퍼를 선정하여 평균 13.2 nm를 얻었다. 산화막의 두께가 표준편차 0.4 nm인 정규분포를 따를 때, 평균 두께가 13 nm 이하인지 p-값을 이용하여 유의수준 1%에서 검정하라.

17. 승용차 유리를 생산하는 회사에서 만든 유리의 두께는 평균 35 mm인 정규분포를 따른다고 주장한다. 이 주장의 진위를 알아보기 위해 11개의 유리를 조사하여 표본평균 34.6 mm, 표준편차 0.6 mm를 얻었다. 평균 두께에 대한 이 회사의 주장을 유의수준 5%에서 검정하라.

18. 환경단체는 어느 공업 지역 부근을 흐르는 하천 물의 평균 ph 농도가 8이라고 주장한다. 이를 알아보기 위해 13개 지역의 물을 선정하여 평균 8.2, 표준편차 0.32를 얻었다. 이 하천의 ph 농도는 정규분포를 따른다고 할 때, 유의수준 5%에서 환경단체의 주장을 검정하라.

19. 어느 도시의 지방자치단체는 오늘 미세먼지(PM-10) 농도가 50 $\mu g/m^3$이라고 발표했다. 이 발표를 검증하기 위해 도시의 16곳에서 미세먼지 농도를 측정하여 다음을 얻었다. 지자체의 발표가 타당한지 유의수준 5%에서 검정하라(단, 미세먼지 농도는 정규분포를 따른다고 한다).

55	57	53	57	49	51	52	57	54	50	49	59	47	48	47	55

20. 어느 광섬유 타이어 제조 회사에서 생산된 타이어의 평균 수명이 10 이상인지 알아보기 위해 타이어 10개를 조사하여 평균 9.6, 표준편차 0.504를 얻었다. 이 자료를 이용하여 유의수준 2.5%에서 타이어 회사의 주장을 검정하라(단, 타이어의 수명은 정규분포를 따르고 단위는 10,000 km이다).

21. 어느 회사에서 생산되는 금속 실린더 21개의 직경을 조사하여 평균 49.98 mm, 표준편차 0.13 mm를 얻었다. 이 회사에서 생산되는 금속 실린더의 직경이 50 mm 이상이라고 할 수 있는지 유의수준 5%에서 검정하라.

22. 지역 내에 공업단지를 유치한 지방자치단체에서 수중 생태를 보호하려면 용해된 산소의 양이 적어도 5ppm 이상 되어야 한다고 주장한다. 환경단체는 공단에서 방류한 오수로 인하여 지역을 흐르는 하천의 용해된 산소의 양을 측정하여 다음을 얻었다. 하천의 용해된 산소의 양이 지자체의 기준을 만족하는지 유의수준 5%에서 검정하라(단, 산소의 양은 정규분포를 따른다).

4.3	5.1	4.1	5.2	4.5	5.4	4.8	4.6

23. 어느 철근 회사에서 생산된 철근의 경도가 60 HrB로 표시되어 있다. 이 규격이 맞는지 15개의 표본을 조사하여 평균 59.5 HrB, 표준편차 1.5 HrB를 얻었다. 철근의 경도가 60 HrB 이상인지

p-값을 이용하여 유의수준 5%에서 검정하라(단, 경도는 정규분포를 따른다).

24. 어느 광역시의 보건환경연구원은 이 지역의 주요 도로의 질소산화물이 위험수준인 0.101 ppm을 넘지 않는다고 한다. 이 주장을 알아보기 위해 지역 안의 주요 도로 18곳에 대한 질소산화물 배출을 조사하여 평균 0.098 ppm, 표준편차 0.005 ppm을 얻었다. p-값을 이용하여 이 연구원의 주장을 유의수준 1%에서 검정하라(단, 질소산화물의 양은 정규분포을 따른다).

25. 자동차 배터리 회사는 배터리의 평균 수명이 48개월을 초과한다고 주장한다. 임의로 배터리 15개를 측정하여 평균 49.1개월, 표준편차 2.2개월을 얻었다. 이를 근거로 회사의 주장을 유의수준 5%에서 검정하라.

26. 어느 제약 회사에서 개발한 신형 향정신성 약물의 반응 시간이 3.5분 이하라고 주장한다. 이 주장을 확인하기 위해 환자 18명을 대상으로 약물의 반응 시간을 측정하여 평균 3.9분, 표준편차 0.8분을 얻었다. 이 약물의 반응 시간은 정규분포를 따른다고 할 때, 이 회사의 주장을 유의수준 1%에서 검정하라.

27. 산성용액이 강철을 부식시키는 정도에 대해 실험을 한다. 어떤 강철 표본 13개를 산성용액에 일정한 시간 동안 담가 놓은 후, 부식된 구멍의 개수를 측정하여 다음을 얻었다. 부식된 구멍의 개수가 30개 이하라고 할 수 있는지 유의수준 5%에서 검정하라(단, 부식된 구멍의 개수는 정규분포를 따른다고 한다).

32	33	35	18	29	28	15	23	34	16	25	24	26

28. 볼트의 조임 부분에 대한 직경이 8 mm이어야 두 부품을 조립할 수 있다고 한다. 19개의 표본을 조사하여 평균 직경이 8.4 mm이고 표준편차가 0.9 mm이었다. 평균 직경이 8 mm를 초과하는지 p-값을 이용하여 유의수준 5%에서 검정하라(단, 볼트의 직경은 정규분포를 따른다고 한다).

29. 어느 자동차 회사 신차의 연비는 20 km/L를 초과한다고 한다. 이를 알아보기 위해 임의로 선정한 신차 6대의 연비를 측정하여 다음을 얻었다. 이 회사의 주장에 신빙성이 있는지 p-값을 이용하여 유의수준 5%에서 검정하라(단, 신차의 연비는 정규분포를 따른다).

22.5	19.4	22.7	23.5	25.2	19.9

30. 어떤 제약 회사가 자사 항생제 제품의 평균 효능이 90%라고 주장한다. 임의로 항생제 100개를 추출하여 약의 효능을 측정한 결과, 평균 85%와 표준편차 0.4%를 얻었다. 유의수준 5%에서 이 회사의 주장을 검정하라.

31. 두 화학약품 A와 B는 어떤 전자제품 생산의 마감재로 사용되며, 마감재 처리 후 제품에 남아 있는 불순물의 양이 동일한지 알고자 한다. 화학약품 A로 처리한 제품 16개와 화학약품 B로 처리한 제품 25개를 선정했을 때, 제품에 남아 있는 불순물의 평균은 각각 3.4 mg과 3.8 mg이었다. 불순물의 양이 각각 표준편차 0.8 mg과 0.5 mg인 정규분포를 따를 때, 마감 처리 후 남아 있는 불순물의 양이 동일한지 유의수준 5%에서 검정하라.

32. 두 회사 A와 B에서 생산된 타이어의 평균 제동거리가 동일한지 알아보기 위해 각각 타이어 64개와 36개를 조사했다. 선정한 타이어의 평균 제동거리가 각각 13.5 m와 14.1 m일 때, 두 종류의 타이어의 평균 제동거리가 동일한지 유의수준 5%에서 조사하라(단, 두 타이어의 제동거리는 표준편차가 각각 1.46 m와 1.33 m인 정규분포를 따른다).

33. 두 절단 기계 A와 B가 정확히 동일한 길이로 강철을 절단하는지 알아보기 위해 동질의 강철을 50개씩 두 그룹으로 나누어 측정한 결과, 평균 5.2 m와 4.8 m를 얻었다. 두 기계에 의해 절단된 강철의 평균 길이가 동일한지 유의수준 5%에서 검정하라(단, 두 기계에 의해 절단한 강철의 길이는 $\sigma_1 = \sigma_2 = 1.2$인 정규분포를 따른다고 한다).

34. 고분자 라텍스에 대한 변형된 모르타르의 인장 접착강도 X와 변형되지 않은 모르타르의 인장 접착강도 Y는 각각 표준편차가 1.7과 1.5인 정규분포를 따르는 것으로 알려져 있다. 변형된 모르타르와 변형되지 않은 모르타르 표본을 각각 30개씩 선정했을 때, 표본평균이 각각 19.1과 17.2이었다. p-값을 이용하여 모평균의 차가 $\mu_1 - \mu_2 = 1$인지 유의수준 5%에서 검정하라(단, 단위는 kgf/cm^2이다).

35. 두 철강 회사 A와 B는 대단지 아파트 건설에 사용하는 콘크리트 보강용 강철봉을 제공한다. 강철봉의 강도에 차이가 있는지 조사하기 위해 각각 40개와 45개를 선정하여 강도를 측정한 결과, 평균 41.5 psi와 평균 40 psi를 얻었다. 두 종류의 강철봉의 강도는 각각 $\sigma_1 = 4.5$, $\sigma_2 = 4.1$인 정규분포를 따른다고 할 때, p-값을 이용하여 강철봉 강도에 차이가 없는지 유의수준 5%에서 검정하라.

36. 금속 부품을 처리하는 방법에 따라 세척공정에서 제거되는 금속의 두께에 차이가 있는지 조사하고자 한다. 세척제 A와 B로 세척한 부품을 각각 30개와 40개를 선정하여 제거된 금속의 두께를 측정한 결과, 각각 $\overline{x} = 1.54$와 $\overline{y} = 1.73$이었다. 세척제 A로 제거된 두께가 더 작은지 유의수준 5%에서 검정하라(단, 단위는 mm이고, 제거된 금속의 두께는 각각 $\sigma_1 = 0.5$, $\sigma_2 = 0.6$인 정규분포를 따른다고 한다).

37. 두 광역시 A와 B의 일일 풍속에 차이가 있는지 알기 위해 두 도시에서 각각 12개 지역과 10개 지역을 선정한 결과, 평균 풍속 $\overline{x} = 2.4$와 $\overline{y} = 2.56$을 얻었다. 두 도시의 풍속은 각각 $\sigma_1 = 0.21$, $\sigma_2 = 0.23$인 정규분포를 따른다고 할 때, A 도시의 풍속이 B 도시의 풍속보다 작은지 유의수준 5%에서 검정하라(단, 단위는 m/s이다).

38. 두 종류의 합금 A와 B의 용해점은 각각 표준편차가 10과 9인 정규분포를 따른다고 알려져 있다. 용해점에 차이가 있는지 알아보기 위해 각각 36개와 49의 합금 조각의 용해점을 측정하여 평균이 258과 254를 얻었다. 합금 A의 용해점이 합금 B의 용해점보다 높은지 유의수준 5%에서 검정하라(단, 단위는 °C이다).

39. 축전기의 생산에 필수적인 PCB[polychlorinated biphenyl]는 자연환경에 노출되면 매우 위험하다. PCB 공장이 밀집된 지역을 흐르는 하천의 상류와 하류에 서식하는 물고기 25마리씩 PCB를 측정한 결과, 각각 평균이 9.7과 10.4이었다. 두 지역의 PCB 노출이 동일한지 유의수준 5%에서 상단측검정하라(단, 단위는 ppm이고 상류와 하류 지역의 PCB는 표준편차가 각각 1.2, 1.8인 정규분포를 따른다고 알려져 있다).

40. 두 종류의 자동차용 오일 제품을 36개씩 표본조사하여 평균 점도 9.8과 10.7을 얻었다. 두 제품의 평균 점도가 동일한지 유의수준 1%에서 하단측검정하라(단, 점도는 모분산이 2.5와 2.7인 정규분포를 따르고, 단위는 Pa·s이다).

41. 화학처리과정에서 두 종류의 촉매제 A와 B의 효과를 비교하고자 한다. 촉매제 A와 B를 각각 15개씩 임의로 조사하여 $\overline{x_A} = 55$, $\overline{x_B} = 52$, $s_A^2 = 9$, $s_B^2 = 16$을 얻었다. 촉매제 A와 B의 평균이 동일한지 유의수준 5%에서 검정하라(단, 촉매제 A와 B에 의한 반응물은 정규분포를 따르고 두 모분산은 동일하다고 한다).

42. 어떤 전자제품 제조 회사는 회로 설계에 따른 전류의 양을 비교하기 위해 표본조사를 실시하여 다음을 얻었다. 두 모분산이 동일한 정규분포를 따른다고 할 때, 평균 전류의 양에 대해

$\mu_1 - \mu_2 = 1$이 타당한지 유의수준 5%에서 검정하라(단, 단위는 amp이다).

표본	표본의 크기	표본평균	표본표준편차
설계 1	14	42	3.3
설계 2	12	39	2.6

43. 면사와 아세테이트에 대해 수분흡수율이 동일한지 표본조사를 실시하여 다음을 얻었다. 면사와 아세테이트의 흡수율 차이가 2인지 유의수준 5%에서 검정하라(단, 흡수율은 정규분포를 따르고, 분산은 같다).

표본	표본의 크기	표본평균	표본표준편차
면사	9	24	2.3
아세테이트	8	20	2.0

44. 콘크리트의 수분 함량에 따라 압축강도에 차이가 있는지 검정하기 위한 표본조사에서 다음을 얻었다. 수분 함량이 30%인 경우와 20%인 경우, 평균 압축강도가 1만큼 차이가 있는지 p-값을 이용하여 유의수준 5%에서 검정하라(단, 압축강도는 모분산이 동일한 정규분포를 따르고, 단위는 MPa이다).

수분 함량이 30%인 경우	57.1	56.3	58.1	56.1	56.4	57.6	52.1	58.8	56.4	56.1
수분 함량이 20%인 경우	52.4	53.3	55.3	54.3	54.7	55.9	52.4	54.1	55.8	51.8

45. 남한강 상류와 하류의 평균 BOD 농도에 차이가 있는지 조사하는 연구가 진행되었다. 상류 지역의 12곳을 조사한 결과 평균 1.6과 표준편차 0.4이었고, 하류 지역의 10곳을 조사한 결과 평균 0.9와 표준편차 0.6이었다. 다음 조건 아래, 상류와 하류의 평균 BOD 농도에 차이가 있는지 유의수준 5%에서 검정하라(단, 단위는 ppm이다).

(a) 모분산이 동일한 정규분포를 따르는 경우

(b) 모분산이 다른 정규분포를 따르는 경우

46. 냉간압연강판[cold rolled steel]과 양면 아연도금강판[two-sided galvanized steel]의 평균 강도에 차이가 있는지 조사하여 다음을 얻었다. 두 강판의 평균 강도에 차이가 있는지 유의수준 5%에서 하단측검정하라(단, 단위는 ksi이고, 두 강판의 강도는 모분산이 동일한 정규분포를 따른다고 한다).

표본	표본의 크기	표본평균	표본표준편차
냉간압연강판	15	28.7	4.3
아연도금강판	6	33.4	7.6

47. 두 강재의 마모량을 비교하는 실험을 실시하여 다음을 얻었다. 두 모집단은 분산이 같은 정규분포를 따른다고 할 때, 강재 1과 2의 평균 마모량 차이가 2 이상인지 유의수준 5%에서 검정하라(단, 단위는 ksi이다).

표본	표본의 크기	표본평균	표본표준편차
강재 1	11	85.4	4.3
강재 2	13	87.1	4.7

48. 하천관리를 담당하는 공무원은 도시를 가로지르는 하천 상류와 하류의 수질 오염상태에 차이가 있는지 알아보고자 한다. 이 공무원은 하천의 상류와 하류의 다섯 지점에서 수집한 수질의 산소농도를 측정하여 다음 결과를 얻었다. p-값을 이용하여 하류의 산소농도가 상류의 산소농도보다 낮은지 유의수준 5%에서 검정하라(단, 산소농도는 분산이 동일한 정규분포를 따르고, 단위는 ppm이다).

하류	5.1	4.7	4.9	4.8	4.5
상류	4.9	5.2	5.3	4.9	5.7

49. 전기 자동차 배터리를 생산하는 어떤 회사 A는 경쟁사 B에서 생산한 배터리보다 수명이 4시간 이상 길다고 한다. 이를 알아보기 위해 두 종류의 배터리를 표본조사하여 다음 결과를 얻었다. p-값을 이용하여 유의수준 5%에서 이 회사 A의 주장을 검정하라(단, 두 종류의 배터리 수명은 각각 정규분포를 따르고, 모분산은 동일하다고 한다).

표본	표본의 크기	표본평균	표본표준편차
배터리 A	15	36.4	2.1
배터리 B	17	34.1	3.7

50. 어떤 제조 업자는 섬유 A의 인장력이 섬유 B보다 크다고 한다. 이 주장을 검정하기 위해 동일한 조건에서 표본조사를 실시하여 다음을 얻었다. 유의수준 5%에서 제조 업자의 주장을 검정하라.

표본	표본의 크기	표본평균	표본표준편차
섬유 A	12	97	12.1
섬유 B	12	88	13.6

51. 40대 남자가 40대 여자보다 혈압이 높은지 조사하여 다음을 얻었다. 남자의 혈압이 여자보다 높은지 유의수준 5%에서 검정하라(단, 남녀의 혈압은 모분산이 동일한 정규분포를 따르고, 단위는 mmHg이다).

표본	표본의 크기	표본평균	표본표준편차
남자	6	142	3.6
여자	9	138	2.7

52. 물질의 농도에 따라 화학반응속도가 달라지는지 알아보기 위해, 농도가 1 mole/L와 3 mole/L인 물질을 조사하여 다음을 얻었다. 농도가 증가하면 평균 반응속도가 빨라지는지 유의수준 5%에서 검정하라(단, 두 물질은 분산이 동일한 정규분포를 따른다고 한다).

표본	표본의 크기	표본평균	표본표준편차
3 mole/L 물질	10	7.8	1.3
1 mole/L 물질	10	6.5	1.7

53. 어느 제약 회사는 기존 감기약 A에 비하여 신약 B가 더 효과적인지 알아보기 위하여 과거 감기약 A를 사용했던 감기 환자 8명을 대상으로 회복 기간을 조사하여 다음을 얻었다. 유의수준 10%에서 신약이 효과가 있는지 조사하라(단, 두 종류의 감기약에 의한 회복 기간은 정규분포를 따른다고 알려져 있다).

감기 환자	1	2	3	4	5	6	7	8
A의 회복 기간	6	4	3	5	5	7	6	4
B의 회복 기간	4	3	4	3	4	6	3	3

54. 일산화탄소가 호흡 능력에 미치는 영향을 조사하기 위해 7명의 피실험자를 선정하였다. 이들을 일정한 시간 동안 일산화탄소가 노출시킨 방과 깨끗한 방에서 호흡 횟수를 조사하여 다음을 얻었다. 두 환경에서의 평균 호흡수의 차이가 1 이하인지 유의수준 5%에서 상단측검정하라(단, 모집단은 정규분포를 따른다고 한다).

피실험자	1	2	3	4	5	6	7
일산화탄소가 노출된 방	45	43	32	27	37	49	47
깨끗한 방	44	41	29	27	34	45	46

55. 고속도로와 시내에서 자동차를 주행할 때 방출되는 매연의 양에 대한 차이를 조사하여 다음을 얻었다. 시내 주행과 고속도로 주행에서 방출되는 평균 매연량이 40을 초과하는지 유의수준 5%에서 검정하라(단, 방출량은 정규분포를 따른다고 알려져 있다).

자동차	1	2	3	4	5	6	7
시내 주행	1235	667	1132	1082	1967	1136	1124
고속도로 주행	1038	543	654	1001	1743	1143	1089

56. 어떤 실험 전후의 변화를 확인하기 위하여 크기 10인 표본을 선정하여 다음을 얻었다. 실험 전후의 평균에 차이가 없는지 유의수준 5%에서 조사하라(단, 실험 전후의 측정값은 정규분포를 따른다).

실험	1	2	3	4	5	6	7	8	9	10
실험 전	5.6	7.4	5.8	10.9	8.8	9.7	6.8	7.9	8.6	5.8
실험 후	5.3	6.9	5.5	8.8	8.4	10.1	7.5	7.3	8.2	5.5

57. 어느 회사에서 생산하는 저항기는 표준편차 1Ω인 정규분포를 따른다고 한다. 이 회사에서 생산하는 저항기의 표준편차를 추정하기 위하여 20개를 임의로 선정한 결과, 평균 40.1Ω, 표준편차 0.9Ω을 얻었다. 이 회사에서 생산되는 저항기의 표준편차가 1Ω인지 유의수준 5%에서 검정하라.

58. 특수한 화학약품이 들어 있는 시료들 중 임의로 10개를 선정하여 이 약품의 함량을 측정하여 다음을 얻었다. 이 약품의 함량의 모분산이 0.1인지 유의수준 5%에서 검정하라(단, 약품의 함량은 정규분포를 따르고, 단위는 mgg이다).

10.5	10.1	10.3	9.7	10.8	10.5	9.5	10.9	9.6	10.1

59. 직경 20 mm인 볼트를 생산하는 회사에서 볼트 직경의 표준편차는 0.7 mm보다 작다고 주장한다. 이를 알아보기 위하여 15개의 볼트를 임의로 조사하여 다음을 얻었다. 유의수준 5%에서 회사의 주장을 검정하라(단, 볼트 직경은 정규분포를 따른다고 한다).

19.4	21.1	20.2	18.6	19.4	20.8	20.2	19.2	21.1	20.6	20.0	20.3	19.5	19.7	20.3

60. 어떤 화학약품의 로트에서 11회에 걸쳐 구한 표본의 융점을 측정하였더니 표본분산이 $s^2 = 0.2$이었다. 이 약품의 융점에 대한 모분산이 0.5 이상인지 유의수준 5%에서 검정하라.

61. 어느 자동차 회사에서 생산된 새로운 모델은 평균 연비가 12.5 km/L, 표준편차는 0.8 km/L 이상이라고 한다. 이 주장을 조사하기 위하여 20대의 자동차를 이용하여 주행 시험을 한 결과, 표준편차가 0.6 km/L인 것으로 밝혀졌다. 이 회사의 주장을 수용할 수 있는지 유의수준 5%에서 검정하여라(단, 자동차 연비는 정규분포를 따르는 것으로 알려져 있다).

62. 산업용 정밀 전자저울은 표준편차가 0.9 g을 초과하면 신뢰할 수 없다. 무게가 1 kg으로 알려진 물질을 16회 측정한 결과 표본표준편차가 1.1 g이라 할 때, 이 저울을 신뢰할 수 있는지 유의수준 5%에서 검정하라(단, 측정된 무게는 정규분포를 따르는 것으로 알려져 있다).

63. 회사는 자동차용 축전지의 수명이 표준편차 1.2년인 정규분포를 따른다고 주장한다. 18개의 축전지를 임의로 측정하여 표준편차 1.5년을 얻었을 때, 축전지 수명의 표준편차가 1.2년을 초과하는지 유의수준 5%에서 검정하라(단, 축전지 수명은 정규분포를 따르는 것으로 알려져 있다).

64. 화학공정에서 두 촉매제 A와 B의 수율에 대한 분산에 차이가 있는지 조사하고자 한다. 촉매제 A 13개와 촉매제 B 8개를 임의로 선정한 결과, 표준편차가 각각 2.4와 3.1이었다. 두 촉매제 수율의 분산이 동일한지 유의수준 5%에서 검정하라(단, 수율은 정규분포를 따르는 것으로 알려져 있다).

65. 두 가지 실험 방법 A와 B에 의한 반응 시간의 분산을 비교하기 위해 각각 크기가 9와 7인 표본을 조사하여 $s_1 = 6.1$, $s_2 = 3.5$을 얻었다. 실험 방법 A의 반응 시간에 대한 분산이 실험 방법 B의 반응 시간에 대한 분산보다 크다고 할 수 있는지 유의수준 5%에서 검정하라(단, 반응 시간은 정규분포를 따르는 것으로 알려져 있고, 단위는 h이다).

66. 건축용 철근을 납품하는 회사 A에서 생산한 철근의 장력에 대한 분산이 회사 B에서 생산한 철근의 장력에 대한 분산보다 작은지 알려고 한다. 회사 A와 회사 B에서 생산한 철근을 각각 8개씩 조사하여 분산 $s_1^2 = 3.2$, $s_2^2 = 8.2$를 얻었다. 회사 A에서 생산한 철근의 장력에 대한 분산이 회사 B에서 생산한 철근의 장력에 대한 분산보다 작은지 유의수준 5%에서 검정하라(단, 장력은 정규분포를 따르고, 단위는 $100\ \text{kg/cm}^2$이다).

67. 건축가는 어느 대도시에 새로 건설되는 건축물의 85%에 열펌프가 설치되어야 한다고 주장한다. 이 도시에 새로 세워진 건축물 400개를 조사하여 325개의 건축물이 열펌프가 설치되었음을 발견했다. 이를 기초로 이 도시에 세워진 건축물의 85%가 열펌프를 설치했는지 유의수준 10%에서 검정하라.

68. 어떤 건설 회사에서 공급하는 도로포장용 자갈 중 대형의 비율을 알기 위해 2,000개의 자갈을 조사한 결과, 228개가 대형 자갈이었다. 이 회사에서 공급하는 대형 자갈의 비율이 10%라는 건설 회사의 주장을 유의수준 5%에서 검정하라.

69. 일주일 동안 생산한 어떤 제품의 불량률을 조사하기 위해 다음과 같이 표본조사 결과를 얻었다. 불량품이 비율이 13%라는 주문자의 주장을 유의수준 5%에서 검정하라.

(a) 90개 중 6개가 불량품이었다.

(b) 900개 중 60개가 불량품이었다.

70. 컴퓨터 시뮬레이션을 이용하여 숫자 '0'과 '1'을 임의로 5,000개를 생성한 결과, 이 중 2,443개가 '0'이었다고 한다. p-값을 이용하여 숫자 '0'이 나올 가능성이 0.5 이상이라는 주장을 유의수준 5%와 10%에서 검정하라.

71. 웨이퍼 한 장에 100개의 칩이 포함되어 있는 20장의 웨이퍼를 검사한 결과, 양품인 칩의 비율이 0.973이었다. 전체 칩의 개수에 대한 양품의 비율이 0.98 이상이라는 주장을 유의수준 5%에서 검정하라.

72. 새로 개발한 추진체를 이용하여 45번의 로켓 발사에서 성공한 횟수는 43번이다. 로켓 발사 성공률이 90%를 초과한다는 주장을 유의수준 5%에서 검정하라.

73. 미사일 방어체계를 위하여 고안된 새로운 레이더 장치는 400번의 시뮬레이션에서 368번의 비행체를 폭파했다. 이 장치가 비행체를 폭파시킬 확률이 90%를 초과하는지 유의수준 5%에서 검정하라.

74. 어느 회사의 생산관리부서에서 생산 라인 A와 B의 제품 불량률에 대한 차이를 알아보고자 한다. 생산 라인 A에서 생산한 제품 1,000개 중 7개가 불량품이었고, 생산 라인 B에서 생산한 제품 2,000개 중 5개가 불량품이었다. 두 생산 라인의 불량률의 차이가 있는지 유의수준 5%에서 검정하라.

75. 오른쪽과 왼쪽으로 발생하는 움직임에 대한 자율자동차의 감지 능력에 대한 실험이 실시되었다. 오른쪽과 왼쪽에서 각각 100회씩 움직임 신호를 발생했을 때 자율자동차가 각각 95회, 87회씩 신호를 감지하였다.

(a) 양쪽 방향에서의 신호를 감지하는 능력이 동일한지 유의수준 5%에서 검정하라.

(b) 양쪽 방향에서의 신호를 감지하는 능력에 1% 차이가 있는지 유의수준 5%에서 검정하라.

76. 어린이와 노인의 신종 플루에 대한 감염률이 동일한지 알아보기 위해 각각 360명과 325명씩 선정하여 조사하였다. 이들 중 어린이의 101명과 노인의 69명이 신종 플루에 감염되었을 때, p-값을 이용하여 감염률이 동일한지 유의수준 5%에서 검정하라.

77. 연구진은 새로 개발한 방법으로 생산한 제품의 불량률이 줄어들 것으로 예상한다. 이를 알아보기 위해 조사한 결과, 새로운 방법으로 생산한 제품 450개 중 11개와 기존 방법으로 생산한 제품 425개 중 16개가 불량이었다. 기존 방법으로 생산한 제품에 비해 새로운 방법으로 생산한 제품의 불량률이 작은지 유의수준 5%에서 검정하라.

78. 두 의학 단체 A는 각각 2000명의 암환자 중 흡연가가 648명이라고 주장한 반면, 다른 의학 단체 B는 암환자 1800명 중 흡연가가 551명이라 한다. 암환자 중 A가 주장하는 흡연가의 비율이 더 큰지 유의수준 5%에서 검정하라.

79. 어떤 섬유에 사용하는 두 종류 A와 B의 난연성 물질을 고온에 노출시킬 때 연소 비율에 차이가 있는지 알아보기 위해 다음과 같이 표본조사를 하였다. 물질 A의 연소율이 물질 B의 연소율보다 0.04만큼 초과하는지 유의수준 5%에서 검정하라.

표본	표본의 크기	연소된 개수
물질 A	85	28
물질 B	100	20

80. 두 압출기계 A와 B에 의해 생산되는 강철 막대의 규격에 차이가 있는지 조사하였다. 기계 A에 의한 강철 막대는 1,000개 중 862개가 합격하였고, 기계 B에 의한 강철 막대는 1200개 중 882개가 합격하였다. 기계 A에 의한 강철 막대의 합격률이 기계 B에 의한 강철 막대의 합격률에 비해 10%를 초과하는지 유의수준 5%에서 검정하라.

CHAPTER 11

카이제곱검정

11.1 적합도 검정

이 절에서는 수집한 자료집단이 어떤 주어진 확률분포를 따르는 모집단에서 추출된 확률 표본으로 간주할 수 있는지를 결정하는 방법에 대해 살펴본다. 이를 위해 공정한 주사위를 600번 던졌을 때 관찰된 눈의 개수가 [표 11.1]과 같다고 하자.

[표 11.1] 주사위를 600번 던져서 관찰된 눈의 개수

눈의 수	1	2	3	4	5	6
관찰도수	102	105	108	108	84	93

이때 주사위를 던져서 나오는 각각의 범주는 6개로 구성되며, 세 개 이상의 가능한 범주로 구성된 확률 실험을 **다항실험** multinomial experiment 이라 한다. 다항실험은 범주가 두 개뿐인 베르누이 실험을 확대한 것으로, 다음 특성을 갖는다.

- 전체 시행 횟수는 n이다.
- 매 시행은 $k(k \geq 3)$개의 가능한 범주로 구성된다.
- 매 시행에서 i번째 범주가 발생할 확률은 p_i이며, $p_1 + p_2 + \cdots + p_k = 1$이다.

- 각 시행은 독립이다. 즉, 이전 결과가 다음 시행에 영향을 미치지 않는다.
- 매 시행에서 i 번째 범주가 관찰된 도수 f_i에 대해, $f_1+f_2+\cdots+f_k=n$이다.

[표 11.1]의 주사위를 던지는 경우, 시행 횟수는 $n=600$이고 범주의 개수는 $k=6$이다. 주사위가 공정하게 만들어졌다면 각각의 눈이 나올 확률이 $p_i=\frac{1}{6}$, $i=1, 2, \cdots, 6$이다. 각각의 눈이 관찰된 도수의 합은 전체 시행 횟수 600과 동일하므로 주사위를 던진 결과는 다항실험이다. 이때 n번의 다항실험에서 관찰에 의해 실제로 얻어진 각 범주 i의 도수를 **관찰도수**observed frequency라 하며, f_i로 나타낸다.

주사위가 공정하게 만들어졌다면 각각의 눈이 나올 확률이 $p_i=\frac{1}{6}$, $i=1, 2, \cdots, 6$인 이산균등분포를 따른다. 따라서 이론적으로 주사위를 600번 던지면 각각의 눈이 나올 것으로 믿어지는 관찰도수는 각각 100번이다. 이와 같이 어떤 확률분포를 따르는 모집단에서 크기가 n인 확률표본을 추출할 때, 이론적으로 각 범주가 나타날 것으로 기대되는 도수를 **기대도수**expected frequency라 한다. i 번째 범주의 기대도수를 e_i라 하면 n번의 독립시행에서 i 번째 범주가 나타날 기대도수는 다음과 같다.

$$e_i=np_i$$

주사위를 600번 던진 결과에 대한 각 범주별 관찰도수, 관찰비율과 기대도수와 기대확률은 [표 11.2]와 같다.

[표 11.2] 600번의 주사위에 대한 관찰도수와 기대도수

범주	관찰도수(f_i)	관찰비율	기대도수(e_i)	기대확률(p_i)
1	102	0.17	100	$\frac{1}{6}$
2	105	0.175	100	$\frac{1}{6}$
3	108	0.18	100	$\frac{1}{6}$
4	108	0.18	100	$\frac{1}{6}$
5	84	0.14	100	$\frac{1}{6}$
6	93	0.155	100	$\frac{1}{6}$
합계	600	1.000	600	1.000

이때 실험 또는 관찰로부터 얻은 관찰값들이 어떤 확률분포로부터 얻어졌는가에 대한 검정, 즉 이론적인 분포로부터 발생하는 각 범주의 기대도수와 실제 관찰도수가 일치하는가에 대한 검정을 **적합도 검정**goodness-of-fit test이라 한다.

k개의 범주에 대한 다음 귀무가설을 검정하는 방법에 대해 살펴보자.

$$H_0: p_1 = p_{10},\ p_2 = p_{20},\ \cdots,\ p_k = p_{k0}$$

이에 대한 대립가설은 'H_1: H_0이 아니다'이며, i번째 범주의 도수 f_i와 기대도수 e_i에 대한 다음 제곱합을 **카이제곱 통계량**chi-square statistic(χ^2-통계량)이라 한다. 그러면 이 통계량은 근사적으로 자유도 $k-1$인 카이제곱분포를 따른다.

$$\chi^2 = \sum_{i=1}^{k} \frac{(f_i - e_i)^2}{e_i} \approx \chi^2(k-1)$$

귀무가설 H_0이 참이면 실제 관찰도수와 기대도수의 차 $f_i - e_i$가 거의 같아지며, 통계량의 관찰값 χ_0^2도 작아진다. 그러나 실제 관찰도수와 기대도수의 차가 크면 편차제곱 $(f_i - e_i)^2$의 합인 통계량의 관찰값 χ_0^2도 매우 커진다. 이 경우, 각 범주의 비율이 $p_i = p_{i0}$, $i = 1, 2, \cdots, k$인 모집단에서 얻은 표본이 아닐 가능성이 커지며, 기각역은 카이제곱분포의 오른쪽 꼬리를 이용한다. 즉, 적합도 검정을 위한 검정통계량과 기각역은 다음과 같다.

- 검정통계량: $\chi^2 = \sum_{i=1}^{k} \frac{(f_i - e_i)^2}{e_i}$
- 기각역: $\chi^2 > \chi_\alpha^2(n-1)$

귀무가설 $H_0: p_1 = p_{10},\ p_2 = p_{20},\ \cdots,\ p_k = p_{k0}$에 대한 적합도 검정은 다음과 같다.

❶ 대립가설은 'H_1: H_0이 아니다'이다.

❷ 유의수준 α에 대한 기각역은 $\chi^2 > \chi_\alpha^2(n-1)$이다.

❸ 검정통계량의 관찰값 χ_0^2이 기각역 안에 놓이면 H_0을 기각한다.

이와 같은 방법에 따라 [표 11.1]의 관찰도수가 이산균등분포를 따르는지 다음과 같이 검정한다.

① 귀무가설과 대립가설은 각각 다음과 같다.

$H_0: p_1 = p_2 = p_3 = p_4 = p_5 = p_6 = \frac{1}{6}$, H_1: H_0이 아니다.

② 유의수준 $\alpha = 0.05$에 대한 기각역은 $\chi^2 > \chi^2_{0.05}(5) = 11.07$이다.

③ 검정통계량 $\chi^2 = \sum_{i=1}^{6} \frac{(f_i - e_i)^2}{e_i}$이고 [표 11.3]에 의해 검정통계량의 관찰값은 $\chi_0^2 = 4.62$이다.

④ 검정통계량의 관찰값 $\chi_0^2 = 4.62$가 기각역 안에 놓이지 않으므로 귀무가설을 기각할 수 없다. 즉, $H_0: p_i = \frac{1}{6}$, $i = 1, 2, \cdots, 6$이 타당하다. 다시 말해, 주사위를 600번 던진 결과는 이산균등분포를 따른다고 할 수 있다.

[표 11.3] 검정통계량의 관찰값

범주	관찰도수 (f_i)	비율(p_i)	기대도수 ($e_i = np_i$)	$f_i - e_i$	$(f_i - e_i)^2$	$\frac{(f_i - e_i)^2}{e_i}$
1	102	$\frac{1}{6}$	100	2	4	0.04
2	105	$\frac{1}{6}$	100	5	25	0.25
3	108	$\frac{1}{6}$	100	8	64	0.64
4	108	$\frac{1}{6}$	100	8	64	0.64
5	84	$\frac{1}{6}$	100	-16	256	2.56
6	93	$\frac{1}{6}$	100	-7	49	0.49
합계	600	1.0	600	0		4.62

예제 1

송유관 1 m당 균열의 수를 조사하여 다음을 얻었다.

1m당 균열의 수	0	1	2	3	4 이상
관찰도수	314	146	31	8	1

균열의 수가 평균 0.5인 푸아송분포를 따르는지 유의수준 5%에서 검정하라.

풀이

① 귀무가설과 대립가설은 각각 다음과 같다.

H_0: 균열의 수가 평균 0.5인 푸아송분포를 따른다.

H_1: 균열의 수가 평균 0.5인 푸아송분포를 따르지 않는다.

② 유의수준 $\alpha = 0.05$에 대한 기각역은 $\chi^2 > \chi^2_{0.05}(4) = 9.49$이다.

③ 균열의 수에 대한 푸아송분포의 확률 p_i와 기대도수 e_i를 구한다.

④ 검정통계량은 $\chi^2 = \sum_{i=1}^{5} \frac{(f_i - e_i)^2}{e_i}$이고 다음 표에 의해 검정통계량의 관찰값은 $\chi_0^2 = 2.699$이다.

⑤ 검정통계량의 관찰값 $\chi_0^2 = 2.699$가 기각역 안에 놓이지 않으므로 귀무가설을 기각할 수 없다. 즉, 균열의 수가 평균 0.5인 푸아송분포를 따른다고 할 수 있다.

범주	관찰도수(f_i)	확률(p_i)	기대도수 ($e_i = np_i$)	$f_i - e_i$	$(f_i - e_i)^2$	$\frac{(f_i - e_i)^2}{e_i}$
0	314	0.607	303.5	10.5	110.25	0.363
1	146	0.303	151.5	-5.5	30.25	0.200
2	31	0.076	38	-7	49.00	1.289
3	8	0.013	6.5	1.5	2.25	0.346
≥ 4	1	0.001	0.5	0.5	0.25	0.500
합계	500	1.000	500	0	192.00	2.699

11.2 동질성 검정

앞에서는 하나의 자료집단이 여러 범주를 갖는 경우에 다항실험의 결과가 미리 주어진 확률과 동일하다는 귀무가설을 검정했다. 그러나 동일한 범주를 갖는 두 개 이상의 자료집단을 비교할 때가 있다. 이제 범주형 자료에 대한 두 개 이상의 모집단이 동일한 성질을 갖는지 검정하는 방법을 살펴본다.

어느 건설 회사는 강철판을 생산하는 두 회사 A와 B로부터 납품 받은 강철판의 두께가 규격에 적합한지 아니면 과하거나 미달인지를 알고자 한다. 이를 위해 회사 A와 B에서 각각 100개와 50개의 강철판을 임의로 추출하여 [표 11.4]를 얻었다고 하자.

[표 11.4] 회사별 강철판 두께의 분할표

회사 \ 두께	과함	적합함	미달	합계
회사 A	24	68	8	100
회사 B	14	31	5	50
합계	38	99	13	150

각 행은 한 기준(회사)에 대한 범주를 나타내고, 열은 또 다른 기준(두께)에 대한 범주를 나타낸다. 행과 열이 만나는 부분은 칸[cell]이라 하며, [표 11.4]는 6개의 칸으로 구성되고 i번째 행과 j번째 열이 만나는 칸의 숫자는 i 범주와 j 범주의 관찰도수이다. 이때 오른쪽 합계는 두 회사 A와 B에서 표본으로 선정한 개수이므로 고정된 숫자이고, 아래쪽 합계는 선정된 표본의 관찰도수의 합이다. 이와 같은 각 행과 열에 대한 관찰도수의 합을 **주변합계**[marginal total]라 한다.

이때 두 회사에서 납품 받은 강철판의 두께에 대한 비율이 동일하다는 주장, 즉 어떤 행을 선택하더라도 각 열에 해당하는 관찰값의 확률이 동일하다는 귀무가설에 대한 검정을 **동질성 검정**[homogeneity test]이라 한다. 따라서 동질성 검정에서 귀무가설과 대립가설은 다음과 같다.

$$H_0: p_{1j} = p_{2j} = \cdots = p_{rj}, \ \ j = 1, 2, \cdots, c$$

$$H_1: H_0 \text{이 아니다.}$$

즉, 귀무가설은 j번째 열에 대한 각 범주의 비율이 동일하다는 주장을 나타낸다. 이러한 동질성을 검정하기 위해 [표 11.5]와 같은 도수 분할표를 작성한다.

[표 11.5] $f_{i.}$가 고정된 두 요인에 대한 $r \times c$ 도수 분할표

A	B				합계
	B_1	B_2	$\cdots$	B_c	
A_1	f_{11}	f_{12}	$\cdots$	f_{1c}	$f_{1.}$(고정)
A_2	f_{21}	f_{22}	$\cdots$	f_{2c}	$f_{2.}$(고정)
$\vdots$	$\vdots$	$\vdots$	$\vdots$	$\vdots$	$\vdots$
A_r	f_{r1}	f_{r2}	$\cdots$	f_{rc}	$f_{r.}$(고정)
합계	$f_{.1}$	$f_{.2}$	$\cdots$	$f_{.c}$	n

여기서 f_{ij}는 i 범주와 j 범주의 관찰도수, $f_{i.}$는 범주 A_i 전체 도수이며 고정된 수, $f_{.j}$는 범주 B_j의 전체 도수이다. A_i행의 각 범주 B_1, B_2, $\cdots$, B_c의 비율을 p_{i1}, p_{i2}, $\cdots$, p_{ic}라 하면 p_{ij}의 추정

값은 다음과 같다.

$$\hat{p}_{ij} = \frac{f_{ij}}{f_{i.}}$$

귀무가설 H_0이 참이면 $p_{1j} = p_{2j} = \cdots = p_{rj} = p_j$이므로 p_j의 추정값은 다음과 같은 c개의 범주에 대한 합동표본비율을 이용한다.

$$\hat{p}_j = \frac{f_{1j} + f_{2j} + \cdots + f_{cj}}{f_{1.} + f_{2.} + \cdots + f_{r.}} = \frac{f_{.j}}{n}, \quad j = 1, 2, \cdots, c$$

따라서 A_1행의 각 칸의 기대도수는 다음과 같다.

$$\hat{e}_{1j} = f_{1.}\hat{p}_j$$

A_1행의 각 분할에 대한 카이제곱항은 $\dfrac{(f_{1j} - \hat{e}_{1j})^2}{\hat{e}_{1j}}$이므로 A_1행의 카이제곱합은 다음과 같으며, 자유도는 $c-1$이다.

$$\sum_{j=1}^{c} \frac{(f_{1j} - \hat{e}_{1j})^2}{\hat{e}_{1j}}$$

같은 방법으로 A_i행의 각 칸의 기대도수는 다음과 같다.

$$\hat{e}_{ij} = \frac{f_{i.}f_{.j}}{n}$$

따라서 A_i행의 카이제곱합은 다음과 같으며, 자유도는 $c-1$이다.

$$\sum_{j=1}^{c} \frac{(f_{ij} - \hat{e}_{ij})^2}{\hat{e}_{ij}}$$

그러면 전체 χ^2-통계량은 다음과 같으며, 자유도는 $(r-1)(c-1)$이다.

$$\chi^2 = \sum_{i=1}^{r} \sum_{j=1}^{c} \frac{(f_{ij} - \hat{e}_{ij})^2}{\hat{e}_{ij}}$$

따라서 동질성 검정을 위한 검정통계량은 χ^2-통계량이고, 유의수준 α에 대한 기각역은 다음과 같다.

$$\chi^2 > \chi^2_{\alpha}((r-1)(c-1))$$

[표 11.4]의 자료에 대한 기대도수는 다음과 같다.

$$\hat{e}_{11} = \frac{100 \times 38}{150} \approx 25.3, \quad \hat{e}_{12} = \frac{100 \times 99}{150} \approx 66, \quad \hat{e}_{13} = \frac{100 \times 13}{150} \approx 8.7,$$

$$\hat{e}_{21} = \frac{50 \times 38}{150} \approx 12.7, \quad \hat{e}_{22} = \frac{50 \times 99}{150} \approx 33, \quad \hat{e}_{23} = \frac{50 \times 13}{150} \approx 4.3$$

그러면 두 회사에서 납품한 강철판의 두께에 대한 관찰도수와 기대도수는 [표 11.6]과 같다.

[표 11.6] 강철판의 두께에 대한 관찰도수와 기대도수

두께 / 회사	두꺼움		적합함		미흡함		합계
	관찰도수	기대도수	관찰도수	기대도수	관찰도수	기대도수	
회사 A	24	25.3	68	66	8	8.7	100
회사 B	14	12.7	31	33	5	4.3	50
합계	38		99		13		150

따라서 검정통계량의 관찰값은 다음과 같다.

$$\chi_0^2 = \frac{(24-25.3)^2}{25.3} + \frac{(68-66)^2}{66} + \frac{(8-8.7)^2}{8.7} + \frac{(14-12.7)^2}{12.7} + \frac{(31-33)^2}{33} + \frac{(5-4.3)^2}{4.3}$$
$$\approx 0.55$$

유의수준 5%에서 검정한다면 자유도는 $(2-1)(3-1)=2$이므로 기각역은 $\chi^2 > \chi_{0.05}(2) = 5.99$이다. 검정통계량의 관찰값 $\chi_0^2 = 0.55$는 기각역 안에 놓이지 않으므로 귀무가설 H_0을 기각할 수 없다. 즉, 두 회사 A와 B로부터 납품 받은 강철판의 두께의 비율은 동일하다는 주장이 타당하다.

예제 2

세 가지 공정 방법에 의한 부품의 코팅이 기준에 맞는지 알아보기 위해 공정 방법별로 자동차를 100대씩 조사하여 다음을 얻었다. 세 가지 공정 방법에 의한 코팅 정도가 동일한지 유의수준 5%에서 검정하라.

두께 / 공정 방법	두꺼움	적당함	미흡함	합계
공정 방법 1	44	36	20	100
공정 방법 2	36	38	26	100
공정 방법 3	25	44	31	100
합계	105	118	77	300

풀이

① 귀무가설과 대립가설은 각각 다음과 같다.

H_0: 공정 방법별로 코팅 정도가 동일하다.

H_1: 공정 방법별로 코팅 정도가 동일하지 않다.

② $j = 1, 2, 3$에 대해 각 칸의 기대도수를 구하면 각각 다음과 같다.

$$\hat{e}_{1j} = \frac{105 \times 100}{300} = 35,\ \hat{e}_{2j} = \frac{118 \times 100}{300} = 39.3,\ \hat{e}_{3j} = \frac{77 \times 100}{300} = 25.7$$

따라서 강철판의 두께와 공정 방법에 따른 관찰도수와 기대도수는 다음과 같다.

공정 방법 \ 두께	두꺼움		적당함		미흡함		합계
공정 방법 1	44	35.0	36	39.3	20	25.7	100
공정 방법 2	36	35.0	38	39.3	26	25.7	100
공정 방법 3	25	35.0	44	39.3	31	25.7	100
합계	105		118		77		300

이제 $\dfrac{(f_{ij} - \hat{e}_{ij})^2}{\hat{e}_{ij}}$을 구하면 다음 표와 같다.

두께	범주	관찰도수(f_i)	기대도수($\hat{e}_{ij}$)	$f_{ij} - \hat{e}_{ij}$	$(f_{ij} - \hat{e}_{ij})^2$	$\dfrac{(f_{ij} - \hat{e}_{ij})^2}{\hat{e}_{ij}}$
두꺼움	방법 1	44	35.0	9.0	81.0	2.31
	방법 2	36	35.0	1.0	1.0	0.03
	방법 3	25	35.0	−10.0	100.0	2.86
적당함	방법 1	36	39.3	−3.3	10.9	0.28
	방법 2	38	39.3	−1.3	1.7	0.04
	방법 3	44	39.3	4.7	22.1	0.56
미흡함	방법 1	20	25.7	−5.7	32.5	1.26
	방법 2	26	25.7	0.3	0.1	0.00
	방법 3	31	25.7	5.3	28.1	1.09

따라서 검정통계량의 관찰값은 $\chi_0^2 = 2.31 + \cdots + 1.09 = 8.44$이다.

③ 유의수준 0.05에 대한 기각역은 $\chi^2 > \chi_{0.05}^2(4) = 9.49$이다.

④ 검정통계량의 관찰값 $\chi_0^2 = 8.44$가 기각역 안에 놓이지 않으므로 귀무가설을 기각할 수 없다. 즉, 공정 방법별로 코팅 정도가 동일하다고 할 수 있다.

11.3 독립성 검정

동질성 검정에서는 어느 한 기준(회사)에 대한 표본의 크기가 고정되어 있고, 다른 한 기준(두께)의 합계는 관찰값이었다. 즉, 두 기준 중 어느 하나는 고정값이고 다른 한 기준은 확률변수이지만 두 기준 모두 확률변수가 되는 경우를 생각할 수 있다.

예를 들어, 두 회사 A와 B에서 납품 받은 강철판 150개를 무작위로 선정하여 두께를 조사하여 [표 11.7]을 얻었다고 하자.

[표 11.7] 회사별 강철판 두께의 분할표

회사 \ 두께	두꺼움	적합함	미흡함	합계
회사 A	27	46	16	89
회사 B	7	33	21	61
합계	34	79	37	150

때때로 두 회사에서 생산된 강철판의 두께가 관련성이 있는지 검정할 필요가 있다. 즉, 강철판을 생산한 회사에 따라 강철판의 두께가 다르게 나타나는지 아니면 회사와는 관계없이 강철판의 두께가 다르게 나타나는지 검정할 필요가 있다. 이와 같이 모집단의 각 개체에서 관찰된 두 범주형 변수가 독립인지 검정하는 것을 **독립성 검정**test of independence이라고 한다.

이제 두 변수로 구성된 모집단에 대해 두 변수가 독립인지 검정하는 방법을 살펴본다. 변수 A는 r개의 범주 A_1, A_2, $\cdots$, A_r로, 변수 B는 c개의 범주 B_1, B_2, $\cdots$, B_c로 구성됐다고 하자. 그러면 두 변수에 대해 [표 11.8]과 같은 분할표를 생각할 수 있다.

[표 11.8] 두 요인에 대한 $r \times c$ 도수 분할표

A	B				합계
	B_1	B_2	$\cdots$	B_c	
A_1	f_{11}	f_{12}	$\cdots$	f_{1c}	$f_{1.}$
A_2	f_{21}	f_{22}	$\cdots$	f_{2c}	$f_{2.}$
$\vdots$	$\vdots$	$\vdots$	$\vdots$	$\vdots$	$\vdots$
A_r	f_{r1}	f_{r2}	$\cdots$	f_{rc}	$f_{r.}$
합계	$f_{.1}$	$f_{.2}$	$\cdots$	$f_{.c}$	n

여기서 f_{ij}는 i 범주와 j 범주의 관찰도수, $f_{i.}$는 범주 A_i의 전체 도수, $f_{.j}$는 범주 B_j의 전체 도수, n은 전체 도수이다. 각 칸의 확률을 다음과 같이 나타낸다.

- p_{ij} : A_i와 B_j의 결합확률, 즉 $p_{ij} = P(A_i \cap B_j)$
- $p_{i.}$: A_i의 확률, 즉 $p_{i.} = P(A_i)$
- $p_{.j}$: B_j의 확률, 즉 $p_{.j} = P(B_j)$

이때 두 변수가 독립이면 모든 $i = 1, 2, \cdots, r$, $j = 1, 2, \cdots, c$에 대해 다음이 성립한다.

$$p_{ij} = p_{i.} \times p_{.j}, \text{ 즉 } P(A_i \cap B_j) = P(A_i)\, P(B_j)$$

따라서 두 변수가 독립이라는 귀무가설과 이에 대한 대립가설은 다음과 같다.

$$H_0 : p_{ij} = p_{i.} \times p_{.j},\ i = 1, 2, \cdots, r,\ j = 1, 2, \cdots, c$$

$$H_1 : H_0 \text{이 아니다.}$$

즉, 귀무가설은 항상 '두 변수가 서로 관련이 없다'이고 대립가설은 '적어도 두 개 이상의 범주가 서로 관련이 있다'이다. 두 변수의 독립성을 검정하기 위해 먼저 $p_{i.}$와 $p_{.j}$의 추정값을 구하면 다음과 같다.

$$\hat{p}_{i.} = \frac{f_{i.}}{n},\ \hat{p}_{.j} = \frac{f_{.j}}{n}$$

귀무가설 H_0이 참이면 $p_{ij} = p_{i.} \times p_{.j}$이므로 (i, j) 칸의 확률 p_{ij}의 추정량은 다음과 같다.

$$\hat{p}_{ij} = \hat{p}_{i.} \times \hat{p}_{.j} = \frac{f_{i.} f_{.j}}{n^2}$$

따라서 (i, j) 칸의 기대도수는 다음과 같이 i번째 행의 도수와 j번째 열의 도수를 곱한 값을 표본의 크기 n으로 나눈 값이다.

$$\hat{e}_{ij} = n\hat{p}_{ij} = \frac{f_{i.} f_{.j}}{n}$$

이항분포의 정규근사는 $np \geq 5$, $n(1-p) \geq 5$인 경우에 사용하듯이 독립성 검정에서 각 칸의 기대도수가 5 이상이 되도록 표본의 크기를 정한다. 그러면 동질성 검정과 동일하게 독립성 검정을 위한 검정통계량은 다음과 같은 χ^2-통계량을 이용하며, 이때 자유도는 $(r-1)(c-1)$이다.

$$\chi^2 = \sum_{i=1}^{r}\sum_{j=1}^{c}\frac{(f_{ij}-\hat{e}_{ij})^2}{\hat{e}_{ij}} \approx \chi^2((r-1)(c-1))$$

유의수준 α에 대한 기각역은 다음과 같다.

$$\chi^2 > \chi^2_{\alpha}((r-1)(c-1))$$

[표 11.7]의 자료에 대한 관찰도수와 기대도수를 표로 나타내면 [표 11.9]와 같다.

[표 11.9] 강철판의 두께에 대한 관찰도수와 기대도수

회사 \ 두께	두꺼움		적합함		미흡함		합계
	관찰도수	기대도수	관찰도수	기대도수	관찰도수	기대도수	
회사 A	27	20.2	46	47	16	22	89
회사 B	7	13.8	33	32	21	15	61
합계	34		79		37		150

따라서 검정통계량의 관찰값은 다음과 같다.

$$\chi_0^2 = \frac{(27-20.2)^2}{20.2} + \frac{(46-47)^2}{47} + \frac{(16-22)^2}{22} + \frac{(7-13.8)^2}{13.8} + \frac{(33-32)^2}{32} + \frac{(21-15)^2}{15}$$

$$\approx 9.69$$

유의수준 5%에서 검정한다면 자유도는 $(2-1)(3-1)=2$이므로 기각역은 $\chi^2 > \chi_{0.05}(2) = 5.99$이다. 따라서 검정통계량의 관찰값 $\chi_0^2 = 9.69$는 기각역 안에 놓이므로 귀무가설 H_0을 기각한다. 즉, 두 회사별 강철판의 두께는 서로 관련이 있다.

예제 3

서로 다른 세 가지 공정 방법에 의한 부품의 코팅이 기준에 맞는지 알아보기 위해 임의로 선정한 자동차를 조사하여 다음을 얻었다. 세 가지 공정 방법에 의한 코팅 정도가 독립인지 유의수준 5%에서 검정하라.

공정 방법 \ 두께	두꺼움	적당함	미흡함	합계
공정 방법 1	16	41	18	75
공정 방법 2	40	15	26	81
공정 방법 3	14	38	42	94
합계	70	94	86	250

풀이

① 귀무가설과 대립가설은 각각 다음과 같다.

H_0: 공정 방법과 코팅 두께는 독립이다.

H_1: 공정 방법과 코팅 두께는 독립이 아니다.

② $j = 1, 2, 3$에 대해 각 칸의 기대도수를 구하면 각각 다음과 같다.

$$\hat{e}_{11} = \frac{75\times 70}{250} = 21.0,\ \hat{e}_{12} = \frac{75\times 94}{250} = 28.2,\ \hat{e}_{13} = \frac{75\times 86}{250} = 25.8,$$

$$\hat{e}_{21} = \frac{81\times 70}{250} = 22.7,\ \hat{e}_{22} = \frac{81\times 94}{250} = 30.5,\ \hat{e}_{23} = \frac{81\times 86}{250} = 27.9,$$

$$\hat{e}_{31} = \frac{94\times 70}{250} = 26.3,\ \hat{e}_{32} = \frac{94\times 94}{250} = 35.3,\ \hat{e}_{33} = \frac{94\times 86}{250} = 32.3$$

따라서 강철판의 두께와 공정 방법에 따른 관찰도수와 기대도수는 다음과 같다.

공정 방법 \ 두께	두꺼움		적당함		미흡함		합계
공정 방법 1	16	21.0	41	28.2	18	25.8	75
공정 방법 2	40	22.7	15	30.5	26	27.9	81
공정 방법 3	14	26.3	38	35.3	42	32.3	94
합계	70		94		86		250

이제 $\frac{(f_{ij} - \hat{e}_{ij})^2}{\hat{e}_{ij}}$을 구하면 다음 표와 같다.

두께	범주	관찰도수(f_i)	기대도수($\hat{e}_{ij}$)	$f_{ij}-\hat{e}_{ij}$	$(f_{ij}-\hat{e}_{ij})^2$	$\frac{(f_{ij}-\hat{e}_{ij})^2}{\hat{e}_{ij}}$
두꺼움	방법 1	16	21.0	-5.0	25.00	1.1905
	방법 2	40	22.7	17.3	299.29	13.1846
	방법 3	14	26.3	-12.3	151.29	5.7525
적당함	방법 1	41	28.2	12.8	163.84	5.8099
	방법 2	15	30.5	-15.5	240.25	7.8770
	방법 3	38	35.3	2.7	7.29	0.2065
미흡함	방법 1	18	25.8	-7.8	60.84	2.3581
	방법 2	26	27.9	-1.9	3.61	0.1294
	방법 3	42	32.3	9.7	94.09	2.9130

따라서 검정통계량의 관찰값은 $\chi_0^2 = 1.1905 + \cdots + 0.1294 = 39.4216$이다.

③ 유의수준 0.05에 대한 기각역은 $\chi^2 > \chi_{0.05}^2(4) = 9.49$이다.

④ 검정통계량의 관찰값 $\chi_0^2 = 39.4216$이 기각역 안에 놓이므로 귀무가설을 기각한다. 즉, 공정 방법과 코팅 두께는 독립이라 할 수 없다.

연습문제

1. 20명을 임의로 선정하여 혈액형을 조사한 결과, A형 5명, B형 5명, AB형 4명, O형 6명이었다. 각 혈액형의 비율이 동일한지 유의수준 5%에서 검정하라.

2. 과학기술정보통신부와 한국인터넷진흥원에서 조사한 인터넷 이용 실태 요약보고서에 따르면 광역시별 인터넷 이용자 수와 광역시 인구 비율은 다음과 같다. 이를 이용하여 광역시별로 인터넷 이용률이 동일한지 유의수준 5%에서 검정하라.

광역시	서울	인천	대전	대구	울산	부산	광주
이용자 수	8,649	2,534	1,370	2,255	1,098	3,130	1,375
인구 비율	0.429	0.128	0.067	0.108	0.051	0.151	0.066

3. 다음은 어느 제조 회사에서 생산한 완구의 불량률이 요일별로 동일한지 알아보기 위해 요일별 불량품 수를 조사한 결과이다. 요일별 불량률이 동일한지 유의수준 5%에서 검정하라.

요일	월	화	수	목	금
불량품 수	38	25	30	29	13

4. 플레이트 표면 마감처리는 프리미엄, 양호, 미흡, 불량으로 분류된다. 회사에서 각 등급의 비율이 9%, 77%, 11%, 3%라고 주장한다. 200개의 플레이트 표본을 조사하여 평가한 결과는 각 등급별로 13개, 143개, 32개, 12개이었다. 회사의 주장이 타당한지 유의수준 5%에서 검정하라.

5. 편도 4차로인 고속도로에서 운전자가 선호하는 차로가 있는지 알아보기 위해 버스전용차로제가 시행되지 않는 시간대에 600대의 차량을 조사하여 다음을 얻었다. 운전자가 선호하는 차로가 있는지 유의수준 5%에서 검정하라.

차로	1차로	2차로	3차로	4차로
운전자 수	171	168	156	105

6. 어떤 방사선 물질이 방출하는 감마선의 수는 평균 4인 푸아송분포를 따르는지 검정하기 위하여, 1초 동안 방출하는 감마선의 수를 측정하여 다음을 얻었다. 감마선의 수가 푸아송분포를 따르는지 유의수준 5%에서 검정하라.

감마선 수	0개	1개	2개	3개	4개	5개	6개	7개 이상
관찰도수	6	11	22	41	35	32	28	25

7. 스마트폰을 생산하는 어느 대기업은 세 중소기업 A, B, C로부터 케이스를 공급 받는다. 다음은 이 회사의 품질관리 부서에서 세 기업으로부터 납품 받은 케이스의 양품과 불량품의 비율이 같은지 검사하기 위해 A 회사에서 150개, B 회사에서 200개, C 회사에서 150개를 표본조사한 결과이다. 세 기업으로부터 납품 받은 케이스의 양품과 불량품에 대한 분포가 동일한지 유의수준 5%에서 검정하라.

회사	A	B	C
양품의 수	135	195	146
불량품의 수	15	5	4

8. 3교대로 작업이 이루어진 작업장에서 작업시간대별로 불량률이 같은지 검정하기 위해 조사하여 다음 결과를 얻었다. 작업시간대별로 불량률이 동일한지 유의수준 5%에서 검정하라.

작업시간대	오전	오후	야간
양품의 수	285	276	255
불양품의 수	15	24	45

9. 다음은 성별과 선호하는 색깔 사이에 연관성이 있는 조사하기 위해 남자 240명, 여자 160명을 임의로 선정하여 선호하는 색깔을 조사한 결과이다. 남녀의 선호하는 색깔에 대한 동질성 여부를 유의수준 2.5%에서 검정하라.

색깔	빨간색	파란색	노란색	갈색	보라색	검은색
남자	61	56	18	32	38	35
여자	52	29	34	22	16	7

10. 어느 지역의 건물들을 관리하는 보안 회사는 감지센서의 정상 작동과 오작동을 월별로 조사하여 다음을 얻었다. 이 자료를 이용하여 월별로 오작동의 비율이 동일한지 유의수준 5%에서 검정하라.

월	1월	2월	3월	4월	5월	6월	7월	8월	9월	10월	11월	12월
정상 작동	28	21	33	26	15	28	22	19	20	38	26	14
오작동	12	2	16	12	22	30	32	32	14	16	10	12

11. 스마트폰 케이스를 생산하는 어느 업체는 네 공장에서 케이스를 생산하며, 전반기 각 공장에서 월별로 생산한 불량 케이스의 개수는 다음과 같다. 생산 시기와 공장이 관계가 없는지 유의수준 5%에서 검정하라.

월	공장 A	공장 B	공장 C	공장 D
1	19	40	37	26
2	30	33	31	35
3	29	32	29	34
4	27	39	34	20
5	23	36	38	37
6	31	30	33	22

12. 다음은 어느 도시의 월별 일기 일수를 나타낸 것이다. 월과 일기 일수가 독립인지 유의수준 5%에서 검정하라(단, $\chi^2_{0.05}(33) = 47.4$이다).

일기 \ 월	1월	2월	3월	4월	5월	6월	7월	8월	9월	10월	11월	12월
구름	23	17	11	15	16	17	6	9	13	18	28	25
맑음	6	2	3	5	7	3	11	7	8	8	2	2
흐림	2	9	17	10	8	10	14	15	9	5	0	4
강수	5	10	13	9	11	7	16	17	12	7	4	9

13. 다음은 네 종류의 커피 브랜드에 대한 선호도가 성별과 관계가 없는지 알아보기 위해 남녀 500명을 임의로 선정하여 표본조사한 결과이다. 네 커피 브랜드에 대한 선호도와 성별이 관계가 없는지 유의수준 5%에서 검정하라.

성별 \ 브랜드	A	B	C	D
남자	35	25	60	65
여자	85	65	75	90

CHAPTER 12

분산분석

12.1 분산분석 개요

10장에서 살펴본 평균에 관한 검정은 많아야 두 모집단의 모수에 대한 추론이었다. 특히 모분산을 모르는 두 모평균 차를 추론하기 위해 두 모분산이 동일하다는 가정 아래 t-검정을 실시했다. 그러나 실제로는 세 개 이상의 독립인 정규모집단에 대한 모평균을 비교하는 경우가 대부분이다. 예를 들어, 10.4절에서 살펴본 두 모평균 차에 대한 가설검정을 이용하여 세 자동차 배터리 회사 A, B, C에서 생산한 배터리의 평균 수명이 동일한지 검정을 한다면, 두 회사씩 짝을 지어서 (A, B), (B, C), (A, C) 회사의 평균 수명을 검정해야 하는 번거로움이 있다. 이를 해결하는 방법이 분산분석이다.

세 회사에서 생산한 배터리의 평균 수명이 동일한지 알아보기 위해 회사별로 배터리를 5개씩 측정하여 [표 12.1]을 얻었다고 하자.

[표 12.1] 배터리 수명(단위: km)

회사 A	회사 B	회사 C
3.2	3.4	4.1
3.7	4.5	3.6
4.1	3.2	4.2
4.6	3.7	4.3
3.2	3.1	5.6

세 회사 A, B, C의 평균 수명을 각각 μ_1, μ_2, μ_3이라 하면 귀무가설은 $H_0: \mu_1 = \mu_2 = \mu_3$이다. 세 모집단은 모분산이 동일한 정규분포를 따른다고 가정하고 H_0이 참이라 하자. 세 표본평균 $\bar{x}_1 = 3.76$, $\bar{x}_2 = 3.58$, $\bar{x}_3 = 4.36$은 [그림 12.1]과 같이 동일한 평균을 갖는 모집단에서 추출한 표본인 것으로 생각할 수 있다.

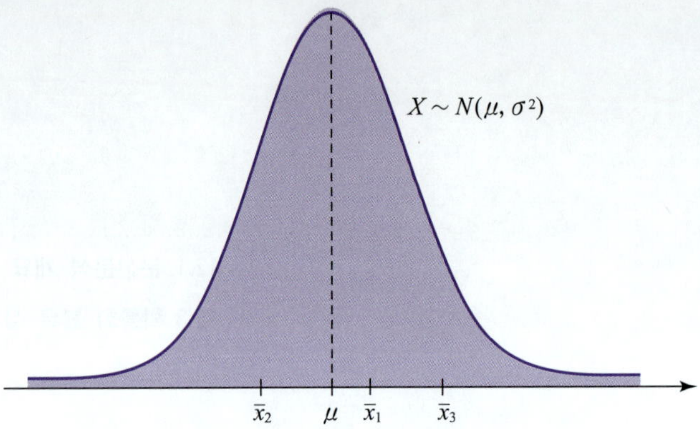

[그림 12.1] $\mu_1 = \mu_2 = \mu_3$인 경우 표본평균의 관찰값

그러면 대립가설은 'H_1: 모두가 같은 것은 아니다', 즉 '적어도 어느 두 모평균은 다르다'이다. $\mu_1 = \mu_2 \neq \mu_3$이 참이라 하면 $\mu_1 = \mu_2 = \mu$이지만 $\mu_3 \neq \mu$이므로 [그림 12.2]와 같이 두 표본평균 $\bar{x}_1$, $\bar{x}_2$는 동일한 모집단 1에서 추출했으나 표본평균 $\bar{x}_3$은 모집단 2에서 추출한 것을 의미한다.

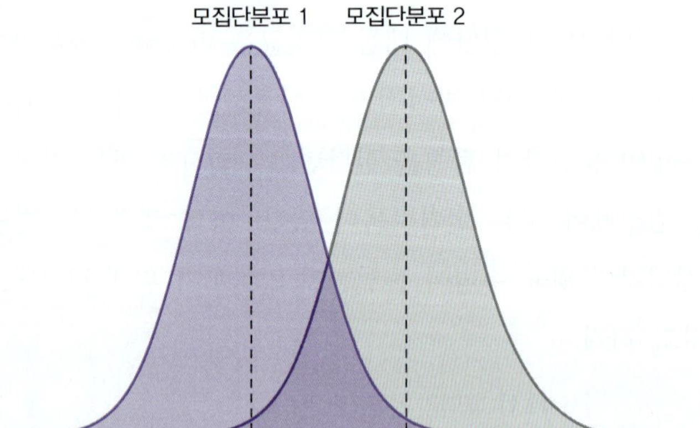

[그림 12.2] $\mu_1 = \mu_2 \neq \mu_3$인 경우 표본평균의 관찰값

귀무가설 $H_0: \mu_1 = \mu_2 = \mu_3$을 검정하려면 다음 세 가지 귀무가설에 대해 t-검정을 실시해야 한다.

$$H_0: \mu_1 = \mu_2, \ H_0: \mu_2 = \mu_3, \ H_0: \mu_1 = \mu_3$$

유의수준 5%에서 t-검정을 한다면 실제로 이 세 귀무가설 H_0이 모두 참일 때 옳다는 결론을 얻게 될 확률은, 각각의 확률이 0.95이므로 $(0.95)^3 \approx 0.8574$이다. 따라서 적어도 어느 한 검정에 의해 잘못된 결론을 내려 H_0을 기각시킬 제1종 오류를 일으킬 확률, 즉 유의수준이 $\alpha = 1 - 0.8574 = 0.1426$으로 높게 나타난다. 또한, 세 가설에 대해 개별적으로 t-검정을 실시해야 하며, 이 가설들 중 어느 하나라도 기각되면 귀무가설 $H_0: \mu_1 = \mu_2 = \mu_3$을 기각해야 한다. 비교 집단이 더 늘어난다면 t-검정의 실시 횟수가 늘어나고, 유의수준은 더욱 커질 것이다. 따라서 $H_0: \mu_1 = \mu_2 = \mu_3$을 검정하기 위해 t-검정 대신 한 번에 검정하는 방법을 선택하는 것이 바람직하다. 이와 같이 세 개 이상의 모평균에 대한 동질성을 검정하는 기법을 **분산분석** analysis of variance, ANOVA이라 한다. 이 방법은 여러 평균에 대한 동질성을 검정하기 위해 표본분산을 분석하며, 이러한 이유로 분산분석이라는 명칭을 사용한다. 분산분석을 수행하기 위해 다음 세 가지 성질을 가정한다.

- **정규성** normality : 표본을 추출한 모집단은 정규분포를 따른다.
- **등분산성** equi-variance : 표본을 추출한 모집단은 동일한 분산을 갖는다.
- **독립성** independence : 모집단에서 추출한 표본은 각각 독립이다.

분산분석은 실험계획에 활용되며, **실험계획** experimental design은 주어진 문제를 해결하거나 시스템의 성격을 알기 위하여 실험을 수행하고 적당한 데이터를 수집한 후, 적절한 통계적 방법으로 분석하는 일련의 과정을 의미한다.

12.2 일원분산분석

세 개 이상의 모평균에 대한 동질성을 검정하는 분산분석의 가장 간단한 형태인 일원분산분석에 대해 살펴본다.

일원분산분석을 실시하기 위한 기본 용어는 다음과 같다.

- **요인** 또는 **인자** factor : 모집단을 구분하는 기본 변수, 즉 실험에서 관심의 대상이 되는 변수
- **수준** level : 요인이 갖는 값
- **처리** treatment : 각 요인에 대한 수준의 조합
- **반응** response : 측정되는 값

예를 들어, 알루미늄의 코팅 방식과 습도에 따른 부식 정도에 차이가 있는지 실험한다고 하자. 코팅 방법은 비코팅, 산화코팅, 크롬산염코팅으로 분류되고 습도는 저습도, 고습도로 분류된다고 하자.

주된 요인은 코팅 방식과 습도이고, 비코팅, 산화코팅, 크롬산염코팅과 저습도, 고습도는 수준이 된다. 세 코팅 방법과 두 습도에 의한 조합은 6개가 있으며, 이러한 조합은 처리이다. [표 12.1]의 자료에서 주된 관심사는 회사 A, B, C의 배터리 수명의 차이므로 요인은 하나(회사)이고, 이 경우에 수준(A, B, C)은 처리와 같다. 이때 범주형 변수인 회사 A, B, C를 **독립변수**independent variable, 회사별 배터리 수명의 측정값은 연속형 변수이고 이러한 변수를 **종속변수**dependent variable라 한다. 이와 같이 세 개 이상의 수준을 갖고 요인이 하나인 분산분석 방법을 **일원분산분석**one-way analysis of variance이라 한다.

[표 12.2]는 일원분산분석을 위한 가장 기본적인 사항을 나타낸 것이다.

[표 12.2] 일원분산분석을 위한 기본 표

	처리						
	1	2	$\cdots$	j	$\cdots$	k	
	x_{11} x_{21} $\vdots$ $x_{n_1 1}$	x_{12} x_{22} $\vdots$ $x_{n_2 2}$	$\cdots$ $\cdots$ $\vdots$ $\cdots$	x_{1j} x_{2j} $\vdots$ $x_{n_j j}$	$\cdots$ $\cdots$ $\vdots$ $\cdots$	x_{1k} x_{2k} $\vdots$ $x_{n_k k}$	
	n_1	n_2	$\cdots$	n_j	$\cdots$	n_k	
표본평균	$\overline{x}_1$	$\overline{x}_2$	$\cdots$	$\overline{x}_j$	$\cdots$	$\overline{x}_k$	총 평균 $\overline{\overline{x}}$

여기서 사용한 기호는 다음과 같다.

- k : 모집단의 수
- x_{ij} : j 번째 모집단에서 추출한 표본의 i 번째 관측값
- n_j : j 번째 모집단에서 추출한 표본의 크기
- $\overline{x}_j$: j 번째 모집단에서 추출한 표본의 평균, 즉 $\overline{x}_j = \dfrac{1}{n_j}\sum_{i=1}^{n_j} x_{ij}$

모든 관측값의 총 평균을 $\overline{\overline{x}}$으로 나타내며 다음과 같다.

$$\overline{\overline{x}} = \frac{1}{n}\sum_{j=1}^{k}\sum_{i=1}^{n_j} x_{ij},\ n = n_1 + n_2 + \cdots + n_k$$

일원분산분석은 총 변동을 그룹 사이(집단간 또는 수준간 또는 요인간)의 변동과 그룹 내(집단내)의 변동(오차)으로 나누어서 분산비를 검정한다.

예를 들어, [표 12.1]에 대한 기본 표는 [표 12.3]과 같고, 모든 관측값의 총 평균은 $\bar{\bar{x}} = 3.9$이다.

[표 12.3] 배터리 수명의 기본 표

	회사 A	회사 B	회사 C	
	3.2	3.4	4.1	
	3.7	4.5	3.6	
	4.1	3.2	4.2	
	4.6	3.7	4.3	
	3.2	3.1	5.6	
크기	5	5	5	
표본평균	3.76	3.58	4.36	$\bar{\bar{x}} = 3.9$

앞에서 여러 평균에 대한 동질성을 검정하기 위해 표본분산을 이용하며, 이 표본분산은 그룹들 사이의 분산과 그룹 안의 분산으로 구분된다. 각 그룹들 사이의 분산을 이용하여 표본평균이 얼마나 가까운지 측정하는 척도를 **처리 간 변동**between-treatment variation 또는 **그룹 간 변동**between-groups variation이라 하고, 그룹 안의 분산을 **처리 내 변동**within-treatment variation 또는 **그룹 내 변동**within-groups variation이라 한다. [그림 12.3]은 [표 12.1]의 자료에 대한 총 편차와 그룹 간 편차, 그룹 내 편차를 보여 주며, 그룹 간 편차와 그룹 내 편차의 합은 총 편차와 같음을 알 수 있다.

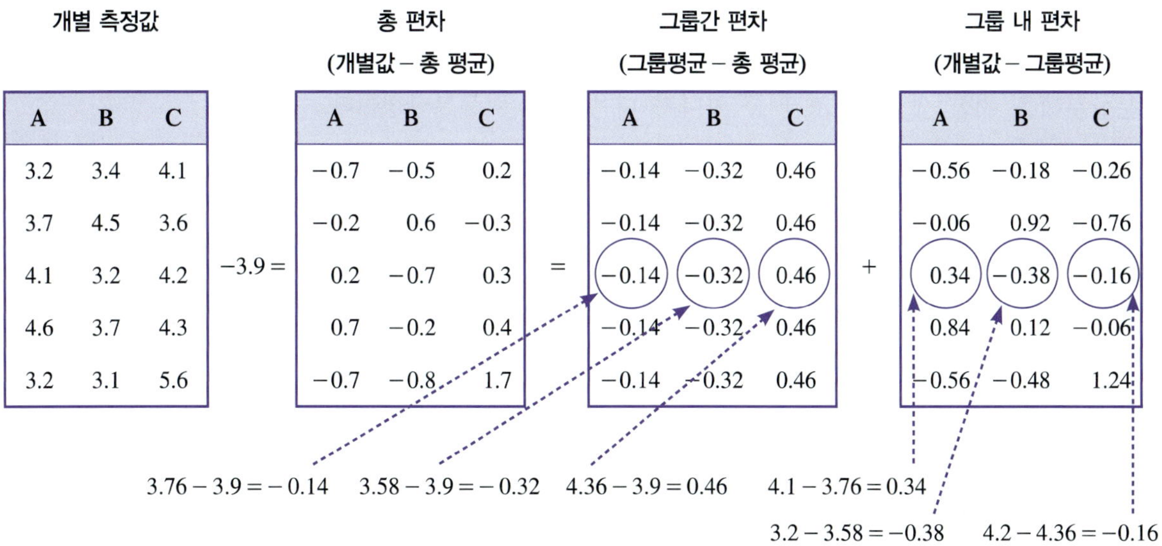

[그림 12.3] 총 편차와 그룹 간 편차, 그룹 내 편차

■ 제곱합

다음과 같이 처리 간 편차에 대한 제곱합을 **처리제곱합** sum of squares for treatment, SSTR 이라 한다.

$$\text{SSTR} = \sum_{j=1}^{k} n_j \left(\overline{x}_j - \overline{\overline{x}}\right)^2$$

표본평균들이 $\overline{x}_1 = \overline{x}_2 = \cdots = \overline{x}_k = \overline{x}$이면 $\overline{x} = \overline{\overline{x}}$, 즉 $\text{SSTR} = 0$이다. 표본평균들이 모두 비슷하게 나타나면 SSTR은 작아지며, 이 경우 모든 모평균이 동일하다는 귀무가설은 신빙성을 갖는다. 표본평균들의 변동성을 측정하기 위해 SSTR을 자유도 $k-1$로 나누면, 이는 각 표본평균 $\overline{x}_j$와 총 평균 $\overline{\overline{x}}$의 편차 제곱의 가중평균을 나타내며, 이를 **처리평균제곱** treatment mean square, MST 이라 한다.

$$\text{MST} = \frac{\text{SSTR}}{k-1}$$

[표 12.1]에서 $\overline{x}_1 = 3.76$, $\overline{x}_2 = 3.58$, $\overline{x}_3 = 4.36$이므로 처리제곱합과 처리평균제곱은 다음과 같다.

$$\begin{aligned} \text{SSTR} &= 5\left(\overline{x}_1 - \overline{\overline{x}}\right)^2 + 5\left(\overline{x}_2 - \overline{\overline{x}}\right)^2 + 5\left(\overline{x}_3 - \overline{\overline{x}}\right)^2 \\ &= 5(-0.14)^2 + 5(-0.32)^2 + 5(0.46)^2 = 1.668 \end{aligned}$$

$$\text{MST} = \frac{1.668}{2} = 0.834$$

분산분석을 위한 세 가지 조건 중 하나가 다음과 같은 등분산성이다.

$$\sigma_1^2 = \sigma_2^2 = \cdots = \sigma_k^2 = \sigma^2$$

10.4절에서 두 모분산이 동일하지만 값을 모르는 경우에는 표본평균의 차를 추론하기 위해 합동표본분산 S_p^2을 사용했다. 마찬가지로 일원분산분석에서도 j번째 모집단에서 추출한 표본의 표본분산을 s_j^2이라 하면 **오차제곱합** error sum of squares, SSE 을 다음과 같이 정의한다.

$$\begin{aligned} \text{SSE} &= (n_1-1)s_1^2 + (n_2-1)s_2^2 + \cdots + (n_k-1)s_k^2 \\ &= \sum_{i=1}^{n_1}(x_{i1} - \overline{x}_1)^2 + \sum_{i=1}^{n_2}(x_{i2} - \overline{x}_2)^2 + \cdots + \sum_{i=1}^{n_k}(x_{ik} - \overline{x}_k)^2 \\ &= \sum_{j=1}^{k}\sum_{i=1}^{n_j}(x_{ij} - \overline{x}_j)^2 \end{aligned}$$

즉, 오차제곱합은 다음과 같다.

$$\text{SSE} = \sum_{j=1}^{k}\sum_{i=1}^{n_j}(x_{ij} - \bar{x}_j)^2$$

오차제곱합은 처리들에 의해 설명되지 않는 종속변수의 변동을 나타내는 척도로, 처리 내 변동을 나타낸다. 한편, 다음과 같이 오차제곱합 SSE를 전체 표본의 크기에서 처리의 수를 뺀 $n-k$로 나눈 값을 **평균제곱오차**mean square for error, MSE라 한다. 여기서 $n-k$는 SSE의 자유도이다.

$$\text{MSE} = \frac{\text{SSE}}{n-k}$$

[표 12.1]에 대해 오차제곱합과 평균제곱오차는 각각 다음과 같다.

$$\text{SSE} = \sum_{j=1}^{3}\sum_{i=1}^{5}(x_{ij} - \bar{x}_j)^2 = 4.932, \ \ \text{MSE} = \frac{4.932}{15-3} \approx 0.411$$

다음과 같이 개개의 측정값 x_{ij}와 총 평균 $\bar{\bar{x}}$와의 편차제곱들의 합을 **총제곱합**total sum of squares, SST이라 한다.

$$\text{SST} = \sum_{j=1}^{k}\sum_{i=1}^{n_j}\left(x_{ij} - \bar{\bar{x}}\right)^2$$

다음과 같이 총제곱합은 처리제곱합과 오차제곱합의 합으로 표현할 수 있다.

$$\text{SST} = \text{SSTR} + \text{SSE}$$

[표 12.1]의 자료에 대해 총제곱합은 $\text{SST} = \sum_{j=1}^{k}\sum_{i=1}^{n_j}\left(x_{ij} - \bar{\bar{x}}\right)^2 = 6.6$이고, 총제곱합은 처리제곱합 $\text{SSTR} = 1.668$과 오차제곱합 $\text{SSE} = 4.932$의 합인 것을 확인할 수 있다.

■ 검정통계량과 검정 방법

귀무가설 $H_0: \mu_1 = \mu_2 = \cdots = \mu_k$가 참이면 MST와 MSE는 공통의 모분산 σ^2에 대한 불편추정량을 제공한다. 그러므로 $F = \dfrac{\text{MST}}{\text{MSE}}$는 두 표본분산의 비이며, F-통계량은 분자의 자유도 $k-1$, 분모

의 자유도 $n-k$인 F-분포를 따른다. H_0이 거짓이라 하면 MST가 σ^2을 과대하게 추정하므로 F의 관찰값도 매우 크게 나타난다. 따라서 귀무가설 $H_0: \mu_1 = \mu_2 = \cdots = \mu_k$를 확인하기 위해 상단측검정을 실시하며, 일원분산분석을 할 때 검정통계량과 기각역은 다음과 같다.

- 검정통계량과 확률분포: $F = \dfrac{\text{MST}}{\text{MSE}} \sim F(k-1, n-k)$
- 기각역: $F > f_\alpha(k-1, n-k)$
- p-값 $= P(F > f_0)$

[표 12.1]의 자료에 대해 $\text{MST} = 0.834$, $\text{MSE} = 0.411$이므로 검정통계량의 관찰값은 다음과 같다.

$$f_0 = \frac{\text{MST}}{\text{MSE}} = \frac{0.834}{0.411} \approx 2.029$$

기각역은 $F > f_{0.05}(2, 12) = 3.89$이므로 검정통계량의 관찰값 $f_0 = 2.029$는 기각역 안에 놓이지 않는다. 따라서 유의수준 5%에서 귀무가설을 기각할 수 없다. 즉, 세 모평균은 동일하다는 주장은 신빙성이 있다.

지금까지 살펴본 일원분산분석 과정을 요약하면 다음과 같다.

❶ 귀무가설과 대립가설은 각각 다음과 같다.

$H_0: \mu_1 = \mu_2 = \cdots = \mu_k$, $\quad H_1$: 모든 모평균이 서로 같은 것은 아니다.

❷ 유의수준 α에 대한 기각역은 $F > f_\alpha(k-1, n-k)$이다.

❸ 검정통계량 $F = \dfrac{\text{MST}}{\text{MSE}}$를 선택하고, 관찰값 f_0을 구한다. 이를 위해 [표 12.4]와 같은 **분산분석표**ANOVA table를 사용한다.

❹ 검정통계량의 관찰값 f_0이 기각역 안에 놓이면 H_0을 기각하고, 그렇지 않으면 기각하지 않는다.

[표 12.4] 일원분산분석을 위한 분산분석표

변동 요인	제곱합	자유도	평균제곱	F-통계량	기각역의 하한
처리(그룹 간)	SSTR	$k-1$	$\text{MST} = \dfrac{\text{SSTR}}{k-1}$	$F = \dfrac{\text{MST}}{\text{MSE}}$	$f_\alpha(k-1, n-k)$
오차(그룹 내)	SSE	$n-k$	$\text{MSE} = \dfrac{\text{SSE}}{n-k}$		
합계	SST	$n-1$			

[표 12.1]의 자료에 대해 일원분산분석을 위한 분산분석표는 [표 12.5]와 같다.

[표 12.5] 배터리 수명에 대한 분산분석표

변동 요인	제곱합	자유도	평균제곱	F-통계량	기각역의 하한
처리(그룹 간)	1.668	2	0.834	2.029	3.89
오차(그룹 내)	4.932	12	0.411		
합계	6.6	14			

이 분산분석표를 기초로 하면 F-통계량의 관찰값 $f_0 = 2.029$가 기각역 $F > f_{0.05}(2, 15) = 3.68$ 안에 놓이지 않으므로 귀무가설 $H_0 : \mu_1 = \mu_2 = \mu_3$을 기각할 수 없다. 즉, 유의수준 5%에서 배터리의 평균 수명이 동일하다는 주장은 신빙성이 있다는 결론을 얻는다.

예제 1

네 종류의 주방용 세척제의 세척력을 비교하기 위하여 동일한 농도의 기름때가 묻은 식기 20개를 조사하여 다음을 얻었다. 네 종류의 주방용 세척제의 세척력이 동일한지 유의수준 5%에서 검정하라.

세척제 A	세척제 B	세척제 C	세척제 D
75	84	93	93
79	94	71	95
78	81	72	87
79	93	86	95
77	72	76	86

풀이

① 귀무가설은 $H_0: \mu_1 = \mu_2 = \mu_3 = \mu_4$이고 대립가설은 '$H_1$: H_0이 아니다'이다.

② 유의수준 $\alpha = 0.05$에 대한 기각역은 $F > f_{0.05}(3, 16) = 3.24$이다.

$$\bar{x}_1 = \frac{1}{5}\sum_{i=1}^{5} x_{i1} = 77.6, \quad \bar{x}_2 = \frac{1}{5}\sum_{i=1}^{5} x_{i2} = 84.8,$$

$$\bar{x}_3 = \frac{1}{5}\sum_{i=1}^{5} x_{i3} = 79.6, \quad \bar{x}_4 = \frac{1}{5}\sum_{i=1}^{5} x_{i4} = 91.2,$$

$$\bar{\bar{x}} = \frac{77.6 + 84.8 + 79.6 + 91.2}{4} = 83.3$$

③ 총편차, 그룹 간 편차, 그룹 내 편차를 구하면 다음과 같다.

총 편차 (개별값 − 총 편차)				그룹 간 편차 (그룹 평균 − 총 평균)				그룹 내 편차 (개별값 − 그룹 평균)			
A	B	C	D	A	B	C	D	A	B	C	D
−8.3	0.7	9.7	9.7	−5.7	1.5	−3.7	7.9	−2.6	−0.8	13.4	1.8
−4.3	10.7	−12.3	11.7	−5.7	1.5	−3.7	7.9	1.4	9.2	−8.6	3.8
−5.3	−2.3	−11.3	3.7	−5.7	1.5	−3.7	7.9	0.4	−3.8	−7.6	−4.2
−4.3	9.7	2.7	11.7	−5.7	1.5	−3.7	7.9	1.4	8.2	6.4	3.8
−6.3	−11.3	−7.3	2.7	−5.7	1.5	−3.7	7.9	−0.6	−12.8	−3.6	−5.2

이 표를 이용하면 처리제곱합, 오차제곱합, 총제곱합, MST, MSE, F-통계량 값은 다음과 같다.

$$\text{SSTR} = \sum_{j=1}^{4} 5\left(\overline{x}_j - \overline{\overline{x}}\right)^2 = 554.2, \quad \text{SSE} = \sum_{j=1}^{4}\sum_{i=1}^{5}(x_{ij} - \overline{x}_j)^2 = 784,$$

$$\text{SST} = \sum_{j=1}^{4}\sum_{i=1}^{5}\left(x_{ij} - \overline{\overline{x}}\right)^2 = 1338.2, \ \text{MST} = \frac{554.2}{3} \approx 184.73,$$

$$\text{MSE} = \frac{784}{16} = 49, \ f_0 = \frac{\text{MST}}{\text{MSE}} = \frac{184.73}{49} = 3.77$$

④ 분산분석표를 작성한다.

변동 요인	제곱합	자유도	평균제곱	F-통계량	기각역의 하한
처리(그룹 간)	554.2	3	184.73	3.77	3.24
오차(그룹 내)	784	16	49		
합계	1338.2	19			

⑤ 검정통계량의 관찰값 $f_0 = 3.77$은 기각역 안에 놓이므로 귀무가설을 기각한다. 즉, 네 종류의 주방용 세척제의 세척력이 동일하다고 할 수 없다.

예제 2

콘크리트의 수분 함량이 20%, 30%, 40%인 경우에 압축강도에 차이가 있는지 검정하기 표본조사를 실시하여 다음 자료를 얻었다. 세 종류의 수분 함량에 대한 압축강도가 동일한지 유의수준 5%에서 검정하라.

A(20%)	B(30%)	C(40%)
53.8	51.6	57.7
55.8	56.4	59.4
56.4	60.1	58.5
53.4	53.7	54.8
50.1	55.7	54.8

풀이

① 귀무가설은 $H_0: \mu_1 = \mu_2 = \mu_3$이고 대립가설은 '$H_1$: H_0이 아니다'이다.

② 유의수준 $\alpha = 0.05$에 대한 기각역은 $F > f_{0.05}(2, 12) = 3.89$이다.

$$\bar{x}_1 = \frac{1}{5}\sum_{i=1}^{5} x_{i1} = 53.9,\ \bar{x}_2 = \frac{1}{5}\sum_{i=1}^{5} x_{i2} = 55.5,\ \bar{x}_3 = \frac{1}{5}\sum_{i=1}^{5} x_{i3} = 57.04,$$

$$\bar{\bar{x}} = \frac{753.9 + 55.5 + 57.04}{3} = 55.48$$

③ 총편차, 그룹 간 편차, 그룹 내 편차를 구하면 다음과 같다.

총 편차 (개별값 − 총 편차)			그룹 간 편차 (그룹 평균 − 총 평균)			그룹 내 편차 (개별값 − 그룹 평균)		
A	B	C	D	A	B	C	D	A
−1.68	−3.88	2.22	−1.58	0.02	1.56	−0.1	−3.9	0.66
0.32	0.92	3.92	−1.58	0.02	1.56	1.9	0.9	2.36
0.92	4.62	3.02	−1.58	0.02	1.56	2.5	4.6	1.46
−2.08	−1.78	−0.68	−1.58	0.02	1.56	−0.5	−1.8	−2.24
−5.38	0.22	−0.68	−1.58	0.02	1.56	−3.8	0.2	−2.24

이 표를 이용하면 처리제곱합, 오차제곱합, 총제곱합 MST, MSE, F-통계량 값은 다음과 같다.

$$SSTR = \sum_{j=1}^{3} 5\left(\bar{x}_j - \bar{\bar{x}}\right)^2 = 24.652,\quad SSE = \sum_{j=1}^{3}\sum_{i=1}^{5}(x_{ij} - \bar{x}_j)^2 = 83.192,$$

$$SST = \sum_{j=1}^{3}\sum_{i=1}^{5}\left(x_{ij} - \bar{\bar{x}}\right)^2 = 107.844,\quad MST = \frac{24.652}{2} = 12.326,$$

$$MSE = \frac{83.192}{12} \approx 6.933,\quad f_0 = \frac{12.326}{6.933} \approx 1.778$$

④ 분산분석표를 작성한다.

변동 요인	제곱합	자유도	평균제곱	F-통계량	기각역의 하한
처리(그룹 간)	24.652	2	12.326	1.778	3.89
오차(그룹 내)	83.192	12	6.933		
합계	107.844	14			

⑤ 검정통계량의 관찰값 $f_0 = 1.778$은 기각역 안에 놓이지 않으므로 귀무가설을 기각할 수 없다. 즉, 세 종류의 수분 함량에 대한 압축강도가 동일하다고 할 수 있다.

12.3 확률화 블록 설계

10.4절에서 관찰값이 실험 전후의 짝으로 이루어진 평균의 차를 검정하기 위해 쌍체 t-검정을 이용했다. 이 절에서는 짝으로 이루어진 세 개 이상의 정규모집단의 평균이 동일한지 검정하는 방법을 살펴본다.

어느 회사는 네 곳의 공장에서 스마트폰 케이스를 생산한다. 각 공장에서 월별로 생산된 불량품의 수가 동일한지 알기 위해 어느 해에 무작위로 선정한 월별로 공장에서 생산한 불량품의 개수를 조사하여 [표 12.6]을 얻었다고 하자.

[표 12.6] 공장에서 월별 생산된 불량품의 수

월 \ 공장	공장 A	공장 B	공장 C	공장 D
1	21	40	29	26
2	30	33	27	42
3	39	32	26	39
4	20	39	21	20
5	23	36	38	37
6	35	30	33	22

각 공장에서 매월 생산한 불량품의 개수가 동일한지 알고자 한다면, 요인은 공장이고 요인의 수준은 네 곳의 공장(A, B, C, D)이므로 일원분산분석이 된다. 따라서 처리는 요인의 수준인 A, B, C,

D이고, 월별 불량품의 수는 짝을 이루게 된다. 예를 들어, 네 공장에서 1월 달에 생산한 불량품의 수는 (21, 40, 29, 26)인 짝을 이룬다. 이와 같이 연구 대상이 되는 개체들이 같거나 비슷한 특성을 갖는 그룹을 **블록**block이라 한다. 월별로 네 곳의 공장에서 생산한 불량품의 개수가 짝을 이루므로 블록의 수는 6이다. 더욱이 12개월 중 무작위로 6개월을 선정했으므로 블록에 확률화가 이루어지며, 이러한 블록을 **확률화 블록**randomized block이라 한다. 즉, [표 12.6]의 경우 네 개의 처리와 여섯 개의 확률화 블록으로 구성된다. 이와 같이 실험 개체 또는 실험 단위들을 서로 같거나 유사한 것끼리 그룹화하여 블록을 만들고, 각 블록 안에서 이 개체들을 임의로 배치하여 처리 간 비교의 공정성을 높이는 실험 설계 방법을 **확률화 블록 설계** 또는 **난괴 설계**randomized block design라 한다. 확률화 블록 설계는 블록 안에서 가능한 모든 처리 그룹에 확률적으로 할당된 관찰값을 측정하는 것이다. 확률화 블록 설계를 위한 기본 표는 [표 12.7]과 같다.

[표 12.7] 확률화 블록 설계를 위한 기본 표

블록	처리				
	1	2	$\cdots$	k	블록 평균($\overline{x}_{i.}$)
1	x_{11}	x_{12}	$\cdots$	x_{1k}	$\overline{x}_{1.}$
2	x_{21}	x_{22}	$\cdots$	x_{2k}	$\overline{x}_{2.}$
$\vdots$	$\vdots$	$\vdots$		$\vdots$	$\vdots$
b	x_{b1}	x_{b2}	$\cdots$	x_{bk}	$\overline{x}_{b.}$
처리 평균($\overline{x}_{.j}$)	$\overline{x}_{.1}$	$\overline{x}_{.2}$	$\cdots$	$\overline{x}_{.k}$	$\overline{\overline{x}}$

여기서 사용한 기호는 다음과 같다.

- k : 처리의 수
- $\overline{x}_{i.}$: i 번째 블록에 속하는 관측값의 평균
- $\overline{x}_{.j}$: j번째 처리에 속하는 관측값의 평균
- b : 블록의 개수
- $\overline{\overline{x}}$: 모든 관측값의 총 평균

확률화 블록 설계는 다음 내용에 대해 검정한다.

- 귀무가설 H_0: 처리 평균들은 동일하다.
- 대립가설 H_1: 적어도 두 개의 처리 평균이 다르다.

■ **제곱합**

SSTR과 SSE는 일원분산분석과 동일하게 각각 처리 간 변동(처리제곱합)과 처리 내 변동(오차제곱합)을 나타내며, SSB는 **블록간 변동** sum of squares for blocks 이다. 이를 정리하면 다음과 같다.

- 총 제곱합 : $\mathrm{SST}=\sum_{i=1}^{b}\sum_{j=1}^{k}(x_{ij}-\overline{\overline{x}})^2$
- 처리제곱합 : $\mathrm{SSTR}=b\sum_{j=1}^{k}\left(\overline{x}_{.j}-\overline{\overline{x}}\right)^2$
- 블록제곱합 : $\mathrm{SSB}=k\sum_{i=1}^{b}\left(\overline{x}_{i.}-\overline{\overline{x}}\right)^2$
- 오차제곱합 : $\mathrm{SSE}=\sum_{i=1}^{b}\sum_{j=1}^{k}(x_{ij}-\overline{x}_{i.}-\overline{x}_{.j}+\overline{\overline{x}})^2$

일원분산분석에서 총제곱합(SST)이 처리제곱합과 오차제곱합의 합인 것과 마찬가지로 확률화 블록 설계에서 총제곱합은 다음과 같이 세 개의 변동 요인으로 분해된다.

$$\mathrm{SST}=\mathrm{SSTR}+\mathrm{SSB}+\mathrm{SSE}$$

이때 처리 간 변동, 블록간 변동, 처리 내 변동의 자유도는 각각 $k-1$, $b-1$, $(k-1)(b-1)$이다. 그러므로 처리제곱오차, 블록제곱오차, 평균제곱오차는 각각 SSTR, SSB, SSE를 각각의 자유도로 나눈 값이 된다.

- 처리제곱오차 : $\mathrm{MST}=\dfrac{\mathrm{SSTR}}{k-1}$
- 블록제곱오차 : $\mathrm{MSB}=\dfrac{\mathrm{SSB}}{b-1}$
- 평균제곱오차 : $\mathrm{MSE}=\dfrac{\mathrm{SSE}}{(k-1)(b-1)}$

처리들 사이의 평균에 대한 검정을 위한 검정통계량과 확률분포 그리고 기각역은 다음과 같다.

- 검정통계량과 확률분포 : $F=\dfrac{\mathrm{MST}}{\mathrm{MSE}}\sim F(k-1,\,(k-1)(b-1))$
- 기각역 : $F>f_{\alpha}(k-1,\,(k-1)(b-1))$

이때 블록들 사이의 평균에 대한 검정도 수행할 수 있으며, 이 경우 검정통계량과 확률분포는 다음과 같다.

• 검정통계량과 확률분포: $F = \dfrac{\text{MSB}}{\text{MSE}} \sim F(b-1,\ (k-1)(b-1))$

• 기각역: $F > f_{\alpha}(b-1,\ (k-1)(b-1))$

확률화 블록 설계를 위한 분산분석표를 작성하면 [표 12.8]과 같다.

[표 12.8] 확률화 블록 설계를 위한 분산분석표

변동 요인	자유도	제곱합	평균제곱	F-통계량
처리 간 변동	$k-1$	SSTR	$\text{MST} = \dfrac{\text{SSTR}}{k-1}$	$F = \dfrac{\text{MST}}{\text{MSE}}$
블록 간 변동	$b-1$	SSB	$\text{MSB} = \dfrac{\text{SSB}}{b-1}$	$F = \dfrac{\text{MSB}}{\text{MSE}}$
오차(그룹내)	$(k-1)(b-1)$	SSE	$\text{MSE} = \dfrac{\text{SSE}}{(k-1)(b-1)}$	
합계	$n-1$	SST		

[표 12.6]의 표본에 대해 확률화 블록설계를 실시하기 위해 [표 12.9]와 같은 기본 표를 작성한다.

[표 12.9] 공장별 불량품의 개수에 대한 기본 표

블록	처리				블록 평균($\overline{x}_{i.}$)
	공장 A	공장 B	공장 C	공장 D	
1	21	40	29	26	29
2	30	33	27	42	33
3	39	32	26	39	34
4	20	39	21	20	25
5	23	36	38	37	33.5
6	35	30	33	22	30
처리 평균($\overline{x}_{.j}$)	28	35	29	31	30.75

그러면 다음 제곱합을 얻는다.

$$\text{SST} = \sum_{i=1}^{6}\sum_{j=1}^{4}(x_{ij} - 30.75)^2 = 1186.5$$

$$\text{SSTR} = 6\sum_{j=1}^{4}(\overline{x_{.j}} - 30.75)^2 = 172.5$$

$$SSB = 4\sum_{i=1}^{6}(\overline{x_{i.}} - 30.75)^2 = 239.5$$

$$SSE = SST - SSTR - SSB = 1186.5 - 172.5 - 239.5 = 774.5$$

각 변동에 대한 평균제곱은 다음과 같다.

$$MST = \frac{172.5}{3} = 57.5,\ MSB = \frac{239.5}{5} = 47.9,\ MSE = \frac{774.5}{3\times5} \approx 51.633$$

이때 처리에 대한 기각역은 $F > f_{0.05}(3, 15) = 3.29$이고 블록에 대한 기각역은 $F > f_{0.05}(5, 15) = 2.90$이다. 따라서 [표 12.10]과 같은 확률화 블록 분산분석표를 얻는다.

[표 12.10] 확률화 블록 분산분석표

변동 요인	자유도	제곱합	평균제곱	F-통계량	기각역의 하한
처리 간 변동	3	172.5	57.5	1.114	3.29
블록 간 변동	5	239.5	47.9	0.928	2.90
오차(그룹 내)	15	774.5	51.633		
합계	23	1186.5			

공장에서 월별 생산된 불량품의 개수에 대해 다음 결론을 얻는다.

- 처리(공장)의 평균에 대한 검정통계량 $f_0 = 1.114$가 기각역 안에 놓이지 않으므로 처리 간에 평균의 차이가 없다. 즉, 공장별 불량품의 평균 개수는 차이가 없다.
- 블록(월)의 평균에 대한 검정통계량 $f_1 = 0.928$은 기각역 안에 놓이지 않으므로 블록 간에 평균의 차이가 없다. 즉, 월별 불량품의 평균 개수는 차이가 없다.

예제 3

다음은 네 종류의 혈압 약을 비교하기 위해 혈압 160 이상인 사람을 연령별로 4명씩 임상시험에 참가시킨 후 참가자의 감소한 혈압을 조사한 결과이다. 네 가지 혈압 약의 효능에 차이가 있는지 유의수준 5%와 1%에서 검정하라(단, 단위는 mmHg이다).

연령	혈압약			
	1	2	3	4
20대	24	27	13	25
30대	21	20	14	23
40대	26	16	12	23
50대	14	12	12	24
60대	15	20	14	15

풀이

먼저 처리와 블록에 대한 평균을 구하기 위해 다음 기본 표를 작성한다.

블록	처리				블록 평균($\bar{x}_{i.}$)
	1	2	3	4	
1	24	27	13	25	22.25
2	21	20	14	23	19.50
3	26	16	12	23	19.25
4	14	12	12	24	15.50
5	15	20	14	15	16.00
처리 평균($\bar{x}_{.j}$)	20	19	13	22	18.50

이제 제곱합을 구한다.

- $\mathrm{SST} = \sum_{i=1}^{5}\sum_{j=1}^{4}(x_{ij} - 18.5)^2 = 531$
- $\mathrm{SSTR} = 5\sum_{j=1}^{4}(\bar{x}_{.j} - 18.5)^2 = 225$
- $\mathrm{SSB} = 4\sum_{i=1}^{5}(\bar{x}_{i.} - 18.5)^2 = 123.5$
- $\mathrm{SSE} = \sum_{i=1}^{5}\sum_{j=1}^{4}(x_{ij} - \bar{x}_{i.} - \bar{x}_{.j} + \bar{\bar{x}})^2 = 182.5$

각 변동에 대한 평균제곱은 다음과 같다.

- $\mathrm{MST} = \frac{\mathrm{SSTR}}{k-1} = \frac{225}{3} = 75$
- $\mathrm{MSB} = \frac{\mathrm{SSB}}{b-1} = \frac{123.5}{4} = 30.875$

- $\text{MSE} = \dfrac{\text{SSE}}{(k-1)(b-1)} = \dfrac{182.5}{3 \times 4} \approx 15.208$

또한, 유의수준 5%와 1%에서 처리에 대한 기각역은 각각 다음과 같다.

$$F > f_{0.05}(3,\ 12) = 3.49,\ \ F > f_{0.01}(3,\ 12) = 5.95$$

유의수준 5%와 1%에서 블록에 대한 기각역은 각각 다음과 같다.

$$F > f_{0.05}(4,\ 12) = 3.26,\ \ F > f_{0.01}(4,\ 12) = 5.41$$

따라서 네 가지 혈압약을 평가한 확률화 블록 설계 분산분석표는 다음과 같다.

변동 요인	자유도	제곱합	평균제곱	F-통계량	기각역의 하한	
					5%	1%
처리 간 변동	3	225	75	4.93	3.49	5.95
블록 간 변동	4	123.5	30.875	2.03	3.26	5.41
오차(그룹 내)	12	182.5	15.208			
합계	19	531.0				

- 유의수준 5%에서 통계량의 관찰값 4.93은 기각역 안에 놓이므로 처리 집단 사이에 평균의 차이가 있다고 할 수 있다. 그러나 유의수준 1%에서 관찰값이 기각역 안에 놓이지 않으므로 이 경우 처리 집단 사이에 평균의 차이가 있다고 할 수 없다.
- 통계량의 관찰값 2.03은 유의수준 5%와 1%에서 기각역 안에 놓이므로 블록 사이에 평균의 차이가 없다고 할 수 있다.

12.4 이원분산분석

지금까지 살펴본 일원분산분석은 하나의 요인에 대한 반응값들에 차이가 있는지를 알아보는 것이었다. 그러나 많은 경우에 여러 개의 요인으로 구성되며, 특히 요인이 두 개일 때 처리들의 평균에 차이가 있는지 분석하는 방법을 **이원분산분석**two-way analysis of variance이라 한다. 이때 이원분산분석은 각 처리의 조합 안에 관찰값이 하나인 경우와 여러 개인 경우로 나누어 생각할 수 있으며, 이 절에서는 이원분산분석에 대해 살펴본다.

■ 반복이 없는 경우

각 처리의 조합 안에 관찰값이 하나인 경우에 대한 이원분산분석은 [표 12.11]을 기본으로 한다.

[표 12.11] 반복이 없는 경우의 이원분산분석을 위한 기본 표

요인 A	요인 B				
	1	2	$\cdots$	b	처리 평균($\overline{x}_{i.}$)
1	x_{11}	x_{12}	$\cdots$	x_{1k}	$\overline{x}_{1.}$
2	x_{21}	x_{22}	$\cdots$	x_{2k}	$\overline{x}_{2.}$
$\vdots$	$\vdots$	$\vdots$		$\vdots$	$\vdots$
a	x_{a1}	x_{a2}	$\cdots$	x_{ab}	$\overline{x}_{a.}$
처리 평균($\overline{x}_{.j}$)	$\overline{x}_{.1}$	$\overline{x}_{.2}$	$\cdots$	$\overline{x}_{.k}$	$\overline{\overline{x}}$

여기서 사용한 기호는 다음과 같다.

- x_{ij} : (i, j)번째 처리에 속하는 반응(i는 요인 A의 수준, j는 요인 B의 수준)
- $\overline{x}_{i.}$: 요인 A의 i번째 수준에 속하는 관측값의 평균
- $\overline{x}_{.j}$: 요인 B의 j번째 수준에 속하는 관측값의 평균
- $\overline{\overline{x}}$: 모든 관측값의 총 평균
- a : 요인 A의 수준 수
- b : 요인 B의 수준 수

반복이 없는 이원분산분석은 다음 내용에 대해 검정한다.

❶ 요인 A의 처리들 사이에 평균의 차이가 있는가?

- 귀무가설 H_0 : 요인 A에 있는 a개의 수준에 대한 평균이 같다.
- 대립가설 H_1 : 모두가 같은 것은 아니다.

❷ 요인 B의 처리들 사이에 평균의 차이가 있는가?

- 귀무가설 H_0 : 요인 B에 있는 b개의 수준에 대한 평균이 같다.
- 대립가설 H_1 : 모두가 같은 것은 아니다.

이때 이원분산분석을 위한 제곱합은 다음과 같다.

- 총 제곱합 : $\mathrm{SST} = \sum_{i=1}^{b}\sum_{j=1}^{k}(x_{ij} - \overline{\overline{x}})^2$
- 요인 A의 제곱합 : $\mathrm{SSA} = b\sum_{i=1}^{a}\left(\overline{x}_{i.} - \overline{\overline{x}}\right)^2$
- 요인 B의 제곱합 : $\mathrm{SSB} = a\sum_{j=1}^{b}\left(\overline{x}_{.j} - \overline{\overline{x}}\right)^2$
- 오차제곱합 : $\mathrm{SSE} = \sum_{i=1}^{b}\sum_{j=1}^{k}(x_{ij} - \overline{x}_{i.} - \overline{x}_{.j} + \overline{\overline{x}})^2$

요인 A, 요인 B, 오차의 자유도는 각각 $a-1$, $b-1$, $(a-1)(b-1)$이다. 그러므로 처리제곱오차, 블록제곱오차, 평균제곱오차는 각각 SSA, SSB, SSE를 각각의 자유도로 나눈 값이 된다.

- 요인 A의 제곱오차 : $\mathrm{MSA} = \dfrac{\mathrm{SSA}}{a-1}$
- 요인 B의 제곱오차 : $\mathrm{MSB} = \dfrac{\mathrm{SSB}}{b-1}$
- 평균제곱오차 : $\mathrm{MSE} = \dfrac{\mathrm{SSE}}{(a-1)(b-1)}$

따라서 요인 A와 B의 검정통계량과 기각역은 각각 다음과 같다.

- 요인 A의 검정통계량과 확률분포 : $F = \dfrac{\mathrm{MSA}}{\mathrm{MSE}} \sim F(a-1,\ (a-1)(b-1))$
- 요인 A의 기각역 : $F > f_{\alpha}(a-1,\ (a-1)(b-1))$
- 요인 B의 검정통계량과 확률분포 : $F = \dfrac{\mathrm{MSB}}{\mathrm{MSE}} \sim F(b-1,\ (a-1)(b-1))$
- 요인 B의 기각역 : $F > f_{\alpha}(b-1,\ (a-1)(b-1))$

[표 12.12] 반복이 없는 분산분석표

변동 요인	자유도	제곱합	평균제곱	F-통계량
요인 A	$a-1$	SSA	$\mathrm{MSA} = \dfrac{\mathrm{SSA}}{a-1}$	$F = \dfrac{\mathrm{MSA}}{\mathrm{MSE}}$
요인 B	$b-1$	SSB	$\mathrm{MSB} = \dfrac{\mathrm{SSB}}{b-1}$	$F = \dfrac{\mathrm{MSB}}{\mathrm{MSE}}$
오차(그룹 내)	$(a-1)(b-1)$	SSE	$\mathrm{MSE} = \dfrac{\mathrm{SSE}}{(a-1)(b-1)}$	
합계	$n-1$	SST		

반복이 없는 이원분산분석은 확률화 블록 설계의 블록을 처리로 교체한 경우와 동일한 방법으로 분산분석을 실시할 수 있다.

예제 4

국립종자원에서는 세 종류의 쌀 종자를 서로 다른 네 종류의 토양에서 재배하여 다음과 같은 생산량을 얻었다(단, 단위는 kg/ha이다).

(a) 각 종자가 토양에 관계없이 생산량이 동일하다고 할 수 있는지 유의수준 5%에서 검정하라.

(b) 각 토양은 종자에 관계없이 생산량이 동일하다고 할 수 있는지 유의수준 5%에서 검정하라.

종자 \ 토양	A	B	C	D
종자 1	1812	1224	1221	1047
종자 2	1483	1523	1620	1646
종자 3	1937	1375	1269	1447

풀이

전체 평균을 구하면 $\overline{\overline{x}} = 1467$이다.

- $\text{SST} = \sum_{i=1}^{3}\sum_{j=1}^{4}(x_{ij} - 1467)^2 = 742800$
- $\text{SSA} = 4\sum_{i=1}^{3}\left(\overline{x}_{i.} - 1467\right)^2 = 126728$
- $\text{SSB} = 3\sum_{i=1}^{4}(\overline{x}_{.j} - 1447)^2 = 307068$
- $\text{SSE} = \sum_{i=1}^{3}\sum_{j=1}^{4}(x_{ij} - \overline{x}_{i.} - \overline{x}_{.j} + 1467)^2 = 309004$

각 변동에 대한 평균제곱은 다음과 같다.

- $\text{MSA} = \dfrac{\text{SSA}}{a-1} = \dfrac{126728}{2} = 63364$
- $\text{MSB} = \dfrac{\text{SSB}}{b-1} = \dfrac{307068}{3} = 102356$
- $\text{MSE} = \dfrac{\text{SSE}}{(a-1)(b-1)} = \dfrac{309004}{2\times 3} \approx 51500.67$

따라서 종자와 토양의 검정통계량과 기각역은 각각 다음과 같다.

• 요인 A의 검정통계량의 관찰값: $f_A = \dfrac{63364}{51500.67} \approx 1.23$

• 요인 A의 기각역: $F > f_{0.05}(2, 6) = 5.14$

• 요인 B의 검정통계량의 관찰값: $f_B = \dfrac{102356}{51500.67} \approx 1.99$

• 요인 B의 기각역: $F > f_{0.05}(3, 6) = 4.76$

반복이 없는 이원분산분석표는 다음과 같다.

변동 요인	자유도	제곱합	평균제곱	F-통계량	기각역의 하한
요인 A의 변동	2	126728	63364	1.23	5.14
요인 B의 변동	3	307068	102356	1.99	4.76
오차(그룹 내)	6	309004	51500.67		
합계	11	742800			

• 유의수준 5%에서 요인 A의 검정통계량의 관찰값 1.23은 기각역 안에 놓이지 않으므로 귀무가설을 기각할 수 없다. 즉, 토양에 따른 쌀 생산량은 동일하다고 할 수 있다.

• 유의수준 5%에서 요인 B의 검정통계량의 관찰값 1.99는 기각역 안에 놓이지 않으므로 귀무가설을 기각할 수 없다. 즉, 쌀 종자에 따른 쌀 생산량은 동일하다고 할 수 있다.

■ 반복이 있는 경우

각 처리 조합 안에 관찰값이 여러 개인 이원분산분석을 반복이 있다고 하며, 이 경우에 대한 분산분석을 살펴본다. 이를 위해 어느 건축가가 세 종류의 접착제(A_1, A_2, A_3)와 세 종류의 목재(B_1, B_2, B_3)로 만들어진 합판의 파손강도를 비교한다고 하자. 이를 위해 건축가가 각 경우별로 5개씩 파손강도를 측정하여 [표 12.13]을 얻었다고 하자.

[표 12.13] 접착제와 목재에 따른 합판의 파손강도

접착제 \ 목재	B_1			B_2			B_3		
A_1	272	221	229	259	257	230	252	202	221
	219	214		216	268		235	215	
A_2	264	249	216	269	205	267	196	254	235
	252	204		219	240		239	206	
A_3	232	268	278	250	253	271	210	227	268
	246	221		232	209		233	212	

이 경우에는 요인이 2개(접착제와 목재)이며, 두 요인은 각각 3개의 수준으로 구성되고 처리 조합은 9개이다. 그리고 각 처리 조합은 5개의 관측값으로 이루어져 있다. 이와 같이 요인 A와 요인 B의 수준의 개수가 각각 a와 b이고 각 처리 조합이 r개의 관측값으로 이루어진 실험을 **완전요인실험**complete factorial experiment이라 하며, 이 경우 $a \times b$ 요인실험이라 한다. 각 조합 안에 있는 관측값의 수를 **반복**replicate이라 하며, r로 나타낸다. 따라서 이 경우에 접착제와 목재에 따른 파손강도 비교는 두 요인에 대한 이원분산분석이며, 두 요인이 각각 3개의 수준으로 구성되므로 3×3 요인실험인 9개의 처리를 가지고 각 처리의 반복은 $r = 5$이다. 이때 이원분산분석을 위한 기본 표는 [표 12.14]와 같다.

[표 12.14] 반복이 있는 이원분산분석을 위한 기본 표

요인 A	요인 B							요인 A의 각 수준별 평균
	1		2		⋯	b		
1	x_{111} ⋮ x_{11r}	$\overline{x}_{11}$	x_{121} ⋮ x_{12r}	$\overline{x}_{12}$	⋯	x_{1b1} ⋮ x_{1br}	$\overline{x}_{1b}$	$\overline{x}_{1.}$
2	x_{211} ⋮ x_{21r}	$\overline{x}_{21}$	x_{221} ⋮ x_{22r}	$\overline{x}_{22}$	⋯	x_{2b1} ⋮ x_{2br}	$\overline{x}_{2b}$	$\overline{x}_{2.}$
⋮	⋮		⋮			⋮		⋮
a	x_{a11} ⋮ x_{a1r}	$\overline{x}_{a1}$	x_{a21} ⋮ x_{a2r}	$\overline{x}_{a2}$	⋯	x_{ab1} ⋮ x_{abr}	$\overline{x}_{ab}$	$\overline{x}_{a.}$
요인 B의 각 수준별 평균	$\overline{x}_{.1}$		$\overline{x}_{.2}$		⋯	$\overline{x}_{.b}$		$\overline{\overline{x}}$

여기서 사용한 기호는 다음과 같다.

- x_{ijk} : (i, j)번째 처리에 속하는 k번째 반응(i는 요인 A의 수준, j는 요인 B의 수준)
- $\overline{x}_{ij}$: (i, j)번째 처리에 속하는 관측값의 평균
- $\overline{x}_{i.}$: 요인 A의 i번째 수준에 속하는 관측값의 평균
- $\overline{x}_{.j}$: 요인 B의 j번째 수준에 속하는 관측값의 평균

- $\bar{\bar{x}}$: 모든 관측값의 총 평균
- a : 요인 A의 수준 수
- b : 요인 B의 수준 수
- r : 처리별 반복의 수

이원분산분석은 다음 내용에 대해 검정한다.

❶ 요인 A의 처리들 사이에 평균의 차이가 있는가?

- 귀무가설 H_0 : 요인 A에 있는 a개의 수준에 대한 평균이 같다.
- 대립가설 H_1 : 모두가 같은 것은 아니다.

❷ 요인 B의 처리들 사이에 평균의 차이가 있는가?

- 귀무가설 H_0 : 요인 B에 있는 b개의 수준에 대한 평균이 같다.
- 대립가설 H_1 : 모두가 같은 것은 아니다.

❸ 요인 A와 요인 B는 평균에 상호작용을 하는가?

- 귀무가설 H_0 : 요인 A와 요인 B의 상호작용은 없다.
- 대립가설 H_1 : 요인 A와 요인 B의 상호작용이 있다.

따라서 [표 12.13]의 경우 다음과 같은 사항을 검정을 하게 된다.

- 접착제에 따른 평균 파손강도는 동일한가?
- 목재에 따른 평균 파손강도는 동일한가?
- 파손강도에 영향을 미치는 두 요인인 접착제와 목재는 서로 작용하는가?

이제 두 요인 A와 요인 B 사이의 상호작용에 대한 의미를 살펴보자. $\alpha_i = \bar{x}_{i.} - \bar{\bar{x}}$를 i 번째 **행효과**raw effect라 하며, $\beta_j = \bar{x}_{.j} - \bar{\bar{x}}$를 j번째 **열효과**column effect라 한다. α_i는 i 번째 행으로 인한 총평균에 대한 편차이며, 행 요인의 i 번째 수준이 결과에 영향을 미치는 정도를 나타낸다. β_j는 j 번째 열로 인한 총평균에 대한 편차이며, 열 요인의 j 번째 수준이 결과에 영향을 미치는 정도를 나타낸다. 그리고 $\gamma_{ij} = \bar{x}_{ij} - \bar{x}_{i.} - \bar{x}_{.j} + \bar{\bar{x}}$를 i 번째 행과 j 번째 열 사이의 **상호작용**interaction이라 한다. 행(또는 열) 인자 수준의 효과는 쌍을 이루는 열(또는 행) 인자 수준에 따라 달라질 수 있으며, 상호작용은 이러한 현상이 발생하는 정도를 나타내는 척도이다. 이때 상호작용과 구분하기 위해 행효과와 열효과를 통칭하여 **주효과**main effect라 한다. 이원분산분석을 이용하여 검정하고자 하는 것은 다음과 같다.

❶ 요인 A의 처리들 사이에 평균의 차이가 있는가?

- 귀무가설 $H_0 : \alpha_1 = \alpha_2 = \cdots = \alpha_a = 0$
- 대립가설 H_1 : 적어도 하나의 i 에 대해 $\alpha_i \neq 0$이다.

❷ 요인 B의 처리들 사이에 평균의 차이가 있는가?

- 귀무가설 $H_0 : \beta_1 = \beta_2 = \cdots = \beta_b = 0$
- 대립가설 H_1 : 적어도 하나의 j에 대해 $\beta_j \neq 0$이다.

❸ 요인 A와 요인 B는 평균에 상호작용을 하는가?

- 귀무가설 H_0 : 모든 i와 j에 대해 $\gamma_{ij} = 0$이다.
- 대립가설 H_1 : 적어도 하나의 i, j에 대해 $\gamma_{ij} \neq 0$이다.

이러한 세 가지 귀무가설의 검정통계량은 [표 12.14]의 각 처리에 대한 평균을 이용하여 얻는다. [표 12.13]의 자료를 이용하여 얻은 각 처리별 평균을 나타내는 [표 12.15]를 생각하자.

[표 12.15] 각 처리별 평균에 대한 기본 표

목재 \ 접착제	B_1	B_2	B_3	평균
A_1	231	246	225	234.0
A_2	237	240	226	234.3
A_3	249	243	230	240.7
평균	239	243	227	236.3

접착제에 따라 목재별 평균 파손강도가 다르게 나타나는 경우에 '요인들 사이에 상호작용이 있다'라 하고, 그렇지 않은 경우 '상호작용이 없다'라고 한다. [표 12.15]의 평균들에 대한 그림을 그리면 [그림 12.4(a)]와 같다. 두 요인 사이에 상호작용이 있는 경우 요인 A의 처리별 평균은 요인 B의 처리에 따라 높아지기도 하고 낮아지기도 한다. 반면, [그림 12.4(b)]와 같이 각 그래프가 평행하게 나타난다면 접착제에 따라 목재별 평균 파손강도에 변화가 없으며, 따라서 두 요인 사이에 상호작용이 없다고 한다.

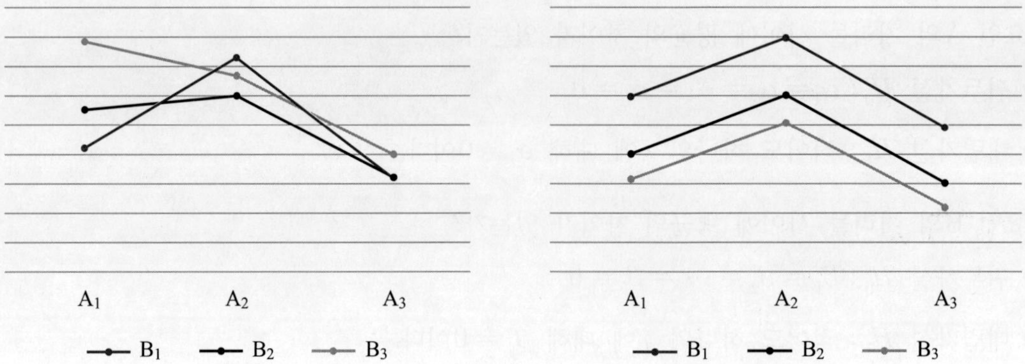

(a) 상호작용이 있는 경우 (b) 상호작용이 없는 경우

[그림 12.4] 두 요인의 상호작용

이원분산분석을 실행하기 위해 다음 제곱합을 구한다.

- 총 제곱합 : $\text{SST} = \sum_{i=1}^{a}\sum_{j=1}^{b}\sum_{k=1}^{r}(x_{ijk} - \overline{\overline{x}})^2$
- 요인 A의 제곱합 : $\text{SSA} = rb\sum_{i=1}^{a}\left(\overline{x}_{i.} - \overline{\overline{x}}\right)^2$
- 요인 B의 제곱합 : $\text{SSB} = ra\sum_{j=1}^{b}\left(\overline{x}_{.j} - \overline{\overline{x}}\right)^2$
- A와 B의 상호작용에 의한 처리제곱합 : $\text{SSAB} = r\sum_{i=1}^{a}\sum_{j=1}^{b}(\overline{x}_{ij} - \overline{x}_{i.} - \overline{x}_{.j} + \overline{\overline{x}})^2$
- 오차제곱합 : $\text{SSE} = \sum_{i=1}^{a}\sum_{j=1}^{b}\sum_{k=1}^{r}(x_{ijk} - \overline{x}_{ij})^2$

이때 요인 A, 요인 B, 상호작용, 오차의 자유도는 각각 $a-1$, $b-1$, $(a-1)(b-1)$, $n-ab$이다. 따라서 요인 A 평균제곱, 요인 B 평균제곱, 상호작용 평균제곱, 평균제곱오차는 각각 SSA, SSB, SSAB, SSE를 각각의 자유도로 나눈 값이 된다.

- $\text{MSA} = \dfrac{\text{SSA}}{a-1}$
- $\text{MSB} = \dfrac{\text{SSB}}{b-1}$
- $\text{MSAB} = \dfrac{\text{SSAB}}{(a-1)(b-1)}$
- $\text{MSE} = \dfrac{\text{SSE}}{n-ab}$

제곱합을 이용하여 분산분석표를 작성하면 [표 12.16]과 같다.

[표 12.16] 이원분산분석을 위한 분산분석표

변동 요인	자유도	제곱합	평균제곱	F-통계량
요인 A	$a-1$	SSA	$\text{MSA} = \dfrac{\text{SSA}}{a-1}$	$f_A = \dfrac{\text{MSA}}{\text{MSE}}$
요인 B	$b-1$	SSB	$\text{MSB} = \dfrac{\text{SSB}}{b-1}$	$f_B = \dfrac{\text{MSB}}{\text{MSE}}$
상호작용	$(a-1)(b-1)$	SSAB	$\text{MSAB} = \dfrac{\text{SSAB}}{(a-1)(b-1)}$	$f_{AB} = \dfrac{\text{MSAB}}{\text{MSE}}$
오차	$n-ab$	SSE	$\text{MSE} = \dfrac{\text{SSE}}{n-ab}$	
합계	$n-1$	SST		

유의수준 α에서 각 변동 요인의 귀무가설에 대한 기각역은 다음과 같다.

- 요인 A의 기각역 : $F > f_\alpha(a-1,\, n-ab)$
- 요인 B의 기각역 : $F > f_\alpha(b-1,\, n-ab)$
- 상호작용의 기각역 : $F > f_\alpha((a-1)(b-1),\, n-ab)$

[표 12.15]를 이용하여 분산분석표를 작성하기 위해 다음 제곱합을 구한다.

- $\bar{\bar{x}} = \dfrac{1}{9}\sum_{i=1}^{3}\sum_{j=1}^{3}\bar{x}_{ij} \approx 236.3$
- $\text{SST} = \sum_{i=1}^{3}\sum_{j=1}^{3}\sum_{k=1}^{5}(x_{ijk} - 236.3)^2 = 23580.1$
- $\text{SSA} = (6\times 4)\sum_{i=1}^{3}\left(\overline{x_{i.}} - 236.3\right)^2 \approx 423.4$
- $\text{SSB} = (6\times 4)\sum_{j=1}^{3}\left(\overline{x_{.j}} - 236.3\right)^2 \approx 2080.1$
- $\text{SSAB} = 6\sum_{i=1}^{3}\sum_{j=1}^{3}(\bar{x}_{ij} - \bar{x}_{i.} - \bar{x}_{.j} + 236.3)^2 \approx 576.7$
- $\text{SSE} = \text{SST} - \text{SSA} - \text{SSB} - \text{SSAB} = 20499.9$

평균제곱은 각각 다음과 같다.

$$\text{MSA} = \frac{423.4}{2} = 211.7, \qquad \text{MSB} = \frac{2080.1}{2} = 1040.05,$$

$$\text{MSAB} = \frac{576.7}{4} = 144.175, \quad \text{MSE} = \frac{20499.9}{36} \approx 569.4$$

따라서 검정통계량의 관찰값은 각각 다음과 같다.

$$f_A = \frac{211.7}{569.4} \approx 0.372, \quad f_B = \frac{1040.05}{569.4} \approx 1.827, \quad f_{AB} = \frac{114.175}{569.4} \approx 0.253$$

유의수준 5%에서 기각역은 다음과 같다. 각 기각역은 통계 프로그램을 이용하여 구한 것이다.

- 요인 A의 기각역 : $F > f_{0.05}(2,\ 36) = 3.26$
- 요인 B의 기각역 : $F > f_{0.05}(2,\ 36) = 3.26$
- 상호작용의 기각역 : $F > f_{0.05}(4,\ 36) = 2.63$

그러면 접착제에 따른 목재별 평균 파손강도에 대한 분산분석표는 [표 12.17]과 같다.

[표 12.17] 접착제에 따른 목재별 평균 파손강도에 대한 분산분석표

변동 요인	제곱합	자유도	평균제곱	F-통계량	기각역의 하한
요인 A(행)	423.3	2	211.7	0.372	3.26
요인 B(열)	2080.1	2	1040.05	1.827	3.26
상호작용	576.7	4	144.175	0.253	2.63
오차	20499.9	36	569.4		
합계	23580.1	44			

이원분산분석을 이용한 검정 결과는 다음과 같다.

❶ 요인 A의 처리들 사이에 평균의 차이가 있는가? 검정통계량의 관찰값 $f_A \approx 0.372$가 기각역 안에 놓이지 않으므로 귀무가설을 기각할 수 없다. 즉, 목재별 파손강도는 동일하다고 할 수 있다.

❷ 요인 B의 처리들 사이에 평균의 차이가 있는가? 검정통계량의 관찰값 $f_B \approx 1.827$은 기각역 안에 놓이지 않으므로 귀무가설을 기각할 수 없다. 즉, 접착제별 파손강도는 동일하다고 할 수 있다.

❸ 요인 A와 요인 B는 평균에 상호작용을 하는가? 검정통계량의 관찰값 $f_{AB} \approx 0.253$이 기각역 안에 놓이지 않으므로 귀무가설을 기각할 수 없다. 즉, 두 요인 접착제와 목재는 상호작용은 없다.

예제 5

다음은 네 회사의 타이어를 세 종류의 도로에서 주행할 때 타이어 마모 정도를 나타낸 것이다. 타이어의 평균 마모 정도가 제조 회사와 도로의 상황에 따라 동일한지 유의수준 5%에서 각각 검정하라. 또한, 도로 상황과 제조 회사 사이에 상호작용이 있는지 유의수준 5%에서 검정하라(단, $f_{0.05}(2,\ 48) = 3.1907$, $f_{0.05}(3,\ 48) = 2.7981$, $f_{0.05}(6,\ 48) = 2.2946$이다).

도로 \ 제조 회사	1			2			3			4		
아스콘 포장	28	33	22	31	35	34	33	34	34	29	24	26
	17	25		25	24		26	27		31	26	
시멘트 포장	28	25	21	21	22	26	23	29	31	25	32	27
	28	13		31	19		22	34		25	28	
비포장	36	35	38	33	35	33	39	38	36	39	38	37
	35	33		37	38		34	37		36	39	

풀이

먼저 요인별 귀무가설과 대립가설을 설정한다.

① 제조 회사별 타이어의 평균 마모 정도에 대한 검정

- 귀무가설 H_0 : 제조 회사별 타이어의 평균 마모 정도가 동일하다.
- 대립가설 H_1 : 모두가 같은 것은 아니다.

② 도로별 타이어의 평균 마모 정도에 대한 검정

- 귀무가설 H_0 : 도로별 타이어의 평균 마모 정도가 동일하다.
- 대립가설 H_1 : 모두가 같은 것은 아니다.

③ 도로와 제조 회사의 상호작용에 대한 검정

- 귀무가설 H_0 : 도로와 제조 회사의 상호작용은 없다.
- 대립가설 H_1 : 도로와 제조 회사의 상호작용이 있다.

두 요인인 도로와 제조 회사에 대한 다음 기본 표를 작성한다.

도로 \ 제조 회사	1	2	3	4	평균
아스콘 포장	25.0	29.8	30.8	27.2	28.2
시멘트 포장	23.0	23.8	27.8	27.4	25.5
비포장	35.4	35.2	36.8	37.8	36.3
평균	27.8	29.6	31.8	30.8	30

이제 제곱합을 구한다.

- $\text{SST} = \sum_{i=1}^{3}\sum_{j=1}^{4}\sum_{k=1}^{5}(x_{ijk} - 30)^2 = 2266$
- $\text{SSA} = (5\times 4)\sum_{i=1}^{3}\left(\overline{x}_{i.} - \overline{\overline{x}}\right)^2 = 1263.6$
- $\text{SSB} = (5\times 3)\sum_{j=1}^{4}\left(\overline{x}_{.j} - \overline{\overline{x}}\right)^2 = 133.2$
- $\text{SSAB} = 5\sum_{i=1}^{3}\sum_{j=1}^{4}(\overline{x}_{ij} - \overline{x}_{i.} - \overline{x}_{.j} + \overline{\overline{x}})^2 = 82.4$
- $\text{SSE} = \text{SST} - \text{SS}_\text{A} - \text{SS}_\text{B} - \text{SS}_\text{AB} = 786.8$

$n = 60,\ a = 3,\ b = 4$이므로 각 변동에 대한 평균제곱은 다음과 같다.

$$\text{MSA} = \frac{1263.6}{2} = 631.8,\quad \text{MSB} = \frac{133.2}{3} = 44.4,$$

$$\text{MSAB} = \frac{82.4}{3\times 2} \approx 13.73,\quad \text{MSE} = \frac{786.8}{60-12} \approx 16.39$$

검정통계량의 관찰값은 다음과 같다.

$$f_A = \frac{631.8}{16.39} \approx 38.548,\quad f_B = \frac{44.4}{16.39} \approx 2.709,\quad f_{AB} = \frac{13.73}{16.39} \approx 0.838$$

엑셀을 이용하여 도로(요인 A), 제조 회사(요인 B), 상호작용의 변동 요인에 대한 기각역을 구하면 각각 다음과 같다.

- 요인 A의 기각역: $F > f_{0.05}(2, 48) = 3.1907$
- 요인 B의 기각역: $F > f_{0.05}(3, 48) = 2.7981$
- 상호작용의 기각역: $F > f_{0.05}(6, 48) = 2.2946$

따라서 도로 상황에 따른 제조 회사별 평균 마모 정도에 대한 이원분산분석표는 다음과 같다.

변동 요인	자유도	제곱합	평균제곱	F-통계량	기각역의 하한
요인 A	2	1263.6	631.8	38.548	3.1907
요인 B	3	133.2	44.4	2.709	2.7981
상호작용	6	82.4	13.73	0.838	2.2946
오차	48	786.8	16.39		
합계	59	2266			

유의수준 5%에서 검정한 결과는 다음과 같다.

- 도로에 대한 F-통계량의 관찰값 38.548은 기각역 안에 놓이므로 도로별 타이어의 평균 마모 정도는 동일하다고 할 수 없다.
- 제조 회사에 대한 F-통계량의 관찰값 2.709는 기각역 안에 놓이지 않으므로 제조 회사별 타이어의 평균 마모 정도는 동일하다고 할 수 있다.
- 상호작용에 대한 F-통계량의 관찰값 0.838은 기각역 안에 놓이지 않으므로 도로 상황과 제조 회사의 상호작용은 없다고 할 수 있다.

연습문제

1. 다음은 각 처리에 대한 통계량을 나타낸 것이다.

통계량	처리		
	1	2	3
크기	6	6	6
표본평균	10	12	16
표본분산	25	35	25

(a) 분산분석표를 작성하라.

(b) 유의수준 5%에서 세 모평균이 동일한지 검정하라.

(c) 세 번째 표본평균을 20으로 수정하여 유의수준 5%에서 세 모평균이 동일한지 검정하라.

2. 다음은 각 처리에 대한 통계량을 나타낸 것이다.

통계량	처리			
	1	2	3	4
크기	5	5	5	5
표본평균	6	8	10	14
표본분산	25	16	25	16

(a) 분산분석표를 작성하라.

(b) 유의수준 5%에서 세 모평균이 동일한지 검정하라.

(c) 첫 번째 표본평균을 5로 수정하여 유의수준 5%에서 세 모평균이 동일한지 검정하라.

3. 다음은 프로젝터용 전구를 생산하는 네 업체 전구의 평균 수명이 동일한지 알아보기 위해 업체별로 전구의 수명을 표본조사한 결과이다. 이를 이용하여 업체별 전구의 평균 수명이 같은지 유의수준 5%에서 검정하라(단, 단위 시간은 100시간이다).

회사 A	회사 B	회사 C	회사 D
70	63	64	83
72	63	80	84
89	62	71	61
88	67	73	70
75	72	78	62

4. 자동차 계기판의 인광제 효과를 비교하기 위해 세 종류의 인광제로 계기판을 코팅한 후, 일정 시간 동안 자외선을 비추고 계기판이 빛을 내는 시간을 측정하여 다음을 얻었다. 빛을 내는 시간이 동일한지 유의수준 5%에서 검정하라(단, 단위는 min이다).

인광제 A	59.8	55.4	62.2	59.5	61.1
인광제 B	65.2	60.9	58.4	67.9	68.6
인광제 C	65.2	50.5	58.4	57.2	58.7

5. 다음은 플라스틱 제조 회사에서 세 종류의 반응온도에 따라 플라스틱의 강도가 달라지는지 알기 위해 조사한 자료이다. 플라스틱의 강도가 동일한지 유의수준 5%에서 검정하라.

50°C	60°C	70°C
15	32	19
13	29	21
15	31	18
14	26	20
16	27	22
17	26	17

6. 로켓의 운행 거리가 사용하는 연료에 따라 다른지 알아보기 위해 조사한 결과는 다음과 같다. 연료에 관계없이 운행 거리가 동일한지 유의수준 5%에서 검정하라.

연료 1	연료 2	연료 3	연료 4
46.5	55.7	54.7	54.5
56.6	57.1	57.7	57.3
53.1	57.3	56.5	54.5
55.0	55.5	55.4	56.6
55.5	56.3	56.2	54.9
54.9	54.7	53.1	56.4

7. 네 대의 직물기에서 생산한 면의 인장강도가 동일한지 알아보기 위해 조사한 자료는 다음과 같다. 모든 직물기가 생산한 면의 인장강도가 동일한지 유의수준 5%에서 검정하라.

A	B	C	D
18.2	17.2	19.9	19.8
17.4	15.1	17.4	20.3
16.5	16.8	15.7	17.7
17.8	15.6	15.4	18.8
16.6	17.3	18.1	18.4

8. 스프링을 제조하는 네 회사에서 생산한 스프링의 특성이 동일한지 알아보기 위해 다음 자료를 얻었다. 스프링의 특성이 동일한지 유의수준 5%에서 검정하라.

A	B	C	D
9.9	13.5	10.5	10.3
10.7	11.6	10.3	8.6
9.6	10.5	8.2	9.4
9.4	11.9	10.7	9.6
9.1	11.2	8.9	10.7
9.3	9.7	9.7	9.9
8.4	10.4	9.4	9.7
10.4	10.8	9.9	9.4

9. 화학실험에서 시약과 촉매의 영향에 따른 어떤 작용의 수율을 조사하여 다음 자료를 얻었다. 시약과 촉매에 따른 평균 수율이 동일한지 유의수준 5%에서 검정하라.

시약 \ 촉매	1	2	3	4
A	85	72	66	65
B	94	87	87	88
C	79	81	78	78

10. 다음은 우리나라 주요 도시의 최근 4년간 미세먼지(PM-10) 농도를 나타낸 것이다. 물음에 답하라(단, 단위는 $\mu g/m^3$이다).

연도 \ 지역	서울	부산	대구	인천	광주	대전	울산
2020	45	49	45	49	42	42	47
2021	46	48	45	49	41	41	46
2022	45	46	46	53	43	46	46
2023	48	44	43	49	40	44	43

(a) 도시별 미세먼지 평균 농도에 차이가 있는지 유의수준 5%에서 검정하라.

(b) 연도별 미세먼지 평균 농도에 차이가 있는지 유의수준 5%에서 검정하라.

11. 네 곳의 공장에서 가구를 생산하는 회사는 네 종류의 결함을 공장별로 조사하여 다음 표를 얻었다. 가구의 결함에 따라 생산한 공장이 달라지는지, 생산 공장에 따라 결함의 종류가 달라지는지 유의수준 5%에서 검정하라.

결함 \ 공장	A	B	C	D
결함 1	17	22	31	14
결함 2	21	31	17	11
결함 3	45	34	48	41
결함 4	13	5	20	14

12. 세 종류의 가솔린과 세 종류의 첨가제의 효과를 알기 위해 동일한 자동차 9대의 주행 거리를 측정하여 다음 표를 얻었다. 가솔린 종류는 주행거리에 영향을 미치는지, 첨가제 종류는 주행거리에 영향을 미치는지 유의수준 5%에서 검정하라(단, 단위는 km이다).

가솔린 \ 첨가제	A	B	C
가솔린 1	11.2	10.6	9.4
가솔린 2	13.7	13.2	15.1
가솔린 3	8.7	8.9	8.2

13. $a=4$, $b=4$, $r=6$인 이원분산분석으로부터 $SS_A=372$, $SS_B=477$, $SS_{AB}=207$, $SSE=1532$를 얻었다(단, $f_{0.05}(3, 80)=2.72$, $f_{0.05}(9, 80)=1.999$이다).

(a) 요인 A의 평균들에 차이가 있는지 유의수준 5%에서 검정하라.

(b) 요인 B의 평균들에 차이가 있는지 유의수준 5%에서 검정하라.

(c) 요인들 사이에 상호작용이 있는지 유의수준 5%에서 검정하라.

14. $a=3$, $b=5$, $r=5$인 이원분산분석으로부터 $SS_A=166.11$, $SS_B=81.81$, $SS_{AB}=226.43$, $SSE=832.8$을 얻었다.

(a) 요인 A의 평균들에 차이가 있는지 유의수준 5%에서 검정하라.

(b) 요인 B의 평균들에 차이가 있는지 유의수준 5%에서 검정하라.

(c) 요인들 사이에 상호작용이 있는지 유의수준 5%에서 검정하라.

15. 다음은 세 브랜드의 골프공과 선수에 따른 비거리에 차이가 있는지 알아보기 위해 브랜드별로 36개의 골프공을 네 명의 선수가 9개씩 쳐서 비거리를 조사한 결과이다(단, 단위는 m이고 $f_{0.05}(3, 96)=2.7$, $f_{0.05}(2, 96)=3.09$, $f_{0.05}(6, 96)=2.19$이다).

업체 \ 선수	1			2			3			4		
A	265	243	267	256	248	247	257	261	254	245	255	243
	250	252	262	253	244	269	256	266	269	268	254	272
	265	247	262	270	269	248	254	256	276	240	244	247
B	252	264	274	266	268	240	240	253	268	255	275	251
	262	270	273	246	268	259	254	261	272	271	277	272
	247	259	275	245	273	275	249	259	275	277	258	249
C	266	246	264	246	261	270	257	261	253	240	244	243
	247	246	262	264	254	252	274	248	253	267	278	244
	256	258	259	242	277	256	271	274	249	241	241	261

(a) 네 명의 선수가 골프공을 친 평균 비거리에 차이가 있는지 유의수준 5%에서 검정하라.

(b) 골프공 브랜드별 평균 비거리에 차이가 있는지 유의수준 5%에서 검정하라.

(c) 골프공 브랜드와 선수 사이에 상호작용이 있는지 유의수준 5%에서 검정하라.

16. 화학약품의 중합반응에서 약품의 흡수속도가 촉매량과 반응온도에 대해 어떻게 변하는지 알고자 한다. 세 번씩 반복실험을 하여 흡수속도에 대한 다음 자료를 얻었을 때, 두 요인과 상호작용에 대해 유의수준 5%에서 검정하라.

온도 \ 촉매량	30g(B_1)			40g(B_2)			50g(B_2)		
50°C(A_1)	87	85	84	103	108	104	96	104	91
70°C(A_2)	84	112	104	115	106	112	114	93	87

17. 세 종류의 커튼에 대한 내연성에 차이가 있는지 알아보기 위해 크기가 동일한 세 종류의 커튼을 임의로 여섯 개씩 선정하여 두 실험실에서 태웠다. 다음은 이 커튼이 완전히 연소되는 데 걸리는 시간을 측정한 결과이다(단, 단위는 min이다).

실험실 \ 커튼	1			2			3		
1	3.6	2.8	2.6	4.0	2.8	3.4	4.4	3.7	3.9
2	3.3	3.5	3.7	3.9	3.8	3.1	4.6	4.1	3.9

(a) 커튼별 평균 연소 시간에 차이가 있는지 유의수준 5%에서 검정하라.

(b) 두 실험실의 평균 연소 시간에 차이가 있는지 유의수준 5%에서 검정하라.

(c) 실험실과 커튼 종류 사이에 상호작용이 있는지 유의수준 5%에서 검정하라.

18. 식염수(생리식염수와 인산염)가 온도에 따라 플렉시폼의 항복응력에 미치는 영향을 알기 위한 실험에서 다음을 얻었다. 항복응력에 미치는 두 요인의 영향과 상호작용에 대해 유의수준 5%에서 검정하라(단, 단위는 mg/L이다).

온도 \ 식염수	생리식염수(B_1)			인산염(B_2)		
30°C(A_1)	113	132	103	94	105	98
	122	101	125	96	119	124
50(A_2)	96	107	121	119	126	106
	98	106	108	137	118	138

19. 환경부 물환경정보시스템 자료에 의하면 2019~2023년 동안 측정한 우리나라 4대강의 BOD 농도는 다음과 같다(단, 단위는 ppm이다).

연도 \ 강	금강 (대청댐)	낙동강 (물금)	영산강 (주암댐)	한강 (팔당댐)
2019	1.0	2.3	0.7	1.2
2020	1.0	2.2	0.9	1.3
2021	0.9	2.0	0.9	1.3
2022	0.8	2.0	0.8	1.1
2023	0.9	2.0	0.9	1.2

(a) 4대강의 평균 BOD 농도가 같다고 할 수 있는지 유의수준 5%에서 검정하라.

(b) 연도별 평균 BOD 농도에 차이가 있는지 유의수준 5%에서 검정하라.

20. 어떤 반도체의 수율에 영향을 미치는 요인인 원자재와 결점에 따라 다섯 번씩 실험을 하여 다음을 얻었다. 각 요인과 상호작용에 대해 유의수준 5%에서 검정하라(단, 단위는 %이다).

결점 \ 원자재	실리콘(B_1)	금속 합금(B_2)	특수 시스템(B_3)
불순물(A_1)	45 46 51 49 39	59 57 47 39 43	53 35 44 37 46
패턴(A_2)	38 49 36 52 55	49 44 37 35 40	49 52 51 42 46

CHAPTER 13

회귀분석과 상관분석

13.1 회귀분석 개요

쌍으로 주어지는 자료 값 사이의 함수 관계를 구하기 위해 가장 먼저 생각해야 할 것은 3.5절에서 살펴본 산점도를 그리는 것과, 두 변수 사이의 관계를 규명하는 직선 또는 곡선으로 나타나는 추세선을 구하는 것이다. 그러면 한 변수의 변화에 따른 다른 변수의 값을 예측할 수 있다. 이 절에서는 두 변수 사이에 일차함수, 즉 선형 관계가 있는 경우에 대해 가장 적합한 추세선을 구하기 위한 기본 사항에 대해 살펴본다.

촉매의 양에 따라 화학반응에서 생성되는 화학물질의 반응량을 조사하여 다음 [표 13.1]을 얻었다고 하자.

[표 13.1] 촉매의 양에 따른 반응량

촉매량	1	2	3	4	5	6	7
반응량	1.1	2.4	3.5	3.8	4.3	4.5	4.5

[그림 13.1]과 같이 촉매량(x)에 따른 반응량(y)에 대한 산점도를 그리면, 두 변수에 의해 표현되는 함수 관계를 얻을 수 있다.

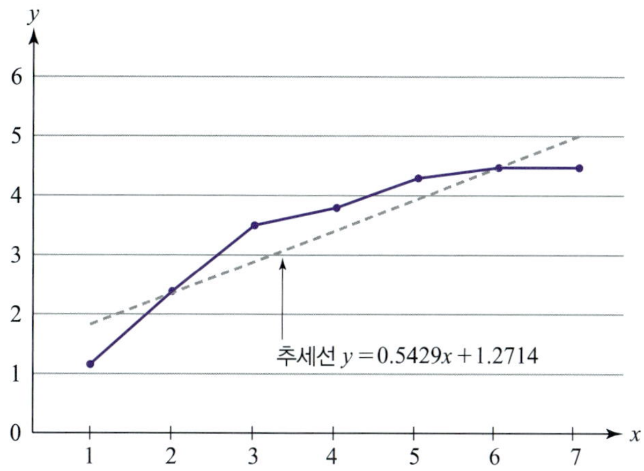

[그림 13.1] 산점도와 추세선

촉매량에 따라 반응량이 변하듯이 두 변수를 다음과 같이 정의한다.

- **독립변수**independent variable 또는 **설명변수**explanatory variable : 다른 변수에 영향을 미치는 변수
- **종속변수**dependent variable 또는 **반응변수**response variable : 독립변수의 변화에 영향을 받는 변수

이때 두 변수 사이의 관계를 통계적으로 분석하는 방법을 **회귀분석**regression analysis이라 하며, 독립변수 x와 종속변수 y 사이의 함수 관계를 **회귀방정식**regression equation이라 한다. 회귀분석은 두 변수 사이에 성립하는 구체적인 함수식과, 독립변수에 대한 종속변수를 예측하는 방법을 제공한다. 독립변수의 개수에 따라 회귀분석은 다음과 같이 분류한다.

- **단순회귀분석**simple regression analysis : 독립변수와 종속변수가 각각 하나인 회귀분석
- **다중회귀분석**multiple regression analysis : 독립변수가 두 개 이상이고 종속변수가 하나인 회귀분석

특히 [그림 13.1]의 추세선과 같이 두 변수 사이에 선형 관계가 성립하는 직선을 **회귀직선**regression straight line이라 하며, 회귀직선을 추론하는 방법을 **단순선형회귀분석**simple linear regression analysis이라 한다. 예를 들어, [그림 13.1]의 추세선에서 i 번째 반응량 y_i는 촉매량 x_i와 측정오차 ε_i에 대해 다음과 같은 선형 관계가 성립한다.

$$y_i = \beta_0 + \beta_1 x_i + \varepsilon_i$$

따라서 회귀직선은 독립변수 x, 종속변수 y 그리고 오차 ε에 대해 다음 관계식으로 요약된다.

$$y = \beta_0 + \beta_1 x + \varepsilon$$

여기서 β_0과 β_1을 **회귀계수**regression coefficient, ε을 **오차항**random error term, 직선의 식 $y = \beta_0 + \beta_1 x$를 **참**

회귀직선 true regression line이라 한다. 따라서 β_0과 β_1은 각각 참회귀직선의 y 절편과 기울기를 나타낸다. 이때 오차항 ε_i, $i=1, 2, \cdots, n$는 평균이 0이고 분산이 σ^2인 정규분포로부터 독립적으로 관찰된 값으로 택한다.

독립변수 x_i에 대한 Y_i는 다음과 같이 독립인 확률변수들의 관찰값으로 생각할 수 있으며, [그림 13.2]는 이와 같은 사실을 보여 준다.

$$Y_i \mid x_i \sim N(\beta_0 + \beta_1 x_i, \sigma^2),\ i=1, 2, \cdots, n$$

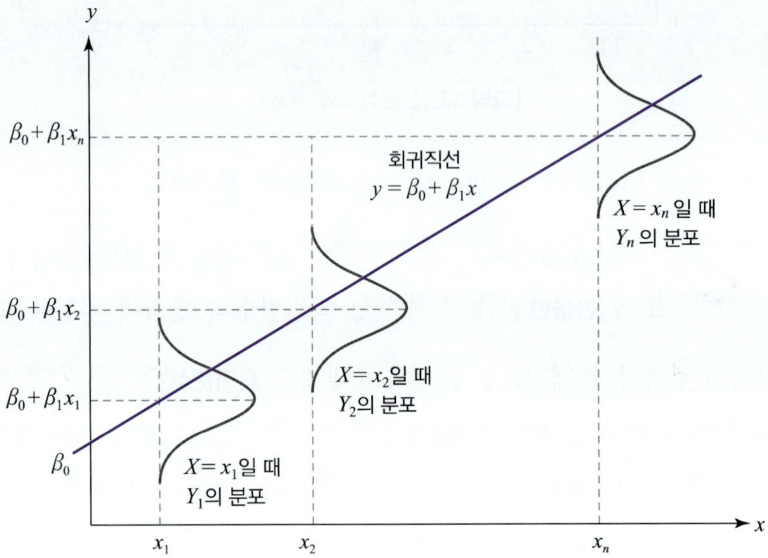

[그림 13.2] $X=x_i$일 때 종속변수 Y_i의 확률분포

그러므로 독립변수가 x_i일 때 종속변수 Y_i의 기댓값은 다음과 같이 x_i의 일차함수로 설명된다.

$$E(Y_i \mid x_i) = \beta_0 + \beta_1 x_i$$

오차항의 분산 σ^2은 관찰값들로부터 추정될 수 있으며, 이 값이 작을수록 측정값 (x_i, y_i)는 직선 $y=\beta_0+\beta_1 x$에 더욱 더 가깝게 된다.

13.2 선형회귀분석

단순선형회귀모형에 대한 추론을 살펴보기 위하여 관찰값을 (x_1, y_1), (x_2, y_2), $\cdots$, (x_n, y_n)이라 하자. [그림 13.1]에서와 같이 관찰값을 나타내는 최적의 회귀직선(추세선)을 구하는 것이 회귀분석의 목적이다. 즉, 최적의 회귀계수 β_0과 β_1을 구하는 것이 회귀분석의 목적이며, 이러한 방법 중 오차제곱합을 최소화하는 방법을 가장 많이 사용한다. 이 방법은 [그림 13.3]과 같이 종속변수의 관찰값 y_i와 회귀직선의 추정값 $\beta_0+\beta_1 x_i$의 오차제곱합을 최소로 하는 직선을 선택하는 방법이다.

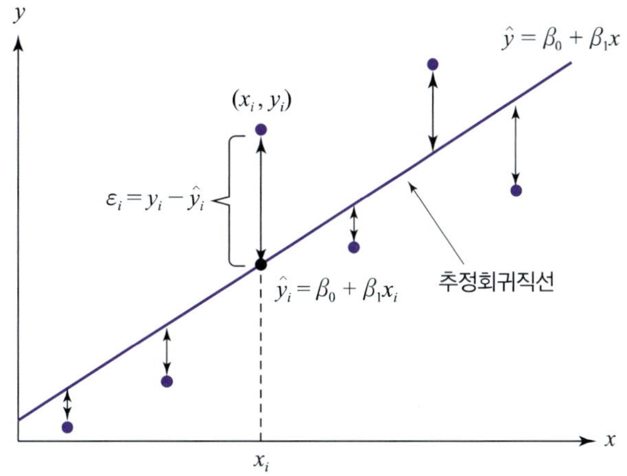

[그림 13.3] 추정회귀직선과 오차

따라서 다음과 같은 오차제곱합을 최소로 하는 β_0과 β_1을 구한다.

$$S=\sum_{i=1}^{n}\varepsilon_i^2=\sum_{i=1}^{n}[y_i-(\beta_0+\beta_1 x_i)]^2$$

이와 같이 오차제곱합을 최소로 하는 회귀직선을 구하는 방법을 **최소제곱법**least squares method이라 하며, 최소제곱법에 의해 얻은 직선 $\hat{y}=\hat{\beta}_0+\hat{\beta}_1 x$를 **추정회귀직선**estimated regression line이라 한다.

오차제곱합 S를 최소로 하는 $\hat{\beta}_0$과 $\hat{\beta}_1$을 구하기 위하여 다음과 같이 S를 β_0과 β_1로 각각 편미분한다.

$$\frac{\partial S}{\partial \beta_0}=-2\sum_{i=1}^{n}[y_i-(\beta_0+\beta_1 x_i)]$$

$$\frac{\partial S}{\partial \beta_1}=-2\sum_{i=1}^{n}x_i[y_i-(\beta_0+\beta_1 x_i)]$$

이 결과를 각각 0으로 놓으면 $\hat{\beta}_0$과 $\hat{\beta}_1$은 다음 방정식의 해이며, 이 방정식을 **정규방정식**normal equation이라고 한다.

$$\sum_{i=1}^{n} y_i = n\beta_0 + \beta_1 \sum_{i=1}^{n} x_i$$

$$\sum_{i=1}^{n} x_i y_i = \beta_0 \sum_{i=1}^{n} x_i + \beta_1 \sum_{i=1}^{n} x_i^2$$

정규방정식의 해 $\hat{\beta}_0$과 $\hat{\beta}_1$을 구하면 다음 결과를 얻을 수 있다.

$$\hat{\beta}_1 = \frac{\sum (x_i - \overline{x})(y_i - \overline{y})}{\sum (x_i - \overline{x})^2}, \quad \hat{\beta}_0 = \frac{1}{n}\sum y_i - \hat{\beta}_1 \frac{1}{n}\sum x_i = \overline{y} - \hat{\beta}_1 \overline{x}$$

이때 S_{xy}와 S_{xx}를 다음과 같이 정의하자.

$$S_{xy} = \sum (x_i - \overline{x})(y_i - \overline{y}) = \sum x_i y_i - \frac{1}{n}\left(\sum x_i\right)\left(\sum y_i\right)$$

$$S_{xx} = \sum (x_i - \overline{x})^2 = \sum x_i^2 - \frac{1}{n}\left(\sum x_i\right)^2$$

그러면 $\hat{\beta}_0$과 $\hat{\beta}_1$은 다음과 같이 간단히 표현된다.

$$\hat{\beta}_0 = \overline{y} - \hat{\beta}_1 \overline{x}, \quad \hat{\beta}_1 = \frac{S_{xy}}{S_{xx}}$$

따라서 추정회귀직선은 다음과 같다.

$$\hat{y} = \hat{\beta}_0 + \hat{\beta}_1 x = \overline{y} + \hat{\beta}_1 (x - \overline{x})$$

특정한 독립변수 x^*에 대한 종속변수 y의 점추정값은 다음과 같다.

$$\hat{y}|_{x^*} = \overline{y} + \hat{\beta}_1 (x^* - \overline{x})$$

예제 1

촉매의 양에 따라 화학반응에서 생성되는 화학물질의 반응량을 조사하여 다음 표를 얻었다.

촉매량	1	2	3	4	5	6	7
반응량	1.1	2.4	3.5	3.8	4.3	4.5	4.5

(a) 최소제곱법에 의한 β_0과 β_1의 추정값을 구하라.

(b) $x=10$에 대한 반응량의 추정값을 구하라.

풀이

(a) 먼저 다음과 같이 표를 작성한다.

번호	x_i	y_i	$x_i-\bar{x}$	$y_i-\bar{y}$	$(x_i-\bar{x})^2$	$(y_i-\bar{y})^2$	$(x_i-\bar{x})(y_i-\bar{y})$
1	1	1.1	−3	-2.343	9	5.489649	7.029
2	2	2.4	−2	-1.043	4	1.087849	2.086
3	3	3.5	−1	0.057	1	0.003249	−0.057
4	4	3.8	0	0.357	0	0.127449	0
5	5	4.3	1	0.857	1	0.734449	0.857
6	6	4.5	2	1.057	4	1.117249	2.114
7	7	4.5	3	1.057	9	1.117249	3.171
합계	28	24.1	0	-0.001	28	9.677143	15.2

그러면 다음을 얻는다.

$$\bar{x}=\frac{28}{7}=4,\quad \bar{y}=\frac{24.1}{7}\approx 3.443,$$

$$S_{xx}=\sum_{i=1}^{8}(x_i-\bar{x})^2=28,\quad S_{xy}=\sum_{i=1}^{8}(x_i-\bar{x})(y_i-\bar{y})=15.2$$

$\hat{\beta}_1$과 $\hat{\beta}_0$의 값은 각각 다음과 같다.

$$\hat{\beta}_1=\frac{S_{xy}}{S_{xx}}=\frac{15.2}{28}\approx 0.5429$$

$$\hat{\beta}_0=\bar{y}-\hat{\beta}_1\bar{x}=3.443-(0.5429)(4)\approx 1.2714$$

따라서 추정회귀직선은 $\hat{y}=\hat{\beta}_0+\hat{\beta}_1 x=1.2714+0.5429\,x$ 이다.

(b) $x=10$에 대한 반응량의 추정값은 $\hat{y}\,|_{x=10}=1.271+(0.543)(10)=6.701$이다.

■ 오차제곱합

추정회귀직선에 의한 추정값 $\hat{y}_i$과 실제 관측값 y_i 사이의 오차에 대해 살펴본다. 오차항들 ε_i, $i=1,2,\cdots,n$은 정규분포 $N(0,\sigma^2)$에서 독립적으로 관찰된 값으로 택했으며, [그림 13.3]에서 오차항의 분산 σ^2 이 작을수록 측정값 (x_i, y_i)는 추정회귀직선 $\hat{y} = \hat{\beta}_0 + \hat{\beta}_1 x$에 더욱 가깝다. 오차항의 분산 σ^2은 다음과 같은 추정값 $\hat{y}_i$과 실제 관측값 y_i 의 편차를 이용하여 추정할 수 있으며, 이 편차를 **잔차**^residual^라 한다.

$$\varepsilon_i = \hat{y}_i - y_i\,,\ i = 1, 2, \cdots, n$$

이때 다음과 같이 잔차들의 제곱을 모두 더한 합을 **오차제곱합**^sum of squares for error, SSE^이라 한다.

$$\mathrm{SSE} = \sum_{i=1}^{n} \varepsilon_i^2 = \sum_{i=1}^{n} (y_i - \hat{y}_i)^2 = \sum_{i=1}^{n} [y_i - (\hat{\beta}_0 + \hat{\beta}_1 x_i)]^2$$

오차항의 분산 σ^2 의 추정량 $\hat{\sigma}^2$은 SSE를 이용하여 다음과 같이 구한다.

$$\hat{\sigma}^2 = \frac{\mathrm{SSE}}{n-2} = \frac{1}{n-2} \sum_{i=1}^{n} [y_i - (\hat{\beta}_0 + \hat{\beta}_1 x_i)]^2$$

$\hat{\beta}_0 = \overline{y} - \hat{\beta}_1 \overline{x}$ 이므로 $y_i - (\hat{\beta}_0 + \hat{\beta}_1 x_i)$는 다음과 같이 표현할 수 있다.

$$y_i - (\hat{\beta}_0 + \hat{\beta}_1 x_i) = (y_i - \overline{y}) - \hat{\beta}_1 (x_i - \overline{x})$$

따라서 $S_{yy} = \sum (y_i - \overline{y})^2$이라 하면 $\hat{\beta}_1 = \dfrac{S_{xy}}{S_{xx}}$ 이므로 SSE를 다음과 같이 간단히 표현할 수 있다.

$$\begin{aligned}
\mathrm{SSE} &= \sum_{i=1}^{n} [y_i - (\hat{\beta}_0 + \hat{\beta}_1 x_i)]^2 = \sum_{i=1}^{n} [(y_i - \overline{y}) - \hat{\beta}_1 (x_i - \overline{x})]^2 \\
&= \sum_{i=1}^{n} (y_i - \overline{y})^2 - 2\hat{\beta}_1 \sum_{i=1}^{n} (x_i - \overline{x})(y_i - \overline{y}) + \hat{\beta}_1^2 \sum_{i=1}^{n} (x_i - \overline{x})^2 \\
&= S_{yy} - 2\frac{S_{xy}^2}{S_{xx}} + \left(\frac{S_{xy}}{S_{xx}}\right)^2 S_{xx} \\
&= S_{yy} - \frac{S_{xy}^2}{S_{xx}} = S_{yy} - \hat{\beta}_1 S_{xy}
\end{aligned}$$

그러므로 단순선형회귀모형 $y = \beta_0 + \beta_1 x + \varepsilon$에 대한 나머지 오차항의 분산 σ^2 에 대한 불편추정량 $\hat{\sigma}^2$은 다음과 같으며, 이 척도를 **평균제곱오차**^mean square error, MSE^라 한다.

$$\mathrm{MSE} = \hat{\sigma}^2 = \frac{\mathrm{SSE}}{n-2} = \frac{1}{n-2} (S_{yy} - \hat{\beta}_1 S_{xy})$$

여기서 $n-2$는 SSE의 자유도이다. σ를 추정하기 위해 다음과 같이 $\hat{\sigma}^2$의 양의 제곱근 $\hat{\sigma}$을 이용하며, 이를 **추정값의 표준오차**standard error of estimate라 한다.

$$\hat{\sigma} = \sqrt{\frac{\mathrm{SSE}}{n-2}}$$

■ 결정계수

최소제곱법으로 구한 선형회귀모형이 얼마나 좋은지 나타내는 수치가 있다면 선형회귀방정식으로 모집단을 분석하는 데 많은 도움이 될 것이다. 이와 같은 수치로 결정계수를 사용하며, 결정계수를 구하기 위해 총제곱합과 회귀제곱합을 살펴보자.

종속변수 y_i와 y_i들의 평균 $\bar{y}$와의 차 $y_i - \bar{y}$를 **총편차**total deviation라 하며, 이와 같은 총편차들의 제곱합을 **총제곱합**total sum of squares, SST이라 한다. 즉, 총제곱합은 다음과 같다.

$$\mathrm{SST} = \sum_{i=1}^{n} (y_i - \bar{y})^2$$

[그림 13.4]와 같이 각각의 총편차는 오차항에 의해 설명되는 부분 $y_i - \hat{y}_i$과 회귀직선에 의해 설명되는 부분인 $\hat{y}_i - \bar{y}$의 합으로 표현될 수 있다.

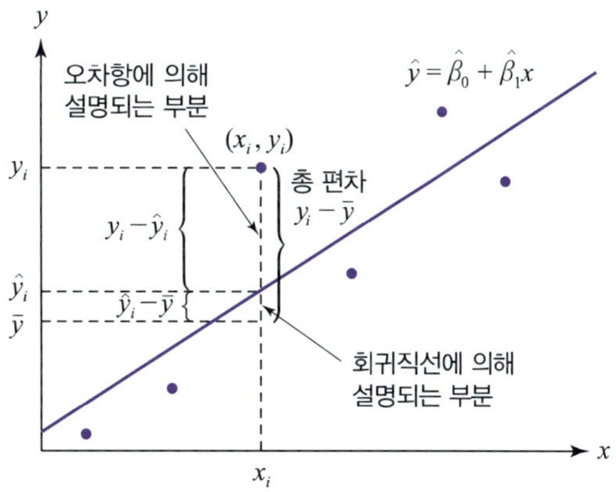

[그림 13.4] 총편차의 분해

각각의 총편차는 다음과 같이 나타낼 수 있다.

$$y_i - \bar{y} = (y_i - \hat{y}_i) + (\hat{y}_i - \bar{y})$$

그러므로 총제곱합 SST는 다음과 같다.

$$\sum_{i=1}^{n}(y_i - \overline{y})^2 = \sum_{i=1}^{n}[(y_i - \hat{y}_i) + (\hat{y}_i - \overline{y})]^2$$
$$= \sum_{i=1}^{n}(y_i - \hat{y}_i)^2 + \sum_{i=1}^{n}(\hat{y}_i - \overline{y})^2 + 2\sum_{i=1}^{n}(y_i - \hat{y}_i)(\hat{y}_i - \overline{y})$$

이때 마지막 항은 회귀계수 $\hat{\beta}_0 = \overline{y} - \hat{\beta}_1 \overline{x}$를 이용하여 다음과 같이 표현할 수 있다.

$$\sum_{i=1}^{n}(y_i - \hat{y}_i)(\hat{y}_i - \overline{y}) = \sum_{i=1}^{n}[y_i - (\hat{\beta}_0 + \hat{\beta}_1 x_i)]\, \hat{\beta}_1 (x_i - \overline{x})$$
$$= \hat{\beta}_1 \sum_{i=1}^{n} x_i (y_i - \hat{\beta}_0 - \hat{\beta}_1 x_i) - \hat{\beta}_1 \overline{x} \sum_{i=1}^{n}(y_i - \hat{\beta}_0 - \hat{\beta}_1 x_i)$$

그러면 정규방정식으로부터 다음을 얻는다.

$$\sum_{i=1}^{n}(y_i - \hat{y}_i)(\hat{y}_i - \hat{y}) = \hat{\beta}_1 \left(\sum_{i=1}^{n} x_i y_i - \hat{\beta}_0 \sum_{i=1}^{n} x_i - \hat{\beta}_1 \sum_{i=1}^{n} x_i^2 \right) - \hat{\beta}_1 \overline{x} \left(\sum_{i=1}^{n} y_i - n\hat{\beta}_0 - \hat{\beta}_1 \sum_{i=1}^{n} x_i \right) = 0$$

따라서 SST는 다음과 같이 두 제곱합의 합으로 표현된다.

$$\mathrm{SST} = \sum_{i=1}^{n}(y_i - \hat{y}_i)^2 + \sum_{i=1}^{n}(\hat{y}_i - \overline{y})^2$$

여기서 $\sum_{i=1}^{n}(y_i - \hat{y}_i)^2$은 [그림 13.5(a)]와 같이 오차항에 의해 설명되는 부분으로 **오차제곱합**sum of squares for error, SSE이라 하고, $\sum_{i=1}^{n}(\hat{y}_i - \overline{y})^2$은 [그림 13.5(b)]와 같이 회귀직선에 의해 설명되는 부분으로 **회귀제곱합**sum of squares for regression, SSR이라 한다.

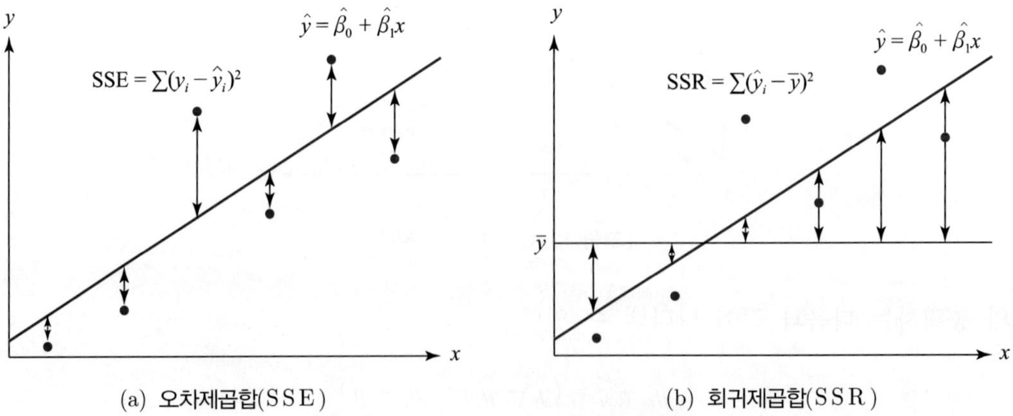

(a) 오차제곱합(SSE) (b) 회귀제곱합(SSR)

[그림 13.5] 오차제곱합과 회귀제곱합

따라서 다음과 같이 총제곱합은 오차제곱합과 회귀제곱합으로 표현된다.

$$\mathrm{SST} = \mathrm{SSE} + \mathrm{SSR}$$

앞에서 설명한 바와 같이 오차가 작을수록 추정회귀직선은 자료들을 대표하기에 적합하다. 즉, 오차제곱합 SSE가 작을수록(또는 SSR이 커질수록) 회귀모형이 자료들을 잘 설명해 준다. 이때 총제곱합 중 회귀제곱합이 차지하는 비율을 **결정계수**coefficient of determination라 하며, 다음과 같이 정의한다.

$$R^2 = \frac{\mathrm{SSR}}{\mathrm{SST}} = 1 - \frac{\mathrm{SSE}}{\mathrm{SST}}$$

결정계수의 특성

- 결정계수는 회귀모형의 적합도를 나타낸다.
- 회귀직선에 의해 설명되는 종속변수 y에 대한 총 변동의 비율로, 0과 1 사이의 값이다.
- 표본상관계수의 제곱과 일치한다.
- SSE가 작아질수록 R^2이 커지며, SSE가 SST에 가까울수록 R^2이 0에 가까워진다.
- [그림 13.6]과 같이 $R^2 \approx 1$이면 회귀모형은 좋으며, $R^2 \approx 0$이면 회귀모형은 매우 나쁘다.

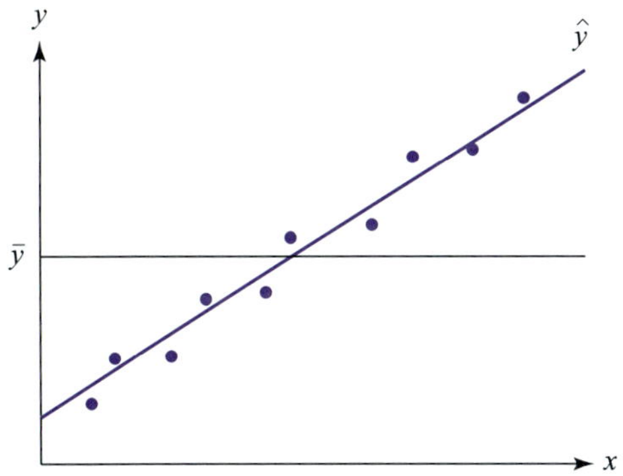

(a) 회귀모형이 완전한 경우($R^2 \approx 1$)

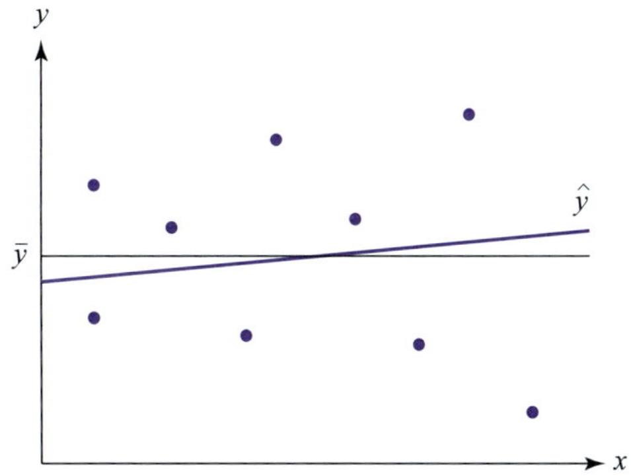

(b) 회귀모형이 나쁜 경우($R^2 \approx 0$)

[그림 13.6] R^2에 따른 회귀모형의 적합 정도

특히 $\mathrm{SST} = \sum(y_i - \bar{y})^2 = S_{yy}$이고 $\mathrm{SSE} = S_{yy} - \hat{\beta}_1 S_{xy}$이므로 결정계수를 다음과 같이 간단히 나타낼 수 있다.

$$R^2 = \hat{\beta}_1 \frac{S_{xy}}{S_{yy}}$$

예제 2

[예제 1]의 자료에 대해 다음을 구하라.

(a) 오차항의 분산 σ^2에 대한 추정량 MSE

(b) 결정계수 R^2

풀이

(a) [예제 1]로부터 다음을 얻었다.

$$n=7, \quad \hat{\beta}_1 = 0.5429, \quad S_{yy} \approx 9.6771, \quad S_{xy} = 15.2$$

따라서 오차항의 분산의 추정값은 다음과 같다.

$$\hat{\sigma}^2 = \text{MSE} = \frac{1}{5}\text{SSE} = \frac{1}{5}[9.6771 - (0.5429)(15.2)] = \frac{1.42502}{5} \approx 0.285$$

(b) $R^2 = \hat{\beta}_1 \dfrac{S_{xy}}{S_{yy}} = \dfrac{(0.5429)(15.2)}{9.6771} \approx 0.8527$

13.3 회귀계수의 구간추정

지금까지 쌍으로 주어진 관찰값 (x_i, y_i), $i=1, 2, \cdots, n$으로 구성된 표본에 대한 회귀직선을 추정하는 방법을 살펴봤다. 이 절에서는 오차항의 분산 σ^2을 아는 경우와 그렇지 않은 경우에 모회귀계수 β_0과 β_1의 신뢰구간을 구하는 방법을 살펴본다.

먼저 오차항의 분산 σ^2을 아는 경우, 회귀계수와 회귀직선에 대한 신뢰구간을 구해 보자.

■ 기울기 모수 β_1에 대한 $100(1-\alpha)\%$ 신뢰구간

오차항 ε_i, $i=1, 2, \cdots, n$는 독립이고 정규분포 $N(0, \sigma^2)$을 따른다고 가정하므로 회귀모형 $Y_i = \beta_0 + \beta_1 x_i + \varepsilon_i$도 역시 정규분포 $N(\beta_0 + \beta_1 x_i, \sigma^2)$을 따른다. 그러면 최소제곱법에 의해 기울기 모수 β_1에 대한 추정량 $\hat{\beta}_1$은 다음과 같다.

$$\hat{\beta}_1 = \frac{\sum_{i=1}^{n}(x_i - \overline{x})(Y_i - \overline{Y})}{\sum_{i=1}^{n}(x_i - \overline{x})^2} = \frac{\sum_{i=1}^{n}(x_i - \overline{x})(Y_i - \overline{Y})}{S_{xx}}$$

더욱이 $\hat{\beta}_1$은 독립인 확률변수 Y_i들의 일차결합으로 표현이 가능하다.

$$\hat{\beta}_1 = \frac{\sum_{i=1}^{n}(x_i - \overline{x})(Y_i - \overline{Y})}{S_{xx}} = \frac{\sum_{i=1}^{n}(x_i - \overline{x})Y_i - \sum_{i=1}^{n}(x_i - \overline{x})\overline{Y}}{S_{xx}}$$

$$= \frac{\sum_{i=1}^{n}(x_i - \overline{x})Y_i}{S_{xx}} = \sum_{i=1}^{n}\left(\frac{x_i - \overline{x}}{S_{xx}}\right)Y_i$$

이때 Y_i, $i = 1, 2, \cdots, n$은 독립이고 $Y_i \sim N(\beta_0 + \beta_1 x_i, \sigma^2)$을 따르므로 $\hat{\beta}_1$의 평균은 다음과 같다.

$$E(\hat{\beta}_1) = E\left[\sum_{i=1}^{n}\left(\frac{x_i - \overline{x}}{S_{xx}}\right)Y_i\right] = \sum_{i=1}^{n}\left(\frac{x_i - \overline{x}}{S_{xx}}\right)E(Y_i)$$

$$= \frac{\sum_{i=1}^{n}(x_i - \overline{x})(\beta_0 + \beta_1 x_i)}{S_{xx}} = \frac{(\beta_0 + \beta_1 \overline{x})\sum_{i=1}^{n}(x_i - \overline{x}) + \beta_1 S_{xx}}{S_{xx}}$$

$$= \beta_1$$

따라서 $\hat{\beta}_1$은 β_1의 불편추정량이다. $\hat{\beta}_1$의 분산은 다음과 같다.

$$Var(\hat{\beta}_1) = Var\left[\sum_{i=1}^{n}\left(\frac{x_i - \overline{x}}{S_{xx}}\right)Y_i\right] = \sum_{i=1}^{n}\left(\frac{x_i - \overline{x}}{S_{xx}}\right)^2 Var(Y_i)$$

$$= \sum_{i=1}^{n}\frac{(x_i - \overline{x})^2}{(S_{xx})^2}\sigma^2 = \frac{\sigma^2}{(S_{xx})^2}\sum_{i=1}^{n}(x_i - \overline{x})^2 = \frac{\sigma^2}{S_{xx}}$$

그러므로 $\hat{\beta}_1$은 다음과 같은 정규분포를 따른다.

$$\hat{\beta}_1 \sim N\left(\beta_1, \ \frac{\sigma^2}{S_{xx}}\right) \quad 또는 \quad \frac{\hat{\beta}_1 - \beta_1}{\sigma/\sqrt{S_{xx}}} \sim N(0, \ 1)$$

그러면 꼬리확률 $\frac{\alpha}{2}$에 대해 다음 확률을 얻는다.

$$P\left(-z_{\alpha/2} < \frac{\hat{\beta}_1 - \beta_1}{\sigma/\sqrt{S_{xx}}} < z_{\alpha/2}\right) = P\left(\hat{\beta}_1 - z_{\alpha/2}\frac{\sigma}{\sqrt{S_{xx}}} < \beta_1 < \hat{\beta}_1 + z_{\alpha/2}\frac{\sigma}{\sqrt{S_{xx}}}\right)$$
$$= 1 - \alpha$$

그러므로 오차항의 분산 σ^2을 아는 경우, 기울기 모수 β_1에 대한 $100(1-\alpha)\%$ 신뢰구간은 다음과 같다.

$$\left(\hat{\beta}_1 - z_{\alpha/2}\frac{\sigma}{\sqrt{S_{xx}}},\quad \hat{\beta}_1 + z_{\alpha/2}\frac{\sigma}{\sqrt{S_{xx}}}\right)$$

■ 절편 모수 β_0에 대한 $100(1-\alpha)\%$ 신뢰구간

절편 모수 β_0에 대한 최소제곱추정량이 $\hat{\beta}_0 = \overline{Y} - \hat{\beta}_1\overline{x}$ 이므로 $\hat{\beta}_0$의 평균은 다음과 같으며, $\hat{\beta}_0$은 β_0에 대한 불편추정량이다.

$$E(\hat{\beta}_0) = E(\overline{Y} - \hat{\beta}_1\overline{x}) = (\beta_0 + \beta_1\overline{x}) - E(\hat{\beta}_1)\overline{x} = (\beta_0 + \beta_1\overline{x}) - \beta_1\overline{x} = \beta_0$$

$\hat{\beta}_0$의 분산은 다음과 같다.

$$\begin{aligned} Var(\hat{\beta}_0) &= Var(\overline{Y} - \hat{\beta}_1\overline{x}) \\ &= Var(\overline{Y}) + \overline{x}^2\, Var(\hat{\beta}_1) - 2\overline{x}\, Cov(\overline{Y}, \hat{\beta}_1) \\ &= \frac{\sigma^2}{n} + \frac{\overline{x}^2\sigma^2}{S_{xx}} - 2\overline{x}\, Cov(\overline{Y}, \hat{\beta}_1) \\ &= \left(\frac{1}{n} + \frac{\overline{x}^2}{S_{xx}}\right)\sigma^2 - 2\overline{x}\, Cov(\overline{Y}, \hat{\beta}_1) \end{aligned}$$

이때 Y_i, $i = 1, 2, \cdots, n$이 독립이므로 $Cov(Y_i, Y_j) = 0$, $i \neq j$, $i = 1, 2, \cdots, n$이고 다음이 성립한다.

$$Cov(\overline{Y},\ \hat{\beta}_1) = Cov\left(\sum_{i=1}^{n}\frac{1}{n}Y_i,\ \ \sum_{i=1}^{n}\frac{x_i-\overline{x}}{S_{xx}}Y_i\right)$$

$$= \sum_{i=1}^{n}\left(\frac{1}{n}\cdot\frac{x_i-\overline{x}}{S_{xx}}\right)Var(Y_i) + \sum_{i\neq j}\left(\frac{1}{n}\cdot\frac{x_j-\overline{x}}{S_{xx}}\right)Cov(Y_i,\ Y_j)$$

$$= \sum_{i=1}^{n}\left(\frac{1}{n}\cdot\frac{x_i-\overline{x}}{S_{xx}}\right)\sigma^2 = \frac{\sigma^2}{n\,S_{xx}}\sum_{i=1}^{n}(x_i-\overline{x}) = 0$$

따라서 $\hat{\beta}_0$의 분산은 다음과 같다.

$$Var(\hat{\beta}_0) = \left(\frac{1}{n} + \frac{\overline{x}^2}{S_{xx}}\right)\sigma^2$$

특히 $\overline{Y}$와 $\hat{\beta}_1$이 정규분포를 따르므로 $\hat{\beta}_0 = \overline{Y} - \hat{\beta}_1\overline{x}$도 다음과 같은 정규분포를 따른다.

$$\hat{\beta}_0 \sim N\left(\beta_0,\ \left(\frac{1}{n}+\frac{\overline{x}^2}{S_{xx}}\right)\sigma^2\right) \quad \text{또는} \quad \frac{\hat{\beta}_0-\beta_0}{\sigma\sqrt{\dfrac{1}{n}+\dfrac{\overline{x}^2}{S_{xx}}}} \sim N(0,\ 1)$$

그러면 꼬리확률 $\dfrac{\alpha}{2}$에 대해 다음 확률을 얻는다.

$$P\left(-z_{\alpha/2} < \frac{\hat{\beta}_0-\beta_0}{\sigma\sqrt{\dfrac{1}{n}+\dfrac{\overline{x}^2}{S_{xx}}}} < z_{\alpha/2}\right) = P\left(\hat{\beta}_0 - z_{\alpha/2}\sigma\sqrt{\frac{1}{n}+\frac{\overline{x}^2}{S_{xx}}} < \beta_0 < \hat{\beta}_0 + z_{\alpha/2}\sigma\sqrt{\frac{1}{n}+\frac{\overline{x}^2}{S_{xx}}}\right)$$

$$= 1-\alpha$$

그러므로 절편 모수 β_0에 대한 $100(1-\alpha)\%$ 신뢰구간은 다음과 같다.

$$\left(\hat{\beta}_0 - z_{\alpha/2}\sigma\sqrt{\frac{1}{n}+\frac{\overline{x}^2}{S_{xx}}},\ \ \hat{\beta}_0 + z_{\alpha/2}\sigma\sqrt{\frac{1}{n}+\frac{\overline{x}^2}{S_{xx}}}\right)$$

■ 모회귀직선 $\beta_0+\beta_1 x$에 대한 $100(1-\alpha)\%$ 신뢰구간

두 확률변수 X와 Y 사이에 $Y=\beta_0+\beta_1 X+\varepsilon$의 관계가 있을 때, $E(\varepsilon)=0$이면 조건부 기댓값

$E(Y|X=x)$는 다음과 같다.

$$E(Y|X=x)=E(\beta_0+\beta_1 X|X=x)=\beta_0+\beta_1 x$$

즉, $X=x$일 때 Y의 조건부 기댓값은 x에 대응하는 종속변수의 평균값을 의미한다. 이때 $\hat{\beta}_0$과 $\hat{\beta}_1$이 각각 β_0과 β_1의 불편추정량이므로 $\hat{Y}=\hat{\beta}_0+\hat{\beta}_1 x$는 $E(Y|X=x)=\beta_0+\beta_1 x$의 불편추정량이다. $\hat{Y}$의 평균과 분산은 각각 다음과 같다.

$$\begin{aligned}
E(\hat{Y}) &= E(\hat{\beta}_0+\hat{\beta}_1 x)=\beta_0+\beta_1 x \\
Var(\hat{Y}) &= Var(\hat{\beta}_0+\hat{\beta}_1 x)= Var(\hat{\beta}_0)+x^2\, Var(\hat{\beta}_1)+2x\, Cov(\hat{\beta}_0,\ \hat{\beta}_1) \\
&= Var(\hat{\beta}_0)+x^2\, Var(\hat{\beta}_1)+2x\, Cov(\overline{Y}-\hat{\beta}_1\overline{x},\ \hat{\beta}_1) \\
&= Var(\hat{\beta}_0)+x^2\, Var(\hat{\beta}_1)-2x\overline{x}\, Var(\hat{\beta}_1) \\
&= \left(\frac{1}{n}+\frac{(x-\overline{x})^2}{S_{xx}}\right)\sigma^2
\end{aligned}$$

$\hat{\beta}_0$과 $\hat{\beta}_1$이 각각 정규분포를 따르므로 $\hat{Y}=\hat{\beta}_0+\hat{\beta}_1 x$도 다음과 같은 정규분포를 따른다.

$$\hat{\beta}_0+\hat{\beta}_1 x \sim N\left(\beta_0+\beta_1 x,\ \left(\frac{1}{n}+\frac{(x-\overline{x})^2}{S_{xx}}\right)\sigma^2\right)$$

따라서 $x=x_0$이고 σ^2을 경우, 모회귀직선 $\beta_0+\beta_1 x_0$에 대한 $100(1-\alpha)\%$ 신뢰구간은 다음과 같다.

$$\left(\hat{\beta}_0+\hat{\beta}_1 x_0-z_{\alpha/2}\,\sigma\sqrt{\frac{1}{n}+\frac{(x_0-\overline{x})^2}{S_{xx}}}\ ,\ \hat{\beta}_0+\hat{\beta}_1 x_0+z_{\alpha/2}\,\sigma\sqrt{\frac{1}{n}+\frac{(x_0-\overline{x})^2}{S_{xx}}}\ \right)$$

예제 3

[예제 1]의 자료에서 $\sigma=0.4$를 아는 경우, 다음에 대한 95% 신뢰구간을 구하라.

(a) β_0　　(b) β_1　　(c) $x=10$일 때 예상 반응량

풀이

(a) 신뢰도 95%에 대한 임계값은 $z_{0.025}=1.96$이고, 다음을 알고 있다.

$$n=7,\quad \hat{\beta}_0=1.2714,\quad \sigma=0.4,\quad S_{xx}=28,\quad \bar{x}=4$$

β_0에 대한 95% 신뢰구간은 다음과 같다.

$$\left(\hat{\beta}_0 - z_{\alpha/2}\sigma\sqrt{\frac{1}{n}+\frac{\bar{x}^2}{S_{xx}}},\quad \hat{\beta}_0 + z_{\alpha/2}\sigma\sqrt{\frac{1}{n}+\frac{\bar{x}^2}{S_{xx}}}\right)$$

$$=\left(1.2714-(1.96)(0.4)\sqrt{\frac{1}{7}+\frac{16}{28}},\ 1.2714+(1.96)(0.4)\sqrt{\frac{1}{7}+\frac{16}{28}}\right)$$

$$\approx(0.609,\ 1.934)$$

(b) $\hat{\beta}_1=0.5429$이므로 β_1에 대한 95% 신뢰구간은 다음과 같다.

$$\left(\hat{\beta}_1 - z_{\alpha/2}\frac{\sigma}{\sqrt{S_{xx}}},\quad \hat{\beta}_1 + z_{\alpha/2}\frac{\sigma}{\sqrt{S_{xx}}}\right)$$

$$=\left(0.5429-\frac{(1.96)(0.4)}{\sqrt{28}},\ 0.5429+\frac{(1.96)(0.4)}{\sqrt{28}}\right)\approx(0.395,\ 0.691)$$

(c) $\beta_0+10\beta_1$에 대한 95% 신뢰구간은 다음과 같다.

$$\left(\hat{\beta}_0+10\hat{\beta}_1 - z_{\alpha/2}\,\sigma\sqrt{\frac{1}{n}+\frac{(10-\bar{x})^2}{S_{xx}}},\quad \hat{\beta}_0+10\hat{\beta}_1 + z_{\alpha/2}\,\sigma\sqrt{\frac{1}{n}+\frac{(10-\bar{x})^2}{S_{xx}}}\right)$$

$$=\left(1.2714+(0.5729)(10)-(1.96)(0.4)\sqrt{\frac{1}{7}+\frac{(10-4)^2}{28}},\right.$$

$$\left.1.2714+(0.5729)(10)+(1.96)(0.4)\sqrt{\frac{1}{7}+\frac{(10-4)^2}{28}}\right)$$

$$\approx(5.763,\ 7.637)$$

■ 오차항의 분산 σ^2을 모르는 경우

오차항의 분산 σ^2을 모르는 경우에는 모평균의 추정과 동일하게 t-분포를 이용한다. 회귀계수에 대한 구간추정에서 σ를 $\hat{\sigma}$으로 대체하면 $\hat{\beta}_0$과 $\hat{\beta}_1$은 다음과 같이 자유도 $n-2$인 t-분포를 따른다.

$$\frac{\hat{\beta}_1-\beta_1}{\hat{\sigma}/\sqrt{S_{xx}}}\sim t(n-2),\qquad \frac{\hat{\beta}_0-\beta_0}{\hat{\sigma}\sqrt{\frac{1}{n}+\frac{\bar{x}^2}{S_{xx}}}}\sim t(n-2)$$

따라서 β_0과 β_1에 대한 $100(1-\alpha)\%$ 신뢰구간은 각각 다음과 같다.

- β_0의 신뢰구간: $\left(\hat{\beta}_0 - t_{\alpha/2}(n-2)\hat{\sigma}\sqrt{\dfrac{1}{n}+\dfrac{\bar{x}^2}{S_{xx}}},\ \ \hat{\beta}_0 + t_{\alpha/2}(n-2)\hat{\sigma}\sqrt{\dfrac{1}{n}+\dfrac{\bar{x}^2}{S_{xx}}}\right)$
- β_1의 신뢰구간: $\left(\hat{\beta}_1 - t_{\alpha/2}(n-2)\dfrac{\hat{\sigma}}{\sqrt{S_{xx}}},\ \ \hat{\beta}_1 + t_{\alpha/2}(n-2)\dfrac{\hat{\sigma}}{\sqrt{S_{xx}}}\right)$

특히 $x=x_0$일 때, 추정회귀직선의 값 $\hat{y}|_{x_0} = \hat{\beta}_0 + \hat{\beta}_1 x_0$은 다음과 같이 자유도 $n-2$인 t-분포를 따른다.

$$\frac{(\hat{\beta}_0+\hat{\beta}_1 x_0)-(\beta_0+\beta_1 x_0)}{\hat{\sigma}\sqrt{\dfrac{1}{n}+\dfrac{(x_0-\bar{x})^2}{S_{xx}}}} \sim t(n-2)$$

따라서 $x=x_0$일 때 종속변수의 값 $y|_x = \beta_0+\beta_1 x$에 대한 $100(1-\alpha)\%$ 신뢰구간은 다음과 같다.

$$\left(\hat{\beta}_0+\hat{\beta}_1 x_0 - k,\ \hat{\beta}_0+\hat{\beta}_1 x_0 + k\right),\ k = t_{\alpha/2}(n-2)\hat{\sigma}\sqrt{\frac{1}{n}+\frac{(x_0-\bar{x})^2}{S_{xx}}}$$

예제 4

[예제 1]의 자료에서 오차항의 분산을 모르는 경우, 다음에 대한 95% 신뢰구간을 구하라.

(a) β_0 (b) β_1

풀이

(a) 신뢰도 95%에 대한 임계값은 $t_{0.025}(5)=2.571$이고, 다음을 알고 있다.

$$n=7,\quad \hat{\beta}_0=1.2714,\quad \hat{\sigma}^2=0.285,\quad \hat{\sigma}\approx 0.632,\quad S_{xx}=28,\quad \bar{x}=4$$

따라서 β_0에 대한 95% 신뢰구간은 다음과 같다.

$$\left(\hat{\beta}_0 - t_{\alpha/2}(n-2)\hat{\sigma}\sqrt{\frac{1}{n}+\frac{\bar{x}^2}{S_{xx}}},\ \ \hat{\beta}_0 + t_{\alpha/2}(n-2)\hat{\sigma}\sqrt{\frac{1}{n}+\frac{\bar{x}^2}{S_{xx}}}\right)$$

$$=\left(1.2714-(2.571)(0.632)\sqrt{\frac{1}{7}+\frac{16}{28}},\ 1.2714+(2.571)(0.632)\sqrt{\frac{1}{7}+\frac{16}{28}}\right)$$

$$\approx(-0.1026,\ 2.645)$$

(b) $\hat{\beta}_1 = 0.5429$ 이므로 β_1에 대한 95% 신뢰구간은 다음과 같다.

$$\left(\hat{\beta}_1 - t_{\alpha/2}(n-2)\frac{\hat{\sigma}}{\sqrt{S_{xx}}},\ \ \hat{\beta}_1 + t_{\alpha/2}(n-2)\frac{\hat{\sigma}}{\sqrt{S_{xx}}}\right)$$

$$= \left(0.5429 - \frac{(2.571)(0.632)}{\sqrt{28}},\ 0.5429 + \frac{(2.571)(0.632)}{\sqrt{28}}\right) \approx (0.236,\ 0.850)$$

13.4 회귀계수의 가설검정

13.3절에서 오차항의 분산 σ^2을 아는 경우와 그렇지 않은 경우에 모회귀계수들은 각각 정규분포와 t-분포를 따르는 것을 살펴봤다. 이 절에서는 두 경우에 대해 β_0과 β_1에 대한 가설을 검정하는 방법을 살펴본다.

■ 오차항의 분산 σ^2을 아는 경우

기울기 모수 β_1에 대한 귀무가설 $H_0 : \beta_1 = \tilde{\beta}_1$의 검정에서 귀무가설이 거짓임이 판명나기 전까지 귀무가설의 주장을 정당한 것으로 가정하므로 β_1에 대한 검정통계량과 확률분포는 다음과 같다.

$$Z = \frac{\hat{\beta}_1 - \tilde{\beta}_1}{\sigma/\sqrt{S_{xx}}} \sim N(0,\ 1)$$

따라서 유의수준 α에서 귀무가설의 유형에 따른 기각역과 p-값은 [표 13.2]와 같다. 이때 검정통계량의 관찰값 z_0이 기각역 안에 놓이면 귀무가설을 기각한다.

[표 13.2] 기울기 모수 β_1에 대한 가설검정(σ^2을 아는 경우)

가설과 기각역 / 검정 유형	귀무가설	대립가설	H_0의 기각역	p-값
양측검정	$\beta_1 = \tilde{\beta}_1$	$\beta_1 \neq \tilde{\beta}_1$	$\lvert Z \rvert > z_{\alpha/2}$	$2P(Z > \lvert z_0 \rvert)$
하단측검정	$\beta_1 \geq \tilde{\beta}_1$	$\beta_1 < \tilde{\beta}_1$	$Z < -z_{\alpha}$	$P(Z < z_0)$
상단측검정	$\beta_1 \leq \tilde{\beta}_1$	$\beta_1 > \tilde{\beta}_1$	$Z > z_{\alpha}$	$P(Z > z_0)$

귀무가설 $H_0 : \beta_0 = \tilde{\beta}_0$을 검정하기 위한 검정통계량과 확률분포는 다음과 같다.

$$Z = \frac{\hat{\beta}_0 - \tilde{\beta}_0}{\sigma \sqrt{\frac{1}{n} + \frac{\overline{x}^2}{S_{xx}}}} \sim N(0,\ 1)$$

그러므로 유의수준 α에서 귀무가설의 유형에 따른 기각역과 p-값은 [표 13.3]과 같다. 이때 검정통계량의 관찰값 z_0이 기각역 안에 놓이면 귀무가설을 기각한다.

[표 13.3] 절편 모수 β_0에 대한 가설검정(σ^2을 아는 경우)

검정 유형 \ 가설과 기각역	귀무가설	대립가설	H_0의 기각역	p-값
양측검정	$\beta_0 = \tilde{\beta}_0$	$\beta_0 \neq \tilde{\beta}_0$	$\lvert Z \rvert > z_{\alpha/2}$	$P(\lvert Z \rvert > \lvert z_0 \rvert)$
하단측검정	$\beta_0 \geq \tilde{\beta}_0$	$\beta_0 < \tilde{\beta}_0$	$Z < -z_{\alpha}$	$P(Z < z_0)$
상단측검정	$\beta_0 \leq \tilde{\beta}_0$	$\beta_0 > \tilde{\beta}_0$	$Z > z_{\alpha}$	$P(Z > z_0)$

예제 5

[예제 1]의 자료에서 $\sigma = 0.4$를 아는 경우, 유의수준 5%에서 다음을 검정하라.

(a) $\beta_0 = 0.8$ (b) $\beta_1 > 0.4$

풀이

(a) 양측검정이므로 기각역은 $Z < -1.96$, $Z > 1.96$이고 다음을 알고 있다.

$$n = 7,\quad \hat{\beta}_0 = 1.2714,\quad \tilde{\beta}_0 = 0.8,\quad \sigma = 0.4,\quad S_{xx} = 28,\quad \overline{x} = 4$$

따라서 β_0에 대한 검정통계량의 관찰값은 다음과 같다.

$$z_0 = \frac{\hat{\beta}_0 - \tilde{\beta}_0}{\sigma \sqrt{\frac{1}{n} + \frac{\overline{x}^2}{S_{xx}}}} = \frac{1.2714 - 0.8}{0.4 \sqrt{\frac{1}{7} + \frac{16}{28}}} \approx 1.39$$

검정통계량의 관찰값 $z_0 \approx 1.39$가 기각역 안에 놓이지 않으므로 귀무가설을 기각할 수 없다. 즉, 절편 모수가 0.8이라는 주장은 타당성이 있다.

(b) 상단측검정이므로 기각역은 $Z > 1.645$이고 β_1에 대한 검정통계량의 관찰값은 다음과 같다.

$$z_0 = \frac{\hat{\beta}_1 - \tilde{\beta}_1}{\sigma / \sqrt{S_{xx}}} = \frac{0.5429 - 0.4}{0.4/\sqrt{28}} \approx 1.89$$

검정통계량의 관찰값 $z_0 \approx 1.89$가 기각역 안에 놓이므로 귀무가설을 기각한다. 즉, 기울기 모수는 0.4보다 크다고 할 수 있다.

■ 오차항의 분산 σ^2을 모르는 경우

오차항의 분산 σ^2을 모르면 β_1의 검정통계량 $\hat{\beta}_1$은 다음과 같이 자유도 $n-2$인 t-분포를 따른다.

$$T = \frac{\hat{\beta}_1 - \beta_1}{\hat{\sigma} / \sqrt{S_{xx}}} \sim t(n-2)$$

귀무가설 $H_0 : \beta_1 = \tilde{\beta}_1$을 검정하기 위한 검정통계량과 확률분포는 다음과 같다.

$$T = \frac{\hat{\beta}_1 - \tilde{\beta}_1}{\hat{\sigma} / \sqrt{S_{xx}}} \sim t(n-2)$$

따라서 유의수준 α에서 귀무가설의 유형에 따른 기각역과 p-값은 [표 13.4]와 같다. 이때 검정통계량의 관찰값 z_0이 기각역 안에 놓이면 귀무가설을 기각한다.

[표 13.4] 기울기 모수 β_1에 대한 가설검정(σ^2을 모르는 경우)

가설과 기각역 / 검정 유형	귀무가설	대립가설	H_0의 기각역	p-값
양측검정	$\beta_1 = \tilde{\beta}_1$	$\beta_1 \neq \tilde{\beta}_1$	$\lvert T \rvert > t_{\alpha/2}(n-2)$	$2P(T > \lvert t_0 \rvert)$
하단측검정	$\beta_1 \geq \tilde{\beta}_1$	$\beta_1 < \tilde{\beta}_1$	$T < -t_{\alpha}(n-2)$	$P(T < t_0)$
상단측검정	$\beta_1 \leq \tilde{\beta}_1$	$\beta_1 > \tilde{\beta}_1$	$T > t_{\alpha}(n-2)$	$P(T > t_0)$

귀무가설 $H_0 : \beta_0 = \tilde{\beta}_0$을 검정하기 위한 검정통계량과 확률분포는 다음과 같다.

$$T = \frac{\hat{\beta}_0 - \tilde{\beta}_0}{\hat{\sigma}\sqrt{\frac{1}{n} + \frac{\overline{x}^2}{S_{xx}}}} \sim t(n-2)$$

유의수준 α에서 귀무가설의 유형에 따른 기각역과 p-값은 [표 13.5]와 같다. 이때 검정통계량의 관찰값 z_0이 기각역 안에 놓이면 귀무가설을 기각한다.

[표 13.5] 절편 모수 β_0에 대한 가설검정(σ^2을 모르는 경우)

검정 유형 \ 가설과 기각역	귀무가설	대립가설	H_0의 기각역	p-값
양측검정	$\beta_0 = \widetilde{\beta}_0$	$\beta_0 \neq \widetilde{\beta}_0$	$\lvert T \rvert > t_{\alpha/2}(n-2)$	$2P(T > \lvert t_0 \rvert)$
하단측검정	$\beta_0 \geq \widetilde{\beta}_0$	$\beta_0 < \widetilde{\beta}_0$	$T < -t_{\alpha}(n-2)$	$P(T < t_0)$
상단측검정	$\beta_0 \leq \widetilde{\beta}_0$	$\beta_0 > \widetilde{\beta}_0$	$T > t_{\alpha}(n-2)$	$P(T > t_0)$

예제 6

[예제 1]의 자료에서 σ^2을 모르는 경우, 유의수준 5%에서 다음을 검정하라.

(a) $\beta_0 = 0.8$ (b) $\beta_1 > 0.4$

풀이

(a) 양측검정이므로 기각역은 $T < -t_{0.025}(5) = -2.571$, $T > t_{0.025}(5) = 2.571$이고 다음을 알고 있다.

$$n = 7,\quad \hat{\beta}_0 = 1.2714,\quad \widetilde{\beta}_0 = 0.8,\quad \hat{\sigma}^2 = 0.285,\quad \hat{\sigma} \approx 0.632,\quad S_{xx} = 28,\quad \overline{x} = 4$$

따라서 β_0에 대한 검정통계량의 관찰값은 다음과 같다.

$$t_0 = \frac{\hat{\beta}_0 - \widetilde{\beta}_0}{\hat{\sigma}\sqrt{\frac{1}{n} + \frac{\overline{x}^2}{S_{xx}}}} = \frac{1.2714 - 0.8}{0.632\sqrt{\frac{1}{7} + \frac{16}{28}}} \approx 0.883$$

검정통계량의 관찰값 $z_0 \approx 0.883$이 기각역 안에 놓이지 않으므로 귀무가설을 기각할 수 없다. 즉, 절편 모수가 0.8이라는 주장은 타당성이 있다.

(b) 상단측검정이므로 기각역은 $T > t_{0.05}(5) = 2.015$이고 β_1에 대한 검정통계량의 관찰값은 다음과 같다.

$$t_0 = \frac{\hat{\beta}_1 - \widetilde{\beta}_1}{\hat{\sigma} / \sqrt{S_{xx}}} = \frac{0.5429 - 0.4}{0.632 / \sqrt{28}} \approx 1.2$$

검정통계량의 관찰값 $z_0 \approx 1.89$가 기각역 안에 놓이지 않으므로 귀무가설을 기각할 수 없다. 즉, 기울기 모수가 0.4 이상이라는 주장은 타당성이 없다.

13.5 상관분석

3.5절에서 두 표본 사이의 상관관계를 측정하는 척도로 다음과 같은 표본상관계수를 정의했다.

$$r = \frac{s_{xy}}{s_x s_y}$$

이제 두 변수 사이의 선형관계 보다는 두 변수 사이의 상관계수에 대한 가설을 검정하는 방법에 대해 살펴본다.

표본상관계수는 다음과 같이 다시 쓸 수 있으며, 이를 **피어슨의 상관계수**Pearson's correlation coefficient라 한다.

$$r = \frac{S_{xy}}{S_x S_y} = \frac{\sum_{i=1}^{n}(x_i - \bar{x})(y_i - \bar{y})}{\sqrt{\sum_{i=1}^{n}(x_i - \bar{x})^2 \sum_{i=1}^{n}(y_i - \bar{y})^2}} = \frac{S_{xy}}{\sqrt{S_{xx} S_{yy}}}$$

■ $\rho = 0$에 대한 검정

두 변수 X와 Y 사이에 상관관계가 있는지를 검정하기 위해, 즉 귀무가설 $H_0 : \rho = 0$을 검정하기 위한 검정통계량과 확률분포는 표본상관계수 r_0에 대해 다음과 같다.

$$T = r_0 \sqrt{\frac{n-2}{1-r_0^2}} \sim t(n-2)$$

따라서 두 변수 X와 Y 사이의 상관관계의 유무를 검정하기 위한 귀무가설은 $H_0 : \rho = 0$이고, 양측검정에 대한 기각역은 $|T| > t_{\alpha/2}(n-2)$이다.

예제 7

[예제 1]의 자료에서 촉매량과 반응량 사이에 상관관계가 없다는 주장을 유의수준 5%에서 검정하라.

풀이

양측검정이므로 기각역은 $T < -t_{0.025}(5) = -2.571$, $T > t_{0.025}(5) = 2.571$이고 다음을 알고 있다.

$$n = 7, \quad S_{xx} = 28, \quad S_{yy} \approx 9.6771, \quad S_{xy} = 15.2$$

따라서 표본상관계수는 $r_0 = \dfrac{15.2}{\sqrt{(28)(9.6771)}} \approx 0.923$이므로 검정통계량의 관찰값은 다음과 같다.

$$t_0 = r_0 \sqrt{\frac{n-2}{1-r_0^2}} = 0.923 \sqrt{\frac{5}{1-(0.923)^2}} \approx 5.36$$

검정통계량의 관찰값 $z_0 \approx 0.883$이 기각역 안에 놓이므로 귀무가설을 기각한다. 즉, 촉매량과 반응량 사이에 상관관계가 있다는 주장은 타당하다.

■ $\rho = \rho_0$에 대한 검정

영국의 통계학자 피셔[R.A.Fisher; 1890~1962]는 표본의 크기가 10 이상인 경우, 다음 변량 Z_r은 근사적으로 정규분포를 따르는 것을 증명했다.

$$Z_r = \frac{1}{2} \ln \frac{1+r}{1-r}$$

통계량 Z_r의 평균은 $z_\rho = \frac{1}{2} \ln \frac{1+\rho_0}{1-\rho_0}$, 분산은 $\frac{1}{n-3}$이다. 따라서 Z_r을 표준화하면 다음과 같다.

$$Z = \frac{Z_r - z_\rho}{1/\sqrt{n-3}} = \frac{\sqrt{n-3}}{2}\left(\ln \frac{1+r}{1-r} - \ln \frac{1+\rho_0}{1-\rho_0}\right) \approx N(0, 1)$$

따라서 귀무가설 $H_0 : \rho = \rho_0$을 검정하기 위한 검정통계량은 다음과 같다.

$$Z = \frac{\sqrt{n-3}}{2}\left(\ln \frac{1+r_0}{1-r_0} - \ln \frac{1+\rho_0}{1-\rho_0}\right)$$

상관계수에 대한 검정 유형에 따른 기각역과 p-값은 [표 13.6]과 같다.

[표 13.6] 상관계수 ρ에 대한 가설검정

검정 유형 \ 가설과 기각역	귀무가설	대립가설	H_0의 기각역	p-값
양측검정	$\rho = \rho_0$	$\rho \neq \rho_0$	$\lvert Z \rvert > z_{\alpha/2}$	$2P(Z > \lvert z_0 \rvert)$
하단측검정	$\rho \geq \rho_0$	$\rho < \rho_0$	$Z < -z_\alpha$	$P(Z < z_0)$
상단측검정	$\rho \leq \rho_0$	$\rho > \rho_0$	$Z > z_\alpha$	$P(Z > z_0)$

$\rho_0 = 0$이면 귀무가설 $H_0 : \rho = 0$에 대한 검정이 되며, 이 경우 $\ln 1 = 0$이므로 $z_\rho = 0$이고 따라서 검정통계량은 다음과 같다.

$$Z = \frac{\sqrt{n-3}}{2} \ln \frac{1+r_0}{1-r_0}$$

예제 8

피셔의 검정 방법을 이용하여 [예제 1]의 자료에서 촉매량과 반응량 사이의 상관관계에 대해 다음 귀무가설을 유의수준 5%에서 검정하라.

(a) $H_0 : \rho = 0$ (b) $H_0 : \rho = 0.8$

풀이

양측검정이므로 기각역은 $Z < -1.96$, $Z > 1.96$이고 $r_0 = 0.923$이다.

(a) $\rho_0 = 0$이므로 검정통계량의 관찰값은 다음과 같다.

$$z_0 = \frac{\sqrt{n-3}}{2} \ln \frac{1+r_0}{1-r_0} = \frac{\sqrt{4}}{2} \ln \frac{1+0.923}{1-0.923} \approx 3.22$$

검정통계량의 관찰값 $z_0 \approx 3.22$가 기각역 안에 놓이므로 귀무가설을 기각한다. 즉, 촉매량과 반응량 사이에 상관관계가 있다는 주장은 타당하다.

(b) $\rho_0 = 0.8$이므로 검정통계량의 관찰값은 다음과 같다.

$$z_0 = \frac{\sqrt{n-3}}{2} \left(\ln \frac{1+r_0}{1-r_0} - \ln \frac{1+\rho_0}{1-\rho_0} \right) = \frac{\sqrt{4}}{2} \left(\ln \frac{1+0.923}{1-0.923} - \ln \frac{1+0.8}{1-0.8} \right) \approx 1.02$$

검정통계량의 관찰값 $z_0 \approx 1.02$가 기각역 안에 놓이지 않으므로 귀무가설을 기각할 수 없다. 즉, 촉매량과 반응량 사이에 상관관계가 0.8이라는 주장은 타당하다.

연습문제

1. 표본의 크기 $n = 16$에 대해 다음을 얻었다.

$$\sum x_i = 62.48,\ \sum y_i = 38.64,\ \sum x_i^2 = 324.896,\ \sum y_i^2 = 112.056,\ \sum x_i y_i = 181.192$$

(a) 최소제곱법에 의한 β_0과 β_1의 추정값을 구하라.

(b) $x = 5$에 대한 종속변수 y의 추정값을 구하라.

2. $n=8$, $\sum x_i = 212$, $\sum y_i = 84$, $\sum x_i^2 = 6343$, $\sum x_i y_i = 1985$일 때, 다음을 구하라.

(a) 회귀직선의 기울기 (b) y절편

(c) 회귀직선 (d) $x=10$일 때, 종속변수의 추정값 $\hat{y}|_{x=10}$

3. 다음 표는 어떤 화학반응에서 촉매의 양에 따른 새로운 화학물질의 생산량을 나타낸다.

촉매의 양	1	2	3	3	4	5	5	6	7	8
생산량	1.5	1.7	1.8	2.0	2.7	2.6	2.8	3.2	3.2	3.2

(a) 추정회귀직선을 구하라.

(b) 결정계수 R^2을 구하고, 이를 설명하라.

4. 전기분해를 이용하여 어떤 화합물을 제조할 때, 첨가물의 양과 그 수율에 대해 다음 자료를 얻었다.

첨가물의 양	1	3	5	7	9	11
수율	2	3	4	6	6	6

(a) 추정회귀방정식을 구하라.

(b) 첨가물의 양에 따른 수율의 변화를 설명하라.

(c) 첨가물의 양이 10일 때, 수율을 예측하라.

(d) 오차항의 분산 σ^2에 대한 추정값을 구하라.

(e) 결정계수 R^2에 대한 추정값을 구하라.

5. 자동차의 무게와 연료의 소모량을 조사하여 다음을 얻었다(단, 무게의 단위는 1,000 kg이고 소모량의 단위는 1,000 Btu이다).

자동차 무게	1.0	1.2	1.5	2.1	2.5	2.1	2.9
연료 소모량	2.4	2.4	2.7	3.7	4.8	5.4	5.9

(a) 추정회귀방정식을 구하라.

(b) 자동차 무게에 따른 연료 소모량의 변화를 설명하라.

(c) 자동차 무게가 5일 때, 수율을 예측하라.

(d) 오차항의 분산 σ^2에 대한 추정값을 구하라.

(e) 결정계수 R^2에 대한 추정값을 구하라.

6. 다음은 임의로 추출한 로트 크기에 따른 생산 인력의 자료이다.

로트 크기	10	20	30	40	40	50	60	60	70	80
생산 인력	20	25	32	45	40	48	56	58	64	70

(a) 추정회귀방정식을 구하라.

(b) 로트 크기가 45일 때, 생산 인력을 예측하라.

(c) 오차항의 분산 σ^2에 대한 추정값을 구하라.

(d) 결정계수 R^2에 대한 추정값을 구하라.

7. 다음은 스타트업의 다양성 수준과 창업 성과를 나타낸 것이다(단, 스타트업의 수준과 성과는 10점 평가 결과이다).

스타트업의 수준	3	5	4	3	5	5	2	6	4	3
창업 성과	4	4	5	3	4	7	3	3	3	4

(a) 추정 회귀방정식을 구하라.

(b) 스타트업의 수준과 창업 성과의 관계를 설명하라.

(c) 스타트업의 수준이 8일 때, 기대되는 창업 성과를 구하라.

(d) 오차항의 분산에 대한 평균제곱오차를 구하라.

(e) 결정계수를 구하라.

8. 다음은 농작물 생산을 위해 사용한 퇴비 사용량과 생산량을 나타낸 것이다(단, 퇴비의 단위는 kg이고 생산량의 단위는 톤이다).

퇴비 사용량	9	11	15	17	18	20	21	23	27	29
생산량	8	10	12	15	25	23	28	28	30	31

(a) 추정 회귀방정식을 구하라.

(b) 퇴비 사용량과 생산량의 관계를 설명하라.

(c) 퇴비 사용량이 35 kg일 때 기대되는 생산량을 구하라.

(d) 오차항의 분산에 대한 평균제곱오차를 구하라.

(e) 결정계수를 구하라.

9. 전기분해를 이용하여 어떤 화합물을 제조할 때 첨가물의 양과 그 수율에 대해 다음 자료를 얻었다. β_0과 β_1 그리고 첨가물의 양이 10일 때 수율에 대한 99% 신뢰구간을 구하라(단, $\sigma^2 = 0.36$으로 알려져 있고 첨가물의 양 단위는 g이다).

첨가물의 양	1	3	5	7	9	11
수율	2	3	4	6	6	6

10. 공정온도(°C)에 따른 불량 부품의 개수를 조사하여 다음 자료를 얻었다.

공정온도	20.1	20.3	20.6	21.7	20.9	21.1	21.3	21.5	21.7	22.8
불량품 수	20	21	21	24	24	24	29	30	30	31

(a) 회귀계수 β_0과 β_1의 추정값을 구하라.

(b) 오차항의 분산 σ^2에 대한 추정값 $\hat{\sigma}^2$을 구하라.

(c) 결정계수 R^2을 구하라.

(d) 절편 모수 β_0에 대한 95% 신뢰구간을 구하라.

(e) 기울기 모수 β_1에 대한 95% 신뢰구간을 구하라.

(f) 온도가 25일 때 불량품 수에 대한 95% 신뢰구간을 구하라.

(g) $H_0 : \beta_0 = 0$을 유의수준 5%에서 검정하라.

(h) $H_0 : \beta_1 = 2$를 유의수준 5%에서 검정하라.

(i) 공분산과 상관계수를 구하고 상관관계를 구하라.

(j) $H_0 : \rho = 0$을 유의수준 5%에서 검정하라.

(k) $H_0 : \rho = 0.97$을 유의수준 5%에서 검정하라.

11. 전기 저항과 인간 피부의 투과율 사이의 관계를 알기 위해 피부 표본에 대해 다음을 얻었다(단, 저항의 단위는 KΩ이고 투과율의 단위는 μm/h이다).

전기 저항	10.7	10.9	12.5	13.4	14.3	15.3	15.8	17.6	18.7	20.8
투과율	12.1	11.6	9.4	10.6	6.9	12.6	10.3	5.4	7.9	12.2

(a) 회귀계수 β_0과 β_1의 추정값을 구하라.

(b) 오차항의 분산 σ^2에 대한 추정값 $\hat{\sigma}^2$을 구하라.

(c) 결정계수 R^2을 구하라.

(d) 절편 모수 β_0에 대한 95% 신뢰구간을 구하라.

(e) 기울기 모수 β_1에 대한 95% 신뢰구간을 구하라.

(f) 전기 저항이 25일 때, 투과율에 대한 95% 신뢰구간을 구하라.

(g) $H_0 : \beta_0 = 0$을 유의수준 5%에서 검정하라.

(h) $H_0 : \beta_1 = 0$을 유의수준 5%에서 검정하라.

(i) 상관계수를 구하고, 상관관계를 구하라.

(j) $H_0 : \rho = 0$을 유의수준 5%에서 검정하라.

12. 동선으로 이루어진 코일의 온도에 따른 저항의 변화를 조사하여 다음을 얻었다(단, 온도의 단위는 °C이고 저항의 단위는 Ω이다).

온도	19.4	21.7	22.6	24.9	27.8	33.1	35.1	36.5	37.4	39.5
저항	0.7	1.4	1.1	2.9	3.7	3.1	3.6	2.3	2.8	2.4

(a) 회귀계수 β_0과 β_1의 추정값을 구하라.

(b) 오차항의 분산 σ^2에 대한 추정값 $\hat{\sigma}^2$을 구하라.

(c) 결정계수 R^2을 구하라.

(d) 절편 모수 β_0에 대한 95% 신뢰구간을 구하라.

(e) 기울기 모수 β_1에 대한 95% 신뢰구간을 구하라.

(f) 온도가 45일 때, 저항에 대한 95% 신뢰구간을 구하라.

(g) $H_0 : \beta_0 = 0$을 유의수준 5%에서 검정하라.

(h) $H_0 : \beta_1 = 0$을 유의수준 5%에서 검정하라.

(i) 상관계수를 구하고, 상관관계를 구하라.

(j) $H_0 : \rho = 0$을 유의수준 5%에서 검정하라.

(k) $H_0 : \rho = 0.9$를 유의수준 5%에서 검정하라.

13. 어떤 화학반응에 대해 남아 있는 불순물의 양에 따른 반응속도를 조사하여 다음을 얻었다(단, 불순물의 양의 단위는 mg이고 반응속도의 단위는 cm/s이다).

불순물 양	65	64	62	59	56	54	53	49	43	35
반응속도	0.2	0.5	0.4	0.5	0.8	0.8	0.6	0.9	1.4	0.9

(a) 회귀계수 β_0과 β_1의 추정값을 구하라.

(b) 오차항의 분산 σ^2에 대한 추정값 $\hat{\sigma}^2$을 구하라.

(c) 결정계수 R^2을 구하라.

(d) 절편 모수 β_0에 대한 95% 신뢰구간을 구하라.

(e) 기울기 모수 β_1에 대한 95% 신뢰구간을 구하라.

(f) 불순물 양이 20일 때 반응속도에 대한 95% 신뢰구간을 구하라.

(g) $H_0 : \beta_0 = 1$을 유의수준 5%에서 검정하라.

(h) $H_0 : \beta_1 = 0$을 유의수준 5%에서 검정하라.

(i) 상관계수를 구하고, 상관관계를 구하라.

(j) $H_0 : \rho = 0$을 유의수준 5%에서 검정하라.

(k) $H_0 : \rho = 0.97$을 유의수준 5%에서 검정하라.

14. 자동차 엔진의 추진력에 따른 배출가스온도의 관계를 조사하여 다음을 얻었다(엔진의 추진력의 단위는 lnf이고 온도의 단위는 °C이다).

추진력	3300	4550	3200	3250	4850	4160
온도	1520	1652	1354	1389	1720	1587

(a) 회귀계수 β_0과 β_1의 추정값을 구하라.

(b) 오차항의 분산 σ^2에 대한 추정값 $\hat{\sigma}^2$을 구하라.

(c) 결정계수 R^2을 구하라.

(d) 절편 모수 β_0에 대한 95% 신뢰구간을 구하라.

(e) 기울기 모수 β_1에 대한 95% 신뢰구간을 구하라.

(f) 추진력이 5000일 때, 배출가스온도에 대한 95% 신뢰구간을 구하라.

(g) $H_0 : \beta_0 = 0$을 유의수준 5%에서 검정하라.

(h) $H_0 : \beta_1 = 0$을 유의수준 5%에서 검정하라.

(i) 상관계수를 구하고, 상관관계를 구하라.

(j) $H_0 : \rho = 0$을 유의수준 5%에서 검정하라.

(k) $H_0 : \rho = 0.99$를 유의수준 5%에서 검정하라.

15. 자동차의 속도에 따른 제동거리를 조사하여 다음을 얻었다(단, 속도의 단위는 km/h이고 길이의 단위는 m이다).

속도	58	79	103	154	114	84	126	113	97	132
길이	55	80	98	112	107	81	112	105	83	117

(a) 회귀계수 β_0과 β_1의 추정값을 구하라.

(b) 오차항의 분산 σ^2에 대한 추정값 $\hat{\sigma}^2$을 구하라.

(c) 결정계수 R^2을 구하라.

(d) 절편 모수 β_0에 대한 95% 신뢰구간을 구하라.

(e) 기울기 모수 β_1에 대한 95% 신뢰구간을 구하라.

(f) 속도가 160일 때 제동거리에 대한 95% 신뢰구간을 구하라.

(g) $H_0 : \beta_0 = 0$을 유의수준 5%에서 검정하라.

(h) $H_0 : \beta_1 = 0$을 유의수준 5%에서 검정하라.

(i) 상관계수를 구하고, 상관관계를 구하라.

(j) $H_0 : \rho = 0$을 유의수준 5%에서 검정하라.

(k) $H_0 : \rho = 0.97$을 유의수준 5%에서 검정하라.

16. 어떤 부품의 부하에 따른 파괴 부품수를 조사하여 다음을 얻었다(단, 부하의 단위는 FU이다).

부하	25	35	40	45	50	55	60	65	70	75
파괴 부품 수	2	6	11	14	17	19	23	27	33	38

(a) 회귀계수 β_0과 β_1의 추정값을 구하라.

(b) 오차항의 분산 σ^2에 대한 추정값 $\hat{\sigma}^2$을 구하라.

(c) 결정계수 R^2을 구하라.

(d) 절편 모수 β_0에 대한 95% 신뢰구간을 구하라.

(e) 기울기 모수 β_1에 대한 95% 신뢰구간을 구하라.

(f) 부하가 100일 때, 파괴 부품 수에 대한 95% 신뢰구간을 구하라.

(g) $H_0 : \beta_0 = -14$를 유의수준 5%에서 검정하라.

(h) $H_0 : \beta_1 = 0.6$을 유의수준 5%에서 검정하라.

(i) 상관계수를 구하고, 상관관계를 구하라.

(j) $H_0 : \rho = 0$을 유의수준 5%에서 검정하라.

(k) $H_0 : \rho = 0.95$를 유의수준 5%에서 검정하라.

17. 실험실에서 얻은 다음 자료가 $\sigma = 1$인 단순회귀모형을 따른다고 한다. 다음 가설을 유의수준 5%에서 검정하라.

x	33	35	37	38	39	40	41	41	42	44
y	28	31	32	35	36	38	38	40	42	45

(a) $H_0 : \beta_0 = -24$

(b) $H_0 : \beta_0 = -32$

(c) $H_0 : \beta_1 = 1.5$

(d) $H_0 : \beta_1 = 1.75$

(e) $H_0 : \beta_0 + \beta_1 x = -24 + 1.5x$

(f) $H_0 : \beta_0 + \beta_1 x = -32 + 1.75x$

참고문헌

1. Salah. R. Al. Zaidee, Ahmed M. Raoof(2019), Engineering Statistics for First Year Course, University of Baghdad College of Engineering Civil Engineering Department.
2. Ronald E. Walpole, Raymond H. Myers, Sharon L. Mayer, Keying Ye(2012), Probability & Statistics for Engineering & Scientists, 9th ed, Pearson.
3. Michael Akritas(2016), Probability & Statistics with R for Engineers & Scientists, Pearson.
4. Jay Devore(2012), Probability and Statistics for Engineering and the Sciences, 8th ed, Brooks/Cole.
5. Larry J. Stephens(1998), Schaum's Outline of Theory and Problems of Beginning Statistics, McGraw-Hill.
6. Sheldon M. Ross(2014), Introduction to Probability and Statistics for Engineers & Scientists, 5th ed, Elsevier.
7. Roxy Peck, Chris Olsen, Jay Devore(), Introduction to Statistics and Data Analysis, 3rd ed, Thomson.
8. Anthony Hayter(2007), Probability and Statistics for Engineers and Scientists, 3rd ed, Thomson.
9. 김희발 외 10인(역서, 2021), 생명과학을 위한 통계학의 기초와 활용, 라이프사이언스 (The Practice of Statistics in the Life Sciences, Brigitte Baldi, David S. Moore)
10. 김철응, 김현중(역서, 2015), 수리통계학 실제와 응용, 자유아카데미, (Mathematical Statistics with Applications, John E. Freund)
11. 김성준, 김은정, 김형수, 박재우, 이기하(역서, 2021), 이공계를 위한 확률 및 통계, 자유아카데미, (Principles of Statistics for Engineers and Scientists 2nd ed, William Navidi)
12. 김영주, 김정일, 이남길, 이민정, 이영경, 이승수(역서 2021), 확률 및 통계학개론, 교우, (Introduction to Probability and Statistics 14th ed, William Mendenhall, Robert J. Beaver, Barbara M. Beaver)
13. 박상성, 전성해, 장동식(역서, 2016), R을 활용한 공업통계학, 시그마프레스, (Probability and Statistics with R for Engineers and Scientists, Michael Akritas)
14. 조효남, 지광습(역서, 2011), 공학확률통계, 구미서관, (Probability Concepts in Engineering, Alfredo H-S. Ang, Wilson H. Tang)
15. 김봉선, 박상규, 유영관, 정수일(역서, 2011), 이공학도를 위한 확률 및 통계학, 청문각, (Probability & Statistics for Engineering and Scientists 9th ed, Ronald E. Walpole, Raymond H. Myers, Sharon L. Myers, Keying Ye)
16. 이광수(역서, 2011), (이공계용) 확률과 통계, 홍릉과학출판사, (Introduction to Probability and Statistics for Engineers and Scientists 4th ed, Ross, Sheldon M)
17. 전치혁, 정민근, 이혜선(2012), 공학응용통계, 홍릉과학출판사
18. 이재원(2018), 쉽게 배우는 생활 속의 통계학, 북스힐
19. 이재원, 이욱기(2019), 공학인증을 위한 확률과 통계 4th ed, 북스힐
20. 이재원, 이욱기(2021), Excel을 활용한 확률과 통계, 북스힐

부록

확률분포표

1 이항누적분포표

$$B(x\,;\,n,\,p)=\sum_{k=0}^{x}\binom{n}{k}p^{k}(1-p)^{n-k}$$

n	x	0.05	0.10	0.15	0.20	0.25	0.30	0.35	0.40	0.45	0.50	0.55	0.60	0.65	0.70	0.75	0.80	0.85	0.90	0.95
1	0	0.9500	0.9000	0.8500	0.8000	0.7500	0.7000	0.6500	0.6000	0.5500	0.5000	0.4500	0.4000	0.3500	0.3000	0.2500	0.2000	0.1500	0.1000	0.0500
2	0	0.9025	0.8100	0.7225	0.6400	0.5625	0.4900	0.4225	0.3600	0.3025	0.2500	0.2025	0.1600	0.1225	0.0900	0.0625	0.0400	0.0225	0.0100	0.0025
	1	0.9975	0.9900	0.9775	0.9600	0.9375	0.9100	0.8775	0.8400	0.7975	0.7500	0.6975	0.6400	0.5775	0.5100	0.4375	0.3600	0.2775	0.1900	0.0975
3	0	0.8574	0.7290	0.6141	0.5120	0.4219	0.3430	0.2746	0.2160	0.1664	0.1250	0.0911	0.0640	0.0429	0.0270	0.0156	0.0080	0.0034	0.0010	0.0001
	1	0.9928	0.9720	0.9393	0.8960	0.8438	0.7840	0.7182	0.6480	0.5748	0.5000	0.4252	0.3520	0.2818	0.2160	0.1406	0.1040	0.0608	0.0280	0.0072
	2	0.9999	0.9990	0.9967	0.9920	0.9844	0.9730	0.9571	0.9360	0.9089	0.8750	0.8336	0.7840	0.7254	0.6570	0.5625	0.4880	0.3859	0.2710	0.1426

Columns: p

n	x	p 0.05	0.10	0.15	0.20	0.25	0.30	0.35	0.40	0.45	0.50	0.55	0.60	0.65	0.70	0.75	0.80	0.85	0.90	0.95
4	0	0.8145	0.6561	0.5220	0.4096	0.3164	0.2401	0.1785	0.1296	0.0915	0.0625	0.0410	0.0256	0.0150	0.0081	0.0039	0.0016	0.0005	0.0001	0.0000
	1	0.9860	0.9477	0.8905	0.8192	0.7383	0.6517	0.5630	0.4752	0.3910	0.3125	0.2415	0.1792	0.1265	0.0837	0.0508	0.0272	0.0120	0.0037	0.0005
	2	0.9995	0.9963	0.9880	0.9728	0.9492	0.9163	0.8735	0.8208	0.7585	0.6875	0.6090	0.5248	0.4370	0.3483	0.2617	0.1808	0.1095	0.0523	0.0140
	3	1.0000	0.9999	0.9995	0.9984	0.9961	0.9919	0.9850	0.9744	0.9590	0.9375	0.9085	0.8704	0.8215	0.7599	0.6836	0.5904	0.4780	0.3439	0.1855
5	0	0.7738	0.5905	0.4437	0.3277	0.2373	0.1681	0.1160	0.0778	0.0503	0.0312	0.0185	0.0102	0.0053	0.0024	0.0010	0.0003	0.0001	0.0000	0.0000
	1	0.9774	0.9185	0.8352	0.7373	0.6328	0.5282	0.4284	0.3370	0.2562	0.1875	0.1312	0.0870	0.0540	0.0308	0.0156	0.0067	0.0022	0.0005	0.0000
	2	0.9988	0.9914	0.9734	0.9421	0.8965	0.8369	0.7648	0.6826	0.5931	0.5000	0.4069	0.3174	0.2352	0.1631	0.1035	0.0579	0.0266	0.0086	0.0012
	3	1.0000	0.9995	0.9978	0.9933	0.9844	0.9692	0.9460	0.9130	0.8688	0.8125	0.7438	0.6630	0.5716	0.4718	0.3672	0.2627	0.1648	0.0815	0.0226
	4	1.0000	1.0000	0.9999	0.9997	0.9990	0.9976	0.9947	0.9898	0.9815	0.9688	0.9497	0.9222	0.8840	0.8319	0.7627	0.6723	0.5563	0.4095	0.2262
6	0	0.7351	0.5314	0.3771	0.2621	0.1780	0.1176	0.0754	0.0467	0.0277	0.0156	0.0083	0.0041	0.0018	0.0007	0.0002	0.0001	0.0000	0.0000	0.0000
	1	0.9672	0.8857	0.7765	0.6554	0.5339	0.4202	0.3191	0.2333	0.1636	0.1094	0.0692	0.0410	0.0223	0.0109	0.0046	0.0016	0.0004	0.0001	0.0000
	2	0.9978	0.9842	0.9527	0.9011	0.8306	0.7443	0.6471	0.5443	0.4415	0.3438	0.2553	0.1792	0.1174	0.0705	0.0376	0.0170	0.0059	0.0013	0.0001
	3	0.9999	0.9987	0.9941	0.9830	0.9624	0.9295	0.8826	0.8208	0.7447	0.6562	0.5585	0.4557	0.3529	0.2557	0.1694	0.0989	0.0473	0.0158	0.0022
	4	1.0000	0.9999	0.9996	0.9984	0.9954	0.9891	0.9777	0.9590	0.9308	0.8906	0.8364	0.7667	0.6809	0.5798	0.4661	0.3446	0.2235	0.1143	0.0328
	5	1.0000	1.0000	1.0000	0.9999	0.9998	0.9993	0.9982	0.9959	0.9917	0.9844	0.9723	0.9533	0.9246	0.8824	0.8220	0.7379	0.6229	0.4686	0.2649
7	0	0.6983	0.4783	0.3206	0.2097	0.1335	0.0824	0.0490	0.0280	0.0152	0.0078	0.0037	0.0016	0.0006	0.0002	0.0001	0.0000	0.0000	0.0000	0.0000
	1	0.9556	0.8503	0.7166	0.5767	0.4449	0.3294	0.2338	0.1586	0.1024	0.0625	0.0357	0.0188	0.0090	0.0038	0.0013	0.0004	0.0001	0.0000	0.0000
	2	0.9962	0.9743	0.9262	0.8520	0.7564	0.6471	0.5323	0.4199	0.3164	0.2266	0.1529	0.0963	0.0556	0.0288	0.0129	0.0047	0.0012	0.0002	0.0000
	3	0.9998	0.9973	0.9879	0.9667	0.9294	0.8740	0.8002	0.7102	0.6083	0.5000	0.3917	0.2898	0.1998	0.1260	0.0706	0.0333	0.0121	0.0027	0.0002
	4	1.0000	0.9998	0.9988	0.9953	0.9871	0.9712	0.9444	0.9037	0.8471	0.7734	0.6836	0.5801	0.4677	0.3529	0.2436	0.1480	0.0738	0.0257	0.0038
	5	1.0000	1.0000	0.9999	0.9996	0.9987	0.9962	0.9910	0.9812	0.9643	0.9375	0.8976	0.8414	0.7662	0.6706	0.5551	0.4233	0.2834	0.1497	0.0444
	6	1.0000	1.0000	1.0000	1.0000	0.9999	0.9998	0.9994	0.9984	0.9963	0.9922	0.9848	0.9720	0.9510	0.9176	0.8665	0.7903	0.6794	0.5217	0.3017

n	x	0.05	0.10	0.15	0.20	0.25	0.30	0.35	0.40	0.45	0.50	0.55	0.60	0.65	0.70	0.75	0.80	0.85	0.90	0.95
8	0	0.6634	0.4305	0.2725	0.1678	0.1001	0.0576	0.0319	0.0168	0.0084	0.0039	0.0017	0.0007	0.0002	0.0001	0.0000	0.0000	0.0000	0.0000	0.0000
	1	0.9428	0.8131	0.6572	0.5033	0.3671	0.2553	0.1691	0.1064	0.0632	0.0352	0.0181	0.0085	0.0036	0.0013	0.0004	0.0001	0.0000	0.0000	0.0000
	2	0.9942	0.9619	0.8948	0.7969	0.6785	0.5518	0.4278	0.3154	0.2201	0.1445	0.0885	0.0498	0.0253	0.0113	0.0042	0.0012	0.0002	0.0000	0.0000
	3	0.9996	0.9950	0.9786	0.9437	0.8862	0.8059	0.7064	0.5941	0.4770	0.3633	0.2604	0.1737	0.1061	0.0580	0.0273	0.0104	0.0029	0.0004	0.0000
	4	1.0000	0.9996	0.9971	0.9896	0.9727	0.9420	0.8939	0.8263	0.7396	0.6367	0.5230	0.4059	0.2936	0.1941	0.1138	0.0563	0.0214	0.0050	0.0004
	5	1.0000	1.0000	0.9998	0.9988	0.9958	0.9887	0.9747	0.9502	0.9115	0.8555	0.7799	0.6846	0.5722	0.4482	0.3215	0.2031	0.1052	0.0381	0.0058
	6	1.0000	1.0000	1.0000	0.9999	0.9996	0.9987	0.9964	0.9915	0.9819	0.9648	0.9368	0.8936	0.8309	0.7447	0.6329	0.4967	0.3428	0.1869	0.0572
	7	1.0000	1.0000	1.0000	1.0000	1.0000	0.9999	0.9998	0.9993	0.9983	0.9961	0.9916	0.9832	0.9681	0.9424	0.8999	0.8322	0.7275	0.5695	0.3366
9	0	0.6302	0.3874	0.2316	0.1342	0.0751	0.0404	0.0207	0.0101	0.0046	0.0020	0.0008	0.0003	0.0001	0.0000	0.0000	0.0000	0.0000	0.0000	0.0000
	1	0.9288	0.7748	0.5995	0.4362	0.3003	0.1960	0.1211	0.0705	0.0385	0.0195	0.0091	0.0038	0.0014	0.0004	0.0001	0.0000	0.0000	0.0000	0.0000
	2	0.9916	0.9470	0.8591	0.7382	0.6007	0.4628	0.3373	0.2318	0.1495	0.0898	0.0498	0.0250	0.0112	0.0043	0.0013	0.0003	0.0000	0.0000	0.0000
	3	0.9994	0.9917	0.9661	0.9144	0.8343	0.7297	0.6089	0.4826	0.3614	0.2539	0.1658	0.0994	0.0536	0.0253	0.0100	0.0031	0.0006	0.0001	0.0000
	4	1.0000	0.9991	0.9944	0.9804	0.9511	0.9012	0.8283	0.7334	0.6214	0.5000	0.3786	0.2666	0.1717	0.0988	0.0489	0.0196	0.0056	0.0009	0.0000
	5	1.0000	0.9999	0.9994	0.9969	0.9900	0.9747	0.9464	0.9006	0.8342	0.7461	0.6386	0.5174	0.3911	0.2703	0.1657	0.0856	0.0339	0.0083	0.0006
	6	1.0000	1.0000	1.0000	0.9997	0.9987	0.9957	0.9888	0.9750	0.9502	0.9102	0.8505	0.7682	0.6627	0.5372	0.3993	0.2618	0.1409	0.0530	0.0084
	7	1.0000	1.0000	1.0000	1.0000	0.9999	0.9996	0.9986	0.9962	0.9909	0.9805	0.9615	0.9295	0.8789	0.8040	0.6997	0.5638	0.4005	0.2252	0.0712
	8	1.0000	1.0000	1.0000	1.0000	1.0000	1.0000	0.9999	0.9997	0.9992	0.9980	0.9954	0.9899	0.9793	0.9596	0.9249	0.8658	0.7684	0.6126	0.3698
10	0	0.5987	0.3487	0.1969	0.1074	0.0563	0.0282	0.0135	0.0060	0.0025	0.0010	0.0003	0.0001	0.0000	0.0000	0.0000	0.0000	0.0000	0.0000	0.0000
	1	0.9139	0.7361	0.5443	0.3758	0.2440	0.1493	0.0860	0.0464	0.0233	0.0107	0.0045	0.0017	0.0005	0.0001	0.0000	0.0000	0.0000	0.0000	0.0000
	2	0.9885	0.9298	0.8202	0.6778	0.5256	0.3828	0.2616	0.1673	0.0996	0.0547	0.0274	0.0123	0.0048	0.0016	0.0004	0.0001	0.0000	0.0000	0.0000
	3	0.9990	0.9872	0.9500	0.8791	0.7759	0.6496	0.5138	0.3823	0.2660	0.1719	0.1020	0.0548	0.0260	0.0106	0.0035	0.0009	0.0001	0.0000	0.0000
	4	0.9999	0.9984	0.9901	0.9672	0.9219	0.8497	0.7515	0.6331	0.5044	0.3770	0.2616	0.1662	0.0949	0.0473	0.0197	0.0064	0.0014	0.0001	0.0000
	5	1.0000	0.9999	0.9986	0.9936	0.9803	0.9527	0.9051	0.8338	0.7384	0.6230	0.4956	0.3669	0.2485	0.1503	0.0781	0.0328	0.0099	0.0016	0.0001
	6	1.0000	1.0000	0.9999	0.9991	0.9965	0.9894	0.9740	0.9452	0.8980	0.8281	0.7340	0.6177	0.4862	0.3504	0.2241	0.1209	0.0500	0.0128	0.0010
	7	1.0000	1.0000	1.0000	0.9999	0.9996	0.9984	0.9952	0.9877	0.9726	0.9453	0.9004	0.8327	0.7384	0.6172	0.4474	0.3222	0.1798	0.0702	0.0115
	8	1.0000	1.0000	1.0000	1.0000	1.0000	0.9999	0.9995	0.9983	0.9955	0.9893	0.9767	0.9536	0.9140	0.8507	0.7560	0.6242	0.4557	0.2639	0.0861
	9	1.0000	1.0000	1.0000	1.0000	1.0000	1.0000	1.0000	0.9999	0.9997	0.9990	0.9975	0.9940	0.9865	0.9718	0.9437	0.8926	0.8031	0.6513	0.4013

n	x	0.05	0.10	0.15	0.20	0.25	0.30	0.35	0.40	0.45	0.50	0.55	0.60	0.65	0.70	0.75	0.80	0.85	0.90	0.95
15	0	0.4633	0.2059	0.0874	0.0352	0.0134	0.0047	0.0016	0.0005	0.0001	0.0000	0.0000	0.0000	0.0000	0.0000	0.0000	0.0000	0.0000	0.0000	0.0000
	1	0.8290	0.5490	0.3186	0.1671	0.0802	0.0353	0.0142	0.0052	0.0017	0.0005	0.0001	0.0000	0.0000	0.0000	0.0000	0.0000	0.0000	0.0000	0.0000
	2	0.9638	0.8159	0.6042	0.3980	0.2361	0.1268	0.0617	0.0271	0.0107	0.0037	0.0011	0.0003	0.0001	0.0000	0.0000	0.0000	0.0000	0.0000	0.0000
	3	0.9945	0.9444	0.8227	0.6482	0.4613	0.2969	0.1727	0.0905	0.0424	0.0176	0.0063	0.0019	0.0005	0.0001	0.0000	0.0000	0.0000	0.0000	0.0000
	4	0.9994	0.9873	0.9383	0.8358	0.6865	0.5155	0.3519	0.2173	0.1204	0.0592	0.0255	0.0093	0.0028	0.0007	0.0001	0.0000	0.0000	0.0000	0.0000
	5	0.9999	0.9978	0.9832	0.9389	0.8516	0.7216	0.5643	0.4032	0.2608	0.1509	0.0769	0.0338	0.0124	0.0037	0.0008	0.0001	0.0000	0.0000	0.0000
	6	1.0000	0.9997	0.9964	0.9819	0.9434	0.8689	0.7548	0.6098	0.4522	0.3036	0.1818	0.0950	0.0422	0.0152	0.0042	0.0008	0.0001	0.0000	0.0000
	7	1.0000	1.0000	0.9994	0.9958	0.9827	0.9500	0.8868	0.7869	0.6535	0.5000	0.3465	0.2131	0.1132	0.0500	0.0173	0.0042	0.0006	0.0000	0.0000
	8	1.0000	1.0000	0.9999	0.9992	0.9958	0.9848	0.9578	0.9050	0.8182	0.6964	0.5478	0.3902	0.2452	0.1311	0.0566	0.0181	0.0036	0.0003	0.0000
	9	1.0000	1.0000	1.0000	0.9999	0.9992	0.9963	0.9876	0.9662	0.9231	0.8491	0.7392	0.5968	0.4357	0.2784	0.1484	0.0611	0.0168	0.0022	0.0001
	10	1.0000	1.0000	1.0000	1.0000	0.9999	0.9993	0.9972	0.9907	0.9745	0.9408	0.8796	0.7827	0.6481	0.4845	0.3135	0.1642	0.0617	0.0127	0.0006
	11	1.0000	1.0000	1.0000	1.0000	1.0000	0.9999	0.9995	0.9981	0.9937	0.9824	0.9576	0.9095	0.8273	0.7031	0.5387	0.3518	0.1773	0.0556	0.0055
	12	1.0000	1.0000	1.0000	1.0000	1.0000	1.0000	0.9999	0.9997	0.9989	0.9963	0.9893	0.9729	0.9383	0.8732	0.7639	0.6020	0.3958	0.1841	0.0362
	13	1.0000	1.0000	1.0000	1.0000	1.0000	1.0000	1.0000	1.0000	0.9999	0.9995	0.9983	0.9948	0.9858	0.9647	0.9198	0.8329	0.6814	0.4510	0.1710
	14	1.0000	1.0000	1.0000	1.0000	1.0000	1.0000	1.0000	1.0000	1.0000	1.0000	0.9999	0.9995	0.9984	0.9953	0.9866	0.9648	0.9126	0.7941	0.5367
20	0	0.3585	0.1216	0.0388	0.0115	0.0032	0.0008	0.0002	0.0000	0.0000	0.0000	0.0000	0.0000	0.0000	0.0000	0.0000	0.0000	0.0000	0.0000	0.0000
	1	0.7358	0.3917	0.1756	0.0692	0.0243	0.0076	0.0021	0.0005	0.0001	0.0000	0.0000	0.0000	0.0000	0.0000	0.0000	0.0000	0.0000	0.0000	0.0000
	2	0.9245	0.6769	0.4049	0.2061	0.0913	0.0355	0.0121	0.0036	0.0009	0.0002	0.0000	0.0000	0.0000	0.0000	0.0000	0.0000	0.0000	0.0000	0.0000
	3	0.9841	0.8670	0.6477	0.4114	0.2252	0.1071	0.0444	0.0160	0.0049	0.0013	0.0003	0.0000	0.0000	0.0000	0.0000	0.0000	0.0000	0.0000	0.0000
	4	0.9974	0.9568	0.8298	0.6296	0.4148	0.2375	0.1182	0.0510	0.0189	0.0059	0.0015	0.0003	0.0000	0.0000	0.0000	0.0000	0.0000	0.0000	0.0000
	5	0.9997	0.9887	0.9327	0.8042	0.6172	0.4164	0.2454	0.1256	0.0553	0.0207	0.0064	0.0016	0.0003	0.0000	0.0000	0.0000	0.0000	0.0000	0.0000
	6	1.0000	0.9976	0.9781	0.9133	0.7858	0.6080	0.4166	0.2500	0.1299	0.0577	0.0214	0.0065	0.0015	0.0003	0.0000	0.0000	0.0000	0.0000	0.0000
	7	1.0000	0.9996	0.9941	0.9679	0.8982	0.7723	0.6010	0.4159	0.2520	0.1316	0.0580	0.0210	0.0060	0.0013	0.0002	0.0000	0.0000	0.0000	0.0000
	8	1.0000	0.9999	0.9987	0.9900	0.9591	0.8867	0.7624	0.5956	0.4143	0.2517	0.1308	0.0565	0.0196	0.0051	0.0009	0.0001	0.0000	0.0000	0.0000
	9	1.0000	1.0000	0.9998	0.9974	0.9861	0.9520	0.8782	0.7553	0.5914	0.4119	0.2493	0.1275	0.0532	0.0171	0.0039	0.0006	0.0000	0.0000	0.0000
	10	1.0000	1.0000	1.0000	0.9994	0.9961	0.9829	0.9468	0.8725	0.7507	0.5881	0.4086	0.2447	0.1218	0.0480	0.0139	0.0026	0.0002	0.0000	0.0000
	11	1.0000	1.0000	1.0000	0.9999	0.9991	0.9949	0.9804	0.9435	0.8692	0.7483	0.5857	0.4044	0.2376	0.1133	0.0409	0.0100	0.0013	0.0001	0.0000
	12	1.0000	1.0000	1.0000	1.0000	0.9998	0.9987	0.9940	0.9790	0.9420	0.8684	0.7480	0.5841	0.3990	0.2277	0.1018	0.0321	0.0059	0.0004	0.0000
	13	1.0000	1.0000	1.0000	1.0000	1.0000	0.9997	0.9985	0.9935	0.9786	0.9423	0.8701	0.7500	0.5834	0.3920	0.2142	0.0867	0.0219	0.0024	0.0000
	14	1.0000	1.0000	1.0000	1.0000	1.0000	1.0000	0.9997	0.9984	0.9936	0.9793	0.9447	0.8744	0.7546	0.5836	0.3828	0.1958	0.0673	0.0113	0.0003
	15	1.0000	1.0000	1.0000	1.0000	1.0000	1.0000	1.0000	0.9997	0.9985	0.9941	0.9811	0.9490	0.8818	0.7625	0.5852	0.3704	0.1702	0.0432	0.0026
	16	1.0000	1.0000	1.0000	1.0000	1.0000	1.0000	1.0000	1.0000	0.9997	0.9987	0.9951	0.9840	0.9556	0.8929	0.7748	0.5886	0.3523	0.1330	0.0159
	17	1.0000	1.0000	1.0000	1.0000	1.0000	1.0000	1.0000	1.0000	1.0000	0.9998	0.9991	0.9964	0.9879	0.9645	0.9087	0.7939	0.5951	0.3231	0.0755
	18	1.0000	1.0000	1.0000	1.0000	1.0000	1.0000	1.0000	1.0000	1.0000	1.0000	0.9999	0.9995	0.9979	0.9924	0.9757	0.9308	0.8244	0.6083	0.2642
	19	1.0000	1.0000	1.0000	1.0000	1.0000	1.0000	1.0000	1.0000	1.0000	1.0000	1.0000	1.0000	0.9998	0.9992	0.9968	0.9885	0.9612	0.8784	0.6415
	20	1.0000	1.0000	1.0000	1.0000	1.0000	1.0000	1.0000	1.0000	1.0000	1.0000	1.0000	1.0000	1.0000	1.0000	1.0000	1.0000	1.0000	1.0000	1.0000

2 누적푸아송분포표

$$P\{X \leq x\} = \sum_{k=0}^{x} \frac{\mu^k}{k!} e^{-\mu}$$

x	μ .10	.20	.30	.40	.50	.60	.70	.80	.90	1.00
0	.905	.819	.741	.670	.607	.549	.497	.449	.407	.368
1	.995	.982	.963	.938	.910	.878	.844	.809	.772	.736
2	1.000	.999	.996	.992	.986	.977	.966	.953	.937	.920
3	1.000	1.000	1.000	.999	.998	.997	.994	.991	.987	.981
4	1.000	1.000	1.000	1.000	1.000	1.000	.999	.999	.998	.996
5	1.000	1.000	1.000	1.000	1.000	1.000	1.000	1.000	1.000	.999
6	1.000	1.000	1.000	1.000	1.000	1.000	1.000	1.000	1.000	1.000
7	1.000	1.000	1.000	1.000	1.000	1.000	1.000	1.000	1.000	1.000

x	μ 1.10	1.20	1.30	1.40	1.50	1.60	1.70	1.80	1.90	2.00
0	.333	.301	.273	.247	.223	.202	.183	.165	.150	.135
1	.699	.663	.627	.592	.558	.525	.493	.463	.434	.406
2	.900	.879	.857	.833	.809	.783	.757	.731	.704	.677
3	.974	.966	.957	.946	.934	.921	.907	.891	.875	.857
4	.995	.992	.989	.986	.981	.976	.970	.964	.954	.947
5	.999	.998	.998	.997	.996	.994	.992	.990	.987	.983
6	1.000	1.000	1.000	.999	.999	.999	.998	.997	.997	.995
7	1.000	1.000	1.000	1.000	1.000	1.000	1.000	.999	.999	.999
8	1.000	1.000	1.000	1.000	1.000	1.000	1.000	1.000	1.000	1.000
9	1.000	1.000	1.000	1.000	1.000	1.000	1.000	1.000	1.000	1.000

x	μ 2.10	2.20	2.30	2.40	2.50	2.60	2.70	2.80	2.90	3.00
0	.122	.111	.100	.091	.082	.074	.067	.061	.055	.050
1	.380	.355	.331	.308	.287	.267	.249	.231	.215	.199
2	.650	.623	.596	.570	.544	.518	.494	.469	.446	.423
3	.839	.819	.799	.779	.758	.736	.714	.692	.670	.647
4	.938	.928	.916	.904	.891	.877	.863	.848	.832	.815
5	.980	.975	.970	.964	.958	.951	.943	.935	.923	.916
6	.994	.993	.991	.988	.986	.983	.979	.976	.971	.966
7	.999	.998	.997	.997	.996	.995	.993	.992	.990	.988
8	1.000	1.000	.999	.999	.999	.999	.998	.998	.997	.996
9	1.000	1.000	1.000	1.000	1.000	1.000	.999	.999	.999	.999
10	1.000	1.000	1.000	1.000	1.000	1.000	1.000	1.000	1.000	1.000
11	1.000	1.000	1.000	1.000	1.000	1.000	1.000	1.000	1.000	1.000
12	1.000	1.000	1.000	1.000	1.000	1.000	1.000	1.000	1.000	1.000

누적푸아송분포표(계속)

x	μ 3.10	3.20	3.30	3.40	3.50	3.60	3.70	3.80	3.90	4.00
0	.045	.041	.037	.033	.030	.027	.025	.022	.020	.018
1	.185	.171	.159	.147	.136	.126	.116	.107	.099	.092
2	.401	.380	.359	.340	.321	.303	.285	.269	.253	.238
3	.625	.603	.580	.558	.537	.515	.494	.473	.453	.433
4	.798	.781	.763	.744	.725	.706	.687	.668	.648	.629
5	.906	.895	.883	.871	.858	.844	.830	.816	.801	.785
6	.961	.955	.949	.942	.935	.927	.918	.909	.899	.889
7	.986	.983	.980	.977	.973	.969	.965	.960	.955	.949
8	.995	.994	.993	.992	.990	.988	.986	.984	.981	.979
9	.999	.998	.998	.997	.997	.996	.995	.994	.993	.992
10	1.000	1.000	.999	.999	.999	.999	.998	.998	.998	.997
11	1.000	1.000	1.000	1.000	1.000	1.000	1.000	.999	.999	.999
12	1.000	1.000	1.000	1.000	1.000	1.000	1.000	1.000	1.000	1.000
13	1.000	1.000	1.000	1.000	1.000	1.000	1.000	1.000	1.000	1.000
14	1.000	1.000	1.000	1.000	1.000	1.000	1.000	1.000	1.000	1.000

x	μ 4.50	5.00	5.50	6.00	6.50	7.00	7.50	8.00	8.50	9.00
0	.011	.007	.004	.002	.002	.001	.001	.000	.000	.000
1	.061	.040	.027	.017	.011	.007	.005	.003	.002	.001
2	.174	.125	.009	.062	.043	.030	.020	.014	.009	.006
3	.342	.265	.202	.151	.112	.082	.059	.042	.030	.021
4	.532	.440	.358	.285	.224	.173	.132	.100	.074	.055
5	.703	.616	.529	.446	.369	.301	.241	.191	.150	.116
6	.831	.762	.686	.606	.527	.450	.378	.313	.256	.207
7	.913	.867	.809	.744	.673	.599	.525	.453	.386	.324
8	.960	.932	.894	.847	.792	.729	.662	.593	.523	.456
9	.983	.968	.946	.916	.877	.830	.776	.717	.653	.587
10	.993	.986	.975	.957	.933	.901	.862	.816	.763	.706
11	.998	.995	.989	.980	.966	.947	.921	.888	.849	.803
12	.999	.998	.996	.991	.984	.973	.957	.936	.909	.876
13	1.000	.999	.998	.996	.993	.987	.978	.966	.949	.926
14	1.000	1.000	.999	.999	.997	.994	.990	.983	.973	.959
15	1.000	1.000	1.000	.999	.999	.998	.995	.992	.986	.978
16	1.000	1.000	1.000	1.000	1.000	.999	.998	.996	.993	.989
17	1.000	1.000	1.000	1.000	1.000	1.000	.999	.998	.997	.995
18	1.000	1.000	1.000	1.000	1.000	1.000	1.000	.999	.999	.998
19	1.000	1.000	1.000	1.000	1.000	1.000	1.000	1.000	.999	.999
20	1.000	1.000	1.000	1.000	1.000	1.000	1.000	1.000	1.000	1.000
21	1.000	1.000	1.000	1.000	1.000	1.000	1.000	1.000	1.000	1.000
22	1.000	1.000	1.000	1.000	1.000	1.000	1.000	1.000	1.000	1.000

3 표준정규분포표

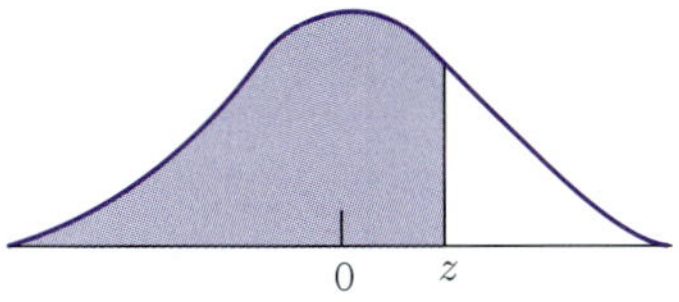

$$P\{Z \le z\} = \int_{-\infty}^{Z} \frac{1}{\sqrt{2\pi}} e^{-\frac{x^2}{2}} dx$$

표의 숫자는 z보다 같거나 작을 확률을 나타낸다.

z	.00	.01	.02	.03	.04	.05	.06	.07	.08	.09
.0	.5000	.5040	.5080	.5120	.5160	.5119	.5239	.5279	.5319	.5359
.1	.5398	.5438	.5478	.5517	.5557	.5596	.5636	.5675	.5714	.5753
.2	.5793	.5832	.5871	.5910	.5948	.5987	.6026	.6064	.6103	.6141
.3	.6179	.6217	.6255	.6293	.6331	.6368	.6406	.6443	.6480	.6517
.4	.6554	.6591	.6628	.6664	.6700	.6736	.6772	.6808	.6844	.6879
.5	.6915	.6950	.6985	.7019	.7054	.7088	.7123	.7157	.7190	.7224
.6	.7257	.7291	.7324	.7357	.7389	.7422	.7454	.7486	.7517	.7549
.7	.7580	.7611	.7642	.7673	.7704	.7734	.7764	.7794	.7823	.7852
.8	.7881	.7910	.7939	.7967	.7995	.8023	.8051	.8078	.8106	.8133
.9	.8159	.8186	.8212	.8238	.8264	.8289	.8315	.8340	.8365	.8389
1.0	.8413	.8438	.8461	.8485	.8508	.8531	.8554	.8577	.8599	.8621
1.1	.8643	.8665	.8686	.8708	.8729	.8749	.8770	.8790	.8810	.8830
1.2	.8949	.8869	.8888	.8907	.8925	.8944	.8962	.8980	.8997	.9015
1.3	.9032	.9049	.9066	.9082	.9099	.9115	.9131	.9147	.9162	.9177
1.4	.9192	.9207	.9222	.9236	.9251	.9265	.9279	.9292	.9306	.9319
1.5	.9332	.9345	.9357	.9370	.9382	.9394	.9406	.9418	.9429	.9441
1.6	.9452	.9463	.9474	.9484	.9495	.9505	.9515	.9525	.9535	.9545
1.7	.9554	.9564	.9573	.9582	.9591	.9599	.9608	.9616	.9625	.9633
1.8	.9641	.9649	.9656	.9664	.9671	.9678	.9686	.9693	.9699	.9706
1.9	.9713	.9719	.9726	.9732	.9738	.9744	.9750	.9756	.9761	.9767
2.0	.9772	.9778	.9783	.9788	.9793	.9798	.9803	.9808	.9812	.9817
2.1	.9821	.9826	.9830	.9834	.9838	.9842	.9846	.9850	.9854	.9857
2.2	.9861	.9864	.9868	.9871	.9875	.9878	.9881	.9884	.9887	.9890
2.3	.9893	.9896	.9898	.9901	.9904	.9906	.9909	.9911	.9913	.9916
2.4	.9918	.9920	.9922	.9925	.9927	.9929	.9931	.9932	.9934	.9936
2.5	.9938	.9940	.9941	.9943	.9945	.9946	.9948	.9949	.9951	.9952
2.6	.9953	.9955	.9956	.9957	.9959	.9960	.9961	.9962	.9963	.9964
2.7	.9965	.9966	.9967	.9968	.9969	.9970	.9971	.9972	.9973	.9974
2.8	.9974	.9975	.9976	.9977	.9977	.9978	.9979	.9979	.9980	.9981
2.9	.9981	.9982	.9982	.9983	.9984	.9984	.9985	.9985	.9986	.9986
3.0	.9987	.9987	.9987	.9988	.9988	.9989	.9989	.9989	.9990	.9990
3.1	.9990	.9991	.9991	.9991	.9992	.9992	.9992	.9992	.9993	.9993
3.2	.9993	.9993	.9994	.9994	.9994	.9994	.9994	.9995	.9995	.9995
3.3	.9995	.9995	.9995	.9996	.9996	.9996	.9996	.9996	.9996	.9997
3.4	.9997	.9997	.9997	.9997	.9997	.9997	.9997	.9997	.9997	.9998
3.5	.9998	.9998	.9998	.9998	.9998	.9998	.9998	.9998	.9998	.9998

4 t-분포표-오른쪽 꼬리 확률

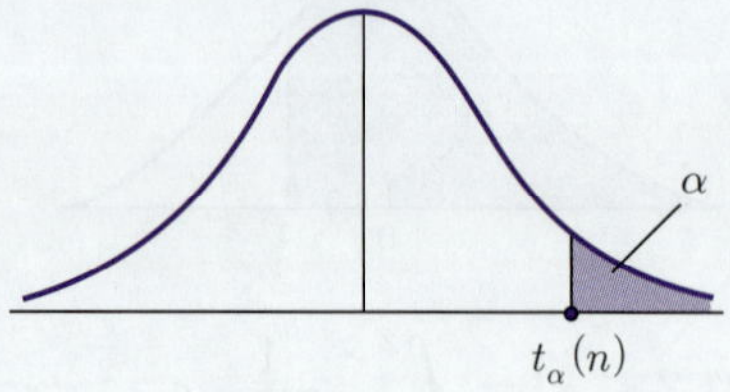

df \ α	0.25	0.20	0.15	0.10	0.05	0.025	0.02	0.01	0.005	0.0025	0.001	0.0005
1	1.000	1.376	1.963	3.078	6.314	12.71	15.89	31.82	63.66	127.3	318.3	636.6
2	0.816	1.061	1.386	1.886	2.920	4.303	4.849	6.965	9.925	14.09	22.33	31.60
3	0.765	0.978	1.250	1.638	2.353	3.182	3.482	4.541	5.841	7.453	10.21	12.92
4	0.741	0.941	1.190	1.533	2.132	2.776	2.999	3.747	4.604	5.598	7.173	8.610
5	0.727	0.920	1.156	1.476	2.015	2.571	2.757	3.365	4.032	4.773	5.893	6.869
6	0.718	0.906	1.134	1.440	1.943	2.447	2.612	3.143	3.707	4.317	5.208	5.959
7	0.711	0.896	1.119	1.415	1.895	2.365	2.517	2.998	3.499	4.029	4.785	5.408
8	0.706	0.889	1.108	1.397	1.860	2.306	2.449	2.896	3.355	3.833	4.501	5.041
9	0.703	0.883	1.100	1.383	1.833	2.262	2.398	2.821	3.250	3.690	4.297	4.781
10	0.700	0.879	1.093	1.372	1.812	2.228	2.359	2.764	3.169	3.581	4.144	4.587
11	0.697	0.876	1.088	1.363	1.796	2.201	2.328	2.718	3.106	3.497	4.025	4.437
12	0.695	0.873	1.083	1.356	1.782	2.179	2.303	2.681	3.055	3.428	3.930	4.318
13	0.694	0.870	1.079	1.350	1.771	2.160	2.282	2.650	3.012	3.372	3.852	4.221
14	0.692	0.868	1.076	1.345	1.761	2.145	2.264	2.624	2.977	3.326	3.787	4.140
15	0.691	0.866	1.074	1.341	1.753	2.131	2.249	2.602	2.947	3.286	3.733	4.073
16	0.690	0.865	1.071	1.337	1.746	2.120	2.235	2.583	2.921	3.252	3.686	4.015
17	0.689	0.863	1.069	1.333	1.740	2.110	2.224	2.567	2.898	3.222	3.646	3.965
18	0.688	0.862	1.067	1.330	1.734	2.101	2.214	2.552	2.878	3.197	3.611	3.922
19	0.688	0.861	1.066	1.328	1.729	2.093	2.205	2.539	2.861	3.174	3.579	3.883
20	0.687	0.860	1.064	1.325	1.725	2.086	2.197	2.528	2.845	3.153	3.552	3.850
21	0.686	0.859	1.063	1.323	1.721	2.080	2.189	2.518	2.831	3.135	3.527	3.819
22	0.686	0.858	1.061	1.321	1.717	2.074	2.183	2.508	2.819	3.119	3.505	3.792
23	0.685	0.858	1.060	1.319	1.714	2.069	2.177	2.500	2.807	3.104	3.485	3.768
24	0.685	0.857	1.059	1.318	1.711	2.064	2.172	2.492	2.797	3.091	3.467	3.745
25	0.684	0.856	1.058	1.316	1.708	2.060	2.167	2.485	2.787	3.078	3.450	3.725
26	0.684	0.856	1.058	1.315	1.706	2.056	2.162	2.479	2.779	3.067	3.435	3.707
27	0.684	0.855	1.057	1.314	1.703	2.052	2.158	2.473	2.771	3.057	3.421	3.690
28	0.683	0.855	1.056	1.313	1.701	2.048	2.154	2.467	2.763	3.047	3.408	3.674
29	0.683	0.854	1.055	1.311	1.699	2.045	2.150	2.462	2.756	3.038	3.396	3.659
30	0.683	0.854	1.055	1.310	1.697	2.042	2.147	2.457	2.750	3.030	3.385	3.646
40	0.681	0.851	1.050	1.303	1.684	2.021	2.123	2.423	2.704	2.971	3.307	3.551
50	0.679	0.849	1.047	1.299	1.676	2.009	2.109	2.403	2.678	2.937	3.261	3.496
60	0.679	0.848	1.045	1.296	1.671	2.000	2.099	2.390	2.660	2.915	3.232	3.460
80	0.678	0.846	1.043	1.292	1.664	1.990	2.088	2.374	2.639	2.887	3.195	3.416
100	0.677	0.845	1.042	1.290	1.660	1.984	2.081	2.364	2.626	2.871	3.174	3.390
1,000	0.675	0.842	1.037	1.282	1.646	1.962	2.056	2.330	2.581	2.813	3.098	3.300
∞	0.674	0.841	1.036	1.282	1.645	1.960	2.054	2.326	2.576	2.807	3.091	3.291

5 카이제곱분포표-오른쪽 꼬리 확률

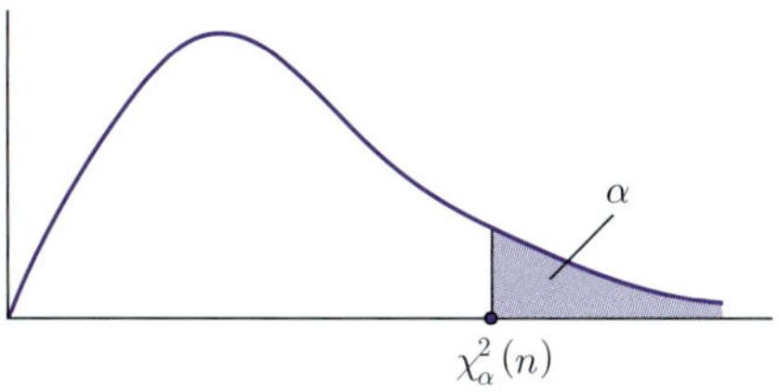

df \ α	0.9995	0.999	0.9975	0.995	0.990	0.975	0.950	0.900	0.750	0.500
1	0.00	0.00	0.00	0.00	0.00	0.00	0.00	0.02	0.10	0.45
2	0.00	0.00	0.01	0.01	0.02	0.05	0.10	0.21	0.58	1.39
3	0.02	0.02	0.04	0.07	0.11	0.22	0.35	0.58	1.21	2.37
4	0.06	0.09	0.14	0.21	0.30	0.48	0.71	1.06	1.92	3.36
5	0.16	0.21	0.31	0.41	0.55	0.83	1.15	1.61	2.67	4.35
6	0.30	0.38	0.53	0.68	0.87	1.24	1.64	2.20	3.45	5.35
7	0.48	0.60	0.79	0.99	1.24	1.69	2.17	2.83	4.25	6.35
8	0.71	0.86	1.10	1.34	1.65	2.18	2.73	3.49	5.07	7.34
9	0.97	1.15	1.45	1.73	2.09	2.70	3.33	4.17	5.90	8.34
10	1.26	1.48	1.83	2.16	2.56	3.25	3.94	4.87	6.74	9.34
11	1.59	1.83	2.23	2.60	3.05	3.82	4.57	5.58	7.58	10.34
12	1.93	2.21	2.66	3.07	3.57	4.40	5.23	6.30	8.44	11.34
13	2.31	2.62	3.11	3.57	4.11	5.01	5.89	7.04	9.30	12.34
14	2.70	3.04	3.58	4.07	4.66	5.63	6.57	7.79	10.17	13.34
15	3.11	3.48	4.07	4.60	5.23	6.26	7.26	8.55	11.04	14.34
16	3.54	3.94	4.57	5.14	5.81	6.91	7.96	9.31	11.91	15.34
17	3.98	4.42	5.09	5.70	6.41	7.56	8.67	10.09	12.79	16.34
18	4.44	4.90	5.62	6.26	7.01	8.23	9.39	10.86	13.68	17.34
19	4.91	5.41	6.17	6.84	7.63	8.91	10.12	11.65	14.56	18.34
20	5.40	5.92	6.72	7.43	8.26	9.59	10.85	12.44	15.45	19.34
21	5.90	6.45	7.29	8.03	8.90	10.28	11.59	13.24	16.34	20.34
22	6.40	6.98	7.86	8.64	9.54	10.98	12.34	14.04	17.24	21.34
23	6.92	7.53	8.45	9.26	10.20	11.69	13.09	14.85	18.14	22.34
24	7.45	8.08	9.04	9.89	10.86	12.40	13.85	15.66	19.04	23.34
25	7.99	8.65	9.65	10.52	11.52	13.12	14.61	16.47	19.94	24.34
26	8.54	9.22	10.26	11.16	12.20	13.84	15.38	17.29	20.84	25.34
27	9.09	9.80	10.87	11.81	12.88	14.57	16.15	18.11	21.75	26.34
28	9.66	10.39	11.50	12.46	13.56	15.31	16.93	18.94	22.66	27.34
29	10.23	10.99	12.13	13.12	14.26	16.05	17.71	19.77	23.57	28.34
30	10.80	11.59	12.76	13.79	14.95	16.79	18.49	20.60	24.48	29.34
40	16.91	17.92	19.42	20.71	22.16	24.43	26.51	29.05	33.66	39.34
50	23.46	24.67	26.46	27.99	29.71	32.36	34.76	37.69	42.94	49.33
60	30.34	31.74	33.79	35.53	37.48	40.48	43.19	46.46	52.29	59.33
80	44.79	46.52	49.04	51.17	53.54	57.15	60.39	64.28	71.14	79.33
100	59.90	61.92	64.86	67.33	70.06	74.22	77.93	82.36	90.13	99.33

카이제곱분포표-오른쪽 꼬리 확률(계속)

df \ α	0.250	0.200	0.150	0.100	0.050	0.025	0.020	0.010	0.005	0.0025	0.001	0.0005
1	1.32	1.64	2.07	2.71	3.84	5.02	5.41	6.63	7.88	9.14	10.83	12.12
2	2.77	3.22	3.79	4.61	5.99	7.38	7.82	9.21	10.60	11.98	13.82	15.20
3	4.11	4.64	5.32	6.25	7.81	9.35	9.84	11.34	12.84	14.32	16.27	17.73
4	5.39	5.99	6.74	7.78	9.49	11.14	11.67	13.28	14.86	16.42	18.47	20.00
5	6.63	7.29	8.12	9.24	11.07	12.83	13.39	15.09	16.75	18.39	20.51	22.11
6	7.84	8.56	9.45	10.64	12.59	14.45	15.03	16.81	18.55	20.25	22.46	24.10
7	9.04	9.80	10.75	12.02	14.07	16.01	16.62	18.48	20.28	22.04	24.32	26.02
8	10.22	11.03	12.03	13.36	15.51	17.53	18.17	20.09	21.95	23.77	26.12	27.87
9	11.39	12.24	13.29	14.68	16.92	19.02	19.68	21.67	23.59	25.46	27.88	29.67
10	12.55	13.44	14.53	15.99	18.31	20.48	21.16	23.21	25.19	27.11	29.59	31.42
11	13.70	14.63	15.77	17.28	19.68	21.92	22.62	24.72	26.76	28.73	31.26	33.14
12	14.85	15.81	16.99	18.55	21.03	23.34	24.05	26.22	28.30	30.32	32.91	34.82
13	15.98	16.98	18.20	19.81	22.36	24.74	25.47	27.69	29.82	31.88	34.53	36.48
14	17.12	18.15	19.41	21.06	23.68	26.12	26.87	29.14	31.32	33.43	36.12	38.11
15	18.25	19.31	20.60	22.31	25.00	27.49	28.26	30.58	32.80	34.95	37.70	39.72
16	19.37	20.47	21.79	23.54	26.30	28.85	29.63	32.00	34.27	36.46	39.25	41.31
17	20.49	21.61	22.98	24.77	27.59	30.19	31.00	33.41	35.72	37.95	40.79	42.88
18	21.60	22.76	24.16	25.99	28.87	31.53	32.35	34.81	37.16	39.42	42.31	44.43
19	22.72	23.90	25.33	27.20	30.14	32.85	33.69	36.19	38.58	40.88	43.82	45.97
20	23.83	25.04	26.50	28.41	31.41	34.17	35.02	37.57	40.00	42.34	45.31	47.50
21	24.93	26.17	27.66	29.62	32.67	35.48	36.34	38.93	41.40	43.78	46.80	49.01
22	26.04	27.30	28.82	30.81	33.92	36.78	37.66	40.29	42.80	45.20	48.27	50.51
23	27.14	28.43	29.98	32.01	35.17	38.08	38.97	41.64	44.18	46.62	49.73	52.00
24	28.24	29.55	31.13	33.20	36.42	39.36	40.27	42.98	45.56	48.03	51.18	53.48
25	29.34	30.68	32.28	34.38	37.65	40.65	41.57	44.31	46.93	49.44	52.62	54.95
26	30.43	31.79	33.43	35.56	38.89	41.92	42.86	45.64	48.29	50.83	54.05	56.41
27	31.53	32.91	34.57	36.74	40.11	43.19	44.14	46.96	49.64	52.22	55.48	57.86
28	32.62	34.03	35.71	37.92	41.34	44.46	45.42	48.28	50.99	53.59	56.89	59.30
29	33.71	35.14	36.85	39.09	42.56	45.72	46.69	49.59	52.34	54.97	58.30	60.73
30	34.80	36.25	37.99	40.26	43.77	46.98	47.96	50.89	53.67	56.33	59.70	62.16
40	45.62	47.27	49.24	51.81	55.76	59.34	60.44	63.69	66.77	69.70	73.40	76.09
50	56.33	58.16	60.35	63.17	67.50	71.42	72.61	76.15	79.49	82.66	86.66	89.56
60	66.98	68.97	71.34	74.40	79.08	83.30	84.58	88.38	91.95	95.34	99.61	102.7
80	88.13	90.41	93.11	96.58	101.9	106.6	108.1	112.3	116.3	120.1	124.8	128.3
100	109.1	111.7	114.7	118.5	124.3	129.6	131.1	135.8	140.2	144.3	149.4	153.2

6 F-분포표-오른쪽 꼬리 확률

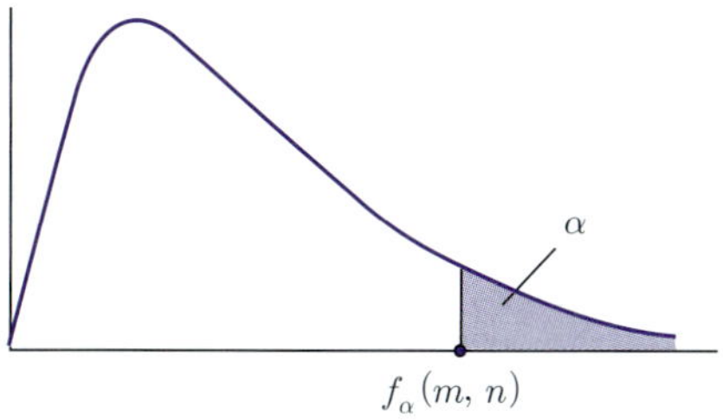

분모의 자유도	α	분자의 자유도 1	2	3	4	5	6	7	8	9	10
	0.100	39.86	49.50	53.59	55.83	57.24	58.20	58.91	59.44	59.86	60.19
	0.050	161.45	199.50	215.71	224.58	230.10	233.99	236.77	238.88	240.54	241.88
1	0.025	647.79	799.50	864.16	899.58	921.85	937.11	948.22	956.66	963.28	968.63
	0.010	4052.2	4999.5	5403.4	5624.6	5763.6	5859.0	5928.4	5981.1	6022.5	6055.8
	0.001	405284	500000	540379	562500	576405	585937	592873	598144	602284	605621
	0.100	8.53	9.00	9.16	9.24	9.29	9.33	9.35	9.37	9.38	9.39
	0.050	18.51	19.00	19.16	19.25	19.30	19.33	19.35	19.37	19.38	19.40
2	0.025	38.51	39.00	39.17	39.25	39.30	39.33	39.36	39.37	39.39	39.40
	0.010	98.50	99.00	99.17	99.25	99.30	99.33	99.36	99.37	99.39	99.40
	0.001	998.50	999.00	999.17	999.25	999.30	999.33	999.36	999.37	999.39	999.40
	0.100	5.54	5.46	5.39	5.34	5.31	5.28	5.27	5.25	5.24	5.23
	0.050	10.13	9.55	9.28	9.12	9.01	8.94	8.89	8.85	8.81	8.79
3	0.025	17.44	16.04	15.44	15.10	14.88	14.73	14.62	14.54	14.47	14.42
	0.010	34.12	30.82	29.46	28.71	28.24	27.91	27.67	27.49	27.35	27.23
	0.001	167.03	148.50	141.11	137.10	134.58	132.85	131.58	130.62	129.86	129.25
	0.100	4.54	4.32	4.19	4.11	4.05	4.01	3.98	3.95	3.94	3.92
	0.050	7.71	6.94	6.59	6.39	6.26	6.16	6.09	6.04	6.00	5.96
4	0.025	12.22	10.65	9.98	9.60	9.36	9.20	9.07	8.98	8.90	8.84
	0.010	21.20	18.00	16.69	15.98	15.52	15.21	14.98	14.80	14.66	14.55
	0.001	74.14	61.25	56.18	53.44	51.71	50.53	49.66	49.00	48.47	48.05
	0.100	4.06	3.78	3.62	3.52	3.45	3.40	3.37	3.34	3.32	3.30
	0.050	6.61	5.79	5.41	5.19	5.05	4.95	4.88	4.82	4.77	4.74
5	0.025	10.01	8.43	7.76	7.39	7.15	6.98	6.85	6.76	6.68	6.62
	0.010	16.26	13.27	12.06	11.39	10.97	10.67	10.46	10.29	10.16	10.05
	0.001	47.18	37.12	33.20	31.09	29.75	28.83	28.16	27.65	27.24	26.92
	0.100	3.78	3.46	3.29	3.18	3.11	3.05	3.01	2.98	2.96	2.94
	0.050	5.99	5.14	4.76	4.53	4.39	4.28	4.21	4.15	4.10	4.06
6	0.025	8.81	7.26	6.60	6.23	5.99	5.82	5.70	5.60	5.52	5.46
	0.010	13.75	10.92	9.78	9.15	8.75	8.47	8.26	8.10	7.98	7.87
	0.001	35.51	27.00	23.70	21.92	20.80	20.03	19.46	19.03	18.69	18.41

F-분포표-오른쪽 꼬리 확률(계속)

분모의 자유도	α	분자의 자유도									
		12	15	20	25	30	40	50	60	120	1,000
1	0.100	60.71	61.22	61.74	62.05	62.26	62.53	62.69	62.79	63.06	63.30
	0.050	243.91	245.95	248.01	249.26	250.10	251.14	251.77	252.20	253.25	254.11
	0.025	976.71	984.87	993.10	998.08	1001.4	1005.6	1008.1	1009.8	1014.0	1017.7
	0.010	6106.3	6157.3	6208.7	6239.8	6260.6	6286.8	6302.5	6313.0	6339.4	6362.7
	0.001	610668	615764	620908	624017	626099	628712	630285	631337	633972	636301
2	0.100	9.41	9.42	9.44	9.45	9.46	9.47	9.47	9.47	9.48	9.49
	0.050	19.41	19.43	19.45	19.46	19.46	19.47	19.48	19.48	19.49	19.49
	0.025	39.41	39.43	39.45	39.46	39.46	39.47	39.48	39.48	39.49	39.50
	0.010	99.42	99.43	99.45	99.46	99.47	99.47	99.48	99.48	99.49	99.50
	0.001	999.42	999.43	999.45	999.46	999.47	999.47	999.48	999.48	999.49	999.50
3	0.100	5.22	5.20	5.18	5.17	5.17	5.16	5.15	5.15	5.14	5.13
	0.050	8.74	8.70	8.66	8.63	8.62	8.59	8.58	8.57	8.55	8.53
	0.025	14.34	14.25	14.17	14.12	14.08	14.04	14.01	13.99	13.95	13.91
	0.010	27.05	26.87	26.69	26.58	26.50	26.41	26.35	26.32	26.22	26.14
	0.001	128.32	127.37	126.42	125.84	125.45	124.96	124.66	124.47	123.97	123.53
4	0.100	3.90	3.87	3.84	3.83	3.82	3.80	3.80	3.79	3.78	3.76
	0.050	5.91	5.86	5.80	5.77	5.75	5.72	5.70	5.69	5.66	5.63
	0.025	8.75	8.66	8.56	8.50	8.46	8.41	8.38	8.36	8.31	8.26
	0.010	14.37	14.20	14.02	13.91	13.84	13.75	13.69	13.65	13.56	13.47
	0.001	47.41	46.76	46.10	45.70	45.43	45.09	44.88	44.75	44.40	44.09
5	0.100	3.27	3.24	3.21	3.19	3.17	3.16	3.15	3.14	3.12	3.11
	0.050	4.68	4.62	4.56	4.52	4.50	4.46	4.44	4.43	4.40	4.37
	0.025	6.52	6.43	6.33	6.27	6.23	6.18	6.14	6.12	6.07	6.02
	0.010	9.89	9.72	9.55	9.45	9.38	9.29	9.24	9.20	9.11	9.03
	0.001	26.42	25.91	25.39	25.08	24.87	24.60	24.44	24.33	24.06	23.82
6	0.100	2.90	2.87	2.84	2.81	2.80	2.78	2.77	2.76	2.74	2.72
	0.050	4.00	3.94	3.87	3.83	3.81	3.77	3.75	3.74	3.70	3.67
	0.025	5.37	5.27	5.17	5.11	5.07	5.01	4.98	4.96	4.90	4.86
	0.010	7.72	7.56	7.40	7.30	7.23	7.14	7.09	7.06	6.97	6.89
	0.001	17.99	17.56	17.12	16.85	16.67	16.44	16.31	16.21	15.98	15.77

분모의 자유도	α	분자의 자유도 1	2	3	4	5	6	7	8	9	10
	0.100	3.59	3.26	3.07	2.96	2.88	2.83	2.78	2.75	2.72	2.70
	0.050	5.59	4.74	4.35	4.12	3.97	3.87	3.79	3.73	3.68	3.64
7	0.025	8.07	6.54	5.89	5.52	5.29	5.12	4.99	4.90	4.82	4.76
	0.010	12.25	9.55	8.45	7.85	7.46	7.19	6.99	6.84	6.72	6.62
	0.001	29.25	21.69	18.77	17.20	16.21	15.52	15.02	14.63	14.33	14.08
	0.100	3.46	3.11	2.92	2.81	2.73	2.67	2.62	2.59	2.56	2.54
	0.050	5.32	4.46	4.07	3.84	3.69	3.58	3.50	3.44	3.39	3.35
8	0.025	7.57	6.06	5.42	5.05	4.82	4.65	4.53	4.43	4.36	4.30
	0.010	11.26	8.65	7.59	7.01	6.63	6.37	6.18	6.03	5.91	5.81
	0.001	25.41	18.49	15.83	14.39	13.48	12.86	12.40	12.05	11.77	11.54
	0.100	3.36	3.01	2.81	2.69	2.61	2.55	2.51	2.47	2.44	2.42
	0.050	5.12	4.26	3.86	3.63	3.48	3.37	3.29	3.23	3.18	3.14
9	0.025	7.21	5.71	5.08	4.72	4.48	4.32	4.20	4.10	4.03	3.96
	0.010	10.56	8.02	6.99	6.42	6.06	5.80	5.61	5.47	5.35	5.26
	0.001	22.86	16.39	13.90	12.56	11.71	11.13	10.70	10.37	10.11	9.89
	0.100	3.29	2.92	2.73	2.61	2.52	2.46	2.41	2.38	2.35	2.32
	0.050	4.96	4.10	3.71	3.48	3.33	3.22	3.14	3.07	3.02	2.98
10	0.025	6.94	5.46	4.83	4.47	4.24	4.07	3.95	3.85	3.78	3.72
	0.010	10.04	7.56	6.55	5.99	5.64	5.39	5.20	5.06	4.94	4.85
	0.001	21.04	14.91	12.55	11.28	10.48	9.93	9.52	9.20	8.96	8.75
	0.100	3.23	2.86	2.66	2.54	2.45	2.39	2.34	2.30	2.27	2.25
	0.050	4.84	3.98	3.59	3.36	3.20	3.09	3.01	2.95	2.90	2.85
11	0.025	6.72	5.26	4.63	4.28	4.04	3.88	3.76	3.66	3.59	3.53
	0.010	9.65	7.21	6.22	5.67	5.32	5.07	4.89	4.74	4.63	4.54
	0.001	19.69	13.81	11.56	10.35	9.58	9.05	8.66	8.35	8.12	7.92
	0.100	3.18	2.81	2.61	2.48	2.39	2.33	2.28	2.24	2.21	2.19
	0.050	4.75	3.89	3.49	3.26	3.11	3.00	2.91	2.85	2.80	2.75
12	0.025	6.55	5.10	4.47	4.12	3.89	3.73	3.61	3.51	3.44	3.37
	0.010	9.33	6.93	5.95	5.41	5.06	4.82	4.64	4.50	4.39	4.30
	0.001	18.64	12.97	10.80	9.63	8.89	8.38	8.00	7.71	7.48	7.29
	0.100	3.14	2.76	2.56	2.43	2.35	2.28	2.23	2.20	2.16	2.14
	0.050	4.67	3.81	3.41	3:18	3.03	2.92	2.83	2.77	2.71	2.67
13	0.025	6.41	4.97	4.35	4.00	3.77	3.60	3.48	3.39	3.31	3.25
	0.010	9.07	6.70	5.74	5.21	4.86	4.62	4.44	4.30	4.19	4.10
	0.001	17.82	12.31	10.21	9.07	8.35	7.86	7.49	7.21	6.98	6.80

F-분포표-오른쪽 꼬리 확률(계속)

분모의 자유도	α	분자의 자유도 12	15	20	25	30	40	50	60	120	1,000
	0.100	2.67	2.63	2.59	2.57	2.56	2.54	2.52	2.51	2.49	2.47
	0.050	3.57	3.51	3.44	3.40	3.38	3.34	3.32	3.30	3.27	3.23
7	0.025	4.67	4.57	4.47	4.40	4.36	4.31	4.28	4.25	4.20	4.15
	0.010	6.47	6.31	6.16	6.06	5.99	5.91	5.86	5.82	5.74	5.66
	0.001	13.71	13.32	12.93	12.69	12.53	12.33	12.20	12.12	11.91	11.72
	0.100	2.50	2.46	2.42	2.40	2.38	2.36	2.35	2.34	2.32	2.30
	0.050	3.28	3.22	3.15	3.11	3.08	3.04	3.02	3.01	2.97	2.93
8	0.025	4.20	4.10	4.00	3.94	3.89	3.84	3.81	3.78	3.73	3.68
	0.010	5.67	5.52	5.36	5.26	5.20	5.12	5.07	5.03	4.95	4.87
	0.001	11.19	10.84	10.48	10.26	10.11	9.92	9.80	9.73	9.53	9.36
	0.100	2.38	2.34	2.30	2.27	2.25	2.23	2.22	2.21	2.18	2.16
	0.050	3.07	3.01	2.94	2.89	2.86	2.83	2.80	2.79	2.75	2.71
9	0.025	3.87	3.77	3.67	3.60	3.56	3.51	3.47	3.45	3.39	3.34
	0.010	5.11	4.96	4.81	4.71	4.65	4.57	4.52	4.48	4.40	4.32
	0.001	9.57	9.24	8.90	8.69	8.55	8.37	8.26	8.19	8.00	7.84
	0.100	2.28	2.24	2.20	2.17	2.16	2.13	2.12	2.11	2.08	2.06
	0.050	2.91	2.85	2.77	2.73	2.70	2.66	2.64	2.62	2.58	2.54
10	0.025	3.62	3.52	3.42	3.35	3.31	3.26	3.22	3.20	3.14	3.09
	0.010	4.71	4.56	4.41	4.31	4.25	4.17	4.12	4.08	4.00	3.92
	0.001	8.45	8.13	7.80	7.60	7.47	7.30	7.19	7.12	6.94	6.78
	0.100	2.21	2.17	2.12	2.10	2.08	2.05	2.04	2.03	2.00	1.98
	0.050	2.79	2.72	2.65	2.60	2.57	2.53	2.51	2.49	2.45	2.41
11	0.025	3.43	3.33	3.23	3.16	3.12	3.06	3.03	3.00	2.94	2.89
	0.010	4.40	4.25	4.10	4.01	3.94	3.86	3.81	3.78	3.69	3.61
	0.001	7.63	7.32	7.01	6.81	6.68	6.52	6.42	6.35	6.18	6.02
	0.100	2.15	2.10	2.06	2.03	2.01	1.99	1.97	1.96	1.93	1.91
	0.050	2.69	2.62	2.54	2.50	2.47	2.43	2.40	2.38	2.34	2.30
12	0.025	3.28	3.18	3.07	3.01	2.96	2.91	2.87	2.85	2.79	2.73
	0.010	4.16	4.01	3.86	3.76	3.70	3.62	3.57	3.54	3.45	3.37
	0.001	7.00	6.71	6.40	6.22	6.09	5.93	5.83	5.76	5.59	5.44
	0.100	2.10	2.05	2.01	1.98	1.96	1.93	1.92	1.90	1.88	1.85
	0.050	2.60	2.53	2.46	2.41	2.38	2.34	2.31	2.30	2.25	2.21
13	0.025	3.15	3.05	2.95	2.88	2.84	2.78	2.74	2.72	2.66	2.60
	0.010	3.96	3.82	3.66	3.57	3.51	3.43	3.38	3.34	3.25	3.18
	0.001	6.52	6.23	5.93	5.75	5.63	5.47	5.37	5.30	5.14	4.99

분모의 자유도	α	분자의 자유도 1	2	3	4	5	6	7	8	9	10
	0.100	3.10	2.73	2.52	2.39	2.31	2.24	2.19	2.15	2.12	2.10
	0.050	4.60	3.74	3.34	3.11	2.96	2.85	2.76	2.70	2.65	2.60
14	0.025	6.30	4.86	4.24	3.89	3.66	3.50	3.38	3.29	3.21	3.15
	0.010	8.86	6.51	5.56	5.04	4.69	4.46	4.28	4.14	4.03	3.94
	0.001	17.14	11.78	9.73	8.62	7.92	7.44	7.08	6.80	6.58	6.40
	0.100	3.07	2.70	2.49	2.36	2.27	2.21	2.16	2.12	2.09	2.06
	0.050	4.54	3.68	3.29	3.06	2.90	2.79	2.71	2.64	2.59	2.54
15	0.025	6.20	4.77	4.15	3.80	3.58	3.41	3.29	3.20	3.12	3.06
	0.010	8.68	6.36	5.42	4.89	4.56	4.32	4.14	4.00	3.89	3.80
	0.001	16.59	11.34	9.34	8.25	7.57	7.09	6.74	6.47	6.26	6.08
	0.100	3.05	2.67	2.46	2.33	2.24	2.18	2.13	2.09	2.06	2.03
	0.050	4.49	3.63	3.24	3.01	2.85	2.74	2.66	2.59	2.54	2.49
16	0.025	6.12	4.69	4.08	3.73	3.50	3.34	3.22	3.12	3.05	2.99
	0.010	8.53	6.23	5.29	4.77	4.44	4.20	4.03	3.89	3.78	3.69
	0.001	16.12	10.97	9.01	7.94	7.27	6.80	6.46	6.19	5.98	5.81
	0.100	3.03	2.64	2.44	2.31	2.22	2.15	2.10	2.06	2.03	2.00
	0.050	4.45	3.59	3.20	2.96	2.81	2.70	2.61	2.55	2.49	2.45
17	0.025	6.04	4.62	4.01	3.66	3.44	3.28	3.16	3.06	2.98	2.92
	0.010	8.40	6.11	5.19	4.67	4.34	4.10	3.93	3.79	3.68	3.59
	0.001	15.72	10.66	8.73	7.68	7.02	6.56	6.22	5.96	5.75	5.58
	0.100	3.01	2.62	2.42	2.29	2.20	2.13	2.08	2.04	2.00	1.98
	0.050	4.41	3.55	3.16	2.93	2.77	2.66	2.58	2.51	2.46	2.41
18	0.025	5.98	4.56	3.95	3.61	3.38	3.22	3.10	3.01	2.93	2.87
	0.010	8.29	6.01	5.09	4.58	4.25	4.01	3.84	3.71	3.60	3.51
	0.001	15.38	10.39	8.49	7.46	6.81	6.35	6.02	5.76	5.56	5.39
	0.100	2.99	2.61	2.40	2.27	2.18	2.11	2.06	2.02	1.98	1.96
	0.050	4.38	3.52	3.13	2.90	2.74	2.63	2.54	2.48	2.42	2.38
19	0.025	5.92	4.51	3.90	3.56	3.33	3.17	3.05	2.96	2.88	2.82
	0.010	8.18	5.93	5.01	4.50	4.17	3.94	3.77	3.63	3.52	3.43
	0.001	15.08	10.16	8.28	7.27	6.62	6.18	5.85	5.59	5.39	5.22
	0.100	2.97	2.59	2.38	2.25	2.16	2.09	2.04	2.00	1.96	1.94
	0.050	4.35	3.49	3.10	2.87	2.71	2.60	2.51	2.45	2.39	2.35
20	0.025	5.87	4.46	3.86	3.51	3.29	3.13	3.01	2.91	2.84	2.77
	0.010	8.10	5.85	4.94	4.43	4.10	3.87	3.70	3.56	3.46	3.37
	0.001	14.82	9.95	8.10	7.10	6.46	6.02	5.69	5.44	5.24	5.08

F-분포표-오른쪽 꼬리 확률(계속)

분모의 자유도	α	분자의 자유도 12	15	20	25	30	40	50	60	120	1,000
	0.100	2.05	2.01	1.96	1.93	1.91	1.89	1.87	1.86	1.83	1.80
	0.050	2.53	2.46	2.39	2.34	2.31	2.27	2.24	2.22	2.18	2.14
14	0.025	3.05	2.95	2.84	2.78	2.73	2.67	2.64	2.61	2.55	2.50
	0.010	3.80	3.66	3.51	3.41	3.35	3.27	3.22	3.18	3.09	3.02
	0.001	6.13	5.85	5.56	5.38	5.25	5.10	5.00	4.94	4.77	4.62
	0.100	2.02	1.97	1.92	1.89	1.87	1.85	1.83	1.82	1.79	1.76
	0.050	2.48	2.40	2.33	2.28	2.25	2.20	2.18	2.16	2.11	2.07
15	0.025	2.96	2.86	2.76	2.69	2.64	2.59	2.55	2.52	2.46	2.40
	0.010	3.67	3.52	3.37	3.28	3.21	3.13	3.08	3.05	2.96	2.88
	0.001	5.81	5.54	5.25	5.07	4.95	4.80	4.70	4.64	4,47	4.33
	0.100	1.99	1.94	1.89	1.86	1.84	1.81	1.79	1.78	1.75	1.72
	0.050	2.42	2.35	2.28	2.23	2.19	2.15	2.12	2.11	2.06	2.02
16	0.025	2.89	2.79	2.68	2.61	2.57	2.51	2.47	2.45	2.38	2.32
	0.010	3.55	3.41	3.26	3.16	3.10	3.02	2.97	2.93	2.84	2.76
	0.001	5.55	5.27	4.99	4.82	4.70	4.54	4.45	4.39	4.23	4.08
	0.100	1.96	1.91	1.86	1.83	1.81	1.78	1.76	1.75	1.72	1.69
	0.050	2.38	2.31	2.23	2.18	2.15	2.10	2.08	2.06	2.01	1.97
17	0.025	2.82	2.72	2.62	2.55	2.50	2.44	2.41	2.38	2.32	2.26
	0.010	3.46	3.31	3.16	3.07	3.00	2.92	2.87	2.83	2.75	2.66
	0.001	5.32	5.05	4.78	4.60	4.48	4.33	4.24	4.18	4.02	3.87
	0.100	1.93	1.89	1.84	1.80	1.78	1.75	1.74	1.72	1.69	1.66
	0.050	2.34	2.27	2.19	2.14	2.11	2.06	2.04	2.02	1.97	1.92
18	0.025	2.77	2.67	2.56	2.49	2.44	2.38	2.35	2.32	2.26	2.20
	0.010	3.37	3.23	3.08	2.98	2.92	2.84	2.78	2.75	2.66	2.58
	0.001	5.13	4.87	4.59	4.42	4.30	4.15	4.06	4.00	3.84	3.69
	0.100	1.91	1.86	1.81	1.78	1.76	1.73	1.71	1.70	1.67	1.64
	0.050	2.31	2.23	2.16	2.11	2.07	2.03	2.00	1.98	1.93	1.88
19	0.025	2.72	2.62	2.51	2.44	2.39	2.33	2.30	2.27	2.20	2.14
	0.010	3.30	3.15	3.00	2.91	2.84	2.76	2.71	2.67	2.58	2.50
	0.001	4.97	4.70	4.43	4.26	4.14	3.99	3.90	3.84	3.68	3.53
	0.100	1.89	1.84	1.79	1.76	1.74	1.71	1.69	1.68	1.64	1.61
	0.050	2.28	2.20	2.12	2.07	2.04	1.99	1.97	1.95	1.90	1.85
20	0.025	2.68	2.57	2.46	2.40	2.35	2.29	2.25	2.22	2.16	2.09
	0.010	3.23	3.09	2.94	2.84	2.78	2.69	2.64	2.61	2.52	2.43
	0.001	4.82	4.56	4.29	4.12	4.00	3.86	3.77	3.70	3.54	3.40

F-분포표-오른쪽 꼬리 확률(계속)

분모의 자유도	α	1	2	3	4	5	6	7	8	9	10
		분자의 자유도									
	0.100	2.96	2.57	2.36	2.23	2.14	2.08	2.02	1.98	1.95	1.92
	0.050	4.32	3.47	3.07	2.84	2.68	2.57	2.49	2.42	2.37	2.32
21	0.025	5.83	4.42	3.82	3.48	3.25	3.09	2.97	2.87	2.80	2.73
	0.010	8.02	5.78	4.87	4.37	4.04	3.81	3.64	3.51	3.40	3.31
	0.001	14.59	9.77	7.94	6.95	6.32	5.88	5.56	5.31	5.11	4.95
	0.100	2.95	2.56	2.35	2.22	2.13	2.06	2.01	1.97	1.93	1.90
	0.050	4.30	3.44	3.05	2.82	2.66	2.55	2.46	2.40	2.34	2.30
22	0.025	5.79	4.38	3.78	3.44	3.22	3.05	2.93	2.84	2.76	2.70
	0.010	7.95	5.72	4.82	4.31	3.99	3.76	3.59	3.45	3.35	3.26
	0.001	14.38	9.61	7.80	6.81	6.19	5.76	5.44	5.19	4.99	4.83
	0.100	2.94	2.55	2.34	2.21	2.11	2.05	1.99	1.95	1.92	1.89
	0.050	4.28	3.42	3.03	2.80	2.64	2.53	2.44	2.37	2.32	2.27
23	0.025	5.75	4.35	3.75	3.41	3.18	3.02	2.90	2.81	2.73	2.67
	0.010	7.88	5.66	4.76	4.26	3.94	3.71	3.54	3.41	3.30	3.21
	0.001	14.20	9.47	7.67	6.70	6.08	5.65	5.33	5.09	4.89	4.73
	0.100	2.93	2.54	2.33	2.19	2.10	2.04	1.98	1.94	1.91	1.88
	0.050	4.26	3.40	3.01	2.78	2.62	2.51	2.42	2.36	2.30	2.25
24	0.025	5.72	4.32	3.72	3.38	3.15	2.99	2.87	2.78	2.70	2.64
	0.010	7.82	5.61	4.72	4.22	3.90	3.67	3.50	3.36	3.26	3.17
	0.001	14.03	9.34	7.55	6.59	5.98	5.55	5.23	4.99	4.80	4.64
	0.100	2.92	2.53	2.32	2.18	2.09	2.02	1.97	1.93	1.89	1.87
	0.050	4.24	3.39	2.99	2.76	2.60	2.49	2.40	2.34	2.28	2.24
25	0.025	5.69	4.29	3.69	3.35	3.13	2.97	2.85	2.75	2.68	2.61
	0.010	7.77	5.57	4.68	4.18	3.85	3.63	3.46	3.32	3.22	3.13
	0.001	13.88	9.22	7.45	6.49	5.89	5.46	5.15	4.91	4.71	4.56
	0.100	2.91	2.52	2.31	2.17	2.08	2.01	1.96	1.92	1.88	1.86
	0.050	4.23	3.37	2.98	2.74	2.59	2.47	2.39	2.32	2.27	2.22
26	0.025	5.66	4.27	3.67	3.33	3.10	2.94	2.82	2.73	2.65	2.59
	0.010	7.72	5.53	4.64	4.14	3.82	3.59	3.42	3.29	3.18	3.09
	0.001	13.74	9.12	7.36	6.41	5.80	5.38	5.07	4.83	4.64	4.48
	0.100	2.90	2.51	2.30	2.17	2.07	2.00	1.95	1.91	1.87	1.85
	0.050	4.21	3.35	2.96	2.73	2.57	2.46	2.37	2.31	2.25	2.20
27	0.025	5.63	4.24	3.65	3.31	3.08	2.92	2.80	2.71	2.63	2.57
	0.010	7.68	5.49	4.60	4.11	3.78	3.56	3.39	3.26	3.15	3.06
	0.001	13.61	9.02	7.27	6.33	5.73	5.31	5.00	4.76	4.57	4.41

F-분포표-오른쪽 꼬리 확률(계속)

분모의 자유도	α	12	15	20	25	30	40	50	60	120	1,000
		분자의 자유도									
21	0.100	1.87	1.83	1.78	1.74	1.72	1.69	1.67	1.66	1.62	1.59
	0.050	2.25	2.18	2.10	2.05	2.01	1.96	1.94	1.92	1.87	1.82
	0.025	2.64	2.53	2.42	2.36	2.31	2.25	2.21	2.18	2.11	2.05
	0.010	3.17	3.03	2.88	2.79	2.72	2.64	2.58	2.55	2.46	2.37
	0.001	4.70	4.44	4.17	4.00	3.88	3.74	3.64	3.58	3.42	3.28
22	0.100	1.86	1.81	1.76	1.73	1.70	1.67	1.65	1.64	1.60	1.57
	0.050	2.23	2.15	2.07	2.02	1.98	1.94	1.91	1.89	1.84	1.79
	0.025	2.60	2.50	2.39	2.32	2.27	2.21	2.17	2.14	2.08	2.01
	0.010	3.12	2.98	2.83	2.73	2.67	2.58	2.53	2.50	2.40	2.32
	0.001	4.58	4.33	4.06	3.89	3.78	3.63	3.54	3.48	3.32	3.17
23	0.100	1.84	1.80	1.74	1.71	1.69	1.66	1.64	1.62	1.59	1.55
	0.050	2.20	2.13	2.05	2.00	1.96	1.91	1.88	1.86	1.81	1.76
	0.025	2.57	2.47	2.36	2.29	2.24	2.18	2.14	2.11	2.04	1.98
	0.010	3.07	2.93	2.78	2.69	2.62	2.54	2.48	2.45	2.35	2.27
	0.001	4.48	4.23	3.96	3.79	3.68	3.53	3.44	3.38	3.22	3.08
24	0.100	1.83	1.78	1.73	1.70	1.67	1.64	1.62	1.61	1.57	1.54
	0.050	2.18	2.11	2.03	1.97	1.94	1.89	1.86	1.84	1.79	1.74
	0.025	2.54	2.44	2.33	2.26	2.21	2.15	2.11	2.08	2.01	1.94
	0.010	3.03	2.89	2.74	2.64	2.58	2.49	2.44	2.40	2.31	2.22
	0.001	4.39	4.14	3.87	3.71	3.59	3.45	3.36	3.29	3.14	2.99
25	0.100	1.82	1.77	1.72	1.68	1.66	1.63	1.61	1.59	1.56	1.52
	0.050	2.16	2.09	2.01	1.96	1.92	1.87	1.84	1.82	1.77	1.72
	0.025	2.51	2.41	2.30	2.23	2.18	2.12	2.08	2.05	1.98	1.91
	0.010	2.99	2.85	2.70	2.60	2.54	2.45	2.40	2.36	2.27	2.18
	0.001	4.31	4.06	3.79	3.63	3.52	3.37	3.28	3.22	3.06	2.91
26	0.100	1.81	1.76	1.71	1.67	1.65	1.61	1.59	1.58	1.54	1.51
	0.050	2.15	2.07	1.99	1.94	1.90	1.85	1.82	1.80	1.75	1.70
	0.025	2.49	2.39	2.28	2.21	2.16	2.09	2.05	2.03	1.95	1.89
	0.010	2.96	2.81	2.66	2.57	2.50	2.42	2.36	2.33	2.23	2.14
	0.001	4.24	3.99	3.72	3.56	3.44	3.30	3.21	3.15	2.99	2.84
27	0.100	1.80	1.75	1.70	1.66	1.64	1.60	1.58	1.57	1.53	1.50
	0.050	2.13	2.06	1.97	1.92	1.88	1.84	1.81	1.79	1.73	1.68
	0.025	2.47	2.36	2.25	2.18	2.13	2.07	2.03	2.00	1.93	1.86
	0.010	2.93	2.78	2.63	2.54	2.47	2.38	2.33	2.29	2.20	2.11
	0.001	4.17	3.92	3.66	3.49	3.38	3.23	3.14	3.08	2.92	2.78

분모의 자유도	α	1	2	3	4	5	6	7	8	9	10
		분자의 자유도									
28	0.100	2.89	2.50	2.29	2.16	2.06	2.00	1.94	1.90	1.87	1.84
	0.050	4.20	3.34	2.95	2.71	2.56	2.45	2.36	2.29	2.24	2.19
	0.025	5.61	4.22	3.63	3.29	3.06	2.90	2.78	2.69	2.61	2.55
	0.010	7.64	5.45	4.57	4.07	3.75	3.53	3.36	3.23	3.12	3.03
	0.001	13.50	8.93	7.19	6.25	5.66	5.24	4.93	4.69	4.50	4.35
29	0.100	2.89	2.50	2.28	2.15	2.06	1.99	1.93	1.89	1.86	1.83
	0.050	4.18	3.33	2.93	2.70	2.55	2.43	2.35	2.28	2.22	2.18
	0.025	5.59	4.20	3.61	3.27	3.04	2.88	2.76	2.67	2.59	2.53
	0.010	7.60	5.42	4.54	4.04	3.73	3.50	3.33	3.20	3.09	3.00
	0.001	13.39	8.85	7.12	6.19	5.59	5.18	4.87	4.64	4.45	4.29
30	0.100	2.88	2.49	2.28	2.14	2.05	1.98	1.93	1.88	1.85	1.82
	0.050	4.17	3.32	2.92	2.69	2.53	2.42	2.33	2.27	2.21	2.16
	0.025	5.57	4.18	3.59	3.25	3.03	2.87	2.75	2.65	2.57	2.51
	0.010	7.56	5.39	4.51	4.02	3.70	3.47	3.30	3.17	3.07	2.98
	0.001	13.29	8.77	7.05	6.12	5.53	5.12	4.82	4.58	4.39	4.24
40	0.100	2.84	2.44	2.23	2.09	2.00	1.93	1.87	1.83	1.79	1.76
	0.050	4.08	3.23	2.84	2.61	2.45	2.34	2.25	2.18	2.12	2.08
	0.025	5.42	4.05	3.46	3.13	2.90	2.74	2.62	2.53	2.45	2.39
	0.010	7.31	5.18	4.31	3.83	3.51	3.29	3.12	2.99	2.89	2.80
	0.001	12.61	8.25	6.59	5.70	5.13	4.73	4.44	4.21	4.02	3.87
50	0.100	2.81	2.41	2.20	2.06	1.97	1.90	1.84	1.80	1.76	1.73
	0.050	4.03	3.18	2.79	2.56	2.40	2.29	2.20	2.13	2.07	2.03
	0.025	5.34	3.97	3.39	3.05	2.83	2.67	2.55	2.46	2.38	2.32
	0.010	7.17	5.06	4.20	3.72	3.41	3.19	3.02	2.89	2.78	2.70
	0.001	12.22	7.96	6.34	5.46	4.90	4.51	4.22	4.00	3.82	3.67
60	0.100	2.79	2.39	2.18	2.04	1.95	1.87	1.82	1.77	1.74	1.71
	0.050	4.00	3.15	2.76	2.53	2.37	2.25	2.17	2.10	2.04	1.99
	0.025	5.29	3.93	3.34	3.01	2.79	2.63	2.51	2.41	2.33	2.27
	0.010	7.08	4.98	4.13	3.65	3.34	3.12	2.95	2.82	2.72	2.63
	0.001	11.97	7.77	6.17	5.31	4.76	4.37	4.09	3.86	3.69	3.54
100	0.100	2.76	2.36	2.14	2.00	1.91	1.83	1.78	1.73	1.69	1.66
	0.050	3.94	3.09	2.70	2.46	2.31	2.19	2.10	2.03	1.97	1.93
	0.025	5.18	3.83	3.25	2.92	2.70	2.54	2.42	2.32	2.24	2.18
	0.010	6.90	4.82	3.98	3.51	3.21	2.99	2.82	2.69	2.59	2.50
	0.001	11.50	7.41	5.86	5.02	4.48	4.11	3.83	3.61	3.44	3.30

F-분포표-오른쪽 꼬리 확률(계속)

분모의 자유도	α	분자의 자유도									
		12	15	20	25	30	40	50	60	120	1,000
	0.100	1.79	1.74	1.69	1.65	1.63	1.59	1.57	1.56	1.52	1.48
	0.050	2.12	2.04	1.96	1.91	1.87	1.82	1.79	1.77	1.71	1.66
28	0.025	2.45	2.34	2.23	2.16	2.11	2.05	2.01	1.98	1.91	1.84
	0.010	2.90	2.75	2.60	2.51	2.44	2.35	2.30	2.26	2.17	2.08
	0.001	4.11	3.86	3.60	3.43	3.32	3.18	3.09	3.02	2.86	2.72
	0.100	1.78	1.73	1.68	1.64	1.62	1.58	1.56	1.55	1.51	1.47
	0.050	2.10	2.03	1.94	1.89	1.85	1.81	1.77	1.75	1.70	1.65
29	0.025	2.43	2.32	2.21	2.14	2.09	2.03	1.99	1.96	1.89	1.82
	0.010	2.87	2.73	2.57	2.48	2.41	2.33	2.27	2.23	2.14	2.05
	0.001	4.05	3.80	3.54	3.38	3.27	3.12	3.03	2.97	2.81	2.66
	0.100	1.77	1.72	1.67	1.63	1.61	1.57	1.55	1.54	1.50	1.46
	0.050	2.09	2.01	1.93	1.88	1.84	1.79	1.76	1.74	1.68	1.63
30	0.025	2.41	2.31	2.20	2.12	2.07	2.01	1.97	1.94	1.87	1.80
	0.010	2.84	2.70	2.55	2.45	2.39	2.30	2.25	2.21	2.11	2.02
	0.001	4.00	3.75	3.49	3.33	3.22	3.07	2.98	2.92	2.76	2.61
	0.100	1.71	1.66	1.61	1.57	1.54	1.51	1.48	1.47	1.42	1.38
	0.050	2.00	1.92	1.84	1.78	1.74	1.69	1.66	1.64	1.58	1.52
40	0.025	2.29	2.18	2.07	1.99	1.94	1.88	1.83	1.80	1.72	1.65
	0.010	2.66	2.52	2.37	2.27	2.20	2.11	2.06	2.02	1.92	1.82
	0.001	3.64	3.40	3.14	2.98	2.87	2.73	2.64	2.57	2.41	2.25
	0.100	1.68	1.63	1.57	1.53	1.50	1.46	1.44	1.42	1.38	1.33
	0.050	1.95	1.87	1.78	1.73	1.69	1.63	1.60	1.58	1.51	1.45
50	0.025	2.22	2.11	1.99	1.92	1.87	1.80	1.75	1.72	1.64	1.56
	0.010	2.56	2.42	2.27	2.17	2.10	2.01	1.95	1.91	1.80	1.70
	0.001	3.44	3.20	2.95	2.79	2.68	2.53	2.44	2.38	2.21	2.05
	0.100	1.66	1.60	1.54	1.50	1.48	1.44	1.41	1.40	1.35	1.30
	0.050	1.92	1.84	1.75	1.69	1.65	1.59	1.56	1.53	1.47	1.40
60	0.025	2.17	2.06	1.94	1.87	1.82	1.74	1.70	1.67	1.58	1.49
	0.010	2.50	2.35	2.20	2.10	2.03	1.94	1.88	1.84	1.73	1.62
	0.001	3.32	3.08	2.83	2.67	2.55	2.41	2.32	2.25	2.08	1.92
	0.100	1.61	1.56	1.49	1.45	1.42	1.38	1.35	1.34	1.28	1.22
	0.050	1.85	1.77	1.68	1.62	1.57	1.52	1.48	1.45	1.38	1.30
100	0.025	2.08	1.97	1.85	1.77	1.71	1.64	1.59	1.56	1.46	1.36
	0.010	2.37	2.22	2.07	1.97	1.89	1.80	1.74	1.69	1.57	1.45
	0.001	3.07	2.84	2.59	2.43	2.32	2.17	2.08	2.01	1.83	1.64

연습문제 정답

| Chapter 02 | 자료의 정리

1. (a)

구분	도수	상대도수	백분율(%)
서울	24122	0.454	45.4
부산	8359	0.157	15.7
인천	5968	0.112	11.2
대구	5539	0.104	10.4
대전	3446	0.065	6.5
광주	3109	0.059	5.9
울산	2589	0.049	4.9

(b)

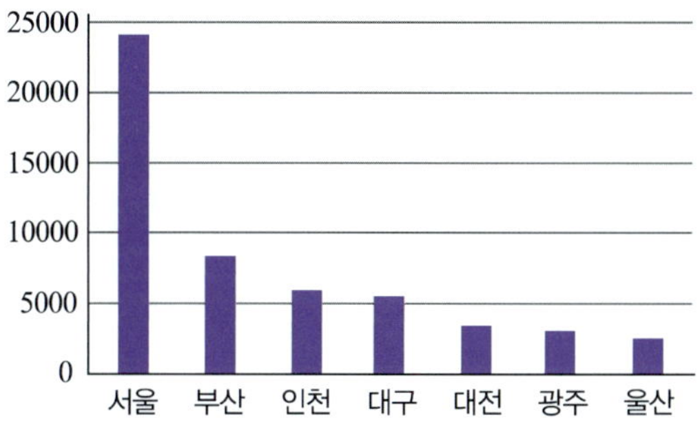

(c)

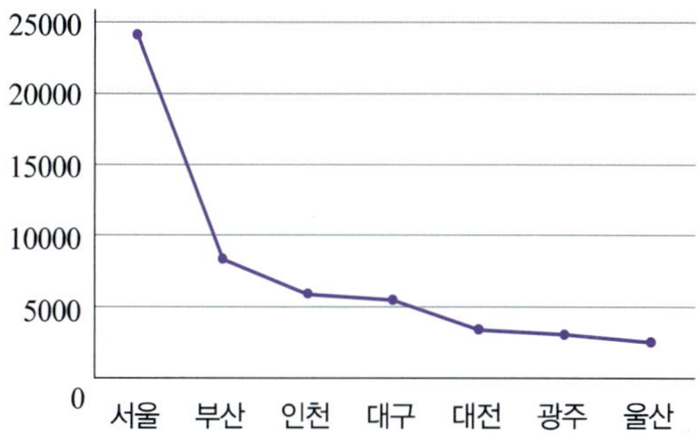

(d)

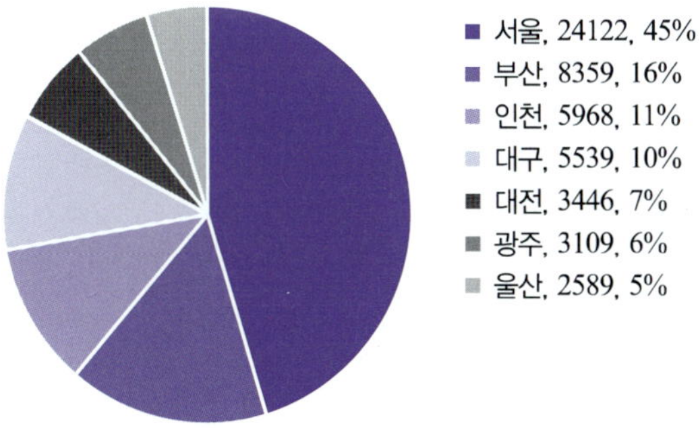

2. (a)

구분	도수	상대도수	백분율(%)
월	250	0.120	12.0
화	236	0.113	11.3
수	239	0.115	11.5
목	265	0.127	12.7
금	374	0.179	17.9
토	363	0.174	17.4
일	357	0.171	17.1

(b)

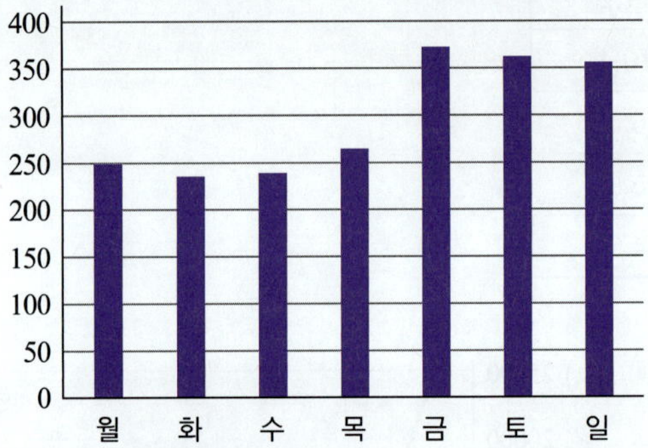

(c)

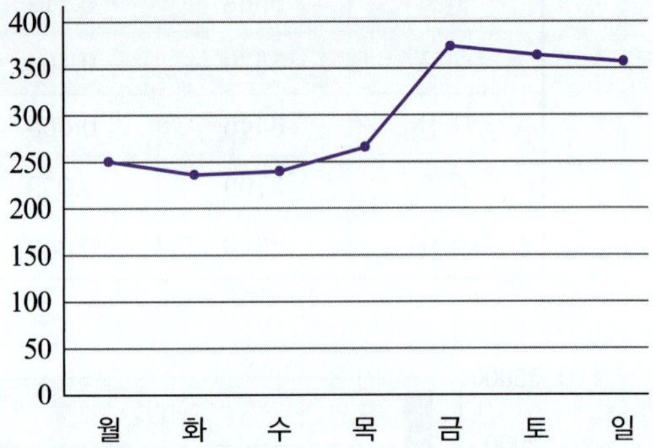

(d)

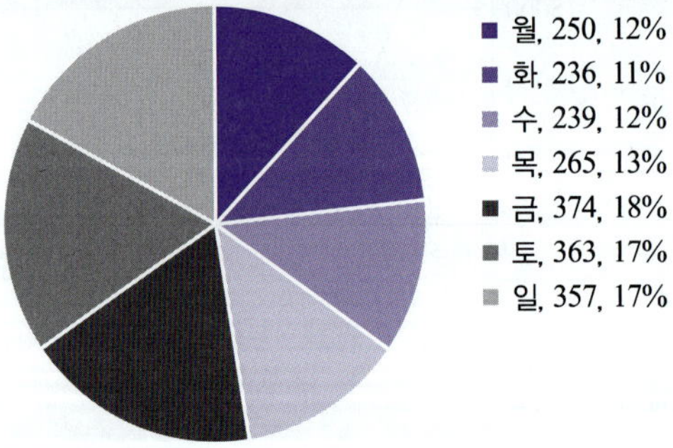

3. (a)

구분	도수	상대도수	백분율(%)
휘발유	1096	0.464	46.4
경유	996	0.422	42.2
LPG	200	0.085	8.5
하이브리드	51	0.022	2.2
전기	9	0.004	0.4
CNG	4	0.002	0.2
수소	5	0.002	0.2

(b)

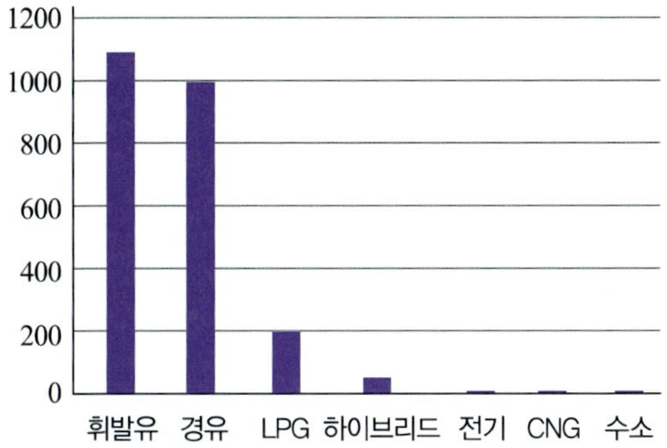

(c)

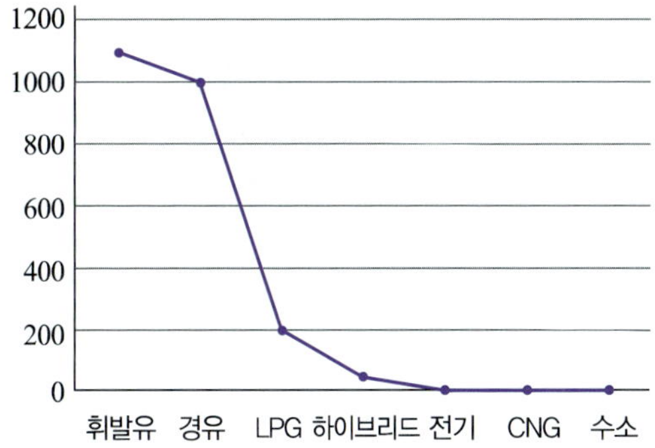

(d)

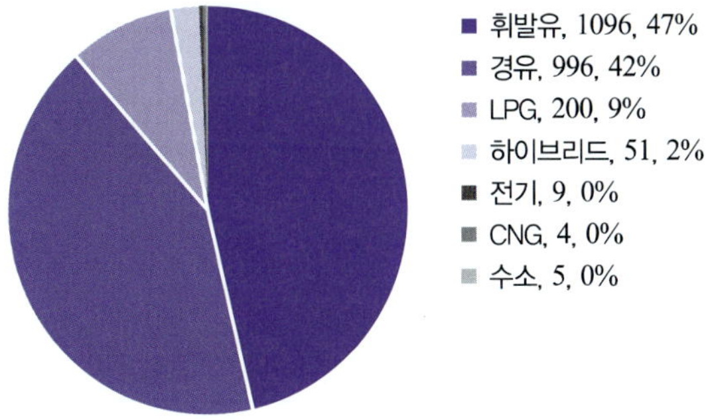

4. (a)

구분	도수	상대도수	백분율(%)
폐암	28557	0.157	15.7
위암	26994	0.148	14.8
간암	17989	0.099	9.9
대장암	27811	0.152	15.2
유방암	27565	0.151	15.1
전립선암	21496	0.118	11.8
갑상샘암	31995	0.175	17.5

(b)

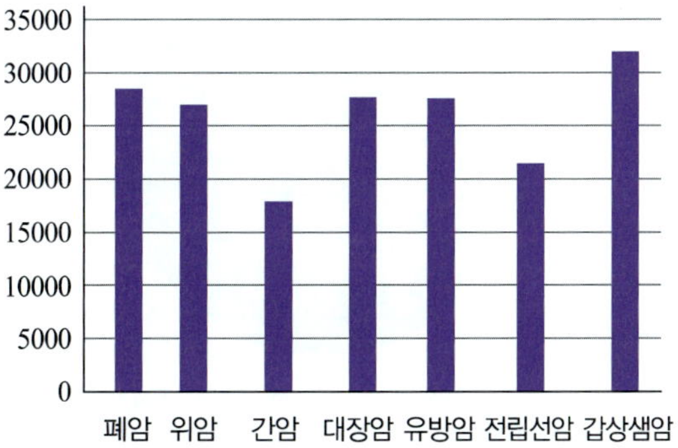

(c)

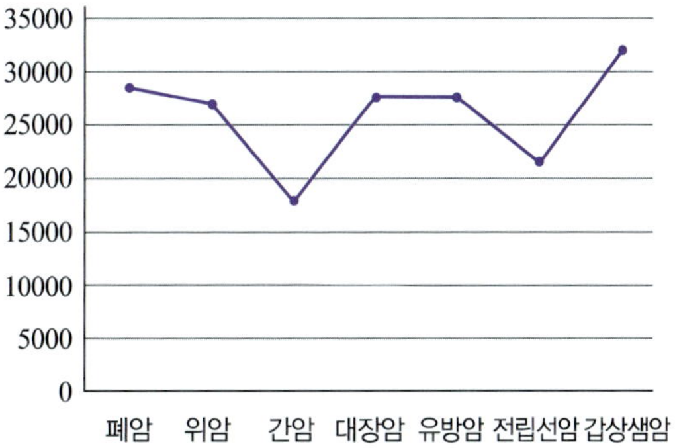

(d)

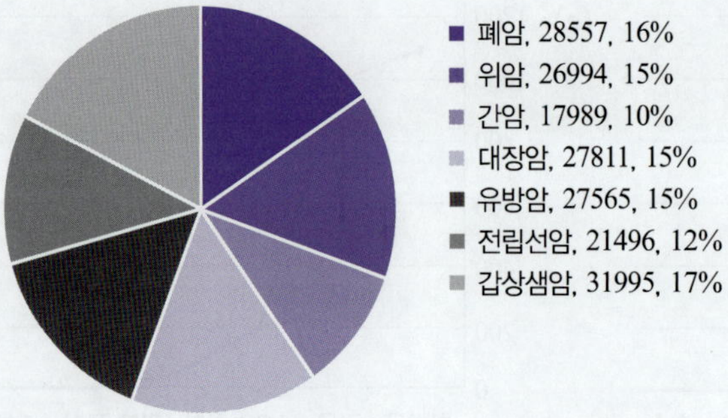

5. (a)

구분	자가용			영업용		
	도수	상대 도수	백분율(%)	도수	상대 도수	백분율(%)
지게차	165690	0.644	64.4	39098	0.169	16.9
굴착기	57458	0.223	22.3	104875	0.454	45.4
덤프트럭	8145	0.032	3.2	47444	0.205	20.5
로더	21531	0.084	8.4	7170	0.031	3.1
콘크리트믹서 트럭	3519	0.014	1.4	22569	0.098	9.8
기중기	779	0.003	0.3	9837	0.043	4.3

(b)

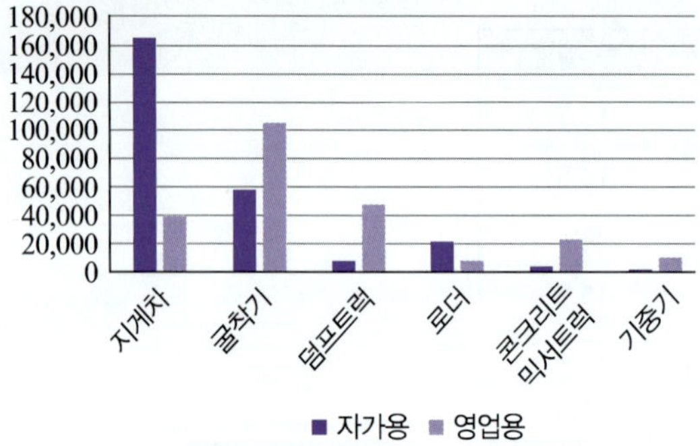

(c)

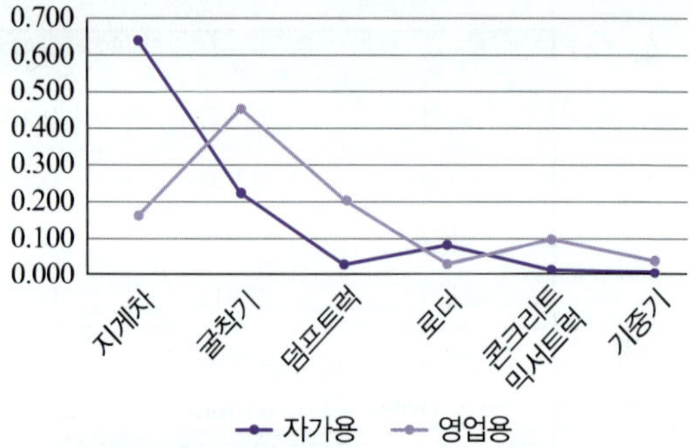

(d)

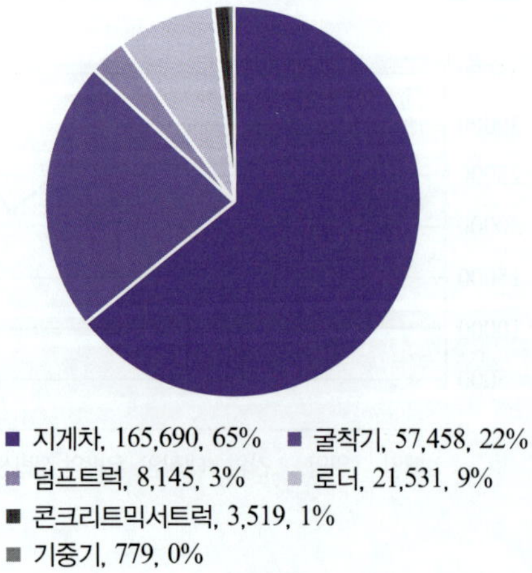

[자가용]

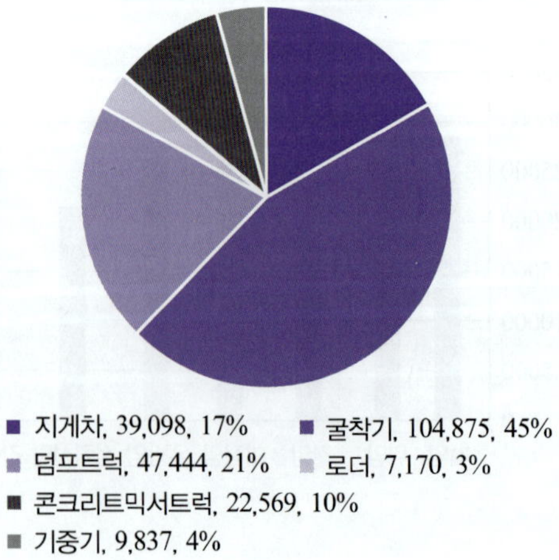

[영업용]

6. (a)

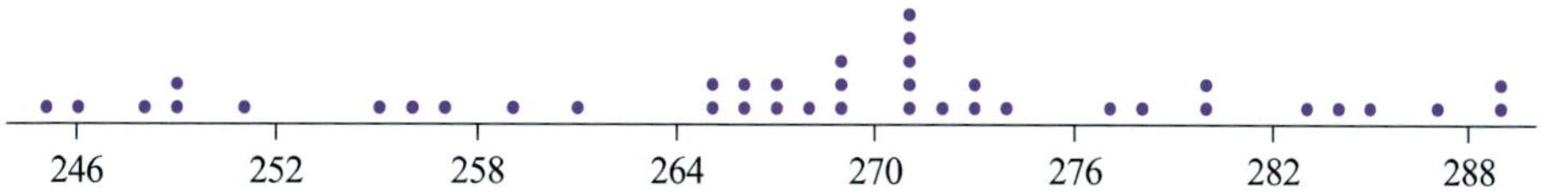

(b)

계급 간격	도수	상대도수	누적도수	누적상대도수	계급값
244.5 ~ 253.5	6	0.150	6	0.150	249
253.5 ~ 262.5	5	0.125	11	0.275	258
262.5 ~ 271.5	15	0.375	26	0.650	267
271.5 ~ 280.5	8	0.200	34	0.850	276
280.5 ~ 289.5	6	0.150	40	1.000	285
합계	40	1.000			

(c)

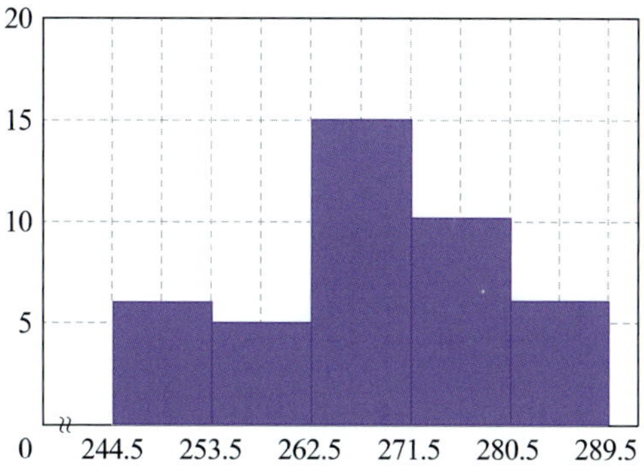

(d)

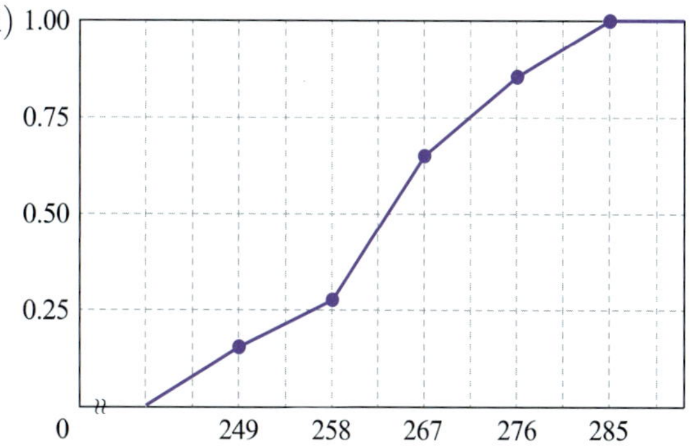

(e)

5	24	56899	전체 도수 : 40
10	25	15679	기본 단위 : 1
(11)	26	15566778999	
19	27	11111233478	
8	28	00345799	

7. (a)

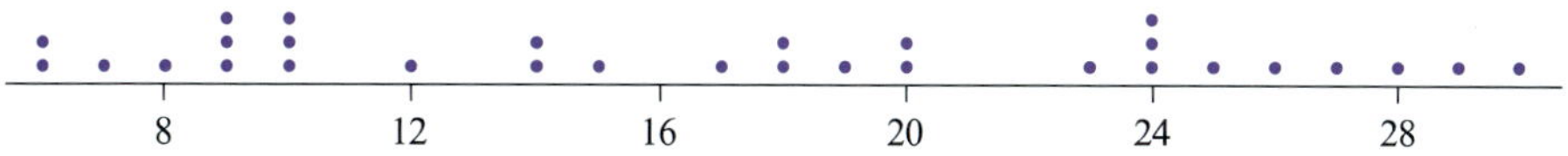

(b)

계급 간격	도수	상대도수	누적도수	누적상대도수	계급값
5.5 ~ 10.5	10	0.33	10	0.33	8
10.5 ~ 15.5	4	0.13	14	0.46	13
15.5 ~ 20.5	6	0.20	20	0.66	18
20.5 ~ 25.5	5	0.17	25	0.83	23
25.5 ~ 30.5	5	0.17	30	1.00	28
합계	30	1.00			

(c)

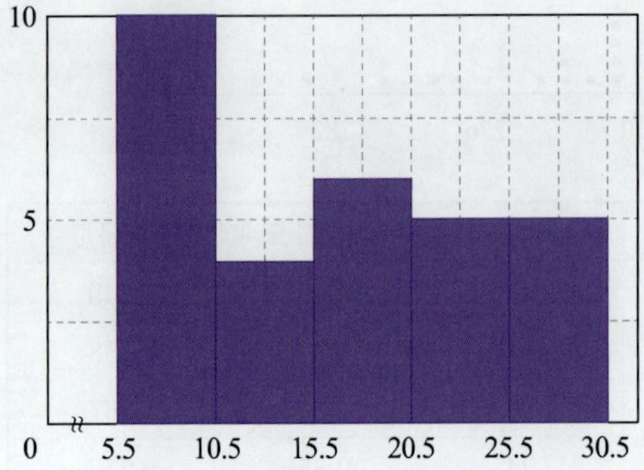

(d)

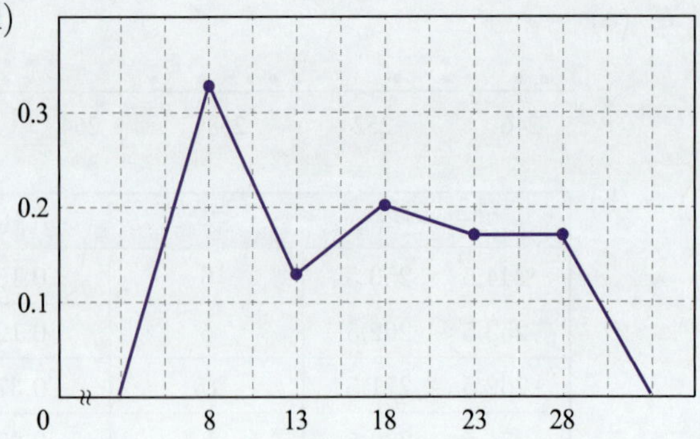

(e)

7	0	6678999	전체 도수: 30
(11)	1	00024457889	기본 단위: 1
12	2	00344456789	
1	3	0	

8. (a)

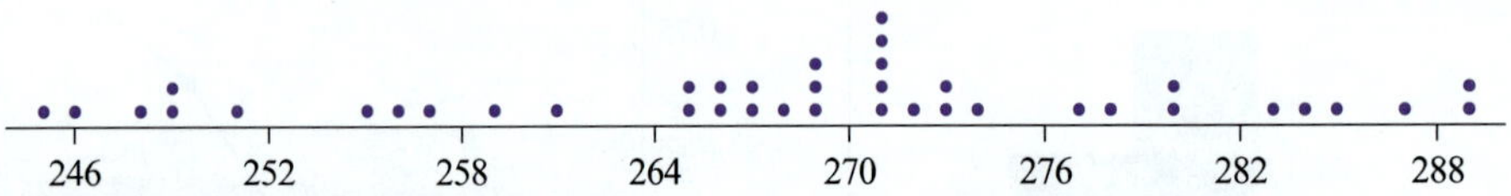

(b)

계급 간격	도수	상대도수	누적도수	누적상대도수	계급값
1.635 ~ 2.185	13	0.26	13	0.26	1.91
2.185 ~ 2.735	6	0.12	19	0.38	2.46
2.735 ~ 3.285	9	0.18	28	0.56	3.01
3.285 ~ 3.835	7	0.14	35	0.70	3.56
3.835 ~ 4.385	9	0.18	44	0.88	4.06
4.385 ~ 4.935	6	0.12	50	1.00	4.61
합계	50	1.00			

(c)

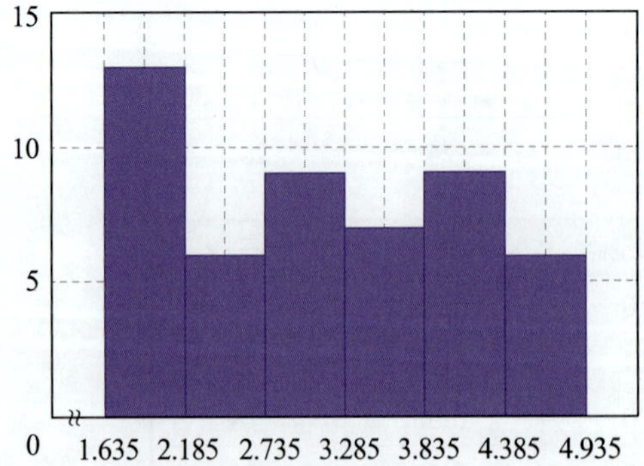

(d)

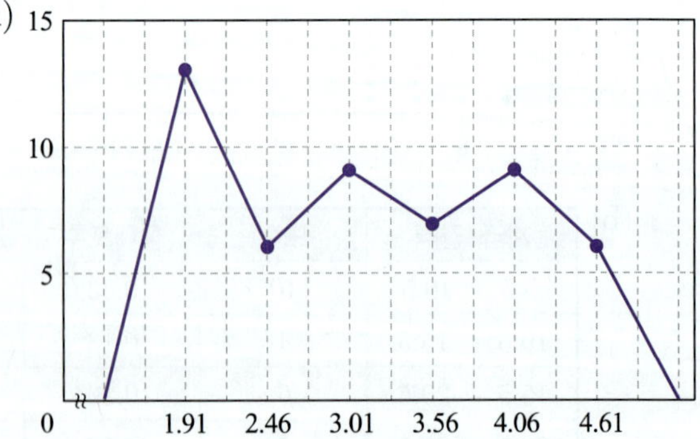

(e)

7	1*	6688889
15	2°	00111134
25	2*	5666888999
25	3°	00233333
17	3*	77899
12	4°	0123334444
2	4*	56

전체 도수 : 50
기본 단위 : 0.01

9. (a)

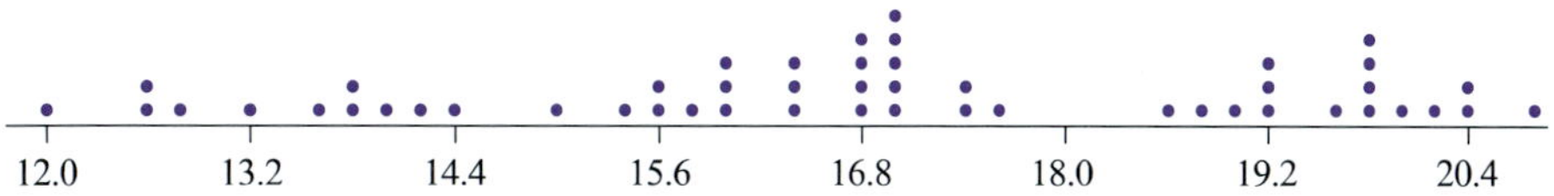

(b)

계급 간격	도수	상대도수	누적도수	누적상대도수	계급값
11.95 ~ 13.95	9	0.18	9	0.18	12.95
13.95 ~ 15.95	9	0.18	18	0.36	14.95
15.95 ~ 17.95	16	0.32	34	0.68	16.95
17.95 ~ 19.95	12	0.24	46	0.92	18.95
19.95 ~ 21.95	4	0.08	50	1.00	20.95
합계	50	1.00			

(c)

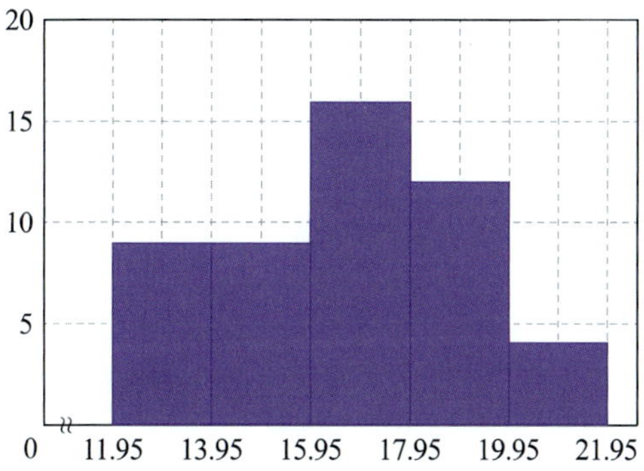

(d)

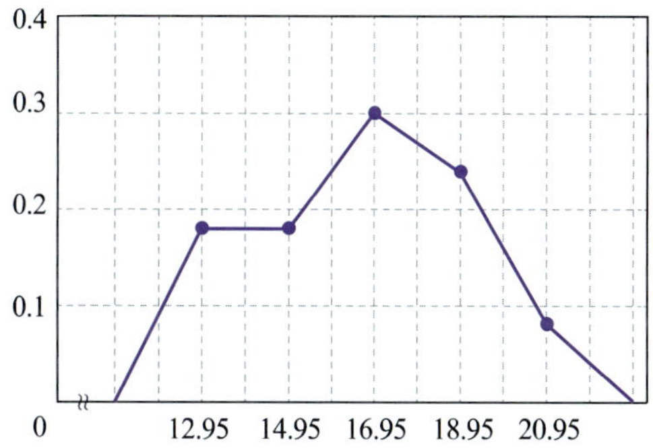

(e)

4	12	0668
9	13	15789
11	14	13
18	15	0455899
(10)	16	0334788899
22	17	000345
16	18	68
14	19	0122577889
4	20	2337

전체 도수 : 50
기본 단위 : 0.1

10. (a)

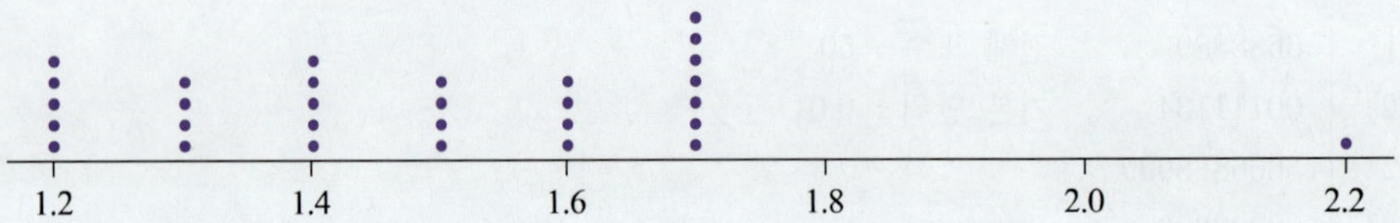

(b)

계급 간격	도수	상대도수	누적도수	누적상대도수	계급값
1.15 ~ 1.25	5	0.17	5	0.17	1.2
1.25 ~ 1.35	4	0.13	9	0.30	1.3
1.35 ~ 1.45	5	0.17	14	0.47	1.4
1.45 ~ 1.55	4	0.13	18	0.60	1.5
1.55 ~ 1.65	4	0.13	22	0.73	1.6
1.65 ~ 1.75	7	0.23	29	0.96	1.7
1.75 ~ 1.85	0	0.00	29	0.96	1.8
1.85 ~ 1.95	0	0.00	29	0.96	1.9
1.95 ~ 2.05	0	0.00	29	0.96	2.0
2.05 ~ 2.15	0	0.00	29	0.96	2.1
2.15 ~ 2.25	1	0.03	30	0.99	2.2
합계	30	1.00			

(c)

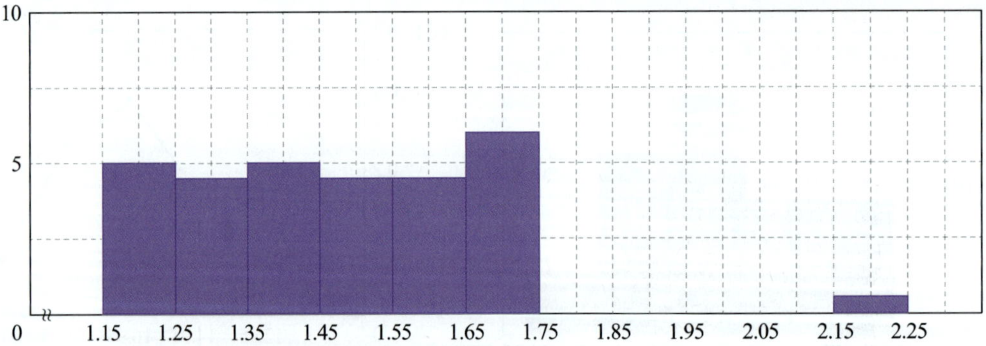

(d)

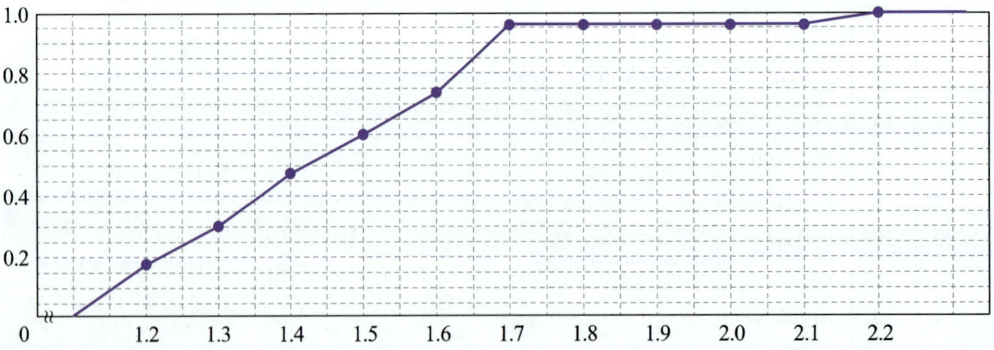

(e) 2.2

11. (a)

(b)

계급 간격	도수	상대도수	누적도수	누적상대도수	계급값
8.5 ~ 23.5	1	0.02	1	0.02	16
23.5 ~ 38.5	15	0.30	16	0.32	31
38.5 ~ 53.5	12	0.24	28	0.56	46
53.5 ~ 68.5	14	0.28	42	0.84	61
68.5 ~ 83.5	8	0.16	50	1.00	76
합계	50	1.00			

(c)

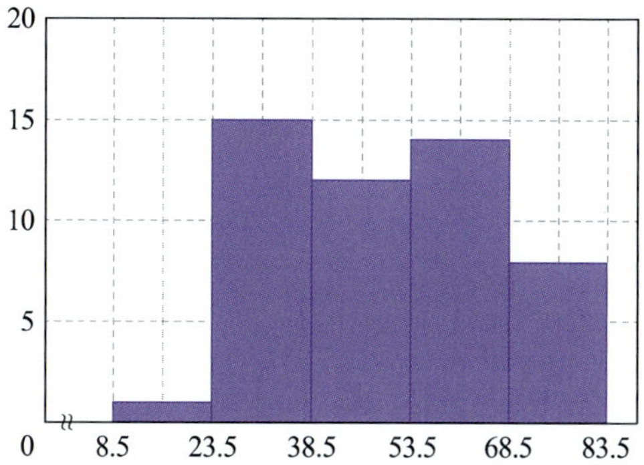

(d)

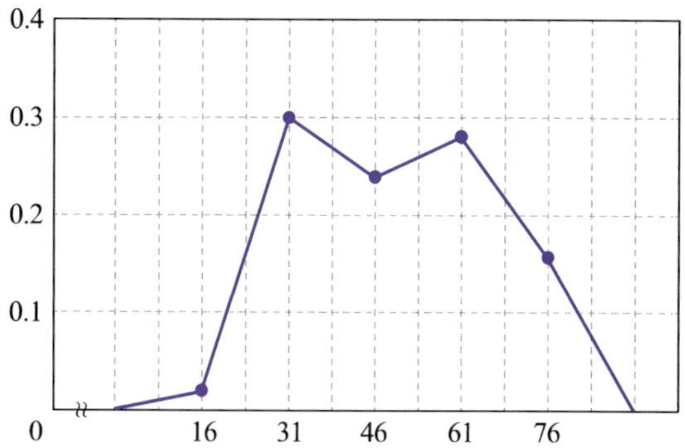

(e)

1	0	9
1	1	
1	2	
20	3	33344556667778889999
25	4	23367
25	5	0134566899
15	6	0122466
8	7	11124569

전체 도수: 50
기본 단위: 1

(f) 9

12. (a)

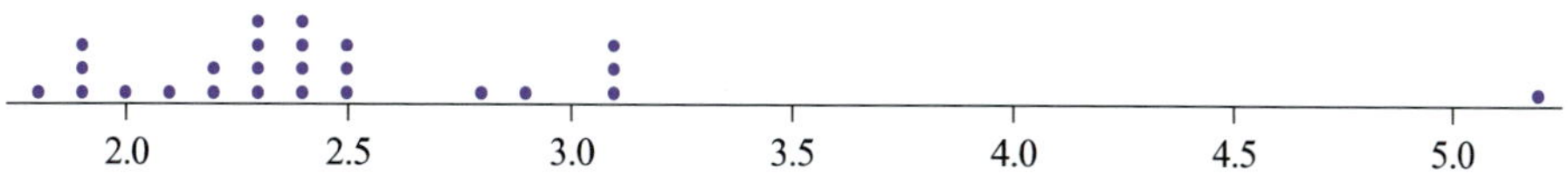

(b)

계급 간격	도수	상대도수	누적도수	누적상대도수	계급값
1.75 ~ 2.75	19	0.76	19	0.76	2.25
2.75 ~ 3.75	5	0.20	24	0.96	3.25
3.75 ~ 4.75	0	0.00	24	0.96	4.25
4.75 ~ 5.75	1	0.04	25	1.00	5.25
합계	25	1.00			

(c)

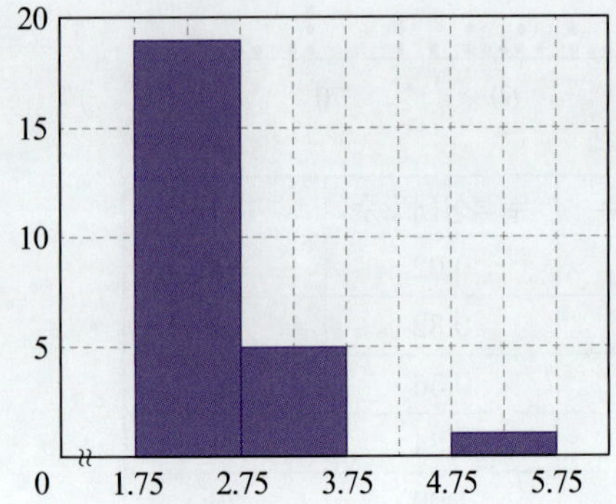

(d)

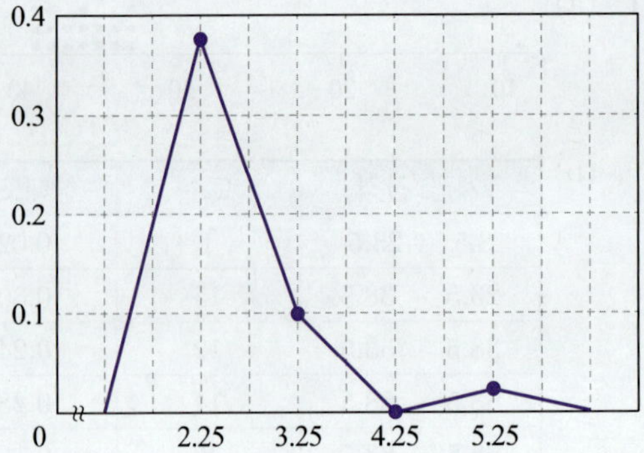

(e)

4	1*	8999	전체 도수: 25
(12)	2°	012233334444	기본 단위: 0.1
9	2*	55589	
4	3°	111	
1	3*		
1	4°		
1	4*		
1	5°	2	

(f) 5.2

13. (a)

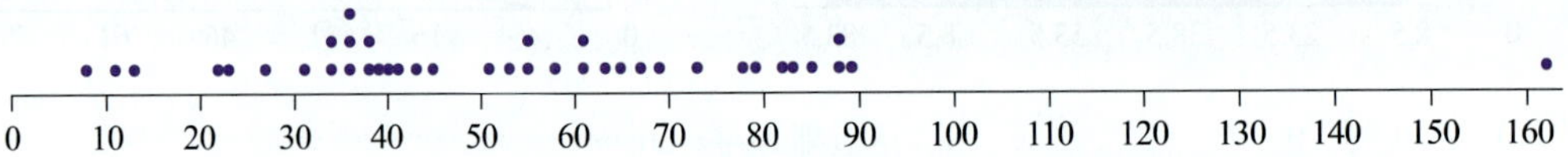

(b)

계급 간격	도수	상대도수	누적도수	누적상대도수	계급값
7.5 ~ 33.5	7	0.175	7	0.175	20.5
33.5 ~ 59.5	17	0.425	24	0.600	46.5
59.5 ~ 85.5	12	0.300	36	0.900	72.5
85.5 ~ 111.5	3	0.075	39	0.975	98.5
111.5 ~ 137.5	0	0.000	39	0.975	124.5
137.5 ~ 163.5	1	0.025	40	1.000	150.5
합계	40	1.00			

(c)

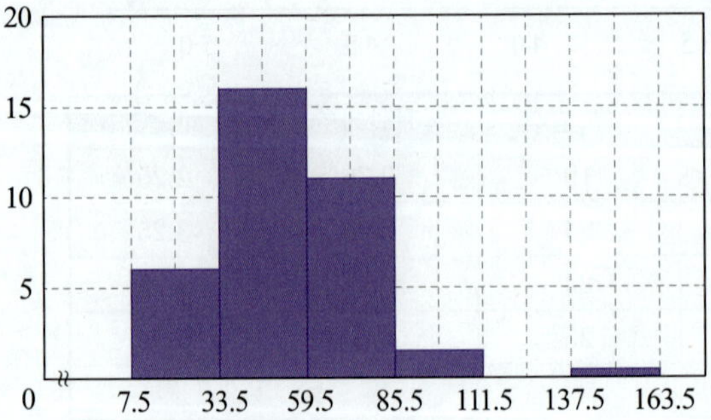

(d)

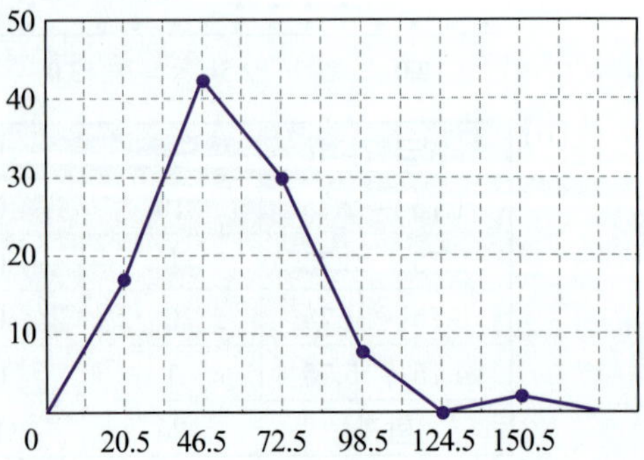

(e)

1	0	8
3	1	13
6	2	237
15	3	144666889
19	4	0135
(5)	5	13558
16	6	113579
10	7	389
7	8	235889
1	10	
1	11	
1	12	
1	13	
1	14	
1	15	
1	16	2

전체 도수: 40
기본 단위: 1

(f) 162

14. (a)

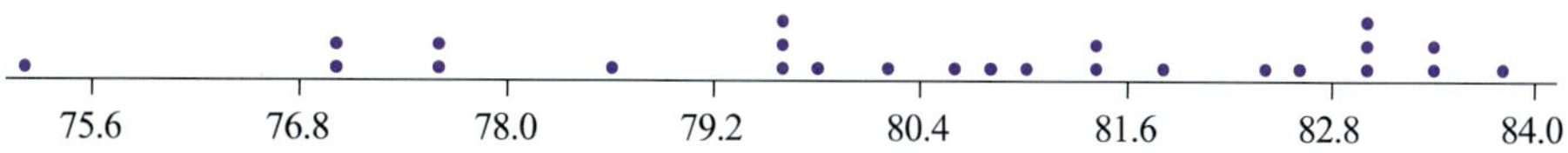

(b)

계급 간격	도수	상대도수	누적도수	누적상대도수	계급값
75.15 ~ 77.65	5	0.20	5	0.20	76.4
77.65 ~ 80.15	5	0.20	10	0.40	78.9
80.15 ~ 82.65	9	0.36	19	0.76	81.4
82.65 ~ 85.15	6	0.24	25	1.00	83.9
합계	25	1.00			

(c)

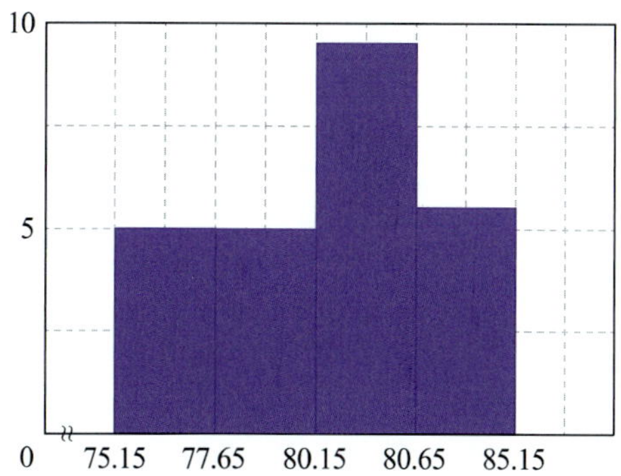

(d)

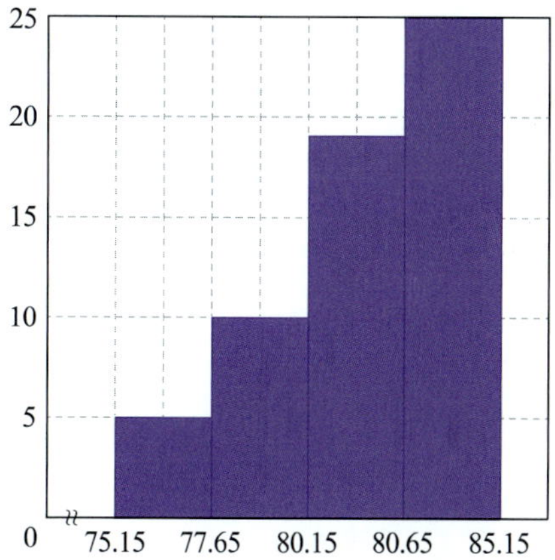

(e)

1	75	2
3	76	99
5	77	66
6	78	6
10	79	5567
(3)	80	268
12	81	0448
8	82	4599
4	83	0348

전체 도수: 25
기본 단위: 0.1

15. (a)

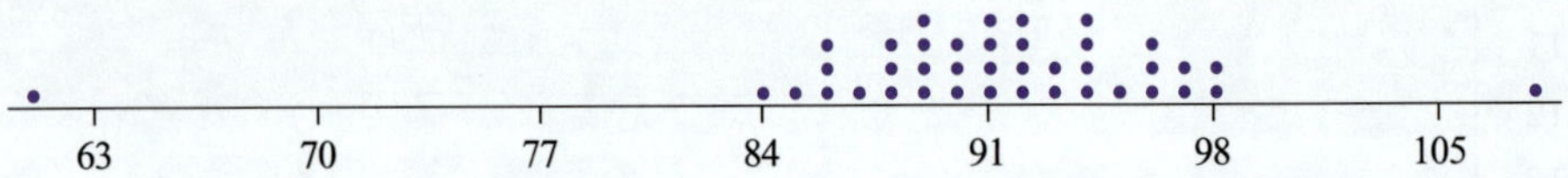

(b)

계급 간격	도수	상대도수	누적도수	누적상대도수	계급값
60.5 ~ 70.5	1	0.025	1	0.025	65.5
70.5 ~ 80.5	0	0.000	1	0.025	75.5
80.5 ~ 90.5	16	0.400	17	0.425	85.5
90.5 ~ 100.5	22	0.550	39	0.975	95.5
100.5 ~ 110.5	1	0.025	40	1.000	105.5
합계	40	1.00			

(c)

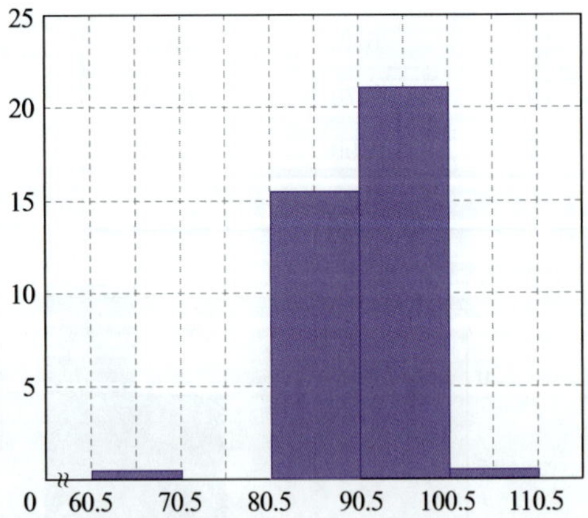

(d)

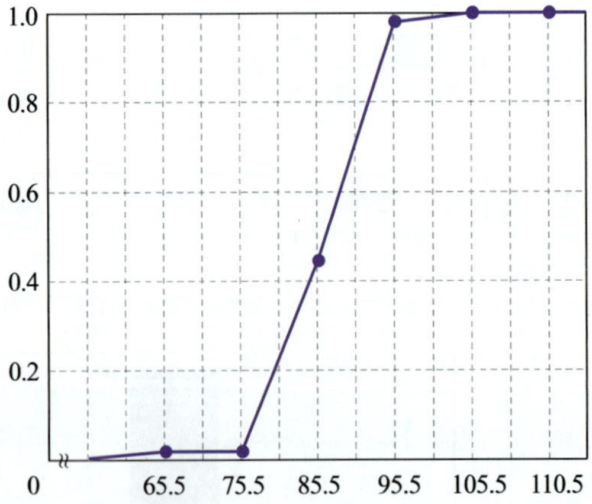

(e)

1	6°	1
1	6*	
1	7°	
1	7*	
2	8°	4
14	8*	566678889999
(17)	9°	00011112222334444
9	9*	56667788
1	10°	
1	10*	8

전체 도수: 40
기본 단위: 1

(f) 61, 108

16. (a)

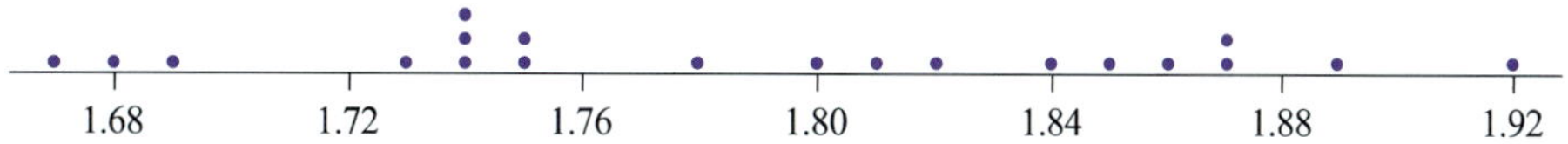

(b)

계급 간격	도수	상대도수	누적도수	누적상대도수	계급값
1.665 ~ 1.725	3	0.15	3	0.15	1.695
1.725 ~ 1.785	7	0.35	10	0.50	1.755
1.785 ~ 1.845	4	0.20	14	0.70	1.815
1.845 ~ 1.905	5	0.25	19	0.95	1.875
1.905 ~ 1.965	1	0.05	20	1.00	1.935
합계	20	1.00			

(c)

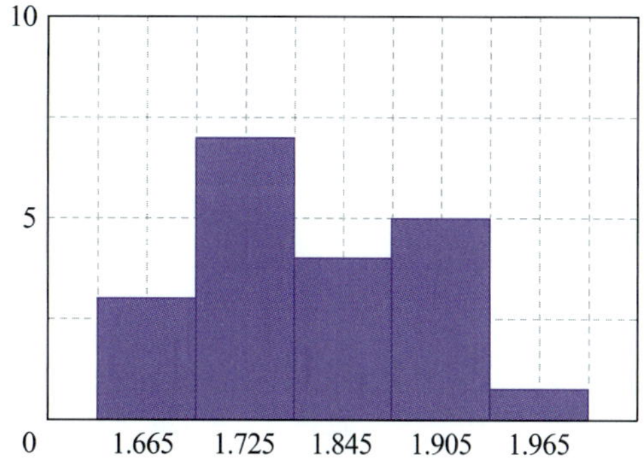

(d)

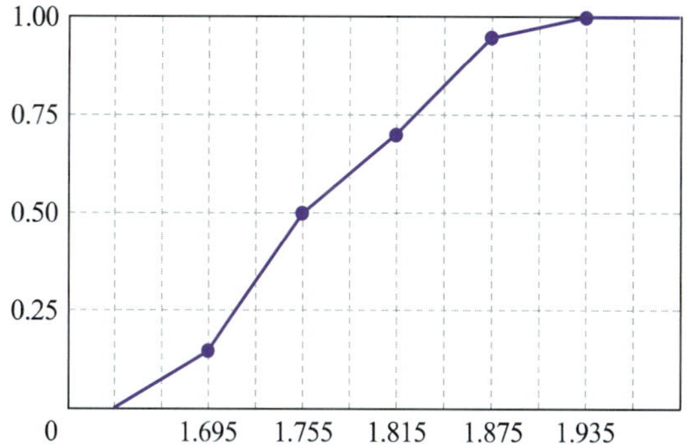

(e)

3	1.6*	789
7	1.7°	3444
10	1.7*	558
10	1.8°	0124
6	1.8*	56779
1	1.9°	2

전체 도수 : 20
기본 단위 : 0.01

17. (a)

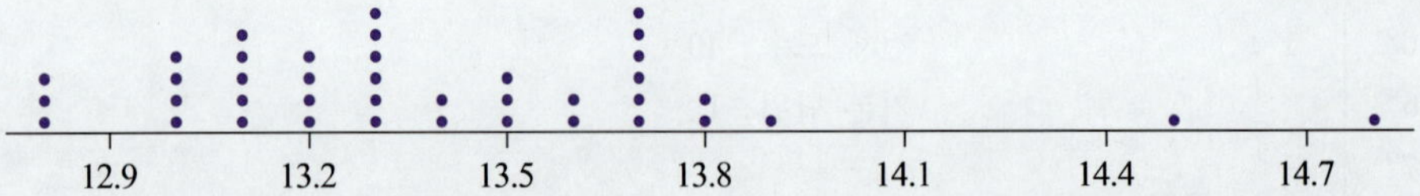

(b)

계급 간격	도수	상대도수	누적도수	누적상대도수	계급값
12.75 ~ 13.25	16	0.400	16	0.400	13.0
13.25 ~ 13.75	19	0.475	35	0.875	13.5
13.75 ~ 14.25	3	0.075	38	0.950	14.0
14.25 ~ 14.75	1	0.025	39	0.975	14.5
14.75 ~ 15.25	1	0.025	40	1.000	15.0
합계	40	1.00			

(c)

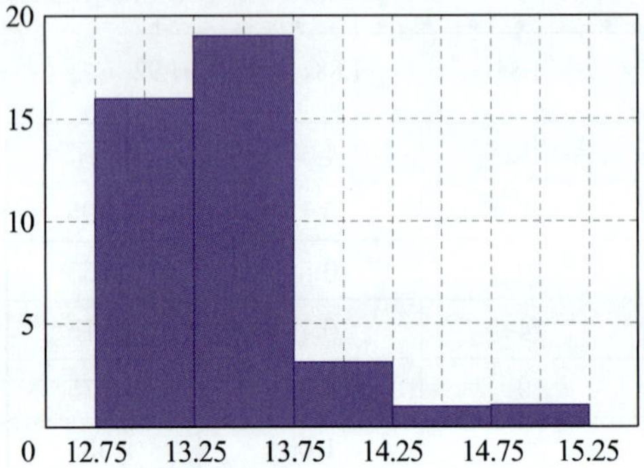

(d)

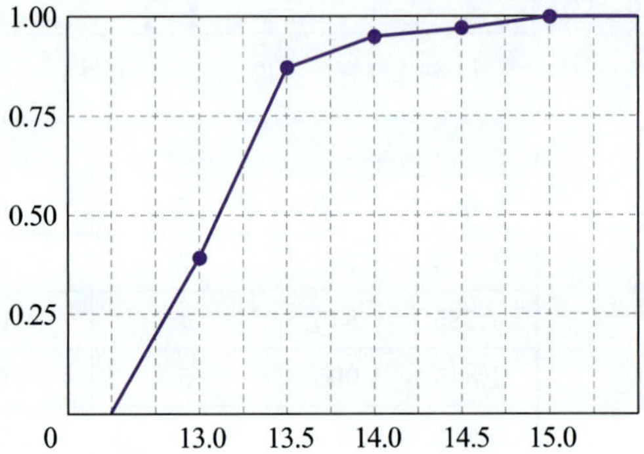

(e)

3	12*	888
(21)	13°	000011111222233333344
16	13*	55566777777889
2	14°	
2	14*	58

전체 도수 : 40
기본 단위 : 0.1

(f) 14.5, 14.8

18. (a)

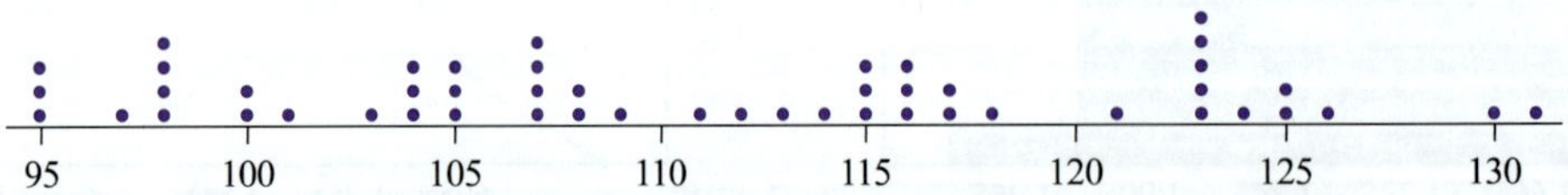

(b)

계급 간격	도수	상대도수	누적도수	누적상대도수	계급값
94.5 ~ 102.5	11	0.22	11	0.22	98.5
102.5 ~ 110.5	14	0.28	25	0.50	106.5
110.5 ~ 118.5	13	0.26	38	0.76	114.5
118.5 ~ 126.5	10	0.20	48	0.96	122.5
126.5 ~ 134.5	2	0.04	50	1.00	130.5
합계	50	1.00			

(c)

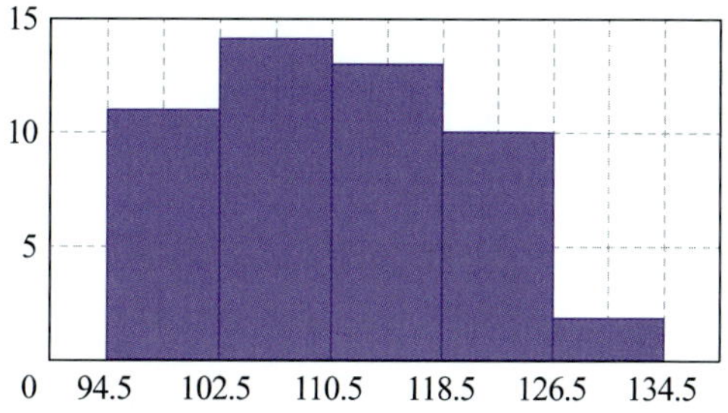

(d)

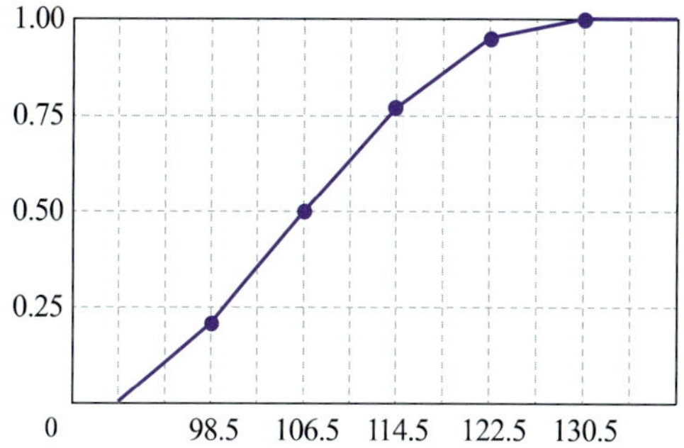

(e)

8	9*	55578888	전체 도수: 50
15	10°	0013444	기본 단위: 1
25	10*	5557777889	
25	11°	1234	
21	11*	555666778	
12	12°	1333334	
5	12*	556	
2	13°	01	

19. (a)

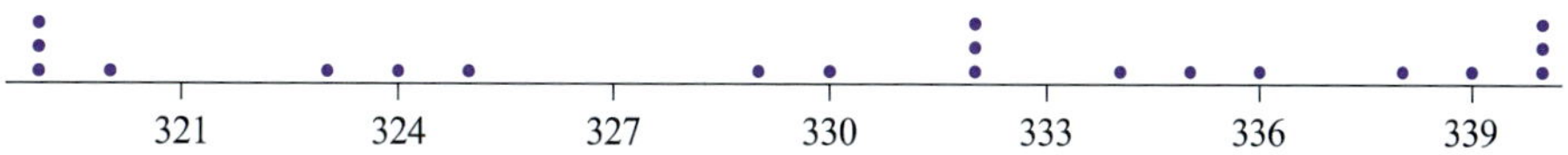

(b)

계급 간격	도수	상대도수	누적도수	누적상대도수	계급값
318.5 ~ 323.5	5	0.25	5	0.25	321
323.5 ~ 328.5	2	0.10	7	0.35	326
328.5 ~ 333.5	5	0.25	12	0.60	331
333.5 ~ 338.5	4	0.20	16	0.80	336
338.5 ~ 343.5	4	0.20	20	1.00	341
합계	20	1.00			

(c)

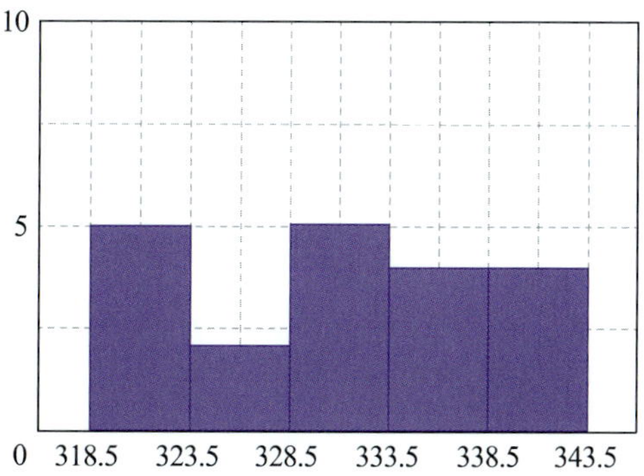

(d)

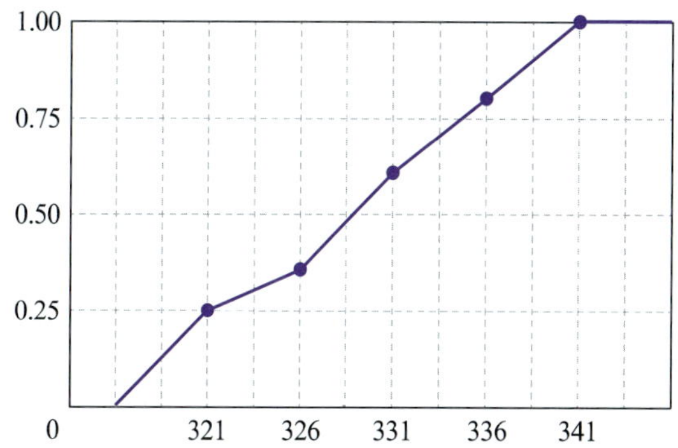

(e)

3	31*	999	전체 도수: 50
6	32°	034	기본 단위: 1
8	32*	59	
(5)	33°	02224	
7	33*	5689	
3	34°	000	

20. (a)

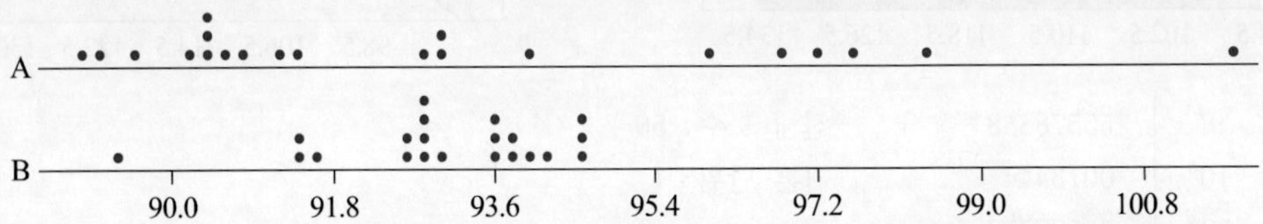

(b)

계급 간격	생산 라인 A				생산 라인 B				계급값
	도수	누적 도수	상대 도수	누적 상대도수	도수	누적 도수	상대 도수	누적 상대도수	
88.95 ~ 91.05	9	9	0.45	0.45	1	1	0.05	0.05	90.0
91.05 ~ 94.15	5	14	0.25	0.70	15	16	0.75	0.80	92.6
94.15 ~ 96.75	2	16	0.10	0.80	4	20	0.20	1.00	95.2
96.75 ~ 99.35	3	19	0.15	0.95	0	20	0.00	1.00	97.8
99.35 ~ 101.95	1	20	0.05	1.00	0	20	0.00	1.00	1004
합계	20		1.00			20	1.00		

(c)

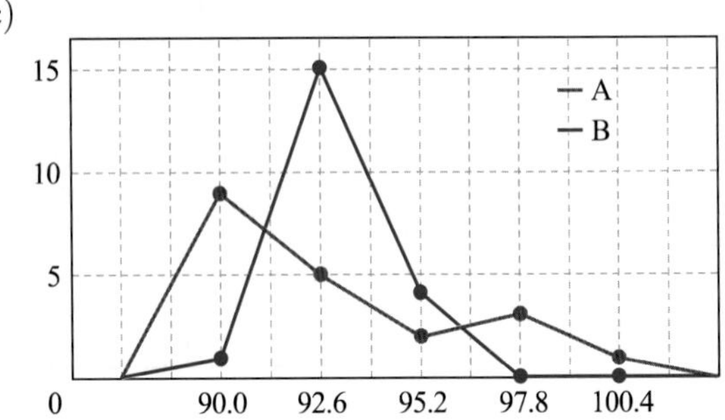

(d)

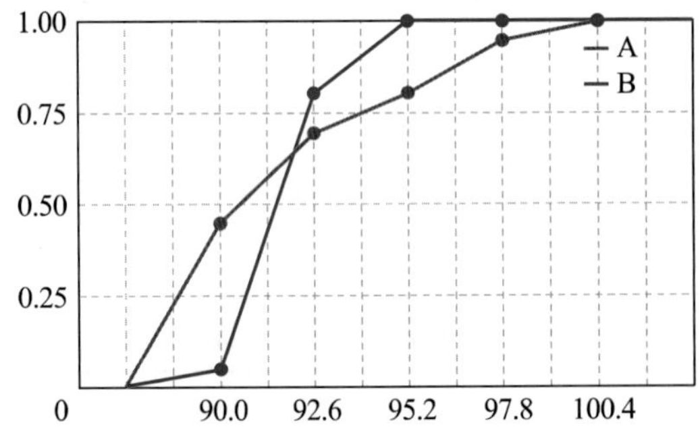

21. (a)

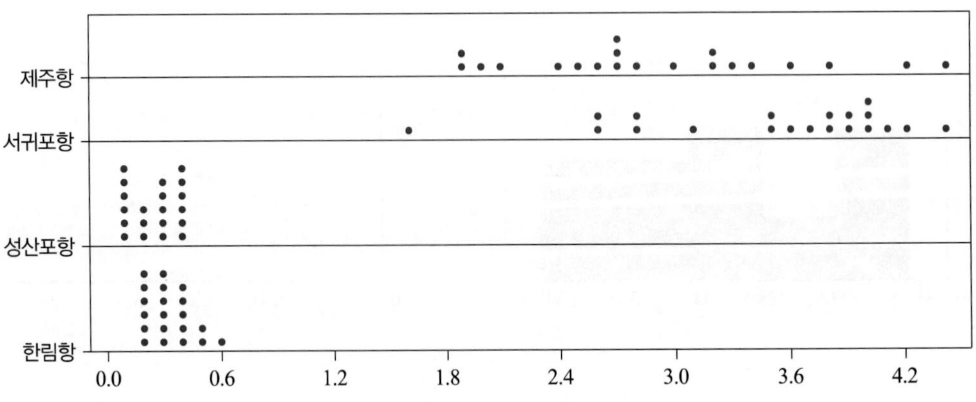

(b)

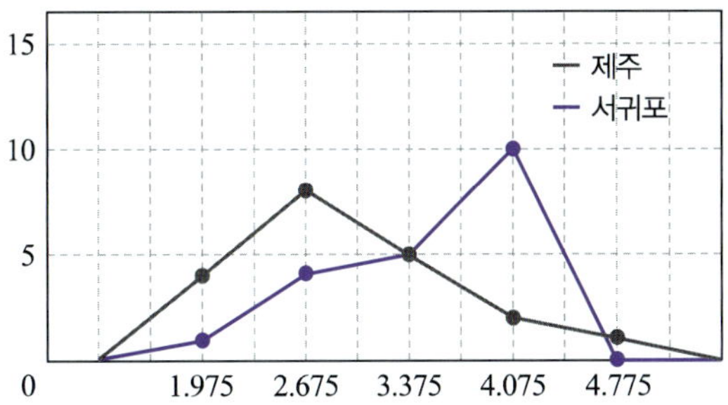

(c)

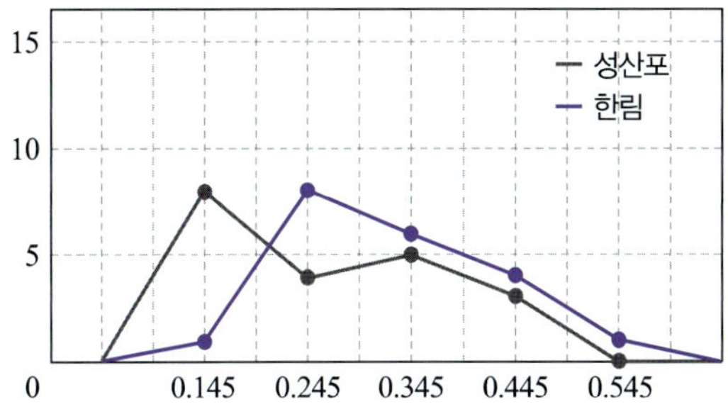

22. (a)

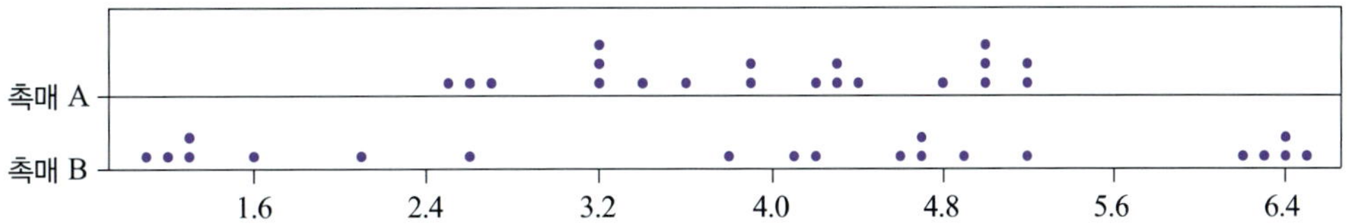

(b)

계급 간격	촉매 A				촉매 B				계급값
	도수	누적 도수	상대 도수	누적 상대도수	도수	누적 도수	상대 도수	누적 상대도수	
1.05 ~ 2.15	0	0	0.00	0.00	6	6	0.30	0.30	1.6
2.15 ~ 3.25	6	6	0.30	0.30	1	7	0.05	0.35	2.7
3.25 ~ 4.35	7	13	0.35	0.65	3	10	0.15	0.50	3.8
4.35 ~ 5.45	7	20	0.35	1.00	5	15	0.25	0.75	4.9
5.45 ~ 6.55	0	20	0.00	1.00	5	20	0.25	1.00	6.0
합계	20		1.00			20	1.00		

(c)

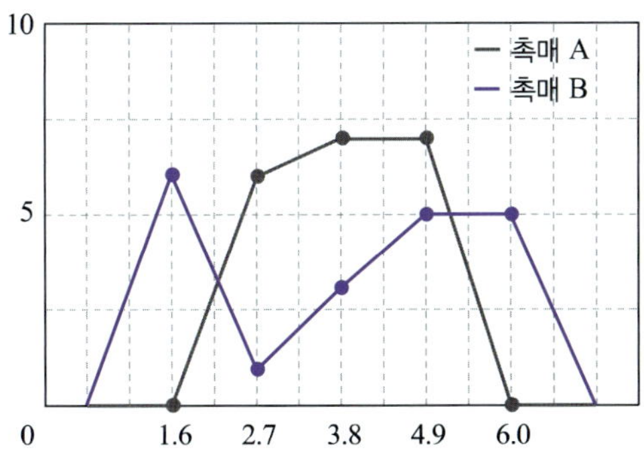

(d)

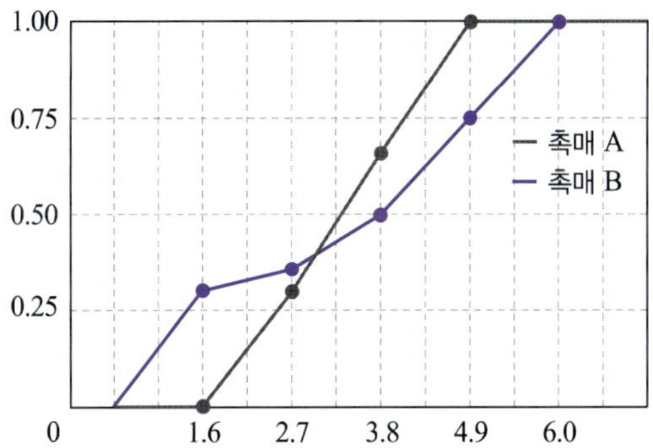

(e)

촉매 A			촉매 B		
		1	5	12336	전체 도수: 20
765	3	2	7	16	기본 단위: 0.1
9964222	10	3	8	3	
84332	10	4	(6)	126779	
22000	5	5	6	2	
		6	5	23445	

23. (a)

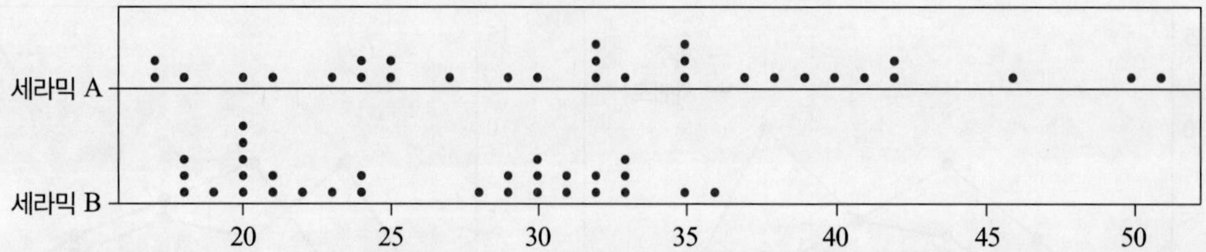

(b)

계급 간격	세라믹 A				세라믹 B				계급값
	도수	누적 도수	상대 도수	누적 상대도수	도수	누적 도수	상대 도수	누적 상대도수	
16.5 ~ 23.5	6	6	0.20	0.20	13	13	0.43	0.43	20
23.5 ~ 30.5	7	13	0.23	0.43	8	21	0.27	0.70	27
30.5 ~ 37.5	8	21	0.27	0.70	9	30	0.30	1.00	34
37.5 ~ 44.5	6	27	0.20	0.90	0	30	0.00	1.00	41
44.5 ~ 51.5	3	30	0.10	1.00	0	30	0.00	1.00	48
합계	30		1.00		30		1.00		

(c)

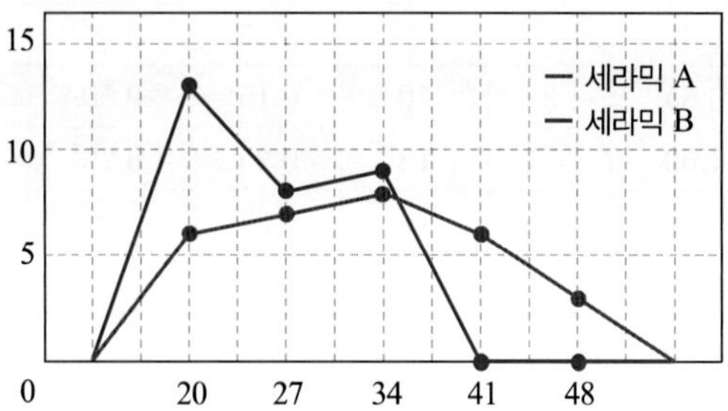

(d)

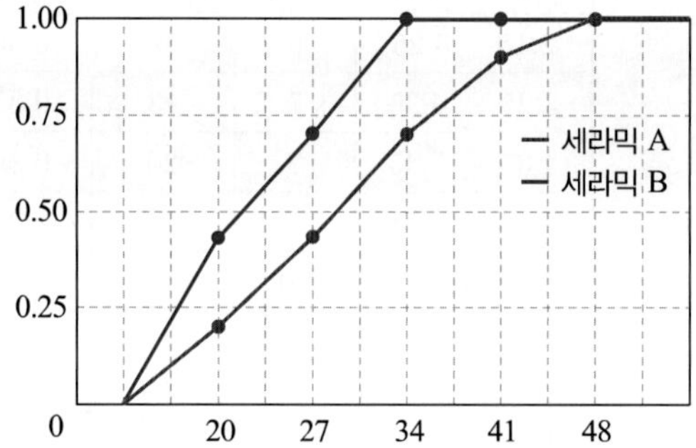

(e)

세라믹 A			세라믹 B		
877	3	1	4	8889	전체 도수: 30
975544310	12	2	(14)	00000112344899	기본 단위: 1
98755532220	(11)	3	12	000112233356	
62210	7	4			
10	2	5			

24. (a)

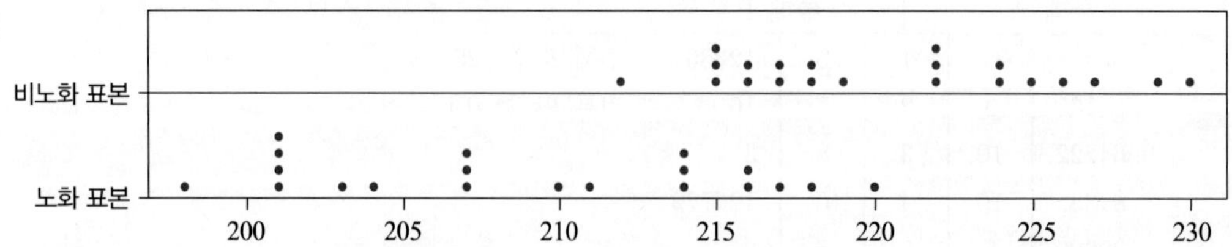

(b)

계급 간격	비노화 표본				노화 표본				계급값
	도수	누적 도수	상대 도수	누적 상대도수	도수	누적 도수	상대 도수	누적 상대도수	
197.5 ~ 204.5	0	0	0.00	0.00	7	7	0.35	0.35	201
204.5 ~ 211.5	0	0	0.00	0.00	5	12	0.25	0.60	208
211.5 ~ 218.5	10	10	0.50	0.50	7	19	0.35	0.95	215
218.5 ~ 225.5	7	17	0.35	0.85	1	20	0.05	1.00	222
225.5 ~ 232.5	3	20	0.15	1.00	0	20	0.00	1.00	236
합계	20		1.00		20		1.00		

(c)

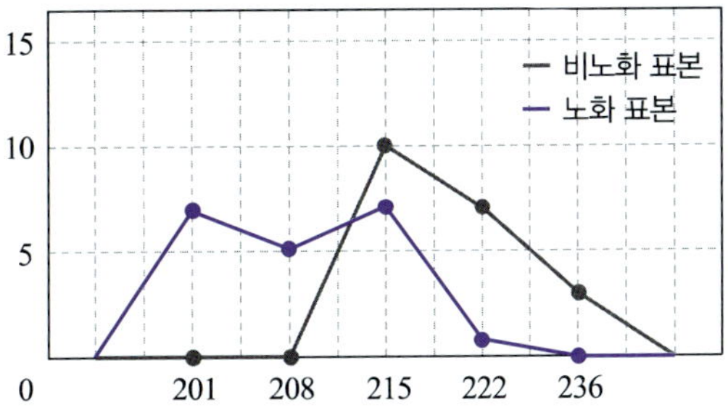

(d)

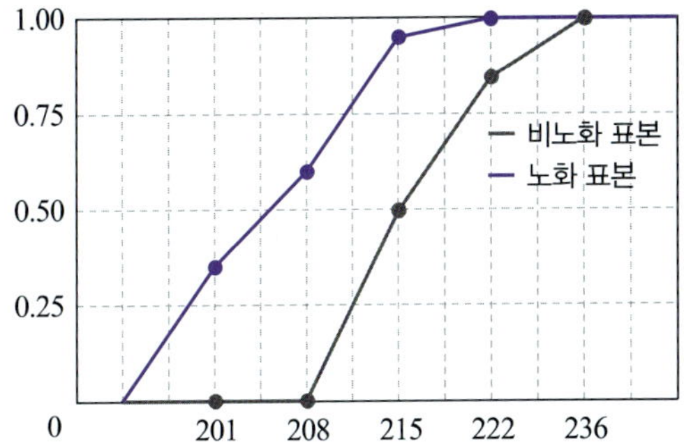

(e)

비노화 표본			노화 표본	
		19*	1	8
2	1	21°	7	111134
9887766555	(10)	21*	10	777
44222	9	22°	10	01444
567	4	22*	5	6678
0	1	23°	1	0

전체 도수: 20

기본 단위: 1

25. (a)

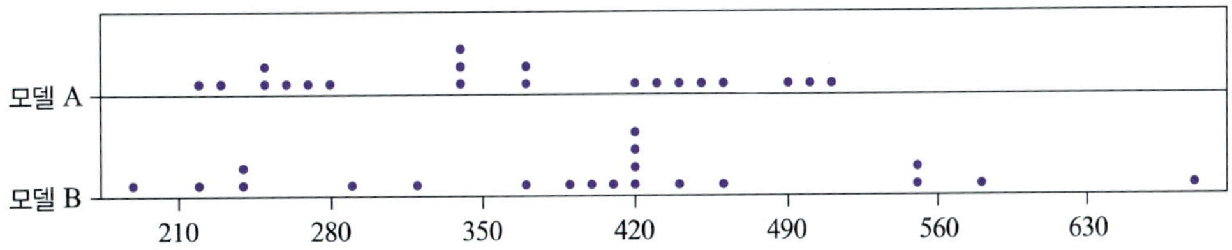

(b)

계급 간격	모델 A				모델 B				계급값
	도수	누적 도수	상대 도수	누적 상대도수	도수	누적 도수	상대 도수	누적 상대도수	
189.5 ~ 289.5	7	7	0.35	0.35	5	5	0.25	0.25	239.5
289.5 ~ 389.5	5	12	0.25	0.60	4	9	0.20	0.45	339.5
389.5 ~ 489.5	6	18	0.30	0.90	7	16	0.35	0.80	439.5
489.5 ~ 489.5	2	20	0.10	1.00	3	19	0.15	0.95	539.5
589.5 ~ 689.5	0	20	0.00	1.00	1	20	0.05	1.00	639.5
합계	20		1.00		20		1.00		

(c)

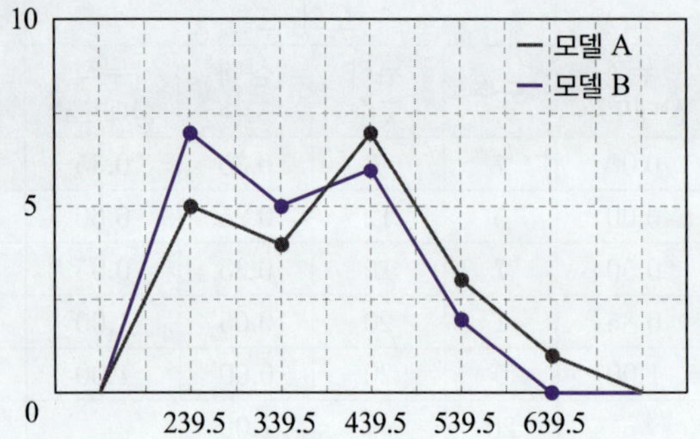

(d)

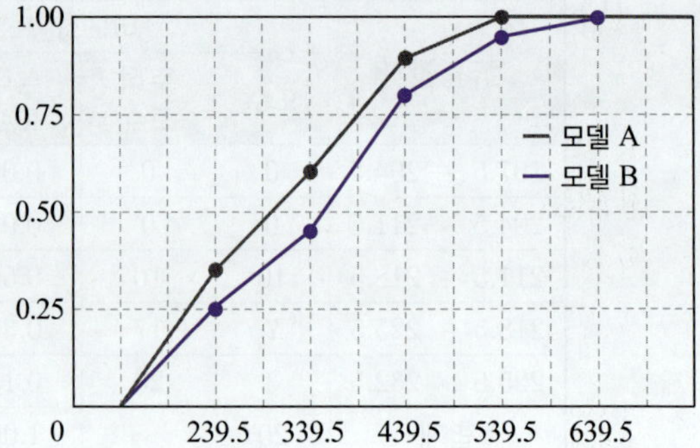

(e)

모델 A			모델 B	
		1	1	90
81 70 56 52 50 33 18	7	2	5	18 42 42 88
69 65 44 39 35	(5)	3	9	20 65 94 99
87 57 46 35 28 20	8	4	(7)	05 18 18 21 23 36 61
13 02	2	5	4	50 53 78
		6	1	79

전체 도수: 20
기본 단위: 1

26. (a)

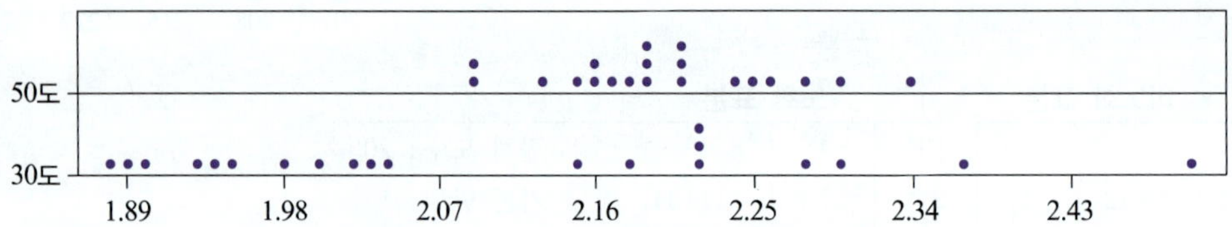

(b)

계급 간격	30°C				50°C				계급값
	도수	누적 도수	상대 도수	누적 상대도수	도수	누적 도수	상대 도수	누적 상대도수	
1.875 ~ 2.025	9	9	0.45	0.45	0	0	0.00	0.00	1.95
2.025 ~ 2.175	3	12	0.15	0.60	7	7	0.35	0.35	2.10
2.175 ~ 2.325	6	18	0.30	0.90	12	19	0.60	0.95	2.25
2.325 ~ 2.475	1	19	0.05	0.95	1	20	0.05	1.00	2.40
2.475 ~ 2.625	1	20	0.05	1.00	0	20	0.00	1.00	2.55
합계	20		1.00		20		1.00		

(c)

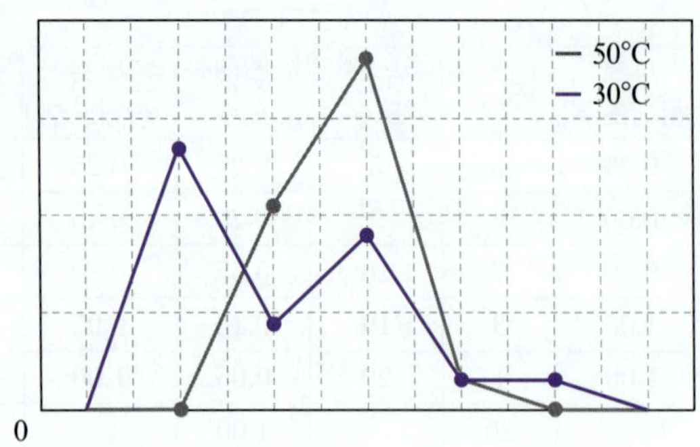

(d)

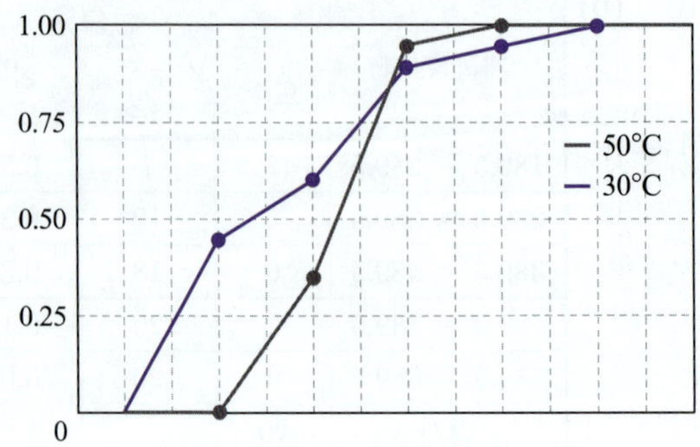

(e)

30°C				50°C	
98	2	1.8*	0		전체 도수: 20
430	5	1.9°	0		기본 단위: 0.01
85	7	1.9*	0		
4320	(4)	2.0°	0		
	9	2.0*	2	99	
	9	2.1°	3	3	
85	9	2.1*	(8)	56678999	
222	7	2.2°	9	1114	
8	4	2.2*	5	568	
0	3	2.3°	2	04	
7	2	2.3*	0		
	1	2.4°	0		
	1	2.4*	0		
0	1	2.5°	0		

| Chapter 03 | 자료의 수치적 요약

1. (a) 379 (b) 380 (c) 21.3333 (d) 4.6188
(e) $Q_1 = 378,\ Q_3 = 380$ (f) 1.15 (g) 4.65

2. (a) 17 (b) 15.8 (c) 16 (d) 42.4667 (e) 6.5166
(f) $Q_1 = 12.9,\ Q_3 = 18.4$ (g) 1.97 (h) 5.06

3. (a) 15.5 (b) 16.5 (c) 16.9 (d) 33.5 (e) 5.7879
(f) $Q_1 = 12.9,\ Q_3 = 18.4$ (g) -1.64 (h) 3.0

4. (a) 30 (b) 29.92 (c) 29.73 (d) 29.475 (e) $Q_1 = 29.375,\ Q_3 = 30.57$
(f) 0.6424 (g) 2.67% (h) 1.3 (i) 2.06

5. (a) 0.97 (b) 0.9689 (c) 0.96 (d) 0.92 (e) $Q_1 = 0.925,\ Q_3 = 1.01$
(f) 0.0037 (g) 6.3% (h) 0.23 (i) 0.32

6. (a) 502 (b) 504.17 (c) 504.5 (d) 499.5 (e) $Q_1 = 500.5,\ Q_3 = 508.5$
(f) 138.1053 (g) 2.34% (h) -3.66 (i) 15.01

7. (a) 36 (b) 35.74 (c) 61.65 (d) 29.8 (e) $Q_1 = 29.5,\ Q_3 = 42.6$
(f) 66.9032 (g) 22.7% (h) 0.67 (i) -1.14

8. (a) $\overline{x} = \frac{1}{20}\sum_{i=1}^{20} x_i = 9.47$ (b) 9.66 (c) 9.645 (d) 9.62 (e) $Q_1 = 9.59,\ Q_3 = 9.73$

(f) 0.8037 (g) 9.5% (h) -4.40 (i) 19.55

9. (a) 3.7 (b) 3.69 (c) 3.55 (d) 2.8 (e) $Q_1 = 2.85$, $Q_3 = 4.55$

(f) 1.02 (g) 27.3% (h) 0.12 (i) -1.08

10. (a) 20 (b) 19.925 (c) 19.85 (d) 19.1 (e) $Q_1 = 18.7$, $Q_3 = 21.2$

(f) 2.5126 (g) 7.93% (h) 0.70 (i) 0.82

11. (a) 48 (b) 45.875 (c) 39 (d) 63 (e) $Q_1 = 33$, $Q_3 = 66.5$

(f) 685.1579 (g) 54.53% (h) 1.23 (i) 2.75

12. (a) 16 (b) 15.72 (c) 16 (d) 12 (e) $Q_1 = 12$, $Q_3 = 18$

(f) 49.3684 (g) 43.91% (h) 0.78 (i) 1.2

13. (a) 115.3 (b) 115.13 (c) 115.35 (d) 114.45

(e) $Q_1 = 114.15$, $Q_3 = 116.25$ (f) 7.8716 (g) 2.43% (h) 1.37 (i) 6.64

14. (a) 121 (b) 119.9 (c) 121 (d) 114.5 (e) $Q_1 = 112.5$, $Q_3 = 126.5$

(f) 151.5842 (g) 1.09% (h) 1.23 (i) 3.27

15. (a) 116 (b) 116 (c) 115 (d) 126 (e) $Q_1 = 106$, $Q_3 = 124$

(f) 228.8421 (g) 13.0% (h) 0.01 (i) 3.7

16. (a) 79.5 (b) 79.28 (c) 83 (d) 77.5 (e) $Q_1 = 65.5$, $Q_3 = 87.5$

(f) 218.8947 (g) 18.6% (h) 0.08 (i) -0.48

17. (a) 128 (b) 127.97 (c) 128.35 (d) 127.2 (e) $Q_1 = 126.4$, $Q_3 = 129.75$

(f) 13.3589 (g) 2.86% (h) 0.11 (i) 0.23

18. (a) 2.4 (b) 2.39 (c) 2.325 (d) 1.905 (e) $Q_1 = 1.94$, $Q_3 = 2.835$

(f) 0.3342 (g) 24.1% (h) 0.56 (i) -0.78

19. (a) 57 (b) 57.94 (c) 56.5 (d) 52 (e) $Q_1 = 40.5$, $Q_3 = 75.5$

(f) 459.3684 (g) 37.6% (h) -0.35 (i) -0.24

20. (a) 1.79 (b) 1.79 (c) 1.79 (d) 1.735 (e) $Q_1 = 1.74$, $Q_3 = 1.855$

(f) 0.0054 (g) 0.94% (h) 0.03 (i) -1.08

21. (a) 330 (b) 330.1 (c) 332 (d) 321.5 (e) $Q_1 = 323.5$, $Q_3 = 337$

(f) 61.8947 (g) 2.38% (h) -0.29 (i) -1.46

22. (a) 104 (b) 90.6 (c) 93 (d) 76 (e) $Q_1 = 75$, $Q_3 = 104$

(f) 3387.6667 (g)55.96% (h) 2.79 (i) 7.63

23. (a) 2.5 (b) 2.4 (c) 2.4 (d) 2.2 (e) $Q_1 = 2.2$, $Q_3 = 2.5$

(f) 0.4575　(g) 27.1%　(h) 2.8　(i) 10.47

24. (a) 19　(b) 19.06　(c) 19.45　(d) 17.45　(e) $Q_1 = 15.5$, $Q_3 = 22.2$

(f) 13.5　(g) 19.3%　(h) −0.33　(i) −1.26

25. (a) 268　(b) 268.78　(c) 269　(d) 271　(e) $Q_1 = 263.5$, $Q_3 = 274.5$

(f) 166.2564　(g) 4.8%　(h) −1.27　(i) 3.48

26. (a) $\bar{x} = 74.4$, $\bar{y} = 58.6$　(b) $s_x \approx 4.3556$, $s_y \approx 5.8377$

(c) $CV_{xs} = 5.85\%$, $CV_{ys} \approx 9.97\%$

(d)

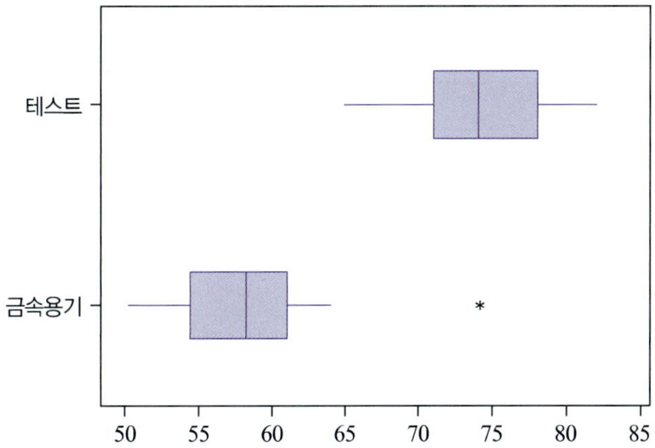

27. (a) $\bar{x} = 32$, $\bar{y} = 26$　(b) $s_x \approx 9.505$, $s_y \approx 5.9423$

(c) $CV_{xs} = 29.7\%$, $CV_{ys} \approx 22.9\%$

(d)

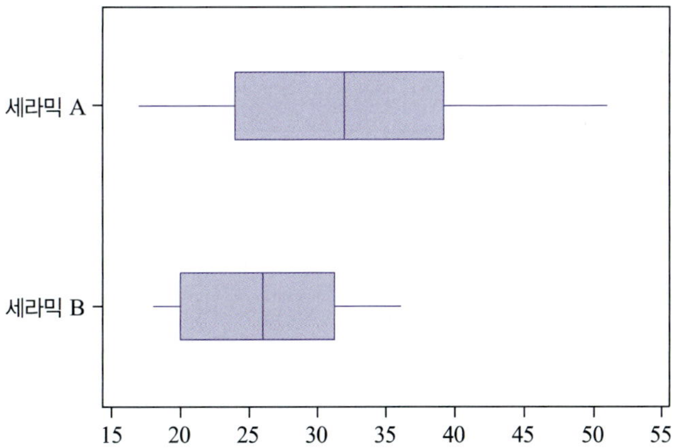

28. (a) $\bar{x} = 202$, $\bar{y} = 300$　(b) $s_x \approx 36.3523$, $s_y \approx 89.9803$

(c) $CV_{xs} = 18.0\%$, $CV_{ys} \approx 30.0\%$

(d)

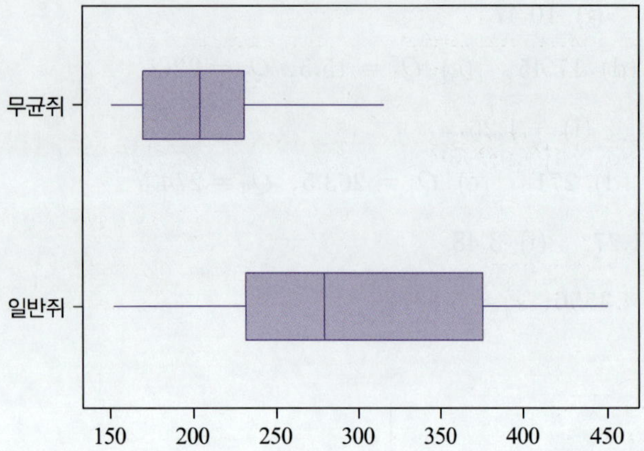

29. (a) $\overline{x} = 360$, $\overline{y} = 400$ (b) $s_x \approx 96.5178$, $s_y \approx 127.6203$

(c) $CV_{xs} = 26.8\%$, $CV_{ys} \approx 31.9\%$

(d)

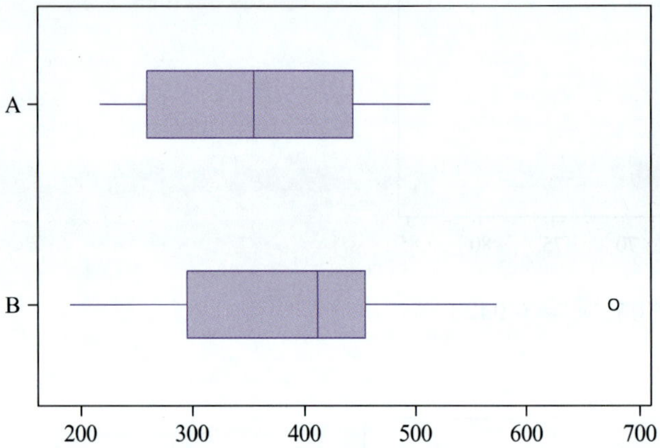

30. (a) $\overline{x} = 10.5$, $\overline{y} = 7.6$ (b) $s_x \approx 0.7941$, $s_y \approx 0.7907$

(c) $CV_{xs} = 7.6\%$, $CV_{ys} \approx 10.4\%$

(d)

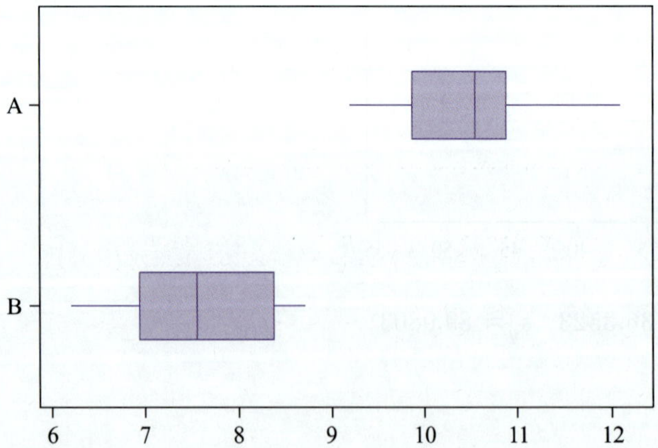

(e) 회사 B의 분포가 회사 A의 분포에 비해 상대적으로 넓게 분포한다.

31. (a) $\overline{x} = 2.1$, $\overline{y} = 2.2$ (b) $s_x \approx 0.1786$, $s_y \approx 0.0651$

(c) $CV_{xs} = 8.5\%$, $CV_{ys} \approx 2.96\%$

(d)

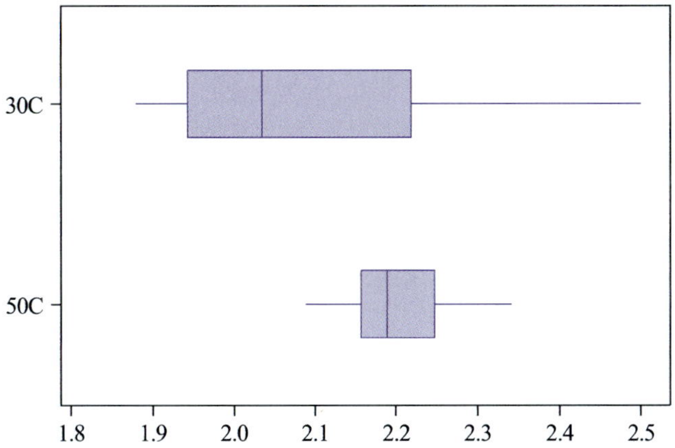

32. (a) $\overline{x} = 36.5$, $\overline{y} = 22$ (b) $s_x \approx 15.2781$, $s_y \approx 8.76$

(c) $CV_{xs} = 41.9\%$, $CV_{ys} \approx 39.8\%$

(d)

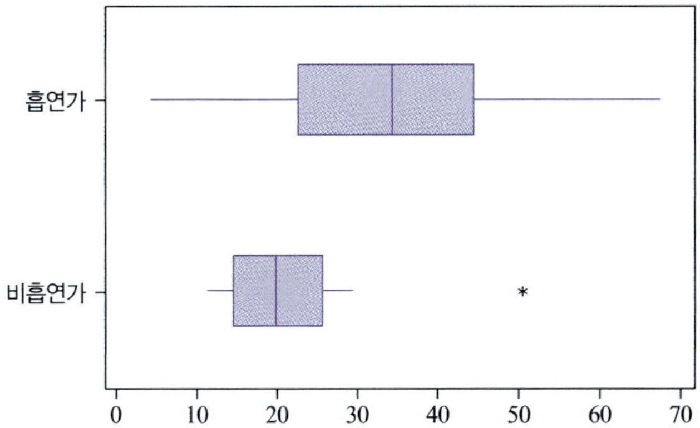

33. (a) $\overline{x} = 93$, $\overline{y} = 93$ (b) $s_x \approx 3.6747$, $s_y \approx 1.3191$

(c) $CV_{xs} \approx 3.95\%$, $CV_{ys} \approx 1.42\%$

(d)

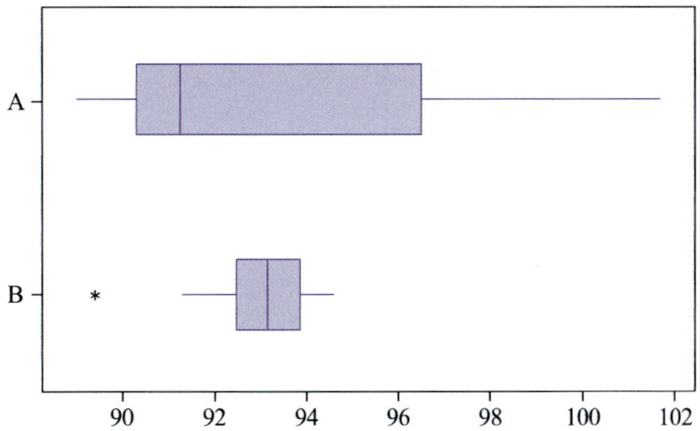

34. (a) $\overline{x}=4$, $\overline{y}=4$ (b) $s_x \approx 0.9240$, $s_y \approx 1.9153$

(c) $CV_{xs} \approx 23.10\%$, $CV_{ys} \approx 47.88\%$

(d)

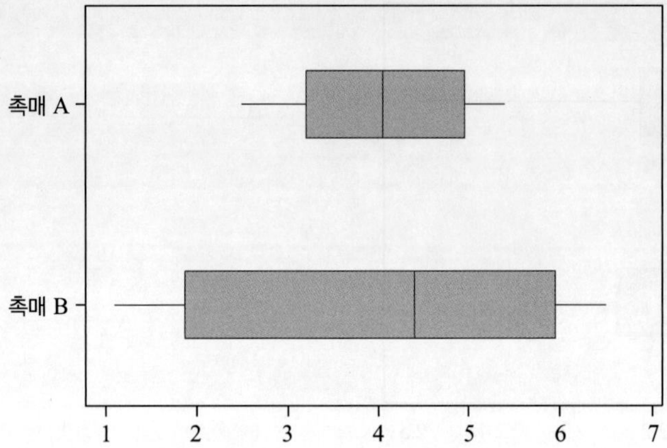

35. (a) 2.1767 (b) 0.2600

(c)

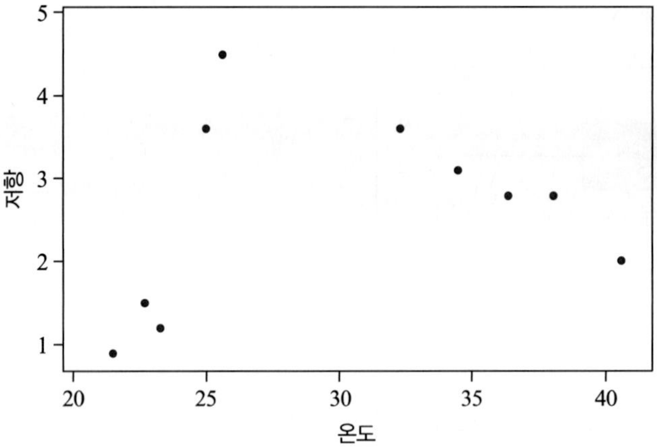

36. (a) 2.9758 (b) 0.8170

(c)

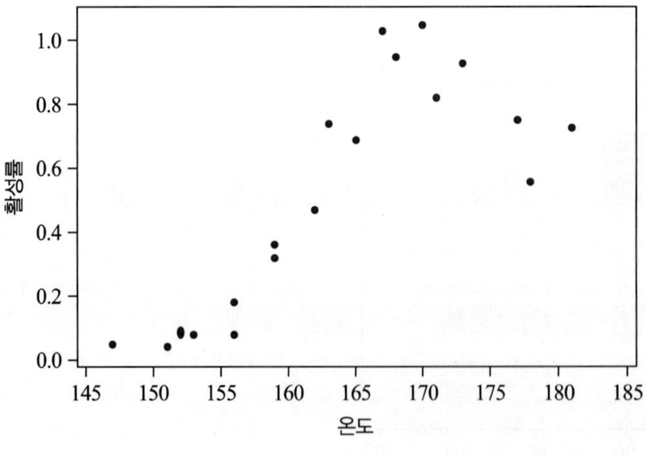

37. (a) 6.9211　(b) 0.3832

(c)

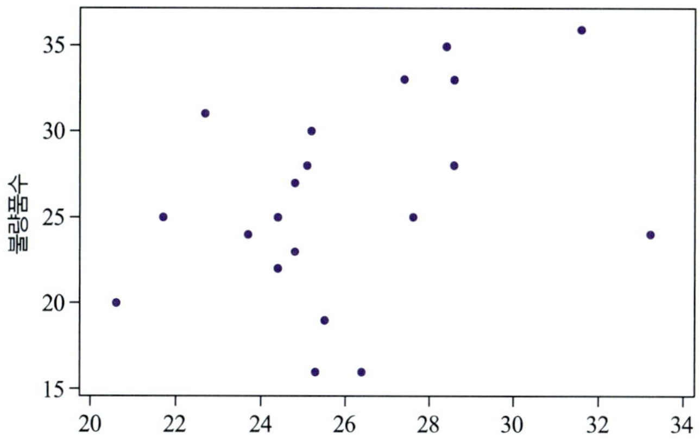

38. (a) 0.5151　(b) 0.3378

(c)

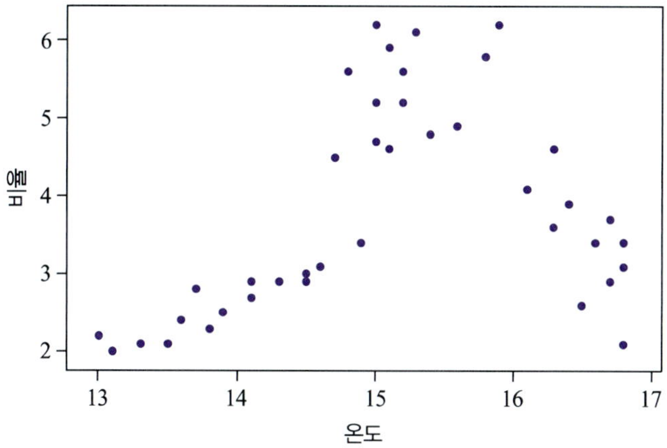

39. (a) 2.57　(b) 2.4　(c) 0.4767

40. (a) 26.9　(b) 265.6　(c) 119.6308

41. (a) 3.12　(b) 3.10　(c) 0.9058

42. (a) 56.25　(b) 53.4　(c) 717.1667

43. (a) 0.25　(b) 0.25

44.

자료	25	34	52	43	24	62
$x_i - \bar{x}$	−15	−6	12	3	−16	22
표준점수	−0.987	−0.395	0.789	0.197	−1.053	1.447

| Chapter 04 | 확률

1. 0.38

2. (1) 0.5 (2) 0.5

3. (a) A와 B는 서로 배반이 아니다.

(b) $\frac{1}{12}$

4. (1) 0.1 (2) 0.7 (3) 0.3

5. $\frac{19}{27}$

6. (a) $S=\{(x_1, x_2, x_3, x_4) \mid x_i = 0$ 또는 $1,\ i=1, 2, 3, 4\}$

(b) A_1, A_2, A_3, A_4는 서로 배반이 아니다.

(c) $B \cup C$는 많아야 하나의 불량품이 나오는 사건이고, $B \cap C$는 공사건이다.

(d) $B = A_1 \cap A_2 \cap A_3 \cap A_4$, $C=\{(0, 1, 1, 1), (1, 0, 1, 1), (1, 1, 0, 1), (1, 1, 1, 0)\}$

7. (a) $(A_1 \cap A_2) \cup A_3$

(b) $[(A_1 \cap A_2) \cup A_4]^c$

(c) $[(A_1 \cap A_2) \cup A_3]^c \cup [(A_1 \cap A_2) \cup A_4]^c = (A_1 \cap A_2)^c \cap (A_3^c \cup A_4^c)$

8. $P(A)=\frac{91}{228}$, $P(B)=\frac{35}{76}$, $P(C)=\frac{5}{38}$, $P(D)=\frac{1}{114}$

9. $P(A)=\frac{1305}{2992}$, $P(B)=\frac{1305}{2992}$, $P(A \cap B)=\frac{186875}{973896}$, $P(A \cup B)=\frac{82835}{121737}$

10. 다이오드의 효율성이 3 이하일 확률: 0.76

다이오드의 효율성이 2 이상 3.5 미만일 확률: 0.6

11. 0.0494

12. (a) $A \cap B$: 경도가 중간이면서 충격 흡수율이 높은 사건

$A \cup B$: 경도가 중간이거나 충격 흡수율이 높은 사건

$A - B$: 경도가 중간이지만 충격 흡수율이 높지 않은 사건

$B - A$: 충격 흡수율이 높지만 경도가 중간이 아닌 사건

(b) $n(A \cap B)=16$, $n(A \cup B)=66$, $n(A-B)=18$, $n(B-A)=23$

(c) $P(A \cap B)=0.16$, $P(A \cup B)=0.66$, $P(A-B)=0.18$, $P(B-A)=0.23$

13. (a) 0.44 (b) 0.98 (c) 0.42

14. (a)

차량 대수	관찰 횟수	상대도수	차량 대수	관찰 횟수	상대도수
0	1	0.02	5	9	0.18
1	1	0.02	6	5	0.10
2	4	0.08	7	10	0.20
3	2	0.04	8	8	0.16
4	4	0.08	9	6	0.12

(b) 0.76

15. 0.602

16. 0.6

17. 0.115264

18. 0.1985

19. 0.5

20. (a) $P(A\cap B)=0.25$, $P(A\cup B)=0.6$, $P(A\cup B^c)=0.8$ (b) 0.24 (c) 0.03

21. (a) 0.00816 (b) 0.00616 (c) 0.00732

22. (a) 0.14 (b) 0.0243 (c) 0.7942

23. (a) $\frac{1}{100}$ (b) $\frac{2}{245}$

24. (a) 0.004 (b) 0.874 (c) 0.046

25. 0.45

26. 0.016

27. (a) 0.9408 (b) 0.9992

28. (a) 0.43659 (b) 0.98361 (c) 0.99989 (d) 0.98352

29. $P(A)=0.99$, $P(B)=0.0099$, $P(C)=0.000099$, $P(\text{위성 시스템이 멈춤})=10^{-6}$

30. (a) 0.299 (b) 0.0468

31. (a) $\frac{3}{5}$ (b) $\frac{5}{9}$

32. (a) $\frac{3}{5}$ (b) $\frac{3}{5}$

33. (a) 출력이 0일 확률: $\frac{31}{60}$, 출력이 1일 확률: $\frac{29}{60}$

(b) 출력이 0인 경우, 입력이 0일 확률: $\frac{15}{31}$, 출력이 0인 경우, 입력이 1일 확률: $\frac{16}{31}$

(c) 출력이 1인 경우, 입력이 0일 확률: $\frac{5}{29}$, 출력이 1인 경우, 입력이 1일 확률: $\frac{24}{29}$

34. (a) 0.026 (b) 0.3077 (c) 0.5975

35. (a) 0.3425

(b) 가능성이 가장 높은 폭발 원인은 파업이고, 파업에 의한 폭발 확률은 0.3285이다.

(c) 가능성이 가장 낮은 폭발 원인은 정전기이고, 정전기에 의한 폭발 확률은 0.1460이다.

36. $P(D)=0.0305$, $P(A|D)\approx 0.1967$

37. (a) 0.032 (b) $P(A\mid D)=0.25$, $P(B\mid D)=0.28125$ (c) 0.53125

38. (a) $\frac{77}{250}$ (b) $\frac{109}{250}$ (c) $\frac{43}{77}$ (d) $\frac{43}{109}$

39. (a) 0.96 (b) $\frac{35}{118}$ (c) $\frac{83}{118}$

40. (a) $P(A)=\frac{4}{7}$, $P(B)=\frac{2}{7}$, $P(C)=\frac{1}{7}$ (b) $\frac{1}{3}$

41. (a) $P(A_1)=0.28$, $P(A_2)=0.34$, $P(A_3)=0.38$ (b) 0.8 (c) 0.2875

42. (a) 0.04 (b) $\frac{1}{4}$

43. (a) 0.02485 (b) 0.8008

44. (a) $\frac{287}{480}$ (b) $\frac{199}{320}$

45. B 상자

46. B 상자

| Chapter 05 | 확률변수와 확률분포

1. (a) $a=\frac{1}{3}$, $b=\frac{1}{6}$ (b) $\frac{17}{24}$ (c) $\frac{7}{8}$

2. (a) $\frac{1}{\sqrt{2}}$ (b) $\frac{9}{4}$

3. $\frac{1}{3}$

4. (a) $f(x)=\frac{40}{3(10+x)^2}$ (b) $F(x)=\begin{cases}0 & ,\ x<0\\ \frac{4}{3}-\frac{40}{3(x+10)} & ,\ 0\le x<30\\ 1 & ,\ x\ge 30\end{cases}$ (c) $\frac{4}{5}$ (d) $\frac{2}{9}$

5. (a) $\frac{4}{9}$ (b) $F(x)=\begin{cases}0 & ,\ x<1\\ \frac{1}{9}(x^4-2x^2+1) & ,\ 1\le x<2\\ 1 & ,\ x\ge 2\end{cases}$ (c) 0.11

6. (a) $\sqrt{3}$ (b) $\sqrt{3}-1$

(c) $F(x)=\begin{cases} 0 & , x<0 \\ x^2 & , 0 \le x < \sqrt{3}/3 \\ \dfrac{1}{2}(-1+2\sqrt{3}x - x^2), & \sqrt{3}/3 \le x < \sqrt{3} \\ 1 & , x \ge \sqrt{3} \end{cases}$ (d) 0.973

7. (a) $f(x)=P(X=x)=\begin{cases} {}_5C_x\left(\dfrac{1}{4}\right)^x\left(\dfrac{3}{4}\right)^{5-x}, & x=0,1,2,3,4,5 \\ 0 & , \text{다른 곳에서} \end{cases}$

(b) $\dfrac{243}{1024}$ (c) $\dfrac{781}{1024}$

8. (a) 0.85 (b) $\sigma^2=0.8275$, $\sigma \approx 0.91$ (c) 1.016 (d) 3.67

9. (a)

X	125	130	135	140
$P(X=x)$	0.05	0.17	0.31	0.47

(b) 136 (c) $\sigma^2=20$, $\sigma \approx 4.472$

(d) −16.59 (e) 40.485

10. (a) $F(x)=\begin{cases} 0 & , x<0 \\ 0.41, & 0 \le x < 1 \\ 0.78, & 1 \le x < 2 \\ 0.94, & 2 \le x < 3 \\ 0.99, & 3 \le x < 4 \\ 1 & , x \ge 4 \end{cases}$ (b) $\mu=0.88$ (c) 0 (d) 0.22

11. (a) $F(x)=\begin{cases} 0 & , x<0 \\ 0.15, & 0 \le x < 1 \\ 0.37, & 1 \le x < 2 \\ 0.63, & 2 \le x < 3 \\ 0.88, & 3 \le x < 4 \\ 1 & , x \ge 4 \end{cases}$ (b) 1.97 (c) 2 (d) 0.37

12. (a) $F(x)=\begin{cases} 0 & , x<0 \\ 0.21, & 0 \le x < 1 \\ 0.62, & 1 \le x < 2 \\ 0.90, & 2 \le x < 3 \\ 0.98, & 3 \le x < 4 \\ 1 & , x \ge 4 \end{cases}$ (b) 1.29 (c) 1 (d) $1 \le k < 2$인 모든 실수

13. (a) 1.2 (b) 1.32 (c) 3.4 (d) 5.28

14. (a) 0.8 (b) 0.82 (c) 2.2 (d) 13.12

15. (a) 8.5 (b) $\sigma^2=3.25$, $\sigma \approx 1.8$ (c) 0.7 (d) 1.0

16. (a) 0.5 (b) $\sigma^2=0.63$, $\sigma \approx 0.79$ (c) 0.92 (d) 0.96

17. (a) $f(x)=\begin{cases}0.8, & x=1\\ 0.1, & x=3, 5\\ 0, & \text{다른 곳에서}\end{cases}$ (b) 1.6 (c) $P(X<3)=0.8$, $P(X\le 3)=0.9$

18. (a) $f(x)=\begin{cases}0.1, & x=\frac{1}{4}\\ 0.7, & x=\frac{1}{2}\\ 0.2, & x=\frac{3}{4}\\ 0, & \text{다른 곳에서}\end{cases}$ (b) 0.525 (c) $P\left(X<\frac{2}{3}\right)=0.8$, $P\left(X\ge\frac{1}{3}\right)=0.9$

19. $E(2^X)=\sum_{x=1}^{\infty}(2^x)\left(\frac{1}{2}\right)^x=\sum_{x=1}^{\infty}1=\infty$ 이므로 2^X 의 기댓값이 존재하지 않는다.

20. (a) $f(x)=\begin{cases}\frac{1}{20}, & 90\le x\le 110\\ 0, & \text{다른 곳에서}\end{cases}$ (b) $F(x)=\begin{cases}0, & x<90\\ \frac{x-90}{20}, & 90\le x<110\\ 1, & x\ge 110\end{cases}$

(c) $P(X<95)=0.25$, $P(X\ge 104)=0.3$

21. (a) 0.5 (b) 0.56 (c) 5

22. (a) $f(x)=\begin{cases}\frac{1}{10}, & 0\le x\le 10\\ 0, & \text{다른 곳에서}\end{cases}$ (b) 5 (c) $\sigma^2=\frac{25}{3}$, $\sigma\approx 2.887$ (d) 13

(e) $Var(Y)=\frac{100}{3}$, $\sigma(Y)\approx 5.774$

23. (a) 3 (b) $\sigma^2=\frac{1}{5}$, $\sigma\approx 0.447$

(c) 8

(d) $Var(Y)=\frac{9}{5}$, $\sigma(Y)\approx 1.342$

24. (a) 0 (b) $\sigma^2=\frac{1}{3}$, $\sigma\approx 0.577$ (c) 0 (d) 1.8

25. (a) $\frac{3}{2}$ (b) $\sigma^2=\frac{3}{20}$, $\sigma\approx 0.387$ (c) -0.86 (d) 3.095

26. (a) $F(x)=1-\frac{400}{(x+20)^2}$, $x\ge 0$ (b) 20 (c) $\frac{16}{49}$ (d) $\frac{65}{81}$

27. (a) $F(x)=\begin{cases}0, & x<0\\ \frac{1}{16}x^2(8-x^2), & 0\le x<2\\ 1, & x\ge 2\end{cases}$ (b) 0.1914 (c) $\frac{16}{15}$

28. (a) $\frac{1}{25}$ (b) $\frac{1}{400}$ (c) 2

29. (a) $E(X)=2$, $\sigma^2=\frac{4}{5}$ (b) $E(Y)=5$, $Var(Y)=\frac{16}{5}$ (c) $\frac{35}{128}$

30. (a) $E(X)=\frac{3}{7}$, $\sigma^2=\frac{13}{196}$ (b) 평균 : $E(Y)=\frac{8}{7}$, $Var(Y)=\frac{13}{49}$ (c) $\frac{191}{320}$

31. (a) $F(x)=\begin{cases}0 & , x<0 \\ \frac{x^2}{8} & , 0\le x<2 \\ \frac{1}{2}(x-1), & 2\le x<3 \\ 1 & , x\ge 3\end{cases}$ (b) 0.28 (c) 0.875 (d) $\frac{23}{12}$

32. (a) $F(x)=\begin{cases}0 & , x<1 \\ 1-\frac{1}{x^2}, & x\ge 1\end{cases}$ (b) $\frac{1}{25}$ (c) 2

33. (a) $F(x)=\begin{cases}0 & , x<0 \\ 1-e^{-x/1000}, & x\ge 0\end{cases}$ (b) 0.223 (c) 1000 (d) 10^6

34. (a) $\frac{1}{100}$ (b) $F(x)=1-e^{-x/100}$, $x\ge 0$ (c) 0.223 (d) 100 (e) $\sigma^2=10^4$, $\sigma=100$

35. (a) $F(x)=1-e^{-x/20}$, $x\ge 0$ (b) 20 (c) $\sigma^2=400$, $\sigma=20$ (d) 0.287 (e) 0.472

36. (a) $F(x)=1-e^{-15(x-10)}$, $x\ge 10$ (b) $\frac{151}{15}$ (c) 0.999

37. (a) $F(x)=1-\frac{1}{20}(x+20)e^{-x/20}$, $x\ge 0$ (b) 40 (c) 0.287 (d) 0.442

38. (a) $\frac{1}{3}$ (b) $P(Y=0)=\frac{8}{27}$, $P(Y=1)=\frac{12}{27}$, $P(Y=2)=\frac{6}{27}$, $P(Y=3)=\frac{1}{27}$

39. (a) $F(x)=1-(x+1)e^{-x}$, $x\ge 0$ (b) 2 (c) 0.736 (d) 0.442
(e) 0.737 (f) 0.953

40. (a) $f(x)=\frac{1}{50}e^{-x/50}$, $x>0$ (b) 50 (c) 0.865 (d) 0.95

| Chapter 06 | 결합확률분포

1. 1

2. $E(X+2Y)=34\text{ mm}$, $SD(X+2Y)\approx 0.2\text{ mm}$

3. $E(10X+9Y)=2008\text{ mm}$, $SD(10X+9Y)\approx 15.3\text{ mm}$

4. (a) $a(\sigma_X^2+2\sigma_Y^2)$ (b) $\frac{\sigma_X^2+2\sigma_Y^2}{\sqrt{(\sigma_X^2+\sigma_Y^2)(\sigma_X^2+4\sigma_Y^2)}}$ (c) $\frac{3}{\sqrt{10}}$

5. (a) $f_X(x)=\frac{2^x}{x!}e^{-2}$, $x=0, 1, 2, \cdots$, $f_Y(y)=\frac{3^y}{y!}e^{-3}y=0, 1, 2, \cdots$

(b) $f(x|2)=\frac{2^x}{x!}e^{-2}$, $x=0, 1, 2, \cdots$

(c) 독립이다. (d) 0.0808

6. (a)

Y \ X	0	1	2	3	$f_Y(y)$
1	$\frac{1}{16}$	$\frac{3}{16}$	$\frac{1}{4}$	$\frac{1}{8}$	$\frac{5}{8}$
2	$\frac{1}{16}$	$\frac{1}{16}$	$\frac{1}{8}$	$\frac{1}{8}$	$\frac{3}{8}$
$f_X(x)$	$\frac{1}{8}$	$\frac{1}{4}$	$\frac{3}{8}$	$\frac{1}{4}$	1

(b) $\mu_X = \frac{7}{4}$, $\mu_Y = \frac{11}{8}$, $\sigma_X^2 = \frac{15}{16}$, $\sigma_Y^2 = \frac{16}{64}$

(c) $\frac{1}{2}$

(d) 독립이 아니다.

7. (a)

Y \ X	1	2	3	4	$f_Y(y)$
1	0.12	0.16	0.08	0.04	0.4
3	0.15	0.20	0.10	0.05	0.5
5	0.03	0.04	0.02	0.01	0.1
$f_X(x)$	0.3	0.4	0.2	0.1	1.0

(b) $\mu_X = 2.1$, $\mu_Y = 2.4$, $\sigma_X \approx 0.943$, $\sigma_Y \approx 1.281$

(c) 0.63 (d) $\frac{1}{2}$ (e) 독립이다.

8. (a) 2

(b) $f_X(x) = e^{-x}$, $x > 0$

$f_Y(y) = 2e^{-2y}$, $y > 0$

(c) $F(x, y) = (1 - e^{-x})(1 - e^{-2y})$, $x > 0$, $y > 0$

(d) 독립이다.

(e) $(1 - e^{-1})(1 - e^{-2})$

9. (a) $f(x, y) = \frac{1}{240}$, $8 \le x \le 10$, $120 \le y \le 240$

(b) $f_X(x) = \frac{1}{2}$, $8 \le x \le 10$

$f_Y(y) = \frac{1}{120}$, $120 \le y \le 240$

(c) $F(x, y) = \frac{1}{240}(x - 8)(y - 120)$, $8 \le x \le 10$, $120 \le y \le 240$

(d) 독립이다.

(e) $P(X \le 9) = \frac{1}{2}$, $P(Y \le 150) = \frac{1}{4}$, $P(X \le 9,\ Y \le 150) = \frac{1}{8}$

10. (a) $f_X(x) = \frac{1}{18}(2x+3),\ 0 < x < 3$

$f_Y(y) = \frac{1}{18}(2y+3),\ 0 < y < 3$

(b) i.i.d 확률변수가 아니다.

(c) $\sigma_X^2 = \sigma_Y^2 = \frac{11}{16}$ (d) $\frac{11}{27}$

11. (a) $f_X(x) = 2x,\ 0 < x < 1$

$f_Y(y) = 2y,\ 0 < y < 1$

(b) $F(x,\ y) = x^2 y^2,\quad 0 \le x \le 1,\ 0 \le y \le 1$

(c) $\sigma_X^2 = \sigma_Y^2 = \frac{1}{18}$ (d) $\frac{1}{6}$

12. $f(x,\ y) = \frac{1}{\ln 4 - \ln 2} e^{-xy},\ 2 \le x \le 4,\ y > 0$

$f_Y(y) = \frac{1}{y \ln 2}(e^{-2y} - e^{-4y}),\ y > 0$

13. (a) $f_X(x) = 30x^2(x-1)^2,\ 0 < x < 1$

$f_Y(y) = 20y(1-y)^3,\ 0 < y < 1$

(b) $f(y|x) = \frac{2y}{(x-1)^2},\ 0 < y < 1-x$

(c) $\frac{5}{9}$

(d) $\mu_X = \frac{1}{2}$, $\mu_Y = \frac{1}{3}$, $Var(X) = \frac{1}{28}$, $Var(Y) = \frac{2}{63}$

14. (a) $f_X(x) = 2x,\ 0 < x < 1$

$f_Y(y) = 3y^2,\ 0 < y < 1$

(b) $F(x,\ y) = x^2 y^3,\ 0 < x < 1,\ 0 < y < 1$

(c) $F_X(x) = x^2,\ 0 < x < 1$

$F_Y(y) = y^3,\ 0 < y < 1$

(d) 독립이다.

15. (a) $f_X(x) = \frac{2}{25}(8x+15),\ 1 < x < \frac{3}{2}$

$f_Y(y) = \frac{4}{25}(6y+5),\ 1 < y < \frac{3}{2}$

(b) $f(y|x) = \dfrac{8(2x+3y)}{8x+15}$, $1 < y < \dfrac{3}{2}$

(c) 독립이 아니다. (d) $\dfrac{37}{75}$

16. (a) 4

(b) $f_X(x) = 2x$, $0 < x < 1$

$f_Y(y) = 2y$, $0 < y < 1$

(c) $f(y|x) = 2y$, $0 < y < 1$ (d) $\dfrac{5}{36}$ (e) 독립이다.

17. (a) 1

(b) $f_X(x) = e^{-x}$, $x > 0$

$f_Y(y) = e^{-y}$, $y > 0$

(c) $f(y|x) = e^{-y}$, $y > 0$ (d) $e^{-2} - e^{-3}$ (e) 독립이다.

18. (a) $f_X(x) = x + \dfrac{1}{2}$, $0 < x < 1$

$f_Y(y) = y + \dfrac{1}{2}$, $0 < y < 1$

(b) $\mu_X = \mu_Y = \dfrac{7}{12}$, $\sigma_X^2 = \sigma_Y^2 = \dfrac{11}{144}$ (c) $\dfrac{3}{8}$ (d) 독립이 아니다.

19. (a) $f_X(x) = e^{-x}$, $x > 0$

$f_Y(y) = 1.1e^{-1.1y}$, $y > 0$

(b) 독립이다. (c) 0.691

20. (a) $f_X(x) = \dfrac{3}{4}x(2-x)$, $0 < x < 2$

$f_Y(y) = \dfrac{3}{8}(y-2)^2$, $0 < y < 2$

(b) $\mu_X = 1$, $\mu_Y = \dfrac{1}{2}$ (c) $f(y|1) = 1$, $0 < y < 1$

(d) $X = 1$일 때 Y의 조건부 평균과 조건부 분산을 구하라.

$E(Y|X=1) = \dfrac{1}{2}$, $Var(Y|X=1) = \dfrac{1}{12}$

21. (a) $f_X(x) = -\ln x$, $0 < x < 1$

$f_Y(y) = 1$, $0 < y < 1$

(b) $f(y|x) = \dfrac{f(x,y)}{f_X(x)} = -\dfrac{1}{y \ln x}$, $x < y < 1$ (c) 독립이 아니다. (d) $\ln 2$

22. (a) $f_X(x) = e^{-x},\ x > 0$

$f_Y(y) = ye^{-y},\ y > 0$

(b) $f(y|x) = e^{-(y-x)},\ y > x > 0$ (c) $1 - e^{-2}$ (d) $1 - 5e^{-4}$ (e) 독립이 아니다.

23. (a) $\frac{1}{25}$

(b) $f_X(x) = \frac{1}{50}x,\ 0 < x < 10$

$f_Y(y) = \frac{1}{25}(10 - 2y),\ 0 < y < 5$

(c) $f(x|3) = \frac{1}{4},\ \ 6 < x < 10$ (d) $\mu_{X|Y} = 8,\ \sigma^2_{X|Y} = \frac{4}{3}$

24. (a) $f_Y(y) = \frac{1}{(1+y)^2},\ y > 0$ (b) $f(x|1) = 4xe^{-2x},\ x > 0$ (c) $1 - 3e^{-2}$ (d) 1

25. (a) $f_X(x) = \frac{10}{3}x(1 - x^3),\ 0 < x < 1$

$f_Y(y) = 160y^4,\ 0 < y < 1/2$

(b) $f(y|x) = \frac{24y^2}{1 - x^3},\ \frac{x}{2} < y < \frac{1}{2}$ (c) $\frac{37}{189}$

(d) $\mu_X = \frac{5}{9},\ \mu_Y = \frac{5}{12},\ Var(X) = \frac{55}{1134},\ Var(Y) = \frac{5}{1008}$

26. (a) $f_X(x) = \frac{1}{2}(3x^2 + 1),\ 0 < x < 1$

$f_Y(y) = \frac{1}{2}(3y^2 + 1),\ 0 < y < 1$

(b) $f(y|1/2) = \frac{3}{7}(4y^2 + 1),\ 0 \le y \le 1$

(c) $\frac{5}{7}$ (d) 독립이 아니다. (e) $-\frac{15}{73}$

27. (a)

Y \ X	1	2	3	$f_Y(y)$
1	0.12	0.09	0.05	0.26
2	0.08	0.21	0.45	0.74
$f_X(x)$	0.20	0.30	0.50	1.00

(b) $\mu_X = 2.3,\ \mu_Y = 1.74$ (c) $Var(X) \approx 3.61,\ Var(Y) = 0.1924$ (d) 0.178

(e) $E(Y|X = x) \approx 1.645 + 0.041x$

28. (a)

Y \ X	0	1	2	3	$f_Y(y)$
0	0.215	0.150	0.090	0.045	0.5
1	0.153	0.081	0.048	0.018	0.3
2	0.064	0.066	0.040	0.030	0.2
$f_X(x)$	0.432	0.297	0.178	0.093	1.0

(b) 0.599

(c) 0.518

(d) $\mu_{X|Y} = 0.77$, $Var(X|Y=1) = 0.8571$

(e) $E(X|Y=y) \approx 0.874 + 0.084y$

29. (a) 0.47 (b) 0.5

(c)

Y	10	20	30
$P(Y=y\|X=15)$	$\frac{1}{9}$	$\frac{5}{18}$	$\frac{4}{18}$

(d) 0.311 (e) $E(Y|X=x) \approx 9.82 + 0.0.48x$

30. (a) $f_X(x) = \frac{3}{125}(x-5)^2,\ 0 < x < 5$

$f_Y(y) = \frac{3}{125}(y-5)^2,\ 0 < y < 5$

(b) $f(y|2) = \frac{2}{9}(3-y),\ 0 < y < 3$ (c) $\mu_{Y|X=2} = 1,\ Var(Y|X=2) = \frac{1}{2}$

(d) $\mu_X = \mu_Y = \frac{5}{4},\ Var(X) = Var(Y) = \frac{15}{16}$ (e) $-\frac{5}{16}$ (f) $-\frac{1}{3}$

(g) $E(Y|X=x) = \frac{1}{3}(5-x)$

| Chapter 07 | 여러 가지 확률분포

1. (a) $f(x) = \binom{5}{x}(0.35)^x(0.65)^{5-x},\ x = 0, 1, 2, 3, 4, 5$ (b) 0.5716
2. (a) $f(x) = \binom{5}{x}(0.005)^x(0.995)^{5-x},\ x = 0, 1, 2, 3, 4, 5$ (b) 3.1125×10^{-9} (c) 0.0248
3. (a) 0.0503 (b) 0.3369 (c) 0.9815
4. (a) $\mu = 1,\ \sigma^2 = 0.95$ (b) 0.0596 (c) 0.2642
5. (a) 0.8042 (b) 0.1958 (c) 0.7918 (d) 0.2182

6. (a) $f(x)=\binom{4}{x}(0.9)^x(0.1)^{4-x},\quad x=0,1,2,3,4$ (b) $\mu=3.6,\ \sigma^2=0.36$

(c) $P(X\geq 2)=0.9963$

7. (a) $f(x)=\dfrac{\binom{10}{x}\binom{10}{10-x}}{\binom{20}{10}},\quad x=0,1,\cdots,10$

(b) $\mu=5,\ \sigma^2=\dfrac{25}{19}$ (c) 0.0115 (d) 0.000011

8. (a) $f(x)=\dfrac{\binom{4}{x}\binom{36}{4-x}}{\binom{40}{4}}=\dfrac{1}{91390}\binom{4}{x}\binom{36}{4-x},\quad x=0,1,2,3,4$ (b) 0.0414 (c) 0.0486

9. (a) $P(X=x,\ Y=y,\ Z=z)=\dfrac{{}_{10}C_x\times{}_6C_y\times{}_4C_z}{{}_{20}C_5},\quad x+y+z=5,\ x=0,1,\cdots,10,$

$y=0,1,\cdots,6,\ z=0,1,\cdots,4$

(b) $\dfrac{225}{1292}$

(c)

X	0	1	2	3	4	5
$f(x)$	$\frac{21}{1292}$	$\frac{175}{1292}$	$\frac{225}{646}$	$\frac{225}{646}$	$\frac{175}{1292}$	$\frac{21}{1292}$

(d) $\dfrac{5}{2}$ (e) $\dfrac{49}{323}$

10. (a) 0.05 (b) 0.423 (c) 0.801

11. (a) $f(x)=\dfrac{3^x e^{-3}}{x!},\quad x=0,1,2,\cdots$ (b) 0.9502 (c) 0.1494

12. (a) 0.091 (b) 0.601

13. (a) $\mu=1.5,\ \sigma^2=1.5$ (b) 0.223 (c) 0.809 (d) 0.066

14. 0.01034

15. 0.406

16. (a) 0.6376 (b) 0.8607 (c) 0.0319

17. (a) 5 (b) 0.1024

18. (a) $f(x)=(0.1)(0.9)^{x-1},\ x=1,2,3,\cdots$ (b) 0.0656 (c) 0.0292

19. (a) $f(x)=(0.75)(0.25)^{x-1},\ x=1,2,3,\cdots$ (b) 0.0029 (c) 0.0029이

(d) $g(y)=\binom{y-1}{2}p^3q^{y-3},\ x=3,4,5,\cdots$ (e) 4 (f) 0.0247

20. (a) 5년 (b) $f(x)=(0.2)(0.8)^{x-1}$, $x=1, 2, \cdots$ (c) 0.36
(d) 0.128 (e) 0.3277

21. (a) 0.04 (b) $P(X=x)=(0.04)(0.96)^{x-1}$, $x=1, 2, \cdots$ (c) 0.1153

22. (a) $f(x)=(0.05)(0.95)^{x-1}$, $x=1, 2, \cdots$ (b) 20 (c) 0.04

23. (a) 200 (b) 0.04889 (c) 0.0049 (d) 0.00488

24. (a) 400명 (b) $f(x)=(x-1)(0.005)^2(0.995)^{x-2}$, $x=2, 3, \cdots$ (c) 0.0002

25. (a) $f(x_1,x_2,x_3)=\dfrac{10!}{x_1!x_2!x_3!}(0.3)^{x_1}(0.2)^{x_2}(0.5)^{x_3}$, $0 \le x_i \le 10, i=1,2,3, x_1+x_2+x_3=10$
(b) 0.012 (c) 2

26. (a) $f(x, y, z)=\dfrac{10!}{x!\,y!\,z!}(0.25)^x(0.6)^y(0.15)^z$, $x+y+z=10$, $x, y, z=0, 1, \cdots, 10$
(b) 0.03588 (c) $\mu_Z=1.5$, $\sigma_Y^2=1.275$ (d) $Cov(X, Y)=0.5$, $\rho=-0.5145$

27. (a) $\mu=1.5$, $\sigma \approx 0.0288$ (b) 0.2 (c) $\mu=4$, $\sigma^2=3.2$ (d) 0.5886

28. (a) $f(x)=\dfrac{1}{14-12}=\dfrac{1}{2}$, $12 \le x \le 14$ (b) $\mu=13$, $\dfrac{1}{3}$ (c) $\dfrac{1}{4}$

29. (a) 0.7165 (b) 0.4866 (c) 3개월

30. (a) 5일 (b) 0.2466 (c) 0.6703

31. (a) λ (b) 0.8187

32. (a) $\mu=\dfrac{10}{3}$, $\sigma=\dfrac{10}{3}$ (b) 0.1225 (c) 0.5488

33. (a) 0.850 (b) $f(t)=4e^{-4t}$, $t>0$

34. (a) 2 (b) 0.5 (c) 0.1353 (d) 0.0025 (e) 0.00035 (f) 0.00098

35. (a) $f(t)=2e^{-2t}$, $t>0$ (b) 0.5분 (c) 0.1353 (d) 0.018
(e) $f(x)=\dfrac{8}{3}x^3e^{-2x}$, $x>0$ (f) 0.2823 (g) 0.0116

36. (a) 0.6154 (b) 0.1969 (c) $X(4) \sim P(6.5)$ (d) 0.957

37. (a) $f(x)=500x^2e^{-10x}$, $x>0$ (b) $\mu=0.3$분, $\sigma^2=0.03$ (c) $1-\dfrac{73}{18}e^{-10}$

38. (a) $\alpha=3$, $\beta=2$ (b) $f(x)=12x^2(1-x)$, $0<x<1$
(c) $F(x)=(4-3x)x^3$, $0<x<1$ (d) 0.6875

39. (a) $F(x)=1-\exp\left(-\dfrac{x^3}{125}\right)$, $x>0$, $P(X \le 4)=0.4007$
(b) $S(x)=\exp\left(-\dfrac{x^3}{125}\right)$, $x>0$, $P(X \ge 10)=0.0003$

(c) $h(x) = \frac{3}{125} x^2,\ x > 0$

(d) $\mu \approx 4.4649$(컴퓨터에 의한 계산), $x_0 \approx 4.425,\ \sigma^2 \approx 2.6333$

(e) $x_0 \approx 7.2078$ 이는 박테리아의 95%가 약 7.2분 안에 죽는 것을 의미한다.

40. (a) $F(x) = 1 - \exp\left(-\frac{x^2}{9}\right),\quad x > 0,\quad P(X \le 4) \approx 0.8310$

(b) $S(x) = \exp\left(-\frac{x^2}{9}\right),\quad x > 0,\quad P(X \ge 5) \approx 0.0622$ (c) $h(x) = \frac{2}{9} x,\ x > 0$

(d) $\mu = \frac{3\sqrt{\pi}}{2},\ \sigma^2 = 9\left(1 - \frac{\pi}{4}\right)$

41. (a) $f(x) = \frac{1}{1000} x e^{-x^2/2000},\ x > 0$ (b) 79.2665시간 (c) 0.6376

42. (a) 0.0668 (b) 0.0238 (c) 0.1587

43. (a) 0.0062 (b) 0.0418 (c) 0.7243

44. (a) 0.5308 (b) 0.1357

45. (a) 0.2514 (b) 0.2639 (c) 849.4일

46. (a) 0.1336 (b) $k = 0.196$

47. (a) 0.0228 (b) 0.9544 (c) 115.18 (d) 103.59

48. (a) 0.1056 (b) 0.3372 (c) 0.8132

49. (a) 0.9925 (b) 0.0158 (c) 0.0089

50. (a) 0.0139 (b) 0.0089 (c) 0.3745

51. (a) $X - Y \sim N(12.2, 69.94)$ (b) 0.0270 (c) 0.0721

52. 8,997

53. (a) 0.1564 (b) 0.1587

54. (a) 0.1222 (b) 4.6297

55. (a) $f_X(x) = \frac{1}{\sqrt{2\pi}} e^{-x^2/2},\ -\infty < x < \infty$

(b) $f(y|x=1) = \frac{1}{\sqrt{(0.72)\pi}} \exp\left(-\frac{(y-0.8)^2}{0.72}\right),\quad -\infty < y < \infty$

| Chapter 08 | 표본분포

1. (a) 0.9924 (b) 11.23375

2. (a) 0.0014 (b) 0.005

3. (a) 0.5762 (b) 0.8414 (c) 0.8904 (d) n이 커질수록 확률은 증가한다.

4. (a) 0.7888 (b) 0.4246 (c) 0.3256 (d) σ가 커짐에 따른 확률은 감소한다.

5. 1.31475

6. (a) $\overline{X}-\overline{Y} \approx N(10, 0.83^2)$ (b) 0.008

7. (a) 10.72 (b) $\dfrac{(\overline{X}-\overline{Y})-2}{1.268} \approx t(25)$ (c) 4.1657

8. (a) 21 (b) $T=\dfrac{(\overline{X}-\overline{Y})-2}{1.1832} \approx t(21)$ (c) 4.036

9. (a) $V=\dfrac{9S^2}{4} \sim \chi^2(9)$ (b) 4.376 (c) 1.853 (d) 7.52

10. (a) 30.5 (b) 0.025 (c) 0.05 (d) 0.025

11. (a) 0.0146 (b) 0.9772 (c) 0.9987

12. (a) 0.8968 (b) 0.9792 (c) 0.9952

표본의 크기가 커질수록 구하고자 하는 확률은 커진다.

13. a) $\hat{p}_1-\hat{p}_2 \approx N(0.02, 0.0068^2)$ (b) 0.0708 (c) 0.8106 (d) 0.0333

14. 32

15. (a) (1, 1), (1, 2), (1, 3), (2, 1), (2, 2), (2, 3), (3, 1), (3, 2), (3, 3)

(b) 1, 1.5, 2, 2.5, 3

(c)

표본	$\overline{x}$	$f(\overline{x})$
(1, 1)	1	$\frac{1}{9}$
(1, 2), (2, 1)	1.5	$\frac{2}{9}$
(1, 3), (2, 2), (3, 1)	2	$\frac{3}{9}$
(3, 2), (2, 3)	2.5	$\frac{2}{9}$
(3, 3)	3	$\frac{1}{9}$

(d) $\mu_{\overline{X}}=2,\ \sigma^2_{\overline{X}}=\dfrac{1}{3}$

(e) $\mu_X=2$이므로 표본평균 $\overline{X}$의 평균과 모평균은 동일하게 2이다.

(f) $\sigma_X^2 = \dfrac{2}{3}$ 이므로 모분산은 표본평균의 분산의 두 배이다.

16. (a) (1, 2), (1, 3), (2, 1), (2, 3), (3, 1), (3, 2)

(b) 1.5, 2, 2.5

(c)

표본	$\bar{x}$	$f(\bar{x})$
(1, 2), (2, 1)	1.5	$\frac{1}{3}$
(1, 3), (3, 1)	2	$\frac{1}{3}$
(2, 3), (3, 2)	2.5	$\frac{1}{3}$

(d) $\mu_{\overline{X}} = 2$, $\sigma_{\overline{X}}^2 = \dfrac{1}{6}$

(e) $\mu_X = 2$ 이므로 표본평균 $\overline{X}$ 의 평균과 모평균은 동일하게 2이다.

(f) $\sigma_X^2 = \dfrac{2}{3}$, $\sigma_{\overline{X}}^2 = \dfrac{1}{6}$, $N = 3$, $n = 2$ 이므로 $\sigma_{\overline{X}}^2 = \dfrac{\sigma_X^2}{n} \times \dfrac{N-n}{N-1} = \dfrac{1}{6}$ 이다.

17. (a) {1,1} {1,2} {2,1} {2,2} (b) 1, 1.5, 2

(c)

$\bar{x}$	1	1.5	2
$f(\overline{X})$	0.36	0.48	0.16

(d) $\mu_{\overline{X}} = 1.4$, $\sigma_{\overline{X}}^2 = 0.12$

18. (a) 표본평균 $\overline{X}$ 는 평균이 $\mu_{\overline{X}} = 3.5$, 분산이 $\sigma_{\overline{X}}^2 \approx 0.179^2$ 인 정규분포를 이룬다.

(b) 0.0026 (c) 0.0129

19. (a) 0.2236 (b) 0.1401

20. (a) 0.5328 (b) $\overline{X} \sim N(198, 2.25)$ (c) 0.8164

21. 0.8914

22. (a) 0.0143 (b) 0.2327 (c) 0.7807 (d) 3042.9

23. 0.9928

24. $\mu = 516$, $s^2 = 1.85$, $P(\overline{X} > 520) \approx 0.0016$

25. (a) $\bar{x} = 4.5$, $s \approx 0.4295$ (b) $T = \dfrac{\overline{X} - 4.95}{0.1358} \approx t(9)$ (c) 0.9953 (d) 4.7

26. (a) $T = \dfrac{\overline{X} - 5000}{250} \sim t(15)$ (b) 438.25

27. (a) $T \approx \dfrac{\overline{X} - 13.5}{0.1342} \sim t(4)$ (b) 0.02

28. (a) $\overline{X}-\overline{Y} \approx N(1.4,\, 0.333^2)$ (b) 0.9965

29. (a) $\overline{X}-\overline{Y} \approx N(3.6,\, 1.195^2)$ (b) 0.1210 (c) 5.9422

30. (a) 78.666

(b) $\dfrac{\overline{Y}-\overline{X}-(\mu_Y-\mu_X)}{s_p\sqrt{\dfrac{1}{m}+\dfrac{1}{n}}} \approx \dfrac{T-\mu_0}{2.7884} \sim t(40)$

(c) $16.565 \le \mu_0 \le 27.835$

31. 0.05

32. (a) $V=\dfrac{8\,S^2}{0.0225} \sim \chi^2(8)$ (b) 0.0436

33. (a) $V=\dfrac{15\,S^2}{0.0049} \sim \chi^2(15)$ (b) 0.00896 (c) $v_0=27.43$

(d) 0.025 (e) 0.00817

34. (a) $V=\dfrac{15\,S^2}{0.000756} \sim \chi^2(15)$ (b) 0.00092 (c) 18.25 (d) 0.25

35. 2.676

36. (a) 0.995 (b) 0.001 (c) 0.0485 (d) 0.01

37. (a) 30.5 (b) 0.01 (c) 0.005 (d) 0.05

38. (a) 0.2857 (b) 0.268 (c) 4.2

39. (a) 0.4305 (b) 0.1869 (c) 0.1869

40. (a) 0.0024 (b) 0.9922 (c) 0.9319

41. (a) $\hat{p} \approx N(0.05,\ 0.0056^2)$ (b) 0.9876 (c) 0.9610 (d) 0.057

42. 0.2177

43. a) $\hat{p} \approx (0.11,\, 0.0221^2)$ (b) 0.0351 (c) 0.1464

44. (a) $\hat{p}_1-\hat{p}_2$ (b) 0.0708 (c) 0.8106 (d) 0.0333

45. 0.4129

46. (a) $\hat{p}_1-\hat{p}_2 \approx N(0,\, 0.0268^2)$ (b) 0.1314 (c) 0.0441

| Chapter 09 | 추정

1. (a) 불편추정량: $\hat{\mu}_1$, $\hat{\mu}_2$, $\hat{\mu}_3$, 편의추정량: $\hat{\mu}_4$ (b) $\hat{\mu}_2$
2. (a) 불편추정량: $\hat{\mu}_1$, $\hat{\mu}_2$, 편의추정량: $\hat{\mu}_3$ (b) $\hat{\mu}_1$
3. $E(X_1) = E(X_2) = \mu$이므로

$$E(\hat{\mu}) = E\left(\frac{aX_1 + bX_2}{a+b}\right) = \frac{1}{a+b}\left[aE(X_1) + bE(X_2)\right] = \frac{a\mu + b\mu}{a+b} = \mu$$

따라서 점추정량 $\hat{\mu}$은 모평균 μ에 대한 불편추정량이다.

4. (a) 0.327 (b) 0.653 (c) 1.633 (d) 3.267
   (e) 모분산이 커질수록 신뢰구간의 폭이 넓어진다.
5. (a) 1.240 (b) 0.877 (c) 0.554 (d) 0.392
   (e) 표본의 크기가 커질수록 신뢰구간의 폭이 좁아진다.
6. (a) (9.342, 10.658) (b) (9.216, 10.784) (c) (8.968, 11.032)
   (d) 신뢰도가 커질수록 신뢰구간의 폭이 넓어진다.
7. (0.556, 1.844)
8. (12.3665, 19.6335)
9. (12.277, 19.723)
10. (3.1432, 3.4568)
11. (39.555, 40.595)
12. (3.21, 3.79)
13. (19.53, 22.47)
14. (888.04, 901.96)
15. (38.53, 41.47)
16. (3.34, 3.86)
17. (0.8163, 0.8317)
18. (52.29, 57.71)
19. (4.74, 5.26)
20. (13.33, 13.67)
21. (70.88, 74.32)
22. (6.21, 6.59)
23. (4.798, 5.122)
24. (4.19, 4.81)

25. (0.103, 0.353)

26. (9.745, 10.255)

27. (49.88, 54.12)

28. (0.75, 2.05)

29. (1.26, 5.94)

30. (0.008, 0.332)

31. (0.76, 2.84)

32. (0.88, 5.12)

33. (0.55, 11.45)

34. (a) (0.25, 1.15) (b) (0.227, 1.173)

35. (1.724, 5.076)

36. (16.56, 27.84)

37. (a) (−0.64, 1.84) (b) (0.03, 1.17) (c) (0.03, 1.17)

38. (a) (0.0654, 0.0840) (b) (0.0669, 0.0855) (c) (−0.0115, 0.0085)

39. (0.24, 5.56)

40. (1.16, 3.24)

41. (81.76, 342.24)

42. (0.522, 3.838)

43. (18.89, 50.11)

44. (3.41, 12.27)

45. (0.1559, 2.4096)

46. (0.164, 1.157)

47. (0.608, 1.456)

48. (0.154, 10.64)

49. (0.805, 8.141)

50. (0.0011, 0.0549)

51. (−0.0006, 0.0086)

52. (0.066, 0.090)

53. (a) (0.828, 0.994)

(b) 새로운 추진체에 의한 로켓 발사가 기존의 방법보다 좋다고 할 수 있다.

54. (−0.033, 0.081)

55. $(-0.0127, 0.0147)$

56. $(-0.0134, 0.0284)$

57. $(-0.0093, 0.1003)$

58. 68

59. 62

60. 44

61. 9604

62. (a) 369 (b) 2401

| Chapter 10 | 가설검정

1. 납품받은 저항기가 주문회사의 요구를 충족시킨다고 할 수 있다.

2. 평균 아연농도가 3ppm이라는 주장은 타당성이 없다.

3. 평균두께가 2 cm라는 주장은 타당성이 있다.

4. 대기배출 농도가 평균 902ppm이라는 결론은 불충분하다.

5. 연비가 19 km/L 이상이라는 자동차 회사의 발표는 신빙성이 떨어진다.

6. 일일 폐기물량은 300톤 이상이라는 근거는 타당성이 없다.

7. 평균 항복강도가 규격에 맞다는 주장은 타당성이 없다.

8. 적응하는 데 걸리는 시간은 평균 7.88초라는 주장은 타당성이 떨어진다.

9. 시멘트의 압축강도가 5,000 kg/cm^2이라는 주장은 타당성이 떨어진다.

10. 이 도시의 강수량이 235 mm 이상이라는 근거는 타당성이 있다.

11. 환경부의 기준을 만족한다고 할 수 없다.

12. 교차로에서 평균 대기시간이 2분을 초과하지 않는다는 주장이 타당하다.

13. 밧줄의 평균 절단강도가 180 kg을 초과한다는 주장은 타당성이 있다.

14. 전구의 수명이 900시간 이하라는 소비자 단체의 주장은 타당성이 있다.

15. 파손강도가 250psi를 초과하지 않으므로 시중에 판매할 수 없다.

16. 산화막의 평균 두께가 13 nm 이하라는 주장은 타당성이 없다.

17. 유리의 평균두께가 35mm라는 주장은 타당하다.

18. 하천 물의 평균 ph 농도가 8이라는 주장은 근거가 불충분하다.

19. 지자체의 발표는 타당성이 없다.

20. 타이어의 수명이 10만 km 이상이라는 증거는 불충분하다.

21. 금속 실린더의 직경이 50 mm 이상이라는 증거는 충분하다.

22. 하천의 용해된 산소의 양이 지자체의 기준을 만족한다고 할 수 있다.
23. 철근의 경도가 60 HrB 이상이라는 주장은 타당성이 있다.
24. 연구원의 주장은 신빙성이 떨어진다.
25. 배터리의 평균 수명이 48개월을 초과한다는 주장은 타당성이 있다.
26. 약물의 반응 시간이 3.5분 이하라는 주장은 타당성이 없다.
27. 부식된 구멍이 30개를 초과한다고 할 수 있다.
28. 평균 직경이 8 mm를 초과한다는 주장이 타당하다.
29. 평균 연비가 20 km/L를 초과한다는 주장이 타당하다.
30. 평균 효능이 90%라는 주장은 타당성이 있다.
31. 두 남아 있는 불순물의 양이 동일하다고 할 수 있다.
32. 두 타이어의 제동거리가 동일하다고 할 수 없다.
33. 절단된 강철의 평균 길이가 동일하다고 할 수 있다.
34. 두 모평균의 차이가 1이라는 근거는 미약하다.
35. 두 강철봉 강도에 차이가 없다고 할 수 있다.
36. 두 세척제에 의한 제거된 금속의 두께는 동일하다고 할 수 있다.
37. A 도시의 풍속이 B 도시의 풍속보다 작다고 할 수 있다.
38. 합금 A의 용해점이 합금 B의 용해점보다 높다고 할 수 있다.
39. 두 지역의 PCB 노출이 동일하다고 할 수 있다.
40. 두 제품의 평균 점도가 동일하다는 주장은 타당성이 떨어진다.
41. 촉매제 A와 B의 평균이 동일하다는 주장은 타당성이 없다.
42. 평균 전류의 양이 1 amp 차이난다는 주장은 타당성이 있다.
43. 면사와 아세테이트의 흡수율의 차이가 2라는 주장은 타당성이 있다.
44. 평균 압축강도에 1만큼 차이가 있다는 주장은 타당성이 있다.
45. (a) 상류와 하류의 평균 BOD 농도에 차이가 있다는 주장은 타당성이 있다.
    (b) 상류와 하류의 평균 BOD 농도에 차이가 있다는 주장은 타당성이 있다.
46. 냉간압연강판의 평균 강도가 양면 아연도금강판의 평균 강도보다 작다는 주장이 타당하다.
47. 강재 1과 2의 평균 마모량 차이가 2이상이라는 주장은 타당성이 없다.
48. 하류의 산소농도가 상류의 산소농도보다 낮다는 주장은 근거가 충분하다.
49. 배터리 A가 배터리 B보다 수명이 4시간 이상 길다는 주장은 근거가 충분하다.
50. 섬유 A의 인장력이 섬유 B보다 크다는 주장은 타당성이 없다.
51. 남자의 혈압이 여자보다 높다는 주장은 타당성이 있다.

52. 농도가 증가하면 평균 반응속도가 빨라진다는 주장은 타당성이 있다.
53. 감기약 B가 감기약 A보다 회복 기간을 줄여 준다고 할 수 있다.
54. 두 환경에서의 평균 호흡수의 차이가 1 이하라는 주장은 타당성이 있다.
55. 시내주행과 고속도로주행에서 방출되는 평균 매연량이 40을 초과한다는 주장은 타당성이 있다.
56. 실험 전후의 평균에 차이가 없다는 주장은 타당성이 있다.
57. 저항기의 표준편차가 1Ω이라는 주장은 타당성이 있다.
58. 모분산이 0.1이라는 주장은 타당성이 없다.
59. 볼트 직경의 표준편차가 0.7 mm보다 작다는 주장은 타당성이 없다.
60. 융점에 대한 모분산이 0.5 이상이라는 주장은 타당성이 있다.
61. 평균연비의 표준편차가 0.8 km/L 이상이라는 주장은 타당성이 있다.
62. 이 저울은 신뢰할 수 있다.
63. 축전지 수명의 표준편차가 1.2년을 초과한다는 주장은 타당성이 있다.
64. 두 촉매제 수율의 분산이 동일하다고 할 수 있다.
65. 실험방법 A의 반응시간에 대한 분산이 B의 반응시간에 대한 분산보다 크다고 할 수 없다.
66. 회사 A에서 생산한 철근의 장력에 대한 분산이 회사 B에서 생산한 철근의 장력에 대한 분산보다 작다고 할 수 없다.
67. 건축물의 85%가 열펌프를 설치했다는 주장은 타당성이 없다.
68. 대형 자갈의 비율이 10%라는 주장은 타당성이 없다.
69. (a) 주문자의 주장은 타당성이 있다.
    (b) 주문자의 주장은 타당성이 없다.
70. 유의수준 0.05에서 귀무가설을 기각할 수 없다. 그러나 유의수준 0.1에서 귀무가설을 기각한다.
71. 양품의 비율이 0.98 이상이라는 주장은 타당성이 없다.
72. 로켓 발사 성공률이 90%를 초과한다는 주장은 타당성이 없다.
73. 90%를 초과한다고 할 수 없다.
74. 두 생산 라인의 불량률이 동일하다는 주장은 타당성이 있다.
75. (a) 양쪽 방향에서의 신호를 감지하는 능력이 동일하다는 주장은 타당성이 없다.
    (b) 오른쪽과 왼쪽의 감지능력에 1% 차이가 있다는 주장은 타당하다.
76. 어린이와 노인의 신종 플루에 대한 감염률이 동일하다는 주장은 타당하지 않다.
77. 새로운 방법에 의한 불량률이 기존의 방법에 비하여 불량률이 작다는 주장은 설득력이 없다.
78. A가 주장하는 흡연가의 비율이 더 크다는 주장이 설득력이 없다.
79. 물질 A의 연소율이 물질 B의 연소율보다 0.04를 초과한다는 근거는 불충분하다.

80. 기계 A에 의한 강철 막대의 합격률이 B에 대해 10%를 초과한다는 주장은 타당하지 않다.

| Chapter 11 | 카이제곱검정

1. 표본에서 얻은 결과를 이용하여 네 종류의 혈액형에 대한 비율이 동일하게 $\frac{1}{4}$이라는 주장은 타당하다.

2. 광역시별로 인터넷 이용률은 동일하다고 할 수 있다.

3. 요일별 불량률이 동일하다고 할 수 없다.

4. 각 등급의 비율에 대한 회사의 주장은 설득력이 없다.

5. 1차로, 2차로, 3차로, 4차로를 운행할 확률이 동일하지 않다.

6. 감마선의 수는 평균 4인 푸아송분포를 따른다고 할 수 있다.

7. 세 회사의 양품과 불량품에 대한 분포가 다르다고 할 수 있다.

8. 오전, 오후, 야간작업의 불량률이 다르다고 할 수 있다.

9. 성별과 선호하는 색깔 사이에는 동질성이 없다.

10. 월별로 오작동의 비율이 동일하지 않다고 할 수 있다.

11. 생산 시기와 공장은 관계가 없다고 할 수 있다.

12. 월과 일기 일수는 독립이 아니다.

13. 성별과 커피 브랜드 선호도는 서로 관련이 있다고 할 수 있다.

| Chapter 12 | 분산분석

1. (a)

변동 요인	자유도	제곱합	평균제곱	F-통계량
처리	2	112	56	1.977
오차	15	425	28.33	
합계	17	537		

(b) 세 모평균은 동일하다고 할 수 있다.

(c) 세 모평균이 모두 같은 것은 아니다.

2. (a)

변동 요인	자유도	제곱합	평균제곱	F-통계량
처리	3	175	58.333	2.846
오차	16	328	20.5	
합계	19	503		

(b) 세 모평균은 동일하다고 할 수 있다.

(c) 세 모평균이 모두 같은 것은 아니다.

3. 귀무가설과 대립가설은 다음과 같다.

$H_0: \mu_1 = \mu_2 = \mu_3 = \mu_4$, H_1: 모든 평균 수명이 같은 것은 아니다.

변동 요인	자유도	제곱합	평균제곱	F-통계량
처리	3	453.75	$\frac{453.75}{3} = 151.25$	$\frac{151.25}{65.3} \approx 2.316$
오차	16	1044.8	$\frac{1044.8}{16} = 65.3$	
합계	19	1498.55		

네 업체에서 생산한 전구의 평균 수명이 같다고 할 수 있다.

4. 세 종류의 인광제가 빛을 내는 시간이 동일하다고 할 수 있다.

5. 반응온도에 따라 플라스틱의 강도는 다르다고 할 수 있다.

6. 연료에 관계없이 운행 거리가 동일하다고 할 수 있다.

7. 직물기 생산한 면의 인장강도가 동일하다고 할 수 없다.

8. 네 회사에서 생산한 스프링의 특성이 동일하다고 할 수 없다.

9. 촉매에 따른 수율은 동일하다고 할 수 있다.

10. • 처리간에 평균의 차이가 있다고 할 수 있다.

• 블록간에 평균의 차이는 없다. 즉, 도시별 미세먼지 평균 농도가 모두 같은 것은 아니지만 연도별 미세먼지 평균 농도는 같다고 할 수 있다.

11. • 가구의 결함에 따라 생산한 공장이 달라진다고 할 수 있다.

• 생산 공장에 따라 결함의 종류가 다르다고 할 수 없다.

12. • 가솔린 종류별 주행거리는 다르다고 할 수 있다.

• 첨가제 종류별 주행거리는 동일하다고 할 수 있다.

13. (a) 요인 A의 평균이 모두 같은 것은 아니다.

(b) 요인 B의 평균이 모두 같은 것은 아니다.

(c) 요인간에 상호작용이 없다고 할 수 있다.

14. (a) 요인 A의 평균이 모두 같은 것은 아니다.

(b) 요인 B의 평균이 모두 같다고 할 수 있다.

(c) 요인간에 상호작용이 없다고 할 수 있다.

15. (a) 선수별 평균 비거리는 동일하다고 할 수 있다.

(b) 브랜드별 평균 비거리는 동일하다고 할 수 없다.

(c) 브랜드와 선수는 상호작용이 없다고 할 수 있다.

16. • 온도별 흡수속도는 동일하다고 할 수 있다.

• 촉매량별 흡수속도는 동일하다고 할 수 없다.

• 온도와 촉매량의 상호작용은 없다고 할 수 있다.

17. (a) 커튼별 평균 연소 시간은 동일하다고 할 수 없다.

(b) 실험실별 평균 연소 시간은 동일하다고 할 수 있다.

(c) 실험실과 커튼 종류는 상호작용이 없다고 할 수 있다.

18. • 식염수별 항복응력은 동일하다고 할 수 있다.

• 온도에 따른 항복응력은 동일하다고 할 수 없다.

• 식염수와 온도의 상호작용은 있다고 할 수 있다.

19. 처리 간에 평균의 차이가 있다고 할 수 있다. 반면, 블록 간에 평균의 차이는 없다. 즉, 4대강의 평균 BOD 농도는 차이가 있지만 연도별 평균 BOD 농도는 같다고 할 수 있다.

20. • 결점별 평균 수율은 동일하다고 할 수 있다.

• 원자재별 타이어의 평균 수율은 동일하다고 할 수 없다.

• 결점과 원자재의 상호작용은 없다고 할 수 있다.

| Chapter 13 | 회귀분석과 상관분석

1. (a) $\hat{\beta}_1 = 0.3745$, $\hat{\beta}_0 = 0.9526$ (b) 2.8251

2. (a) -0.3324 (b) 19.3086 (c) $\hat{y} = 19.3086 - 0.3324x$ (d) 15.9846이다.

3. (a) $\hat{y} = 1.22 + 0.2842x$

(b) $R^2 = 0.9009$, 추정한 회귀직선 $\hat{y} = 1.22 + 0.2842x$가 관찰한 자료를 90.1%로 대표한다.

4. (a) $\hat{y} = 1.8426 + 0.4429x$이다.

(b) 첨가물의 양이 1씩 늘어날 때마다 수율은 0.4429씩 늘어난다.

(c) 6.2716 (d) 0.4425 (e) 0.8858

5. (a) $\hat{y} = 0.1787 + 1.9586x$

(b) 자동차 무게가 1톤이 증가하면 연료 소모량은 약 1.96 Btu씩 증가한다.

(c) 9.9717 (d) 1.9152 (e) 0.8531

6. (a) $\hat{y} = 11.4886 + 0.7459x$ (b) 45.05 (c) 3.3974 (d) 0.9891

7. (a) $\hat{y} = 2.8572 + 0.2857x$

(b) 수준과 창업성과는 상관관계가 없다.

(c) 5.14 (d) 1.607 (e) 0.082

8. (a) $\hat{y} = -3.5461 + 1.2919x$

(b) 거의 완전한 상관관계가 있다. 즉, 퇴비 사용량이 많을수록 생산량이 거의 추정회귀직선에 따라 증가한다.

(c) 41.67 (d) 11.059 (e) 0.8747

9. β_0에 대한 99% 신뢰구간: (0.5652, 3.1200)

β_1에 대한 99% 신뢰구간: (0.2579, 0.6279)

$x = 10$일 때 종속변수의 값 $\hat{y}|_{x=10}$에 대한 99% 신뢰구간: (5.2984, 7.2448)

10. (a) $\hat{\beta}_1 \approx 4.5035$, $\hat{\beta}_0 = -70.0742$ (b) 5.751 (c) 0.7131

(d) $(-119.473, -20.676)$

(e) (2.175, 6.832)

(f) (20.88, 61.15)

(g) $H_0: \beta_0 = 0$을 기각한다.

(h) $H_0: \beta_1 = 2$를 기각한다.

(i) 양의 상관관계가 있다.

(j) $H_0: \rho = 0$을 기각한다.

(k) $H_0: \rho = 0.97$을 기각한다.

11. (a) $\hat{\beta}_1 \approx -0.1894$, $\hat{\beta}_0 = 12.741$ (b) 6.362 (c) 0.065

(d) (3.7993, 21.6823)

(e) $(-0.7727, 0.3939)$

(f) $(-7.4216, 23.4336)$

(g) $H_0: \beta_0 = 0$을 기각한다.

(h) $H_0: \beta_1 = 0$을 기각할 수 없다.

(i) 음의 상관관계가 있다.

(j) $H_0: \rho = 0$을 기각한다.

(k) $H_0: \rho = -0.2$을 기각할 수 없다.

12. (a) $\hat{\beta}_1 \approx 0.084$, $\hat{\beta}_0 = -0.1032$

(b) 0.7706

(c) 0.3591

(d) $(-2.904, 2.698)$

(e) $(-0.008,\ 0.176)$

(f) $(2.33,\ 5.02)$

(g) $H_0: \beta_0 = 0$을 기각할 수 없다.

(h) $H_0: \beta_1 = 0$을 기각할 수 없다.

(i) 양의 상관관계가 있다.

(j) $H_0: \rho = 0$을 기각한다.

(k) $H_0: \rho = 0.9$를 기각한다.

13. (a) $\hat{\beta}_1 \approx -0.0281,\ \hat{\beta}_0 = 2.2174$ (b) 0.0464 (c) 0.6364

(d) $(1.269,\ 3.166)$ (e) $(-0.045,\ -0.011)$ (f) $(1.524,\ 1.787)$

(g) $H_0: \beta_0 = 1$을 기각한다.

(h) $H_0: \beta_1 = 0$을 기각한다.

(i) 음의 상관관계가 있다.

(j) $H_0: \rho = 0$을 기각한다.

(k) $H_0: \rho = 0.97$을 기각한다.

14. (a) $\hat{\beta}_1 \approx 0.1862,\ \hat{\beta}_0 = 813.613$ (b) 3130.54 (c) 0.8806

(d) $(438.494,\ 1188.73)$ (e) $(0.091,\ 0.281)$ (f) $(-5171.69,\ 8660.91)$

(g) $H_0: \beta_0 = 0$을 기각한다.

(h) $H_0: \beta_1 = 0$을 기각한다.

(i) 양의 상관관계가 있다.

(j) $H_0: \rho = 0$을 기각한다.

(k) $H_0: \rho = 0.99$를 기각할 수 없다.

15. (a) $\hat{\beta}_1 \approx 0.6515,\ \hat{\beta}_0 = 25.941$ (b) 58.27 (c) 0.7849

(d) $(-4.456,\ 56.338)$ (e) $(0.373,\ 0.930)$ (f) $(-40.0,\ 300.365)$

(g) $H_0: \beta_0 = 0$을 기각할 수 없다.

(h) $H_0: \beta_1 = 0$을 기각한다.

(i) 양의 상관관계가 있다.

(j) $H_0: \rho = 0$을 기각한다.

(k) $H_0: \rho = 0.97$을 기각할 수 없다.

16. (a) $\hat{\beta}_1 \approx 0.71$, $\hat{\beta}_0 = -17.92$ (b) 2.95 (c) 0.98

(d) $(-22.385,\ -13.456)$ (e) $(0.628,\ 0.792)$ (f) $(45.954,\ 60.206)$

(g) $H_0: \beta_0 = -14$를 기각할 수 없다.

(h) $H_0: \beta_1 = 0.6$을 기각한다.

(i) 양의 상관관계가 있다.

(j) $H_0: \rho = 0$을 기각한다.

(k) $H_0: \rho = 0.95$를 기각한다.

17. (a) 귀무가설 $H_0: \beta_0 = -24$를 기각할 수 없다.

(b) 귀무가설 $H_0: \beta_0 = -32$를 기각한다.

(c) 귀무가설 $H_0: \beta_1 = 1.5$를 기각할 수 없다.

(d) 귀무가설 $H_0: \beta_1 = 1.75$를 기각한다.

(e) 귀무가설 $H_0: \beta_0 + \beta_1 x = -24 + 1.5x$를 기각한다.

(f) 귀무가설 $H_0: \beta_0 + \beta_1 x = -32 + 1.75x$를 기각할 수 없다.

찾아보기

ㅈ

ㅊ

ㅋ

ㅌ

ㅍ

ㅎ

기타